KB145605

천국의 문을 두드리며

KNOCKING ON HEAVEN'S DOOR:
How Physics and Scientific Thinking Illuminate
the Universe and the Modern World
by Lisa Randall

사이언스 클래식 25

천국의 문을 두드리며

KNOCKING ON HEAVEN'S DOOR

리사 랜들

이강영 옮김

책을 시작하며

우리는 새로운 발견이 임박한 시대에 서 있다. 입자 물리학과 우주론 분야에서, 역사상 가장 크고 가장 흥분되는 실험 장치가 가동 중이고, 세상에서 제일 똑똑한 물리학자들과 천문학자들이 그 실험의 결과를 주시하고 있다. 다음 10년 동안 과학자들은 물질이 근본적으로 무엇으로 이루어져 있는가, 혹은 공간 그 자체가 무엇인가에 관한 우리의 관점을 궁극적으로 바꿀 어떤 실마리를 보게 될 것이며, 자연의 근본적인 실체를 포괄해 우리 우주에 대해 더욱 깊은 이해를 가지게 될 것이다. 이런 거대한 발전에 초점을 맞추고 있는 우리 같은 사람들이 기다리는 것은 그저 포스트 모던한 것이 더 나타나는 게 아니다. 우리는 우주의 근본 구조에 대한 완전히 다른, 그래서 준비된 통찰에 기반해서 우주의 기본 체계에 대한 우리의 관점을 바꿔 줄 수 있는 21세기적 패러다임을 가져올 발견을 기대한다.

2008년 9월 10일에 LHC의 역사적인 첫 시험 가동이 있었다. 비록 '대형 하드론 충돌기(Large Hadron Collider, LHC. '대형 강입자 충돌기'라고도 한다.—옮긴이)'라는 이름은 산문적이고 별로 멋지지는 않지만, 거기서 얻어질 과학적 성과는 결코 그렇지 않다. '대형'이라는 것은 하드론(hadron, '강입자'라고도 한다.—옮긴이)이 그렇다는 것이 아니라 충돌기가 거대하다는 말이다. LHC는 총 길이가 무려 26.6킬로미터에 달하는데,[1] 쥐라 산맥과 레만 호 사이 지하에서 프랑스와 스위스 국경을 넘나드는 원형 터널에 설치되어 있다. 이 터널 안에서 수십억 개의 양성자로 이루어진 양성자 빔이 전기장으로 가속되어 1초 동안 1만 1000회씩 고리 모양의 가속기 속을 회전한다. (양성자는 하드론이라고 불리는 입자 중 하나이다. 그래서 이 충돌기 이름에 하드론이 들어갔다.)

LHC는 여러 가지 면에서 지금까지 건설된 실험 장치 중 가장 크고 가장 뛰어난 요소들을 갖추고 있다. LHC 실험의 목표는 이전에 측정된 적이 없는 짧은 거리와, 연구된 적이 없는 높은 에너지에서 물질의 구조에 대해 자세하게 연구하는 것이다. 이 에너지에서는 지금까지 본 적이 없는 기본 입자들의 무리가 만들어져야 하고, 우주 초기, 즉 대폭발(big bang)이 일어나고 약 1조분의 1초 후에 나타났던 상호 작용이 드러나야 한다.

LHC는 극히 정교하게 설계되었으며 극한의 기술을 채용하고 있다. 덕분에 LHC 건설은 지난한 일이 되었다. 경사스러운 첫 가동 후 불과 9일 만에 연결부 불량 때문에 폭발이 일어나자 물리학자들과 자연을 더 욱 깊이 이해하고자 하는 사람들은 엄청난 좌절감을 맛보았다. 그러나 LHC가 2009년 가을 재가동되어 기대보다 뛰어난 성능을 보이면서, 사반세기 전의 약속이 현실로 다가오고 있다.

2009년 봄에는 플랑크(Planck) 위성과 허셜(Herschel) 위성이 프랑스 령 기아나에서 발사되었다. 나는 5월 13일 새벽 5시 30분에 캘리포니아 패서데나의 캘리포니아 공과 대학에 있는 천문학자들을 만나서 그 타이밍에 대해 들었다. 나는 이 기념비적인 사건을 멀찌감치 떨어진 곳에서나마 목격하려고 패서데나에 와 있었다. 허셜 위성은 별의 형성에 관한 새로운 통찰을 줄 것이고, 플랑크 위성은 대폭발에서 방출되어 지금까지 남아 있는 복사(radiation)를 상세하게 관측해서 우리 우주의 초기 역사에 대한 신선한 정보를 줄 것이다. 이런 위성 발사는 보통 스릴 넘치면서 아주 팽팽하게 긴장되는 일이다. 발사된 위성의 2~5퍼센트가 위성 궤도에 오르는 데 실패해서 지구로 추락하기 때문이다. 이렇게 되면 위성에 설치된 정교한 과학 기구들을 만들었던 세월이 날아가 버리고 만다. 다행히도 이번에는 위성이 성공적으로 발사되어, 지구로 신호를 보내왔다. 그렇다고 해도 이 위성에서 별과 우주에 대한 값진 데이터가 나오려면 여러 해를 기다려야 한다.

물리학은 이제 크기와 에너지의 극히 넓은 영역에 걸쳐서 우주가 어떻게 작동하는지에 대한 확고한 핵심 지식을 알려주고 있다. 이론적, 실험적 연구를 통해 과학자들은 아주 작은 영역에서 매우 큰 영역에 이르기까지 그 구조와 구성 요소들을 깊이 이해하고 있다. 우리는 지금까지 축적해 온 연구들을 바탕으로 각 영역에서 나온 수많은 지식의 단편들이 서로 어떻게 들어맞고, 그것들이 세밀한 부분에서 큰 전체에 이르기까지 어떤 꼴을 이룰지 추론할 수 있는 경지에 와 있다. 이론은 우주가 어떻게 작은 구성 요소에서 진화해서 원자를 이루고, 모여서 별을 이루고, 다시 은하와 더 큰 구조를 이루어 우리 우주에 퍼지게 되었는지, 그리고 어떻게 몇몇 별들이 폭발하면서 만들어진 무거운 원소들이 이 우리 은하와 태양계, 그리고 궁극적으로는 생명을 형성하게 되었는지를 성공적으로 설명해 준다. LHC로부터, 그리고 앞에서 말한 위성 탐색 실험으로부터 나온 결과를 이용해서, 오늘날의 물리학자들은 이 확고하고 광범위한 지식의 기초 위에서 더 작은 크기와 더 높은 에너지에 대한 이해를 확장하고, 이전에 도달하지 못했던 정밀함을 얻고자 한다. 이것은 모험이다. 우리 목표는 야심적이다.

아마 여러분도 과학에 대한 분명하고 명백하고 정확한 정의를 들어본 적이 있을 것이다. 특히 종교와 같은 믿음의 체계와 비교한 정의를 많이 들었을 것이다. 그러나 과학이 진화해 온 진짜 이야기는 더 복잡하다. 우리는 과학이라는 게 객관적 실제와 물리 세계 배후에 있는 법칙을 제대로 반영하고 있다고 생각하고 싶어 한다. 사실 과학자의 길에 발을 들여놓은 무렵의 나는 그렇게 생각했다. 하지만 활발하게 이루어지는 실제 조사와 연구는 거의 대부분 불확실한 상태에서 이루어지게 마련이다. 자신들이 전진하고 있다고 생각하지만 결코 확신을 가지지 못한다. 과학자들은 언제나 가능성 있는 아이디어를 포기하지 않고 탐구해 가면서 동시에 그것이 정말로 옳은 것인지, 그 의미가 무엇인지 끊임없이 스스로에게 묻고 또 물으며 버텨야 한다. 과학 연구는 때때로는 모순되거나 서로 경합하며, 그래도 가끔은 지적 흥미를 주는 아이디어들 사이에서 섬세하게 균형을 잡는 일을 필요로 한다. 따라서 필연적으로 어려울 수밖에 없다. 과학자들의 목표는 지식의 경계를 넓히는 일이다. 그러나 처음에 교묘하게 얽혀 있는 데이터와 개념과 방정식 들을 마주했을 때에는, 그 누구도, 심지어 그 일에 가장 적극적으로 관여하고 있는 사람조차도 무엇이 올바른 해석인지 확실히는 알 수 없다.

내 연구는 기본 입자의 이론(우리가 아는 한 가장 작은 것에 대한 연구)을 중심에 두고, 때로는 끈 이론과 우주론(가장 큰 것에 대한 연구)까지도 뻗어 나간다. 동료들과 나는 물질의 핵심에는 무엇이 있는가, 우주 바깥에는 무엇이 있는가, 실험가들이 발견한 기본적인 물리량들과 성질들이 모두 궁극적으로는 어떻게 연결되어 있는가 등을 이해하려고 애쓴다. 나 같은 이론 물리학자는 현실 세계에 적용되는 이론이 무엇인지 알기 위해 실제로 실험을 하지는 않는다. 그 대신 우리는 실험에서 무엇이 발견될지 예측하고, 새로운 아이디어를 검증하기 위한 새로운 방법을 고안해 내는 일을 돕는다. 우리가 답을 찾고 있는 질문이 해결되었다고 해서 가까운 미래에 사람들이 매일 저녁에 먹는 것이 바뀌지는 않을 것이다. 그러나 이 연구는 궁극적으로 우리가 누구이며, 어디서 왔는지를 가르쳐 줄 것이다.

이 책『천국의 문을 두드리며(*Knocking on Heaven's Door*)』는 우리 과학자들이 수행하고 있는 구체적인 연구와, 우리가 마주하고 있는 가장 중요한 과학적 의문이 무엇인지를 소개하는 책이다. 입자 물리학과 우주론 분야에서 이루어지고 있는 새로운 발전은 우리가 살고 있는 세계에 대해, 즉 세계를 이루는 것과 세계의 진화, 그리고 그렇게 만드는 기본적인 힘에 대해 우리가 알고 있는 것을 근본적으로 수정할 잠재력을 가지고 있다. 이 책은 LHC, 즉 대형 하드론 충돌기에서 벌어지는 실험적 탐색과, 그곳에서 무엇이 발견될지 예견하는 이론적 연구를 그리고 있다. 또한 우주의 본질, 특히 우주 곳곳에 숨겨져 있는 암흑 물질(dark matter)의 본질을 추론해 가는 우주론 연구에 대해서도 소개하고 있다.

그러나 이 책에서 다루려는 주제가 여기에 한정되는 것은 아니다. 이 책은 모든 과학 연구에 관계되는 보다 일반적인 질문에 대해서도 탐구한다. 오늘날의 최첨단 연구에 관해 이야기하면서 과학의 본질을 해명하는 것이 이 책의 주안점이요 핵심이다. 이 책에서 나는 우리 과학자들이 탐구할 만한 질문을 어떻게 결정하는지, 과학자들이 그 결정에 꼭 동의하는 것만은 아니라는 것과 그 이유가 무엇인지, 그리고 올바른 과학적 아이디어가 어떻게 살아남는지를 보여 줄 것이다. 이 책은 과학이 진보해 나가는 진짜 방식과, 진실을 찾는 다른 방식들과 과학이 어떻게 다른지도 살펴볼 것이다. 과학의 철학적 기초에 대한 이런 소개를 바탕으로 우리가 궁극적으로 도달할 곳이 어디일지, 옳은 사람이 누구인지 알 수 없는 중간 단계에 있음을 보여 줄 것이다. 또한 과학적 아이디어와 방법이 어떻게 과학의 바깥 세계에 적용되는지도 소개할 것이다. 그 결과 다른 분야에서도 합리적인 의사 결정이 이루어진다면 좋겠다.

이 책은 현재의 이론 및 실험 물리학을 더 잘 이해하고 싶어 하는 독자들과 건전한 과학적 사고의 원칙 및 현대 과학의 본질을 더 정확하게 이해하고자 하는 독자들을 위한 것이다. 많은 경우 사람들은 과학이 무엇인지, 그리고 과학이 말해 줄 수 있는 게 무엇인지를 진정으로 이해하고 있지 않다. 이 책은 과학에 대한 사람들의 오해를 바로잡고, 과학이 현재 이해되고 적용되는 방식에 대해 가지고 있는 나의 불만을 조금이나마 배출하고자 바람에서 씌어졌다.

지난 몇 년 동안 나는 특별한 경험과 대화를 통해 많은 것을 배웠다. 나는 이런 경험을 몇 가지 중요한 아이디어를 발전시키는 시작점으로 삼고자 한다. 비록 내가 이 책에서 다루는 모든 분야의 전문가도 아니고 그럴 만한 지면상의 여유도 없지만, 바라건대 몇 가지 흥미로운 새로운 발전에 대해 설명하는 과정에서 이 책이 독자들을 보다 생산적인 방향으로 이끌었으면 좋겠다. 그 결과 독자들이 훗날 더 나은 해답을 찾을 때, 어떤 과학 정보가 가장 신뢰할 만한 원천에서 나왔는지 아니면 잘못된 원천에서 나왔는지 판단하는 데 도움이 되었으면 한다. 이 책이 제공하는 몇몇 아이디어는 아주 기초적인 것이지만, 현대 과학의 기저에 있는 사고와 논의를 보다 완전하게 이해한다면 현대 과학 연구와 현대 세계가 직면하고 있는 중요한 이슈들에 좀 더 수월하게 접근할 수 있을 것이다.

영화의 프리퀄이 유행하는 이 시대이기 때문에, 이 책 『천국의 문을 두드리며』는 말하자면, 내 이전 책인 『숨겨진 우주(*Warped Passages*)』의 '원래 이야기(original story)'에다가, 우리 과학자들이 현재 서 있는 곳과 바라고 있는 것을 합친 것처럼 보일지도 모른다. 이 책은 새로운 생각과 새로운 발견의 밑에 놓인 과학의 기초를 재조명한다는 측면에서 전작의 빈틈을 메우는 것이기도 하며, 우리가 새로운 데이터의 등장을 가슴 졸이며 기다리고 있는 이유를 설명해 주는 것이기도 하다.

이 책은 오늘날 이루어지고 있는 구체적인 과학 연구와, 과학 연구에도 필수불가결한 것이지만 보다 일반적인 세계를 이해하는 데도 필요한 개념과 주제 사이를 오간다. 이 책의 1부와, 3부의 11장과 12장, 4부의 15장과 18장, 그리고 마지막 6부는 주로 과학적인 사고에 대해 다루는 반면, 나머지 장들은 물리학 분야에서 오늘날 우리가 서 있는 곳이 어디이며 그곳에 이르기까지 어떤 일을 해 왔는가 하는 주제를 다루고 있다. 어떻게 보면 한 권의 책 안에 두 권의 책이 있는 셈이다. 함께 읽으면 제일 좋은 두 권의 책이. 현대 물리학은 일상 생활로부터 너무 멀리 떨어져 있어서 아무 상관도 없거나 쉽게 이해될 수 없는 것처럼 보일지 모른다. 그러나 우리 물리학자들의 생각을 이끌어 주는 철학적, 방법론적 토대가 무엇인지를 이해하게 된다면, 이 책에서 앞으로 살펴볼 여러 사례에서 확인할 수 있듯이, 과학과 과학적 사고의 타당성에 대해 더 명확하게 이해하게 될 것이다. 또 반대로 개념의 기초를 이루는 실제 과학을 이해하고 나면, 과학적 사고의 기본 요소들을 제대로 이해하게 될 것이다. 어느 한쪽을 더 선호하는 독자들은 다른 쪽은 가볍게 넘기거나 건너뛰어도 좋다. 하지만 함께 읽는 편이 균형 잡힌 식사가 될 것이다.

이 책 전체에 걸쳐서 반복 등장하는 핵심 개념은 규모 또는 척도라는 뜻을 가진 **스케일**(scale)이다. 우리는 현재 물리 법칙이라는 정합적인 틀을 가지고 기존의 이론적인 설명과 물리학적인 기술이 LHC에서 지금 탐구하고 있는 극미의 스케일에서 우주 전체라는 광대한 크기에 이르기까지 모든 영역에서 어떻게 서로 맞물리고 결합되는지 큰 그림을 그리려 하고 있다.[2] 이 과정에서 스케일이라는 개념은 매우 중요한 역할을 한다. 우리가 앞으로 마주칠 구체적 사실과 개념 들을 이해하는 데에도 이 스케일이라는 개념은 필수적이다. 기존의 과학 이론은 우리가 이미 파악한 스케일에 적용된다. 그러나 이전에 탐구하지 못했던 거리로부터 — 크건 작건 —새로운 지식을 얻음에 따라, 기존의 이론은 더욱 정확하고 보다 근본적인 이론에 흡수된다. 1장은 스케일 개념을 이루는 여러 요소에 초점을 두고, 길이에 따른 범주화가 물리학과 과학의 새로운 발전에서 어떤 필수불가결한 역할을 하는지 설명할 것이다.

그리고 거기에 더해 1부에서는 지식에 접근하는 몇 가지 다른 방법들을 들어 서로 비교를 해 볼까 한다. 사람들에게 과학이 무엇이냐고 물어보면, 그 답은 아마 여러분이 물어본 사람 수만큼이나 다양할 것이다. 어떤 사람은 물리적 세계에 대한 엄밀하고 변하지 않는 진술이라고 주장할 것이다. 다른 이는 과학이란 부단히 대치되는 원리들을 모아 놓은 것이라고 정의한다. 그리고 다른 이들은 과학이란 철학이나 종교와 본질적으로 다르지 않은 또 다른 믿음의 체계에 불과하다고 대답할 것이다. 그러나 모두 틀렸다.

과학은 본질적으로 진화하는 것이다. 과학 공동체 안에서조차 논쟁이 끊이지 않는 이유가 바로 이것이다. 1부에서는 오늘날의 과학 연구가 어떻게 17세기의 지적 진보에 뿌리를 두고 있는지, 그리고 어떤 의미에서 그 시기에 뿌리를 둔 것처럼 보이는 과학과 종교의 대립의 역사가 오늘날의 과학 연구에 어떤 영향을 미쳤는지 살펴볼 것이다. 또한 물질에 대한 유물론적 관점이 과학과 종교의 대립에 어떤 영향을 미쳤으며, 과학과 종교 중 어느 쪽이 근본적인 질문에 최종적인 대답을 내놓을 것인가, 또 어떻게 그렇게 할 것인가를 들여다볼 것이다.

2부에서는 물질 세계를 이루는 물리적 구조로 관심을 돌린다. 익숙한 스케일에서 가장 작은 스케일까지 다양한 크기의 물질들을 살펴보면서 그것들을 스케일에 따라 구분해서, 이 책에서 이루어질 과학 여행이 찾아갈 여러 지형과 지물을 일목요연하게 살펴볼 것이다. 이 과학 여행은 지각 가능한 영역에서 시작해 거대한 입자 가속기를 동원해야만 내부 구조를 탐색할 수 있는 극미소의 미시 세계로 우리를 데려간다. 2부는 현재 수행되고 있는 중요한 실험인 LHC의 실험과 초기 우주에 대한 천문학 탐사들을 소개하며 끝난다. 이 실험들은 우주에 대한 우리 이해의 한계를 넓혀 줄 것이다.

역사상 모든 놀라운 발전이 그랬던 것처럼 이 과감하고 야심적인 기획들은 우리의 과학적인 세계관을 근본적으로 바꿀지도 모른다. 3부에서는 LHC의 작동 원리 및 실제 가동에 대해 깊이 살펴보고, 이 기계가 어떻게 양성자 빔을 만들고 충돌시켜서, 우리가 도달할 수 있는 가장 작은 스케일에 대해 알려줄 새로운 입자를 어떻게 만들어 내는지 알아볼 것이다. 또한 이 3부에서는 LHC에서 발견된 것들을 실험가들이 어떻게 해석하는지 설명할 것이다.

CERN은 오랜 과정을 거쳐 이제 비로소 입자 물리학의 실험적인 측면을 대중에게 설명하기 시작했다. (재미있지만 과학에 대한 오해를 낳기 쉬운 할리우드 블록버스터 「천사와 악마(Angels and Demons)」 같은 영화의 도움을 받으려 하기도 했다.) 많은 사람들이 이제는 아주 높은 에너지의 양성자를 극히 작은 공간에서 충돌시켜서 이전에는 본 적 없는 형태의 물질을 창조해 내는 거대한 입자 가속기에 대해 들어보았을 것이다. LHC의 가동 결과에 따라 물질과 공간 그 자체의 기본 성질에 관한 우리의 기존 관점이 송두리째 바뀔지도 모른다. 그러나 무엇이 발견될지 우리는 모른다.

이 과학 여행에서 우리는 과학적인 불확실성과 측정이 우리에게 정말로 말해 주는 것이 무엇인지 곰곰이 생각해 볼 것이다. 연구란 그 본성상 우리가 아는 것의 최전선에 서는 일이다. 실험과 계산은 가능한 한 불확실성을 줄이거나 제거하고, 남는 것을 정확하게 결정하도록 고안된다. 그럼에도 불구하고 모순처럼 들리겠지만 실제로 과학은 매일매일 불확실성으로 가득 차 있다. 3부에서는 과학자들이 그들의 어려운 탐구에 달라붙게 마련인 난제들을 어떻게 다루는지, 그리고 점점 복잡해지는 세상에서 수없이 쏟아지는 제안과 설명 들을 해석하고 이해하는 과정에서 과학적 사고를 하면 어떤 이익을 얻을 수 있는지 고찰하고자 한다.

3부에서는 또한 LHC에서 생성될지도 모르는 블랙홀에 대해서도 다룰 것이다. 블랙홀과 관련해 일어난 공포가 우리가 현실 세계에서 접하는 진짜 위험과 어떻게 다른지 생각해 볼 것이다. 우리는 비용-편익 분석과 위험(risk)이라는 중요한 주제를 검토하고, 연구실 안과 밖에서 사람들이 이 문제를 어떻게 다루면 좋을지 생각해 볼 것이다.

4부에서는 힉스 보손(Higgs boson) 탐색과 이 입자와 관련된 각종 모형(model)들에 대해 설명한다. 이 모형들은 무엇이 존재해야 하는지를 기존의 지식을 바탕으로 조심스럽게 추측해 본 것들이며, LHC 실험들이 밝혀내야 하는 구체적인 탐색 목표이다. 만약 LHC 실험에서 이론가들이 제안한 아이디어 중 어떤 것이 확인된다면, 혹은 예기치 않은 무언가를 밝혀낸다면, 그 결과는 우리가 세상에 대해서 생각하고 있는 방식을 바꿔 놓을 것이다. 또 4부에서는 기본 입자의 질량을 정해 주는 힉스 메커니즘과 이 메커니즘 너머에 우리가 찾아야 할 새로운 것이 있음을 알려 주는 계층성 문제에 대해서도 설명할 것이다. 또한 이 계층성 문제를 해결해 줄 실마리로서 거론되고 있는 초대칭성(supersymmetry)이나 공간의 여분 차원(extra dimension, '덧 차원'이라고 번역하기도 한다. — 옮긴이) 같은 모형들과, 그 모형들이 예측하는 새로운 입자에 대해서도 다룰 것이다.

4부에서는 기존에 제시된 가설들을 소개하는 데 그치는 것이 아니라, 물리학자들의 이론적 모형 구축 방법과, '아름다움을 통해 도달하는 진리'와 '하향식(top-down)' 접근법과 '상향식(bottom-up)' 접근법처럼 은밀하게 물리학자들을 지배하고 있는 지도 원리의 유효성에 대해서 설명할 것이다. 또한 LHC가 무엇을 찾고 있는지, 물리학자들이 LHC에서 발견될 것을 어떻게 예상하는지, LHC에서 만들어지는 겉으로는 추상적으로 보이는 데이터와 우리가 현재 연구하는 심오하고 근본적인 아이디어를 과학자들이 어떻게 연결하는지 등을 이 4부를 읽으면 이해할 수 있을 것이다.

물질의 내부로 들어가는 연구 여행이 4부에서 끝나고 5부에서 우리는 바깥 세계로 눈을 돌리게 된다. LHC가 물질의 가장 작은 스케일을 검증하는 동안, 위성과 망원경은 우주의 가장 큰 스케일을 탐색하며, 우주의 팽창이 가속되는 비율을 연구하고, 대폭발 시기부터 남아 있는 복사의 상세한 부분을 연구한다. 이 시대는 우주의 진화를 연구하는 과학인 우주론 분야에서 놀라운 발전을 목격하고 있는 시대이다. 5부에서 우리는 더 큰 스케일에서 우주를 탐구할 것이고 아직은 정체불명의 존재인 암흑 물질에 대한 실험적 연구뿐만 아니라, 입자 물리학과 우주론의 연관성을 논의할 것이다.

이 책의 요약 역할을 하는 마지막 6부에서는 창조성과, 창조적 사고의 원천이 되는 다양한 요소들을 살펴볼 것이다. 우리 과학자들은 어떻게 보면 쓸모없고 하찮은 일을 매일매일 수행하며 거대한 문제(big question)에 어떻게든 답을 해 보려고 애쓴다. 이 활동의 의미에 대해 나름의 방식으로 고찰해 보고자 한다. 우리는 현대 세계에 그토록 커다란 진보를 가져온 테크놀로지와 과학적 사고 사이의 공생 관계와, 과학과 과학적 사고의 중요성에 대해 마지막으로 생각하면서 결론을 내릴 것이다.

현대 과학이 다루는 일상과 동떨어진 아이디어들의 가치를 과학자가 아닌 사람들이 헤아리는 것이 쉬운 일이 아님은 나도 잘 알고 있다. 한번은 어느 대학에서 여분 차원과 물리학에 대한 대중 강연을 마치고 나서 대학생들과 만난 적이 있다. 그들 모두가 궁금해하는 질문이 있다는 말을 듣고, 나는 차원 개념에 관한 것이거니 했다. 그러나 그들이 간절히 알고 싶었던 것은 내 나이였다. 그러나 관심의 결여만이 문제의 전부가 아니다. 나는 학생들과 계속해서 과학에 대한 대화를 나누었다. 그러나 기초 과학이 때로 추상적이며 그 실용적 가치를 헤아리기 어렵다는 학생들의 불만을 불식시킬 수는 없었다. 이것과 비슷한 장애물을 2009년 가을에 기초 과학의 중요성에 관한 의회 청문회에 참석했을 때에도 맞닥뜨려야 했다. 청문회에 같이 참석했던 사람들은 미국 에너지부의 고에너지 물리학 국장인 데니스 코바(Dennis Kovar), 페르미 연구소 소장인 피에르 오돈(Pier Oddone), 핵물리학 연구 시설인 제퍼슨 연구소 소장 휴 몽고메리(Hugh Montgomery) 등이었다. 내가 정부 건물을 간 것은 오래전에 내가 웨스팅하우스 과학 경시 대회 고등부 결선에 진출했을 때 우리 동네(뉴욕 주) 하원 의원인 벤저민 로젠탈(Benjamin Rosenthal, 1923~1983년)이 나를 데려가 구경시켜 주었을 때가 다였다. 다른 결선 진출자들은 그저 사진만 찍었지만 그는 친절하게도 내게 더 많은 기회를 주었던 것이다.

이번에 갔을 때, 나는 다시 정책이 만들어지는 사무실들을 견학하는 기회를 얻을 수 있었다. 과학 기술 위원회가 쓰는 공간은 레이번 하우스 건물에 있었다. 의원들이 거만하게 앉아 있었고, 우리는 의원들 맞은편 '증인석'에 앉았다. 마침 의원들 머리 위에 의미심장한 명판이 두 장 걸려 있었다. 첫 번째 명판에는 이렇게 씌어져 있었다. "계시(vision)의 말씀이 없을 때 백성은 방자해진다."(「잠언」 29장 18절)

미국 정부는 명시적으로 과학과 기술을 위한 의회 공간이라도 성경을 언급해 놓아야 하는 모양이다. 그럼에도 불구하고 그 구절은 숭고하고 정확한 의미를 담고 있어서, 그 누구라도 따를 만했다.

두 번째 명판에는 좀 더 세속적인 앨프리드 테니슨(Alfred Tennyson, 1809~1892년)의 글이 인용되어 있었다. "나는 내 눈이 볼 수 있는 장래의 일을 헤아려 보았기 때문에/세상의 모습과 일어날 수 있는 모든 불가사의를 보았다."

이 글 역시 우리가 과학 연구의 목표에 대해 이야기할 때 마음에 새겨 둬야 할 만한 좋은 문구이다.

그러나 방의 구조는 얄궂게도 이미 이 글들에 충분히 공감하는 우리는 명판을 바라보면서 과학계에서 불려온 '증인'으로서 앉아 있어야 하는 반면, 정작 그 문구에서 영감을 얻어야 할 의원들은 그 밑에 앉아 있어서 그 말을 읽을 수가 없게 되어 있었다. 인사말에서 "발견은 더 많은 의문과 거대한 형이상학적 질문의 원천"이라고 말한 하원 의원 댄 리핀스키(Dan Lipinski, 1966년~)는 자기도 그 명판을 종종 보고는 했지만, 금방 잊어버렸다고 이야기했다. "거기서 명판을 올려다보는 의원은 거의 없습니다." 그는 상기시켜 준 데 대해 고마움을 표했다.

우리 과학자들은 실내 장식으로부터 당면 과제로 관심을 돌렸다. 그것은 입자 물리학과 우주론에서 이토록 흥미로운 발견이 이루어지는 미증유의 시대를 연 것이 무엇인지 설명하는 것이었다. 의원들의 질문은 종종 신랄했고 대체로 회의적이었지만, 나는 의원들이 경제적으로 불확실한 상황이라고 해서 과학 사업 투자를 중단하는 것이 왜 잘못인지 유권자들에게 설명할 때마다 마주쳤을 저항을 이해할 수 있었다. 의원들의 질문은 특정한 실험의 구체적인 목적과 세부 사항에서부터 과학의 역할과 과학의 근본 목표 같은 포괄적인 주제에까지 다양했다.

의원들이 투표를 위해 주기적으로 자리를 떠야 하는 바람에 중간중간 논의가 끊기기도 했지만 우리는 기초 과학이 발전하면서 저절로 생긴 부수적 이익의 예를 몇 가지 들었다. 기초 연구에 사용되던 과학이 망외의 결실을 맺기도 한다. 우리가 이야기했던 것은 팀 버너스리(Tim Berners-Lee, 1955년~)가 개발한 월드와이드웹(World Wide Web, WWW)이었다. 그는 세계 각국에서 온 물리학자들이 CERN에서 하는 공동 연구와 실험을 보다 쉽게 함께할 수 있도록 월드와이드웹을 개발했다. 우리는 전자의 반입자를 가지고 몸 내부를 조사하는 양전자 방출 단층 촬영(Positron Emission Tomography, PET) 같은 의학적인 응용에 대해서도 이야기했다. 또한 지금 자기 공명 영상(magnetic resonance imaging, MRI)에 이용되는 초전도 자석을 산업적으로 대량 생산하는 기술이 애초에 입자 충돌 실험 연구에서 개발되었음을 이야기했다. 마지막으로 자동차에서 매일 사용하는 위치 확인 시스템(global positioning system, GPS) 등에 놀랍게도 일반 상대성 이론이 적용되고 있음을 설명했다.

물론 중요한 과학이 반드시 실용적인 견지에서 바로 이익을 가져오지는 않는다. 궁극적으로는 이익이 된다고 하더라도, 발견할 때 그렇게 되리라고 알고 있는 경우는 드물다. 벤저민 프랭클린(Benjamin Franklin, 1706~1790년)이 번개가 전기라는 것을 알아냈을 때, 전기가 곧 세상의 모습을 바꿔 놓으리라 짐작이나 했을까. 그리고 알베르트 아인슈타인(Albert Einstein, 1879~1955년)이 일반 상대성 이론에 관해 연구했을 때 그 이론이 GPS 같은 실용적인 도구에 사용되리라고 기대하기나 했을까.

그날 우리가 이야기하고자 한 것은 특정한 응용 사례가 아니라 순수 과학의 절대적인 중요성이었다. 미국에서 과학의 지위가 불안정해지고 있는 것은 사실일지도 모른다. 그러나 많은 사람들이 현재 그 가치를 알고 있다. 『숨겨진 우주』에 인용되었던 「시간은 흐르고(As Time Goes By)」의 원래 가사가 보여 주듯이, 우주, 시간, 공간에 대한 사회의 관점은 아인슈타인에 의해 바뀌었다.[3] 물리 세계에 대한 우리의 이해가 보다 깊어지고 새로운 사고 방식이 보다 넓게 퍼짐에 따라 우리의 언어와 생각 그 자체가 바뀌어 왔다. 오늘날 과학자들이 연구하는 것과 그것에 대한 우리의 대응은 우리가 세계를 이해하는 데, 그리고 건전하고 사려 깊은 사회를 만들어 가는 데 모두 중요하다.

이제 우리는 물리학과 우주론에 있어 지극히 자극적인 시대에 살고 있다. 우리가 보게 될 몇 가지 관측 결과는 우리 지식의 한계를 넘어설 것이다. 이 책은 앞으로 예술과 종교와 과학 등 세상을 이해하는 여러 가지 방식을 살펴볼 것이다. 그러나 초점은 현대 물리학의 목표와 방법에 둘 것이다. 우리가 연구하는 극히 작은 물체는 궁극적으로 우리가 누구이며 어디서 왔는가를 발견해 온 과정의 총합이다. 우리가 더 잘 알고자 하는 거대 스케일의 구조는 우리 우주의 기원과 운명뿐만 아니라 우리의 우주적인 환경에도 빛을 비춰 줄 것이다. 이 책은 우리가 발견하기를 희망하는 것은 무엇이고 그 발견은 어떻게 이루어지는가에 대한 책이다. 우리의 여행은 흥미로운 모험일 것이다. 여러분의 동행을 환영한다.

차 례

1부

현실 세계의 스케일

1장

당신에게는 아주 작은 것, 내게는 아주 큰 것

내가 물리학 연구를 선택한 것은 영원한 영향력을 가진 일을 하고 싶다는 욕망 때문이었다. 어떤 일에 내가 엄청난 시간과 에너지를 들이고 헌신을 한다면, 그 일은 오랜 시간을 견뎌 내는 진실이기를 바랐던 것이다. 그리고 많은 사람들처럼 나는 과학의 진보가 시간의 테스트를 견뎌 내는 일이라고 생각했다.

내 친구 안나 크리스티나 뷔크만(Anna Christina Büchmann)은 대학에서 영문학을 전공했다. 아이로니컬하게도, 안나가 문학을 전공한 이유는 나를 수학과 물리학으로 이끌었던 이유와 정확히 똑같았다. 안나는 통찰력이 있는 이야기는 몇 세기가 지나도 여전히 살아남는다는 점을 사랑했다. 여러 해 전에 헨리 필딩(Henry Fielding, 1707~1754년)의 소설 「톰 존스(Tom Jones)」에 관해서 안나와 같이 이야기했을 때, 나는 내가 아주 재미있게 읽었던 판본이 안나가 대학원에 다닐 때 주석 다는 것을 도왔던 판본임을 알았다.[4]

「톰 존스」는 250년 전에 출판되었고, 그 주제나 위트는 오늘날에도 공명을 일으킨다. 내가 일본에 처음 갔을 때, 그것보다 훨씬 오래된 소설인 「겐지 이야기(源氏物語)」를 읽고, 그 작품의 등장 인물이 무라사키 시키부(紫式部, 973?~1014년 또는 1025?년)가 쓴 지 1,000여 년이 지난 현재에도 여전히 생동감을 가진 것에 놀랐다. 호메로스(Όμηρος, 기원전 8세기경)는 「오디세이아」를 약 2,000년 전에 썼다. 시대와 환경이 엄청나게 다름에도 불구하고, 우리는 시간에 구애받지 않고 오디세우스의 여행담과, 인간 본성에 대한 묘사를 계속 즐긴다.

과학자가 그렇게 오래된—고대의—과학 문헌을 읽는 경우는 거의 없다. 보통 그런 일은 역사가나 문학 비평가에게 맡긴다. 그렇지만 우리는 17세기의 아이작 뉴턴(Isaac Newton, 1643~1727년)이 거둔 성과나 그보다 100년 전 니콜라우스 코페르니쿠스(Nicolaus Copernicus, 1473~1543년)가 이룬 업적처럼 오래된 지식을 여전히 이용한다. 과학자는 책 그 자체는 무시하기도 하지만 그 안에 담긴 중요한 생각과 아이디어는 조심스럽게 보존한다.

과학은 분명 우리가 초등학교에서 배우던 것처럼 보편적인 법칙(law)을 그저 쌓아놓은 더미 같은 것이 아니다. 적당한 규칙(rule)들을 멋대로 모아놓은 것도 아니다. 과학은 진화하는 지식의 총체이다. 지금 연구되고 있는 아이디어들 중 많은 것들은 틀렸거나 불완전한 것으로 밝혀질 것이다. 과학이 기술해 놓은 것은 우리가 알고 있는 것의 한계를 벗어나거나, 저 너머 깊은 진실의 힌트를 감지할 수 있는 머나먼 영역을 탐험해 감에 따라 분명 변해 갈 것이다.

영원히 변하지 않을 것을 목표이려니 해서 탐구하지만, 새로운 실험 데이터를 얻거나 이해가 더 깊어지면 수정하거나 폐기하지 않으면 안 되는 아이디어를 연구해야 한다는 역설을 과학자들은 항상 껴안고 있다. 과학의 핵심에는 검증을 견뎌 낸 신뢰할 만한 지식들이 강고하게 자리 잡고 있지만 그 바깥은 경계가 불분명한 불확실성이 둘러싸고 있다. 오늘 우리를 흥분시키는 아이디어들과 제안들도, 내일 더 설득력 있거나 더 포괄적인 실험 결과가 나온다면 효력을 잃고 곧 잊힐 것이다.

2008년에 공화당 대통령 후보였던 마이크 후커비(Mike Huckabee)는 과학적 '믿음'은 변하지만 기독교는 영원불변의 신이 그 권위를 부여했다며 과학보다 종교의 편에 섰는데, 최소한 과학의 중요한 특성을 잡아냈다는 면에서 그의 말은 완전히 헛소리는 아니다. 우주는 진화하며 우주에 대한 우리의 과학적 지식도 그러하다. 시간이 흐름에 따라 과학자들은 현실 세계의 베일을 한 층 한 층 벗겨 나간다. 그것에 따라 표면 아래 감춰져 있던 것들이 드러난다. 손이 닿지 않던 스케일에 대한 탐구가 진행됨에 따라 자연에 대한 이해도 깊어지고 풍요로워진다. 이렇게 접근하기 어려운 거리에 도달할 때, 지식은 그만큼 진전되고 탐구되지 않은 미답의 영역은 그만큼 줄어든다. 과학적 '믿음'은 우리의 지식이 확장됨에 따라 진화한다.

하지만 기술의 발전에 따라 관측 가능 영역이 더 넓어진다고 하더라도 이전에 이미 도달했던 거리와 에너지, 혹은 속력과 밀도를 쉽게 성공적으로 예측할 수 있게 해 주던 과거의 이론을 그냥 버릴 필요는 없다. 과학 이론은 점점 더 많은 지식을 흡수하며 성장한다. 동시에 예전의 아이디어에서 믿을 수 있는 부분은 남겨둔다. 따라서 과학은 예전에 확립된 지식을, 더 넓은 실험적, 이론적 관찰로부터 나온, 보다 포괄적인 관점으로 통합한다. 이러한 변화는 반드시 예전의 법칙이 틀렸다는 것을 의

미하지는 않는다. 예를 들어, 예전의 법칙은 새로운 구성 요소가 드러나는 더 작은 스케일에서만 적용되지 않을 뿐, 기존 이미 파악된 스케일에서는 그대로 적용 가능할 수 있기 때문이다. 옛 법칙은 더 탐구되지 않고 방치될 수도 있지만 언젠가 그 옛 법칙조차 우리의 지식 체계에 받아들여져 지식 체계를 확장하는 데 나름의 역할을 하게 될 것이다. 우리가 살고 있는 행성의 모든 장소를 실제로 가 보지는 못하겠지만(우주는 생각도 말자.) 가고자 마음 먹으면 가 보지 못할 곳은 거의 없는 것처럼, 물질과 우주에 대한 우리의 이해가 증가하면 할수록 우리의 존재는 풍요로워질 것이다. 미지의 것이 남아 있다는 사실은 우리를 더욱더 뜨겁게 고무할 것이다.

내가 일하는 분야인 입자 물리학은 보다 더 작은 물질의 구성 요소들을 연구하기 위해 보다 더 짧은 거리의 세상을 연구하는 학문이다. 오늘날 입자 물리학의 실험적, 이론적 연구 활동은 물질 속 저 깊은 곳에 숨겨진 것을 드러내려고 한다. 그러나 물질은, 종종 드는 비유이기는 하지만, 러시아 마트료시카 인형처럼 단순하지 않다. 비슷한 구성 요소가 그저 더 작은 스케일로 되풀이되는 것이 아니다. 더욱더 작은 거리를 연구하는 것이 흥미로운 이유는 우리가 새로운 영역에 도달하면 규칙 자체가 바뀔 수 있기 때문이다. 이전에 관찰되었던 큰 거리에서는 효과가 너무 작아서 검출되지 않던 새로운 힘이나 상호 작용이 그 스케일에서 나타날 수 있다.

물리학자에게 있어서 특정한 연구에 관련된 크기나 에너지 영역을 가리키는 스케일이라는 개념은 우리 세계의 여러 측면뿐만 아니라, 과학적 진보를 이해하는 데도 중요하다. 우리가 아는 한 가장 잘 작동되던 물리 법칙들이라고 하더라도 우주를 우리가 파악할 수 있는 여러 개의 크기로 나누는 순간 잘 작동하지 않는 영역이 나타나기 때문이다. 한 스케일에서 잘 적용되던 개념이 다른 스케일로 넘어가자마자 더 이상 적용되지 않는 것을 발견했다. 그 개념을 쓸모 있게 만드려면 새로운 스케일에서 더 유용한 개념과 관련을 맺어야 한다. 크기나 길이에 따라 세계를 기술하는 방법이 근본적으로 달라질 수 있는 것이다. 스케일을 이해한다는 것은 이것을 이해한다는 것이다. 이렇게 세계를 스케일에 따라 구별할 줄 알아야 비로소 우리가 아는 모든 것을 일관된 관점에 따라 합쳐 하나의 큰 그림으로 만들 수 있다.

이 1장에서 나는 스케일에 따라 세계를 나누는 것이 우리 생각을 과학적인 측면에서든 다른 측면에서든 명확하게 해 줌을 보여 줄 것이다. 그리고 물질 구성 요소의 미묘한 성질을 일상 생활에서 흔히 보는 거리에서는 왜 알아차리기 힘든지 그 이유를 설명할 것이다. 그리고 그 과정에서 과학에서 이야기하는 '참(옳음)'과 '거짓(틀림)'의 의미를 논의하고자 한다. 그러면 아무리 대단한 근본적인 발견이라고 해도 우리가 익숙하게 여기는 스케일에서 꼭 극적인 변화를 초래하지 않는다는 것을 이해하게 될 것이다.

과학적으로 되는 것, 안 되는 것

사람들은 과학 지식이 진화한다는 것을 지식이 존재하지 않는다는 것으로 오해하고는 한다. 사실 너무 자주 그런다. 그것은 과학이 어떤 것인지 모른다고 자인하는 것이나 다름없다. 과학자들이 계속해서 새로운 물리 법칙들을 발견해 내는 것을 가지고 제대로 된 규칙이 없는 것이라고 잘못 생각한다. 최근에 캘리포니아에서 시나리오 작가 스콧 데릭슨(Scott Derrickson)과 대화하면서 이런 오해의 원천을 확인했다는 느낌을 받았다. 스콧은 과학과, 그가 생각하기에 과학자들이 초자연적인 것이라고 무시하는 현상 사이에 어떤 관계가 있을지도 모른다는 내용의 시나리오 작업을 몇 가지 하고 있었다. 시나리오에 커다란 결함이 생기는 것을 피하려고, 스콧은 그가 상상한 스토리를 물리학자에게, 즉 나에게 검토시켜서 과학적으로 올바르게 만들고 싶어 했다. 그래서 우리는 햇볕 가득한 로스앤젤레스의 오후를 즐기며 야외 카페에서 점심과 생각을 나누었다.

시나리오 작가들이 과학을 잘못 표현하는 일이 흔하다는 것을 잘 알고 있던 스콧은 자기가 쓰려고 하는 유령과 시간 여행 이야기에 가능한 한 타당한 과학적 신빙성을 부여하고 싶어 했다. 그의 고민은 사람들의 흥미를 끌 만큼 참신한 현상을 보여 주는 동시에 영화 스크린에 효과적으로 옮길 수도 있는 과학 관련 소재를 발굴해 내야 한다는 것이었다. 비록 과학 훈련을 받지는 않았지만 스콧은 머리 회전이 빠르고 새로운 아이디어를 잘 받아들였다. 그래서 나는 그의 시나리오 줄거리가 교묘하고 오락적 가치가 있음에도 불구하고 물리학적 제약 때문에 과학적으로 성립할 수 없다고 이야기했고 그 이유도 설명해 주었다.

스콧은 과학자들도 종종 나중에 옳은 것으로 판명되는 현상을 처음에는 불가능하다고 생각하지 않았느냐고 응수했다. "과학자들도 상대성 이론을 안 믿지 않았나요?", "누가 무작위성이 근본적인 물리 법칙에서 중요해질 거라고 생각했었나요?" 하고 물으며 스콧은 과학에 대한 존중을 표하는 동시에 과학에 대한 의심을 거두지 않았다. 과학의 본질이 진화하는 것이라면 과학자들 역시 스스로의 발견이 가진 한계와 의미에 대해서 때때로 잘못 헤아리지 않겠냐고 따져 물었다.

심지어 어떤 비평가는 한 발 더 나아가서, 비록 과학자들이 많은 것을 예측할 수 있다고 하더라도, 그런 예측의 신뢰성은 항상 의심스럽다고까지 주장한다. 회의주의자들은 언제나, 과학적 증거에도 불구하고,

함정이나 허점이 있을 수 있다고 고집한다. 이러다간 죽은 사람이 살아 돌아오거나, 최소한 중세 시대나 중간계(middle-earth, 소설 『반지의 제왕』의 무대. '가운데땅'이라고도 한다. — 옮긴이)로 가는 입구가 열릴 판이다. 이렇게 의심 많은 사람들은 어떤 일은 확실히 불가능하다는 과학의 주장을 잘 믿지 않는다.

열린 마음을 가지고 언제나 새로운 발견이 기다리고 있음을 인식하는 것은 일종의 지혜라고 할 수도 있다. 그러나 이런 논리에는 심각한 오류가 숨어 있다. 문제는 우리가 앞의 말을 잘 뜯어보면, 특히 스케일의 개념을 생각하면 명확해진다. 분명 아직 탐구되지 않았고 새로운 물리 법칙이 적용될 거리나 에너지 영역은 남아 있고, 언제까지나 존재할 테지만, 사람 크기의 인간 스케일(human scale)에 적용되는 물리 법칙에 대해 우리는 아주 잘 알고 있다. 그 법칙들은 수세기 동안 충분히 검증되었기 때문이다. 회의주의자들의 질문은 그런 사실을 무시하고 있는 것이다.

내가 휘트니 박물관에서 창조성이라는 주제로 열린 토론회에 패널로 참가했을 때 함께 패널로 참가한 안무가 엘리자베스 스트렙(Elizabeth Streb, 1950년~)을 만났다. 그녀 역시 인간 스케일에 대한 과학 지식의 확고함을 과소 평가하고 있었다. 엘리자베스는 스콧이 했던 것과 비슷한 질문을 던졌다. "상상할 수 없을 정도로 작게 말려 있다고 물리학자들이 말하는 아주 작은 차원이라고 해도 우리 몸의 움직임에 어떤 영향을 미치지 않을까요?"

그녀의 작품은 멋졌고, 춤과 몸의 움직임에 대한 기본 전제에 대한 그녀의 탐구는 매혹적이었다. 그러나 우리 물리학자들이 새로운 차원이 존재하는지, 혹은 존재한다면 어떤 식으로 존재하고, 어떤 역할을 하는지 알지 못하는 이유는 새로운 차원이 너무 작아서, 혹은 너무 비틀려 있어서 감지하지 못하기 때문이다. 이 말은 우리는 지금까지 관찰해 온 어떤 물리량에서도, 어떤 초정밀 측정으로도 새로운 차원의 영향을 찾지 못했다는 뜻이다. 물리 현상에 미치는 여분 차원의 효과는 엄청나게 커져야만 사람의 움직임에 감지 가능한 영향을 줄 수 있다. 그리고 정말로 그런 효과를 미쳤다면 우리는 벌써 그 효과를 발견했을 것이다. 그러므로 우리 물리학자들이 양자 중력을 더 잘 이해하게 되더라도 무용의 기초는 변하지 않을 것이다. 그 효과는 인간 스케일에서 지각되는 그 어떤 것보다도 아주아주 작기 때문이다.

과거 과학자들이 틀린 것으로 판명된 적도 있다. 그러나 많은 경우 그것은 그들이 아주 작거나 아주 먼 거리, 혹은 극히 높은 에너지나 아주 빠른 속도 등의 영역을 아직 탐구하지 않았기 때문이다. 이것은 과학자들이 산업 혁명기의 기계 파괴주의자들처럼 진보의 가능성에 마음을 닫고 있었다는 뜻이 아니다. 당시 과학자들이 당시로서는 최신의 수학적 기술을 가지고 당시 관측 가능했던 대상과 그 움직임을 기술할 수 있으며 세계 전체를 기술할 수 있다고 믿었다는 뜻일 뿐이다. 당시 과학자들이 일어날 리 없다고 생각했던 현상들은 그들이 그때까지 경험할 수도, 실험할 수도 없었던 거리나 속력에서는 일어날 수 있었고, 실제로 종종 일어났다. 물론 당시 과학자들은 그렇게 낯선 짧은 거리에서나 높은 에너지 영역에서도 잘 작동하는 새로운 개념이나 이론을 미리 알 수는 없었다.

과학자들이 무언가를 "안다."라고 하는 것은 **일정 범위의 거리나 에너지 영역에서** 잘 검증된 예측을 내놓는 생각이나 이론을 가지고 있다는 뜻일 뿐이다. 이런 생각과 이론이 반드시 영구불변한 법칙이나 가장 근본적인 물리 법칙일 필요는 없다. 어떤 실험으로 검증할 수 있는 규칙일 것이고 당대의 기술로 얻을 수 있는 범위의 변수에 적용되는 규칙일 것이다. 그러므로 과거의 법칙 중에는 새로운 것에 따라잡히는 것이 나오게 된다. 예를 들어 뉴턴의 법칙은 잘 맞고 정확하지만, 아인슈타인의 이론이 적용되는 빛의 속도 근처에 가면 더 이상 적용되지 않는다. 뉴턴의 법칙은 정확하지만 동시에 불완전해서 제한된 영역에서만 적용된다.

보다 정밀한 관측은 보다 진보된 지식을 낳는다. 이것이 과학의 진보이다. 새로운 지식은 새로운 종류의 기초 개념에 빛을 비추게 된다. 지금 우리는 제한된 관측 기술을 가진 옛 과학자들은 알 수 없었고 발견할 수 없었던 현상들에 관해서 많이 안다. 그래서 과학자들이 때때로 틀렸고, 불가능하다고 생각했던 현상이 나중에 옳고, 가능하다고 판명되지 않았냐는 스콧의 말은 옳다. 그러나 이것은 규칙이 전혀 없다는 뜻이 아니다. 유령과 시간 여행자는 우리 집에 나타나지 않을 것이고, 외계 생명체가 갑자기 벽에서 튀어나오는 일도 없을 것이다. 여분의 공간 차원은 존재한다고 해도 너무 작거나 비틀려 있을 것이고, 그렇지 않으면 지금까지 눈에 띄는 존재 증거가 나타나지 않는 이유를 설명할 수 있는 방식으로 숨겨져 있을 것이다.

물론 불가사의한 현상이 일어날 수 있다. 그러나 그런 현상은 우리의 통상적인 직관적 이해나 인식으로부터 아득히 멀리 떨어져 있어서 관찰하기 어려운 스케일에서만 일어날 것이다. 만약 그런 현상이 너무 멀리 떨어져 있어서 계속 접근하기 어렵다면 과학자들의 흥미를 그리 끌지는 못할 것이다. 그리고 소설가들 역시 별 흥미를 느끼지 못할 것이다. 우리의 일상에 눈에 띄는 효과를 전혀 주지 않을 테니 말이다.

기묘한 일이 일어날 수도 있다. 하지만 물리학자가 아닌 사람들이 관심이라도 가지려면 보여야 한다. 스티븐 앨런 스필버그(Steven Allan Spielberg, 1946년~)가 자신이 구상 중인 SF 영화에 관해서 이야기하면서 지적했듯이, 영화의 스크린 위에 나타낼 수 없는 이상한 세계, 그리고 영

그림 1 조그맣게 말린 차원이 본질적으로 보이지 않음을 소재로 한 XKCD 만화.

화의 등장 인물이 경험하지 못하는 세계는 보는 사람에게도 별 재미를 주지 못한다. (그림 1은 그 재미있는 증거이다.) 오직 우리가 접근할 수 있고 그 새로움을 알 수 있는 세계만이 흥미를 끌 수 있다. 상상력을 필요로 한다는 점은 같지만 추상 개념과 가상의 이야기는 다르며 그 목적도 다르다. 과학 개념이 적용되는 계는 영화에서 보는 세계나 우리가 매일 보는 세상과 너무 동떨어져 보여 사람들의 흥미를 끌지 못할 수 있다. 그렇지만 과학 개념은 물리 세계를 기술하는 데 필수적인 역할을 한다.

오도되고, 오해되고, 오인되는 과학

과학과 세계가 거리에 따라서 깔끔하게 분리됨에도 불구하고, 사람들은 과학과 세계를 이해하려고 할 때 너무 자주 어려운 길이 아니라 쉬운 길을 택한다. 그러면 특정 이론을 맹목적으로 적용하는 경향에 쉽게 빠지게 된다. 과학의 오용(오도되기도 하고 오해되기도 하고 오인되기도 한다.)은 새로운 현상이 아니다. 과학자들이 연구실에서 자기(磁氣)를 연구하기 바빴던 18세기에 일부 사람들은 '동물 자기(animal magnetism)'라는 개념을 생각해 냈다. 생물 몸 안에 자기를 띤 유체가 흐른다는 것이다. 1784년 루이 16세는 이 가설을 검증하기 위해 전문 위원회를 구성했고, 벤저민 프랭클린도 이 위원회에 참가했다. 결국 같은 해 이 가설은 틀린 것으로 판명되었다.

오늘날 이러한 오용은 양자 역학과 관련해서 특히 더 많이 일어나는 것 같다. 사람들이 양자 역학의 개념과 이론을 그 효과가 평균화되어 측정할 만한 흔적을 남기지 않는 거시적인 스케일, 다시 말해 육안으로 볼 수 있는 스케일에 적용하려고 하기 때문이다.[5] 수많은 사람들이 론다 번(Rhonda Byrne, 1951년~)의 베스트셀러인 『시크릿(*The Secret*)』에 나온, 긍정적인 생각이 부와 건강과 행복을 끌어당긴다는 생각을 믿는다는 것은 황당한 일이다. 번이 "나는 학교에서 과학이나 물리학을 공부한 적은 없지만, 이제 양자 역학에 대한 어려운 책들을 읽었을 때 나는 그 책들을 완전히 이해할 수 있었다. 내가 그것을 이해하기를 바랐기 때문이다. 양자 역학을 연구한 덕분에 '시크릿'을 에너지 레벨에서 더 깊이 이해하게 되었다."라고 주장하는 것도 마찬가지로 참고 듣기 어렵다.

노벨상을 수상한 양자 역학의 선구자인 닐스 헨리크 다비드 보어(Niels Henrik David Bohr, 1885~1962년)조차 "만약 당신이 양자 역학 때문에 완전히 혼란에 빠지지 않았다면, 당신은 양자 역학을 이해하지 못하는 겁니다."라고 말했듯이, 여기 또 다른 '비밀'이 있다. (적어도 베스트셀러인 『시크릿』에서 말하는 '비밀'만큼이나 잘 지켜지는 비밀이다.) 양자 역학은 난해함으로 악명 높다. 우리의 언어와 직관은 양자 역학을 고려하지 않은 **고전적인 논리**에 따라 이루어져 있다. 그러나 양자 논리가 적용되는 세계라고 해서 온갖 기기묘묘한 현상이 모두 일어날 수 있다는 뜻은 아니다. 사실 더 근본적이고 깊은 이해 없이도 우리는 양자 역학을 이용해서 물리 현상을 예측할 수 있다. 양자 역학은 확실히 인간과 멀리 떨어진 물건이나 현상 사이에 작용한다고 번이 이야기한 '끌어당김의 법칙', 다시 말해 '시크릿'을 설명하지는 못할 것이다. 양자 역학은 그렇게 먼 거리에서 일어나는 그런 작용을 허용하지 않는다. 사람들은 다른 사람의 관심을 끌기 위해 자신이 내놓은 아이디어의 근거에 양자 역학을 갖다대고는 한다. 그러나 양자 역학은 사람들이 양자 역학에서 유래한 것이라고 여기는 생각 대부분과 관련이 없다. 그저 응시하는 것만으로는 실험에 영향을 줄 수 없다. 양자 역학은 결코 믿을 만한 예측이란 없다고 말하지 않으며, 대부분의 측정은 불확정성 원리가 아니라 실제적인 한계 때문에 제약을 받는다.

그러한 잘못된 생각은 마크 비센테(Mark Vicente, 1965년~)와 가졌던 놀라운 대화의 중심 주제였다. 마크는 과학자들을 황당하게 만드는 다큐멘터리 영화 「삐 소리가 무엇인지 아는가?(What tHē#$*! DϴΘ ωΣ (k)πow!?)」의 감독인데, 이 영화에 나오는 사람들은 인간의 존재가 실험에 영향을 미친다고 주장한다. 나는 그와의 대화가 어쩌다가 이 주제까지 이어졌는지 확실히 기억하지 못하고 있는데, 댈러스/포트워스 공항에서 몇 시간 동안 날개에 난 손상을 고치는 기계를 기다리느라 활주로에 대기하고 있던 비행기 안에 꼼짝 못 하고 앉아 있었기 때문에 시간은 많았다. (그 손상은 처음에는 너무 작아서 문제가 되지 않는다고 했다. 그러나 무사히 이륙하기 위해서는 "전문적인 진단"이 필요해졌다고 나중에 친절한 승무원 한 사람이 귀띔해 주었다.)

아무튼 이륙이 지연되는 비행기에서 이야기를 계속해 나가려면 나는 그가 그의 영화에 관해 어떤 입장을 취하는지 알아야 한다는 것을 깨달았다. 이 영화를 보고 내 강의에 와서 엉뚱한 질문을 던지는 사람들이 워낙 많았기 때문에 사실 나는 그의 영화가 낯설지 않았다. 마크의 대답은 나를 놀라움에 사로잡히게 했다. 그는 '전향'했던 것이다! 그는 자신이 처음부터 선입견을 가지고 과학이라는 주제를 다뤘으며 그 선입견을 별로 의심하지 않았다고 털어놓았다. 게다가 당시 그가 가졌던 선입견을 이제는 종교적인 것이었다고 평가한다고까지 이야기했다. 마크는 그가 영화에서 보여 준 것은 과학이 아니라고 최종적으로 결론지었다. 인간 스케일 수준에서 일어나는 양자 역학적 현상들은 아마도 그의 영화를 본 사람들을 피상적으로 만족시켰겠지만 과학적으로 옳은 것은 아니었다.

새로운 이론이 기존의 것과 근본적으로 다른 새로운 전제를 필요로 한다고 해도, 양자 역학이 확실히 그랬듯이 그것이 참으로 타당한 것인지 최종적으로 결정하는 것은 제대로 된 근거를 갖춘 과학적 논의와 실험뿐이다. 그것은 마술이 아니다. 데이터를 모으고 효율성과 정합성을 추구하는 과학적 방법론은 과학자들이 즉각적으로 접근 가능한 스케일에서 얻은 직관을 넘어 그러한 직관으로는 이해할 수 없는 현상들에 적용할 수 있는 아이디어로 지식을 확장하도록 해 준다.

그럼 다음 절에서는 어떻게 스케일이라는 개념이 다른 이론적인 개념들을 체계적으로 연결해 주고 통일성 있는 전체로 합쳐 주는지 좀 더 구체적으로 살펴볼까 한다.

유효 이론

우리 인간은 우연하게도 10의 제곱이라는 개념으로 따져봤을 때 상상할 수 있는 가장 작은 길이와 광대무변한 우주의 스케일 사이 거의 중간쯤에 위치하는 크기를 가지고 있다.[6] 우리는 물질의 내부 구조와 그 구성 요소들에 비하면 엄청나게 크고, 별과 은하와 광활한 우주에 비하면 아주아주 작다. 우리가 가장 쉽게 이해할 수 있는 크기는 우리의 오감과 가장 기초적인 측정 도구를 통해 우리가 쉽게 접할 수 있는 크기이다. 더 크거나 작은 스케일은 관측에다가 논리적인 추론을 결합해서 이해한다. 다루는 대상의 크기가 직접 보고 느끼는 스케일에서 멀어짐에 따라 그것은 훨씬 더 추상적인 것이 되고 우리가 쉽게 파악하기 어려운 물리량 역시 점점 더 늘어날 것이다. 그러나 이론과 기술을 결합시키면 광범위한 길이 영역에서 우리는 물질의 성질을 알아낼 수 있다.

우리가 알고 있는 과학 이론은 LHC가 탐구하는 작은 세계에서 은하와 우주에 이르는 거대한 스케일까지 광범위한 영역에 적용된다. 그리고 물체의 길이나 물체들 사이의 거리가 가질 수 있는 크기에 따라 물리 법칙의 다른 측면이 관계된다. 물리학자들은 이처럼 넓은 범위에 걸쳐 적용되는 무시무시하게 많은 양의 정보를 다루어야 한다. 따지고 보면 작은 길이에 적용되는 가장 기초적인 물리 법칙이 궁극적으로는 더 큰 스케일에 관계되는 물리 법칙의 원인이 되지만, 기초적인 법칙들이 실제로 계산을 하는 데 가장 효과적인 방법이 되는 것은 아니다. 충분히 정확한 답을 얻는 데 있어 더 이상의 하부 구조나 이론적 기반을 아는 것이 그리 큰 도움이 되지 않는다면, 우리는 더 효과적으로 계산할 수 있고 더 간단한 규칙만 적용하면 되는 실제적인 방법을 택해 계산하는 게 맞다.

물리학의 가장 중요한 특징 중 하나는, 어떤 측정이나 예측을 하든 그것에 맞는 스케일의 범위를 물리학 이론이 가르쳐 준다는 점이다. 그 스케일은 우리가 원하는 정밀도에 부합하는 것이고, 우리는 그 스케일에 따라 적절하게 계산을 할 수가 있다. 이렇게 세상을 보는 방법이 아름다운 이유는 우리가 관심을 가진 스케일에만 집중할 수 있게 해 주고, 그 스케일에서 작동하는 요소들을 특정할 수 있게 해 주며, 이 구성 요소들의 관계를 지배하는 법칙을 발견하고 적용할 수 있게 해 주기 때문이다. 과학자들은 이론을 정식화하거나 계산을 수행할 때, 측정할 수 없을 만큼 작은 스케일에서 나타나는 물리적 과정들을 뭉뚱그리고 심지어 (종종 무의식적으로) 무시한다. 우리는 관련된 사실들만 선택하고 없어도 되는 세부 사항을 생략한 후, 가장 유용한 스케일에 초점을 맞춘다. 이렇게 하는 것이 어찌 다뤄야 할지 알 수 없을 정도로 밀도 높은 정보의 집합에 대처하는 유일한 방법이다.

적절한 경우라면, 관심 있는 주제에만 집중하고 중요하지 않은 세부 사항이 초점을 흐리지 않도록 사소한 것을 무시하는 것은 의미가 있다. 하버드 대학교의 심리학 교수인 스티븐 마이클 코슬린(Stephen Michael Kosslyn, 1948년~)이 최근 했던 강의를 들으면서 나는 과학자들이, 아니 과학자가 아닌 사람들 모두 다 정말로 정보를 기록하기 좋아하는 존재라는 생각이 들었다. 코슬린은 청중에게 이제부터 스크린에 차례차례 보여 줄 선분을 기억하라고 이야기했다. 청중을 상대로 한 공개 인지 과학 실험인 셈이었다. 각각의 선분은 '북쪽' 또는 '남동쪽' 등을 가리켰고, 그것들을 다 모으면 지그재그 모양의 선 하나가 그려졌다. (그림 2 참조) 코슬린은 청중에게 눈을 감으라 하고 자신들이 본 것을 말해 보라고 했다.

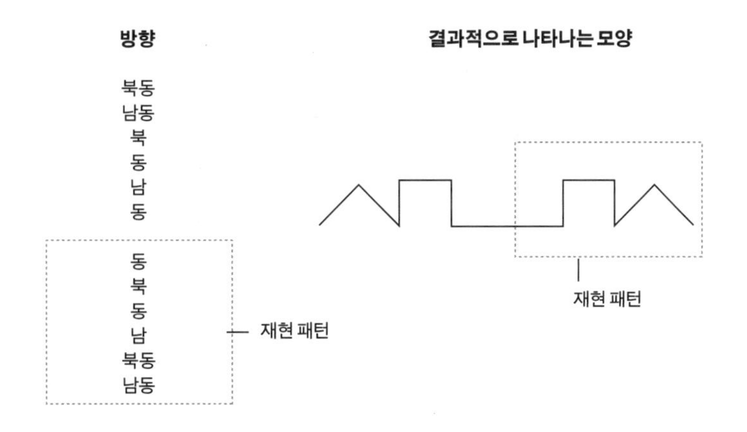

그림 2 각각의 선분을 이 모양의 구성 요소로 생각할 수도 있고, 두 번 나타나는 6개의 선분 무리와 같이 더 큰 단위를 구성 요소로 생각할 수도 있다.

우리 뇌는 각각의 선분은 한 번에 몇 개밖에 기억하지 못했다. 하지만 각 선분들을 반복되는 몇 개의 형상으로 묶을 수 있으면 아주 긴 선이라고 해도 연속적으로 기억해 내 전체 형상을 알아맞힐 수 있었다. 우리 뇌는 선분 각각을 개별적으로 기록하는 것이 아니라 전체 형상의 스케일을 고려하며 몇 가지 도형으로서 우리 머릿속에 기록해 갔던 것이다.

사람은 무언가를 보고, 듣고, 맛보고, 냄새 맡고, 만질 때, 그것의 모든 면모를 가까이 들여다보면서 세부 사항을 검토할 것인지, 다른 우선순위에 따라 전체적인 '큰 그림'을 검토할 것인지를 선택한다. 그림을 보거나 포도주를 맛볼 때, 철학책을 읽거나 다음 여행의 계획을 짤 때, 여러분은 자연스럽게 자신의 생각을 구분해 여러분이 흥미를 가지는 범주 — 그것은 크기나 맛, 철학적 개념이나 거리일 수도 있다. —와 여러분이 특별히 구분 기준을 갖지 못한 범주로 나눈다.

관계가 있는 문제에만 집중하고, 너무 작아서 관계 없는 구조를 무시하는 일은 여러 상황에서 유용하다. 당신이 맵퀘스트(MapQuest)나 구글맵(Google Map) 같은 지도 검색 서비스를 사용할 때, 또는 아이폰의 작은 화면을 볼 때 하는 일을 생각해 보라. 만약 여러분이 멀리 떨어진 곳에서 여행 왔다면, 여러분은 우선 여러분의 목적지에 대해 대략적이고 개괄적인 정보를 알고자 할 것이다. 개괄적인 상황을 큰 그림으로 그려 얼추 파악했다면 여러분은 당연히 지도를 확대해 그 해상도를 높일 것이다. 처음에는 추가적인 세부 정보는 필요하지 않다. 대략적인 위치 관계만 파악하면 된다. 그러나 여행의 세부 계획을 짜기 시작하면, 여러분은 예컨대 특정한 거리나 골목에 대해 알기 위해 지도의 해상도를 높이려 할 것이고, 처음에는 중요하지 않았던, 더 세밀한 스케일에서 파악 가능한 세부 사항들을 살필 것이다.

당연한 것이겠지만 여러분이 원하거나 필요로 하는 정밀도의 정도가 여러분이 택할 스케일을 결정한다. 나를 만나러 뉴욕 오는 친구들 중에는 자신이 묵을 호텔 위치 따위는 별로 신경 쓰지 않는 이들이 있다. 그들에게 블록 별로 미묘하게 다른 차이 같은 것은 무의미하다. 하지만 뉴욕을 잘 아는 사람에게는 그런 세부적인 것이 중요하다. 그들은 다운타운에 묵게 된다는 것을 아는 것만으로는 충분하지 않을 것이다. '뉴요커'라면 자신이 휴스턴 가 북쪽에 있는지 남쪽에 있는지, 혹은 워싱턴 스퀘어 파크의 동쪽인지 서쪽인지, 심지어는 거기서 두 블록, 또는 다섯 블록 떨어져 있는지 신경을 쓴다.

스케일의 정밀도에 대한 취향이 사람마다 다를 수 있지만, 레스토랑을 찾으려고 미국 전국 지도를 펼치는 사람을 없을 것이다. 그렇게 과도하게 큰 스케일을 사용하면 필요한 세부 사항이 컴퓨터 화면에 표시되지 않는다. 반대로 레스토랑의 위치를 알기 위해 레스토랑이 있는 건물의 평면도를 자세히 들여다볼 필요는 없다. 여러분이 찾고 있는 답이 무엇이냐에 따라 적합한 스케일을 골라야 하는 것이다. (그림 3 참조)

마찬가지로 물리학에서도 우리가 관심을 가진 문제에 집중하기 위해 대상을 크기에 따라 범주화할 수 있다. 예를 들어 우리 앞에 테이블이

에펠탑

너무 작은 스케일

적절한 스케일

너무 큰 스케일

그림 3 스케일에 따라 명확하게 보이는 정보도 달라진다.

하나 있다고 해 보자. 테이블 상판은 단단해 보인다. 그리고 우리는 대개의 경우 그것을 고형물로서 취급한다. 그러나 실제로 테이블 상판은 원자와 분자로 이루어져 있고 그것들이 집합적으로 작용해서, 우리가 일상적으로 경험하는 스케일에서는 손가락 같은 것으로는 뚫을 수 없는 단단한 표면처럼 보일 뿐이다. 게다가 이 원자들 역시 나눌 수 없는 것이 아니다. 원자는 원자핵과 전자로 이루어져 있다. 그리고 원자핵은 양성자와 중성자로 되어 있고, 이것들은 다시 쿼크(quark)라는 더 기본적인 물체들이 이루고 있는 '속박 상태'일 뿐이다. 우리는 원자와 원소의 전자기적인 성질과 화학적 성질을 이해하기 위해(이런 것들을 연구하는 분야가 원자 물리학이다.) 쿼크에 대해 알 필요는 없다. 원자 물리학 연구는 원자의 하부 구조에 대한 실마리조차 없던 시절부터 쭉 이루어져 왔다. 그리고 생물학자들이 세포를 연구할 때에도 양성자 안의 쿼크에 대해 알 필요가 없다.

나는 고등학교 물리 수업 시간에 배신감을 느낀 적이 있다. 몇 달간 뉴턴의 법칙을 열심히 공부하고 난 다음에 선생님이 그 법칙은 틀린 것이라고 이야기했기 때문이다. 그러나 선생님의 말이 꼭 맞는 것은 아니었다. 왜냐하면 뉴턴의 운동 법칙은 그의 시대에 관측할 수 있는 거리와 속력에서는 잘 작동하기 때문이다. 뉴턴은 그가(그 시대 누구든) 할 수 있는 가장 정확한 관측을 전제로 하고 그 관측 결과를 설명할 수 있는 물리 법칙에 대해 생각했다. 뉴턴은 당시 측정할 수 있었던 것들에 관해 올바른 예측을 하는 데 일반 상대성 이론의 자세한 계산까지 동원할 필요는 없었다. 이것은 오늘날에도 마찬가지이다. 우리가 뉴턴의 법칙이 적용되는, 상대적으로 느린 속도로 움직이고 밀도가 낮은 커다란 물체에 대해 어떤 예측을 할 때 일반 상대성 이론을 가져올 필요는 전혀 없다. 현대 물리학자들이나 기술자들이 행성의 궤도를 연구할 때에도 마찬가지로 태양의 구조와 성분을 자세히 알 필요는 없다. 쿼크의 행동을 지배하는 법칙은 천체에 대한 예측에 눈에 띄는 영향을 미치지 않는다.

가장 기본적인 구성 요소를 이해하는 것이 훨씬 큰 스케일에서 벌어지는 상호 작용을 이해하는 데 있어 가장 효과적인 방법인 경우는 거의 없다. 작은 하부 구조가 별 역할을 하지 못하기 때문이다. 원자 물리학 분야에서 어떤 진보를 이루기 위해 원자보다 훨씬 작은 쿼크를 연구해야 하는 경우가 있을 수 있다. 그러나 이것은 원자핵의 성질을 아주 자세히 알아야 할 때만 그렇다. 쿼크의 기본 구조가 원자 물리학적 상호 작용에 영향을 미치는 것이 그때뿐이기 때문이다. 한없는 정밀도가 요구되는 경우가 아니라면 우리는 원자핵 내부의 하부 구조를 무시하고도 별탈없이 화학이나 분자 생물학을 연구할 수 있다. 양자 중력 스케일에서 무슨 일이 일어난다고 하더라도 엘리자베스 스트렙의 춤 동작은 바뀌지 않을 것이다. 춤사위는 고전 물리학의 법칙만을 따른다.

물리학자를 포함해 사람들은 누구나 세부 사항을 정밀하게 따지지 않아도 된다면 어떤 현상을 가능한 한 간단하게 기술할 수 있기를 바라는 법이다. 물리학자들은 이러한 본능을 어떤 현상과 관계되는 거리와 에너지의 크기에 따라 그 현상을 범주화하는 형태로 발휘한다. 우리 물리학자들은 이런 방법을 **유효 이론**(effective theory)이라고 부른다. 유효 이론은 문제와 관련된 거리에서 어떤 효과를 미치는 입자와 힘(상호 작용)에만 관심을 가진다. 문제와 관련된 스케일에서 측정 가능한 영향을 미치는 것이 아니라면, 아무리 입자와 상호 작용의 근본적인 성질을 나타내는 변수라고 해도 사용하지 않는다. 검출 가능할지도 모르는 스케일과 실제로 관계되어 있는 것의 관점에서 이론과 방정식과 관측을 구축해 가는 것이 바로 유효 이론의 방법론이다.

커다란 스케일에 적용되는 유효 이론은 보다 짧은 거리 스케일에 적용되는, 보다 기본적인 물리학 이론의 세부 사항에 관여하지 않고, 그 스케일에서 관측 가능할 것 같은 것들만을 다뤄 나간다. 만약 무언가가 여러분이 연구를 하고 있는 스케일의 해상도를 넘어선다고 해도, 여러분은 그 구조를 자세히 알 필요가 없는 것이다. 이러한 방법론은 과학의 결함이 결코 아니다. 과학자들의 눈속임도 물론 아니다. 이것은 정보가 너무 많아져서 일이 난장판이 되는 것을 피하는 방법이다. 이것은 정확한 답을 효율적으로 찾아 가면서 자신의 계 안에 있는 것들을 계속해서 기록해 가는 데 있어 '유효한' 방법이다.

유효 이론에서는 모르는 것이 있어도 그것이 측정 가능한 차이를 만들지 않는 한 무시해도 아무런 문제가 없다. 이것이 유효 이론이 물리학 연구에서 제대로 기능하는 이유이다. 어떤 현상이 일어났다고 해도 그것이 그 영향을 식별하기 어려운 스케일이나 거리나 해상도에서 일어났다면, 그것을 몰라도 옳은 예측을 할 수가 있다. 현재의 기술 수준으로 파악 불가능한 현상은, 말 그대로 이미 고려된 것을 제외하면, 측정 가능한 영향을 미치지 않을 것이다.

이것이 바로 상대성 이론적 운동 법칙의 존재나, 원자 및 아원자 세계에 대한 양자 역학적 기술같이 근본적인 현상에 관한 지식 없이도 사람들이 올바른 예측을 할 수 있는 이유이다. 사람은 모든 것을 동시에 생각할 수 없는 존재이기 때문에 이것은 다행스러운 일이다. 만약 불필요한 세부 사항까지 모두 다 문제를 풀 때마다 항상 고려해야 한다면 우리는 그 어떤 목표도 달성하지 못할 것이다. 우리가 실험적으로 검증할 수 있는 문제들에 집중하면 된다. 그렇게 하면 인간의 분해능은 한계가 있기 때문에 온갖 스케일이 뒤범벅된 난잡한 정보들은 자연스럽게 불필요한 것으로 정리될 것이다.

'불가능한' 일들도 때로는 일어날 수 있다. 그러나 그 일들은 오로지 우리가 아직 관측하지 못한 환경에서만 일어난다. 그 현상의 결과는 우리가 아는 스케일과는 관계가 없다. 적어도 지금까지 우리가 탐사해 온 스케일에서는 그렇다. 그렇게 작은 거리에서 일어나고 있는 일들은, 해상도가 더 높은 방법이 개발되어 직접 관측될 때까지, 또는 측정 정밀도가 충분히 높아져 그 현상이 더 큰 스케일에서 아주 미세한 효과를 나타내고 그것을 가지고 물리학자들이 그 배후에 있는 이론을 찾아낼 때까지 드러나지 않고 숨겨진 채로 남아 있을 것이다.

과학자들은 어떤 추론을 세울 때 관측하기에 너무 작은 것들은 무시하고는 한다. 이것은 합법적일 뿐만 아니라 정당하다. 지나치게 작은 물체나 과정은 애초에 식별 가능한 영향을 미치지 못할 뿐만 아니라, 그렇게 작은 스케일에서 일어나는 과정의 물리적 효과가 물리학자들의 흥미를 끌려면 그 효과가 물리적으로 측정 가능한 변수를 유도해 내야 하기 때문이다. 그래서 물리학자들은 유효 이론을 통해 측정 가능한 스케일의 대상과 그 특성을 기술하고, 그 유효 이론을 이용해 눈앞의 스케일과 관계 있는 과학 연구를 수행한다. 만약 여러분이 짧은 거리에서의 세부 사항이나 이론의 미세 구조를 정말로 안다면, 보다 근본적인 세부 구조로부터 유효 이론의 변수들을 유도해 낼 수 있다. 그것이 불가능하다면 그 변수들은 실험적으로만 결정할 수 있는 미지수로 남을 것이다. 유효 이론에서 사용하는 더 큰 스케일의 관측 가능한 변수들을 가지고 보다 근본적인 기술을 하는 일은 불가능할 것이다. 그러나 그런 변수들은 관측과 예측을 구성해 가는 데 있어 편리한 수단이 된다.

짧은 거리의 이론이라고 해도 큰 스케일에서의 관측 결과를 재현할 수 있는 이론이라면, 그 직접적인 효과는 너무 작아 볼 수 없다고 해도 이론의 결과는 유효 기술을 통해 요약할 수 있다. 이것은 세부 사항을 모두 다 설명하는 데 필요한 것보다 훨씬 적은 수의 변수로 여러 과정들을 연구하고 계산할 수 있게 해 준다. 이렇게 더 적은 변수로도 우리가 관심을 가지는 과정의 특성을 기술하는 데는 충분하다. 더욱이 우리가 사용하는 변수들은 보편적이다. 즉 물리 과정이 구체적으로 어떻게 이루어지든 상관없이 똑같은 값을 가진다. 그 변수의 값을 알기 위해서는 그 변수들이 적용되는 여러 과정들 중 몇 가지를 골라 측정하기만 하면 된다.

어떤 유효 이론 하나가 있어 넓은 범위의 길이와 에너지에 걸쳐서 적용된다고 해 보자. 그 이론에 나오는 몇 안 되는 변수가 측정을 통해 결정되고 나면, 우리는 이 스케일에 맞는 것들을 모두 다 계산해 낼 수 있다. 유효 이론이 제시하는 구성 요소들과 규칙들에 따라 수많은 관측 결과를 설명할 수 있게 되는 것이다. 언제든 우리가 근본적이라고 생각하던 이론이 하나의 유효 이론이었다고 밝혀질 수 있다. 우리가 무한히 정밀한 해상도를 가질 수 없기 때문이다. 그렇다고 해도 유효 이론은 다양한 길이 스케일과 에너지 스케일에서 일어나는 수많은 현상을 예측할 수 있다. 따라서 우리는 유효 이론을 신뢰할 수 있다.

물리학의 유효 이론이 짧은 거리에서의 정보만 잡아 낼 수 있는 것은 아니다. 커다란 거리에서의 효과가 너무 작아 관측 불가능한 경우에도 유효 이론은 그 효과를 개괄해 낼 수 있다. 예를 들어 우리가 살고 있는 우주는 아주 조금 휘어져 있다. 아인슈타인의 중력 이론이 가르쳐 준 것이다. 이 휘어짐은 우주의 대규모 구조가 나타나는 커다란 거리 스케일에서나 볼 수 있다. 그러나 아주 작은 스케일에서 이루어지는 대부분의 관측과 실험에서 이러한 휘어짐의 효과는 너무나도 작아 영향을 거의 미치지 않는다. 우리는 이것을 체계적으로 이해할 수 있다. 이러한 휘어짐의 효과가 고려해야 할 정도로 커지는 것은 우리가 입자 물리학을 기술하면서 중력을 포함시킬 때뿐이고, 내가 이 책에서 설명하는 태반의 현상에서 이 휘어짐이 주는 효과는 너무 작아서 중요하지 않다. 이 효과를 고려할 때에도 적절한 유효 이론에 실험적으로 확정될 미지의 변수로서 중력 효과를 집어넣으면 설명 가능할 것이다.

유효 이론의 가장 중요한 측면 중 하나는 그것이 우리가 볼 수 있는 것을 기술하면서, 동시에 우리가 볼 수 없는 것들을 — 작은 스케일이건 큰 스케일이건 — 범주화한다는 것이다. 유효 이론만 가지고도 우리는 특정한 측정을 했을 때, 우리가 모르는(혹은 알고 있는) 근본적인 이론의 효과가 얼마나 큰지 결정할 수 있다. 다른 스케일에서 새로운 발견이 이루어지기 전이라고 해도, 어떤 새로운 구조가 우리가 연구하는 스케일에 미칠 영향의 유효 이론상 최댓값을 수학적으로 결정할 수 있는 것이다. 12장에서 좀 더 자세히 살펴보게 되겠지만, 배후의 물리학이 발견되고 나서야 비로소 우리는 유효 이론의 진정한 한계를 완전히 이해하게 된다.

우리에게 친숙한 유효 이론의 한 가지 예로, 원자론이나 양자 이론이 나오기 훨씬 전에 개발되어, 냉장고나 엔진이 어떻게 작용하는지를 설명한 열역학을 들 수 있다. 계의 열역학적 상태는 압력, 온도, 부피로 잘 나타낼 수 있다. 비록 우리는 계가 근본적으로 원자나 분자로 된 기체라는 것을 알고 있어서 방금 말한 세 물리량보다 훨씬 자세한 구조로 기술할 수 있지만, 여러 가지 이유에서 우리는 이 세 가지 양만을 이용해 지금 관찰 가능한 계의 상태를 나타낸다.

온도, 압력, 그리고 부피는 측정 가능한 실질적인 물리량이다. 이 물리량들의 관계를 설명하는 이론은 완성되었고, 성공적인 예측을 해 냈다. 기체의 유효 이론은 배후의 분자 구조에 대해 아무것도 언급하지 않는다. (그림 4 참조) 근본적인 요소인 분자들의 행동에 따라 온도와 압력이 결정되지만, 원자나 분자가 발견되기 전에도 과학자들은 계산을 할 때

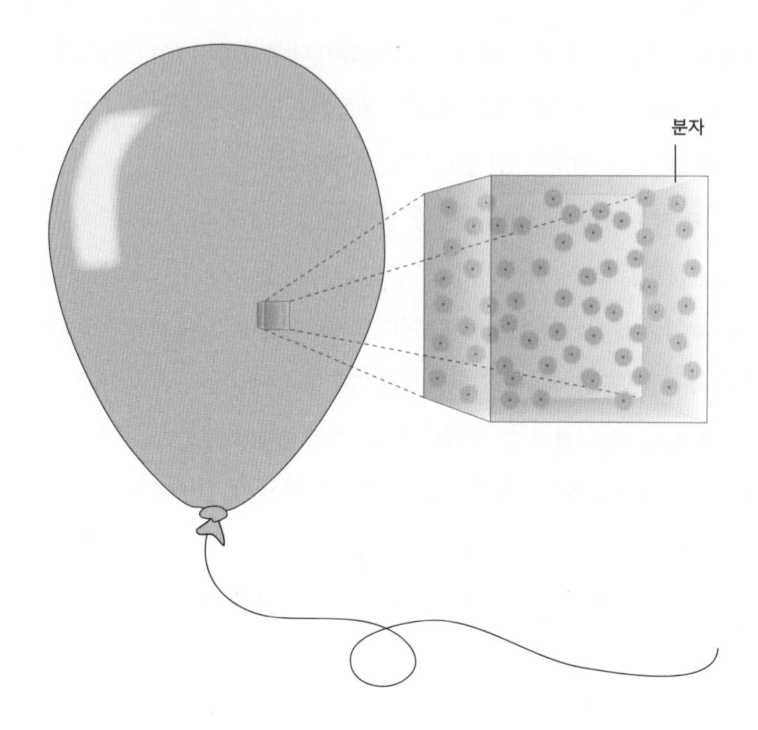

그림 4 개별 분자의 물리적 성질을 통해 보면 압력과 온도를 더 근본적인 수준에서 이해할 수 있게 된다.

마음 놓고 온도나 압력을 사용해 왔다.

일단 근본적인 이론을 이해하고 나면, 우리는 온도와 압력을 원자의 성질과 관계 지을 수 있고, 또한 열역학적인 기술이 언제부터 맞지 않게 되는지도 이해할 수 있다. 그래도 여전히 우리는 넓고 다양한 영역에서 열역학을 이용할 수 있다. 사실 현존하는 것을 넘어서는 거대한 계산 능력과 메모리 없이는 모든 개별 원자의 궤적을 추적할 수 없으므로, 많은 현상들은 오직 열역학적인 관점에서만 이해될 수 있다. 유효 이론은 이런 면에서 고체 및 액체로 된 응집 물질에 관한 중요한 물리적 현상들을 이해하는 유일한 방법이다.

이 예는 유효 이론의 또 다른 중요한 측면을 우리에게 가르쳐 준다. 우리는 때때로 '근본적'이라는 말을 무언가와 비교한 상대적인 의미로 쓴다. 열역학의 관점에서 보면 현상을 원자와 분자로 기술하는 것은 분명 근본적이다. 그러나 원자 속 쿼크와 전자를 기술하는 입자 물리학의 관점에서 보면 원자는 복합 입자이다. 즉 원자도 더 작은 요소로 이루어져 있다. 입자 물리학의 관점에서 보자면 원자를 이용하는 이론 역시 하나의 유효 이론일 뿐이다.

잘 알고 있는 지식으로부터 최첨단의 지식까지 연쇄적으로 발전하는 과학의 진보를 가장 뚜렷하게 살펴볼 수 있는 분야가 물리학과 우주론과 같은 분야일 것이다. 이 과학 분야들은 우리가 개별적인 기능 단위들과 그 관계에 대해 잘 이해하고 있기 때문이다. 유효 이론은 시스템 생물학 같은 새로운 학문 분야에서는 잘 작동하지 않을 수 있다. 이 분야에서는 분자 수준의 행동과 거시적 수준의 활동 사이의 관계뿐만 아니라 이 둘 사이의 적절한 되먹임 기능 등이 아직 완전히 이해되지 않았기 때문이다.

그럼에도 불구하고 유효 이론이라는 아이디어는 과학의 다양한 영역에서 응용 가능하다. 종의 진화 과정을 기술하는 수학적 방정식은 물리학에서 새로운 결과가 발견된다고 해서 바뀌지는 않을 것이다. 이 생각은 수리 생물학자 마틴 노왁(Martin Nowak, 1965년~)이 내게 질문했을 때 이야기한 것이기도 하다. 마틴 노왁과 그의 공동 연구자들은 더 근본적인 기술과 무관하게 변수를 결정할 수 있다. 이 변수들에 대해 더 깊이 연구한다면 보다 기본적인 양들(그것이 물리학에서 다루는 물리량일 수도 있고 아닐 수도 있다.)과의 관계를 발견하게 될 수도 있다. 그러나 그 발견이 수리 생물학자들이 개체군의 행동이 어떻게 진화하는지 기술하는 데 오랫동안 사용해 온 방정식을 바꾸지는 못할 것이다.

나와 같은 입자 물리학자에게 있어 유효 이론은 필수불가결한 핵심 도구이다. 우리는 전체를 스케일이 서로 다른 단순한 계들로 분리하고 서로 관계 짓는다. 사실 근본적인 구조는 보이지 않는 법이어서 우리는 관측 가능한 스케일에만 집중하고 근본적인 효과는 무시해도 된다. 근본적인 상호 작용은 깊이 숨어 있어서 찾아내려면 엄청난 자원과 노력을 쏟아 부어야 한다. 근본적인 이론이 관측 가능한 스케일에 미치는 효과가 너무 작기 때문에 오늘날의 물리학이 그토록 어려운 것이다. 물질과 상호 작용의 근본적인 성질이 가져오는 효과를 지각하려면 더 작은 스케일을 직접 탐구하거나 측정의 정밀도를 훨씬 높일 필요가 있다. 최첨단 기술을 통해서만 그렇게 작거나 극단적으로 거대한 스케일에 접근할 수 있다. 그렇기 때문에 오늘날 우리는 대형 하드론 충돌기 같은 엄청난 실험 장치를 만들고 과학의 진보를 위해 착실하게 정교한 실험을 해 가야 하는 것이다.

광자와 빛

빛의 이론에 관한 이야기는, 과학의 진화에 따라 어떤 아이디어는 버려지고 다른 아이디어는 특별한 영역에 적합한 근사치로 남는 것을 잘 보여 주는 이야기이다. 따라서 유효 이론이 어떻게 사용되는지를 잘 보여 주는 사례이기도 하다. 고대 그리스 시대부터 사람들은 기하 광학으로 빛을 연구했다. 기하 광학이란 물리학 GRE(대학원 진학 적성 시험)에 출제되고는 하는 주제 중 하나이다. 기하 광학의 이론은 빛은 직진한다고 가정하고, 이 빛이 여러 매질을 통과할 때 어떻게 행동하고, 이 빛을 검출하려면 어떤 장치를 써야 하는지 가르쳐 준다.

신기한 것은 고전적인 기하 광학을 실제로 연구하는 사람은 사실상 아무도 없다는 것이다. 적어도 하버드에서 기하 광학을 전공하는 사람은 없다. 내가 교수를 하고 있는 지금은 물론이고 내가 학생이던 과거에도 말이다. 아마 기하 광학은 고등학교에서 배울지도 모른다. 확실한 것은 커리큘럼의 주요 부분은 아니라는 것이다.

기하 광학은 옛날식 과목이다. 기하 광학의 전성기는 몇 세기 전, 뉴턴의 유명한 『광학(*Optic*)』(1704년)이 출판되고 1800년대에 윌리엄 로완 해밀턴(William Rowan Hamilton, 1805~1865년)이 최초로 새로운 현상에 대해 수학적인 예측을 했을 때이다.

고전적인 광학 이론은 지금도 사진, 의학, 공학, 그리고 천문학 등의 분야에 적용되고 있다. 새로운 거울이나 망원경, 현미경 등을 개발하는 데 쓰인다. 고전 광학을 연구하는 과학자들과 기술자들은 다양한 물리 현상의 다종다양한 사례들을 가지고 작업한다. 그러나 그들은 새로운 법칙을 발견하는 것이 아니라 단지 광학을 응용할 뿐이다.

2009년에 나는 더블린 대학교에서 열린 해밀턴 기념 강연회에서 강의를 하는 영예를 얻었다. 내가 가장 존경하는 동료들이 나보다 앞서 참여했던 강연회이다. 이 강연회의 이름은 19세기 아일랜드의 뛰어난 수학자이자 물리학자였던 윌리엄 로완 해밀턴 경의 이름을 딴 것이다. 고백하자면 나는 해밀턴이라는 이름이 물리학에서 하도 많이 나와서 그를 실제 아일랜드 사람과 연관시켜 생각지 못했다. 그러나 나는 해밀턴이 혁신한 수학과 물리학의 여러 분야에 매혹된 적이 있는데, 그중 하나가 기하 광학이었다.

해밀턴의 날의 기념 행사들은 한번 구경할 만한 가치가 있다. (이 기념 행사는 매년 10월 16일에 열린다. 1843년 이날은 해밀턴이 사원수를 발견한 날이다. — 옮긴이) 이날의 행사는 더블린 시내의 로열 운하(Royal Canal)를 따라 행진하는 것으로 시작된다. 행렬이 브룸 다리(Broom Bridge)에 이르면 행진하던 모든 사람들이 멈춰 서고 참석자 중 가장 어린 사람이 앞으로 나와 브룸 다리에 오래전에 자신이 발견한 것에 흥분한 해밀턴이 다리의 옆면에 새겨 넣은 것과 똑같은 방정식을 쓰는 것을 지켜본다. 나는 해밀턴이 살았던 던싱크 칼리지 천문대를 방문했고, 200년 된 도르래와 목조 구조물에 달린 망원경을 보았다. 해밀턴은 1827년 더블린 대학교의 트리니티 칼리지를 졸업한 후 아일랜드의 왕립 천문학자가 되었고 그곳에 부임했다. 그곳 사람들의 농담에 따르면 해밀턴은 수학에 있어서는 천재였지만 천문학에 대해서 아무것도 몰랐거나 아무런 흥미도 가지지 않았고, 수많은 이론적 업적을 남겼지만 아일랜드의 관측 천문학을 50년은 후퇴시켰다고 한다.

그럼에도 불구하고 해밀턴의 날에 사람들은 이 위대한 이론가의 많은 업적에 경의를 표한다. 그는 광학과 역학을 발전시켰고, 사원수(복소수를 일반화한 것)의 수학 이론을 발명했으며, 수학과 과학의 예언력을 결정적으로 입증했다. 사원수의 발명은 작은 업적이 아니다. 사원수는 3차원 현상을 수학적으로 연구하는 방법의 기반이 되는 벡터 해석의 기본 요소 중 하나이다. 우리가 하는 모든 연구에서 사원수가 쓰인다. 사원수는 현재 컴퓨터 그래픽에서도 쓰이고 있으며 따라서 온라인 게임과 비디오 게임에서도 쓰인다. 플레이스테이션이나 엑스박스의 이용자들은 그들의 즐거움의 일부에 대해 해밀턴에게 감사를 해야 한다.

이렇게 다양한 영역에서 다대한 공헌을 한 해밀턴이 광학 분야에서 크게 발전시킨 분야가 바로 기하 광학이다. 1832년 해밀턴은 빛이 2개의 독립적인 축을 가진 결정에 특정 각도로 입사되면 굴절해서 속이 빈 원뿔 모양 광선이 되어 나온다는 것을 논증했다. 그리고 결정을 통과한 빛의 내부, 외부 원뿔 모양 굴절에 대해 예언했다. 이 예언은 해밀턴의 친구이자 동료였던 험프리 로이드(Humphrey Lloyd, 1800~1881년)가 실험적으로 입증했다. 이것은 수리 과학 역사상 아마도 최초라고 해도 좋을 대성공이었다. 이전에 단 한 번도 본 적이 없는 현상을 수학적으로 예언하고 그것을 수학적으로 입증하는 것은 당시로서는 정말로 이례적인 사건이었다. 해밀턴은 이 업적으로 기사 작위를 받았다.

내가 더블린을 방문했을 때, 그곳 사람들은 순전히 기하 광학의 기초 위에 이룩된 이 수학적 성공을 자랑스럽게 이야기했다. 갈릴레오 갈릴레이(Galileo Galilei, 1564~1642년)는 관측 과학과 관측 실험의 선구자였고 프랜시스 베이컨(Francis Bacon, 1561~1626년)은 **귀납 과학** — 과거에 일어났던 일을 기반으로 무엇이 일어날지를 예측하는 것 — 의 첫 제창자였다. 그러나 수학을 이용해서 이전에는 본 적이 없는 현상을 기술하는 일은 아마도 해밀턴이 원뿔 모양 굴절을 예측한 것이 처음일 것이다. 이 사실만 가지고도 해밀턴은 과학의 역사에서 무시할 수 없는 존재가 되었다.

해밀턴의 발견은 정말 중요하다. 그렇다고 해서 고전적인 기하 광학이 현재에도 중요한 연구 주제인 것인 아니다. 중요한 현상은 오래전에 모두 다 해명되었다. 특히 해밀턴의 시대 직후인 1860년대에 스코틀랜드 출신의 과학자 제임스 클라크 맥스웰(James Clerk Maxwell, 1831~1879년)이 빛의 전자기학적 기술을 정식화했다. 기하 광학은 명백히 근사적인 방법일 뿐이다. 간섭 효과가 중요하지 않을 정도로 파장이 짧은 파동을 기술하거나 빛을 직선으로 나타내는 데는 쓸 만한 도구이다. 달리 말해 기하 광학은 제한된 상황에서만 잘 맞는 유효 이론이다.

지금까지 고안된 아이디어가 모두 다 이런 식으로 보존되는 것은 아니다. 그중에는 그저 틀린 것으로 판명되어 사라진 것도 있다. 9세기 이슬람 수학자 알킨디(Al-Kindi, 801~873년)가 되살린 에우클레이데스(*Εὐκλεί-δης*, 기원전 325?~265?년)의 광학 이론이 좋은 예이다. 에우클레이데스는 빛이 우리 눈에서 나온다고 주장했다. 페르시아 수학자인 이븐 살(Ibn Sahl,

940~1000년) 같은 사람들은 이 잘못된 전제를 기반으로 굴절과 같은 현상을 올바르게 기술하기도 했다. 하지만 에우클레이데스와 알킨디의 이론은 단순히 틀린 것이었다. 그것은 현대 과학과 그 방법론이 등장하기 전에 등장하기는 했지만 미래의 이론에 흡수되지 않고 그저 사라졌다.

뉴턴은 빛의 이론의 다른 측면을 상정하지 못했다. 그는 빛의 '입자' 이론을 개발했는데 그것은 라이벌인 로버트 후크(Robert Hooke, 1635~1703년)가 1664년에, 크리스티안 하위헌스(Christian Huygens, 1629~1695년)가 1690년에 발전시킨 빛의 '파동' 이론과 맞지 않는 것이었다. 이 두 이론 사이의 논쟁은 오래 계속되었다. 19세기에 토머스 영(Thomas Young, 1773~1829년)과 오귀스탱장 프레넬(Augustin-Jean Fresnel, 1788~1827년)이 따로 또 동시에 빛의 간섭을 측정해서 빛의 파동성을 명쾌하게 입증했다.

그러나 훗날 양자론의 발전은 뉴턴 역시 어떤 의미에서 옳았음을 입증했다. 양자 역학은 오늘날 우리에게 빛은 사실 전자기력을 전달하는 **광자(photon)**라는 입자로 이루어져 있다고 말해 준다. 그러나 현대 광자 이론의 기반이 되는 빛의 **양자(量子, quanta)**는 놀라운 성질을 가지고 있

기하 광학

빛은 직진한다.

파동 광학

빛은 파동으로서 진행한다.

광자

빛은 파동처럼 행동할 수 있는 입자인 광자에 의해 전파된다.

그림 5 기하 광학과 파동 광학은 우리가 빛을 현대적으로 이해하는 데 있어서 선구적인 역할을 했으며, 지금도 적절한 상황에서는 광학적 현상을 잘 설명한다.

다. 광자는 입자인 주제에 파동처럼 행동한다. 이 파동을 가지고 공간의 어떤 영역에서 광자 하나가 발견될 확률을 계산해 낼 수 있다. (그림 5 참조)

뉴턴이 내놓은 빛의 입자 이론은 광학에 기반을 둔 결과 중 몇 가지를 재현해 낸다. 그렇지만 뉴턴의 입자는 파동과 같은 성질을 전혀 가지고 있지 않기 때문에 광자와는 다르다. 지금 우리가 알고 있는 한, 입자인 광자를 파동으로도 기술할 수 있는 이론은 빛에 대한 가장 기본적이고 정확한 기술이다. 양자 역학은 빛이 무엇이고 어떻게 행동하는가에 대한 가장 새롭고 근본적인 기술이다. 이것은 근본적으로 옳으며 여전히 유효하다.

현재 양자 역학은 광학보다 훨씬 더 새로운 첨단 연구 영역을 다루고 있다. 만약 사람들이 광학을 가지고 새로운 과학 연구를 하고자 한다고 해도, 양자 역학 아니면 생각할 수 없는 새로운 효과를 다루지 않을 수 없을 것이다. 그러므로 현대 과학에서 고전적인 빛의 과학이 발전하는 일은 없지만 양자 광학처럼 빛의 양자 역학적인 성질을 연구하는 분야는 발전하는 것이다. 레이저는 물론이고 광전자 증배관, 태양광을 전기로 바꾸는 광전지 같은 장치들은 양자 역학 없이는 존재할 수 없다.

현대 입자 물리학은 리처드 필립스 파인만(Richard Philips Feynman, 1918~1988년) 등이 발전시킨 양자 전기 역학(Quantum electrodynamics, QED)이라는, 양자 역학뿐만 아니라 특수 상대성 이론까지 아우르는 이론을 포함하고 있다. 파인만 등은 QED를 가지고 우리는 빛의 입자인 광자뿐만 아니라 전자처럼 전하를 가진 다른 기본 입자들을 연구했다. 우리는 그런 입자들이 상호 작용하고 생성, 소멸되는 확률을 이해하고 있다. QED는 입자 물리학에서 중요하게 이용되는 이론 중 하나이다. 이것은 모든 과학 이론 중 가장 정밀한 예측을 한다. QED와 기하 광학 사이에는 큰 격차가 있지만, 적절한 영역에서는 둘 다 자신이 옳다고 주장할 수 있다.

우리는 물리학의 모든 분야에서 유효 이론이라는 아이디어가 잘 기능함을 확인할 수 있다. 과학은 오래된 아이디어가 보다 근본적인 이론으로 편입되면서 진화한다. 오래된 아이디어도 여전히 적용되고 실제적으로도 이용 가능하다. 그러나 첨단 연구의 영역에서도 그런 것은 아니다. 이 장의 후반부에서는 빛의 물리적 해석이 시대에 따라 어떻게 바뀌어 갔는가 하는 것을 특별한 사례를 가지고 살펴봤다. 그렇지만 물리학 전체가 이런 방식으로 발전되어 왔다. 과학은 항상 불확정 요소를 이것저것 품고 있다. 그러나 전체적으로는 조직적으로 앞으로 나아간다. 어떤 스케일에서 주어진 유효 이론에서 어떤 측정에 대해서든 다른 결과를 주지 않는 효과는 무시해도 아무런 문제가 없다. 과거에 얻은 지식과 방법은 살아남는다. 그러나 우리가 이해하는 길이와 에너지의 스케일이 더 다양해지고, 우리의 이해가 더 깊어짐에 따라 이론은 진화한다. 우리가 지금 보고 있는 현상을 보다 더 근본적으로 설명하는 것, 이 문제에 대해 새로운 통찰을 가져다주는 것이 과학에서의 진보이다.

과학의 진보를 이런 식으로 이해하고 나면, 과학의 본질에 대해 보다 올바르게 이해할 수 있게 될 것이다. 그리고 물리학자(와 다른 과학자들)이 오늘날 연구하고 있는 주요한 문제들도 제대로 인식할 수 있을 것이다. 다음 장에서 오늘날의 방법론이 여러 측면에서 17세기에 시작되었음을 살펴볼 것이다.

2장

잠겨 있지 않은 비밀

과학자들이 오늘날 사용하는 방법은, 인류가 오랫동안 과학적으로 올바른 아이디어를 골라내고, 보다 중요하게는 잘못된 아이디어를 제외하기 위해 발전시켜 온 측정과 관찰의 긴 역사가 가장 최신의 것으로 구체화된 것이다. 인간의 직관을 넘어서는 것들까지 포함해서 세계를 올바르게 이해하고자 하는 이 오래된 바람은 우리의 언어에도 반영되어 있다. 예를 들어 라틴 어에서 파생된 로망스 어군 언어에서 '생각하다.'라는 동사는 '무게를 재다.'라는 뜻의 라틴 어 동사 *pensum*에 그 뿌리를 두고 있다. 영어 사용자 역시 어떤 아이디어에 대해 고찰할 때 "weigh ideas" 하는 식으로 '재다.'라는 표현을 쓴다.

과학이 오늘날의 모습을 갖출 수 있도록 해 준 통찰들 중 많은 부분이 17세기의 이탈리아에서 발전되었고, 그 과정에서 핵심적인 역할을 한 인물이 바로 갈릴레오 갈릴레이이다. 그는 **간접 측정(indirect measurements)** — 매개 장치를 사용한 측정 — 의 중요성을 인식하고 발전시킨 최초의 사람들 중 하나일 뿐만 아니라, 과학적 진리를 확립하는 방법으로서 실험을 설계하고 이용한 과학자이기도 하다. 나아가서 그는 추상적인 사고 실험을 고안해 내 새로운 아이디어를 구상하는 동시에 그것을 올바르게 정식화하는 현대 과학의 방법론 구축에 도움을 주었다.

나는 2009년 봄에 파도바를 방문했을 때, 그곳에서 과학을 근본적으로 변화시킨 갈릴레오의 여러 통찰에 관해 배웠다. 나의 파도바 방문 이유 중 하나는 파도바 대학교의 물리학과 교수 파비오 즈비르네르(Fabio Zwirner)가 주최한 물리학 컨퍼런스에 참가하는 것이었다. 또 다른 이유는 파도바 시의 명예 시민증을 받는 것이었다. 나는 학회에서 동료 물리학자들을 만날 수 있어서 기뻤을 뿐만 아니라, 스티븐 와인버그(Steven Weinberg, 1933년~), 스티븐 윌리엄 호킹(Stephen William Hawking, 1942년~), 그리고 에드워드 위튼(Edward Witten, 1951년~) 같은 쟁쟁한 명예 시민들 중 한 사람이 될 수 있어서 매우 영광스러웠다. 그리고 보너스로, 나는 과학의 역사에 대해 일부 배울 수 있었다.

운 좋게 나의 파도바 방문은 시기가 잘 맞는 것이기도 했다. 2009년은 갈릴레오가 천체 관측을 시작한 지 400년 되는 해였기 때문이다. 갈릴레오는 가장 중요한 연구를 할 때 파도바 대학교에서 교편을 잡고 있었기 때문에, 파도바 시민들은 갈릴레오를 기념하는 데 각별히 마음을 쓰고 있었다. 유명한 발견을 기념하기 위해 파도바 시는 (갈릴레오의 과학 인생에서 두드러지는 관계를 맺고 있는 도시들인 피사, 피렌체, 베네치아와 함께) 전시회와 기념 행사를 준비했다. 물리학 컨퍼런스는 센트로 쿨투랄레 알티나테(Centro Culturale Altinate, 또는 산 가이타노(San Gaetano)라고도 한다.)에서 열렸는

데, 같은 건물에서 갈릴레오의 수많은 업적을 찬양하고 과학의 의미와 정의를 오늘날의 것으로 바꾸는 데에서 갈릴레오가 어떤 역할을 했는지 조명하는 멋진 전시회가 개최되고 있었다.

내가 만난 대부분의 사람들은 갈릴레오의 업적을 높게 평가하고 현대 과학의 발전에 대한 뜨거운 관심을 표했다. 파도바 시장인 플라비오 자노나토(Flavio Zanonato, 1950년~)의 관심과 지식은 심지어 그 지역의 물리학자조차 감동시킬 정도였다. 자노나토 시장은 나의 대중 강연에 이어 열린 만찬에서 과학을 주제로 한 대화에 적극적으로 참여했을 뿐만 아니라, 강연 자체가 진행되고 있을 때에도 LHC에서 전하의 흐름에 대한 예리한 질문을 해서 청중을 놀라게 했다.

시민권 수여 행사의 일환으로 시장은 내게 파도바 시의 열쇠를 주었다. 열쇠는 환상적이었다. 영화에나 나올 듯한, 말 그대로 열쇠처럼 생긴 열쇠였다. 커다랗고 은색으로 빛나며 우아한 조각으로 장식되어 있어 친구 중 한 사람은 「해리 포터」에 나온 거냐고 묻기까지 했다. 실제로는 어떤 문도 열 수 없는 기념품일 뿐이다. 그러나 그것은, 내 머릿속에서, 도시는 물론이고, 풍요롭고 잘 조직된 지식의 세계로 들어가는 것을 나타내는 아름다운 상징이었다.

열쇠와 더불어, 파도바 대학교의 마시밀다 발도체올린(Massimilda Baldo-Ceolin) 교수는 내게 '오셀라(*Osella*)'라는 베네치아의 기념 메달도 주었다. 거기에는 다음과 같은 갈릴레오의 말이 새겨져 있었는데, 파도바 대학교의 물리학과에도 씌어져 있는 말이기도 했다. "*Io stimo piùil trovar un vero, benchédi cosa leggiera, che 'l disputar lungamente delle massime questioni senza conseguir veritànissuna.*" 이 말은 "나는 아무리 작은 것이라고 해도 그것에 관한 한 조각의 진리를 발견하는 편이 아무 진리도 얻지 못한 채 가장 위대한 질문에 관해 기나긴 논쟁만 일삼는 것보다 더 가치 있는 일이라고 생각한다."라는 뜻이다.

나는 이 말을 컨퍼런스에서 많은 동료들에게도 소개했다. 이 말이야말로 이날의 지도 원리라고 생각했기 때문이다. 창조적인 진보는 때때로 다루기 쉬운 문제로부터 시작된다. — 이 문제와 관련해서는 뒤에 더 자세히 설명하도록 하겠다. 우리가 대답을 내놓은 문제들 모두가 즉각적으로 근본적인 영향을 미치는 것은 아니다. 과학적 진보는 지금 당장 보기에는 천천히 일어나는 것처럼 보여도 언젠가 우리의 세계 이해를 커다랗게 뒤바꿔 놓는다.

이 장에서는 이 책에서 다루고 있는 현재의 관측이 어떻게 17세기에 이루어진 발전에 뿌리를 두고 있으며, 어떻게 그 시기에 이루어진 근본적인 발전이 오늘날 우리가 사용하는 이론과 실험의 본질을 정의하는 데 도움을 주었는지를 살펴볼 것이다. 오늘날 중요시되는 큰 문제들은 어떤 의미에서 400년 전부터 과학자들이 생각해 온 것과 같은 것이다. 하지만 기술적, 이론적 발전 때문에 지금 우리가 던지는 작은 질문들은 엄청나게 진화했다.

과학의 문을 두드린 갈릴레오

과학자들은 모르는 것들과 아는 것들을 나누는 경계를 넘기 위해 천국의 문을 두드린다. 우리는 늘 현재 측정 가능한 현상을 예측할 수 있게 해 주는 법칙과 방정식 들을 들고 문제에 맞선다. 동시에 우리는 가능하다면 그 너머로, 다시 말해 아직 실험으로 탐사하지 못한 영역으로 나아가고 싶어 한다. 기술과 수학의 발전 덕분에 과거에는 추측과 믿음의 대상이었던 문제들에 보다 체계적으로 접근할 수 있게 되었다. 우리의 관측 능력은 양적, 질적으로 향상되었고, 이론적 틀도 나날이 갱신되는 측정 결과를 수시로 포함시켜 가면서 개량되고 있다. 과학자들은 이러한 진보를 바탕으로 세계를 보다 포괄적으로 이해할 수 있게 된다.

나는 파도바를 방문해 역사적 명소들을 탐방하면서 과학적 사고과 그 방법론이 이런 식으로 발전하는 데 있어서 갈릴레오가 얼마나 결정적인 역할을 했는지를 더 잘 이해하게 되었다. 스크로베니 예배당(Scrovegni Chapel)은 14세기 초부터 조토 디 본도네(Giotto di Bondone, 1267~1337년)의 프레스코 화를 보유한 파도바 시의 명소 중 하나이다. 이 프레스코 화들은 여러 이유에서 주목할 만한데, 과학자의 입장에서 보

그림 6 조토는 핼리 혜성이 맨눈으로도 보이던 14세기 초에 스크로베니 예배당에 걸려 있는 이 그림을 그렸다.

면 1301년 핼리 혜성이 지구 근처를 지나가는 모습을 극히 사실적으로 잡아 낸 그의 그림은 정말 놀라운 것이다. (그림 6 참조. 동방 박사의 경배를 묘사한 그림이다.) 이 그림이 그려질 당시 혜성은 확실히 맨눈으로도 보였던 것이다.

그러나 당시 그림은 아직 과학적이지는 않았다. 내 여행 가이드는 팔라초 델라 라지오네(Palazzo della Ragione, 15세기에 세워진 르네상스 양식의 건물. 바실리카 팔라디아나(Basilica Palladiana)라고도 한다. — 옮긴이)에 있는 밤하늘 그림의 별들이 우리 은하라고 했다. 그러나 그녀의 선배 가이드가 와서 우리 은하라는 해석은 시대착오적이라고 설명해 주었다. 그 그림이 그려진 시기에 사람들은 그들이 본 것을 그대로 그렸고 당시에는 은하 개념이 없었기 때문이다. 그것은 별이 가득한 하늘일 수는 있지만 우리 은하라고 할 수는 없다. 오늘날 우리가 이해하는 대로의 과학은 아직 도착하지 않았다.

갈릴레오 이전에 과학은 매개 장치를 두지 않은 직접 관찰과 순수한 사고에 의존했다. 사람들이 세계를 이해하려고 할 때에는 언제나 아리스토텔레스의 과학을 모형으로 삼았다. 수학을 이용한 연역이 이루어지기도 했지만, 기본적인 전제나 가정은 항상 믿음 아니면 직접 관찰한 것과 일치하는 것이었다.

갈릴레오는 "몬도 디 카르타(*mondo di carta*, 종이 세상)"에 근거를 두고 연구하는 것을 드러내 놓고 거부했다. 그는 "리브로 델라 나투라(*libro della natura*, 자연이라는 책)"를 읽고 연구하고자 했다. 이 목적을 달성하기 위해 그는 관찰의 방법을 바꾸고, 나아가서 실험의 힘을 깨달았다. 갈릴레오는 물리 법칙의 성질을 추론해 내기 위해서 인위적인 상황을 어떻게 구축하고 이용하면 되는지 이해하고 있었다. 갈릴레오는 자연 법칙에 대한 가설을 실험을 통해 검증함으로써 그것을 증명할 수 있었고, 보다 중요하게는, 반증할 수 있었다.

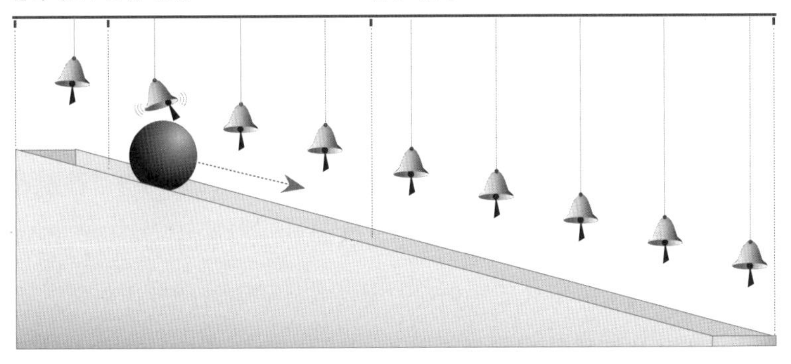

그림 7 갈릴레오는 공이 지나가면 종이 울리도록 해서 공이 기울어진 면을 얼마나 빨리 내려오는지 측정했다.

갈릴레오의 실험 중 몇 가지는 경사면을 이용한다. 온갖 물리학 입문서에서 이 기울어진 평면을 볼 수 있다. 너무도 많이 나와 다소 귀찮을 정도이다. 지금이야 물리학을 배우기 시작한 학생들을 위한 빤한 문제처럼 보이지만, 갈릴레오에게는 정말 중요한 것이었다. 이것이 바로 낙하하는 물체의 속도를 연구할 수 있게 해 준 방법이었다. 이 기울어진 평면은 물체의 낙하를 수평 방향으로 늘림으로써 물체의 '낙하'를 자세하게 측정할 수 있게 해 준다. 갈릴레오는 물시계로 시간을 쟀는데, 여기에 그림 7처럼 특정 지점에 종을 달아서 공이 굴러 내려오면서 이 종을 울리도록 해 놓았다. 음악가의 아들로 음감(音感)을 타고났던 갈릴레오는 귀로 소리를 듣고 굴러 내려오는 공의 빠르기를 확인했다. 운동과 중력에 관한 이런 식의 실험을 바탕으로 갈릴레오는 요하네스 케플러(Johannes Kepler, 1571~1630년)와 르네 데카르트(René Descartes, 1596~1650년), 그리고 뉴턴이 발전시키게 될 고전 역학 법칙의 기초를 닦았다.

갈릴레오의 과학은 자신의 눈으로 관측할 수 없는 것들도 대상으로 삼았다. 그는 '사고 실험'이라는 것도 창안했다. 자신이 본 것에 기반을 둔 추상적 추론이라고 할 사고 실험을 통해 당시로서는 누구도 실제로 수행할 수 없는 실험에 부합하는 예언과 예측을 해 내기도 했다. 아마도 그의 예언 가운데 가장 유명한 것은 공기의 저항이 없을 때 모든 물체는 똑같은 빠르기로 떨어진다는 것이리라. 갈릴레오도 그런 이상적인 상황을 만들지는 못했지만, 그 상황에서 어떤 결과가 나올지 생각만으로 예언했다. 갈릴레오는 땅으로 떨어지는 물체에서 중력의 역할을 이해했고, 공기의 저항이 물체의 낙하 속도를 느리게 만든다는 것도 알았다. 과학이 과학이기 위해서는 측정과 관련된 모든 요소를 이해해야 할 필요가 있다. 사고 실험과 실제로 행해진 물리적 실험을 통해 갈릴레오는 중력의 본질을 더 잘 이해하게 되었다.

갈릴레오의 과학적 전통을 이어 나간 가장 위대한 물리학자인 아이작 뉴턴은 갈릴레오가 죽은 해에 태어났다. 재미있는 역사적 일치이다. (스티븐 호킹은 자신이 갈릴레오가 죽은 날로부터 정확히 300년 후에 태어났다고 이야기하고는 한다.) 태어난 해가 언제이든 간에 오늘날의 과학자들은 물리적 실험이나 사고 실험을 설계하고, 해석하고, 그 한계를 이해하는 전통을 이어가고 있다. 최근 이루어지고 있는 실험들은 과거 어느 때보다 복잡하고 고도로 발전된 기술에 의존하지만, 적절한 장치를 생각해 내 예언과 예측을 검증하고, 잘못된 가설이면 퇴출시켜 버리는 것은 오늘날에도 여전히 과학과 그 연구 방법을 규정하는 핵심 활동이다.

가설을 검증하기 위해 인위적인 상황을 만드는 실험에 더해서 갈릴레오는 과학에 대해 중요한 공헌을 하나 더 했다. 기술이 가진 잠재 능력에 대한 이해와 신뢰를 바탕으로 우주를 있는 그대로 보기만 했던 기존의 관측을 진보시킨 것이다. 과학 연구에 실험을 채용함으로써 그는 순수한 사고와 추론의 한계를 넘어섰고, 그것과 마찬가지로 새로운 도구와 장치를 사용함으로써 세계를 보이는 대로만 관측하는 것의 한계를 넘어섰다.

과거 과학은 많은 부분 직접적인 관찰에 의존했다. 사람들은 자신의 감각 기관을 사용해 물체를 보거나 만지거나 했다. 우리가 지각하는 물체의 상(像)을 어떤 형태로든 바꾸는 매개 장치를 사용하지 않았다. 유명한 천문학자 튀코 브라헤(Tycho Brahe, 1546~1601년)는 갈릴레오 등장 이전에도 수많은 별들 사이에서 초신성들을 발견했고, 행성의 궤도를 정확히 측정했다. 튀코 브라헤는 사분의, 육분의, 천구의 같은 정밀한 측정 도구를 사용했다. 그는 사실 이전의 누가 사용했던 것보다도 훨씬 정밀한 도구를 설계했고, 돈을 치러 만들었으며, 케플러가 타원 궤도를 알아낼 수 있을 만큼 정확한 측정을 했다. 튀코 브라헤는 렌즈 같은 매개 장치를 쓰지 않고 맨눈으로 꼼꼼히 관찰해서 그 모든 측정을 해 냈다.

특히 갈릴레오는 미술로 훈련된 눈과 예민한 음악적 귀를 가지고 있었다. 그는 무엇보다 음악 이론가와 류트 연주자의 아들이었다. 그러나 그는 기술을 매개로 하면 안 그래도 뛰어난 그의 관찰 능력을 대폭 향상시킬 수 있음도 알고 있었다. 갈릴레오는 타고난 감각 기관의 기능만 사용해 측정하는 것보다 관측 도구를 사용해 간접 측정을 하는 편이 큰 스케일에 대해서든, 작은 스케일에 대해서든 뛰어난 결과를 내놓을 수 있으리라 믿었던 것이다.

갈릴레오의 기술 응용 사례에서 가장 유명한 것이 망원경을 이용해서 별을 탐구한 것이다. 갈릴레오가 망원경을 사용함으로써 우리가 과학을 하는 방식, 우리가 우주에 대해 생각하는 방식, 그리고 우리가 우리 자신을 보는 방식이 송두리째 바뀌어 버렸다. 갈릴레오가 망원경을 발명한 것은 아니다. 망원경은 1608년 네덜란드의 한스 리퍼셰(Hans Lippershey, 1570~1619년)에 의해 발명되어 있었다. 그러나 네덜란드 인들은 망원경을 남들을 훔쳐보는 데 주로 이용했고 그래서 '스파이 안경'이라는 별칭이 붙었다. 갈릴레오는 이 도구가 맨눈으로는 불가능한 우주 관측을 가능하게 해 주는 잠재력을 가진 도구임을 깨달았다. 그는 네덜란드에서 발명된 스파이 안경을 개량해서 20배의 배율을 가지도록 발전시켰다. 갈릴레오는 축제 마당의 장난감을 1년 만에 과학 기구로 탈바꿈시켰다.

매개 장치를 이용한 갈릴레오의 관측은 이전의 측정 방법과는 급진적으로 결별하는 것이었고, 현대의 모든 과학으로 이어지는 결정적인 진보였다. 처음에 사람들은 이런 식의 간접 관측을 미심쩍어했다. 심지어 오늘날에도 어떤 사람들은 거대한 양성자 충돌기를 이용한 관측이나, 인공 위성이나 망원경에 탑재된 컴퓨터가 기록하는 데이터의 실재성에 관해 회의적인 견해를 표하기도 한다. 그러나 이 장치들이 배열하고 기록하는 디지털 데이터의 비트 하나하나는 우리가 직접 볼 수 있는 어떤 것만큼이나 실제적이며, 많은 면에서 더 정확하다. 결국 우리가 듣는 것은 우리의 고막을 두드리는 공기의 진동을 우리 뇌에서 정보 처리한 것이며, 우리가 보는 것은 우리의 망막에 와 닿은 전자기파를 우리 뇌가 정보 처리한 것이다. 이것은 우리의 감각 기관 역시 일종의 기술에 기반을 둔 매개 장치라는 뜻이다. 게다가 착시를 경험해 본 사람이라면 누구나 알 수 있듯이(예를 들어 그림 8 참조), 그다지 믿음직하지 않은 기술이다. 과학적 측정의 아름다움은 그 측정을 통해 물리적 실재의 여러 측면을 명확하게 추론해 낼 수 있다는 것이다. 예를 들어 오늘날의 물리학자들은 정밀하고 거대한 검출기를 이용해서 기본 입자들의 본질과 특성을 추정해 내고 있다.

우리는 본능적으로 우리 눈으로 관찰한 것을 가장 믿음직하게 여기고 추상적인 것을 의심하지만, 과학은 우리에게 인간적이고 편협한 생

그림 8 객관적인 실재를 확인하는 데 있어서, 우리 눈이 언제나 가장 믿음직한 수단인 것은 아니다. 이 두 그림은 똑같은 체스 판이지만, 오른쪽 판은 일부 격자 사이에 찍혀 있는 점 때문에 전혀 다르게 보인다.

각을 모두 넘어서라고 가르친다. 우리가 스스로 설계한 도구로 하는 측정은 우리 맨눈보다 더욱 믿을 만하고, 심지어 개량도 가능하고, 반복을 통해 검증도 할 수 있다.

1611년 교회는 간접 측정도 유효하다는 혁신적인 제안을 받아들였다. 톰 레벤슨(Tom Levenson)이 그의 책 『측정을 위한 측정(*Measure for Measure*)』에서 설명했듯이,[7] 교회의 과학 문제 담당자들은 망원경을 통한 관측이 믿을 만한가 아닌가를 결정해야 했다. 로베르토 프란체스코 로몰로 벨라르미노(Roberto Francesco Romolo Bellarmino, 1542~1621년) 추기경은 교회의 학자들에게 빨리 이 문제에 대한 결론을 내리도록 압력을 가했고, 1611년 3월 24일 교회를 대표하는 네 명의 수학자들은 갈릴레오의 발견이 모두 타당하며, 망원경은 실로 정확하고 신뢰할 만한 관측을 가능하게 해 준다는 결론을 내렸다.

파도바 명예 시민이 된 내가 받은 또 하나의 기념품은 황동 메달이었다. 그 메달에는 갈릴레오가 이룬 업적의 핵심이 아름답게 요약되어 있었다. 한쪽 면에는 1609년에, 당시 베네치아 공화국의 최고 지도자, 즉

도제(doge)였던 레오나르도 도나(Leonardo Donà, 1536~1612년)와 영애(令愛)에게 망원경을 소개하는 그림이 그려져 있고, 다른 쪽 면에는 "현대 천체 망원경의 진정한 탄생", "지구라는 행성을 넘어선 세계를 인간이 인식할 수 있도록 해 준 혁명적인 사건"을 시작으로 "천문학이 새로운 영역으로 발을 들여놓은 역사적인 순간이요 현대 과학이 출발한 지점" 같은 글귀가 새겨져 있었다.

갈릴레오는 망원경 사용의 이점을 최대한 살려 수많은 새로운 발견을 해 냈다. 그는 하늘을 바라볼 때마다 맨눈으로는 볼 수 없었던 새로운 천체들을 속속 발견해 나갔다. 그는 플레이아데스 성운의 몇몇 별들과, 이전부터 알려져 있던 밝은 별들 사이에 흩뿌려진 별들을 발견했다. 이전에는 그 누구도 보지 못한 것들이었다. 그는 1610년에 발행된 유명한 책 『별들의 전령(*Sidereus Nuncius*)』(『갈릴레오가 들려주는 별 이야기』(장헌영 옮김, 승산, 2009년)라는 제목으로 번역, 출간되었다. — 옮긴이)에 자신의 발견들을 정리해 발표했는데, 이 책은 갈릴레오가 불과 6주 만에 경쟁을 하듯 완성시킨 책이다. 그가 이렇게 서둘러 연구를 하면서 책을 인쇄한 것은, 누군가가 먼저 망원경으로 연구한 결과를 출판하기 전에, 토스카나 대공이면서 이탈리아에서 가장 부유한 가문인 메디치 가의 가독(家督) 코시모 2세(Cosimo II de' Medici, 1590~1621년)를 감동시켜서 후원을 얻기 위해서였다.

갈릴레오의 통찰력 가득한 관측 덕분에 우주에 대한 이해는 폭발적으로 깊어졌다. 갈릴레오는 그때까지와는 다른 종류의 질문을 했다. '왜?'가 아니라 '어떻게?'를 물은 것이다. 망원경을 사용해 역사상 처음 발견한 것들을 상세하게 연구한 결과, 갈릴레오는 자연스럽게 바티칸을 노엽게 하는 결론에 도달하게 되었다. 구체적인 관측을 통해 갈릴레오는 코페르니쿠스가 옳았다고 확신하게 되었다. 갈릴레오가 볼 때, 그가 관측한 것을 모두 이치에 맞게 설명할 수 있는 유일한 세계관은 지구가 아니라 태양이 우주의 중심이고 모든 행성이 그 주위를 돈다는 우주론에 기반을 둔 것이었다.

목성의 달(위성) 발견은 갈릴레오의 관측에서도 결정적인 것이었다. 갈릴레오는 목성의 달들이 나타났다 사라졌다를 반복하면서 거대한 행성 주위를 궤도를 따라 움직이는 것을 볼 수 있었다. 이 발견 전까지만 해도 지구가 정지해 있다는 것은 명백한 사실이었고, 달이 고정된 궤도를 따라 운동하는 것을 설명할 수 있는 유일한 이유였다. 목성 역시 달을 거느리고 있고, 움직이는 목성 주위를 그 달들이 고정된 궤도를 따라 돈다는 발견은, 지구 역시 움직이고 있으며, 더 나아가 다른 어떤 중심 물체 주위를 궤도 운동하고 있을지 모른다는 추론으로 이어졌다. 이 추측은 곧바로 확인되지는 않았다. 훗날 뉴턴이 등장해 중력 이론을 만들어 내고, 그 이론으로부터 천체의 상호 인력을 예언할 때까지 설명되지 않았다.

갈릴레오는 메디치 가 코시모 2세에게 경의를 표한다는 의미에서 목성의 달들에 '메디치의 별들'이라는 이름을 붙였다. 갈릴레오는 연구 자금을 대는 사람이 중요하다는 것을 잘 알고 있었던 것이다. 이것 역시 현대 과학의 또 다른 중요한 측면이다. 메디치 가는 갈릴레오의 연구를 후원하기로 결정했다. 그러나 훗날, 갈릴레오가 피렌체 시로부터 평생 연구할 자금을 받게 된 후 이 목성의 달들은 발견자를 기려 '갈릴레오 위성'이라고 불리게 되었다.

갈릴레오는 또한 망원경으로 달(지구의 위성)의 언덕과 계곡을 관측했다. 갈릴레오가 이것들을 관찰하기 전에는 천상의 존재들은 영원불변하고 엄밀한 규칙성과 불변성의 지배를 받는다고 생각했다. 당시 사람들의 사고를 지배하고 있던 아리스토텔레스의 관점에 따르면, 달과 지구 사이의 모든 것은 불완전하고 변하게 마련이지만, 우리 행성 너머 천공의 물체들은 변하지 않는 완전한 구형을 이루고 있으며 신성(神性)을 드러내는 존재였다. 혜성과 유성은 구름이나 바람과 같은 일종의 기상 현상으로 여겨졌다. 기상학을 뜻하는 영어 meteorology에는 이때의 흔적이 남아 있다. 갈릴레오의 자세한 관측은 인간 세상과 달 아래 세상의 불완전함이 지상만이 아니라 천상에도 존재함을 보여 주었다. 달은 완전한 구체가 아니었고, 그 누가 감히 생각했던 것보다도 지구와 비슷했다. 달에서 울퉁불퉁한 지형이 발견됨에 따라 지상과 천상을 가르는 이분법은 도전을 받기 시작했다. 지구는 더 이상 유일무이한 존재가 아니라 다른 천체들과 비슷한 어떤 물체가 되어 갔다.

미술 역사학자 조지프 쾨너(Joseph Koerner, 1958년~)의 이야기에 따르면 갈릴레오는 미술적 소양을 갖추고 있었기 때문에 빛과 그림자에서 달의 크레이터를 알아볼 수 있었다고 한다. 갈릴레오가 받은 원근법 훈련은 그가 본 투영도가 무엇인지 간파해 내는 데 도움을 주었다. 그가 본 것은 3차원적으로 불완전한 상이었지만 갈릴레오는 즉시 그 상의 의미를 이해했다. 그는 달의 지도를 만드는 데는 관심이 없었고 그 울퉁불퉁한 구조의 의미를 이해하는 데만 관심을 두었다. 그리고 그는 곧 자신이 본 것을 올바르게 이해했다.

코페르니쿠스적 관점의 올바름을 증명해 준 세 번째 중요한 관측은 금성의 위상 변화에 관한 것이었다. (그림 9 참조) 이 금성 관측은 천체가 태양의 주위를 돈다는 생각을 확립시켜 주는 데 특히 중요한 역할을 했다. 어떤 식으로 보든 지구는 명백히 유일무이한 특별한 존재가 아니었고, 금성은 분명 지구 주위를 돌지 않았다.

천문학적 견지에서 볼 때, 지구는 그다지 특별한 천체가 아니었다. 다른 행성들도 지구처럼 태양의 주위를 돌고 있었고, 그 주변을 도는 위성을 거느리고 있었다. 게다가 밖의 세계들도 티끌 한 점 없는 완벽한 세계가 아니었고—지구는 확실히 인간에 의해 오염되어 있지만—완벽한 구체도 아니었다. 태양조차도, 역시 갈릴레오가 확인한 대로, 흑점이라는 흠이 있었다.

이 관측 결과들에 힘입어 갈릴레오는 우리 인간이 우주의 중심이 아니며 지구는 태양의 주위를 돈다는 유명한 결론을 내렸다. 지구는 우주의 중심이 아니었던 것이다. 갈릴레오는 이 급진적인 결론을 책으로 정리했다. 이것은 교회에 대한 명백한 도전이었다. 비록 훗날 가택 연금형으로 감형받기 위해 코페르니쿠스 체계를 받아들이지 않는다고 선언했지만 말이다.

마치 우주의 거대한 스케일을 관측하고 이론화한 것만으로는 충분하지 않다는 듯이, 갈릴레오는 작은 스케일을 지각하는 우리의 능력에도 근본적인 변화를 가져다주었다. 그는 매개 장치를 사용하면 커다란

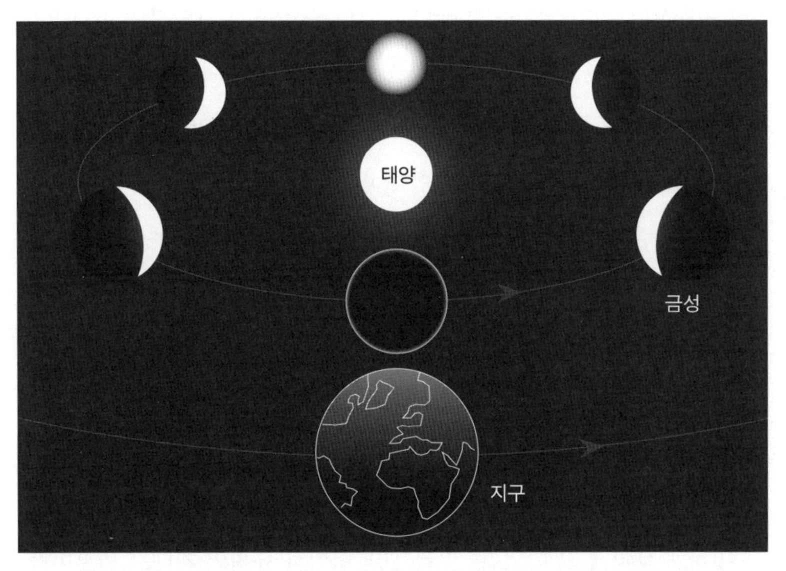

그림 9 갈릴레오가 관찰한 금성의 위상 변화는 금성 역시 태양의 둘레를 돌고 있음을 입증하는 증거였으며, 프톨레마이오스의 우주 체계가 옳지 않다는 것을 보여 주는 증거였다.

스케일에서 그랬듯이 작은 스케일의 현상들도 드러낼 수 있음을 깨달았고, 양쪽에서 최첨단 과학 지식을 진보시켰다. 그는 기술을 안쪽으로 돌려 그 유명한 천문학 연구뿐만 아니라 미시 세계도 연구했다.

나는 파도바의 산 가에타노 전시회에서 나를 안내해 준 젊은 이탈리아 물리학자인 미첼레 도로(Michele Doro)가 망설임 없이 갈릴레오가 현미경을 발명했다고 말했을 때 조금 놀랐다. 적어도 이탈리아 밖에서 현미경은 네덜란드에서 발명된 것으로 되어 있다. 단지 한스 리퍼셰가 발명자인지, 자카리아스 얀센(Zacharias Janssen, 1585~1632년) 아니면 그의 아버지가 발명자인지만이 문제이다. 갈릴레오가 망원경을 처음 발명했든 아니든, (그가 발명한 게 아니라는 사실은 거의 확실하다.) 중요한 사실은 그가 현미경을 만들었고 그것을 이용해서 더 작은 세계를 관찰했다는 것이다. 그는 그것을 가지고 전에는 결코 가능하지 않았을 정확도로 벌레를 관찰했다. 친구들과 다른 과학자들에게 쓴 편지로 보건대, 갈릴레오는, 우리가 아는 한, 현미경의 잠재 능력을 알아본 최초의 과학자이다. 파도바의 전시회에는 갈릴레오식 현미경을 이용해서 이루어진 최초의 체계적인 관찰을 보여 주는 가장 오래된 출판물이 전시되어 있었다. 1630년에 출간된 그 출판물은 벌에 대한 프란체스코 스텔루티(Francesco Stelluti, 1577~1652년)의 자세한 연구를 보여 주는 도판이었다.

전시회는 또한 갈릴레오가 뼈를 어떤 식으로 연구했는지도 보여 주고 있었다. 갈릴레오는 크기에 따라 구조적 특성이 변하는 뼈의 성질을 연구했다. 명백히 갈릴레오는 스케일 개념의 중요성을 날카롭게 파악하고 있었던 것이다.

전시회는 갈릴레오가 과학의 방법과 목표를 완전히 이해하고 있었음을 멋지게 보여 주고 있었다. 그 목표란, 엄밀한 규칙의 지배를 받으며 작용하는 물체를 기술하고, 그러기 위해 정량적 예언 능력을 갖춘 개념적 틀을 구축하는 것이다. 일단 이런 규칙들을 가지고 이미 알고 있는 세계를 잘 설명할 수 있음을 알게 된다면, 같은 지식을 가지고 아직 모르고 있는 현상에 대해 예측할 수 있게 된다. 과학은 언제나 온갖 관측을 설명할 수 있고 온갖 현상을 예측할 수 있는 가장 경제적인(가장 단순하며, 다른 변수를 필요로 하지 않는) 해석을 찾는다.

코페르니쿠스 혁명은 과학의 이러한 특성을 매우 잘 보여 주는 역사적 사례이기도 하다. 갈릴레오의 시대에 이미 위대한 관측 천문학자로 군림하고 있던 튀코 브라헤는 태양계의 본질에 대해 갈릴레오의 생각과는 다른 — 다시 말해 틀린 — 결론에 다다랐다. 그는 프톨레마이오스 체계와 코페르니쿠스 체계가 혼합된 독특한 가설을 지지했는데, 거기서는 지구는 언제나 우주의 중심에 있지만 다른 행성들은 태양의 주위를 돈다. (그림 10 참조) 튀코 브라헤의 우주는 관측과는 일치했지만 가장 우아한 해석이라고 할 수는 없었다. 그러나 예수회 신부들은 튀코 브라헤의 가설을 갈릴레오의 것보다 더 좋아했다. 튀코 브라헤의 전제가

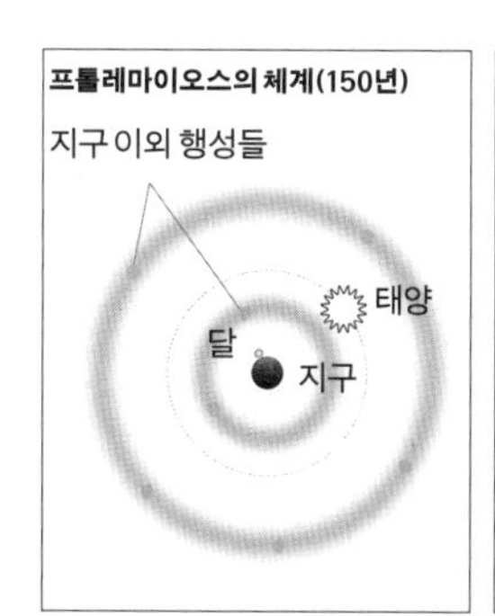

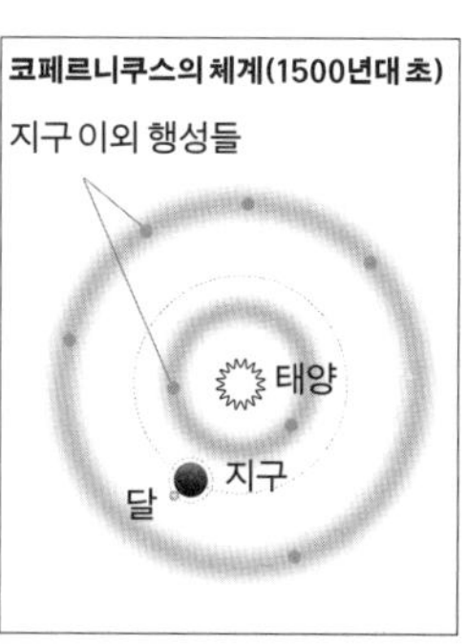

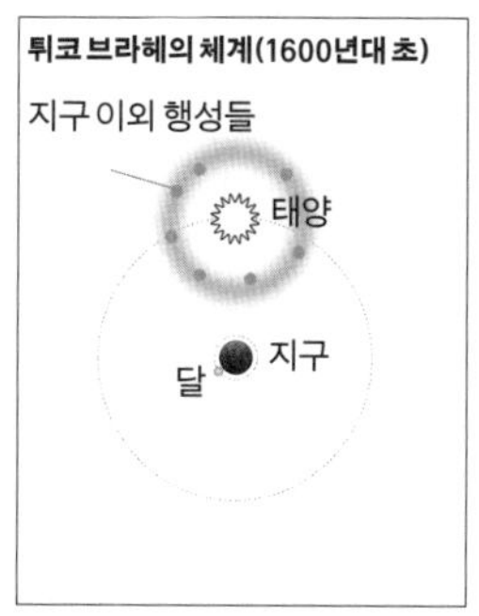

그림 10 우주를 기술하는 세 가지 체계. 프톨레마이오스는 달과 다른 행성들과 함께 태양도 지구의 주위를 돈다고 생각했다. 코페르니쿠스는 (올바르게) 모든 행성이 태양의 주위를 돈다고 주창했다. 튀코 브라헤는 다른 행성들은 태양의 주위를 돌고, 그 전체는 중심에 있는 지구의 주위를 돈다는 가설을 세웠다.

갈릴레오의 관측과 모순되는 클라우디오스 프톨레마이오스(Klaúdios Ptolemaîos, 90?~168?년)의 이론처럼 지구는 움직이지 않는다는 것이었기 때문이다.[8]

갈릴레오는 튀코 브라헤의 해석이 본질적으로 임기응변에 불과하다는 것을 예리하게 인식했고 올바르고 가장 경제적인 결론에 이를 수 있었다. 뉴턴의 라이벌이었던 로버트 후크는 훗날 코페르니쿠스와 튀코 브라헤의 이론은 모두 갈릴레오의 데이터와 일치하지만, 한쪽이 더 우아하다고 지적하면서 이렇게 말했다. "그러나 세계의 비례와 조화로 볼 때, 코페르니쿠스의 이론을 택할 수밖에 없다."[9] 더 아름다운 이론이 진리라고 생각한 갈릴레오의 직관은 옳은 것으로 판명되었다. 뉴턴의 중력 이론이 결국 코페르니쿠스적 배열의 정합성을 설명해 내고, 더 나아가 행성의 궤도를 예측하는 단계에 이르자, 갈릴레오의 해석이 궁극적인 승리자가 되었다. 튀코 브라헤의 이론은, 프톨레마이오스의 이론과 마찬가지로, 더 이상 논의되지 않는다. 그것은 틀린 이론이기 때문이다. 그것은 훗날의 이론에 흡수되지 않았는데, 그럴 수 없었기 때문이다. 유효 이론과는 달리, 진짜로 올바른 이론의 근삿값이 아닌 가설들은 이처럼 비(非)코페르니쿠스 해석들과 같은 길을 밟게 된다.

튀코 브라헤의 이론이 실패하고 뉴턴의 물리학이 받아들여진 것에서 알 수 있는 것처럼, 무엇이 보다 경제적인 설명이냐는 주관적인 기준도 과학적 해석에서는 중요한 요소 중 하나로서 나름의 구실을 하게 된다. 연구란 본래 관측되는 구조와 상호 작용을 포괄하는 기본적인 법칙이나 원리를 찾는 일을 말한다. 일단 관측이 충분히 이루어져 그 결과가 어느 정도 갖추어져 있으면, 그 결과들을 경제적으로 아우르며 예언 능력을 충분히 갖춘 이론이 최종적으로 승리하게 된다. 언제나 논리가 데려다 줄 수 있는 것은 여기까지만이다. 오늘날 입자 물리학자들은 이것을 통감하고 있다. 우리는 데이터가 모이는 것을 기다리고 있다. 그 데이터가 충분히 모이는 날 우리는 우주의 본질과 관련해 우리가 무엇을 믿으면 좋을지 최종적으로 결정할 수 있게 될 것이다.

갈릴레오는 오늘날 과학자들도 모두 따라야 할 지침을 마련했다. 그와 다른 이들이 시작한 진보를 이해하는 것은 과학의 본질을 이해하는 데에도 도움을 줄 것이다. 특히 간접적인 관측과 실험이 어떻게 올바른 물리적 설명을 알아내는가 하는 점은 오늘날의 물리학자들이 안고 있는 문제들을 이해하는 데에도 도움을 준다. 현대 과학에서 관측과 이론을 합치시킬 때 기술, 실험, 이론, 그리고 수학적 정식화의 유용성에 대한 그의 통찰이 중요한 역할을 하고 있다. 게다가 갈릴레오는 세계에 대한 물리적 기술을 제대로 구축하는 데 있어 이 모든 요소들을 연관시켜야 한다는 점을 잘 알고 있었다.

오늘날 우리는 보다 자유롭게 생각할 수 있는 시대에 살고 있다. 우주 변경을 탐사하고 여분 차원이나 평행 우주를 이론화하기도 한다. 코페르니쿠스 혁명이 계속되고 있는 것이다. 새로운 아이디어가 나올 때마다, 문자 그대로로든 비유적으로든, 인간은 우주의 중심적 존재에서 멀어지고 있다. 그리고 관측과 실험은 우리의 제안을 맞는지 틀리는지 검증하고 받아들이거나 퇴짜를 놓고 있다.

갈릴레오가 사용했던 간접적인 관측 방법은 현재의 대형 하드론 충돌기(LHC)의 정밀한 검출기에도 드라마틱하게 반영되어 있다. 파도바 전시회의 마지막 전시물은 과학의 진화를 현대까지 보여 주는 것이었다. 심지어 LHC 실험의 일부도 소개되어 있었다. 우리 가이드는 처음에는 왜 LHC가 전시에 포함되어 있는지 몰랐다고 이야기했다. 하지만 LHC가 가장 짧은 거리를 탐구하기 위한 궁극적 현미경이라는 것을 깨닫고 나자 의문이 풀렸다고 고백했다.

측정과 이론의 정밀도 측면에서 우리는 앞으로도 계속 새로운 영역을 찾아 나갈 것이다. 그러나 실험을 어떻게 설계하고 해석해야 할지 이해했던 갈릴레오의 모습은 우리 속에서 계속 살아 숨 쉬고 있을 것이다. 우리가 도구와 장치를 써서 맨눈으로는 볼 수 없는 상을 보기 위해 애쓰고, 어떤 과학적 아이디어의 참과 거짓을 검증하기 위해 실험하고 있는 것은 갈릴레오의 유산이 아직까지 살아남아 있음을 보여 주는 증거가 될 것이다. 파도바의 컨퍼런스에서도 참가자들은 우리가 머지않아 지식의 새로운 경계를 넘어설 것이라는 희망을 가지고 그곳에서 과연 어떤 새로운 현상을 만나게 될지, 그것의 의미는 무엇인지를 주제로 논의했다. 언젠가 문이 열려 그곳으로 들어갈 수 있을 것이다. 그때까지 우리는 문을 계속 두드릴 것이다.

3장

물질 세상에서 산다는 것

2008년 2월에 솔트레이크 시티의 유타 대학교에 있는 시인 캐서린 콜스(Katherine Coles)와 생물학자이자 수학자인 프레드 애들러(Fred Adler)는 "모래 한 줌 속의 우주"라는 제목으로 학제간 융합 컨퍼런스를 열었다. 이 모임의 주제는 여러 학문 분야에서 스케일이 하는 역할이었다. 다양한 발표자들과 청중들의 폭넓은 관심을 이끌어낼 수 있는 주제였다. 우리가 관측한 것을 크기에 따라 범주화해 그 의미를 이해하고 조직하며 다시 종합하는 것이 물리학자, 건축 비평가, 영어 교수 등으로 이루어진 패널들이 여러 가지 흥미로운 방법으로 다루어야 할 주제였다.

기조 연설에서 문예 비평가이자 시인인 린다 그레거슨(Linda Gregerson, 1950년~)은 우주를 "숭고함(sublime)"이라고 표현했다. 이 말은 우주를 그토록 멋지게, 또한 동시에 허무하게 만드는 것을 정확히 잡아내고 있다. 이 거대한 우주는 우리가 도달할 수 있는 범위를, 또 이해할 수 있는 범위를 훨씬 넘어서는 것 같으면서도, 우리가 헛된 기대를 가질 만큼 가까이 있어서, 감히 그 안에 뛰어들어서 이해하려고 하게끔 만든다. 우주에 대한 지식에 접근하려고 도전하는 것은 우주의 접근하기 어려운 면을 좀 더 직접 접해서, 더 잘 이해할 수 있도록 하고, 결국은 덜 낯설게 하려는 것이다. 사람들은 '자연이라는 책'을 읽고 이해하는 법을 배워서, 이미 알고 있는 것들과 조화시키고 싶어 한다.

인류는 인생과 세계의 비밀을 해명하기 위해, 여러 가지 다른 방법으로 서로 다른 목표들을 추구해 왔다. 예술, 과학, 그리고 종교는 창조에의 충동을 필요로 한다는 점에서는 공통점이 있지만, 우리가 이해하는 바의 결함을 메우기 위해 사용하는 수단과 방법의 측면에서는 매우 다르다.

따라서 현대 물리학의 세계로 돌아가기 전에, 1부의 나머지 부분에서는 이렇게 다양한 사고 방법들을 서로 비교, 대조하고, 과학-종교 논쟁의 역사적 맥락을 소개해 볼까 한다. 그리고 과학-종교 논쟁의 결코 해결되지 않을 측면에 대해서도 다뤄 볼 생각이다. 이 문제들을 살펴보면서 과학의 유물론적이고 기계론적인 전제를 다뤄 볼까 한다. 이것은 지식을 과학적으로 접근하는 데 있어 핵심적이며 본질적인 특징이기도 하다. 과학과 종교 스펙트럼의 양쪽 끝에 서 있는 사람들은 무슨 소리를 하든 생각을 바꾸지 않을 것이다. 그러나 이 차이의 뿌리가 어디 있는지 정확하게 이해하고자 할 때 나의 논의가 조금은 도움이 될 것이다.

숭고함의 스케일

독일 시인 라이너 마리아 릴케(Rainer Maria Rilke, 1875~1926년)는 극적으

로 숭고한 대상을 대면했을 때 인간이 느끼는 감정이 가진 모순을 붙잡아내서 다음과 같이 표현했다. "아름다움이란 우리가 간신히 견디어내는 무서움의 시작일 뿐이므로, 우리 이처럼 아름다움에 경탄하는 까닭은, 그것이 우리를 파멸시키는 것 따윈 아랑곳하지 않기 때문이다. (For beauty is nothing but the beginning of terror, which we are still just able to endure, and we are so awed because it serenely disdains to annihilate us.)"[10] 솔트레이크 시티 기조연설에서 린다 그레거슨이 숭고함을 표현하면서 사용한 단어들 역시 미묘한 감정을 조명하는 것이었지만 이렇게까지 위협적인 것은 아니었다. 그레거슨은 임마누엘 칸트(Immanuel Kant, 1724~1804년)가 아름다움과 숭고함을 어떻게 구별했는지 상세히 설명했는데, 칸트의 정의에 따르면 아름다움이란 "우리는 우주를 위해 만들어졌고 우주는 우리를 위해 만들어졌음을 믿도록 해 주는 것"이고, "숭고함"이란 그보다 훨씬 더 두려움을 주는 것이라고 했다. 그레거슨은 사람이 "숭고한 것을 볼 때 불안감"을 느끼는 것은 그것이 "잘 맞지 않는 것", 즉 인간의 상호 작용이나 지각을 넘어서는 것이기 때문이라고 이야기했다.

'숭고함'이라는 말은 2009년 내가 물리학을 주제로 해서 음악, 미술, 그리고 과학을 다루는 오페라를 제작하는 일에 참여했을 때, 제작자들과 토론하는 자리에서 다시 등장했다. 지휘자를 맡아 주었던 클레멘트 파워(Clement Power)는 어떤 악곡이 아름다움과 두려움을 동시에 느끼게 하는 영역에 도달하는 경우가 종종 있으며, 사람에 따라 그것을 숭고라고 정의하기도 한다고 이야기했다. 클레멘트에게 숭고한 음악이란 그 통상적인 이해 능력을 넘어선 어떤 정점에 있는 것으로 안이한 해석이나 설명을 거부하는 것이라고 했다.

숭고함은 스케일의 차이를 감지하게 하고, 어쩌면 우리의 지성으로는 풀 수 없는 문제를 던져 주는 것일지도 모른다. 숭고함이 두렵게 느껴지는 동시에 매력적으로 느껴지는 것은 이 때문이다. 우리가 편하게 느끼는 스케일이 걸쳐 있는 영역이 점점 더 넓어지게 됨에 따라 숭고함의 범위는 시간에 따라 변한다. 그러나 언제나 우리가 알지 못하는 부분은 존재한다. 너무 작거나 너무 커서 즉시 파악할 수 없는 스케일에서 일어나는 사건과 행동에 관해 우리는 언제나 알고 싶어 한다.

그림 11 카스파르 다비트 프리드리히(Caspar David Friedrich, 1774~1840년)의 「안개 바다 위의 방랑자(Der Wanderer über dem Nebelmeer)」(1818년). 미술과 음악에서 반복해서 나타나는 주제인 숭고함에 대한 아이콘 같은 그림.

우리 우주는 여러 면에서 숭고하다. 우리 우주는 경이로움을 불러일으키지만 그 복잡함 때문에 우리를 주춤하게, 심지어는 두렵게 한다. 그럼에도 불구하고 각 부분들은 불가사의한 방법으로 서로 어울린다. 예술, 과학, 그리고 종교는 모두 인간의 호기심을 자극하고, 우리 이해의 최전선으로 우리를 밀어붙여서 우리를 계몽한다. 이것들은 모두, 각각 다른 방법으로 개인의 경험이라는 좁은 제한을 초월하도록 도울 것이고, 우리가 숭고함의 영역에 들어가도록, 그리고 이해하도록 허용한다. (그림 11 참조)

예술은 인간이 지각과 느낌이라는 필터를 통해 우주를 탐색하도록 허용한다. 예술은 우리의 감각이 세계에 어떻게 접근하고 이 상호 작용으로부터 무엇을 배울 수 있는가를 탐구한다. 인간이 우리를 둘러싸고 있는 우주에 어떻게 관여하고 관찰하는지 조명하는 것이 예술이다. 예술은 말 그대로 인간을 사람답게 하는 우리의 기능이며, 우리의 직관, 다시 말해 인간이 세계를 어떻게 지각하고 있는가를 보다 선명하게 형상화한다. 과학과 달리, 예술은 인간 스케일의 상호 작용을 초월하는 객관적인 진리를 추구하거나 하지 않는다. 예술은 외부 세계에 대한 우리의 물질적, 감정적 반응과 관련되어 있으며, 과학이 결코 미치지 못할 개인의 내적인 경험, 욕구, 그리고 수용 능력에 직접적인 영향을 미친다.

한편 과학은 세계에 대한 객관적이고 검증 가능한 진리를 추구한다. 과학은 우주를 구성하는 요소와 이 요소들이 상호 작용하는 방식에 관심을 둔다. 비록 자기 직업인 탐정의 관찰에 대해 말하는 것이지만, 셜록 홈스는 왓슨에게 조언을 하면서, 과학의 방법론에 대해 자기만의 독특한 방식으로 감탄할 만큼 잘 묘사했다. "탐정 일은 하나의 정밀 과학이며, 그래야만 하고, 과학과 똑같이 냉정하고 감정이 섞이지 않은 태도로 다뤄져야 하네. 자네는 거기에 로맨티시즘을 가미하려고 했는데, 그건

에우클레이데스의 제5공준에 애정물이나 치정물을 집어넣는 것이나 똑같아. 이 사건의 경우 언급할 만한 가치가 있는 것은 호기심을 가지고 결과에서 원인을 분석적으로 추리해 내는 것이 중요하다는 것 하나뿐이네. 그것으로 난 수수께끼를 해명하는 데 성공한 결세."[11]

의심할 바 없이 아서 코난 도일(Arthur Ignatius Conan Doyle, 1859~1930년) 경은 우주의 비밀을 해명할 때에도 홈스에게 비슷한 방법론을 이야기하도록 했을 것이다. 현장 과학자들은 인간적 한계나 선입견이 상황을 모호하게 만드는 것을 용납하지 않는다. 그렇게 하지 않으면 자신이 편견 없이 현실을 이해했는지 자신을 가질 수 없기 때문이다. 그래서 그렇게 되지 않기 위해서 논리와 축적된 관측 결과를 사용한다. 과학자들은 일이 어떻게 일어나는지, 그리고 기본적인 물리적 구조가 자신들이 관측한 것을 제대로 설명해 내는지 객관적으로 파악하려고 노력한다.

여담이지만, 누군가가 셜록 홈스에게 그가 사용하고 있는 것은 연역적 논리가 아니라 귀납적 논리임을 알려주면 좋겠다. 대부분의 탐정들과 과학자들은 증거의 단편들을 모아 하나로 엮을 때 바로 귀납적인 방법을 사용한다. 과학자들과 탐정들은 측정된 모든 현상에 부합하는 합리적인 틀을 세우기 위해 관측 결과들 속에서 귀납적 논리를 구축해 나간다. 일단 이론이 구축되면 과학자나 탐정은 그 세계에서 일어날 수 있는 다른 현상이나 관계를 예측하기 위해 연역을 한다. 하지만 적어도 탐정에게는 그때는 이미 일은 끝난 뒤이다.

종교는, 우주의 접근하기 어려운 측면과 관련해서 그레거슨이 이야기했던 과제에 대처하기 위해 많은 사람들이 사용하는, 또 다른 접근 방법이다. 17세기 영국 작가 토머스 브라운(Thomas Browne, 1605~1682년) 경은 그의 작품 『의사의 종교(*Religio Medici*)』에서 "나는 나 자신을 잃어버릴 정도로 수수께끼에 빠져 나의 이성을 찾아가는 것을 좋아한다."라고 썼다.[12] 브라운 경과 같은 사람들에게 있어서 논리와 과학적 방법은 모두 다 진리에 다다르는 데 있어 불충분한 접근법이라고 여겨질 것이다. 그들은 종교만이 그런 진리를 다룰 수 있다고 믿을 것이다. 과학과 종교의 핵심적인 차이는 각각이 고르고 싶어 하는 질문의 성격일 것이다. 종교는 과학의 영역 바깥에 있는 질문들을 포함한다. 종교는 궁극적 목적이 존재한다는 것을 가정하고 "왜?"라고 질문하는 반면, 과학은 "어떻게?"라고 묻는다. 과학은 어떤 의미로든 자연의 배후에 어떤 궁극적인 목적 따위가 있다고 기대하지 않는다. 그것은 과학자들이 종교인이나 철학자를 위해 남겨놓았거나 아니면 아예 단념한 탐구의 방향이다.

로스앤젤레스에서 영화 시나리오 작가인 스콧 데릭슨과 대화를 나누면서 이런 이야기를 들은 적이 있다. 그는 영화 「지구가 멈추는 날(The Day the Earth Stood Still)」(원작은 1951년 작품. 그는 2008년에 이 영화의 리메이크 작을 감독했다.)을 찍을 때 원작 시나리오에 있던 대사 하나 때문에 후에 며칠을 고심했다고 했다. 원작 시나리오에 따르면 제니퍼 린 코널리(Jennifer Lynn Connolly, 1970년~)가 맡은 배역이 남편이 죽었을 때, "우주는 제멋대로야.(the universe is random.)"라고 말하게 되어 있었다.

스콧은 이 대사 때문에 마음이 불편했다고 한다. 분명 물리학의 기본 법칙에는 제멋대로인 부분, 즉 무작위성이 포함되어 있다. 그러나 그 법칙들은 적어도 우주의 일부 측면은 예측 가능한 현상으로 여길 수 있도록 질서를 부여하는 것이기도 하다. 몇 주 동안 고민한 스콧은 결국 그 대사를 대체할 새로운 대사를 찾아냈다. 그것은 "무관심(indifferent)"이었다. 텔레비전 드라마인 「매드 멘(Mad Men)」에서 주인공인 돈 드래퍼(Don Draper)가 혐오스럽게 들리도록 발음한 바로 그 한마디를 들었을 때 내 귀가 쫑긋했다.

그러나 '무관심한' 우주가 나쁜 것은 아니다. 물론 좋은 것도 아니다.

과학자는 종교들처럼 숨겨진 의도를 찾지 않는다. 객관적 과학에 필요한 것은 오로지 우주를 무관심한 것으로 다루는 것뿐이다. 실제로 과학은 중립적인 태도로 도덕적인 원인이 아니라 물리적인 원인을 찾아냄으로써 가끔 인간의 상태 중에서 나쁜 점을 제거하기도 한다. 예를 들어, 지금 우리는 정신 질환과 의존증(중독)이 유전적, 물리적인 원인으로 인해 일어나는 것임을 잘 알고 있다. 그래서 이 질환과 증상을 도덕의 영역에서 빼내 질병의 범주 속에서 다룰 수 있게 되었다.

그렇다고 할지라도 과학이 모든 도덕적인 쟁점에 대처할 수 있는 것은 아니다. (그렇다고 해서 과학이 도덕 문제에 아무런 책임이 없다고 주장하는 것은 아니다.) 과학은 우주가 작동하는 원인에 대해 묻지 않으며, 인간이 벌이는 일들의 도덕성을 따지지도 않는다. 비록 논리적으로 생각하는 것이 확실히 현대 사회의 문제들을 다루는 데도 도움을 주고, 오늘날 어떤 과학자들은 도덕적인 행동의 생리적인 기초에 대해 연구하기도 하지만, 일반적으로 말해서 도덕적 문제를 해결하는 것은 과학의 목적이 아니다.

과학과 종교를 가르는 경계선이 항상 분명한 것은 아니다. 신학자들도 때때로 과학적인 질문을 할 수 있고, 과학자들도 영적 — 가끔은 종교적 — 세계관에서 새로운 연구 아이디어를 얻거나 연구의 동기를 부여받기도 한다. 더욱이 과학 역시 사람이 하는 일이기 때문에, 과학자들이 자기 이론을 정식화하기 전인 중간 단계에서는 답이 존재한다는 막연한 믿음이나 특정한 신념과 관련된 감정처럼 비과학적인 인간적 직관이 과학자의 연구 활동에 개입하기도 한다. 사실 이런 일은 빈번하게 일어난다. 그리고 말할 필요도 없이 그 반대의 일도 벌어진다. 즉 예술가들이나 신학자들이 과학자들의 관측 결과나 세계에 대한 과학적 이해의 영향을 받아 자신들의 활동을 시작하기도 한다.

이렇게 경계선이 불분명해지는 경우가 종종 생기기는 하지만, 과학과 종교 각각의 궁극적인 목적 사이의 차이는 결코 사라지지 않는다. 과학은 사물과 사건의 작동 원리를 설명해 주는, 예언 능력을 갖춘 물리적인 기술의 구축을 목표로 한다. 과학과 종교의 방법과 목표는 본질적으로 다른 것이다. 과학은 물리적 실재를 추구하고 종교는 심리적 혹은 사회적인 바람과 필요를 추구한다.

목표의 차이가 대립의 원인이어서는 안 된다. 사실 과학과 종교는 원리적으로 분업을 아주 잘하는 것처럼 보인다. 그러나 종교라고 항상 목적과 위로의 문제에만 매달리는 것은 아니다. 『아메리칸 헤리티지 사전(*The Heritage Dictionary*)』에서 "종교"를 "우주의 창조자이며 입법자로서 찬미받고 우리를 지배하는 신, 또는 인간을 넘어서는 힘이나 힘들에 대한 믿음"이라고 정의하고 있듯이, 많은 종교들도 우주 실제 현상을 다루고 싶어 한다. 딕셔너리닷컴(Dictionary.com)을 봐도 "종교"는 "우주의 근원, 본질, 그리고 목적에 관한 믿음의 집합, 특히 인간을 초월하는 힘이나, 힘들이 창조한 것으로 여겨지고, 보통 경건하고 종교적 의식이 보이고, 인간사의 도덕성을 지배하는 도덕을 나타내는 신호로 구성된다."라고 정의되어 있다. 이 정의들에 따르면 종교는 인간이 세계와 맺는, 도덕적이거나, 감정적이거나, 영적인 관계에 관한 것뿐만 아니라, 세계 그 자체에 관한 것이다. 따라서 종교적 관점이라고 해서 무조건적으로 불문에 붙일 것은 아니다. 세계를 왜곡할 여지가 있기 때문이다. 종교가 설명하려고 하는 지식의 영역에 과학이 침입할 때 불화가 일어날 수밖에 없다.

사람들이 모두 다 고르게 지혜로워진다면 좋겠지만, 참된 답을 찾는다고 나선 사람들의 방법이 달라지거나 목표가 달라진다면 너무나도 당연하게 대립이 생기게 마련이다. 게다가 애초부터 충돌을 피할 수 있도록 진리 추구의 길이 분명하게 분리되어 있었던 것도 아니다. 종교적 믿음을 자연계에 적용하게 되면 교리에 반하는 관찰 결과가 나온다고 해도 종교는 그 발견을 교리에 포함시키지 않으면 안 되게 된다. 초기 교회에서 바로 이런 일이 일어났다. 예를 들어 교회는 인간의 자유 의지와 신의 무한한 권능을 조정하지 않으면 안 되었던 것이다. 이 문제는 오늘날의 경건한 사상가들도 자유롭지 않은 문제이다.

과학과 종교는 양립 가능한가?

과학과 종교의 만남이 항상 이렇게 곤혹스러웠던 것은 아니다. 17세기 과학 혁명 이전에는 종교와 과학이 평화롭게 공존했다. 중세에는 로마 가톨릭 교회가 성경을 관대하게 해석하는 것을 기꺼이 허용했다. 종교 개혁이 가톨릭 교회의 주도권을 위협할 때까지는 이 상태가 유지되었다. 결국 갈릴레오가 코페르니쿠스의 태양 중심설을 지지하는 증거를 제출하자 하늘나라, 즉 천상 세계에 대한 교회의 가르침이 가진 모순이 드러나게 되었다. 갈릴레오가 자신의 연구 결과를 출판한 것은 교회의 명령에 도전한 것일 뿐만 아니라, 성경 해석권을 유일하게 가진 교회의 권위를 대놓고 의문시하는 것이었다. 그래서 성직자들은 모두 다 갈릴레오와 그의 주장을 좋아하지 않았다.

최근의 역사에서는 과학과 종교의 불화 사례를 쉽게 찾아볼 수 있다. 세계가 무질서가 증가하는 방향으로 진행된다는 열역학 제2법칙은, 신이 세계를 이상적인 곳으로 창조했다고 믿는 사람들을 당황스럽게 만들었다. 진화론 역시 비슷한 문제를 야기했다. 최근까지도 지적 설계에 관한 논쟁이 쏟아져 나올 정도이다. 심지어 대폭발 이론을 처음 제안한 것이 가톨릭 사제였던 조르주 앙리 조제프 에두아르 르메트르(Georges Henri Joseph Édouard Lemaître, 1894~1966년)였음에도 불구하고, 우주가 팽창한다는 사실은 완벽한 우주에 살고 있다고 믿고 싶어 하는 사람들을 불편하게 만들기도 했다.

자신의 신앙과 맞서게 된 과학자의 재미있는 사례로 영국 박물학자인 필립 헨리 고스(Philip Henry Gosse, 1810~1888년)의 경우를 살펴보자. 19세기 초반 그는 지층 속에 멸종한 동물들의 화석이 들어 있다는 사실과 지구가 불과 6,000년 전에 창조되었다는 생각이 모순된다는 것을 깨닫고는 당혹감에 빠졌다. 그는 이 모순을 해결하기 위해 지구는 최근에 창조되었지만 창조될 때 한번도 존재한 적이 없는 동물들의 "뼈"와 "화석"이 지층에 들어 있는 채로 특별하게 창조되었다고 주장했다. 그들의 역사가 실재하지는 않았지만 있었던 것처럼 보이게끔 일부러 그렇게 창조되었다는 것이다. 이 주장은 그의 책 『세계의 중심(*Omphalos*)』에 고스란히 들어 있다. 고스는 세계가 합당하게 작동한다면 실제 변화가 일어나지 않았다고 하더라도 그 변화의 흔적을 보여 줄 것이라고 단정했다. 바보 같은 해석이라고 생각할 수도 있지만, 분명 형식적으로는 꼭 틀린 것만은 아니었다. 그러나 아무도 이런 해석을 진지하게 받아들이지는 않았던 것 같다. 고스 자신도 그의 신앙을 자꾸 시험하려 드는 공룡 뼈를 피해 해양 생물학으로 전공을 바꿔 버렸다.

다행히도 대부분의 올바른 과학적 아이디어는 시간이 지남에 따라 급진적으로 보이는 것이 덜해졌고, 받아들여지기 쉬워졌다. 결국 과학적 발견이 널리 침투하게 되었다. 오늘날 지구가 태양 주위를 돈다는 태양 중심설이나 우주가 팽창한다는 데 의문을 제기하는 사람은 없다. 그러나 성경 문구를 글자 그대로 해석하는 문자주의적 해석은 고스의 경우처럼 그것을 너무 심각하게 믿는 사람들 사이에서 여전히 문제를 일으킨다.

17세기 이전에는 사람들이 성경을 지나치게 문자주의적으로 읽지 않았기 때문에 그러한 마찰을 피할 수 있었다. 종교학자이자 역사가인 카렌 암스트롱(Karen Armstrong, 1944년~)과 점심을 함께한 적이 있는데, 그때 그녀는 종교와 과학의 지금과 같은 갈등 양상은 과거에는 존재하지 않았다고 이야기했다. 중세 때에는 종교 문헌을 중층적으로 읽었고 그 해석이 문자주의적이지 않았고 덜 독단적이었다고 한다. 그 결과 종교와 과학이 충돌하는 일이 적었다는 것이다.

5세기에 아우렐리우스 아우구스티누스(Aurelius Augustinus, 354~430년)는 이렇게 말했다. "종종 비기독교도가 지상과 천상, 그리고 세계의 다른 부분에 관해, 별들의 움직임과 궤도, 나아가서 그 크기와 거리에 대해 무언가를 알고 있는 경우가 있다. 그의 지식은 이성과 경험을 통해 얻은 것으로 확실한 것이다. 그런 문제들에 대해 기독교도가 불합리한 이야기를 하며 이것은 성경에 나오는 이야기이라고 주장할 수도 있다. 그러나 불신자들은 그 말을 듣고 거슬려 하며 엉터리라고 여길 것이다. 우리는 이렇게 수치스러운 상황을 피하고, 불신자가 기독교도를 보고 무지하다고 비웃지 않도록, 할 수 있는 모든 일을 해야 한다."[13]

명민한 아우구스티누스는 이런 이야기도 했다. 신이 일부러 수수께끼들을 성경에 삽입해서 사람들에게 수수께끼를 밝혀내는 기쁨을 얻도록 했다는 것이다.[14] 이것은 성경에 나오는 모호한 단어들만이 아니라 비유적인 해석이 필요한 구절들을 가리키는 말이기도 하다. 아우구스티누스는 성경의 논리적인 부분과 비논리적인 부분 모두에서 해석의 즐거움을 느꼈던 모양이다. 그리고 그는 기본적인 모순을 어떻게든 해석해 보려고 애썼던 것 같다. 예를 들어 그는 신의 계획을 완전히 이해하고 평가할 수 있는 사람이 있을 수 있냐고 물었다. 최소한 시간 여행도 하지 않고 말이다.[15]

갈릴레오도 아우구스티누스에 가까운 자세를 고수했다. 메디치 가의 여주인인 토스카나 대공비 크리스티나 디 로레나(Cristina di Lorena,

1565~1637년)에게 보낸 1615년 편지에서 갈릴레오는 "저는 무엇보다 먼저, 그 진정한 의미를 이해하는 한, 성경은 결코 거짓을 말하지 않는다는 것을 주님의 이름으로 단언합니다."라고 썼다.[16] 갈릴레오는 코페르니쿠스도 마찬가지라고 하면서 "코페르니쿠스는 성경을 무시한 것이 아니라, 자신의 신념이 증명되고 그것이 제대로 이해된다면 성경과 모순되지 않을 것임을 잘 알고 있었습니다."라고 주장했다.[17]

갈릴레오는 열성적으로 아우구스티누스를 인용하면서 또 이렇게 적었다. "만약 누군가 명백하고 뻔히 드러나는 이유에 반해서 성경의 권위를 세운다면, 그렇게 하는 사람은 자신이 하는 일을 모르는 것입니다. 그는 진리에 반대하는 것이기 때문입니다. 그것은 그의 이해를 넘어서는 성경의 의미가 아니라 그 자신의 해석일 뿐이며, 성경 안에 있는 것이 아니라 그가 자신 안에서 발견하고 거기 있을 것이라고 상상한 것일 뿐입니다."[18]

독단적인 태도를 버리고 성경에 접근한 아우구스티누스는 성경의 기술은 항상 합리적인 의미를 가진다고 전제했다. 설명이 명백하지 않고 기술이 세상에 대한 관측 결과와 명백하게 모순되는 것처럼 보여도 그것은 읽는 이가 잘못 이해했을 뿐이라는 것이다. 아우구스티누스는 성경을 신의 계시를 인간이 형상화한 결과물이라고 보았다.

성경을 — 적어도 부분적으로는 — 기록자의 주관적 경험이 반영된 것으로 해석했다는 점에서 아우구스티누스의 성경 해석은 일정 부분 우리의 예술에 대한 정의와 유사하다. 아우구스티누스 식으로 생각한다면 교회는 새로운 과학적 발견을 만나도 물러날 필요가 없다.

갈릴레오는 이 점을 깨달았다. 갈릴레오에게, 그리고 그와 비슷하게 생각하는 사람들에게 과학과 성경의 가르침은 성경 문구가 제대로만 해석된다면 충돌할 수가 없는 것이었다. 대립과 불화가 있다면 그것은 과학적 사실에서 비롯된 것이 아니라 인간의 오해에서 비롯된 것이다. 아우구스티누스의 해석에 따르면, 성경은 어떤 순간에는 인간에게 이해되지 않을 수 있고, 겉으로는 우리가 관찰한 것과 모순되는 것처럼 보일 수 있지만, 결코 틀릴 수는 없다. 갈릴레오는 신앙심이 깊었고, 심지어 논리가 그에게 그렇게 하라고 말해 줄 때에도 그 자신에게 성경과 모순된 말을 할 권리는 없다고 생각했다. 오랜 세월이 지난 후 교황 요한 바오로 2세(Ioannes Paulus PP. II, 1920~2005년, 재위 1978~2005년)는 갈릴레오가 그를 반대했던 사람들보다 더 훌륭한 신학자였다고 선언하기에 이르렀다.

그러나 동시에 갈릴레오는 자신의 발견도 믿었다. 갈릴레오는 종교와 관련된 잡담을 하면서 신학자들에게 이렇게 충고했다. "신학자들이여, 여러분이 신앙의 문제를 태양과 지구의 불변성에 관한 명제로부터 만들어 내려고 한다면, 언젠가는 지구가 멈춰 있고 태양이 움직인다고 주장하는 사람들을 이단으로 단죄해야만 하는 위험을 짊어지게 될 것이오. 궁극적으로 지구가 멈춰 있는 태양 주위를 돈다는 것이 물리적으로 논리적으로 증명되는 날이 올지도 모르기 때문에 말이오."[19] 선견지명이 있는 말이었다.

기독교라는 종교가 이렇게 유연한 철학을 늘 따르지 않았다는 것은 명백하다. 그랬다면 갈릴레오가 감옥에 갇히는 일도 없었을 것이고, 오늘날의 신문 지상에 지적 설계를 둘러싼 논란이 이렇게나 보도되지도 않았을 것이다. 비록 많은 종교인들이 유연한 믿음을 가지고 있다고 하더라도, 물리적인 현상을 완고하게 해석하는 것은 종종 문제를 일으킨다. 글자 그대로 성경을 읽는 것은 지지할 수 없는 위험한 관점이다. 시간이 흘러서 기술이 우리를 새로운 스케일로 인도해 가고 과학과 종교는 더 많은 영역에서 겹치게 될 때 더 많은 대립과 충돌을 야기할 수밖에 없는 관점이기 때문이다.

오늘날 세상의 종교 인구 중 상당수는 그들의 믿음을 보다 자유롭게 해석해서 과학과 종교 사이의 충돌을 피하려 하고 있다. 그들은 경전의 엄격한 해석이나 특정한 믿음의 도그마에 꼭 의존하지 않는다. 그들은 엄밀한 과학의 발견을 받아들이면서도, 자신의 영적 생활에서는 교리를 지킬 수 있다고 믿는다.

과학의 영역: 물질들이 이루는 관계들

본질적인 문제는 과학과 종교 사이의 모순이, 특정 단어나 구절보다 더 깊은 곳에서 작용한다는 점이다. 특정한 성경 구절을 문자 그대로 해석하는 것까지는 아니라고 하더라도, 종교와 과학은 서로 양립할 수 없는 논리적 교리에 의거하고 있다. 왜냐하면 종교는 신이라고 하는 외적 존재를 개입시켜 이 세계의 문제나 존재의 문제를 다루려 하기 때문이다. 신의 개입 행위는 그것이 산맥에 적용되건 사람의 양심에 적용되건 간에 과학의 틀 속에서는 일어날 수 없는 일이다.

사회적 혹은 심리적 경험으로서의 종교와, 외부에서 개입해서 우리와 이 세계에 능동적으로 영향을 주는 신을 기반으로 하는 종교 사이에는 결정적인 차이가 존재한다. 요컨대 종교란 어떤 사람들에게는 순전히 개인적인 문제일 수 있다. 종교를 이렇게 생각하는 사람들은 마음이 맞는 사람들로 이루어진 종교 조직에 속하는 데서 오는 사교적인 관계나, 자신을 더 커다란 세계 속에 넣고 바라볼 수 있는 데서 오는 심리적인 안정감을 맛볼 수도 있다. 이런 범주의 사람들에게 믿음이란 삶에 도움이 되는 것이며 자신이 선택한 삶의 방식으로 사는 것을 의미한다. 이러한 신앙은 위안의 원천이 되며, 이것이 공동의 목표가 된다.

이런 사람들은 자신들의 삶을 영적이라고 여긴다. 종교는 그들의 존재감을 고양한다. 삶의 이유, 의미, 목적, 그리고 공동체로서의 일체감을 제공한다. 그들은 종교의 역할을 우주의 작동 원리를 설명하는 것으로 보지 않는다. 그들의 종교는 그들의 개인적인 경외감을 설명해 주고, 그들이 다른 사람들과, 그리고 세계와 상호 작용하는 것을 도울 것이다. 그들은 종교와 과학은 아무런 문제 없이, 쉽사리 공존할 수 있다고 말할지도 모른다.

그러나 종교란 늘 삶의 방식이나 철학 이상의 것이었다. 대부분의 종교는 인간이 기술할 수 있거나 과학이 취급할 수 있는 것을 초월해서, 불가사의한 방법으로 개입하는 신을 가지고 있다. 이러한 믿음을 일단 갖게 되면 과학의 진보를 환영하는 편견 없는 종교인조차도 필연적으로 신의 권능과 과학의 지시를 어떻게 조화시켜야 할지 알 수 없는 곤혹스러운 딜레마에 휘말리게 된다. 신이나 어떤 영적 힘이 우주를 탄생시킨 제일원인이요 원동자였다고 받아들인다고 하더라도, 신이 지금도 물리적인 흔적을 남기지 않고 계속 개입하고 있다는 것은 과학적 견지에서는 상상조차 할 수 없는 일이다.

이러한 모순을 이해하기 위해서, 그리고 과학의 본질을 더 잘 알기 위해서 우리는 과학의 유물론적 관점을 온전히 이해할 필요가 있다. 이 관점은 우리에게, 과학은 물질 우주에 적용되는 것이며, 힘이 작용하는 곳에는 물리적 상관 관계가 존재하는 법이라고 말해 준다. 여기에는 ― 1장에서 소개한 ― 구조의 각 수준에서 물질의 구성 요소를 확인할 수 있다는 아이디어가 포함되어 있다. 더 큰 스케일에 존재하는 것은 더 작은 스케일의 재료로 구성되어 있다. 우리가 가장 기본적인 물리적 구성 요소를 모두 알아낸다고 하더라도 그것들로 이루어진 큰 스케일의 물체와 현상을 모두 설명하지는 못할 것이다. 그렇다고 하더라도 그 구성 요소들이 근본적인 것이라는 사실에는 변함이 없다. 우리가 흥미를 가진 현상의 물질적인 구조와 구성 요소(조성)를 안다고 해서 그 현상이 충분히 설명되는 것은 아니다. 왜냐하면 그 현상은 물리적 상관 관계가 있어야만 일어날 수 있기 때문이다.

어떤 사람들은 과학으로는 얻을 수 없을 것이라고 생각되는 어려운 질문의 대답을 얻기 위해 종교에 귀의한다. 실제로 과학에 대한 유물론적 관점은 우리가 모든 것을 이해할 수 있다고 보장하지 않는다. 기본적인 구성 요소만 이해하면 모든 것을 이해할 수 있다고 주장하지도 않는다. 과학자들이 우주를 스케일에 따라 나누는 것은 우리가 모든 문제를 단번에 해결할 수는 없음을 잘 알기 때문이다. 근본적인 구조와 구성 요소가 아무리 근본적인 것이라고 해도 그것이 모든 문제에 직접적인 답을 주는 것은 아니다. 그래서 공이 지구 중력장 속에서 어떻게 움직이는지를 설명할 때 우리는 양자 역학을 알고 있음에도 불구하고 뉴턴 역학을 쓰는 것이다. 공의 운동을 원자 수준에서 유도하기는 너무나 어렵기 때문이기도 하다. 공이 존재하려면 반드시 원자가 존재해야 하지만, 원자 수준에서 생각하는 것은 공의 궤적을 설명하는 데 도움을 주지 못한다. 물론 원자의 존재가 공의 존재나 중력장 속 운동과 모순되는 것은 아니다.

이 가르침은 우리가 일상에서 만나는 많은 현상에서도 찾아볼 수 있다. 물건은 재료가 없으면 존재할 수 없지만, 우리는 어떤 물건이 무엇으로 어떻게 만들어져 있는지 무시하며 살아간다. 자동차를 운전할 때, 우리는 차 내부에서 일어나는 일에 대해 몰라도 지장이 없다. 요리를 할 때에도 우리는 생선살이 알맞게 풀어졌는지, 케이크가 중심부까지 잘 익었는지, 오트밀이 적당히 흐물흐물해졌는지, 수플레가 제대로 부풀어 올랐는지를 살핀다. 그렇지만 분자 요리법을 배운 사람이 아닌 한 이런 변화의 원인이 되는 그 안의 원자 구조에는 주의를 기울이지 않을 것이

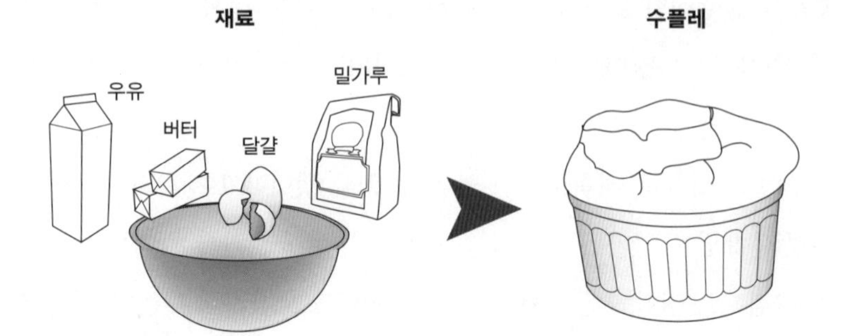

그림 12 수플레와 수플레의 재료는 아주 다르다. 마찬가지로 물질도 그것을 이루는 더 기본적인 물질과는 아주 다른 성질을 가지고 있고, 심지어 아주 다른 물리 법칙을 따른다.

다. 그렇다고 이것이 물질적인 재료 없이는 만족스러운 음식을 만들 수 없다는 사실을 바꾸지는 않는다. 수플레의 성분은 최종적인 수플레와는 전혀 닮지 않았다. 그럼에도 불구하고, 당신이 머릿속에서 지워 버린 음식 속 구성 요소인 분자는 음식이 존재하는 데 반드시 필요하다. (그림 12 참조)

비슷한 사례가 하나 더 있다. 음악이란 무엇일까. 누구라도 쉽게 답하지 못하고 말문이 막힐 것이다. 그러나 음악이라는 현상이나 음악에 대한 사람들의 감정적 반응을 기술하려는 시도들은 거의 대부분 원자나 신경 세포와는 별개의 수준에서 음악을 파악하고 있다. 적절하게 조율된 악기에서 방출되는 음파를 우리 귀가 감지해 기록할 때 우리는 그것을 음악이라고 느끼게 된다. 그렇다고 해도 음악이라는 것은 소리를 만들어 내는 개별 공기 분자의 진동이나 우리 귀와 뇌의 물리적 반응만으로는 설명되지 않는다.

그러나 음악의 경우에도 여전히 유물론적인 관점은 유효하며, 근본적인 구조와 구성 요소는 불가결하다. 음악은 공기 분자의 진동으로부터 나온다. 물리적 현상에 대한 귀의 기계적인 반응이 없었다면 음악은 존재할 수도 없었을 것이다. (우주 공간에서는 누구도 여러분이 외치는 소리를 듣지 못한다.) 여하튼 우리가 음악을 지각하고 인식하는 것은 유물론적인 기술을 넘어서는 무엇이라는 것이다. 만약 우리가 그저 진동하는 분자에만 관심을 가진다면, 우리 인간이 어떻게 음악을 받아들이는가 하는 질문에는 대답할 수 없을 것이다. 음악을 이해하려면 코드와 화음이 맞고 안 맞고를 분자나 진동 같은 것들과 완전히 다른 수준에서 고려하지 않으면 안 된다. 그렇다고 하더라도 음악에는 진동이 필수적이다. 적어도 진동이 우리 뇌에 남긴 감각 인상을 필요로 한다.

비슷한 문제가 하나 더 있다. 동물의 기본적인 구성 요소를 이해하는 것은 생명을 이루는 과정을 이해하기 위한 단계 중 하나일 뿐이다. 그러나 그 구성 요소들이 모여서 보통은 보기 힘든 현상을 어떻게 만들어내는지 잘 알지 못한다면 생명 현상을 제대로 이해하기 힘들 것이다. 생명은 기본적인 구성 요소들을 기반으로 하면서도 그것을 넘어서는 **창발 현상**이다.

틀림없이 의식(意識) 역시 이런 범주에 속하는 것으로 판명될 것이다. 의식에 대한 포괄적 이론은 아직 없지만, 사고와 감정은 궁극적으로 뇌의 전기적, 화학적, 물리적 성질에 근원을 두고 있다. 과학자들은 사고와 감정과 관련된 뇌 내의 기계적 현상들을 하나하나 다 찾아내 연결하지는 못하므로 뇌의 전체 작동 과정을 온전히 파악하고 있지는 못하지만, 개별적인 현상들은 관찰할 수 있다. 여기서도 유물론적 관점은 필수불가결한 것이지만 이것만으로 우리 세계에서 일어나는 모든 현상을 이해하기에는 불충분하다.

가장 기본적인 단위라는 개념을 가지고 의식을 이해할 수 있을지, 없을지 아직 알지 못한다. 하지만 우리는 궁극적으로 좀 더 크고, 더 복합적이고, 창발적인 스케일에 적용되는 원리들을 생각해 낼 수 있을 것이다. 미래에 과학적 진보가 이루어진다면, 과학자들은 뇌의 근본적인 화학 작용과 전기적인 신호 회로를 더 잘 해명하게 되고, 그것을 바탕으로 뇌의 기본적인 기능 단위에 대해서도 알게 될 것이다. 의식은 아마도 과학자들이 그 기본 구성 요소가 무엇인지 올바르게 알아낸 다음에야 온전히 이해되고 제대로 설명되기 시작할 것이다.

이것은 뇌의 기본적인 화학 작용을 연구하는 신경 과학자들만이 뇌 연구의 새로운 길을 개척하고 있다는 뜻이 아니다. 유아의 사고 과정이 성인과 어떻게 다른가를 연구하는 발달 심리학자나,[20] 인간의 사고가 개와 어떻게 다른지를 이해하려는 과학자들 역시 뇌 과학 발전에 좋은 기여를 할 수 있다. 음악이 단일한 것이 아니라 수많은 수준과 여러 층위로 되어 있듯이, 의식 역시 그렇다는 게 내 생각이다. 더 큰 수준에서 질문을 하게 된다면, 우리는 의식 자체에 관해서, 그리고 더 나아가서 뇌의 화학과 뇌의 물리학과 같은 기초적인 구성 요소를 연구하는 영역에서 어떤 질문을 던지면 좋을지와 관련해 통찰을 얻게 될 것이다. 멋진 수플레를 만들 때 그러듯이, 우리는 창발적인 계를 이해해야 한다. 그렇다고는 해도 우리의 생각이나 행동이 몸에 어떤 형태로든 물리적인 영향을 주지 않고 일어나는 일은 없을 것이다.

아마도 의식의 이론보다는 덜 신비롭겠지만, 물리학도 다양한 스케일들을 탐색하고 각각의 스케일에서 일어나는 현상들을 연구하면서 진보하고 있다. 물리학자들은 크기가 다른 것이나, 다른 크기의 집합을 연구할 때에는 다른 질문을 던진다. 우주선을 화성에 보낼 때 고민하는 문제와 쿼크의 상호 작용을 연구할 때 다루어야 하는 문제는 많이 다르다. 둘 다 연구 가치가 있는 좋은 문제들이지만, 한쪽 문제에서 다른 쪽 문제의 답을 쉽사리 끌어낼 수는 없는 것이다. 그럼에도 불구하고 우리가 우주 공간으로 날려 보내야 하는 물질들은 우리가 언젠가 궁극적으로 이해하기를 바라는 기본 구성 요소들로 이루어져 있다.

나는 가끔 입자 물리학자의 유물론적 관점을 환원주의라고 비웃으면서 우리 입자 물리학자들이 답을 할 수 없거나 답을 찾지 않는 현상들을 열거하는 사람들을 본다. 예를 들어 뇌의 기능이나 허리케인과 같은 물리학적, 생물학적 과정들을 거론하기도 하고, 때로는 영적 현상을 거론한다. 영적 현상이라니, 좀 당혹스럽기는 하지만, 우리가 답을 찾을 수 없다고 동의할 수밖에 없는 현상이다. (오히려 한소리 하고 싶은 현상이다.) 물리학 이론은 어떤 구조를 다룬다. 그 범위는 가장 큰 스케일에서 가장 작은 스케일까지 광범위하다. 그러나 그 구조는 우리가 그것에 대해 가설을 세울 수 있고, 실험을 통해 연구할 수 있는 존재이다. 시간이 지남에 따라 우리는 현실 세계의 한 층에서 다음 층으로 나아가게 되고, 앞과 뒤가 조리 있게 연결된 큰 그림을 가지게 된다. 기본 구성 요소는 현실 세계를 이루는 필수불가결한 근본적인 존재이다. 그러나 제대로 된 과학자라면 기본 구성 요소에 대한 지식만으로 모든 것을 설명할 수 있다고 단정적으로 주장하지는 않는다. 무언가를 설명하려면 그것에 대해 연구해야 한다.

끈 이론이 언젠가 양자 중력을 설명하는 이론으로 판명되더라도, '모든 것에 대한 이론(theory of everything, 만물 이론)'은 끔찍하게 잘못된 이름일 것이다. 우리 물리학자들이 그렇게 모든 것을 포괄하는 궁극적인 이론에 도달한다는, 일어날 것 같지 않은 일이 벌어진 상황에서도, 조금만 더 큰 스케일로 나아가도 우리는 여전히 기본 구성 요소를 아는 것만으로는 간단히 답할 수 없는 온갖 질문들을 만나게 될 것이다. 과학자들이 기본 끈으로 기술할 수 있는 것보다 더 큰 스케일에서 일어나는 집합적인 현상을 이해할 때에야 비로소 우리는 초전도체, 대양에서 일렁이는 집채같이 큰 파도, 그리고 생명 현상 같은 것들을 설명할 수 있게 될 것이다. 과학을 하는 과정에서 우리는 스케일에 따라서 여러 현상을 다루게 된다. 우리가 이제까지 다뤄 본 적이 없는 커다란 스케일에서 물체와 과정을 연구할 수 있게 될 때까지, 아무튼 우리는 개별 구성 요소들을 추적할 수밖에 없는 것이다.

현실 세계를 이루고 있는 층위들 중에서 우리가 초점을 맞추게 되는 층위는 당연히 찾고자 하는 답과 그 문제에 따라 다를 수밖에 없지만, 그 과정에서도 유물론적 관점은 핵심적인 역할을 한다. 물리학은 물론이고, 다른 과학도 이 세계에 존재하는 물질을 연구한다. 과학은 본질적으로 기계론적인 원인과 그 효과를 통해 상호 작용하는 물체에 의거한 활동이다. 무언가가 움직이는 것은 어떤 힘이 그것에 작용했기 때문이다. 엔진은 에너지를 소모해서 움직인다. 행성들은 중력의 영향 때문에 태양 주변 궤도를 돈다. 과학적인 입장에서 보면, 비록 우리가 그 작동 원리를 온전하게 이해하고 있지는 못하지만, 인간의 행동 역시 궁극적으로 화학적, 물리학적 과정을 필요로 한다. 우리의 도덕적 선택 역시 궁극적으로, 적어도 부분적으로는, 우리의 유전자와 진화의 역사에 관계되어 있다. 물리학적 구조와 구성 요소는 인간의 행동에서 일정한 역할을 한다.

중요한 문제들을 한꺼번에 해결하는 것은 불가능하다. 그렇다고 하더라도 그 문제들의 토대를 이해하는 것은 과학적 기술이라면 반드시 필요하다. 과학자에게 있어 유물론적이고 기계론적인 구성 요소들은 실제를 기술하는 데 있어 기초가 된다. 그리고 그 구성 요소들 사이에 존재하는 물리학적 상관 관계는 세계에서 일어나는 온갖 현상에서 필수불가결한 역할을 한다. 그것이 모든 것을 설명하기에는 충분하지 않더라도, 필수적이라는 사실에는 변함이 없다.

이 유물론적 관점은 과학의 세계와는 잘 맞는다. 그러나 종교가 인간이나 세계가 어떻게 행동하는지를 설명하기 위해 신이나 다른 어떤 외부 존재를 끌어오게 되면 부득이하게 논리적 충돌이 일어난다. 과학과 신 — 혹은 우주나 인간의 행동을 조종하는 어떤 영적 존재 — 을 동시에 받아들이려고 하다 보면 언젠가는 반드시 신이 언제, 그리고 어떻게 개입하는가 같은 문제에 봉착하게 된다. 과학의 유물론적, 기계론적 관점에 따르면, 만약 우리의 행동에 영향을 주는 유전자가 종을 진화시킨 임의의 돌연변이의 결과라면, 신은 임의적인 돌연변이를 만들어 내기 위해 물리적으로 개입했을 때에만 우리의 행동에 영향을 미쳤다. 오늘날 우리가 하는 행동을 만들어 내기 위해 신이 개입했다면, 그 존재는 우리의 진화에서 결정적인 역할을 한, 적어도 겉보기에는 무작위적인 돌연변이에 영향을 주었어야만 한다. 만약 그랬다고 치자. 그러면 신은 영향을 주기 위해 어떤 방법을 썼을까? 힘을 작용했거나 에너지를 전달했을까? 신은 우리 뇌 속에서 일어나는 전기적인 과정을 조작하고 있는 것일까? 신은 우리가 어떤 특정한 방식으로 행동하도록 강제하거나, 특정한 사람이 목적지에 닿을 수 없도록 폭풍우를 만들어 내고 있는 것일까? 더 큰 수준에서 보자면, 만약 신이 우주에 목적을 부여했다고 치자. 그렇다면 그 신은 어떻게 그런 의지를 사용하는 것일까?

문제는 이런 질문 대부분이 어리석어 보인다는 게 아니라 이런 질문들에 대해 과학적으로 의미 있는 대답 또는 설명을 할 수 없다는 것이다. 이 '신의 마술'은 어떻게 일어나는 것일까?

신이 인간을 돕기 위해, 또는 세상을 바꾸기 위해 때때로 개입한다고 믿고 싶어 하는 사람들은 확실히 비과학적인 생각을 하게 될 수밖에 없다. 과학이 세상만사의 원인과 이유를 모두 다 설명할 수는 없다고 하더라도, 우리는 사물이 어떻게 움직이고 상호 작용을 하는지 알고 있다. 만약 신이 물리적 영향을 미칠 수 없다면 사물은 움직이지 않을 것이다.

우리의 사고 역시 뇌에서 움직이는 전기 신호에 따라 이루어진다. 따라서 우리의 사고 역시 신의 영향을 받지 않을 것이다.

그러한 외부 영향이 있다는 생각이 종교 고유의 것이라면, 논리적, 과학적 사고를 가진 사람들은 그 영향을 이 세계에 전달하는 메커니즘이 있어야만 한다고 따져 물을 것이다. 인간의 행위와 행동이나 세계 자체에 영향을 끼치면서도 보이지 않고 감지되지 않는 힘을 인정하는 종교적인, 혹은 영적인 믿음을 고수하려면, 종교인들은 믿음을 가지는 대신 논리를 포기하거나, 그저 무시하는 것 외에는 선택의 여지가 없게 될 것이다.

나는 이러한 양립 불가능한 대립이 연구 방법과 이해하고 있는 지식 수준 측면에서 볼 때 결정적으로 논리적인 막다른 골목에 도달해 있다는 인상을 받고 있다. 고생물학자 스티븐 제이 굴드(Stephen Jay Gould, 1941~2002년)는 "중복되지 않는 교도권(nonoverlapping magisteria, NOMA)"을 주장한 바 있다. 다시 말해 과학은 경험적인 우주를 다루고 종교는 도덕적 성찰을 다루는, 서로 다른 영역에 대한 활동이라는 주장이다. 그러나 종교와 과학의 교도권은 사실 중복되어 있으며 난감한 모순에 직면하고 있다. 종교인들은 당연히 도덕의 문제를 종교에 맡기라 할 것이다. 물론 과학은 사람을 사람답게 만드는 것들과 관련된 흥미롭고 근본적인 질문들에 대해 앞으로 더 많은 답을 해야 하는 상황에 있다. 그러나 도덕의 문제 속에 물질과 그 활동에 대한 이야기가 포함되어 있다면 — 그것이 뇌 속에서 일어나는 일에 관한 것이건, 천체들 사이에서 일어나는 일에 관한 것이건 — 일단 그것은 과학의 영역이다.

이성적 불일치와 비이성적 탈출구

그러나 이 양립 불가능한 대립이 모든 종교인들에게 반드시 문제가 되는 것은 아니다. 내가 보스턴에서 로스앤젤레스까지 비행기를 타고 가고 있을 때, 분자 생물학을 전공했던 젊은 배우의 옆자리에 앉게 되었는데, 그는 진화에 관해 놀라운 관점을 보여 주었다. 배우가 되기 전 3년 동안 그는 한 도시의 학교에서 과학 교육 커리큘럼을 짜는 역할을 맡았었다. 내가 만났을 때 그는 오바마 대통령의 취임식에서 돌아오는 길이었는데, 세상을 더 나은 곳으로 만들려는 열정과 낙관으로 넘치고 있었다. 성공적인 배우 경력을 계속하면서, 그는 과학과 과학적 방법론을 전 세계에 전파하는 학교를 세울 야심을 가지고 있었다.

하지만 우리의 대화는 놀라운 반전을 맞았다. 그가 계획하고 있던 커리큘럼은 종교에 대한 과목을 최소한 하나 이상 포함하고 있었던 것이다. 종교는 그의 인생에서 언제나 커다란 부분을 차지하고 있었지만, 그는 사람들이 자신의 자유 의지에 따라 자신의 판단을 내릴 수 있다고도 믿고 있었다. 그러나 내 놀라움은 여기서 끝나지 않았다. 그는 계속해서 인간의 조상은 아담이며 인간은 유인원의 후예가 아니라는 그의 믿음을 설명하기 시작했다. 나는 어떻게 전문적인 생물학 교육을 받은 사람이 진화를 믿지 않을 수 있는지 이해할 수 없었다. 이러한 모순은 내가 지금까지 이야기해 온, 신이 유물론적 세계에 개입한다는 것보다 훨씬 심각한 것이었다. 그는 자신이 과학을 배웠고 그 논리도 이해하고 있다고 이야기했지만, 과학이든 논리든 인간의 사고 정리법에 불과하다고 했다. 그게 뭐든 간에 말이다. 그의 머릿속에서 '사람'이 내리는 논리적 결론이란 내가 아는 그런 것이 아니었다.

이 대화 덕분에 나는 우리가 왜 과학과 종교의 조화라는 문제의 답을 그렇게나 찾기 힘든지, 그 이유를 잘 알게 되었다. 경험을 기반으로 한 논리 중심의 과학과, 계시를 바탕으로 한 신앙은 진리에 도달하기 위한 방법 자체가 근본적으로 다른 것이다. 모순이란 여러분이 논리적인 규칙을 따를 때만 생긴다. 논리는 모순을 해결하려고 하지만, 종교적인 생각은 많은 부분 모순을 양분으로 삼는다. 계시적인 진리를 믿는다면, 그것은 과학의 규칙을 따르지 않기로 한 것이고, 따라서 모순 따위는 없다. 종교인은 '신의 마법'을 받아들여서 세계를 비합리적으로 해석해도 아무렇지 않다. 그가 보기에 그 해석은 과학과 양립 가능하다. 아니면 비행기에서 옆자리에 앉았던 친구처럼 기꺼이 모순과 함께 살기로 결정할 수도 있다.

신은 논리적인 모순을 피하는 방법을 가지고 있을지도 모른다. 그러나 과학은 그렇지 않다. 세계의 작동 원리만이 아니라 과학적 사고 방식에 대해서도 종교적인 설명을 더해 보려는 종교의 신자들은 언젠가 과학적 발견과 보이지도 않고 지각할 수도 없는 영향력 사이에 놓인 무시무시한 간극에 직면하게 될 것이다. 이것은 기본적으로 논리적인 생각으로는 건널 수 없는 간극이다. 그때 종교인은 신앙의 문제에 대해서는 잠정적으로 논리적인(혹은 적어도 문자로 표현되는) 해석을 포기하거나, 아니면 그저 모순에 신경 쓰지 않고 포용하는 수밖에는 선택의 여지가 없다.

어느 쪽을 택하건 그는 정식 과학자가 될 수도 있다. 게다가 종교가 가치 있는 심리적 위안과 이익을 주는 것도 사실이다. 그러나 어떤 종교적인 과학자라도 매일 그의 믿음에 대한 과학의 시험을 마주하게 될 것이다. 당신 뇌 속의 종교적인 부분은 동시에 과학적인 뇌로 활동할 수는 없다. 그것은 단순히 말해서 양립 불가능하다.

4장
대답을 찾아서

나는 "천국의 문을 두드리며(Knockin' on heaven's door)"라는 문구를 밥 딜런(Bob Dylan, 1941년~)과 사이키델릭 록 그룹인 그레이트풀 데드가 함께 무대에 오른 1987년 캘리포니아 주 오클랜드에서 열린 콘서트에서 처음 들었다. 말할 필요도 없이, 이 책의 제목은, 아직도 내 머릿속에서 울리는 딜런과 제리 가르시아(Jerry Garcia, 1942~1995년)가 부른 노래의 가사와는 의미가 다르다. 이 문구는 성경의 원문과도 조금 다르다. 그러나 책의 제목은 사실 성경 구절의 원래 의미를 의식한 것이다. 『신약성서』 「마태복음」에는 다음과 같은 구절이 나온다. "구하라 그리하면 너희에게 주실 것이요 찾으라 그리하면 찾아낼 것이요 문을 두드리라 그리하면 너희에게 열릴 것이니."[21](「마태복음」 7장 7절)

이 구절에 따르면, 인간은 지식을 탐구할 수는 있지만, 궁극적인 목표는 신과 접촉하는 것이다. 세계에 대한 인간의 호기심과 적극적인 탐구는 신에 이르는 징검돌일 뿐이다. 우주 자체는 다음 문제이다. 대답은 예비되어 있을 수도 있고, 신자가 대답을 더 적극적으로 찾도록 몰아댈 수도 있지만, 신 없이는 지식에 접근할 수 없다. 아니, 그럴 가치조차 없다. 인간은 스스로 지식을 얻을 수 없다. 인간은 최종 심판자일 수 없기 때문이다.

그러나 나는 이 책의 제목을 통해 과학의 철학과 목표가 성경의 그것과 다르다는 것을 보여 주고 싶었다. 과학이 다루는 것은 수동적으로 얻은 지식이나 믿음이 아니다. 우주의 진리 그 자체가 목적이다. 과학자는 적극적으로 지식의 문을 두드린다. 이 문이 바로 우리가 알고 있는 영역의 경계에 해당한다. 우리는 묻고 탐구하고, 사실과 논리에 따라 우리의 견해를 바꾼다. 우리는 오로지 실험을 통해 확인할 수 있는 것이나 실험적으로 확인된 가설로부터 추론한 것들만을 믿는다.

과학자들은 우주에 대해 놀랄 만큼 많이 알고 있다. 동시에 해명되지 않은 것이 더 많이 남아 있다는 것도 알고 있다. 많은 것들이 현재로서는 실험 불가능한 영역에 남아 있다. 그 영역은 상상할 수 있는 그 어떤 실험도 도달할 수 없는 곳일지도 모른다. 그럼에도 불구하고, 새로운 발견이 하나하나 이루어질 때마다 우리는 진리를 향해 한 걸음, 한 걸음 오르게 된다. 가끔은 그 한 걸음이 우리의 세계관에 혁명적인 충격을 가져올 수도 있다. 야심적인 꿈이 항상 실현되지는 않음을 잘 알지만, 과학자들은 포기하지 않고, 세계에 대한 우리의 지식을 더 풍부하게 해 주는 길을 찾아 일관되게 나아가고 있다. 기술의 발전이 더 많은 것을 볼 수 있게 해 줄 것이다. 이렇게 우리는 보다 포괄적인, 다시 말해 새로 얻은 정보들을 모두 설명해 줄 이론을 추구한다.

열쇠가 되는 질문은 이것이다. 누가 대답을 찾을 수 있는 능력, 혹은 권리를 가졌는가? 사람들은 자기 스스로의 힘으로 연구하는가, 혹은 더 높은 권위를 믿는가? 물리학의 세계에 들어가기 전에 책의 1부를 마무리하면서 과학적 관점과 종교적 관점을 대비시켜 가면서 하나의 결론을 내리고자 한다.

인류의 지식을 넓히는 것은 누구의 일인가?

우리는 앞에서 17세기에 발흥한 과학적 사고 방식이 지식에 대한 기독교도의 태도를 분리시켜서, 오늘날까지 이어지는 다른 개념 체계들 사이의 대립으로 이끈 과정을 살펴보았다. 그런데 과학과 종교가 분리된 것에는 두 번째 원인이 있다. 바로 권위 문제이다. 교회의 입장에서 보면 인간이 스스로의 힘으로 생각할 수 있고 우주를 이해할 독립적 능력을 가지고 있다고 전제한 갈릴레오의 주장은 교회의 가르침에서 너무나도 크게 벗어난 것이었다.

갈릴레오는 과학적 방법의 선구자가 된 시점에서부터 권위에의 맹신을 거부하고 스스로 이룬 관찰과 해석에 따라 연구를 했다. 자신의 관측 결과에 따라서 관점을 바꾸기도 했다. 그렇게 함으로써 갈릴레오는 세계를 알기 위한 전적으로 새로운 길을 활짝 열었다. 그것은 자연을 훨씬 더 잘 이해할 수 있고 자연에 훨씬 더 많은 영향을 끼칠 수 있는 접근법이었다. 갈릴레오가 이룩한 발전이 출판되었음에도 불구하고(정확히 말하자면 출판되었기 때문에) 갈릴레오는 감옥에 갇혔다. 아무런 주저 없이 지구가 태양계의 중심이 아니라고 주장한 갈릴레오의 급진적인 태도는 당대의 종교 권력과 엄격한 성경 해석에 대해 너무 위협적이었다. 갈릴레오를 시작으로 17세기의 독립적인 사상가들이 이끈 과학 혁명으로 우주의 본성과 기원, 그리고 거동에 대한 성경의 문자주의적 해석은 모두 다 반증되었다.

갈릴레오는 타이밍이 좋지 않았다. 그가 근본적으로 새로운 주장을 제기한 시기는 바로 프로테스탄트의 종교 개혁에 대한 가톨릭 교회의 응전인 반종교 개혁(counter-reformation)이 절정을 이룰 때였기 때문이다. 가톨릭 교회는 마르틴 루터(Martin Luther, 1483~1546년)의 성경을 직접 읽고 원전 그대로 해석해야 한다는 주장과 사상의 자유에 대한 주장을 심각한 위협으로 느끼고 있었다. 루터는 가톨릭 교회의 성경 해석을 의심 없이 그대로 받아들여서는 안 된다고 주장했다. 갈릴레오는 루터와 비슷한 관점을 시사했고, 오히려 한 걸음 더 나갔다. 갈릴레오는 권위를 거부했고, 더구나 성경에 대한 가톨릭 교회의 해석을 정면으로 부인했다.[22] 갈릴레오의 새로운 과학적 방법은 자연에 대한 직접적 관찰에 기반을 두고 있으며, 그 관찰 결과를 가장 효율적으로 설명할 수 있는 가설을 세워 그것을 가지고 자연을 해석하려고 했다. 갈릴레오는 독실한 로마 가톨릭 교도였음에도 불구하고, 가톨릭 사제들이 보기에, 그의 탐구 방법과 아이디어는 프로테스탄트의 생각과 너무나 닮아 있었다. 갈릴레오는 의도치 않게 격렬한 종교적 영토 다툼에 말려 들어간 것이다.

아이로니컬하게도 반종교 개혁은 코페르니쿠스의 태양 중심 우주관을 보다 빨리 확산시키는 결과를 낳았다. 가톨릭 교회는 교회의 축일과 의식이 매년 제 시간에 열릴 수 있도록 달력을 개선하려 했다. 코페르니쿠스는 율리우스력을 행성과 별들의 움직임에 맞도록 개혁하기 위해 교회가 초빙한 천문학자 중 한 사람이었다. 그는 바로 이 연구를 하면서, 천체를 관측하게 되었고, 마침내 급진적인 주장에 도달했던 것이다.

루터 자신은 코페르니쿠스 이론을 받아들이지 않았다. 그러나 갈릴레오가 더 발전된 관측을 하고, 궁극적으로 훗날 뉴턴의 중력 이론이 이것을 증명할 때까지는 대부분의 사람 역시 마찬가지였다. 대신 루터는 천문학과 의학 분야에서 이루어진 다른 발전들은 받아들였는데, 그것이 자연을 편견 없이 평가하는 태도라고 생각했던 것이다. 루터는 과학의 대단한 옹호자까지는 아니었다. 그렇지만 종교 개혁은 사람들이 새로운 생각을 보다 자유롭게 논의하고 받아들일 수 있는 분위기를 조성했고, 이것은 새로운 과학적 방법을 촉진하는 생각의 진보를 낳았다. 부분적으로는 인쇄술의 발달에 힘입어 종교적인 생각뿐만 아니라 과학적인 생각도 빠르게 확산될 수 있었고, 이것은 결국 가톨릭 교회의 권위를 약하게 만들었다.

루터는 속세의 과학적 탐구가 잠재적으로는 종교적 탐구만큼이나 가치가 있다고 생각했다. 위대한 천문학자인 요하네스 케플러와 같은 과학자들 역시 그렇게 느꼈다. 케플러는 튀빙겐 대학교의 스승이었던 미하엘 매스틀린(Michael Maestlin, 1550~1631년)에게 쓴 편지에서 "저는 신학자가 되고 싶었으므로 오랫동안 마음을 잡을 수 없었습니다. 그러나 이제 제가 한 일을 통해 신께서 천문학에서 찬양받는 것을 보십시오."[23]

이런 관점에서 보면, 과학은 신의 외경스러운 본성과, 그가 만든 창조물들과 세계가 어떻게 작동하는가를 설명하는 방법이 된다. 신을 찬미하는 또 다른 방법이 되는 셈이다. 이로써 과학은 신의 합리적이고 질서정연한 우주를 더 잘 이해하고, 나아가서 인류를 유익하게 하는 방법이 되었다. 초기의 근대 과학자들은 종교를 절대 거부하지 않았고, 자신들의 관찰을 신이 창조한 세상에 대한 찬미의 한 가지 형태로 여겼다는 점에 주목하자. 그들은 자연이라는 책과 성경이라는 신의 책 모두 신앙심을 함양하고 신의 뜻을 드러내는 길이라고 보았다. 이런 의미에서 자연탐구는 곧바로 창조주에 대한 감사와 고백의 한 가지 형태였다.

이런 생각은 최근에도 종종 들을 수 있다. 파키스탄 출신의 물리학자

무함마드 압두스 살람(Muhammad Abdus Salam, 1926~1996년)은 1979년 노벨 물리학상 수상 연설에서 이렇게 단언했다. "이슬람의 성스러운 예언자께서는 지식과 과학을 추구하는 것은 남녀를 막론하고 모든 무슬림의 의무라고 강조하셨습니다. 예언자께서는 제자들에게 지식을 찾기 위해서라면 중국에라도 가라고 명하셨습니다. 분명 예언자께서는 종교적인 지식보다 과학의 지식을 염두에 두고 계셨습니다. 그리고 과학적 탐구의 국제성을 간파하고 계시기도 했습니다."

왜 사람들은 과학을 염려하는가?

앞 장에서 살펴본 것처럼 본질적인 차이가 있음에도 불구하고, 일부 종교인들은 자기 머리의 과학적인 부분과 종교적인 부분을 쉽게 분리해 쓸 수 있으며, 자연을 이해하는 것이 신을 이해하기 위한 수단이라고 여전히 생각하고 있다. 과학을 적극적으로 연구하지 않는 많은 사람들도 과학적 진보가 아무런 속박 없이 계속되어야 한다고 여긴다. 그래도 여전히 과학과 종교 사이의 단층이 미국은 물론이고 세계의 곳곳에서 사라지지 않고 남아 있다. 그 단층은 이따금씩 폭력을 야기하기도 하고, 적어도 교육 문제와 관련해서는 곳곳에서 시시때때로 분란을 일으킨다.

종교적 권위의 관점에서 보면, 과학처럼 종교에 도전하는 것은 여러 이유에서 위협이 될 수 있다. 그렇게 느끼는 이유 가운데에는 진리나 논리와 아무런 상관도 없는 것도 섞여 있다. 신의 품에 귀의한 사람들에게 있어 신은 언제나 자신들의 관점을 정당화해 주는 트럼프의 으뜸패 같은 존재이다. 신에게 의존하지 않고 이루어지는 독립적인 탐구는 그것이 어떤 것이든 명백히 잠재적인 위협이다. 더더군다나 신의 비밀을 엿보는 일은 결국, 교회의 도덕적인 권위와 지상의 지배자로서의 속세적 권위의 토대를 잠식할지도 모른다. 이러한 문제 제기는 인간을 교만하게 만들어 종교 공동체의 충성도를 저하시킬 수 있고, 심지어 사람들로 하여금 신의 중요성을 잊도록 할 수도 있다. 종교의 권위를 중요시하는 사람들이 과학에 대해 걱정을 하는 것도 어쩌면 당연한 것이다.

그런데 왜 사람들은 이런 생각을 하는 것일까? 내가 정말 묻고 싶은 것은 과학과 종교의 차이점이 무엇인가가 아니다. 그 문제에 대해서는 앞 장에서 살펴봤듯이 합리적으로 잘 설명할 수 있다. 내가 정말 알고 싶은 문제는 이것이다. 왜 사람들은 과학에 대해서 그렇게 염려하는가? 왜 그렇게 많은 사람들이 과학자와 과학적 진보에 대해 의심하는가? 그리고 왜 권위를 둘러싼 문제가 이렇게 자주 일어나며, 심지어 오늘날까지 그러한가?

나는 우연히 하버드 대학교와 MIT의 관계자들이 운영하고 있는, '과학, 예술, 종교에 관한 케임브리지 원탁 회의(Cambridge Roundtable on Science, Art and Religion)'라는 일련의 토론 모임의 메일링리스트에 들어가게 되었다. (http://cambridgeroundtable.org/) 내가 참석한 첫 번째 모임의 주제는 17세기 시인 조지 허버트(George Herbert, 1593~1633년)와 이른바 '새로운 무신론자(The New Atheist)'에 관한 것이었는데, 이 모임에서 앞의 질문들 중 일부에 빛을 비춰 주는 어떤 실마리 같은 것은 것을 발견했다.

문학을 공부하다가 법학과 교수가 된 스탠리 유진 피시(Stanley Eugene Fish, 1938년~)가 그날 모임의 주요 강연자였다. 피시는 '새로운 무신론자'들의 견해와 그들이 종교적 신앙에 대해 보여 주는 적대감을 요약·정리하는 것으로 강연을 시작했다. '새로운 무신론자'란 베스트셀러를 통해 험악하고 비판적인 언어로 종교에 반대하는 크리스토퍼 에릭 히친스(Christopher Eric Hitchens, 1949~2011년), 리처드 클린턴 도킨스(Richard Clinton Dawkins, 1941년~), 샘 해리스(Sam Harris, 1967년~), 대니얼 클레멘트 데닛

(Daniel Clement Dennett, 1942년~) 등을 가리키는 말이었다.

그들의 견해를 간단히 소개한 후, 피시는 계속해서 종교에 대한 그들의 이해 부족을 비판했다. 대부분의 청중들은 이 비판에 수긍하는 것 같았다. 종교가 없는 나는 아무래도 이 토론 모임에서 소수파에 속하는 것 같았다. 피시는 새로운 무신론자들이 종교 신자들이 싸워야만 하는 '자기 신뢰(self-reliance)' 문제를 고려했더라면 자신들의 주장에 더 강한 설득력을 부여할 수 있었으리라고 지적했다.

신앙은 적극적인 의문 제기를 필요로 하는 경우가 있다. 사실 많은 종교들이 신자들에게 그렇게 하도록 요구한다. 그러나 프로테스탄트 분파 중에는 인간의 자유 의지를 거부하거나 억압하라고 요구하는 곳도 있다. 장 칼뱅(Jean Calvin, 1509~1564년)은 "사람은 내버려 두면 미혹된 자기애에 기울어지는 법이다. 따라서 하느님의 진리는 우리 스스로를 시험할 수 있는 방법을 찾도록 요구한다. 이렇게 하기 위해서는 어떤 지식이 필요하다. 그것은 바로 스스로의 능력에 대한 자신감을 모두 버리게 하고, 스스로 자만할 수 있는 기회를 모조리 빼앗고, 우리를 순종으로 이끄는 지식이다."[24]

이 가르침은 무엇보다 우선 도덕적인 문제에 적용된다. 그러나 외부의 지침이 있어야 한다는 믿음은 비과학적이며, 그 지침을 어디까지 따라야 할지 알기가 어려울 수 있다.

지식에 대한 욕구와 인간의 자부심에 대한 의심 사이의 갈등은 종교적 문헌 곳곳에서 잘 드러난다. 원탁 회의에서 피시 등이 토론 주제로 삼았던 허버트의 시는 좋은 사례이다. 토론회에서는 지식과 신 사이에서 흔들렸던 허버트의 내적 갈등을 자세히 다뤘다. 허버트에게 스스로 이루어진 이해는(신과 독립적으로 자연을 이해한 것은) 죄받을 교만의 표시였다. 비슷한 경계를 존 밀튼(John Milton, 1608~1674년)의 작품에서도 확인할 수 있다. 밀튼 본인은 건전한 지적 탐구의 필요성을 확고히 믿고 있었지만, 그럼에도 불구하고 그의 『실락원(*Paradise Lost*)』에서 대천사 라파엘은 아담에게 별들의 움직임에 너무 많은 호기심을 가지면 안 된다고 하면서 이렇게 말한다. "별들은 그대의 믿음을 필요로 하지 않는다."

놀랍게도(적어도 내게는), 우리 그룹을 대표해서 원탁 회의에 참가하고 있던 하버드 대학교와 MIT의 저명한 교수들은, 자신의 개성을 억누르고 스스로를 이 위대한 힘에 맞추는 것이 옳은 일이라고 믿으며 자신을 포기하려는 허버트의 시도를 긍정적으로 받아들였다. (하버드 대학교와 MIT의 교수들에 대해 아는 사람이라면 누구라도 그들이 이렇게 자아를 부정하는 모습을 보고 놀라 자빠질 것이다.)

사람이 스스로의 힘으로 진리에 접근할 수 있는가 하는 문제야말로 종교-과학 논쟁의 핵심을 이루는 진짜 쟁점일 것이다. 오늘날 우리가 접하고는 하는 과학에 대한 부정적인 태도는, 부분적으로 허버트와 밀튼이 표현한 극단적인 믿음에 뿌리를 두고 있는 것일지도 모른다. 만물을 이해할 권리가 누구에게 있는가, 그리고 누구의 결론을 우리가 믿어야 하는가 하는 문제들과 비교하면, 오히려 세계가 왜 이렇게 생겨먹었는가 같은 문제조차 그리 뜨거운 쟁점처럼 여겨지지 않을 정도이다.

우주 앞에서 우리는 겸손해야 한다. 자연은 심오한 수수께끼들을 얼마든지 감추고 있다. 하지만 과학자들은 교만하게도 자연의 비밀을 인간이 해명할 수 있으리라고 믿고 있다. 자연의 수수께끼에 대한 대답을 찾는 일이 불경한 행동일까? 아니면 그저 주제 넘은 짓일 뿐일까? 아인슈타인과 노벨상 수상 물리학자인 데이비드 그로스(David Gross, 1941년~)는 자연이 어떻게 작동하는가 같은 중요한 문제의 해답을 얻기 위해 신과 씨름을 하는 존재가 과학자라고 한 적이 있다. 물론 데이비드 그로스는 이것을 문자 그대로의 뜻으로 말한 것이 아니다. (그리고 확실히 겸손의 의미로 이 말을 한 것도 아니다.) 그로스는 자신이 사는 세상을 직관적으로 파악하는 인간의 기적적인 능력을 인식하고 있었던 것이다.

스스로의 힘으로 만물을 이해하는 인간의 능력을 믿지 않은 전통이 남긴 유산을, 유머나 영화 같은 대중 문화는 물론이고 현대 정치의 이곳저곳에서 확인할 수 있다. 사실에 대한 성실성과 존중의 마음은 지성을 우습게 보는 작금의 사회 풍조 속에서는 다소 유행에 뒤쳐진 것처럼 보인다. 어떤 사람들이 과학의 성공을 부정하는 정도를 보면 놀랄 정도이다. 한번은 어떤 파티에서 자신은 과학을 믿지 않는다고 대담하게 주장하는 어떤 여자를 만난 적이 있다. 그래서 이렇게 물었다. 11층까지 저와 같은 엘리베이터를 타고 오시지 않았나요? 전화기는 쓰시나요? 이메일 초대장은 어떻게 받으셨죠?

많은 사람들이 여전히 사실과 논리를 진지하게 대하는 이들을 거북한 존재, 혹은 잘해야 특이한 존재쯤으로 치부한다. 이러한 반지성적, 반과학적 정서의 원천 중 하나는 인간이 세계를 상대하기에 충분할 만큼 힘이 세다고 느끼는 사람들의 자기 중심적 태도에 대한 분노일지도 모른다. 그렇게 거대한 지적 도전을 할 권리를 인간이 가지고 있지 않다고 생각하는 사람들은, 그런 도전은 우리 힘으로 할 수 없는 것이며, 더 큰 권능에 속한 것이라고 믿는다. 이 특별한 반자아, 반진보의 풍조를 우리는 운동장과 컨트리클럽에서 종종 들을 수 있다.

어떤 사람에게는 스스로 세계를 해석할 수 있다는 생각이 낙관주의의 원천이 되어 세계를 더 잘 이해하고 세계에 더 많은 영향을 미치도록 이끈다. 하지만 다른 사람들에게는 더 많이 알게 해 주고, 더 정교한 기술을 가지게 해 주는 과학과 그 권위가 공포감의 근원이 되기도 한다. 과학 앞에서 사람들은, 스스로에게 과학적 활동에 종사하거나 과학적 결론에 대해 평가할 자격이 있다고 느끼는 이들과, 소외감을 느끼거나 무력감을 느끼고 그런 과학적 탐구가 이기적 행위에 불과하다고 느끼는 이들로 나뉘게 된다.

대부분의 사람들은 힘을 부여받았다고 느끼고 소속감을 갖고 싶어 한다. 여기서 사람들은 종교와 과학 둘 중 어떤 것이 세상에 대한 지배력을 가지고 있는지 알고 싶어 한다. 아니, 자신들이 세상을 지배하고 있다는 느낌을 제대로 주는 것은 어떤 것인지 알고 싶어 한다. 어디에서 믿음과 위안과 이해를 찾을 수 있는가? 여러분은 여러분 스스로 세상만물을 이해할 수 있다고 믿는 쪽인가, 아니면 믿을 만한 누군가에게 그 일을 맡겨야 한다고 여기는 쪽인가? 사람들이 찾고 있는 답과 가르침을 아직 과학은 제공하지 못한다.

그럼에도 불구하고 과학은 우주가 무엇으로 이루어져 있고 어떻게 작동하고 있는지에 대해 많은 것을 가르쳐 준다. 우리가 아는 것을 모두 합쳐 보면, 과학자들이 오랜 시간에 걸쳐 추론해 낸 세계의 전체 모습은 기적에 가까우리만큼 잘 맞는다. 과학의 아이디어들은 정확한 예측을 낳는다. 그래서 사람들은 과학의 권위를 믿으며, 많은 사람들이 오랜 세월에 걸쳐 과학이 축적해 온 놀라운 가르침을 받아들인다.

과학자들은 쉽게 접근할 수 없는 영역을 탐구함으로써 인간의 직관이 가진 한계를 넘어서 앞으로 나아간다. 세계를 기술하는 데 있어 인간은 더 이상 중심적인 존재가 아니다. 이 사실을 뒤집을 만한, 그래서 인간을 세계의 중심으로 되돌려 놓을 만한 발견은 아직 한 번도 이루어진 적이 없다. 코페르니쿠스적 전환은 항상 반복되고 있다. 과학은 우리가 무작위적으로 작동하는 우주 공간에 버려진 존재이며, 무작위적으로 주어진 크기를 가진 수많은 물체들 중 하나에 불과함을 늘 상기시킨다.

인간의 호기심과 정보에 대한 굶주림을 만족시키고자 진보를 이루는 능력은 인간을 매우 특별한 존재로 만들었다. 우리는 우주에 대해 질문을 하고, 그 대답을 조금씩이나마 체계적으로 찾아가는 유일한 생물종이다. 우리는 질문을 던지고, 서로 영향을 주고받으며, 의사 소통을 하고, 가설을 세우고, 추상적인 생각을 한다. 그리고 이 모든 일들을 통해 우리는 우주와 그 어딘가에 사는 우리 자신에 대해 보다 풍부하게 알게 된다.

이것은 과학이 반드시 모든 질문에 대답을 할 것이라는 말이 아니다. 과학이 인간의 모든 문제를 해결해 줄 것이라고 생각하는 사람은 잘못된 길에 들어선 것이다. 그러나 과학을 탐구하는 일은 분명 가치가 있는 일이다. 지금까지도 그래 왔고 앞으로도 그럴 것이다. 우리는 아직 모든 대답을 알지 못한다. 그러나 과학적으로 생각하는 사람은, 종교적인 믿음이 있건 없건 간에, 천국의 문을 두드려 열고 우주를 탐구하려고 할 것이다. 그럼 2부에서는 과학자들이 지금까지 발견한 것들, 그리고 지금 현재 발견의 지평선 위에 있는 것들에 대해 이야기할까 한다.

2부

물질의 스케일

5장

마술적인 수수께끼 여행

고대 그리스의 철학자 데모크리토스(Δημόκριτος, 기원전 460?~380?년)가 2,500년 전에 원자의 존재를 가정했을 때, 그의 출발점은 분명 옳았다. 그러나 그가 시작한 탐구의 여행은 계속되지 못했다. 그 누구도 물질의 진정한 근본적인 구성 요소가 무엇인지 정확히는 알 수 없었다. 극도로 짧은 거리에서 적용되는 물리학 이론은 인간의 직관과 너무나 동떨어진 것이었다. 만약 실험이 과학자들로 하여금 새롭고 불가사의한 가정을 받아들이도록 강요하지 않았더라면, 아주 창의적이고 열린 마음을 가진 사람이라도 결코 상상해 내지 못했을 그런 이론은 탄생하지 못했을 것이다. 일단 지난 세기의 과학자들이 원자 스케일을 조사할 수 있는 기술을 가지게 되자, 그들은 예상하지 못한 새로운 내부 구조를 물질 속에서 계속해서 발견하게 되었다. 물질을 이루는 그 조각들은 어떤 마술 쇼보다 환상적인 방법으로 서로 맞춰져 갔다.

오늘날 입자 물리학자들이 연구하는 극소 스케일에서 일어나는 일들을 시각적으로 정확히 그려 낼 수 있는 사람은 아마 없을 것이다. 우리가 물질이라고 인식하는 것을 형성하고 있는 기본 구성 요소들은 우리가 감각을 통해서 즉시 접촉하는 것들과는 크게 다르다. 그 구성 요소들은 우리에게 익숙하지 않은 물리 법칙에 따라 움직인다. 스케일이 작아짐에 따라, 물질은 다른 우주에 속한 존재인 것처럼 전혀 다른 성질의 지배를 받는 것처럼 보인다.

이 기묘한 내부 구조를 이해하려고 애쓰다 보면, 스케일이 바뀔 때마다 나타나는 갖가지 구성 요소들 때문에 엄청난 혼란에 빠지게 된다. 우리가 알고자 하는 것의 크기에 따라 적용되는 이론이 달라지기 때문이라고 해야 할 것이다. 물리 세계를 온전히 이해하기 위해서 우리는 크기와 스케일에 따라 그 안에서 일어나는 일을 기술하는 이론이 달라진다는 감각을 가지고 그 안에 무엇이 존재하는지 알 필요가 있다.

우리는 앞으로 최후의 미개척지인 우주 공간과 관련된 크기까지 포함해 다양한 스케일의 세계들을 탐구할 것이다. 그러기 전에 이번 5장에서는 물질 안쪽으로 시선을 돌려 익숙한 스케일에서 시작해서 또 다른 마지막 미개척지인 물질의 내부 깊숙이까지 들여다볼 것이다. 친숙한 길이 스케일에서부터 원자의 내부까지(양자 역학이 필수적인 세계), 그리고 **플랑크 스케일(Planck scale)**까지(중력이 다른 힘처럼 강력해지는 세계) 우리는 우리가 아는 것과 그것들이 어떻게 새로운 지식을 직조해 내는지 탐구할 것이다. 이제 모험적인 물리학자들과 그 밖의 다른 사람들이 오랫동안 해독해 온 이 특별한 내부 세계의 풍경을 구경해 보도록 하자.

우주의 스케일

우리의 탐구 여행은 우리가 매일매일 보고 만지는 인간의 크기 스케일, 즉 인간 스케일에서 시작한다. 인간의 크기라는 것이 100만분의 1미터도 아니고, 1만 미터도 아닌, 대략 1미터라는 것은 우연의 일치가 아니다. 1미터는 갓난아기 키의 약 2배이고 성인 키의 절반 정도이다. 우리가 보통 길이를 잴 때 사용하는 기본 단위가 은하수 크기의 100분의 1이라든가 개미 다리의 길이라면 그게 진짜 이상한 일일 것이다.

그렇기는 하지만 측정에 쓸 잣대는 모든 사람이 동의하고 이해할 수 있는 길이를 가져야 하므로, 기준이 되는 물리 단위가 특정한 사람의 관점에서 정의된 것이라면 쓸모가 없을 것이다.[25] 그래서 1791년 프랑스 과학 아카데미는 길이의 표준을 제정했다. 새로운 표준 길이 1미터의 후보는 주기의 반이 1초인 진자의 길이, 혹은 지구 자오선의 4분의 1의(즉 적도에서 북극까지 길이의) 1000만분의 1 길이, 두 가지였다.

두 정의 모두 우리 인간과는 별 관계가 없다. 프랑스 인들은 그저 모든 사람들이 동의하고 만족할 수 있는 객관적인 잣대를 찾으려고 애썼을 따름이다. 의견은 후자로 모아졌는데, 왜냐하면 전자는 지구 표면의 중력 차이 때문에 장소에 따라 조금씩 변할 수 있었기 때문이다.

정의 자체는 임의적인 것이었다. 1미터라는 길이를 정확한 표준 길이로 삼기 위한 것이었으며, 모든 사람들이 그 길이가 1미터라고 동의할 수 있도록 만들기 위한 것이었다. 단 1000만분의 1이라는 숫자는 우연히 정한 것이 아니었다. 프랑스의 공식 정의에 따르면, 1미터의 막대기는 사람이 편안하게 손으로 양쪽 끝을 잡고 들 수 있는 길이이기 때문이다.

대부분 사람들의 키는 2미터 정도라고 어림하는 게 맞을지도 모른다. 10미터는커녕 3미터 되는 사람도 없다. 1미터는 인간의 크기 스케일이다. 물체가 이 정도의 크기일 때 다루기 편하다. 관찰하고 상호 작용하기 좋다는 말이다. (악어의 몸길이도 1미터 정도 된다. 그렇지만 우리는 악어로부터 멀리 떨어져 있을 것이다.) 이 스케일의 물체들은 우리가 일상적으로 늘 보는 것들이기 때문에 거기에 적용되는 물리 법칙도 잘 안다. 우리의 직관은 미터 단위로 정의할 수 있는 크기의 사물이나 사람이나 동물을 보면서 살아온 경험에 기반을 두고 있다.

나는 가끔 우리가 편안하게 느끼는 범위가 얼마나 좁은지 발견하고 놀라고는 한다. NBA의 프로 농구 선수인 조아킴 노아(Joakim Noah)는 내 사촌의 친구이다. 우리 가족은 늘 그의 키를 화제로 삼는다. 사진을 볼 때나 그가 자랄 때 문설주에 새긴 어린 시절 그의 키 표시들을 볼 때나 그가 자신보다 작은 선수의 슛을 블로킹하는 것을 보며 경탄할 때마다 그의 키 이야기를 한다. 조아킴은 무지무지하게 크다. (조아킴 노아의 키는 NBA 홈페이지에 따르면 6피트 11인치, 약 2미터 11센티미터이다. — 옮긴이) 하지만 조아킴은 평균적인 사람보다 겨우 15퍼센트 클 뿐이고, 그의 몸은 다른 사람과 전혀 다를 바가 없다. 정확한 체형 비율은 다를 수 있다. 그것이 어떨 때에는 스포츠 역학상 장점이 될 수도 있고, 단점이 될 수도 있다. 그러나 그의 뼈와 근육의 움직임을 지배하는 규칙은 여러분의 몸이 따르는 규칙과 완전히 똑같다.

1687년에 씌어진 뉴턴의 운동 법칙은 주어진 일정한 질량의 물체에 힘을 가할 때 무슨 일이 일어나는지를 여전히 잘 말해 준다. 뉴턴의 법칙은 우리 몸의 뼈에 적용되고 조아킴이 던지는 공에도 적용된다. 이 법칙을 가지고 우리는 지구 표면 위에서 그가 토스하는 공의 궤도를 계산할 수 있고 수성이 태양 주위를 돌 때의 움직임을 예측할 수 있다. 뉴턴의 법칙은, 물체에 힘이 가해지지 않으면 그 물체는 같은 속도로 운동하게 되고, 힘은 물체를 그 질량에 따라 가속시키게 되며, 작용은 세기가 같고 방향이 반대인 반작용을 일으킨다고 이야기해 준다.

뉴턴의 법칙은 우리가 잘 아는 길이와 속력과 밀도의 범위 안에서 훌륭하게 작동한다. 이 법칙들과 일치하지 않는 일들은 양자 역학이 규칙을 바꿔 버리는 아주 짧은 거리나, 상대성 이론이 적용되는 극히 빠른 속력이나, 일반 상대성 이론이 지배하는 블랙홀 안처럼 엄청난 고밀도 세계에서만 나타난다.

뉴턴의 법칙을 대신하는 새로운 이론의 효과는 모두 다 통상적인 거리나 속력이나 밀도 조건에서는 너무 작아서 관측되지 않는다. 그러나 측정 기술을 최대한 활용한다면 새로운 이론의 효과가 드러나는 한계 영역에 도달할 수도 있다.

내부 세계로의 여행

우리는 물질 속으로 더 깊숙이 들어가야만, 새로운 물리적 기본 구성 요소와 새로운 물리 법칙을 만날 수 있다. 그러나 인간의 크기 1미터와 원자의 크기 스케일 사이에도 수많은 것들이 존재한다. 우리가 일상에서 마주치는 물체들은 물론이고, 생명체를 이루는 수많은 물체들 역시 그것들을 이루는 더 작은 계들을 이해해야만 알 수 있는 중요한 특징들을 가지고 있다. 그리고 그 계들은 우리가 일상적인 물체에서 볼 수 있는 것과는 완전히 다른 하부 구조와 작동 원리를 가지고 있다. (이 장에서 언급되는 몇 가지 스케일을 그림 13에 표시해 두었다.)

물론 우리에게 익숙한 많은 물체들은 세부적으로 특별한 사항이나 흥미로운 내부 구조 없이 단일한 기본 단위를 그저 많이 더해 조립한 것들이다. 이러한 **시량계(示量系, extensive system)**는 벽돌로 쌓은 벽처럼 확장된다. 벽은 벽돌을 더 많이 쌓거나 더 적게 쌓음에 따라 더 크게도, 더

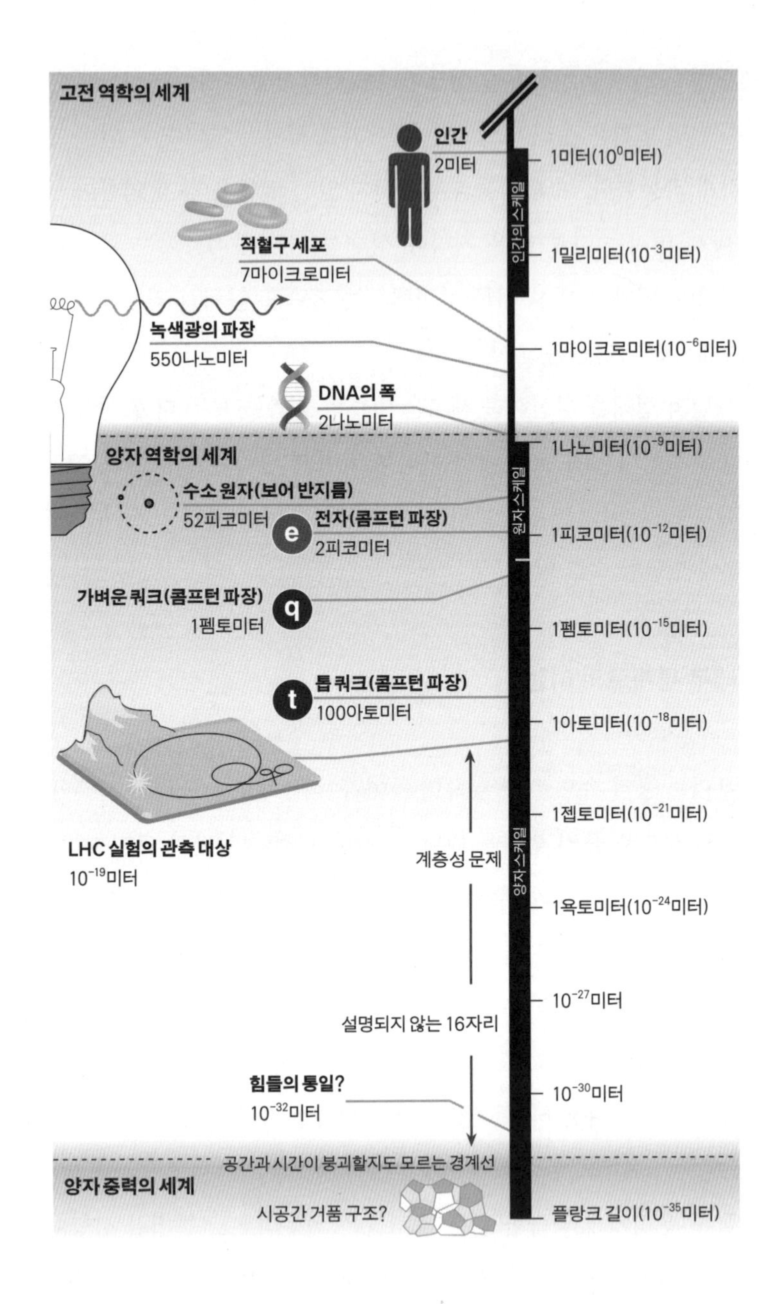

그림 13 작은 스케일로의 여행. 그리고 각각의 스케일을 표현하는 길이 단위. 여기서 콤프턴 파장이란 정지 입자에 광자를 충돌시켜 산란되었을 때 빛의 파장 변화, 양자 역학적 퍼짐을 나타내는 물리량이다.

작게도 될 수 있다. 하지만 기본적인 기능 단위는 늘 같다. 커다란 벽은 여러 면에서 작은 벽과 같다. 이런 식의 스케일 조정(scaling)은 기본 구성 요소의 수가 늘어남에 따라 커져 가는 커다란 계에서 그 사례를 찾아볼 수 있다. 예를 들어, 대규모 조직이나, 똑같은 트랜지스터를 대량으로 집적해 만든 컴퓨터 메모리칩 같은 것이 여기 속한다.

그러나 계에 따라서 스케일 조정 방식도 달라질 수 있다. 어떤 경우에 계의 크기는 지수 함수적으로 확대된다. 이런 확대 형태는 기본 구성 요소가 아니라 기본 구성 요소들의 연결이 계의 작동 방식을 결정할 때 나타난다. 이런 계 역시 기본 구성 요소를 더해 감에 따라 커져 가지만, 그 확대 방식은 기본 구성 요소의 수가 아니라 연결의 수에 따라 달라진다. 이 계의 연결은 벽돌처럼 단지 인접한 부분 사이에서만 이루어지는 것이 아니라, 계 전체에 걸쳐 있는 다른 기본 구성 요소 사이에도 이루어질 수 있다. 수많은 시냅스가 연결되어 있는 신경계나, 상호 작용하는 수많은 단백질로 이루어진 세포나, 수많은 별개의 컴퓨터로 이루어진 인터넷 등이 모두 그런 계의 사례가 된다. 이것은 그 자체로 연구 가치가 있는 주제이며, 물리학의 몇몇 분야에서도 거시적이고 창발적인 계의 행동을 연구하고 있다.

그러나 입자 물리학은 여러 가지 기능 단위로 이루어진 복잡한 계를 다루는 학문이 아니다. 입자 물리학은 근본적인 구성 요소와 그들을 지배하는 물리 법칙을 이해하는 것에 초점을 맞춘다. 입자 물리학이 다루는 것은 기본적인 물리량과 그 상호 작용뿐이다. 물론 이 아주 작은 구성 요소들은 다수의 구성 요소들이 흥미로운 방식으로 상호 작용해서 만들어 내는 복잡한 물리적 행동과 관련이 있다. 그렇지만 이 경우에도 입자 물리학자들은 그 계를 이루는 가장 작은 기본 요소와 그들의 행동 방식을 알아내는 데 초점을 맞춘다.

공학 기술적 시스템과 생물학적 계의 경우에 커다란 계를 이루는 개별 구성 요소들은 각각 내부 구조를 가지고 있다. 예를 들어 컴퓨터는 마이크로프로세서로 이루어져 있고, 이 마이크로프로세서는 트랜지스터로 만들어져 있다. 사람의 몸도 마찬가지이다. 의사가 사람의 몸을 들여다보면 장기와 혈관과 해부할 때 만나는 모든 것들을 볼 수 있다. 이것들은 보다 발전된 기술을 이용해서만 볼 수 있는 세포와 DNA로 이루어져 있다. 이러한 내부 요소의 작동 양상은 거죽만 봤을 때와는 완전히 다르다. 스케일이 작아지면 구성 요소는 변한다. 그리고 이러한 구성 요소들이 따르는 규칙을 가장 잘 기술하는 방법 또한 변한다.

생리학 연구의 역사는 여러 가지 점에서 물리 법칙 연구의 역사와 비슷하다. 게다가 인간의 크기 스케일에서 출발해 여러 가지 흥미로운 길이 스케일들을 다루고 있다. 그러므로 물리학과 외부 세계로 눈을 돌리기 전에 잠시 우리 자신과 인체 내부의 작동 원리가 가지 여러 측면들이 어떤 과정을 걸쳐 해명되었는지 살펴보도록 하자.

먼저 쇄골을 보자. 쇄골은 해부학적 연구가 이루어진 다음에야 그 기능이 이해되기 시작한 흥미로운 사례이기도 하다. 쇄골은 영어로 'collarbone'이라고 한다. 겉으로 보기에 겉옷의 깃(칼라)처럼 생겼기 때문이다. 하지만 인체 내부를 탐구하면서 과학자들은 이 뼈가 열쇠 모양임을 알아냈고, 열쇠라는 뜻을 가진 라틴 어 *clavicula*에서 파생된 'clavicle'이라는 또 다른 이름을 붙였다.

혈액 순환과 동맥과 정맥을 연결하는 모세 혈관 구조도 좋은 예이다. 17세기 초 윌리엄 하비(William Harvey, 1578~1657년)가 동물과 인간의 심장과 혈액 연결망을 세밀하게 분석하는 실험을 하기 전까지는 누구도 동맥과 정맥을 연결하는 모세관 구조나 혈액의 순환 기작을 이해하지 못했다. 하비는 영국인이었지만 이탈리아 파도바 대학교에서 의학을 공부했고, 그의 스승이었던 히에로니무스 파브리키우스(Hieronymus Fabricius, 1537~1619년)로부터 많은 것을 배웠다. 파브리키우스 역시 혈액의 흐름에 관심이 많았는데, 정맥과 판막의 기능에 대해서는 잘못 알고 있었다.

하비는 더 작은 스케일까지 파고듦으로써 실재하는 물체에 대한 사람들의 생각을 완전히 바꿔 버렸다. 뿐만 아니라 그 스케일에서 작동하는 실제 생리학적 과정도 발견했다. 다시 말해 그는 피를 실어 나르는 동맥과 정맥의 네트워크, 거기서 작은 가지처럼 뻗어 나오는, 보다 작은 스케일에서 작동하는 모세 혈관의 네트워크와 그 작동 과정을 발견했다. 혈액은 세포에서 세포로 왔다 갔다 하면서 전달된다. 이것은 실제로 보기 전까지는 누구도 예상하지 못했던 방식이었다. 하비는 그저 새로운 물체의 목록을 발견한 것이 아니라 완전히 새로운 계 전체를 발견한 것이었다.

그러나 하비에게는 아직 모세 혈관계를 물리적으로 발견할 만한 도구가 없었다. 직접적인 모세 혈관 발견은 1661년에 가서야 이탈리아의 생물학자이자 의사인 마르첼로 말피기(Marcello Malpighi, 1628~1694년)에 의해서 이루어졌다. 하비의 생각에는 훗날에야 실험적으로 확인되는 이론적 논증을 기반으로 한 가설이 포함되어 있었던 것이다. 하비는 세부적인 요소들을 설명하는 그림을 남기기는 했지만, 나중에 안톤 판 레이우엔훅(Anton van Leeuwenhoek, 1632~1723년)처럼 현미경을 사용한 사람들이 도달한 수준의 해상도의 그림을 그리지는 못했다.

사람의 순환계에는 적혈구라는 세포가 포함되어 있다. 적혈구의 길이는 겨우 7마이크로미터로서, 1미터 막대기의 대략 10만분의 1 크기이다. 이것은 신용 카드 두께의 100분의 1이며, 안개 방울만 하다. 맨눈으로 볼 수 있는 크기의 약 10분의 1이다. (맨눈으로 볼 수 있는 한계는 사람 머리카락보다 더 작은 정도이다.)

물론 의사들이 오랜 시간에 걸쳐 해독해 온 인체의 생리학적 과정이 혈액의 흐름과 순환만은 아니다. 또한 인간의 내부 구조에 대한 탐구가 마이크로미터(=100만분의 1미터) 스케일에서 멈추는 것도 아니다. 생명이 없는 물리계와 마찬가지로 생명계에서도 우리의 탐구 대상 스케일이 작아지면 작아질수록 전적으로 새로운 구성 요소와 계가 계속해서 발견되었다.

탐구 스케일이 1마이크로미터의 약 10분의 1 크기, 즉 1000만분의 1미터 크기로 내려가자, 유전 정보를 담고 있는 생명체의 기본 요소인 DNA가 발견되었다. DNA의 크기는 원자보다 1,000배가량 크다. 이 스케일에서는 분자 물리학, 즉 화학이 중요한 역할을 한다. 비록 완전히 해명되지는 않았지만, DNA 내에서 일어나는 분자 과정은 지구 생명체가 가진 엄청난 생물 다양성을 이루는 기초가 된다. DNA 분자는 수백만 개의 뉴클레오티드를 포함하고 있다. 그래서 당연하게도 양자 역학적인 원자 간 결합이 중요한 역할을 한다.

DNA 자체는 여러 스케일로 범주화될 수 있다. 차곡차곡 접힌 분자 구조를 가지고 있어서 인간의 DNA의 전체 길이는 수 미터에 이른다. 그러나 DNA 가닥의 폭은 1마이크로미터의 2,000분의 1, 즉 2나노미터에 불과하다. 이것은 현재 가장 작은 마이크로프로세서의 트랜지스터 게이트의 길이 약 30나노미터보다 작다. 뉴클레오티드 하나의 크기는 0.33나노미터로서 물 분자만 하다. 유전자 1개는 뉴클레오티드 1,000개에서 10만 개의 길이와 비슷하다. 따라서 유전자를 제대로 기술하려고 애쓰다 보면 개별 뉴클레오티드를 기술할 때와 다른 문제에 봉착하게 된다. 왜냐하면 DNA가 서로 다른 길이 스케일에 걸쳐 있어 서로 다른 작동 방식이 얽혀 있는 물체이기 때문이다. DNA를 가지고 연구하는 과학자들은 서로 다른 스케일, 서로 다른 문제, 그리고 서로 다른 기술을 사용할 수밖에 없다.

생물학은 우리가 일상적으로 보는 커다란 스케일의 구조가 작은 스케일의 구성 단위로 이루어져 있다는 점에서 물리학과 닮았다. 그러나 생물학은 생명체의 개별 구성 요소를 이해하는 것만으로는 불충분하다. 생물학의 목적은 훨씬 더 야심적이다. 비록 궁극적으로는 물리 법칙이 인체 내부에서 일어나는 과정의 바닥에 깔려 있다는 것을 알지만, 생물학적 계의 기능과 작동 원리는 복잡하고 난해하며 종종 예측하기 어려운 결과를 낳는다. 기본 단위와 그 단위들 사이의 복잡한 되먹임 메커니즘을 해명하는 것 자체도 엄청나게 어렵고, 거기에 유전자 암호의 조합에 따른 불확실성이 얽히게 되면 문제는 더욱 복잡해진다. 생명의 기본 단위를 밝혀낸다고 하더라도, 거기에서 어떻게 생명이 탄생했는가를 이해해야 한다. 다시 말해 생명의 원인과 기원이라는 만만치 않은 창발 과학적 과제가 여전히 남아 있다.

물리학자들 역시 개별적인 기본 구성 요소를 해명한다고 해서 항상 커다란 스케일에서 일어나는 과정을 이해할 수 있는 것은 아니다. 하지만 대부분의 물리학적 계는 이런 관점에서 생물학적인 계보다 단순하다. 복합 구조가 기본 구성 요소에 비해 훨씬 복잡하고 아주 다른 성질을 가지는 경우도 있지만, 되먹임 메커니즘과 진화 과정은 대체로 별 구실을 하지 않는다. 따라서 물리학자에게는 가장 단순하고 가장 기본적인 구성 요소를 찾는 일이 가장 중요한 목표가 된다.

원자 스케일

이제 생물학의 세계를 떠나 생명 현상이 일어나는 스케일에서 좀 더 아래로 내려가 보자. 생명을 포함한 물질의 가장 기본적인 구성 요소를 이해하기 위해 더 작은 스케일로 내려가는 과정에서 우리가 멈추어야 하는 다음 계단은 1미터의 100억분의 1(10^{-10})에 해당하는, 100피코미터의 원자 스케일이다. 사실 원자의 정확한 크기를 정하는 것은 매우 어렵다. 원자는 정적인 존재가 아니라 원자핵과 그 주위를 돌고 있는 전자로 이루어져 있기 때문이다. 단 한순간도 가만히 있지 않는다. 그러나 일반적으로 원자핵에서 전자까지의 평균 거리를 구해 그것을 원자의 크기로 삼는다.

사람들은 이 작은 스케일에서 일어나는 물리 과정을 설명하기 위해 마음속에 그림을 그린다. 그러나 그것은 일종의 비유일 수밖에 없다. 우리는 기묘하고도 비직관적인 행동을 보여 주는 완전히 다른 구조를 기술하기 위해, 통상적인 길이 스케일에서 얻은 경험을 바탕으로 한 친숙한 기술(다시 말해 시각 이미지)을 이용할 수밖에 없다.

우리가 비교적 자유롭게 사용할 수 있는 생리적 기능, 다시 말해 감각 기관이나 손재주를 가지고 원자의 내부에서 일어나는 일을 그럴듯하게 그려 내는 것은 불가능하다. 예를 들어, 우리의 시각은 전자기파인 빛을 이용해서 볼 수 있는 현상에 한정된다. 이 가시광선에 해당하는 빛의 파동은 파장이 380나노미터에서 750나노미터까지이다. 이것은 원자의 크기인 약 10나노미터에 비해 훨씬 크다. (그림 14 참조)

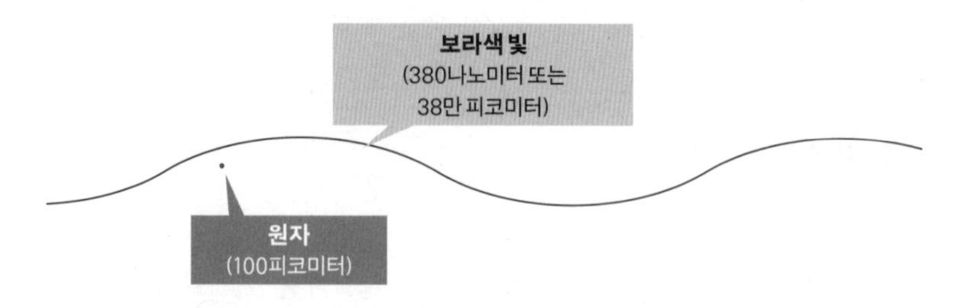

그림 14 원자 하나는 가시광선의 가장 짧은 파장에 비해서도 훨씬 작은 점에 불과하다.

이것은 원자의 내부를 가시광선으로 조사해 눈으로 직접 보려고 하는 것은 벙어리장갑을 끼고 바늘에 실을 꿰는 것만큼이나 불가능한 일이라는 뜻이다. 어떤 물체보다 큰 파장의 빛으로는 그 물체의 영상을 분해할 수 없기 때문에, 가시광선으로 원자를 보려고 해도 눈앞만 흐릿해질 뿐이다. 그래서 쿼크나, 그것보다 큰 양성자를 말 그대로 '본다고' 하는 것은, 원리적으로 불가능한 무언가를 요청하는 셈이다. 한마디로 우리에게는 원자 속에 있는 것을 정확하게 시각화할 수 있는 능력이 없다.

그러나 어떤 현상을 그려 낼 수 있는가 없는가 하는 문제와, 그 현상이 실재하는가 아닌가 하는 문제를 혼동하는 것은 과학자가 저질러서는 안 되는 실수이다. 보이지 않는다고 해서, 심지어 마음속으로 상상할 수조차 없다고 해서, 그 스케일에서 생겨나는 물리적 구성 요소나 물리 과정에 대해 추론할 수 없는 것은 아니다.

우리가 원자 스케일로 세계를 볼 수 있다고 가정해 보면, 세계는 믿을 수 없는 것처럼 보일 것이다. 이것은 이 세계에서 적용되는 물리 법칙이 우리에게 익숙한 자로 재던 스케일에 적용되는 물리 법칙과 극단적으로 다르기 때문이다. 원자 세계는 우리가 물질을 시각화할 때 생각하는 것과는 전혀 닮지 않았다. (그림 15 참조)

아마도 그 원자 세계에서 이루어진 관찰들 중 처음이자 가장 충격적인 관찰 결과는 원자가 대부분 빈 공간으로 이루어졌다는 사실일 것이다.[26] 원자의 중심에 있는 원자핵의 크기는 전자 궤도의 1만분의 1 정도밖에 안 된다. 평균적으로 원자핵의 크기는 10^{-14}미터 정도인데, 물리학자들이 주로 쓰는 단위로 말하자면 10펨토미터이다. 수소의 원자핵은 그것보다도 10분의 1쯤 작다. 원자와 원자핵의 크기를 비교하자면 태양계 전체와 태양의 크기 차이를 연상하는 게 적절하다. 원자는 대부분 비어 있다. 원자핵의 부피는 원자 부피의 1조분의 1에 불과하다.

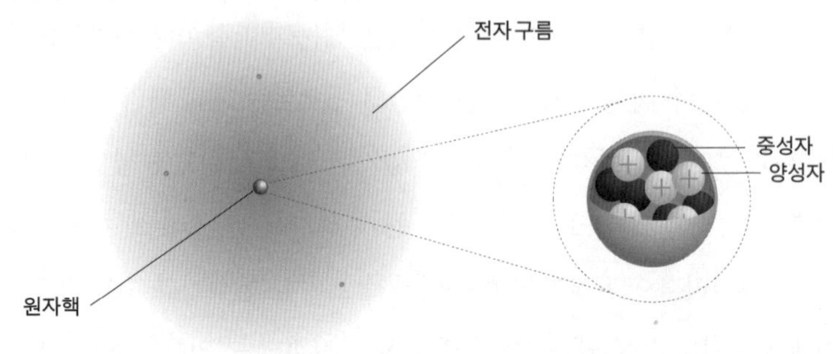

그림 15 원자는 중심에 위치한 원자핵의 주위를 도는 전자로 이루어져 있고, 원자핵은 양전하 1을 지닌 양성자와 전하가 0인 중성자로 이루어져 있다.

이것은 주먹으로 문을 두드리거나 빨대로 차가운 음료를 마실 때, 우리가 보거나 만지는 것과는 다른 결과이다. 우리의 감각은 물질을 연속적인 존재라고 느낀다. 하지만 원자 스케일에서 보면 물질은 실질적인 것이 거의 없다. 이것은 우리의 감각이 작은 크기를 평균화시켜 물질이 단단하고 연속적인 존재라고 느끼게 만들기 때문이다. 원자 스케일에서는 그렇지 않다.

물질이 거의 비어 있다는 것 말고도 원자 스케일에서는 놀라운 일들이 많이 있다. 일단 물리학의 세계를 뒤흔들고, 물리학자뿐만 아니라 물리학자가 아닌 사람들도 어리둥절하게 만든 것이 있다. 바로 뉴턴 역학의 가장 기본적인 전제가 이 짧은 거리에서는 성립하지 않는다는 것이다. 양자 역학의 핵심 요소인 물질의 파동성과 불확정성 원리는 원자 속의 전자를 이해하는 데 있어 결정적으로 중요한 역할을 한다. 전자는 우리가 머릿속에서 떠올리는 것 같은 명확한 궤도를 따라 운동하지 않는다. 물리학에서 시간에 따라 움직이는 입자의 경로를 기술하려면 위치와 운동량 정보가 필수적이다. 그러나 양자 역학에 따르면 입자의 위치와 운동량은 동시에 정확하게 정할 수 없다. 1926년에 베르너 카를 하이젠베르크(Werner Karl Heisenberg, 1901~1976년)가 발전시킨 불확정성 원리에 따르면, 위치 정보의 정확도는 우리가 측정한 운동량의 최대 정밀도에 따라 정해진다.[27] 만약 전자가 고전적인 경로를 따른다면, 어떤 시점에 전자가 어디 있고 어느 방향으로 얼마나 빠르게 움직이고 있는지를 우리가 정확히 알면, 미래 어느 시점에 전자가 어디에 있을지를 정확히 알 수 있다. 그러나 이것은 하이젠베르크의 원리와 모순된다.

양자 역학에 따르면 전자는 고전적인 관점에서 생각하듯 원자 안에서 일정한 위치에 자리 잡고 있을 수 없다. 대신 양자 역학은 확률 분포로부터 공간상의 특정 위치에서 전자가 발견될 가능성이 얼마나 되는지를 알려준다. 사실 우리가 알 수 있는 것은 이 확률뿐이다. 따라서 우리는 전자의 평균적 위치를 시간의 함수로서 예측할 수 있을 따름이다. 개별적인 측정은 모두 다 불확정성 원리의 지배를 받는다.

이 분포는 임의로 주어지는 것이 아니다. 전자는 고전적 에너지 분포나 확률 분포를 가질 수 없다. 전자의 궤도는 고전적인 방법으로는 기술할 수 없다. 전자의 궤도는 오직 확률적인 관점에서만 기술할 수 있다. 그러나 확률 분포는 아주 정확한 함수이다. 양자 역학을 통해 우리는 전자의 파동 함수를 기술하는 방정식을 쓸 수 있고, 이것을 이용해서 공간의 한 점에서 전자가 존재할 확률을 구할 수 있다.

고전적인 뉴턴 역학만을 배운 물리학자의 견지에서 보면 놀라게 될 원자의 성질이 또 하나 있다. 그것은 원자 속의 전자가 양자화된 에너지 값만을 가질 수 있다는 사실이다. 전자의 궤도는 전자의 에너지에 따라 결정되고, 이 특정한 에너지 준위와, 전자가 그 에너지를 가질 확률은 양자 역학의 규칙에 따른다.

전자의 양자화된 에너지 준위는 원자를 이해하는 데 있어 핵심적인 요소이다. 20세기 초, 고전적인 규칙을 근본적으로 바꿔야 한다고 생각하게 만든 중요한 실마리는, 고전적인 관점에서 보면 원자핵 주위를 도는 전자는 안정된 상태를 유지할 수 없다는 것이었다. 그런 전자는 에너지를 방출하고 곧바로 중앙에 있는 원자핵으로 떨어져 버린다. 이렇게 되면 원자는 우리가 아는 형태로 존재할 수 없게 되고, 우리가 느끼듯이 안정된 원자로 이루어진 물질 구조도 존재할 수 없게 된다.

닐스 보어는 1912년에 어려운 선택에 직면했다. 고전적인 물리학을 포기할 것이냐, 관측된 사실에 대한 자신의 확신을 포기할 것이냐? 보어는 현명하게도 전자를 선택했고, 고전적인 물리 법칙은 원자 안의 전자가 움직이는 짧은 거리에서는 적용되지 않는다고 가정했다. 이것이 양자 물리학의 발전을 이끌어낸 핵심적인 통찰이었다.

일단, 적어도 이 제한된 범위 안에서 뉴턴 법칙을 포기하고 나니, 보어는 자신이 제안한 '궤도 각운동량(orbital angular momentum)'이라는 물리량을 포함한 양자화 조건에 따라 전자가 정해진 에너지 값만을 갖는다고 전제할 수 있게 되었다. 보어의 계산에 따르면 그의 양자화 규칙은 원자 스케일에만 적용되는 것이었다. 이 규칙은 태양 주위를 도는 지구 같은 거시 세계를 기술할 때 우리가 사용하는 규칙과 다른 것이었다.

전문적인 견지에서 보면, 양자 역학은 태양계처럼 커다란 계에도 여전히 적용된다. 그러나 그 효과가 너무 작아서 측정할 수도 없고 느낄 수도 없을 뿐이다. 그래서 지구 궤도같이 큰 거시적인 대상을 관찰할 때에는 양자 역학을 무시할 수 있다. 그 효과들은 측정 과정에서 상쇄되어 어떤 측정을 해도 고전적인 예측과 잘 맞게 된다. 1장에서 이야기했듯이, 거시적인 스케일에서 측정을 할 때에는 고전적인 예측은 일반적으로 아주 정확한 근삿값이 된다. 근삿값이라지만 측정이 너무 정확해서 그 밑바닥에 양자 역학이라는 구조가 있다는 것을 알아차릴 수 없을 정도이다. 고전적인 예측은 아주 해상도가 높은 컴퓨터 모니터에 표시된 글자와 그림에 해당한다고 할 수 있다. 그 기저에는 양자 역학적인 원자 구조처럼 수많은 픽셀들이 존재한다. 하지만 우리 눈에 보이는 것은(또는 우리가 보고 싶어 하는 것은) 픽셀이 아니라 글자와 그림이다.

양자 역학은 원자 스케일에서 역사상 최초의, 그리고 명확한 패러다임 이동을 일으켰다. 급진적인 가정을 도입한 당사자이지만 보어는 이전에 알았던 것을 포기할 필요가 없었다. 보어는 고전적인 뉴턴 역학이 틀렸다고 주장한 것이 아니었다. 보어는 그저 고전적인 물리 법칙이 원자 속 전자에는 더 이상 적용되지 않는다고 말했을 뿐이다. 거시적인 물체는 양자 효과를 식별할 수 없을 정도로 작은 수많은 원자들로 이루어져 있다. 그 거시적인 물체들은 사람들이 그 예측의 참과 거짓을 측정할 수 있는 범위 안에서 뉴턴의 법칙을 따른다. 뉴턴의 법칙은 틀린 게 아니다. 뉴턴의 법칙이 적용되는 범위 안에서 뉴턴 법칙을 버릴 필요는 없다. 그러나 원자 스케일에서 뉴턴의 법칙은 실패했다. 기묘한 관측 결과를 설명하는 데 실패한 것이다. 결국 뉴턴 역학이 실패한 지점에서 양자 역학이라는 새로운 규칙과 그것을 만들어 낸 주목할 만하고 눈부신 형식이 나왔다.

핵물리학

스케일의 계단을 계속해서 내려가 보자. 드디어 원자핵에 도달했다. 그러나 우리는 여기에서도 또 다른 기술, 또 다른 기본 구성 요소, 심지어 또 다른 물리 법칙을 만나게 된다. 그러나 양자 역학의 패러다임은 여기에서도 기본적으로 그대로 적용된다.

이제 원자 속으로 들어가 약 10펨토미터 크기의 내부 구조를 탐색할 것이다. 이것은 10만분의 1나노미터에 해당하는데, 바로 원자핵의 크기이다. 현재까지의 측정 결과에 따르면 전자는 기본 입자라고 볼 수 있다. 다시 말해 전자를 이루는 더 작은 요소는 없다고 판단할 수 있다. 그러나 원자핵은 기본 입자가 아니다. 원자핵은 **핵자(nucleon)**라는 더 작은 요소로 이루어져 있다. 핵자는 양성자와 중성자를 아울러 일컫는 말이다. 양성자는 양전기를 띠고 있고 중성자는 양전기도 음전기도 띠지 않은 중성 입자이다.

양성자와 중성자의 성질을 이해하기 위해서는 둘 다 기본 입자가 아님을 알아야 한다. 위대한 핵물리학자이자 과학을 대중화하는 데 공이 큰 조지 가모브(George Gamow, 1904~1968년)는 양성자와 중성자의 발견에 너무 흥분해서, 이 발견이 최후의 "새로운 미개척지"라고 이야기했다. 가모브는 더 이상의 하부 구조가 있으리라고는 생각지 못한 것이다. 가모브는 이렇게 말했다.

> 고전 물리학에 존재했던 수많은 '더 이상 나눌 수 없는 원자들' 대신에, 양성자, 전자, 중성자라는 오직 3개의 근본적으로 다른 요소들만이 남았다. …… 다시 말해 우리는 실제로 물질을 이루고 있는 기본 요소를 찾는 데 있어서 드디어 바닥에 도달했다고 할 수 있을 것이다.[28]

이것은 조금 근시안적인 주장이었다. 그렇다고 해서 꼭 탓할 만한 주장도 아니었다. 실제로 더 깊은 곳에 새로운 하부 구조가 있으며, 양성자와 중성자도 더 기본적인 구성 요소로 이루어져 있음은 분명했지만 그것을 찾는 일은 아주 어려웠기 때문이다. 그 요소들을 찾아내려면 양성자와 중성자보다 훨씬 작은 길이 스케일을 연구해야만 했는데, 그러려면 가모브가 잘못된 예언을 했을 때에는 존재하지 않았던 고에너지와

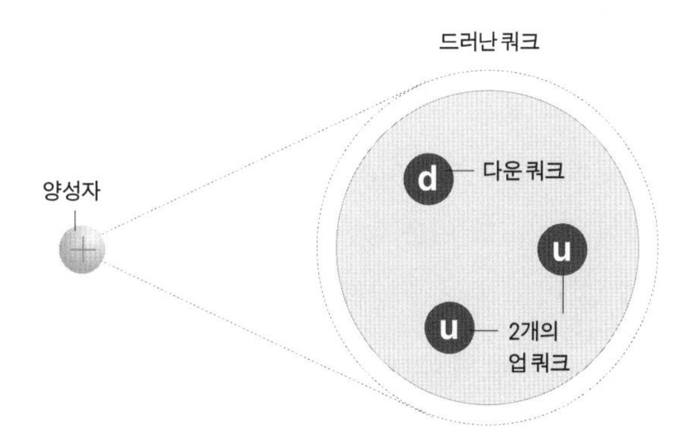

그림 16 양성자의 전하는 3개의 드러난 쿼크가 가지고 있다. 드러난 쿼크 중 2개는 업 쿼크이고 하나는 다운 쿼크이다.

더 작은 세계를 탐구할 수 있는 장치가 있어야만 했다.

만약 우리가 원자핵 안으로 들어가서 원자핵보다도 10분의 1 정도 작은, 약 1페르미 크기의 핵자를 직접 볼 수 있다면 머리 겔만(Murray Gell-Mann, 1929년~)과 조지 츠위그(George Zweig, 1937년~)가 핵자 속에 존재한다고 생각했던 물질도 만날 수 있을 것이다. 겔만은 이 하부 구조를 이루는 단위 물질에 제임스 조이스(James Joyce, 1882~1941년)의 소설 『피네건의 경야(*Finnegans Wake*)』에 나오는 한 구절("머스터 마크에게는 3개의 쿼크를")에서 따온 **쿼크**라는 창조적인 이름을 지어 주었다. 핵자 속에 존재하는 업 쿼크와 다운 쿼크야말로 더 작은 크기의 더 기본적인 물질이고, **강한 핵력(strong nuclear force, 강력)**이라는 힘이 이 쿼크들을 한데 묶어서 양성자와 중성자를 만든다. (양성자 속에 들어 있는 2개의 업 쿼크와 1개의 다운 쿼크를 그림 16에서 볼 수 있다.) 강한 핵력이라고 하면 강한 힘을 뜻하는 일반 명사처럼 들리지만, 이 단어는 전자기력, 중력, 그리고 뒤에 이야기할 **약한 핵력(weak nuclear force, 약력)**처럼 우리에게 알려진 자연의 특정한 힘을 나타내는 고유 명사이다.

강한 핵력은 강하기 때문에 강한 핵력이라고 불린다. 이건 유명한 물리학자가 실제로 한 말이다. 아주 바보같이 들리지만, 이것은 사실이다. 그래서 쿼크는 서로 뭉쳐서 양성자나 중성자 같은 입자들을 이루는 것이다. 양성자나 중성자를 이룬 상태에서 강한 핵력의 직접적인 영향은 상쇄되어 버린다. 이 힘은 아주 강하기 때문에 다른 영향력이 미치지 않는 한 강한 상호 작용을 하는 구성 요소들은 서로 멀리 떨어져 있을 수 없다.

쿼크 하나만 따로 떼어놓을 수는 없다. 바로 강한 핵력의 성질 때문이다. 모든 쿼크는 마치 더 멀어질수록 더 끈적끈적해지는 아교풀로 결합되어 있는 것처럼 행동한다. (이런 이유로 강한 상호 작용을 전달하는 입자를 아교풀 입자라는 뜻의 **글루온(gluon)**이라고 부른다.) 잡아당길 때만 복원력을 느끼는 고무 밴드라고 생각할 수도 있다. 양성자나 중성자 안에서 쿼크는 자유로이 돌아다닌다. 그러나 쿼크 하나를 일정 거리 이상으로 떼어내려고 하면 추가적인 에너지가 필요해진다.

이렇게 기술하는 것은 전적으로 정확하고 참이지만, 이것을 해석할 때에는 주의해야 한다. 지금까지의 이야기만 가지고 보면 쿼크는 빠져나올 수 없는 벽을 가진 가방 같은 것 안에 여러 개가 한꺼번에 갇혀 있는 것처럼 보인다. 사실 원자핵 모형 중 하나는 양성자와 중성자를 정확히 이런 방식으로 다룬다. 그러나 그 모형은 뒤에 보게 될 다른 모형들과는 달리 실제로 원자핵에서 무슨 일이 일어나는지를 기술하기 위한 것이 아니다. 그 모형은 오로지 힘이 너무 강해서 우리가 친숙한 방법을 사용할 수 없는 거리와 에너지 영역에서 계산을 하기 위한 것이다.

양성자와 중성자는 소시지가 아니다. 양성자에는 쿼크를 둘러싼 껍질 같은 것은 없다. 3개의 쿼크가 강한 핵력으로 안정적으로 묶여 있는 상태가 바로 양성자이다. 강한 상호 작용 때문에 3개의 가벼운 쿼크는 양성자나 중성자 같은 하나의 물체처럼 행동하게 된다.

강한 핵력과 양자 역학의 또 다른 중요한 효과는 양성자나 중성자 속에서 새로운 **가상 입자**(virtual particle)가 순간적으로 생겨난다는 것이다. 가상 입자란 양자 역학의 불확정성 원리에 따라 그 존재가 허용되는 입자로서 계속 남아 있지 않고 주어진 시간 동안에만 존재했다가 사라지는 입자이다. 양성자나 중성자의 질량 — 아인슈타인의 $E=mc^2$에 따라 에너지로 환산할 수 있다. — 은 쿼크만이 아니라 그들을 한데 묶어놓는 힘에 의해서도 주어진다. 강한 핵력은 공 2개를 묶어놓은 고무줄처럼 그 자체로 에너지를 가지고 있다. 고무줄을 잡아뜯듯이 강한 핵력을 통한 결합을 깨뜨리면 여기에 축적된 에너지가 빠져나가면서 새로운 입자가 만들어진다.

새로 만들어진 입자들 전체의 전하가 0인 한, 양성자 안에 축적된 에너지에서 입자들이 새롭게 생성된다고 해서, 지금까지 알려진 그 어떤 물리 법칙도 깨지지 않는다. 예를 들어, 양전하를 띤 양성자에서 가상 입자가 만들어졌다고 해서 그 순간 양성자가 중성 입자로 바뀌는 일은 일어나지 않는다.

따라서 전하가 0이 아닌 쿼크가 만들어질 때에는 언제나 그 쿼크와 질량이 같고 전하가 반대인 **반쿼크**가 동시에 만들어져야 한다. 실제로 쿼크-반쿼크 쌍은 생성되기도 하고 소멸하기도 한다. 예를 들어 쿼크와

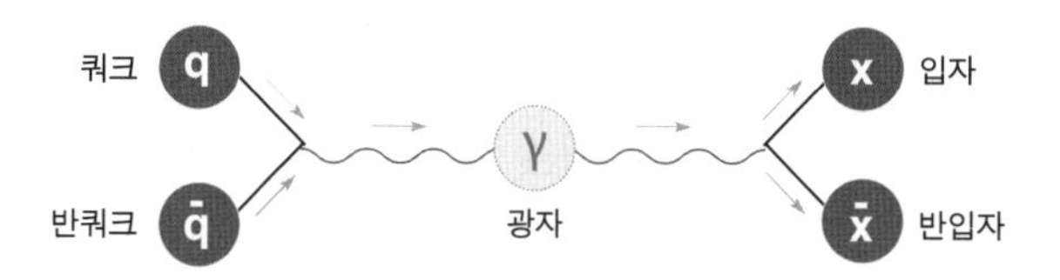

그림 17 충분한 에너지를 지닌 쿼크와 반쿼크는 소멸해서 에너지가 될 수 있고, 그 에너지는 다시 전하를 띤 다른 입자와 그 반입자의 쌍이 될 수 있다.

반쿼크가 쌍소멸해 (전자기력을 전달하는 입자인) 광자를 만들기도 하고, 광자는 또다시 다른 입자와 반입자 쌍을 만들기도 한다. (그림 17 참조) 이때 입자쌍 전체의 전하는 0이므로 쌍생성과 쌍소멸이 아무리 많이 일어나도 양성자 속의 전하는 변하지 않는다. 쿼크와 반쿼크 쌍뿐만 아니라 만들어진 가상 입자로 이루어진 **양성자 바다(proton sea)**에는 글루온 역시 존재한다. ('양성자 바다'라는 단어 역시 전문 용어이다.) 글루온은 강한 핵력을 전달하는 입자이다. 글루온은 전기를 띤 입자들 사이에서 전자기력이 작용할 때 주고받는 입자인 광자처럼 힘을 전달하는 입자이다. 글루온(여덟 종류가 있다.)은 비슷한 방식으로 작용하며 강한 핵력을 전달한다. 강한 핵력이 작용하는 전하를 가진 입자들은 글루온을 주고받으며, 주고받는 글루온을 통해 쿼크를 서로 잡아당기거나 밀어낸다.

그러나 전기를 띠지 않아서 전자기력을 스스로는 느끼지 못하는 광자와는 달리 글루온은 그 자체가 강한 핵력의 영향을 받는다. 그래서 광자는 머나먼 거리를 넘어서 힘을 전달하지만 — 그래서 우리는 텔레비전을 볼 수 있고 멀리서 보낸 신호를 받을 수 있다. — 글루온은 쿼크처럼 멀리 떨어져서 상호 작용하지 못한다. 글루온은 양성자 크기의 작은 스케일 안에서만 물체들을 서로 묶어놓는다.

양성자를 크게 봐서 양성자의 전하를 담당하는 요소들에만 초점을 맞춰보자. 그렇게 보면 양성자는 기본적으로 3개의 쿼크로 이루어져 있는 것처럼 보인다. 그러나 양성자는 업 쿼크 2개와 다운 쿼크 1개로 이루어진 **드러난 쿼크(valence quark)** 3개보다 훨씬 많은 것을 포함하고 있다. 양성자의 전하를 담당하는 3개의 쿼크에 더해서, 양성자 속에는 쿼크-반쿼크 쌍과 글루온으로 된 가상 입자의 바다가 펼쳐져 있다. 우리가 양성자에 더 가까이 가서 살펴볼수록 더 많은 쿼크-반쿼크 쌍과 글루온을 볼 수 있다. 이들의 정확한 분포는 우리가 양성자를 탐사할 때

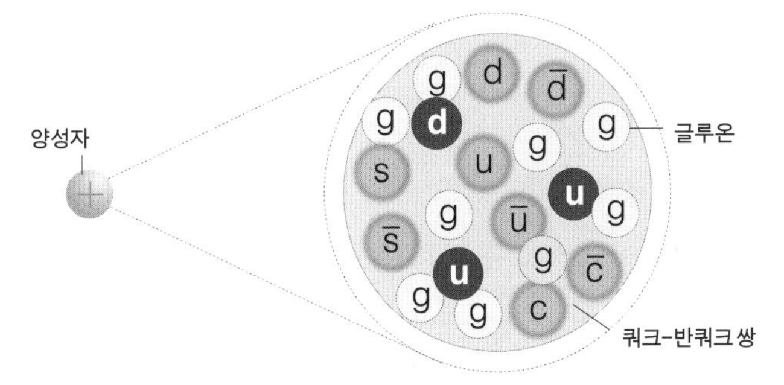

그림 18 LHC는 양성자를 높은 에너지에서 서로 충돌시킨다. 각 양성자는 3개의 드러난 쿼크와 많은 가상 쿼크, 그리고 글루온으로 이루어져 있기 때문에 LHC의 양성자 충돌 실험에서 이들도 모두 서로 충돌할 수 있다.

사용한 에너지에 따라 달라진다. 현재 우리가 양성자를 충돌시키는 에너지를 가지고도, 가상의 글루온과 다른 종류의 쿼크-반쿼크 쌍이 양성자가 가진 에너지의 상당량을 가지고 있음을 알 수 있다. 이 가상 입자들의 총 전하는 0이므로 양성자의 전하를 확정하는 데는 중요하지 않다. 그러나 뒤에 보듯 양성자 속에 무엇이 있고, 양성자의 에너지를 담당하고 있는 게 무엇인지 알기 위해 양성자 충돌을 분석할 때 가상 입자의 역할이 매우 중요해진다. (양성자의 내부 구조를 보다 자세히 나타낸 것이 그림 18이다.)

강한 핵력으로 묶여 있는 쿼크의 스케일까지 내려왔으니, 이제 더 작은 스케일에서 무슨 일이 일어나는지 말해 줄 수 있으면 좋겠다. 하지만 쿼크 안에도 구조가 있는가, 아니면 전자는 또 어떤가 하는 문제에 대해서는 아직 뭐라고 할 수 있는 증거가 없다. 지금까지 이루어진 어떤 실험에서도 더 이상의 하부 구조가 있다는 증거가 나오지 않았다. 물질 내부로의 여행에서 쿼크와 전자는 종착지이다. 지금까지는.

그러나 LHC는 이제 양성자의 질량과 관련된 스케일보다 1,000배나 더 높은 에너지 스케일을, 그러니까 1,000분의 1만큼 짧은 거리를 탐구하고 있다. LHC는 극히 높은 에너지로 가속된 두 양성자 빔을 충돌시켜서 이전에 지구상에서 얻어진 그 어떤 에너지보다도 높은 에너지를 얻는 획기적인 이정표를 세웠다. LHC의 양성자 빔은 수천억 개의 양성자로 이루어진 뭉치 수천 개가 줄지어서 늘어서 있는 것이다. 이 입자 빔이 LHC의 지하 터널을 순환하고 있다. 이 터널을 따라 1,232개의 초전도 자석이 설치되어 있고, 이 자석들이 전기장에 의해 고에너지로 가속된 양성자들이 빔 파이프에서 튕겨나가지 않고 원형 궤도를 돌 수 있도록 하고 있다. 그리고 다른 자석들(정확히 말해 392개의 자석들)이 두 양성자 빔을 조종해 서로 정면 충돌하도록 한다.

그러면 — 모든 일은 여기서부터 시작된다. — 자석들이 원형 터널 속 궤도를 따라 정확하게 회전하던 두 양성자 빔을 사람 머리카락 두께보다 작은 영역에서 충돌하도록 유도한다. 충돌이 일어나면 가속된 양성자가 가진 에너지의 일부는 아인슈타인의 유명한 식 $E=mc^2$에 따라 질량으로 전환된다. 그리고 충돌하면서 나오는 에너지로 인해, 이전에 보았던 어떤 것보다도 무거운 새로운 기본 입자가 만들어질 수도 있다.

마치 돌멩이가 든 풍선을 충돌시켰을 때 돌멩이끼리 부딪히면 세게 튀어나오는 것처럼, 두 양성자가 충돌할 때 그 안에 있는 쿼크와 글루온이 종종 아주 집중된 영역에서 대량의 에너지를 가지고 충돌하기도 한다. LHC의 에너지는 아주 높아서, 충돌하는 양성자 각각의 구성 요소들이 상대방의 구성 요소들과 서로 충돌하는 아주 흥미로운 사건이 벌어진다. 이 구성 요소들에는 양성자에서 전하를 담당하는 2개의 업 쿼크와 1개의 다운 쿼크가 있다. 그런데 LHC의 에너지에서는 가상 입자도 양성자 에너지 가운데 상당 부분을 차지한다. 그래서 LHC에서는 양성자의 전하를 담당하는 세 쿼크와 함께, 가상 입자의 바다 역시 충돌한다.

그리고 그런 일이 일어날 때 입자의 수와 형태가 변할 수 있다. ─ 이것을 입자 물리학의 핵심이라고 할 수도 있다. ─ LHC로부터 얻어진 새로운 결과를 통해 우리는 더 작은 크기와 거리에 대해서 더 많은 것을 배우게 될 것이다. 그리고 있을지도 모르는 하부 구조뿐만 아니라 더 작은 거리와 관련된 물리 과정의 어떤 측면에 대해 알게 될지도 모른다. LHC의 에너지는 짧은 거리의 세계에 대한 실험에서는 '새로운 미개척지'일 것이다. 적어도 한동안은.

기술적 한계 너머의 물리학

이것으로 일단 더 작은 스케일로 내려가는 기초적인 여행을 마칠까 한다. 현재 우리가 가진 기술과 우리가 상상 가능한 기술로 접근 가능한 작은 스케일의 세계를 얼추 살펴본 셈이다. 그러나 인간의 자연 탐구 능력이 이렇게 제한되어 있다고 해서 실제 세계 역시 제한되는 것은 아니다. 세계는 우리의 앎, 우리의 능력 너머로 광대하게 펼쳐져 있다. 보다 더 작은 스케일을 탐구하기 위한 새로운 기술을 개발하는 것은 분명 어려운 일이다. 그러나 우리는 여전히 이론적이고 수학적인 방법을 통해서 그 스케일에서 물질의 구조와 상호 작용을 추론해 볼 수 있다.

고대 그리스 시대 이래로 머나먼 길을 걸어 왔다. 이제 우리는 실험적인 증거가 나오지 않는 한 우리가 이해하려고 하는 이 극히 작은 스케일에 무엇이 존재하는지 확신할 수 없음을 잘 알고 있다. 측정된 게 없을지라도 이론적 실마리를 통해 탐색을 계속할 수는 있다. 더 작은 길이 스케일에서 물질과 힘이 어떻게 작용하는지를 추론할 수도 있다. 물질을 이루는 기본적인 구성 요소를 직접 다루지는 못한다고 하더라도, 우리가 측정할 수 있는 스케일에서 일어나는 현상과 관련시켜 설명할 수 있는 어떤 이론적 실마리, 이론적 가능성을 찾게 될지도 모른다.

그렇게 이론적인 추론을 통해 나온 아이디어들 중에는 참된 것으로 판명될 아이디어가 있을지도 모른다. 하지만 그것이 어떤 것인지는 현재로서는 알 수 없다. 하지만 극단적으로 짧은 거리에 대해 실험적으로 직접 접근하지 않더라도 우리가 지금까지 관찰해 온 스케일에서 얻은 관측 결과를 바탕으로 어떤 것이 모순을 일으키지 않고 존재할 것인지 어느 정도 구체적으로 추론해 볼 수 있다. 지금 우리가 보고 있는 것을 궁극적으로 설명하는 것은 기저에 있는 기초적인 이론일 것이기 때문이다. 즉 더 큰 스케일에서 이루어진 실험 결과라고 할지라도, 그 실험 결과에서 이론적 가능성을 한정해 내고, 어떤 방향으로 가면 좋을지 지침을 얻을 수 있는 것이다.

아직 이런 에너지 영역을 탐구해 보지 못했기 때문에, 그것에 대해서 아는 것은 많지 않다. 심지어 사람들은 즉 LHC의 에너지 스케일과 그보다 훨씬 작은 길이, 혹은 훨씬 높은 에너지 사이에는 일종의 '황무지'가 있을지도 모른다고 생각하고 있다. 흥미로운 결과를 주는 길이나 에너지 스케일이 아예 없을 수도 있다는 것이다. 아마도 이것은 상상력의 빈곤을 의미하는 것일 수도 있다. 아니, 애초에 참고할 만한 데이터가 부족하다. 하지만 사람들은 우리가 다음에 탐사할 스케일에서 정말로 흥미로운 일들이 발견될 것이라고 기대하고 있다. 다음 스케일은 바로 힘들의 **통일**(unification)과 관계가 있다고 여겨지고 있기 때문이다.

더 짧은 거리에 대한 이론적 추론들 가운데 가장 흥미로운 아이디어는 짧은 거리에서 힘이 통일될지도 모른다는 것이다. 이것은 과학자만이 아니라 일반 대중의 상상력에도 불을 붙이는 생각이다. 이 시나리오에 따르면, 기존에 알려진 힘을 모두, 혹은 적어도 중력을 제외한 모든 힘을 하나로 아우르는 아름답고 단순한 기초 이론이 있으나, 우리가 보고 있는 세상에서는 드러나지 않는다. 우주에 존재하는 힘이 하나가 아님을 알았을 때부터 물리학자들은 진지하게 그런 통일 이론을 찾아 왔다.

그중에서도 특히 흥미로운 아이디어가 하워드 조자이(Howard Georgi, 1947년~)와 셸던 글래쇼(Sheldon Glashow, 1932년~)가 1974년에 제안한 이론에 담겨 있다. 조자이와 글래쇼의 아이디어에 따르면, 낮은 에너지에서는 중력을 제외한, 세기가 각각 다른 세 종류의 힘(전자기력, 약한 핵력, 강한 핵력)이 관측되지만, 아주 높은 에너지에서는 하나의 세기를 가지는 오직 하나의 힘만이 존재할 것이라고 한다.[29] (그림 19 참조) 이 하나의 힘은 세 힘을 모두 포함하고 있으므로 '통일된 힘(unified force)'이라고 부른다. 그들의 이론을 **대통일 이론(Grand Unified Theory, GUT)**이라고 부르는데, 이것은 조자이와 글래쇼가 재미있다고 생각한 이름이다.

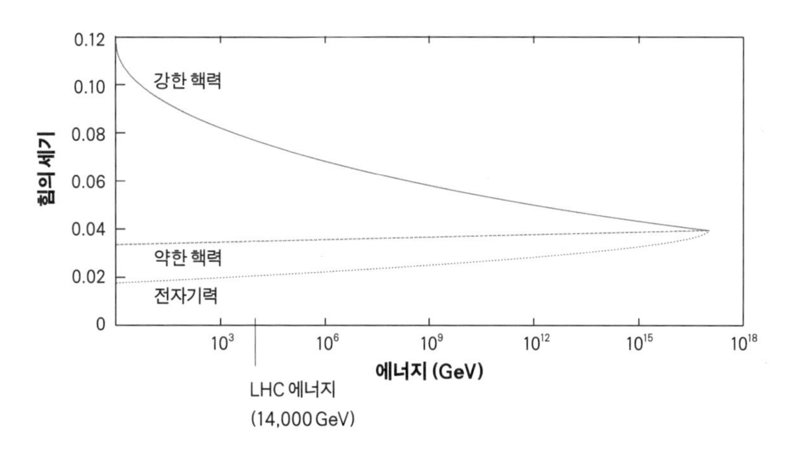

그림 19 높은 에너지에서는 중력을 제외하고 우리가 알고 있는 나머지 세 힘의 세기가 같아질 수 있고, 그러므로 하나의 힘으로 통일될 수도 있다.

힘의 세기가 하나로 모일지도 모른다는 생각이 헛된 공상만은 아니다. 그러나 양자 역학과 특수 상대성 이론에 따라 계산을 해 보면 정말 그렇게 될 것 같다.[30] 그러나 그런 일이 일어나는 에너지 스케일은 우리가 실험에 사용하는 가속기가 낼 수 있는 에너지보다 훨씬 높다. 통일된 힘이 작용하는 거리는 약 10^{-30}센티미터이다. 이 정도의 크기를 직접 관측하는 것은 불가능하지만 힘의 통일이 미치는 간접적인 영향은 탐지할 수 있다.

그 간접적인 효과를 확인할 수 있을지도 모르는 현상이 양성자 붕괴이다. 쿼크와 렙톤(lepton, 경입자라고도 한다. — 옮긴이) 사이에 새로운 상호 작용을 도입한 조자이와 글래쇼의 이론에 따르면, 양성자도 필연적으로 붕괴한다. 어떤 물리적 현상의 성질이 이 정도로 구체적으로 이야기된다면, 물리학자들은 그런 현상이 일어날 비율, 다시 말해 양성자가 붕괴되는 비율을 계산할 수 있다. 그러나 아직까지는 통일 이론에 대한 실험적 증거를 발견하지 못했다. 따라서 조자이와 글래쇼의 모형은 기각되었다. 하지만 이것이 힘의 통일이라는 아이디어가 틀렸다는 의미는 아니다. 힘의 통일은 조자이와 글래쇼가 제안한 이론과 모형보다 더 복잡하고 이해하기 어려운 것일지도 모른다.

통일 이론에 대한 연구는 우리가 어떻게 직접 관찰 가능한 스케일 너머까지 인간의 지식을 확장해 가는지를 잘 보여 주는 좋은 사례이다. 우리는 이론을 통해 실험적으로 입증된 것을 아직 다가가지 못한 에너지 영역에 적용해 그 결과를 예측해 볼 수 있다. 가끔 운이 좋을 경우에는 우리가 예측한 것이 데이터와 합치하는지, 아니면 몽상에 지나지 않는지 확인해 볼 수 있는 실험을 고안해 낼 수도 있다. 대통일 이론의 경우에는 양성자 붕괴를 관찰하는 실험이 고안된 덕분에 과학자들이 직접 관측할 수 없을 정도로 작은 거리에 일어나는 상호 작용을 간접적으로

나마 연구할 수 있게 되었다. 이 실험을 통해 조자이와 글래쇼의 아이디어가 검증되었다. 우리는 이 사례에서 한 가지 교훈을 얻을 수 있다. 그것은 너무나도 멀리 떨어져 있어서 처음에는 관계가 없어 보이는 스케일에 대해 때때로 생각하다 보면, 물질과 힘에 대한 흥미로운 통찰을 새로 얻게 될 뿐만 아니라, 실험의 의미를 극도로 높은 에너지와 아주 보편적인 현상들에까지 확장하는 방법을 깨닫게 될지도 모른다는 것이다.

우리의 이론적인 여행이 그다음으로(그리고 마지막으로) 머물 곳은 '플랑크 길이'라고 불리는 10^{-33}센티미터의 거리 스케일이다. 이것이 얼마나 작은지 알려면, 양성자가 로드아일랜드 섬만큼 커졌다고 상상해 보면 된다. (로드아일랜드 섬의 폭은 60킬로미터 정도 된다.) 그 양성자 안의 플랑크 길이는 실제 양성자의 크기와 비슷해진다. 이 스케일에서는 시간과 공간 같은 기본적인 개념처럼 기초적인 것들도 그 의미를 잃는다. 우리는 플랑크 길이보다 작은 것을 어떻게 탐구해야 할지 가상적인 실험조차도 생각해 낼 수가 없다. 이것이야말로 우리가 상상할 수 있는, 가장 작은 스케일이다.

플랑크 길이를 실험적으로 탐구할 수 없는 것은 우리의 상상력, 기술, 자금의 한계 때문만은 아니다. 플랑크 길이보다 더 짧은 거리에 접근하는 것을 물리 법칙 자체가 막고 있을지도 모른다. 다음 장에서 살펴보겠지만, 양자 역학에 따르면 보다 작은 세계를 탐구하려면 보다 높은 에너지가 필요하다. 그러나 작은 공간에 너무 많은 에너지가 집중되면 물질은 붕괴해서 블랙홀이 된다. 여기서는 중력이 지배자가 된다. 일단 블랙홀이 생기고 나면 에너지를 아무리 많이 쏟아 붓더라도 블랙홀이 커질 뿐이다. 작아지지 않는다. 결국 우리가 익숙하게 봐 온, 양자 역학이 중요한 역할을 하지 않는 거시적 스케일에서 본 현상들만 일어나게 된다. 다시 말해서 플랑크 길이보다 작은 길이를 탐구하는 방법은 절대로 알 수 없다는 것이다. 에너지를 훨씬 더 높인다고 해서 해결되지 않는다. 마찬가지로 공간에 대한 전통적인 개념들 역시 이렇게 작은 크기에서는 쓸모없어지고 만다.

나는 최근 어떤 강연에서 입자 물리학의 현황을 설명하면서 여분 차원이 가질 수 있는 성질에 대해 이야기한 적이 있다. 그때 청중 중 누군가가 어떤 질문을 해서 내가 강연하면서 기존의 시공간 개념이 적용될 수 있는 한계에 대해 언급하지 않았음을 일깨워 주었다. 내가 받았던 질문은 기존의 시공간 개념이 깨진다는 아이디어와 여분 차원 개념을 어떻게 조화시킬 수 있는지에 대한 것이었다.

공간과, 아마도 시간이 깨진다는 생각은 측정할 수 없을 정도로 작은 플랑크 길이에만 적용된다. 10^{-17}센티미터보다 작은 스케일을 관측한 사람은 아무도 없으므로, 측정 가능한 거리에서 시공간은 우리가 잘 아는 연속적인 기하의 형태로 나타나게 된다. 여기에는 아무런 모순이 없다. 공간 개념 자체가 플랑크 스케일에서 깨진다고 해도, 이것은 우리가 탐지할 수 있는 그 어떤 길이보다는 여전히 아주 작다. 더 크고 우리가 관찰할 수 있는 스케일에서 평균을 해서 우리가 매끈하고 연속적이라고 느끼는 구조가 나타나는 한 아무런 문제가 없다. 결국, 스케일이 달라지면 모든 것이 달라진다. 아인슈타인이 이야기한 매끈하고 연속적인 공간 기하는 커다란 스케일에서 본 것이었다. 그러나 아인슈타인의 생각은 더 작은 스케일에서는 성립하지 않을지도 모른다. 그 스케일이 충분히 작다면 그 스케일에서 일어나는 현상들이 측정 가능한 커다란 스케일에 미치는 효과는 무시할 수 있을 것이다. 그리고 그 경우 그 스케일에 존재하는 보다 근본적인 구성 요소들도 우리에게 관측 가능한 어떤 영향을 미치지는 못할 것이다.

시공간이 깨지는 것 말고도 우리의 방정식은 플랑크 길이가 가진 중요한 성질을 가르쳐 준다. 그것은 이 거리에서 중력이 아주 강해진다는 것이다. 기본 입자들 사이의 중력은 우리가 측정할 수 있는 스케일에서는 아주 약하지만, 이 플랑크 길이에서는 아주 강해져 우리가 아는 다른 힘들과 비슷해진다. 플랑크 길이에서 아인슈타인의 상대성 이론에 따른 표준적인 중력 방정식은 더 이상 적용되지 못할 것이다. 우리가 관측과 일치하는 예측을 할 수 있는 더 큰 거리에서와는 달리, 이 작은 세계에서 양자 역학과 상대성 이론은 일반적으로 조화되지 않고 모순된 결과를 낸다. 우리는 어떻게 예측값을 얻어야 하는지도 알지 못한다. 일반 상대성 이론은 연속되고 매끈한 공간에 대한 고전적인 기하학에 기반을 두고 있다. 플랑크 길이에서는 양자 요동이 시공간 거품을 만들어 내 우리가 통상적으로 사용하는 중력 이론 방정식을 적용할 수 없게 만들어 버린다.

플랑크 스케일에서 물리학적으로 의미 있는 예측을 하려면, 양자 역학과 일반 상대성 이론을 하나의 보다 완전한 이론인 **양자 중력(quantum gravity)** 이론으로 결합하는 새로운 개념적 틀이 필요하다. 플랑크 스케일에서 가장 유효하게 작동하는 물리 법칙은 관측 가능한 스케일에서 성공적으로 작동한다고 증명된 법칙들과는 많이 다를 것이다. 이 스케일을 제대로 이해하기 위해서는, 상상하건대, 고전 역학에서 양자 역학으로의 전환과 같은 근본적인 패러다임 이동이 수반되어야 할 것이다. 우리는 가장 짧은 거리에서 측정을 할 수 없을 수 있다. 그러나 이론적 성찰을 발전시켜 나가다 보면 중력과 공간과 시간에 대한 어떤 근본적인 이론을 발견하게 될지도 모른다.

가장 잘 알려진 후보는 끈 이론이라고 알려진 이론이다. 원래 끈 이론은 기본 입자 대신 기본 끈을 채용해 물질의 기원을 설명하는 이론이었다. 지금 끈 이론은 끈 말고도 다른 근본적인 물체들을 포함하고 있는 것으로 알려져 있다. (17장에서 조금 더 자세히 살펴볼 것이다.) 그래서 이름도 때때로 더 넓은 의미를 지닌(그러나 좀 정확하게 정의하기 어려운) **M-이론**이라고 불리기도 한다. 이 이론은 현재 양자 중력 문제를 해결할 가장 유망한 가설로서 각광받고 있다.

그러나 끈 이론은 개념적이고 수학적인 면에서도 아주 어려운 문제들을 제기한다. 우리가 바라는 대로, 양자 중력 이론을 정립하고 모든 질문에 답하기 위해 끈 이론을 어떻게 공식화해야 하는지 아는 사람은 아무도 없다. 더욱이 10^{-33}센티미터라는 끈의 스케일은 우리가 생각할 수 있는 어떤 실험으로도 도달할 수 없다.

그러므로 끈 이론을 연구하는 것이 시간과 자원을 투자할 만한 일이냐 하는 의문을 던지는 것은 정당하다. 나도 가끔 이런 질문을 받고는 한다. 왜 실험적인 결과를 전혀 내지 못할 것 같은 이론을 공부하나요? 어떤 물리학자들은 수학적이고 이론적인 정합성만 존재하면 충분하다고 생각한다. 그런 사람들은 자신들이, 순전히 이론적이고 수학적인 고찰만 가지고 일반 상대성 이론을 고안해 낸 아인슈타인의 성공을 반복할 수 있으리라고 생각한다.

그러나 끈 이론을 연구하는 또 다른 동기는 — 내가 생각하기에는 이것이 매우 중요한데 — 이 이론이 측정 가능한 스케일에 적용되는 아이디어들을 새롭게 고찰하는 데 도움을 줄 수 있다는 것이다. 지금까지 끈 이론은 그런 도움을 주어 왔다. 대표적인 사례가, 우리가 17장에서 이야기할 **초대칭성**과 **여분 차원**에 대한 이론들이다. 이 이론들은 입자 물리학적 문제에 한정해서 말한다면 실험적으로 검증할 수 있는 예측 결과를 내놓고 있다. 만약 특정 형태의 여분 차원 이론이 LHC 실험을 통해서 입증되고, LHC가 탐사하고 있는 에너지 스케일에서 일어나는 현상들을 설명해 낸다면, 끈 이론의 증거가 끈 이론의 스케일보다 훨씬 낮은 에너지에서 나올 가능성도 높아진다. 우리가 초대칭성이나 여분 차원을 발견한다고 해서 그것이 곧 끈 이론을 증명하는 것은 아닐 것이다. 그러나 이것은 추상적인 아이디어에 대한 연구가, 심지어 직접적인 실험 결과를 얻을 수 없는 아이디어에 대한 연구가 얼마나 유용한지 보여 줄 것이다. 또한, 그것은 처음에는 추상적인 것으로 보이는 아이디어라고 하더라도, 그것을 탐구하는 실험에는 의미가 있음을 보여 주는 증거가 되기도 할 것이다.

6장

보는 것이 믿는 것이다

과학자들은 물질 내부를 볼 수 있는 도구가 개발되어야만 물질이 무엇으로 이루어져 있는지 해독할 수 있다. 여기서 '본다.'라는 말은 직접적인 관측만을 말하는 것이 아니라, 사람이 맨눈으로 볼 수 없는 작은 크기를 탐사할 수 있는 간접적인 기술과 방법을 의미한다.

이것은 쉬운 일은 아니다. 그러나 실험을 수행하는 게 무척 어렵고, 가끔은 직관에 반하는 실험 결과가 나옴에도 불구하고, 실제로 존재하는 것만이 실재이다. 아무리 작은 스케일이라 할지라도 물리 법칙은 어떤 것이든 측정 가능한 결과를 만들어 낼 것이며, 더 교묘한 연구 방법이 개발된다면 언젠가는 해명될 것이다. 물질 그 자체와 그 상호 작용에 대해 현재 우리가 알고 있는 지식은 수많은 실험 결과를 모순 없이 해석할 수 있도록 해 주는 통찰과 혁신과 이론적 발전이 오랜 세월에 걸쳐 축적된 결과물이다. 수세기 전 갈릴레오에 의해 시작된 간접적인 관찰을 통해, 물리학자들은 물질의 핵심에 무엇이 존재하는가를 추론해 왔다.

이번 6장에서는 입자 물리학의 현재 상황과, 오늘날까지 우리를 이끌고 온 이론적 통찰과 실험적인 발견 들을 살펴볼 것이다. 부득이하게 여기에서는 물질을 구성하는 요소가 무엇이고 그것들이 어떻게 발견되었는지 나열식으로 설명하게 될 것이다. 일종의 목록, 일람표 같은 것이 될 것이다. 가지각색의 구성 요소들이 스케일에 따라 완전히 다른 행동을 보인다는 사실을 기억한다면 이 목록은 훨씬 더 흥미진진한 것이 될 것이다. 여러분이 앉아 있는 의자도 궁극적으로는 이 구성 요소들로 환원할 수 있는데, 의자에서 기본 입자에 이르기까지는 오랜 시간에 걸쳐 축적된 발견이 필요했다.

리처드 파인만이 자신의 이론에 대해 장난스럽게 설명한 것처럼, "마음에 드시지 않는다면, 어디 다른 곳으로 가시지요. 아마도 더 단순한 법칙의 지배를 받는 다른 우주로 말입니다. …… 이제부터 이 이론이, 그것을 이해하려고 최대한 애쓰는 인간에게 어떻게 보이는지 이야기하려고 합니다. 이 이론이 마음에 드시지 않는다면 유감입니다."[31] 우리가 진리라고 믿는 것들 중 어떤 것은 너무 미친 소리 같거나 부담스러워서 받아들이고 싶지 않을 수도 있다. 하지만 그렇다고 해서 그것이 자연이 작동하는 방식이라는 사실은 변하지는 않는다.

짧은 파장, 높은 에너지

아주 짧은 거리는 이상하게 보인다. 우리가 거기에 익숙하지 않기 때문이다. 가장 작은 스케일에서 무슨 일이 일어나는지 관측하려면 아주 작은 탐사 도구가 있어야 한다. 지금 여러분이 읽고 있는 페이지(혹은 스크린)는 물질의 내부에 있는 것과는 아주 다르게 보인다. 이것은 본다는 행위 자체가 가시광선을 보는 것과 관련이 있기 때문이다. 빛은 원자 가운데 있는 원자핵 주위를 돌고 있는 전자로부터 나온다. 5장의 그림 14에서 봤던 것처럼 그런 빛의 파장은 원자핵 속을 조사할 수 있을 만큼 짧지 않다.

원자핵의 극히 작은 스케일에서 무슨 일이 일어나는지 알아내기 위해서는, 그것을 어떻게 볼지에 대해서 좀 더 영리해지거나, 냉철해질 필요가 있다. 일단 짧은 파장이 필요하다. 이것은 그리 어렵지 않게 이해할 수 있을 것이다. 예를 들어, 파장이 우주의 크기와 같은 가상의 파동을 상상해 보자. 이 파동의 상호 작용을 가지고는 우주에 존재하는 어떤 물체의 위치에 대해서도 충분한 정보를 얻을 수 없다. 이 파동에 우주에 존재하는 구조물을 분간해 낼 수 있는 더 작은 진동이 없으면, 이 커다란 파장만 보고는 무언가가 어디에 있다고 특정할 방법이 없다. 이것은 잡동사니 더미 속에 묻혀 있는 여러분의 지갑을 그물로 걸러 찾는 일과 비슷하다. 그물의 눈이 충분히 촘촘해 지갑보다 더 작아야 지갑을 찾을 수 있는 것처럼 아주 작은 스케일 내부를 보려면 그것을 분간해 낼 만큼의 분해능을 가져야 한다.

어디에 무엇이 있는지, 그 크기가 얼마인지, 혹은 모양이 어떤지 파동을 이용해 알아내고자 할 경우, 우리가 보려는 것이 무엇이든지 파동의 봉우리와 골의 간격이 그 스케일에 맞아야 한다. 파장을 앞에서 이야기한 그물눈의 크기라고 생각할 수 있다. 만약 우리가 아는 것이 그 그물눈 안에 무언가 들어 있다는 것뿐이라면, 우리가 확실히 말할 수 있는 것은 무언가가 그물눈 크기의 영역 안에 있다는 것뿐이다. 좀 더 많은 것을 이야기하려면, 눈이 더 촘촘한 그물이나 더 섬세한 스케일에서 일어나는 변화를 감지할 수 있는 다른 방법이 필요하다.

양자 역학에 따르면 입자가 어떤 위치에서 발견될 확률은 파동으로 나타낼 수 있다고 한다. 이 파동은 빛과 관련된 것일 수도 있고, 양자 역학이 말해 주는 대로 개개의 입자에 포함되어 있는 어떤 것일 수도 있다. 이런 파동들의 파장은 우리가 입자나 빛을 이용해서 작은 거리를 조사할 때 얻을 수 있는 분해능을 정해 준다.

또한 양자 역학에 따르면 짧은 파장은 높은 에너지를 요구한다. 이것은 진동수와 에너지가 연관되기 때문인데, 진동수가 높고 파장이 짧은 파동일수록 높은 에너지를 가진다. 양자 역학은 이렇게 높은 에너지와 짧은 거리를 연관시킴으로써 물질의 내부 구조와 상호 작용을 알아내려면 고에너지에서 실험을 할 수밖에 없다고 가르쳐 준다. 이것이 물질의 기초를 이루는 핵심을 탐사하는 데 입자를 고에너지로 가속하는 가속기가 필요한 근본적인 이유이다.

양자 역학적 파동 관계식에 따라 높은 에너지로 짧은 거리와 그곳에서 일어나는 상호 작용을 연구할 수 있음을 알 수 있다. 에너지가 높으면 높을수록, 그러니까 파장이 짧으면 짧을수록 더 작은 세계를 조사할 수 있다. 양자 역학의 불확정성 원리가 짧은 거리를 큰 운동량과 연결시켜 주고, 다시 특수 상대성 이론이 에너지, 질량, 그리고 운동량을 관계지어 주기 때문에 우리는 아주 작은 세계에서 일어나는 일들을 정밀하게 탐사할 수 있다.

거기에 더하여, 아인슈타인은 에너지와 질량이 서로 변환될 수 있음을 가르쳐 주었다. 입자가 충돌할 때 입자들의 질량은 $E=mc^2$라는 식에 따라 에너지로 바뀔 수 있다. 이 식에 따르면 에너지(E)가 높으면 높을수록 더 무거운 물질(m)이 생성될 수 있다. 그리고 이 에너지는 아주 보편적이다. 즉 운동 에너지가 허용하는 범위 안이라면(충분히 가볍기만 하다면) 어떤 종류의 입자라도 만들 수 있다.

이로부터 우리는 탐구하는 에너지가 높을수록 더 작은 세계에 대해 알 수 있고, 그 에너지로부터 만들어지는 입자가 그 에너지와 크기 스케일에 적용되는 근본적인 물리 법칙을 이해하는 데 열쇠가 됨을 알 수 있다. 짧은 거리에서 나타나는 새로운 고에너지 입자와 그 상호 작용이 어떤 것이든, 현재 물질의 가장 기본적인 구성 요소와 상호 작용에 대해서 우리가 이해하는 바를 표현하고 있는, 소위 입자 물리학의 **표준 모형**(**Standard Model**)의 토대를 해석하는 실마리가 될 것이다. 이제 표준 모형의 발전과 관련된 중요한 몇 가지 발견들과, 현재 우리 지식을 더 발전시키는 데 사용되고 있는 방법과 기술 들에 대해 살펴보자.

전자와 쿼크의 발견

앞 장에서 원자의 내부 세계를 여행하면서 우리는 몇 개의 목적지를 거쳤다. 원자핵 주위를 도는 전자, 양성자와 중성자 내부에 글루온으로 서로 묶여 있는 쿼크들이 그것이었다. 이들은 고에너지 실험, 즉 짧은 거리를 조사하는 실험에서 발견되었다. 앞에서 살펴본 것처럼 원자 속 전자는 원자핵과 반대 부호의 전하를 가지고 있으며 원자핵과 인력으로 묶여 있다. 원자라는 형태로 속박되어 있는 상태에서 전기를 띠는 각각의 구성 요소들은 따로 떨어져 있을 때보다 더 낮은 에너지를 가지고 있다. 그러므로 전자만을 따로 떼어 연구하기 위해서는 전자가 원자에서 떨어져 나와 **이온화**될 만큼의 에너지를 더해 주어야 한다. 일단 전자가 따로 떨어져 나오면, 물리학자들은 전자의 전하와 질량과 같은 여러 가지 성질을 연구해서 많은 것을 배울 수 있게 된다.

원자의 또 다른 부분인 원자핵을 발견한 것은 더욱 놀라운 일이었다. 오늘날의 입자 실험과 비슷한 실험에서 어니스트 러더퍼드(Ernest Rutherford, 1871~1937년)와 그 학생들은 원자핵을 발견했다. 그들은 헬륨 원자핵(원자핵이 발견되기 전이라서 그때는 알파 입자라고 불렀다.)을 얇은 금박에 쏘았다. 알파 입자는 러더퍼드가 원자핵 내부의 구조를 조사하기에 충분한 에너지를 지닌 것이었다. 러더퍼드와 동료들은 금박에다가 쏜 알파 입자가 가끔은 예상보다 훨씬 큰 각도로 산란된다는 것을 발견했다. (그림 20 참조) 러더퍼드는 처음에는 얇은 휴지에다 쏜 것처럼 산란될 것이라고 예상했었는데, 그 대신에 안에 든 대리석에 맞고 튀어나온 것처럼 보이는 것을 발견한 것이다.

러더퍼드 자신은 그 발견을 이렇게 표현했다. "그것은 내 평생 가장 놀라운 일이었다. 마치 당신이 15인치 포탄을 휴지에 쏘았는데 포탄이 도로 튕겨 나와서 당신을 때렸을 때만큼 믿을 수 없이 놀라운 일이었다. 생각해 본 결과, 이렇게 뒤로 튕겨 나오는 것은 무언가에 충돌한 것이 틀림없으며, 계산을 해 보았더니 원자의 질량의 대부분이 작은 핵에 뭉쳐져 있지 않으면 그런 일이 일어날 수 없다는 것을 깨달았다. 가운데에 작고 무겁고 전기를 띤 핵을 가지고 있는 원자라는 생각을 처음 하게 된

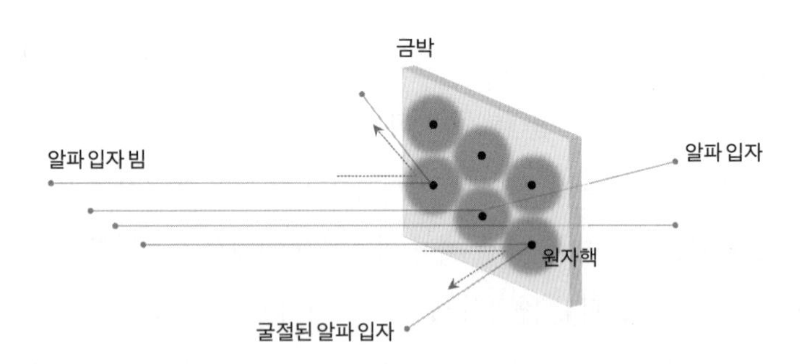

그림 20 러더퍼드의 실험은 알파 입자(지금은 이것이 헬륨의 원자핵이란 것을 알고 있다.)를 금박에 산란시킨다. 몇몇 알파 입자가 예상치 못하게 크게 굴절되었다는 사실로부터 원자의 중심에 질량이 집중되어 있음이 입증되었다. 바로 원자핵이다.

것이 바로 그때이다."[32]

양성자와 중성자 안에 들어 있는 쿼크를 실험적으로 발견했을 때 사용된 방법도 러더퍼드의 것과 비슷했다. 다만 그 경우에는 알파 입자보다 훨씬 높은 에너지가 필요했다. 그렇게 높은 에너지를 얻으려면 전자와 전자로부터 방사되는 광자를 충분히 높은 에너지로 가속시킬 입자 가속기가 필요했다.

입자가 원형의 궤도를 그리며 가속되는, 최초의 원형 입자 가속기의 이름은 **사이클로트론(cyclotron)**이었다. 어니스트 올랜도 로런스(Ernest Orlando Lawrence, 1901~1958년)가 1932년 캘리포니아 주립 대학교 버클리 캠퍼스에서 최초의 사이클로트론을 만들었다. 최초의 사이클로트론의 지름은 30센티미터도 되지 않았고, 현대적인 기준에 비추어 보자면 극히 낮은 에너지밖에 내지 못했다. 그 정도로는 쿼크를 발견할 수 있는 에너지의 근처도 가지 못한다. 쿼크의 발견 같은 획기적인 업적은 가속기 기술에서 수많은 개선과 발전이 일어난 뒤에야 이루어졌다. (그 과정에서 수많은 중요한 발견이 이루어졌다.)

쿼크와 원자핵의 내부 구조가 탐구되기 전인 1955년, 에밀리오 세그레(Emilio Gino Segrè, 1905~1989년)와 오웬 챔벌레인(Owen Chamberlain, 1920~2006년)은 로런스 버클리 연구소의 베바트론(Bevatron)에서 반양성자를 발견해서 노벨상을 받았다. 베바트론은 사이클로트론보다 훨씬 복잡한 가속기였고, 양성자를 정지 질량의 6배보다 더 높은 에너지로 가속했다. 이 에너지는 양성자-반양성자 쌍을 만들어 내기에 충분한 에너지였다. 베바트론에서 가속된 양성자 빔이 표적을 때리면 ($E=mc^2$의 마법에 따라) 반양성자와 반중성자와 같은 새로운 물질이 만들어졌다.

반물질은 입자 물리학에서 커다란 역할을 한다. 여기서 잠시 옆길로 빠져, 우리가 관찰하는 물질과 짝을 이루는 이 특별한 존재에 대해서 좀 알아보도록 하자. 물질 입자와 반물질 입자의 전하를 합치면 0이 되기 때문에, 물질은 자신의 반물질을 만나면 소멸될 수 있다. 예를 들어 반물질의 하나인 반양성자는 양성자와 만나면 아인슈타인의 방정식 $E=mc^2$에 따라 순수한 에너지가 된다.

반물질은 1927년 영국의 물리학자 폴 에이드리언 모리스 디랙(Paul Adrian Maurice Dirac, 1902~1984년)이 전자를 나타내는 방정식을 찾으려고 연구하다가 수학적으로 처음 발견했다. 알려진 대칭성 원리와 맞도록 만든 방정식에는 질량은 같고 전하가 반대인 입자가 존재했다. 그것은 이전에는 아무도 본 적이 없는 입자였다.

디랙은 두뇌를 혹사한 끝에 방정식이 옳다는 결론을 내리고 이 수수께끼의 입자가 존재해야 한다는 것을 받아들였다. 미국의 물리학자 칼 데이비드 앤더슨(Carl David Anderson, 1905~1991년)은 1932년 전자의 반입자인 양전자를 발견함으로써 "내 방정식이 나보다 더 똑똑하다."라는 디랙의 말을 입증했다. 그보다 훨씬 무거운 반양성자는 20년이 지난 후에야 발견되었다.

반양성자 발견은 반양성자의 존재를 밝혔다는 것 자체뿐만 아니라, 우주의 작동 원리를 해명하는 데 있어 핵심적인 역할을 하는 물리 법칙 속에 물질과 반물질의 대칭성이 포함되어 있음을 입증했다는 면에서 중요하다. 세계는 결국 반물질이 아니라 물질로 이루어져 있다. 통상적인 물질의 질량 대부분은 양성자와 중성자에 들어 있지, 그 반입자에 들어 있는 것이 아니다. 이런 물질과 반물질 사이의 비대칭성은 세계가 우리가 아는 대로 이루어지는 데 있어서 필수불가결한 역할을 한다. 아직 우리는 이 비대칭성이 어째서 생겨났는지를 모르고 있다.

쿼크의 발견

1967년과 1973년 사이에 제롬 아이작 프리드먼(Jerome Isaac Friedman, 1930년~), 헨리 웨이 켄달(Henry Way Kendall, 1926~1999년), 그리고 리처드 에드워드 테일러(Richard Edward Taylor, 1929년~)는 양성자와 중성자 안에 쿼크가 존재한다는 사실을 확립한 일련의 실험을 지휘했다. 이 실험은 베바트론이나 사이클로트론과는 달리, 전자를 직선을 따라 가속시키는 선형 가속기에서 수행되었다. 가속기 연구소의 이름은 스탠퍼드 선형 가속기 센터, 곧 SLAC이었고 미국 캘리포니아 주 팰로 앨토에 위치해 있다. SLAC에서 가속된 전자는 광자를 방출한다. 이 극히 높은 에너지의, 즉 짧은 파장의 광자는 원자핵 안의 쿼크와 상호 작용한다. 프리드먼, 켄달, 테일러는 충돌 에너지가 증가함에 따라 상호 작용하는 비율이 어떻게 변하는지를 측정했다. 양성자 내부에 어떤 하부 구조가 없다면 그 비율은 감소하게 된다. 내부 구조가 있다면, 비율은 여전히 감소하기는 하지만 훨씬 천천히 감소하게 된다. 여러 해 전에 러더퍼드가 원자핵을 발견했을 때처럼, 발사된 물체는(이 경우 광자는) 양성자가 내부 구조가 없는 단순한 덩어리일 때와는 다르게 산란되었다.

필요충분한 에너지에서 실험을 했음에도 불구하고, 쿼크의 존재를 확인하는 일은 그리 쉽게 이루어지지 않았다. 기술과 이론 모두를 실험에서 나오는 신호를 예측하고 이해할 수 있는 수준까지 발전시켜야 했다. 이론 물리학자 제임스 대니얼 비요르켄(James Daniel 'BJ' Bjorken, 1934년~)과 리처드 파인만의 이론적인 분석과 실험 결과를 비교, 분석한 결과, 상호 작용의 반응 비율이 원자핵 내부에 구조가 있다고 전제한 예측과 일치함이 밝혀졌다. 그것은 양성자와 중성자 내부에 구조가 있다는 뜻이었다. 다시 말해 쿼크가 발견된 것이다. 프리드먼, 켄달, 테일러는 쿼크를 발견한 업적으로 1990년 노벨상을 받았다.

그 누구도 쿼크나 그 성질을 직접 관측할 수 있을 것이라고는 생각하지 않았다. 쿼크 연구는 간접적인 방법이 될 수밖에 없었다. 그럼에도 불구하고 실험적 측정은 쿼크의 존재를 입증했다. 쿼크 가설이 하드론의 구조를 잘 설명했을 뿐만 아니라 측정된 성질이 예측과 잘 일치했으므로 결국 쿼크의 존재는 확정적인 것이 되었다.

물리학자들과 기술자들은 다양한 종류의 가속기를 개발했다. 시간이 지날수록 그들이 개발하는 가속기는 성능이 개선되었고, 크기도 커져 갔으며, 에너지도 더 높아졌다. 더 크고 더 좋은 가속기는 더 높은 에너지의 입자를 만들어 냈고, 물리학자들은 더욱더 작은 거리의 구조를 탐구할 수 있게 되었다. 이 가속기들을 통해 표준 모형을 구성하는 여러 구성 요소들이 발견되었고, 드디어 표준 모형이 확립되었다.

고정 표적 실험 대 입자 충돌 실험

쿼크를 발견한 실험에서는 가속된 전자 빔을 고정되어 있는 물질에 충돌시켰다. 그래서 이런 형태의 실험을 고정 표적 실험(Fixed-target Experiment)이라고 한다. 이 실험에서는 하나의 전자 빔이 물질을 향해 날아간다. 표적 물질을 맞추는 것은 그리 어렵지 않다.

한편, 현재 가동되고 있는 고에너지 가속기들은 이것과는 다른 방식으로 실험을 수행한다. 현재의 가속기들에서는 높은 에너지로 가속된 입자 빔 2개가 서로 충돌한다. (그림 21을 보면 두 실험을 비교할 수 있다.) 쉽게 상상할 수 있듯이, 이 두 빔은 언제든 충돌시킬 수 있도록 아주 작은 영역에 고도로 집중되어 있어야 한다. 이 경우 입자의 충돌 회수는 크게 줄어들 것이다. 왜냐하면 하나의 빔이 다른 빔과 상호 작용하는 것이 주변의 다른 물질들과 상호 작용하는 것보다 훨씬 어렵기 때문이다.

그러나 입자 빔과 입자 빔을 충돌시키는 충돌형 가속기에는 커다란 이점이 있다. 이러는 편이 훨씬 더 높은 에너지를 얻을 수 있기 때문이다. 오늘날 고정 표적 실험보다 입자 충돌 실험이 선호되는 이유는 아인슈타인이 이미 설명해 주었다. 그것은 계의 상대론적 '불변 질량'이라는 물리량과 관계가 있다. 아인슈타인은 상대성 이론으로 유명하지만, 아인슈타인 본인은 '불변 이론(Invariantentheorie)'이 더 나은 이름이라고 생각했다. 아인슈타인 이론의 진정한 요점은 특정한 좌표계에 좌우되지 않는 방법을 찾는 것이다. 다시 말해 어떤 계를 특징지어 주는 불변량을 찾는 것이다.

불변량이란 개념은 길이 같은 공간적인 물리량을 생각하면 좀 더 이해하기 쉬울 것 같다. 정지해 있는 물체의 길이는 공간적으로 어떤 방향을 향하고 있는지에 상관없이 같다. 물체의 크기는 여러분이 관찰하는 것과 상관없이 일정하다. 그러나 좌표계는 여러분이 어떤 방향을 축으로 삼느냐에 따라 달라진다.

마찬가지로 아인슈타인은 관찰자의 방향이나 움직임과 무관한 방법

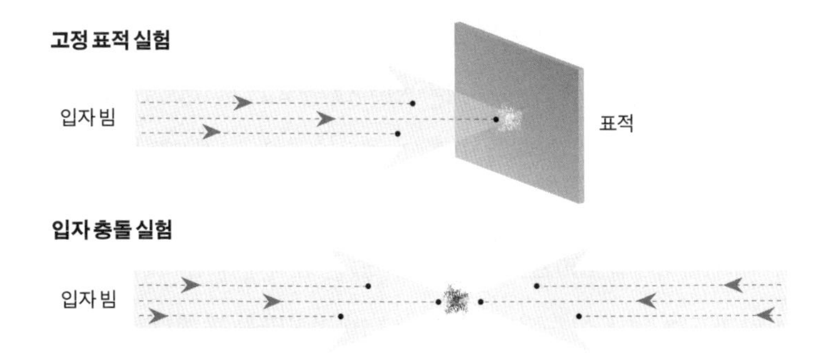

그림 21 어떤 입자 가속기는 입자 빔과 고정 표적 사이에 상호 작용을 일으킨다. 다른 종류의 가속기는 두 입자 빔을 충돌시킨다.

으로 사건을 기술할 수 있는 방법을 보여 주었다. 불변 질량은 에너지의 총량을 나타내는 물리량이다. 이것은 계가 가진 에너지로 얼마나 무거운 물체를 만들 수 있는지 알려준다.

불변 질량의 크기를 알려면, 계가 정지해 있는 경우의 에너지, 다시 말해 계가 속도나 운동량을 가지지 않은 경우의 에너지가 얼마인지 알면 된다. 운동량이 없으면 아인슈타인의 유명한 식 $E=mc^2$을 적용할 수 있다. 그러므로 정지해 있는 계의 에너지를 아는 것은 불변 질량을 아는 일과 마찬가지이다. 계가 멈춰 있지 않다면, 에너지와 운동량 값에 따라 정해지는 좀 더 복잡한, 아인슈타인의 식을 이용해야 한다.

예를 들어, 에너지가 같고 운동량의 크기도 같지만 운동량의 방향은 반대인 두 빔을 충돌시킨다고 해 보자. 이 두 빔이 충돌하면 운동량의 합은 0이 된다. 이것은 전체 계가 정지했음을 의미한다. 그러므로 두 빔 각각에 들어 있는 입자들의 에너지를 합한 전체 에너지가 질량으로 바뀔 수 있다.

고정 표적 실험은 아주 다르다. 빔은 큰 운동량을 가지고 있지만 표적은 운동량을 전혀 가지고 있지 않다. 표적과 표적을 때린 빔을 합친 전체 계는 여전히 움직이는 상태이므로, 에너지 전부가 입자를 만드는 데 쓰이지 않는다. 계가 운동하기 때문에 에너지의 일부가 여전히 운동 에너지로 남아 있으므로, 충돌 에너지의 전부가 새로운 입자를 만드는 일로 전환되지 않는 것이다. 이때의 유효 에너지는 빔이 가진 에너지와 표적이 가진 에너지를 곱한 것을 제곱근해 준 것 정도가 된다. 예를 들어, 양성자 빔의 에너지를 100으로 해서 멈춰 있는 표적에 충돌시키면 새로운 입자를 만드는 데 쓰이는 유효 에너지는 10 정도라는 말이다.

이렇게 고정 표적 실험과 빔 충돌 실험 사이에는 커다란 차이가 존재한다. 빔과 빔을 충돌시켰을 때의 에너지는 빔과 고정 표적을 충돌시켰을 때의 에너지보다 훨씬 크다. 단순히 생각하면 빔과 빔의 충돌 에너지는 빔과 고정 표적 충돌 시의 2배 정도 아니겠냐고 생각할 수도 있다. 그러나 그것은 뉴턴 식의 사고 방식이라서 빛의 속도에 가깝게 움직이는 빔 속의 상대론적인 입자에는 적용되지 않는다. 빔의 속도가 빛의 속도에 가까워지면 상대성 이론이 중요하게 작용하기 때문에, 고정 표적에 충돌할 때와 빔과 빔이 충돌할 때의 알짜 에너지 차이는 훨씬 커지게 된다. 높은 에너지를 얻고 싶으면, 2개의 입자 빔을 가속시켜서 충돌시키는 충돌형 가속기 외에는 선택의 여지가 없다. 2개의 빔을 함께 가속시킴으로써 우리는 훨씬 높은 에너지를 얻을 수 있게 되고, 따라서 훨씬 풍부한 충돌 사건을 보게 된다.

LHC는 충돌형 가속기의 사례 중 하나이다. LHC와 같은 충돌기에서는 두 입자 빔의 궤도를 자석으로 조정해 서로 부딪히게 한다. LHC와 같은 충돌기의 능력을 결정하는 가장 중요한 변수는 충돌하는 입자의 종류, 가속되고 난 뒤의 최종 에너지, 그리고 기계의 **광도**(luminosity)이다. (광도란 두 빔의 세기, 즉 충돌 사건이 일어나는 수를 말한다.)

충돌 입자의 종류

일단 두 빔을 충돌시키는 편이 고정 표적 실험보다 높은 에너지를 얻을 수 있음을(그래서 더 짧은 거리를 탐구할 수 있음을) 알았으면, 다음 문제는 무엇을 충돌시킬 것인가 하는 것이다. 여기에는 몇 가지 재미있는 선택지가 있다. 특히 원하는 결과를 얻기 위해 어떤 입자를 가속시켜 충돌시킬지를 정해야 한다.

먼저 지구에서 쉽사리 구할 수 있는 물질을 이용하는 것이 좋다. 원리적으로는, 금방 전자로 붕괴해 버리는 뮤온(muon)이나, 다른 가벼운 입자로 붕괴하는 톱 쿼크 같은 무거운 쿼크처럼 불안정한 입자도 충돌시켜 볼 수 있다.

그럴 경우, 이런 입자들은 쉽게 얻을 수 없으므로 먼저 실험실에서 만들어 내야 한다. 그러나 그런 입자들을 만들어서 붕괴해 버리기 전에 가속시킬 수 있다고 해도, 충돌하지 않은 입자가 붕괴하는 과정에서 방출하는 방사선을 안전하게 다른 데로 돌려놓을 수 있어야 한다. 이런 문제들은 꼭 극복할 수 없는 것은 아니다. 특히 뮤온의 경우, 실현 가능성이 현재 연구 중이다. 그러나 안정된 입자를 쓸 때에는 고려하지 않아도 되는 여분의 난제를 추가하는 것만은 확실하다.

그러므로 더 단순한 선택지를 택하게 된다. 지구에서 구할 수 있는 붕괴하지 않는 안정된 입자. 그것은 가벼운 입자거나, 최소한 양성자처럼 가벼운 입자들이 안정적인 속박 상태를 이룬 것이어야 한다. 또한 전기를 띠어야 한다. 그래야 전기장으로 가속시킬 수 있기 때문이다. 게다가 구하기 쉽고 편리하게 이용할 수 있으면 더 좋다. 그런 입자는 바로 양성자와 전자이다.

그럼 둘 중 어떤 입자를 택해야 할까? 두 입자 모두 장점과 단점을 가지고 있다. 전자는 충돌 결과가 깨끗해서 분석하기 좋다. 무엇보다 전자는 기본 입자이다. 전자는 어떤 입자와 충돌하든 자신의 내부 구조에 에너지를 나누어 줄 필요가 없다. 우리가 아는 한, 전자는 지금 우리가 보는 것이 전부이다. 전자는 더 이상 나뉘지 않기 때문에, 전자가 어떤 것과 충돌하든 무슨 일이 일어나는지 매우 정밀하게 추적할 수 있다.

양성자는 그렇지 않다. 5장에서 설명했듯이, 양성자는 3개의 쿼크들이 글루온을 서로 주고받으며 강한 핵력으로 묶여 있는 상태이다. 높은 에너지에서 양성자가 충돌하면, 우리가 관측하고자 하는 무거운 입자를 만들어 낼 수도 있는 흥미로운 상호 작용이 일어난다. 그때에는 대개의 경우 양성자 안에 있는 입자 1개만 상호 작용에 참여한다. 예를 들어 3개의 쿼크 중 하나가 상호 작용에 참여하는 것이다.

당연히 그 쿼크는 양성자의 에너지 전부를 가지고 있지 않다. 그래서 양성자의 에너지가 매우 높다고 하더라도 쿼크가 가진 에너지는 그것보다 훨씬 낮다. 그래도 상당량의 에너지를 가지고는 있겠지만 양성자의 에너지를 모두 가지고 있지는 못하다.

게다가 양성자 충돌은 아주 복잡하다. 그것은 양성자 속에 충돌에 참여하지 않는 구성 요소가 들어 있기 때문이다. 그들은 아주 높은 에너지에서 이루어지는 충돌 사건에 참여하지는 않지만 그 주변에서 어떤 식으로든 역할을 한다. 충돌에 참여하지 않는 입자들 모두 강한 상호 작용(정말로 적절한 용어이다.)을 통해 서로 작용하고 있기 때문에, 우리가 보고자 하는 상호 작용이 관계없는 움직임에 휩싸이게 (그리고 가리게) 된다.

여기까지 설명하고 나면 왜 그렇게 물리학자들이 양성자를 충돌시키지 못해 안달하는가 궁금해질 것이다. 그것은 양성자가 전자보다 훨씬 무겁기 때문이다. 양성자의 질량은 전자보다 약 2,000배 크다. 양성자를 고에너지로 가속시키려고 할 때, 질량이 무겁다는 사실은 아주 중요한 이점으로 작용한다. 이렇게 높은 에너지를 얻기 위해서는 전기장을 이용해 입자를 원형 궤도에 따라 회전시켜야 한다. 입자는 원형 궤도를 따라 몇 바퀴 돌 때마다 계속 가속된다. 그런데 가속되는 하전 입자는 광자, 즉 전자기파를 방출하고, 그것도 가벼울수록 더 많이 방출한다.

따라서 우리는 전자를 엄청나게 높은 에너지로 가속해 충돌시키지 못한다. 전자를 충돌시키고 싶기는 하지만 쉬운 일이 아닌 것이다. 우리는 전자를 아주 높은 에너지로 가속시킬 수 있지만, 고에너지의 전자는 원형 궤도를 따라 돌면서 가속될 때 에너지의 상당 부분을 방출해 버린다. (이것이 캘리포니아 팰로 앨토에 위치한 스탠퍼드 선형 가속기 센터(SLAC)의 전자 가속기가 원형이 아니라 선형 가속기인 까닭이다.) 그래서 순전히 에너지와 새로운 입자를 발견하는 능력만으로 보면 양성자 쪽이 더 낫다. 양성자는 그 안에 들어 있는 쿼크들과 글루온들도 가속된 전자보다 더 많은 에너지를 가질 만큼 충분히 높은 에너지로 가속시킬 수 있다.

사실 물리학자들은 양성자 충돌형 가속기와 전자 충돌형 가속기, 두 종류의 충돌기 모두로부터 입자에 대해 많은 것을 배웠다. 전자 빔 충돌기는 가장 높은 에너지의 양성자 가속기가 도달한 수준의 에너지는 내지 못한다. 하지만 우리는 전자 빔을 이용한 충돌기 실험을 통해, 양성자 충돌기를 사용해서 일하는 사람은 꿈도 꾸지 못할 만큼 정확한 측정값을 얻었다. 특히 1990년대에 SLAC과, CERN의 대형 전자-양전자 충돌기(Large Electron-Positron collider, LEP, 이 이름의 밋밋함은 언제 들어도 우습다.)는 눈부신 정밀도로 입자 물리학 표준 모형의 예측을 입증해 주었다.

이 **전자기-약 작용 정밀 측정(precision electroweak measurement)** 실험은 전자기-약 작용(전약 작용이라고도 한다. — 옮긴이) 이론에 따라 예측되는 여러 가지 다른 과정을 이용한다. 예를 들어 약한 핵력을 전달하는 입자의 질량, 한 입자가 다른 종류의 입자로 붕괴하는 비율, 검출기의 앞부분과 뒷부분으로 나가는 입자의 비대칭 정도 등을 측정해서, 약한 상호작용의 성질에 대해 많은 것을 알려준다.

전자기-약 작용 정밀 측정은 유효 이론의 개념이 적용되는 뚜렷한 사례 중 하나이다. 일단 물리학자들이 충분한 실험을 해서 힘들의 세기 같은 표준 모형의 몇몇 변수를 정하고 나면, 모든 것을 예측할 수 있다. 물리학자들은 측정 결과들이 일치하는지 확인하고, 무언가 빠진 것이 있는지를 알려주는 편차를 찾는다. 지금까지 이루어진 측정 결과들은 모두 다 표준 모형이 극도로 잘 기능하고 있음을 보여 준다. 심지어 그 효과가 LEP의 에너지에서는 아주 작다는 사실 말고는 표준 모형이 얼마나 잘 맞는지, 표준 모형 너머에 무엇이 있는지 알아내는 데 필요한 실마리조차 여전히 찾지 못하고 있을 정도이다.

더 무거운 입자와 더 높은 에너지에서 일어나는 상호 작용과 관련해 더 많은 정보를 얻으려면 LEP와 SLAC에서 실험했던 것보다 훨씬 높은 에너지에서 물리 과정들을 직접 관찰해야 한다. 전자를 충돌시켜서는, 무엇이 입자의 질량을 주고, 왜 입자의 질량이 우리가 지금 보는 그 값인가 하는 문제의 답을 찾는 데 필요하다고 여겨지는 에너지를 얻을 수 없다. 적어도 가까운 미래에는 그렇다. 그래서 양성자를 충돌시키는 가속기가 필요하다.

이것이 물리학자들이 1980년대에 LEP를 설치하기 위해 건설했던 터널에서 전자가 아니라 양성자를 가속하기로 결정한 이유이다. CERN은 새로운 거대한 모험, 곧 LHC를 건설할 자리를 마련하기 위해 최종적으로 LEP의 가동을 멈추었다. 양성자는 그렇게 많은 에너지를 방출해 버리지 않기 때문에, LHC는 훨씬 효과적으로 양성자를 고에너지로 가속할 수 있다. 양성자 충돌의 결과는 전자 충돌보다 복잡해서 실험적인 어려움이 많다. 그러나 우리는 곧 양성자 빔 충돌을 통해 수십 년간 찾아온 해답을 직접 알아내기에 충분한 고에너지를 얻을 수 있을 것이다.

입자냐 반입자냐?

그런데 충돌 대상을 결정하기 전에 해결해야 하는 문제가 하나 더 있다. 결국 충돌에는 2개의 빔이 필요하다. 일단 고에너지를 얻기 위해 하나는 양성자 빔으로 해야 한다. 그러면 다른 하나는 어떻게 해야 할까 하는 문제가 남는다. 물질 빔, 즉 양성자 빔으로 해야 할까, 아니면 반물질 빔, 즉 반양성자 빔으로 해야 할까? 양성자와 반양성자는 질량이 같으므로, 방사하는 에너지의 비율도 같다. 둘 중 어떤 것으로 할지 결정하려면 다른 기준을 가져와야 한다.

명백히 세상에는 양성자가 훨씬 더 많다. 반양성자는 양성자와 만나면 소멸해서 에너지나 다른 기본 입자로 변해 버리기 때문에 우리 주변에서 거의 볼 수 없다. 그러면 무슨 이점이 있기에 반입자 빔을 만들 생각을 하는 것일까?

이 질문에 대해서는 몇 가지 대답을 할 수 있다. 우선, 반양성자를 쓰면 두 빔의 가속을 간단하게 할 수 있다. 왜냐하면 같은 자기장으로 양성자와 반양성자를 반대 방향으로 회전시킬 수 있기 때문이다. 하지만 가장 중요한 이유는 만들어 낼 수 있는 입자에 관련된 것이다.

입자와 반입자는 질량이 같지만 부호가 반대인 전하를 가지고 있다. 따라서 입자와 반입자가 충돌하고 나면 순수한 에너지만 남고 전하는 0이 된다. 입자와 반입자는 $E=mc^2$에 따라 에너지로 변환되며, 이 에너지는 다시 다른 입자와 반입자의 쌍을 만들어 낸다. 다만 새로운 입자와 반입자 쌍은 너무 무겁지 말아야 하고, 처음의 입자와 반입자 쌍과 충분히 강하게 상호 작용해야 한다.

새로 생성되는 입자들은 원리적으로 표준 모형의 입자와는 전혀 다른 전하를 가진 새롭고 낯선 입자일 수도 있다. 충돌하는 입자와 반입자의 알짜 전하는 0이고 새롭고 낯선 입자와 반입자의 전하 역시 마찬가지이다. 새롭고 낯선 입자의 전하가 표준 모형의 입자와 다르더라도, 그 입자와 반입자 쌍의 전하를 합하면 0이기 때문에 어떤 입자-반입자 쌍도 원리적으로 만들어질 수 있는 것이다.

이런 원리를 전자에 적용해 보자. 2개의 전자처럼 전하가 같은 두 입자를 충돌시킨다면, 최초의 입자 쌍이 가졌던 것과 같은 전하를 가진 입자를 만들 수 있다. 전하가 전자의 2배인 입자 하나가 만들어질 수도 있고, 전자와 같은 전하를 가진 입자 둘이 만들어질 수도 있다. 이것은 실험에 상당한 제약을 준다.

이렇게 같은 전하를 가진 두 입자를 충돌시키는 것은 한계가 뚜렷한 반면, 입자와 반입자를 충돌시키면 입자만 충돌시켰을 때에는 열리지 않던 문들이 새로 활짝 열리게 된다. 충돌 후 만들어질 수 있는 상태가 훨씬 더 많기 때문에 전자-양전자 충돌은 전자-전자 충돌보다 잠재력이 훨씬 더 크다. 예를 들어 전자-양전자 충돌은 다른 입자-반입자 쌍뿐만 아니라 **Z 게이지 보손**처럼 전기적으로 중성인 입자도 만들 수 있다. (이것이 LEP에서 했던 일이다.) 그 외에도 생성 가능한 질량을 가진 다양한 입자와 반입자 쌍을 낳을 수 있다. 비록 충돌 실험에 반입자를 쓰려면 보관하기가 어려워서 엄청난 돈이 들기는 하지만, 우리가 발견하고자 하는 새로운 입자가 최초의 충돌 입자와 전하가 다를 때에는 반입자를 써야만 한다.

충돌형 가속기 중에서 최근까지 세계 최고의 출력을 자랑했던 가속기 역시 빔 하나는 양성자를, 다른 하나는 반양성자를 이용했다. 물론 이 경우에 반양성자를 만들고 저장하는 방법이 필요했다. 반양성자를 효과적으로 보관하는 법을 개발한 것은 CERN이 이룬 중요한 업적 중 하나이다. 일찍이 CERN은 전자-양전자 충돌기인 LEP를 건설하기 전에, 높은 에너지의 양성자-반양성자 빔을 만들어 낸 바 있다.

CERN의 양성자-반양성자 충돌 실험에서 발견된 가장 중요한 입자는 전자기-약력을 전달하는 전자기-약 작용의 게이지 보손이다. 이 입자를 발견한 공로로 카를로 루비아(Carlo Rubbia, 1934년~)와 시몬 반 데어 메어(Simon van der Meer, 1925~2011년)가 1984년에 노벨 물리학상을 받았다. 다른 힘들과 마찬가지로 약한 핵력도 입자를 통해 전달된다. 이 입자를 약한 핵력 게이지 보손 또는 약력 보손이라고 부른다. 약력 게이지 보손에는 양전기와 음전기를 띤 W 벡터 보손 둘과 전기적으로 중성인 Z 벡터 보손 하나가 있는데, 이 세 입자가 약한 핵력을 전달한다. 나는 아직도 W와 Z 보손 하면, "빌어먹을 벡터 보손"이라는 고함 소리가 떠오른다. 이 말은 여름 학교에 참가한 학자들과 학생들(나도 그중 하나였다.)이 묵고 있던 기숙사에 난입한 한 영국 물리학자가 술 취해 내뱉은 말이었다. 그는 입자 물리학에서 미국이 유럽보다 앞서 나가는 것을 싫어했던 것 같다. 1980년대에 W와 Z 벡터 보손이 CERN에서 발견됨으로써 약한 핵력을 핵심 요소로 하는 입자 물리학의 표준 모형은 실험적으로 입증되었다.

이 실험에서 결정적으로 중요한 역할을 했던 것이 반 데어메어가 개발한 반양성자 보관법이었다. 반양성자는 양성자를 만나면 쌍소멸해서 사라져 버리기 때문에 보관하기 매우 어렵다. **통계적 냉각**(stochastic cooling, 확률 냉각)이라고 부르는 반 데어메어의 방법은, 전기적 신호를 가지고 검출한 입자에 대한 정보를 바탕으로 운동량이 특히 큰 입자는 '때려서' 운동량을 보정하고, 입자 뭉치 전체는 냉각시켜서 뭉치 전체가 빠르게 움직이지 않게 해서, 반양성자가 입자 뭉치에서 튀어나오거나 용기에 부딪히지 않도록 하는 것이다. 이 방법을 사용하면 반양성자도 용기 안에 보관할 수 있다.

양성자와 반양성자를 충돌시키자는 생각이 유럽에서만 나온 것은 아니다. 이런 형태의 충돌기 중 가장 높은 에너지를 내는 장비는 미국 일리노이 주 버테이비아에 건설된 **테바트론**(Tevatron)이다. 테바트론의 에너지는 약 2테라전자볼트(TeV, 테브)에 달한다.[33] (양성자 정지 에너지의 약 2,000배이다.) 여기에서는 양성자와 반양성자를 충돌시켜 우리가 자세히 연구할 입자들을 만든다. 테바트론에서 이뤄 낸 가장 중요한 발견은 표준 모형의 입자들 중 가장 무거우면서 가장 마지막으로 발견된 톱 쿼크이다.

(랜들이 이 책을 쓴 것은 힉스 보손이 발견되기 전이었다. — 옮긴이)

그러나 LHC는 CERN의 첫 충돌기와도 다르고 테바트론과도 다르다. (충돌기의 종류는 그림 22에 요약해 놓았다.) LHC는 양성자와 반양성자가 아니라 두 양성자 빔을 충돌시킨다. LHC가 양성자-반양성자가 아니라 두 양성자 빔을 택한 이유는 조금 어렵지만 이해하기 위해 노력할 만한 가치가 있다.

입자 충돌 실험을 연구하는 물리학자들에게 있어 가장 좋은 충돌은 충돌하는 입자들의 전하를 합치면 0인 것이다. 이런 형태의 충돌에 대해서는 이미 앞에서 논의했다. 알짜 전하가 0이면 어떤 입자-반입자 쌍이든 만들어질 수 있다. (에너지는 충분하다고 가정하자.) 만약 두 전자를 충돌

여러 입자 충돌기 비교

가속기 가동 연도 연구소 위치	충돌하는 입자	모양	에너지 크기
스탠퍼드 선형 충돌기(SLC) 1989년 SLAC 캘리포니아 멘로 파크	전자, 양전자	선형 e^{-} ➤ ◀ e^{+}	**100기가전자볼트** 3.2킬로미터
테바트론 1983년 페르미 연구소 일리노이 주 버테이비아	양성자, 반양성자	원형 p ➤◀ $\bar{p}$	**1,960기가전자볼트** 6.3킬로미터
대형 전자-양전자 충돌기(LEP/LEP2)* 1989년/2000년 CERN 스위스 제네바	전자, 양전자	원형 e^{-} ➤◀ e^{+}	**90기가전자볼트/** **209기가전자볼트** 26.6킬로미터
대형 하드론 충돌기(LHC) 2008년 CERN 스위스 제네바	양성자, 양성자	원형 p ➤◀ p	**7,000~** **14,000기가전자볼트** 26.6킬로미터

*LEP를 업그레이드한 것이 LEP2이다.

그림 22 여러 충돌기의 에너지, 충돌하는 입자, 가속기의 모양 등을 보여 주는 대조표.

시킨다고 생각해 보자. 뭐가 만들어지든 알짜 전하는 –2가 되어야 한다. 그리고 이것은 일어날 수 있는 사건의 가능성을 심하게 제약한다. 그러니까 두 양성자를 충돌시키는 것도 이것과 똑같이 좋지 않은 아이디어라고 생각할 수 있다. 양성자 2개의 총 전하는 +2이고, 크게 나을 것이 없어 보인다.

만약 양성자가 기본 입자라면 방금 한 이야기는 틀림없이 맞다. 그러나 5장에서 살펴보았듯이, 양성자는 하부 구조를 가지고 있고, 더 작은 구성 요소로 이루어져 있다. 양성자는 글루온으로 묶여 있는 쿼크로 이루어져 있다. 그렇다고 해도, 2개의 업 쿼크와 1개의 다운 쿼크라는 3개의 **드러난 쿼크**가 양성자 안에 들어 있는 전부라면, 역시 별로 좋을 게 없다. 드러난 쿼크 2개가 충돌할 경우 그 알짜 전하는 어떻게 합쳐도 0이 되지 않기 때문이다.

그런데 양성자 질량의 대부분은 그 안에 들어 있는 쿼크로부터 오는 것이 아니다. 양성자의 질량은 주로 그 안의 입자들을 양성자로 묶어놓는 에너지에서 온다. 커다란 운동량을 가지고 날아가는 양성자는 많은 에너지를 가지고 있다. 이 모든 에너지에 더해, 양성자는 양성자의 전하를 담당하는 세 드러난 쿼크 말고도 가상의 쿼크와 반쿼크와 글루온의 바다를 가지고 있다. 다시 말해 만약 높은 에너지를 가진 양성자를 콕 찔러 보면 3개의 드러난 쿼크 외에도 바다 속에 숨어 있는 가상 쿼크와 반쿼크와 글루온을 볼 수 있다. 단 바다 속에 있는 입자들의 전하는 전부 더하면 0이 되어야 한다.

그러므로 양성자를 충돌시킬 때에는 전자를 충돌시킬 때와 다르게, 조심해서 논리를 전개해야 한다. 우리가 보게 되는 충돌 사건은 양성자의 구성 입자나 하부 구조가 서로 충돌한 결과이다. 충돌에 관여하는 전하 역시 구성 입자나 하부 구조 전하이지 양성자의 전하가 아니다. 비록 숨은 쿼크와 글루온이 양성자의 전하에는 기여하지 않지만, 그것들도 역시 양성자를 이루는 구성 요소이다. 양성자가 서로 충돌할 때, 3개의 드러난 쿼크 중 하나가 다른 양성자의 드러난 쿼크와 충돌하면 충돌할 때의 알짜 전하는 0이 될 수 없다. 알짜 전하가 0이 아니라고 해도 흥미로운 사건이 가끔 일어날 수는 있지만, 알짜 전하가 0인 충돌 사건처럼 다양한 사건이 일어나지는 않는다.

그러나 양성자 충돌의 경우에는 가상의 입자 바다 덕분에 쿼크와 반쿼크가 충돌하고 글루온이 글루온과 충돌하는, 알짜 전하가 0인 흥미로운 충돌 사건도 많이 일어날 수 있다. 많이 일어나는 일은 아닐지라도, 양성자끼리 쾅 부딪칠 때 한 양성자 속에 들어 있는 쿼크가 다른 쪽 양성자 속의 반쿼크와 충돌할 수 있다. LHC에서 일어나는 일들을 보면, 숨은 쿼크의 충돌을 포함해서, 일어날 수 있는 모든 과정이 다 일어난다. 사실 이런 숨은 쿼크의 충돌이 일어날 확률은 양성자가 더 높은 에너지로 가속되면 될수록 더욱 높아진다.

양성자의 전체 전하에 따라 만들어지는 입자가 결정되지는 않는다. 양성자의 나머지 부분은 충돌하지 않고 그냥 지나가기 때문이다. 충돌하지 않는 양성자 조각은 양성자 전체 전하의 나머지를 가지고 가서 빔 파이프 속으로 사라진다. 이것이 파도바 시장이 물어보았던, LHC에서 충돌이 일어날 때 양성자의 전하는 어디로 가는지에 대한 대답이다. 좀 어려운 답이기는 하다. 이것은 양성자가 복합 입자라는 성질 및 높은 에너지에서는 직접 충돌하는 것이 우리가 아는 가장 작은 입자인 쿼크와 글루온이라는 사실과 관련되어 있다.

오로지 양성자의 일부분만이 충돌하고, 그 일부분이 가상 입자라면 충돌하는 입자의 총 전하가 0이 될 수 있기 때문에 양성자-양성자 충돌 실험이냐, 양성자-반양성자 충돌 실험이냐를 택할 때 장단점이 그리

뚜렷하지 않을 수도 있다. 에너지가 그리 높지 않았던 과거의 충돌기에서는 흥미로운 충돌 사건을 만들어 내기 위해 반양성자를 만들어 내는 것이 그만한 값어치가 있었지만, LHC의 에너지에서는 꼭 그렇지 않다. LHC가 실현해 내는 높은 에너지에서는 양성자가 가진 에너지의 상당 부분을 숨은 쿼크와 숨은 반쿼크, 숨은 글루온이 담당하기 때문이다.

LHC의 물리학자들과 기술자들은 양성자와 반양성자 빔이 아니라 두 양성자 빔이 서로 충돌하도록 설계하는 편을 택했다.[34] 그렇게 함으로써 높은 광도를 낼 수 있게 되었다. 즉 더 많은 회수의 충돌을 얻을 수 있게 되었다는 말이다. 이것이 도달하기에 더 쉬운 목표였다. 양성자 빔을 만드는 것은 반양성자 빔을 만드는 것보다 엄청나게 쉬운 일이기 때문이다.

그래서 LHC는 양성자-반양성자 충돌기가 아니라 양성자-양성자 충돌기인 것이다. 여기서 엄청난 수의 충돌을 일으킴으로써 — 양성자와 양성자를 충돌시키기는 훨씬 쉽기 때문에 이것이 가능한 것이다. — LHC는 강력한 능력을 가지게 되었다.

7장

우주의 끝

2009년 12월 1일에 나는 바르셀로나 공항 근처의 매리어트 호텔에서 비행기를 놓치지 않으려고 오전 6시에 억지로 일어났다. 내가 대본을 쓴, 물리학과 발견을 주제로 한 오페라 소품이 스페인에서 초연되는 것을 보러 왔던 참이었다. 그 주말은 너무도 만족스러웠지만, 너무나 지쳐서 나는 집에 가고 싶을 따름이었다. 그런데 놀랍고 멋진 일 때문에 귀가가 조금 미루어졌다.

그날 아침에 내가 묵고 있던 호텔 방의 문 아래로 들어온 신문의 일면을 "원자 분쇄기가 기록을 갱신했다."라는 헤드라인으로 시작하는 기사가 장식하고 있었다. 끔찍한 재난이나 말초적인 호기심을 만족시켜 주는 데 그치는 기사가 아니라 며칠 전에 LHC가 도달한 기록적인 에너지에 관한 이야기가 그날의 가장 중요한 뉴스였던 것이다. LHC가 이룩한 신기원에 관한 흥분이 기사 속에서 손에 잡힐 듯 느껴졌다. 몇 주 후 고에너지 양성자 빔 둘이 실제로 충돌했을 때, 《뉴욕 타임스》는 1면에 "가속기 신기록 수립, 유럽이 미국을 앞서다!"라는 제목의 기사를 실었다.[35] 앞의 뉴스에 보도되었던 기록적 에너지는 앞으로 10년간 LHC가 수립할 일련의 기록들 중 첫 번째 기록에 불과했던 것이다.

LHC는 지금, 그동안 연구된 적 없던 가장 짧은 거리를 조사하고 있다. 또한 위성과 망원경을 통해 우주를 관측하는 사람들은 지금 가장 큰 스케일을 탐구하고 있다. 그들은 우주가 가속 팽창하는 비율을 연구하고 있으며, 대폭발 시절부터 남아 있는 우주 마이크로파 배경 복사(cosmic microwave background radiation, CMBR)의 세부 사항들을 해명하기 위해 관측을 수행하고 있다.

우리는 최근 들어 우주의 구조와 구성 요소에 대해 많은 것을 이해하게 되었다. 진보가 이루어질 때 늘 그렇듯이, 지식이 늘어날수록 더 많은 의문이 생겨났다. 어떤 것은 우리의 이론적 틀이 가진 중대한 구조적 결함을 드러냈다. 그럼에도 불구하고 많은 경우에 우리는 우리가 무엇을 찾아야 하는지, 그리고 어떻게 찾아야 하는지 알 수 있을 만큼 우리가 가지고 있는 지식에서 부족한 부분이 무엇인지 이해하게 되었다.

그래서 이번 7장에서는 저 지평선 끝에 무엇이 걸려 있는지, 이제 막 보이기 시작한 것들에 어떤 것이 있는지 살펴볼까 한다. 어떤 실험이 이루어지고 있으며 거기서 무엇이 발견될 것으로 기대되고 있는지 좀 더 자세히 들여다볼 것이다. 이 장은 이 책에서 다룰 몇 가지 중요한 과학적 문제들과 연구들에 대한 서론이 될 것이다.

LHC로 표준 모형을 넘어설 수 있을까?

입자 물리학의 표준 모형은 우리를 구성하고 있는 가벼운 입자들에 대해 우리가 어떤 것을 예측할 수 있는지 가르쳐 준다. 그리고 같은 방식으로 상호 작용하는 더 무거운 입자들에 대해서도 설명한다. 이런 무거운 입자들도 우리 몸이나 태양계를 이루는 입자들인 가벼운 입자나 원자핵과 똑같은 힘으로 상호 작용한다.

물리학자들은 전자에 관해서, 그리고 마찬가지로 전기를 띠고 더 무거운 입자들인 뮤온과 타우(tau) 렙톤에 대해서 안다. 우리는, 렙톤이라고 불리는 이 입자들이 중성미자라고 불리는 전기적으로 중성인(전하가 0이라서 전자기 상호 작용을 직접 하지 않는) 입자와 짝을 이룬다는 것을 안다. 중성미자는 **약한 핵력**이라는 밋밋한 이름의 상호 작용만을 한다. 약한 핵력은 중성자가 양성자로 변환되는 방사성 베타 붕괴(일반적으로는 원자핵의 베타 붕괴)와 태양에서 일어나는 핵반응의 일부를 일으키는 힘이다. 표준 모형에 포함되어 있는 모든 물체는 약한 핵력을 느낀다.

우리는 양성자와 중성자 내부에 들어 있는 쿼크에 대해서도 알고 있다. 쿼크는 약한 핵력과 전자기력을 모두 느끼며, 가벼운 쿼크를 양성자와 중성자 안에 묶어놓는 힘인 강한 핵력도 느낀다. 강한 핵력은 계산하기가 어렵다는 문제가 있지만, 그 기본 구조는 이해되었다.

쿼크와 렙톤, 그리고 강한 핵력, 약한 핵력, 전자기력은 표준 모형을 이루는 핵심 구성 요소이다. (그림 23은 표준 모형을 요약해 놓은 것이다.) 이 구성 요소들을 가지고 물리학자들은 오늘날까지 모든 입자 물리학의 실험 결과를 성공적으로 예측할 수 있었다. 우리는 표준 모형의 입자와 그 힘들이 어떻게 작용하는지를 아주 잘 이해하고 있다.

그러나 커다란 수수께끼가 몇 개 남아 있다.

그림 23 입자 물리학 표준 모형의 구성 요소들. 현재까지 알려진 물질의 가장 기본적인 구성 요소들과 그 상호 작용을 나타내고 있다. 쿼크는 강한 핵력, 약한 핵력, 전자기력을 모두 느낀다. 전하를 띤 렙톤은 약한 핵력과 전자기력을 느끼지만 중성미자는 오직 약한 핵력만을 느낀다. 글루온, 약한 핵력 게이지 보손, 광자는 각각 그에 해당하는 힘을 전달한다. 힉스 보손은 2012년에 발견되었다.

이 난해한 수수께끼들 중 특히 중요한 것은 중력을 이 모형에 어떻게 꿰맞추어 넣는가 하는 문제이다. 이 문제는 LHC가 어느 정도 탐구할 수도 있지만, 해결되기를 바라기는 요원한 문제이다. LHC의 에너지는 지구 상에서 만들어진 것 중에 가장 높고, 이 난해한 수수께끼 목록 가운데 다음에 설명할 몇 가지 커다란 수수께끼들을 다룰 수 있을 정도로 충분히 높지만, 양자 중력에 관련된 문제에 확실히 답하기에는 너무 낮다. 양자 중력의 문제를 해결하기 위해서는 양자 역학적인 효과와 중력의 효과가 모두 나타나는 극히 작은 길이를 연구해야 한다. 그 길이는 LHC의 에너지로는 도달할 수 없다. 만약 운이 좋아서, 우리가 곧 생각해 볼, 질량에 관한 문제에서 중력이 중요한 역할을 한다면, 이 문제에 대해 대답하기가 좀 더 수월해질 것이며, LHC가 중력과 공간 자체와 관련된 중요한 정보를 찾아낼 수도 있을 것이다. 그렇지 않다면 끈 이론을 포함해서 중력에 관한 어떤 양자 이론도 실험적으로 검증한다는 것은 아득히 먼 일이 될 것이다.

그러나 중력과 다른 힘들의 관계만이 아직 미해결인 채로 남아 있는 중요한 난제는 아니다. 우리가 이해하지 못하는 또 다른 중요한 빈자리는 — 바로 LHC가 해결하려고 하는 문제인데 — 기본 입자의 질량이 생겨나는 메커니즘이다. 우리는 질량이란, 입자가 원래 가지고 있는 그 자체의 성질이며, 원래 주어진 어떤 것이라고 생각하는 경향이 있다. 그래서 이 '질량이 생겨나는 메커니즘' 같은 말이 아주 이상하게 들릴 것이다. (물론 여러분이 내 첫 번째 책을 읽지 않았다면 말이다.)

그리고 어떤 의미에서 이 말은 맞다. 질량은 전하나 상호 작용처럼 입자를 정의하는 성질이다. 입자는 언제나 0이 아닌 에너지를 가지는데, 질량은 0이 될 수도 있는 고유의 성질이다. 아인슈타인의 주요한 통찰 중 하나는 입자의 질량값은 그 입자가 멈춰 있을 때 얼마만큼의 에너지를 가지고 있는지를 말해 준다는 것이었다. 그러나 입자의 질량이 항상 0이 아닌 값을 가지는 것은 아니다. 빛처럼 질량이 0인 입자가 있다. 그런데 이런 입자는 결코 정지하지 못한다.

그런데 입자가 가지고 있는 고유 성질인 질량은 거대한 수수께끼이다. 쿼크와 렙톤뿐만 아니라, 약한 핵력을 전달하는 약한 핵력 게이지 보손도 0이 아닌 질량을 가진다. 실험 물리학자들은 그 질량을 측정했다. 그런데 가장 간단한 물리 규칙에 따르면 그 질량은 있을 수 없다. 다만 이 질량이 있다고 가정하면 표준 모형의 예측은 잘 맞는다. 그러나 애초에 이 질량이 어디서 왔는지는 모른다. 질량이 그냥 있다고 하면 가장 간단한 물리 규칙이 적용되지 않는다는 게 명백하므로, 우리는 여기에서 무언가 더 미묘한 것이 작용하고 있다고 추측할 수 있다.

입자 물리학자들은 초기 우주에서 아주 극적인 사건이 일어나 질량이 생겼다고 믿는다. 이것을 보통 **힉스 메커니즘(Higgs mechanism)**이라고 부른다. 힉스 메커니즘이라는 이름은 질량이 생겨나는 방법을 처음 제안한 사람 중 하나인 스코틀랜드 출신의 물리학자 피터 웨어 힉스(Peter Ware Higgs, 1929년~)의 이름을 딴 것이다. 그런데 최소한 여섯 명의 물리학자가 비슷한 생각을 했기 때문에 앙글레르-브라우-힉스-구랄니크-하겐-키블 메커니즘(Englert-Brout-Higgs-Guralnik-Hagen-Kibble mechanism)이라고 부르기도 한다. 여러분은 혹시 이런 이름을 들어봤는지 모르겠다.[36] 뭐라고 부르건 간에, 이 개념은 액체인 물이 기체인 수증기로 변하는 것과 같은 어떤 상전이 현상이 일어나서 우주의 성질이 실제로 변했음을 말해 준다. 처음에 입자들은 질량을 갖지 않고 빛의 속도로 팽팽 날아다녔는데, 나중에, 즉 소위 힉스 장과 관련된 상전이가 일어난 뒤에는 입자들이 질량을 가지게 되었고 천천히 움직이게 되었다. 힉스 메커니즘은 입자들이 어떻게 힉스 장이 없을 때에는 질량이 0이었다가 이제는 실험적으로 측정되는 0이 아닌 질량을 가지게 되었는지를 설명한다.

입자 물리학자들이 옳고, 우주에 힉스 메커니즘이 작용한다면, LHC는 우주의 역사 속에 감춰진 비밀 하나를 누설하는 증거가 되는 신호를 찾아낼 것이다. 가장 간단한 형태의 힉스 메커니즘이 일어났음을 보여 줄 증거는, 그 역시 같은 사람의 이름을 딴 **힉스 보손(Higgs boson)**이라는 입자이다. 힉스 메커니즘이 작용하는 보다 복잡한 물리학 이론에서는 힉스 보손이 비슷한 질량을 가지는 다른 입자와 같이 존재할 수도 있고, 힉스 입자 대신 전혀 다른 입자들이 잔뜩 나타날 수도 있다.

힉스 메커니즘이 LHC에서 구체적으로 어떻게 구현될지 하는 문제와는 별도로, LHC는 무언가 흥미로운 것들을 만들어 낼 것이다. 그것은 힉스 보손일 수도 있고, 뒤에 논의할 '테크니컬러' 입자와 같이 더 이상한 이론의 증거일 수도 있다. 혹은 전혀 예상하지 못한 무엇일 수도 있다. 모든 일이 계획대로 진행된다면, LHC 실험은 힉스 메커니즘이 작동했는지 아닌지 알아낼 것이다. 무엇이 발견되든 간에 그 발견은 입자가 질량을 획득하는 과정에 대한 흥미로운 무언가를 알려줄 것이다.

물질의 가장 기본적인 구성 요소와 그 상호 작용을 기술하는 입자 물리학의 표준 모형은 훌륭하게 작동한다. 표준 모형의 예측은 높은 수준의 정밀도로 수없이 확인되었다. 이 힉스 입자는 표준 모형이라는 퍼즐의 마지막 남은 조각이다.[37] 지금 우리는 입자가 질량을 가졌다고 가정한다. 그러나 힉스 메커니즘을 이해하고 나면, 그 질량이 어떻게 생겨났는지 알게 될 것이다. 16장에서 더 자세히 탐구해 볼 힉스 메커니즘은 질량을 더 잘 이해하는 데 필수적이다.

LHC가 해결해야 할 또 다른 수수께끼가 있다. 이것은 더 어렵고 더 중요한 것일지도 모른다. LHC에서 이뤄질 실험은 **입자 물리학의 계층성 문제**(hierarchy problem of particle physics)라고 알려진 문제에 빛을 비춰 주게 될 것이다. 힉스 메커니즘은 왜 기본 입자가 질량을 가지는지를 설명한다. 계층성 문제는 그 질량이 왜 그 값인지를 묻는다.

입자 물리학자들은 질량이 우주 전체에 퍼져 있는, 힉스 장을 통해 생긴다고 믿으며, 또한 질량이 없는 입자가 질량을 가지게 되는 그 어떤 변화가 일어나는 에너지를 안다고 확신하고 있다. 이것은 우리가 알고 있는 힉스 메커니즘이 약한 핵력의 세기와 질량이 생기는 에너지에 따라 결정되는 방식으로 입자에 질량을 부여하기 때문이다.

기묘한 것은, 상전이 에너지를 우리가 현재 가진 기초 이론으로는 진짜로 이해할 수 없다는 것이다. 양자 역학과 특수 상대성 이론을 함께 고려하면, 이 상전이를 통해 입자가 가지게 될 질량을 계산할 수 있는데, 그 값은 측정된 것보다 어마어마하게 크다. 보충적인 이론을 추가하지 않고 양자 역학과 특수 상대성 이론에 기초한 계산에 따르면, 질량은 실제 관측값보다 무지막지하게 커져서 약 1경(10^{16}) 배가 된다. 우리가 가진 기초 이론은 물리학자들이 뻔뻔스럽게도 '미세 조정(fine-tuning)'이라고 부르는 엄청난 임시변통의 눈가림 덕분에 간신히 성립되고 있는 셈이다.

입자 물리학의 계층성 문제는 물질을 근본적으로 기술하는 데 있어 최대의 난제이다. 우리는 입자들의 질량이 예상과 왜 그렇게 다른지를 알고 싶다. 양자 역학적 계산에 따르면 질량들은 지금의 질량을 결정하는 **약한 핵력의 에너지 스케일**보다 훨씬 커야 한다. 우리가 가진 가장 간단한 표준 모형으로는 약한 핵력의 에너지 스케일을 이해할 수 없다는 사실은 완전한 이론으로 가는 길을 가로막는 심각한 장애물이다.

더 흥미롭고 교묘한 이론이 있어 이것이 우리가 현재 가진 가장 단순한 모형을 포함하고 있을지도 모른다. 가능성이 없는 것은 아니다. 우리 물리학자들의 관점에서 보자면 이 가능성이 자연이 미세 조정되어 있다는 이론을 믿는 것보다 더 받아들일 만하다. 계층성 문제를 해결할 이론이 무엇인가 하는 문제는 확실히 어려운 과제이지만, LHC가 이 문제에 빛을 비춰 줄 가능성은 높다. 양자 역학과 상대성 이론은 질량뿐만 아니라 새로운 현상이 나타나야 하는 에너지도 정해 준다. 그 에너지 스케일은 바로 LHC가 앞으로 탐색할 에너지 영역이기도 하다.

우리는 LHC의 실험을 바탕으로 더욱 흥미로운 이론이 등장할 것이라고 기대하고 있다. 질량에 얽힌 수수께끼를 설명해 줄 이 이론은 새로운 입자와 힘, 혹은 대칭성이 발견되면 그 윤곽이 드러날 것이다. 이것이 LHC 실험이 밝혀 주었으면 하고 바라는 커다란 비밀 중 하나이다.

주어질 해답 자체도 흥미롭다. 그러나 거기서 끝나지 않을 것이다. 그 해답은 자연의 다른 측면에 대한 깊은 통찰로 이어지는 열쇠가 될 것이다. 해결책으로 제안된 가장 그럴듯한 가설 두 가지가 있는데, 그 두 가지란 시공간의 대칭성이 확장되어야 하느냐, 우리가 가진 공간 개념 자체가 수정되어야 하느냐 하는 것이다.

17장에서 자세히 설명할 시나리오에 따르면, 공간은 지금 우리가 알고 있는 전후, 좌우, 상하의 3차원 말고도 여러 개의 차원을 더 포함하고 있어야 한다. 특히, 입자의 성질과 질량을 이해할 수 있게 해 주는 열쇠를 쥐고 있는, 전혀 보이지 않는 차원이 있을 수 있다. 그렇다면 LHC는 그 숨겨진 차원의 증거를 모든 차원의 시공간을 넘나드는 **칼루차-클라인 입자**(Kaluza-Klein particle)라는 입자의 형태로 내놓을 것이다.

어떤 이론이 계층성 문제를 해결한다고 해도, 그 이론은 반드시 약한 핵력의 에너지 스케일에서 실험적으로 얻을 수 있는 증거를 제시해야 한다. 우리가 LHC에서 발견하는 것은, 그것이 무엇이건 간에, 일련의 이론적, 논리적 연결 고리를 거쳐 이 문제의 궁극적인 해답과 연결될 것이다. 그 해답은 우리가 예상한 것일 수도 있고 전연 생각지 못한 것일 수도 있다. 하지만 어느 쪽이든 멋진 것임에 틀림없다.

암흑 물질

입자 물리학의 문제들 말고도 LHC는 우주에 존재하는 **암흑 물질**의 본질을 설명하는 데에도 도움을 줄 것이다. 암흑 물질은 중력의 영향은 받지만 빛을 흡수하지도 방출하지도 않는 물질이다. 우리가 보는 모든 것들, 지구, 여러분이 앉아 있는 의자, 여러분이 키우는 잉꼬새 등은 빛과 상호 작용하는 표준 모형의 입자로 이루어져 있다. 그러나 빛과 상호 작용하거나 우리가 알고 있는 상호 작용을 하는 물질은 우주 에너지 밀도의 4퍼센트 정도에 불과하다. 우주 에너지의 약 23퍼센트는 그 정체가 밝혀지지 않은 암흑 물질이 가지고 있다.

암흑 물질도 분명 물질이다. 다시 말해 중력의 영향으로 서로 뭉치며, 그에 따라 (보통 물질과 함께) 우주의 구조에, 예를 들면 은하 등에 영향을 미친다. 그러나 우리를 이루는 물질이나 하늘의 별들처럼 우리에게 익숙한 물질과는 달리 빛을 발하거나 흡수하지 않는다. 우리는 일반적으로 물질이 방출하거나 흡수하는 빛을 통해서 사물을 보기 때문에 암흑 물질을 '보기'는 어렵다.

사실 '암흑 물질'이라는 용어는 잘못된 이름이다. 엄밀하게 말해 암흑 물질이라고 일컫는 물질이 검은 것은 아니기 때문이다. 검은 물질은 빛을 흡수한다. 확실히 우리는 빛을 흡수하는 검은 물질을 볼 수 있다. 반면 암흑 물질은 어떤 종류의 빛과도 상호 작용을 하지 않는다. 어떤 방법으로든 아예 하지 않는다. 전문 용어를 쓰자면 '암흑' 물질은 '투명'하다. 하지만 이 책에서는 널리 쓰이는 용어를 써서, 이 무어라 말하기 어려운 물질을 그냥 암흑 물질이라고 부르겠다.

그 중력 효과 때문에 우리는 암흑 물질이 존재한다는 것을 안다. 하지만 직접 보지 못하기 때문에 그 정체를 알지 못하고 있다. 암흑 물질은 수많은 작은 기본 입자로 만들어져 있을까? 그렇다면 그 입자의 질량은 얼마이고 그 입자들은 어떻게 상호 작용할까?

그러나 곧 많은 것을 알게 될 것 같다. 놀랍게도 LHC는 암흑 물질일지도 모르는 입자를 만들어 낼 수 있는 바로 그 에너지를 구현해 내기 때문이다. 핵심적인 기준은 우주에 존재하는 암흑 물질의 양이 지금 관측되는 중력 효과를 얻을 만큼과 딱 맞아야 한다는 것이다. 즉 우주론 모형에 따라 오늘날까지 남아 있을 것으로 추정되는 우주의 축적 에너지 양인 **잔존 밀도(relic density)**가 측정된 값과 일치해야 한다. 놀라운 사실은, 질량이 (다시 한번 $E=mc^2$에 따라) 약한 핵력의 에너지 스케일에 해당하고, 상호 작용도 그 정도의 에너지를 가진 입자와 하는 안정된 상태의 입자(안정된 입자란 다른 입자로 붕괴하지 않는 입자를 말한다. — 옮긴이)가 존재한다고 가정하면, 잔존 밀도의 값이 그것을 암흑 물질이라고 하기에 적절한 값이 된다는 것이다.

그러므로 LHC는 입자 물리학의 의문점뿐만 아니라, 저 바깥 우주에 무엇이 있는가, 이 모든 것이 어떻게 시작되었는가 같은 우주의 진화 과정과 관련된 문제들을 설명하고자 하는 우주론적 문제에 해결의 실마리를 제공한다.

기본 입자와 그 상호 작용에 대한 연구에서처럼 우리는 우주의 역사에 관해 많은 것을 알고 있다. 그러나 역시 입자 물리학에서처럼 중요한 문제들이 풀리지 않은 채 남아 있다. 이 난제들 중 주요한 것은 이런 것들이다. 암흑 물질이란 무엇인가? 그것보다도 더 알 수 없는 존재인 **암흑 에너지(dark energy)**란 또 무엇인가? 그리고 **우주 급팽창(cosmological inflation)**으로 알려진 초기 우주의 지수 함수적인 팽창기의 원인은 무엇인가?

지금은 이런 난제들을 해결해 줄지도 모르는 관측이 행해지는 특별한 시대이다. 암흑 물질 연구는 입자 물리학과 우주론이 겹쳐지는 현대 과학의 최전선에 해당한다. 암흑 물질과 보통 물질의 상호 작용은 지극히 약하기 때문에 중력의 효과 말고는 암흑 물질에 대한 어떤 증거도 아직 찾지 못하고 있다.

그러므로 현재의 암흑 물질 탐색은, 암흑 물질이 거의 보이지 않지만, 우리가 아는 물질과 약하게, 그렇다고 아예 찾기가 불가능하지는 않을 정도로 약하게 상호 작용한다는, 다소 논리 비약 같은 믿음에 근거해 이루어질 수밖에 없다. 이것은 희망적 관측만은 아니다. 이 생각은, LHC

가 탐구할 에너지 스케일에 대응하는 상호 작용을 하는 안정된 입자가 암흑 물질이 가져야 할 잔존 밀도 값을 가진다는 앞의 계산에 기초하고 있다. 그래서 물리학자들은 아직 암흑 물질을 확인하지는 못했지만, 가까운 미래에 암흑 물질을 검출할 수 있으리라는 희망을 가지는 것이다.

그러나 우주론에 관한 실험 대부분은 가속기에서 이뤄지지 않는다. 지구 표면과 우주 공간에서 이뤄지는 외우주 탐사 실험들이 우주론적 문제들의 답을 찾고 우리가 이해하는 것을 자세히 다루고 발전시키는 데 기본적인 역할을 하고 있다.

예를 들어 천체 물리학자들은 우주 공간으로 위성을 쏘아올려서, 먼지와 지구 표면이나 주변의 물리적, 화학적 과정에 방해받지 않는 환경에서 우주를 관측한다. 지상 망원경을 이용한 관측과 지상 실험 설비를 이용한 연구는 과학자들이 보다 직접적으로 통제할 수 있는 환경에서 이루어지며 통찰을 더해 준다. 우주 공간과 지상에서 진행되는 이 실험들은 우주가 지금과 같은 모습을 가지게 된 이유를 가르쳐 줄 것이다.

우리는 이 실험들 중 하나(21장에서 설명할 것이다.)에서 나온 결과가 충분히 강력한 도화선이 되어 암흑 물질의 수수께끼를 해명하게 되기를 바라고 있다. 이 실험들은 암흑 물질의 본질을 알려줄지도 모르고 그 상호 작용과 질량을 해명해 줄 수도 있다. 한편 이론가들은 암흑 물질을 설명할 수 있는 모형을 열심히 궁리하면서, 암흑 물질의 정체를 진짜로 밝혀낼 검출 전략을 짜내기 위해 노력하고 있다.

암흑 에너지

보통의 통상적인 물질과 암흑 물질만으로는 여전히 우주 전체의 에너지를 설명하지 못한다. 합쳐서 겨우 27퍼센트 정도를 구성할 뿐이다.

암흑 물질보다 더욱 신비한 것은 나머지 73퍼센트를 구성하는 암흑 에너지이다.

암흑 에너지를 발견한 것은 20세기 후반 물리학계를 뒤흔든 가장 심오한 경종이었다. 아직 모르는 것이 많기는 하지만, 우리는 이제 대폭발 이론과 우주가 지수 함수적으로 팽창하는 시기가 있었다는 급팽창 가설에 기초해서 우주의 진화를 이해하는 데 있어 놀라운 성공을 거두었다. 급팽창 가설을 포함한 대폭발 이론은 대폭발 시기부터 지금까지 잔존하며 하늘 전체에서 날아오는 우주 마이크로파 배경 복사를 관측한 결과는 물론이고 다른 여러 관측 결과들과도 잘 맞아 떨어졌다. 원래 우주는 무척 뜨겁고 밀도가 지극히 높은 불덩어리였다. 그러나 약 137억 년에 걸쳐서 점차 희박해지고 충분히 식어서, 오늘날에는 절대 온도로 겨우 2.7켈빈(켈빈(kelvin)은 절대 영도에서 시작하는 절대 온도의 단위이다. 섭씨 0도는 273.15켈빈이고 1켈빈의 간격은 섭씨 1도와 같으므로 2.7켈빈은 섭씨 -270.45도이다. — 옮긴이)밖에 안 되는 아주 차가운 복사로만 남아 있다. 우주가 팽창한다는 대폭발 이론의 다른 증거들은, 우주 초기에 만들어진 원자핵의 존재 비율을 자세히 연구한 결과와, 우주 팽창 자체를 관측한 자료에서 찾아볼 수 있다.

우주가 어떻게 진화했는가를 이해하기 위해 사용하는 방정식은 아인슈타인이 20세기 초에 밝혀낸 방정식이다. 이 방정식은 물질, 혹은 에너지 분포로부터 중력장을 계산해 낸다. 이 방정식은 지구와 태양 사이의 중력장에도 적용되지만, 동시에 우주 전체에도 적용된다. 어떤 것에 적용하든 이 방정식의 결과를 유도하기 위해서는 우리 주변의 물질과 에너지를 알아야 한다.

그래서 우리는 우주를 특징짓는 양들을 측정했다. 그런데 그 결과 충격적인 결론이 나왔다. 그 측정값들을 설명하려면 물질과 상관없는 새로운 형태의 에너지가 존재해야 한다는 결론이 나온 것이다. 이 에너지는 입자나 다른 어떤 것이 가지고 있지 않으며, 보통 물질들처럼 뭉쳐 있지도 않다. 이 에너지는 우주가 팽창하면서 희박해지는 것이 아니라 일정한 밀도를 유지한다. 물질이 없어도 우주 전체에 존재하는 이 정체 모를 에너지 때문에 우주의 팽창은 서서히 가속되고 있다. 게다가 이 에너지는 우주에서 물질이 없는 곳에도 보편적으로 존재한다.

1930년대에 알베르트 아인슈타인은 원래 이런 형태의 에너지가 존재할지도 모른다는 아이디어를 제안한 적이 있다. 그는 이것을 **보편 상수**(universal constant)라고 불렀다. 이 상수를 나중에 물리학자들은 **우주 상수**(cosmological constant)라고 부르게 되었다. 그러나 아인슈타인은 얼마 지나지 않아 우주 상수는 잘못된 것이라고 자신의 제안을 철회했다. 우주 상수를 도입한 것은 우주가 정적인 이유를 설명하기 위해서였는데, 우주가 정적이라는 생각이 잘못된 것으로 밝혀졌기 때문이다. 아인슈타인이 우주 상수를 제안한 직후에 에드윈 파웰 허블(Edwin Powell Hubble, 1889~1953년)이 발견한 바와 같이, 사실 우주는 팽창하고 있었다. 정말로 팽창할 뿐만 아니라 1930년대에 아인슈타인이 도입했다가 금방 철회했던 기묘한 형태의 에너지 때문에 현재 점점 더 빠르게 팽창하고 있는 것 같다.

우리는 이 수수께끼의 암흑 에너지를 더 잘 이해하고 싶다. 이 에너지가 아인슈타인이 처음에 제안한 것처럼 우주 전체에 깔려 있는 배경 에너지 같은 것인지, 시간에 따라 변하는 새로운 형태의 에너지인지를 결정할 수 있는 관측과 실험 등이 계획되고 있다. 어쩌면 이 에너지는 어떻게 다뤄야 할지조차 알 수 없을 정도로 완전히 새로운 무엇일지도 모른다.

그 밖의 우주론적 연구들

지금까지 소개한 연구들도 중요한 것들이다. 하지만 현재 진행되고 있는 수많은 연구들 중 몇 가지 사례일 뿐이다. 지금까지 설명한 것을 포함해 수많은 우주 관련 연구가 진행되고 있다. 중력파 검출기는 블랙홀들이 합쳐질 때 나오는 중력파뿐만 아니라 많은 양의 물질과 에너지를 수반하는 흥미로운 현상들을 탐색할 것이다. 우주 마이크로파 배경 복사 관측 실험은 급팽창과 관련해 더 많은 것을 밝혀낼 것이다. 우주선(cosmic ray) 연구는 우주의 구성 요소와 관련된 더 자세한 정보를 제공할 것이다. 적외선 검출기가 하늘에서 지금까지 보지 못한 새로운 천체들을 찾아낼지도 모른다.

경우에 따라서는 관측 결과를 충분히 이해해서 그 결과의 근원이 되는 물질의 성질과 물리 법칙과 관련해서 어떤 의미를 가진 것인지 알게 될 수도 있다. 아니면 그 의미를 밝혀내는 데 많은 시간이 걸릴지도 모른다. 어떤 경우가 되든 이론과 데이터를 함께 활용함으로써 우리는 우리 우주를 더 심오하게 해석하게 될 것이고, 아직은 접근하지도 못하는 영역에 대해 더 많이 알게 될 것이다.

어떤 실험은 곧 결과가 나올지도 모른다. 어떤 실험은 여러 해가 걸릴 수도 있다. 데이터가 나오면 이론가들은 기존에 제시된 설명을 재검토하거나, 심지어 포기해야 할지도 모른다. 이 과정을 통해 우리의 이론은 개선되고 올바르게 적용될 것이다. 그렇다고 실망할 필요는 없다. 그것은 그렇게 나쁜 일이 아니다. 실험 결과는 우리의 탐색을 이끌어 주고 발전시켜 줄 것이다. 우리가 해결하고 싶어 하는 문제들을 해결할 수 있도록 해 줄 실마리가 나오기를 우리는 간절히 바라고 있다. 새로운 결과 때문에 예전의 생각을 포기해야 할지라도 우리는 탐구를 멈추지 않을 것이다. 우리의 가설은 처음에는 이론적 정합성과 우아함을 갖추고 출발하지만, 이 책을 통해서 보게 되듯이, 궁극적으로 무엇이 옳은지를 결정하는 것은 완고한 믿음이 아니라 실험이다.

3부

기계 장치,
측정, 그리고
확률

8장

모든 것을 지배하는 하나의 링*

나는 위대한 사건이나 훌륭한 업적은 보통 저절로 드러난다고 보기 때문에 과장된 표현을 그리 좋아하지 않는다. 이렇게 꾸며 말하지 못하는 성질 때문에, 사람들이 최상급을 하도 과용해서 최상급 표현을 사용하지 않은 소박한 칭찬이 비난으로 종종 오해되기 십상인 미국에서는 곤혹스러운 일을 여러 차례 당하기도 했다. 불필요한 오해를 부르지 않도록 강조하는 말을 할 때에는 거기 어울리는 전문 용어나 수사를 덧붙이라는 충고를 자주 들을 정도이다. 그런데 이런 나조차 LHC에 대해서

* 이 구절은 Ring이 반지와 원형 가속기 두 가지 뜻으로 읽힐 수 있다는 데 착안한 저자가 J. R. R. 톨킨의 『반지의 제왕』에 나오는 유명한 구절을 차용한 것이다. — 옮긴이

는 의문의 여지 없는 엄청난 업적이라고 단언할 수밖에 없다. LHC는 이루 말할 수 없는 위용과 아름다움을 지녔다. 그 기술과 능력은 그야말로 압도적이다.

이번 8장에서는 이 놀라운 기계에 대해 알아볼 것이다. 다음 9장에서는 롤러코스터 같았던 건설 과정의 모험담을 이야기할 것이다. 그리고 10장부터는 LHC에서 만들어 낸 것을 기록하는 실험의 세계로 들어가 볼 것이다. 아무튼 우선 고에너지의 양성자를 분리해 내어 가속시키고 충돌시키는 기계 그 자체에 초점을 맞춘다. 이 기계는 새로운 내부 세계를 우리에게 보여 줄 것이다.

LHC: 대형 하드론 충돌기

나는 이전에도 여러 번 입자 충돌기와 검출기를 본 적이 있다. 그럼에도 불구하고 LHC를 처음 방문했을 때에는 그 위용에 압도되었고 경외감마저 느꼈다. 한마디로 스케일이 달랐다. 우리는 헬멧을 쓰고 LHC 터널로 걸어 내려가서, 나중에 ATLAS(A Toroidal LHC ApparatuS) 검출기가 설치될 거대한 지하 공동을 경유했고, 마지막으로 실험 설비가 있는 곳에 도착했다. 모든 시설이 아직 공사 중이었다. 그 말은 ATLAS 검출기가 가동될 때처럼 완전히 닫혀 있지 않아서 내부를 다 볼 수 있었다는 뜻이다.

내 마음속 과학자인 부분은 이 믿을 수 없을 정도로 정밀한 기술적 경이로움을 예술 작품으로 보는 것에 반발했지만, 카메라를 꺼내서 계속 셔터를 누르는 나를 억제하지는 못했다. 서로 교차하는 전선들과 그 색깔들, 그 복잡성과 통일성, 그리고 크기는 말로 형용하기 어려운 것이었다. 그 느낌은 그저 경외감, 장엄함 그 자체였다.

예술계에서 온 사람들도 비슷한 반응을 보였다. 세계적 미술품 수집가로 유명한 프란체스카 폰 합스부르크로트링겐(Francesca von Habsburg-Lothringen, 1958년~)은 이곳을 구경했을 때, 프로 사진가를 대동했는데, 그가 찍은 아름다운 사진들은 잡지 《배너티 페어(*Vanity Fair*)》에 실렸다. (《배너티 페어》 2009년 12월에 실린 사진가 토드 에버를(Todd Everle)의 사진을 말하는 것 같다. — 옮긴이) 밥 딜런의 아들이며 문화계에서 성장한 영화 감독 제시 딜런(Jesse Dylan, 1966년~) 역시 LHC를 처음 방문했을 때, LHC를 놀라운 예술 프로젝트로, 즉 다른 사람들과 나누고 싶은 아름다움의 궁극적 성취라고 보았다. 제시는 그 웅장한 기계와 실험에 대해 그가 느낀 바를 세상에 전하기 위해 LHC 관련 비디오를 제작했다.

배우이자 열광적인 과학 팬인 앨런 앨더(Alan Alda, 1936년~)는 LHC 토론회에서 사회를 보면서, LHC를 고대 세계의 불가사의 중 하나에 비유했다. 물리학자 데이비드 그로스는 LHC를 피라미드에 비교했다. 페이팔의 공동 창업자이면서, 테슬라 모터스(전기 자동차를 만드는 회사)를 운영하고, 스페이스 X(우주 정거장에 기계와 물자를 나르는 로켓을 만드는 곳)를 경영하는, 공학자이자 사업가인 일론 머스크(Elon Musk, 1971년~)는 LHC에 대해 "틀림없이 인류가 거둔 가장 위대한 성취 중 하나."라고 말했다.

나는 모든 분야의 사람들로부터 저런 말을 들었다. 인터넷, 고성능 자동차, 녹색 에너지, 우주 여행 같은 것들은 오늘날 가장 흥미롭고 활기 있는 응용 과학 분야이다. 하지만 나아가서 우주의 근본 법칙을 이해하려고 노력하는 것은 그 자체로 놀랍고 감동적인 종류의 일이다. 예술 애호가와 과학자는 똑같이 세상을 이해하고자 하며, 그 기원을 해독하려고 한다. 인류의 가장 위대한 성취가 무엇인지는 논쟁의 여지가 있을 것이다. 그러나 쉽게 접할 수 있는 세상 너머에 무엇이 존재하는가에 대해 숙고하고 연구하는 일이 우리가 할 수 있는 가장 훌륭한 일 중 하나라는 데 의문을 가지는 사람은 없을 것이다. 오직 인간만이 그런 일을 하려고 한다.

우리가 LHC에서 연구하려고 하는 충돌 현상은 대폭발 이후 1조분의 1밀리초 후에 일어났던 일들과 유사하다. 이것을 통해 우리는 극도로 짧은 거리에 관해서, 그리고 우주가 막 시작되었을 때 물질과 힘이 어떤 성질을 가졌는지에 관해서 알게 될 것이다. LHC는 1조분의 1의 다시 1만분의 1밀리미터 정도의, 믿을 수 없을 만큼 작은 크기에서 입자와 힘을 연구하는 '초'현미경이라고 생각할 수도 있다.

LHC는 이전에 존재했던 최고 출력의 충돌기인, 미국 일리노이 주 버테이비아에 있는 테바트론보다 최대 7배나 높은, 역사상 가장 높은 에너지로 입자를 충돌시켜서 이렇게 작은 세계를 탐구한다. 6장에서 설명했듯이 양자 역학과 물질파의 개념에 따르면 극히 짧은 거리를 연구하기 위해서는 이렇게 높은 에너지가 필수적이다. 그리고 에너지가 높아짐에 따라, 입자 빔의 세기도 테바트론보다 50배나 강해서 자연의 내부 작동 원리를 드러내 줄 희귀한 사건들을 발견할 가능성도 훨씬 높여 준다.

과장된 표현을 쓰고 싶지 않지만, LHC는 최상급으로만 묘사할 수 있는 세계이다. 단순히 크기만 한 것이 아니다. LHC는 지금까지 만들어진 가장 큰 기계이다. 단순히 차갑기만 한 것도 아니다. LHC의 초전도 자석을 가동하는 데 필요한 1.9켈빈이라는 온도(절대 영도보다 1.9도 높은 온도)는 우주에서 우리가 알고 있는 가장 차가운 영역이다. 심지어 우주 공간보다도 차갑다. 자기장 역시 단순히 강한 게 아니다. 초전도 쌍극자 자석이 만들어 내는 자기장은 지구 자기장보다 10만 배 더 강하며, 이것은 지금까지 공업 생산된 자석으로 만들어진 자기장 중에서 가장 강한 것이다.

극한적인 것은 여기서 끝이 아니다. 양성자 튜브 속의 진공 상태는 대기압의 10조분의 1기압이며, 지금까지 만들어진 인공 진공 가운데 가장 커다란 영역에 걸쳐 있는 완전한 진공이다. 충돌 에너지는 이 세상에서 만들어진 가장 큰 값이며, 이 에너지를 통해 우리는 우주의 시작에 가장 가까이 다가간 순간의 상호 작용을 연구할 수 있게 되었다.

LHC는 또한 엄청난 양의 에너지를 저장하고 있다. 자기장만 해도 TNT 몇 톤에 해당하는 에너지를 저장하고 있는데, 그 안에서 움직이는 빔은 그 10배에 이르는 에너지를 담고 있다. 이 에너지가 보통 상태에서는 물질의 극히 미세한 한 조각에 불과한, 10억분의 1그램밖에 안 되는 빔 속에 응축되어 있다. 기계가 가동되고 빔이 방출되면, 이 극도로 집중된 에너지는 길이 8미터, 지름 1미터가량의 흑연 복합재로 만들어진 실린더 속으로 쏟아져 들어간다. 이 실린더는 1,000톤의 콘크리트 안에 들어 있다.

LHC에서 요구되는 극한을 얻기 위해 과학자들과 공학자들은 기술적인 한계를 추구한다. 그런 것은 값싸게 얻을 수 있는 것이 아니므로, 비용 역시 최상급으로 들게 된다. LHC에 붙은 가격표는 90억 달러로서, 지금까지 만들어진 가장 비싼 기계이다. CERN이 이중 약 3분의 2를 담당했다. 20개 회원국이 각국 형편에 따라, 20퍼센트를 내는 독일부터 0.2퍼센트를 내는 불가리아까지 CERN의 예산을 분담한다. 나머지 약 3분의 1의 비용은 미국, 일본, 캐나다와 같은 비회원국이 맡았다. CERN은 국제적인 공동 연구로서 수행되는 LHC의 실험 자체에도 그 비용의 20퍼센트를 낸다. 나머지는 연구에 참여한 나라들과 연구 팀이 출자한다. 2008년에 LHC가 완성되었을 때, CMS와 ATLAS에서 일하는 미국 과학자는 1,000명이 넘었으며, 미국은 LHC 계획에 5억 3100만 달러를 냈다.

LHC의 시작

LHC를 보유하고 있는 CERN은 동시에 여러 프로그램을 운영하는 연구소이다. 그러나 CERN의 자원은 보통 하나의 주력 실험에 집중된다. 1980년대의 주력 프로그램은 입자 물리학의 표준 모형에서 핵심적인 역할을 하는 힘의 전달 입자를 발견한 $Sp\bar{p}S$ 충돌기 실험이었다.[38] 1983년에 $Sp\bar{p}S$에서 수행된 유명한 실험에서 약한 핵력을 전달하는 게이지 보손인 전기를 띤 W 보손 2개와 전기를 띠지 않은 Z 보손이 발견되었다. 이 입자들은 당시 발견되지 않았던 표준 모형의 핵심적인 구성요소였으며, 이 발견으로 가속기 계획을 이끌었던 카를로 루비아는 노벨상을 받았다.

$Sp\bar{p}S$가 가동되고 있었던 그때, 과학자들과 공학자들은 이미 전자와 그 반입자인 양전자를 충돌시켜서 약한 상호 작용과 표준 모형을 극히 세부까지 연구하기 위해, LEP라는 충돌기를 계획하고 있었다. 이 꿈은 1990년대에 결실을 맺었다. LEP에서 약한 핵력 게이지 보손 수백만 개가 연구되었고, 정밀한 측정을 통해 표준 모형의 물리적 상호 작용에 대한 지식을 엄청나게 많이 얻었다.

LEP는 둘레가 27킬로미터에 달하는 원형 충돌기였다. 전자와 양전자는 이 원형 궤도 안에서 가속되었다. 6장에서 살펴봤듯이, 원형 가속기는 전자처럼 가벼운 입자를 가속시키는 경우에는 비효율적일 수 있다. 전자가 원형 궤도를 따라 가속되면 광자를 방출해 에너지를 잃기 때문이다. 가속 에너지가 약 100기가전자볼트인 LEP에서 전자 빔은 한 바퀴 돌 때마다 에너지의 약 3퍼센트를 잃는다. 이것은 그리 큰 손실은 아니다. 하지만 이 터널에서 전자를 더 높은 에너지로 가속시키고자 한다면 한 바퀴 돌 때마다 생기는 에너지 손실이 축적되어 실험을 망칠 수 있다. 에너지를 10배 올리면 에너지 손실은 1만 배 커지는데, 그런 가속기는 너무 비효율적이라 소용이 없다.

따라서 LEP가 구상되던 단계부터 이미 사람들은 CERN의 다음번 주력 프로젝트에 관해 생각하고 있었다. 그것은 아마도 훨씬 더 높은 에너지에서 가동될 터였다. 만약 CERN이 더 높은 에너지로 가동되는 가속기를 건설하고자 한다면, 에너지 손실이 너무 큰 전자가 아니라 전자보다 훨씬 무겁고, 그래서 에너지 손실이 더 적은 양성자 빔을 사용하는 가속기를 건설해야 했다. LEP를 개발하고 있던 물리학자들과 공학자들은 이 가능성을 염두에 두고, 전자-양전자 가속기를 철거하면 새로 양

그림 24 LHC의 주변 모습. 지하의 터널은 흰색 선으로 표시되었고, 제네바 호와 쥐라 산맥이 배경에 보인다. (사진은 CERN의 사용 허가를 받았다.)

성자 가속기를 설치할 수 있도록, LEP 터널을 충분히 크게 건설했다.

마침내 25년이 지난 지금, 원래 LEP를 위해 파놓은 터널을 따라 양성자 빔이 달리게 되었다. (그림 24 참조) LHC는 완공 예정 일자도 몇 년 넘기고 예산 역시 약 20퍼센트 초과했다. 아쉬운 일이기는 하지만, LHC가 세상에서 가장 크고, 가장 국제적이고, 가장 비싸고, 가장 에너지가 높고, 가장 야심적인 실험이라는 것을 생각하면 이해할 수 없는 일은 아니다. 시나리오 작가이자 영화 감독인 감독인 제임스 로런스 브룩스(James Lawrence Brooks, 1940년~)는 가동 직후 LHC에서 사고가 났고 복구되었다는 말을 듣고 농담을 섞어 이렇게 말했다. "벽지를 바르는 데 대략 그 정도의 시간을 들이는 사람을 알아. 우주를 이해하는 일은 적어도 그보다는 더 짜릿한 일이지. 그럼 다시 그 너머에 예쁘고 큰 벽지가 있어."

원형 가속기 원정대

양성자는 우리 주변 어디에나 있다. 그러나 보통은 원자 속 원자핵에 붙잡혀 있고, 그 주위를 전자가 돌고 있다. 전자들과 떨어져 있는 양성자를 만나는 것은 쉬운 일이 아니다. 게다가 빔 안에 정렬해 있는 양성자를 일상에서 만나는 것은 더 어려운 일이다. LHC는 먼저 양성자를 전자와 분리한 다음 가속한다. 그리고 양성자를 조종해서 최후의 운명을 향해 이끈다. 이렇게 하는 과정에서 LHC의 수많은 극한 기술들이 총동원된다.

양성자 빔을 준비하는 첫 번째 단계는 수소 원자를 가열해서 전자를 떼어내고 그 원자핵인 양성자만 남기는 것이다. 자기장이 이 양성자들을 한군데로 몰아 빔으로 만든다. 그러면 LHC는 이 빔을 각각 분리된 영역에서 여러 단계에 걸쳐 가속한다. 양성자는 하나의 가속기에서 다른 가속기로 옮겨 갈 때마다 매번 에너지가 높아진다. 그리고 어느 순간에는 2개의 빔으로 나뉘어 충돌을 준비하게 된다.

첫 번째 가속 단계는 CERN의 선형 가속기 LINAC('라이낙'이라고 읽는다.)에서 이루어진다. LINAC에서는 직선으로 뻗어 있는 터널을 따라 주기적으로 변하는 전자기파가 양성자를 가속시킨다. 전자기파가 최대가 될 때의 전기장이 양성자를 밀어 준다. 가속된 양성자는 전기장에서 빠져나간다. 전기장이 다시 약해져도 양성자의 속도가 떨어지지 않는 것은 이것 때문이다. 이 양성자는 다음 전기장 영역이 최대가 될 때 그 영역 속으로 들어가 다시 힘을 받는다. 이런 식으로 양성자는 전기장이 최대가 되는 영역을 차례차례 지나가면서 반복적으로 가속된다. 이것은 그네에 탄 아이의 등을 밀어 더 높이 올라가게 해 주는 것과 같은 요령이다. 이런 식으로 전자기파를 이용해 양성자를 가속시켜서 에너지를 높인다. 그러나 첫 가속 단계에서 얻는 에너지는 작은 양에 불과하다.

다음 단계에서는 양성자가 일련의 원형 가속기들 속으로 들어가서 더욱 가속된다. 양성자를 가속기들 속으로 유도하는 역할은 자석이 만드는 자기장이 맡는다. 이 각각의 가속기들은 앞에서 말한 선형 가속기와 비슷하게 작동한다. 그러나 이 가속기들은 원형이기 때문에, 양성자는 원형 궤도를 수천 번 돌면서 반복해서 가속된다. 그에 따라 이 원형 가속기들은 많은 에너지를 양성자에게 전달한다.

이렇게 양성자를 LHC의 거대한 원형 궤도에 주입하기 전에 양성자를 가속하는 원형 가속기들을 톨킨의 『반지의 제왕』 1부 제목 '반지 원정대(The Fellowship of the Rings)'에 빗대 '원형 가속기 원정대'라고 할 수 있을 것이다. 이 단계를 물리학자들과 공학자들은 '원형 가속기 합동 이용' 단계라고 하는데, 먼저 양성자 싱크로트론 증폭기(Proton Synchrotron

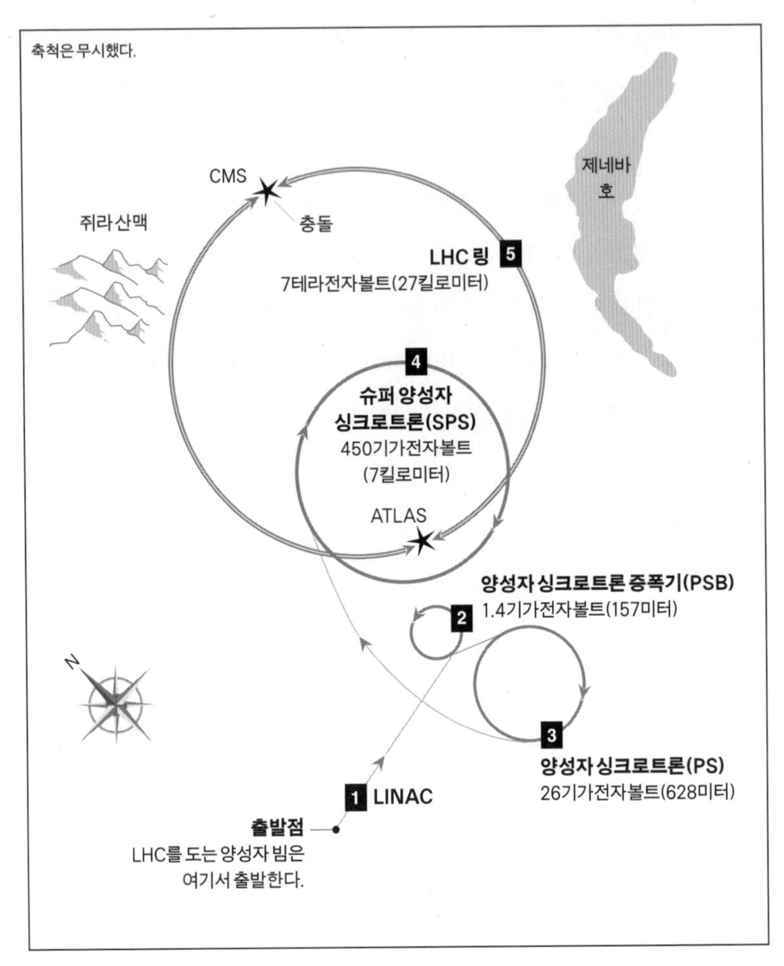

그림 25 LHC에서의 양성자 가속 경로. 원형 가속기 합동 이용에 사용되는 가속기들을 살펴볼 수 있다.

Booster, PSB)가 양성자를 1.4기가전자볼트로 가속시키고, 양성자 싱크로트론(Proton Synchrotron, PS)이 28기가전자볼트까지, 그리고 슈퍼 양성자 싱크로트론(Super Proton Synchrotron, SPS)이 이른바 LHC의 '주입 에너지'인 450기가전자볼트까지 양성자를 가속시킨다. (그림 25를 보면 양성자의 여행 경로와 원형 가속기 원정대의 면면을 볼 수 있다.) 이 에너지가 양성자가 마지막으로 가속되기 위해 27킬로미터 터널에 들어갈 때의 에너지이다.

이 여러 대의 원형 가속기들은 CERN이 이전에 추진했던 프로젝트들의 유산이다. 가장 오래된 양성자 싱크로트론은 2009년 11월에 50주년을 기념했고, 양성자 싱크로트론 증폭기는 1980년대 CERN의 지난번 주력 프로젝트였던 LEP에서 핵심적인 역할을 한 장치였다.

양성자가 SPS에서 나오면 20분간의 **주입 상태(injection phase)**가 시작된다. 이 단계에서 SPS에서 만들어진 450기가전자볼트의 양성자는 거대한 LHC 터널 안에서 최고 에너지까지 가속된다. 양성자는 두 갈래의 빔으로 나뉘게 되고, 이 두 빔은 둘레 27킬로미터의 지하 LHC 터널에 설치된 지름 7.5센티미터 정도의 가는 관을 통해 서로 반대 방향으로 달리게 된다.

1980년대에 건설되었고, 지금 양성자 빔이 최종적으로 가속되는 3.8미터 폭의 터널은 환하고 공기 조절이 잘 되고 있으며 편안히 걸어 다닐 수 있을 만큼 넓다. LHC가 한창 건설 중일 때 나는 거기 들어가 볼 기회가 있었다. 내가 터널 안을 거닐어 본 시간은 아주 짧았지만, 광속의 99.9999991퍼센트로 가속된 양성자가 가속기를 한 바퀴 도는 시간인 8900만분의 1초보다는 훨씬 길었다.

터널은 약 100미터 지하에 위치하는데, 정확한 깊이는 50~175미터이다. 지하 깊숙이 위치한 덕분에 방사선을 막을 수 있고, CERN이 터널 위치에 있는 모든 농장을 사들일(그리고 뒤엎을) 필요가 없었다. 그래도 LEP 실험을 위해 처음 터널이 건설되던 1980년대에는 재산권 문제로 터널 굴착 공사가 지연되기도 했다. 문제는 프랑스 쪽에서 토지 소유주들이 그들이 운영하는 농장의 지표면뿐만이 아니라 지구 중심에 이르기까지의 모든 영역에 대해 권리를 주장한다는 것이었다. 프랑스 당국이 「공익에 관한 선언(Déclaration d'Utilité Publique)」을 발표하고 공사 시행을 허가한 후에야 터널을 팔 수 있었다. 이 선언에 따라 지하의 바위와, 원리적으로는 그 아래 있는 마그마 역시 공공 재산이 되었다.

물리학자들은 터널의 깊이가 달라서 전체적으로 기울어진 것이 지질학적인 이유 때문인지, 혹은 방사선 차폐 효율성 문제 때문인지 논쟁하고는 했는데, 사실은 터널의 기울어짐은 두 가지 모두에 도움이 된다. 이 지역의 불균질한 지질 때문에 터널의 깊이와 위치가 제한을 받는다. CERN의 부지 아래 지역은 대부분 몰라세(molasse, 사암과 셰일로 이루어진 해성 쇄설성 퇴적암의 집합체)라고 불리는 퇴적암층으로 이루어져 있다. 하지만 하성 퇴적물이나 해성 퇴적물 아래에는 대개 자갈, 모래, 진흙을 포함한 지하수층이 있고, 그런 곳은 터널을 건설하기에 적합하지 않다. 그러나 터널을 비스듬하게 건설하면 단단한 암반만 통과하도록 터널을 건설할 수 있다. 또 CERN 한쪽에 펼쳐진 아름다운 쥐라 산맥의 발치를 지나가는 터널은 그 일부를 아예 깊지 않게 팠다. 덕분에 이곳의 수직갱을 통해 자재를 좀 더 쉽게 반입할 수 있었다. (그리고 건설 비용도 줄일 수 있었다.)

양성자의 가속이 최종적으로 이루어지는 이 터널의 전기장은 정확한 원형을 이루고 있지 않다. LHC는 커다란 호(弧) 8개와 700미터 길이의 직선 부분 8개가 번갈아 가면서 연결된 구조로 이루어져 있다. 호와 직선으로 이루어진 이 8개의 영역은 각각 독립적으로 온도를 올리고 낮출 수 있게 되어 있는데, 이것은 장비 설치 및 사용 그리고 수리 측면에서 아주 긴요하다. 터널에 주입된 양성자는 각 영역의 직선 구역에서 전자기파에 의해 가속된다. 이 가속 과정은 원형 가속기 합동 이용 단계에서 양성자를 가속했을 때와 같은 방식으로 이루어진다. 가속이 이루어지는 장치를 **라디오 주파수 공동**(radio-frequency cavity, RF 공동)이라고 한다. 이 RF 공동에서는 400메가헤르츠의 전자기파 신호가 사용되는데, 이것은 자동차 문을 원격으로 열 때 쓰는 주파수와 같다. 이 전자기파가 RF 공동 안에 들어온 양성자 뭉치(이것을 번치(bunch)라고 한다.)를 가속시키면, 양성자의 에너지는 4850억분의 1테라전자볼트만큼 올라간다. 이 정도면 얼마 안 되는 에너지 같다. 그러나 양성자는 LHC의 링을 1초에 1만 1000번 회전한다. 그러므로 양성자 빔을 주입 에너지인 450기가전자볼트에서 목표 에너지인 7테라전자볼트까지 약 15배로 증대시키는 데는 20분이면 충분하다. 그 과정에서 어떤 양성자는 충돌해서 없어지기도 하고 궤도에서 벗어나기도 한다. 그러나 대부분의 양성자는 한나절 정도 계속해서 돌게 된다. 최종적으로 빔은 다 소모되고 나면 땅속으로 버려지고 새로 주입된 빔으로 교체된다.

설계에 따르면 LHC의 링을 도는 양성자는 일정하게 분포되지 않는다. 양성자는 2,808개의 뭉치를 이루어서 돌고 있고 각각의 뭉치에는 약 1150억 개의 양성자가 들어 있다. 뭉치 하나는 10센티미터 길이에 1밀리미터 폭의 모양을 가지고 있고, 다음 뭉치와는 약 10미터 떨어져 있다. 이 간격 덕분에 각각의 뭉치를 따로 가속시킬 수 있다. 결국 이것은 가속에 도움이 된다. 게다가 양성자를 이렇게 묶어 놓으면 양성자 뭉치가 최소한 25~75나노초의 간격을 두고 상호 작용하게 된다는 효과도 덤으로 얻을 수 있다. 이 시간 간격은 각각의 뭉치가 충돌하는 것을 별개로 기록하기에 충분한 시간이다. 아주 많지만 빔 전체에 들어 있는 것보다는 적은 수의 양성자가 뭉치에 들어 있으므로, 동시에 일어나는 충돌 사건의 개수를 조정하기는 훨씬 쉽다. 어떤 순간에 충돌하게 되는 것이 빔 안의 양성자 전체가 아니라 뭉치이기 때문이다.

극저온의 쌍극자 자석

양성자를 고에너지로 가속하는 것은 정말 대단한 일이다. 그러나

LHC를 건설하는 과정에서 이룩된 가장 큰 기술적 성과는, 양성자가 가속기 링을 따라서 정확하게 회전하도록 강한 자기장을 생성해 내는 쌍극자 자석을 설계하고 만들어 낸 것이다. 이 쌍극자가 없으면 양성자는 직선을 따라갈 뿐이다. 높은 에너지를 가진 양성자가 가속기 안에서 회전하도록 조종하기 위해서는 엄청나게 강한 자기장이 필요하다.

이미 존재하는 터널의 크기 때문에, LHC의 공학자들이 극복하지 않으면 안 되었던 가장 중요한 기술적, 공학적 장애물은 가능한 한 강한 자석을 산업적인 규모로 만들어야 한다는 것이었다. 즉 대량 생산을 해야 한다는 것이었다. LEP가 물려준 터널 안에서 고에너지 양성자를 정해진 길을 따라 계속 회전시키려면 강한 자기장이 필요하다. 양성자의 에너지가 높아지면 높아질수록 양성자를 원형 궤도를 따라 정확하게 회전시키는 데 더 강한 자석, 더 큰 터널이 필요해진다. LHC의 경우에는 터널의 크기가 이미 결정되어 있었으므로, 그 터널 안에서 만들어 낼 수 있는 자기장의 세기가 가속기가 구현할 수 있는 최고 에너지를 좌우하게 되었다.

미국의 초전도 초대형 충돌기(Superconducting Super Collider, SSC)가 완성되었더라면, 그것은 둘레가 87킬로미터나 되는 훨씬 큰 터널(사실 일부 구간은 굴착 공사가 이루어지기도 했다.) 안에 설치되었을 것이고, 이 기계는 LHC의 목표 에너지의 거의 3배인 40테라전자볼트를 구현해 냈을 것이다. 이 막대한 목표 에너지는 이 장치를 처음 설계하고 계획할 때 기존의 터널의 크기가 주는 제약이나 그 크기에 맞춰 실현 불가능할 정도로 강한 자기장을 만들어야 한다는 조건을 고려할 필요가 없었기에 가능했다. 한편 유럽이 제안한 계획은 터널이 이미 있고, 과학, 공학, 물자 조달 측면에서 CERN이 갖춘 인프라가 이미 존재한다는 점에서 현실적으로 유리했다.

CERN 방문 시 나에게 가장 큰 인상을 주었던 물건은 LHC에 사용될 거대한 원통형 쌍극자의 시제품이었다. (그림 26의 단면도를 참조하라.) 길이가 15미터나 되고 무게는 30톤에 이르는 거대한 자석은 매우 인상적이었다. LHC에는 이런 자석이 1,232개나 설치되어 있다. 자석의 길이가 15미터인 것은 물리학적 이유를 고려한 것이 아니라, 상대적으로 좁은 LHC 터널과, 자석 운반 시 통과해야 하는 유럽의 도로를 고려한 것이었다. 자석 하나의 가격은 70만 유로에 달해서, 순전히 LHC 자석에 든 비용만 해도 10억 달러가 넘는다.

양성자 빔이 들어가는 빔 파이프는 쌍극자 자석 안을 지나서 끝과 끝이 연결되어 LHC의 터널을 따라 한 바퀴 돌게 된다. 쌍극자 자석이 만드는 자기장의 세기는 8.3테슬라까지 올라갈 수 있는데, 이것은 보통

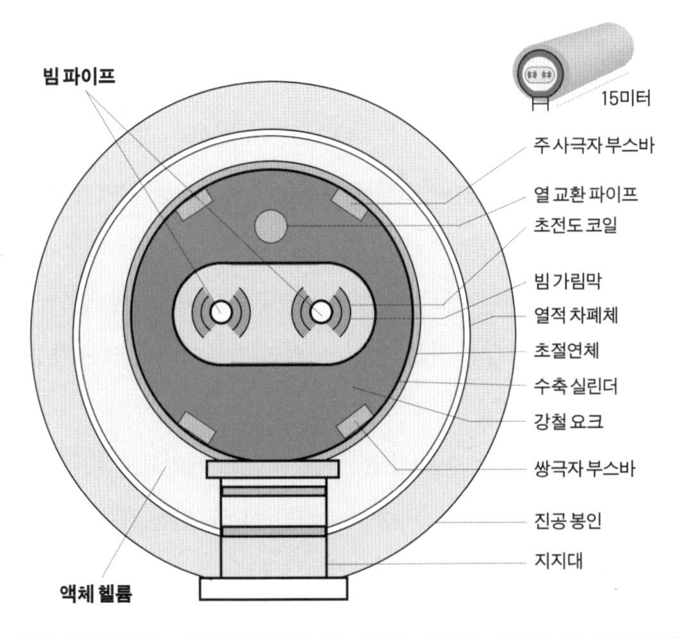

그림 26 저온 쌍극자 자석의 구조를 보여 주는 단면도. 양성자는 이런 자석 1,232개가 만드는 자기장에 따라 LHC의 링을 계속 회전하게 된다.

냉장고 자석보다 약 1,000배쯤 강한 자기장이다. 양성자 빔의 에너지가 450기가전자볼트에서 7테라전자볼트까지 올라감에 따라 에너지가 점점 높아지는 양성자의 궤도를 유지하도록 하기 위해 자기장의 세기 역시 0.54테슬라에서 8.3테슬라로 강해진다.

쌍극자 자석이 만드는 자기장은 너무 강해서 적절한 구속 장치를 부여하지 않으면, 자석 자체가 튕겨져 나갈 정도이다. 이 힘은 코일의 모양을 어떻게 하느냐에 따라 완화시킬 수도 있지만, LHC의 경우에는 특별하게 제조된 4센티미터 두께의 강철 요크를 이용해 자석의 위치를 고정시켜 놓고 있다.

LHC의 초강력 자석은 지금까지 축적된 초전도 기술의 성과물이기도 하다. LHC의 공학자들과 기술자들은 미국 일리노이 주 시카고 근처에 위치한 페르미 가속기 연구소의 테바트론, 독일 함부르크에 있는 DESY 가속기 센터의 전자-양전자 충돌기를 비롯해서 SSC에서 개발된 초전도 기술의 덕을 보았다.

일반 가정에서 사용하는 구리선 같은 보통의 전선은 전기 저항을 가지고 있다. 이 말은 구리선에서 전류가 흐를 때 에너지를 잃어버린다는 뜻이다. 반면 초전도 전선에서는 전기 저항이 0이기 때문에 전류는 방해받지 않고 흐르며 에너지도 소모되지 않는다. 초전도 전선으로 만든 코일은 아주 강한 자기장을 만들 수 있고, 일단 만들어지면 그 자기장은 그대로 유지된다.

LHC의 쌍극자 자석은 니오븀-티타늄 초전도 케이블로 된 코일로 만들어져 있는데, 그 케이블은 사람 머리카락보다도 훨씬 가는 6마이크로미터 굵기의 필라멘트를 꼬아 만든 것이다. LHC는 이 특수한 필라멘트를 1,200톤이나 사용한다. 선을 모두 풀어 놓으면 화성 궤도를 한 바퀴 감을 수 있을 정도이다.

초전도 현상은 온도가 충분히 낮을 때 일어나므로, 쌍극자 자석이 작동할 때에는 전선을 극히 차갑게 유지해야 한다. 이때 초전도 전선의 온도는 절대 온도로 1.9켈빈, 섭씨 온도로는 -271도쯤 된다. 이 온도는 우주 공간에 퍼져 있는 우주 마이크로파 배경 복사의 온도인 2.7켈빈보다도 낮다. LHC 터널 안에, 적어도 우리가 아는 한, 우주에서 가장 차가운 지역이 있는 것이다. 이렇게 LHC 자석은 극저온 상태에서 작동하기 때문에 특별히 **극저온 쌍극자**(cryodipole)라고 부른다.

자석에 사용된 인상적인 필라멘트 기술뿐만 아니라, 냉각 시스템도 최상급 표현이 어울리는 경이적인 업적이다. 이 냉각 시스템은 사실상 세계에서 가장 크다. 이 극저온 상태는 액체 헬륨이 유지시켜 준다. 대략 97톤의 액체 헬륨이 자석을 둘러싸서 케이블을 냉각시킨다. 이것은 보통의 기체 헬륨이 아니라, 적절한 압력이 가해져서 초유동 상태(superfluid phase)를 유지하고 있는 헬륨이다. 초유동 상태의 헬륨은 보통 물질처럼 점성을 가지지 않으므로, 쌍극자 시스템에서 발생하는 열을 아주 효율적으로 발산할 수 있다. 먼저 1만 톤의 액체 질소를 냉각시킨 다음, 이것을 가지고 쌍극자 내부를 순환하는 130톤의 헬륨을 냉각시키는 구조로 되어 있다.

LHC의 모든 설비와 장치가 지하에 있는 것은 아니다. 지상 건물에도 각종 장비와, 전자 장치, 그리고 냉각 설비를 갖춰져 있다. 보통의 냉각 장치가 헬륨을 4.5켈빈까지 냉각시키고, 그다음으로 압력을 낮추어 최종 냉각 과정이 진행된다. 이 과정은(준비 단계와 함께) 한 달 정도 걸리는데, 이것은 기계를 켜고 끄거나, 무언가를 수리할 때마다 다시 냉각시키는데 추가 시간이 많이 필요하다는 것을 의미한다.

만약 무엇인가 잘못되면 — 예를 들어 열이 아주 조금만 발생해도 온도가 올라갈 수 있기 때문에 — 시스템은 작동을 '멈춘다.' 즉 초전도 상태를 벗어나게 된다. 만약 에너지가 제대로 발산되지 않으면 자석에 저장된 모든 에너지가 갑자기 방출될 것이므로, 그런 작동 정지 사태는 대규모 재난으로 이어질 것이다. 그러므로 작동 정지를 감지하고, 방출되는 에너지를 적절하게 흩어 놓을 수 있는 특별한 시스템이 있어야 한다. 이 시스템은 초전도 상태와 일치하지 않는 전압 변화를 감지하는데, 만약 그런 변화가 감지되면 1초 내에 에너지를 시스템의 모든 곳에서 방출해 버린다. 결국 쌍극자는 더 이상 초전도 상태가 아니게 된다.

초전도 기술이 있다고 해도 자기장을 8.3테슬라까지 상승시키려면 막대한 전류가 필요하다. LHC에서 사용하는 전류는 거의 1만 2000암페어까지 올라가는데, 이것은 여러분 책상 위에 켜져 있는 전구에 흐르는 전류의 4만 배쯤 된다.

LHC 가동 시, 자석과 냉각 장치 등에서 어마어마한 양의 전기가 소비된다. 근처에 있는 제네바 같은 작은 도시가 쓰는 전체 전력과 비슷한 양이다. 과도한 에너지 소비를 피하기 위해 CERN에서는 가속기를 스위스의 전기료가 올라가는 겨울이 시작될 때까지만 가동한다. (2009년 스위치를 올릴 때는 예외였다.) 이런 정책 덕분에 LHC의 공학자들과 과학자들은 즐겁게 크리스마스 휴가를 넉넉히 즐길 수 있다. (2012~2013년 시즌에도 예외적으로 겨울에 가동을 계속했다. — 옮긴이)

진공 속에서 벌어지는 충돌

LHC에게 바쳐질 마지막 최상급 표현은 양성자가 돌고 있는 빔 파이프 안쪽의 진공 상태에 주어져야 할 것 같다. LHC의 시스템은 헬륨의 극저온 냉각 상태를 유지하기 위해 다른 물질을 가능한 한 배제하고 있다. 이것은 시스템 내부를 돌아다니는 여분의 분자가 열과 에너지를 전달할 수 있기 때문이다. 더 중요한 것은 양성자 빔이 지나는 영역이 진공 상태를 유지하도록 하는 것이다. 만약 공기가 조금이라도 들어가 있으면 양성자가 공기 분자와 충돌해서 양성자 빔의 원활한 순환이 방해를 받기 때문이다. 그러므로 빔 파이프 내부 압력을 극도로 낮게 유지해야 한다. 현재 LHC 빔 파이프의 내부 압력은 대기압의 10조분의 1이다. 이것은 고도 100만 미터 상공처럼 공기가 극히 희박한 곳의 압력이다. LHC의 경우 양성자 빔이 지나가는 공간을 진공으로 만들기 위해 9,000세제곱미터의 공기를 제거해야 했다.

이 어이없을 정도로 낮은 기압에도 불구하고 빔 파이프 속에는 가로, 세로, 높이가 각각 1센티미터인 공간에 약 300만 개의 공기 분자가 여전히 들어 있어서, 양성자가 가끔 공기 분자와 충돌해서 경로에서 벗어나기도 한다. 만약 이런 양성자가 너무 많아져 초전도 자석에 가서 충돌하는 양성자가 늘어나게 되면, 자석의 온도가 올라가 초전도 상태가 깨지게 되고 자석이 작동을 멈추게 된다. 경로에서 벗어난 양성자를 제거하기 위해 LHC에는 탄소 조준계(carbon collimator)가 사용된다. 구경 3밀리미터의 이 탄소 조준계는 빔 뭉치 바깥에서 떠도는 입자들을 제거해서 LHC 빔의 윤곽을 정리해 준다. 이 정도 구경이면 폭이 약 1밀리미터인 빔이 지나가기에 충분하다.

폭 1밀리미터의 뭉치 속에 든 양성자를 조종하는 일은 매우 교묘하다. 이 일에는 **사극자(quadrupole)**라는 다른 자석이 사용된다. 이 자석은 빔을 효과적으로 집속(集束)한다. LHC에는 392개의 사극자 자석이 사용되고 있다. 사극자 자석은 또한 두 양성자 빔이 원래 경로에서 벗어나게 해서 서로 충돌할 수 있도록 만든다.

양성자 빔의 충돌은 완전한 정면 충돌은 아니다. 두 빔은 1,000분의 1라디안 정도의 아주 작은 각도를 이루며 충돌한다. 이것은 각각의 빔에 있는 뭉치가 한 번에 하나씩만 충돌해서, 데이터가 너무 혼란스러워지지 않고, 빔이 원래대로 유지되도록 한 조치이다.

회전하고 있는 두 빔의 두 뭉치가 충돌하면, 한쪽 뭉치의 1000억 개의 양성자와 다른 쪽 뭉치의 1000억 개의 양성자가 마주친다. 사극자 자석은 여기에서도 아주 교묘한 업무를 수행한다. 충돌이 일어나야 하는 영역, 다시 말해 충돌 사건의 데이터를 기록할 수 있는 실험 장치가 있는 영역에 빔이 집중되도록 입자 뭉치를 집속시키는 어려운 역할도 한다. 이 위치에서 자석은 빔을 16마이크로미터라는 작은 크기로 압축한다. 뭉치 속 1000억 개의 양성자가 교차하는 다른 뭉치 속 1000억 개의 양성자 중 하나와 만날 확률을 높이려면 빔을 가능한 한 최대로 집속시켜야 하기 때문이다.

두 뭉치가 서로 충돌할 때 뭉치 속 양성자 대부분은 다른 쪽 뭉치의 양성자를 만나지 못한다. 양성자 하나는 지름이 100만분의 1나노미터에 불과하다. 그래서 양성자 1000억 개가 16마이크로미터로 압축된 뭉치라고 할지라도 뭉치가 교차할 때 충돌하는 양성자는 20개 정도밖에 되지 않는다.

사실 이것은 다행스러운 일이다. 너무 많은 충돌이 동시에 일어나면 데이터가 정말 혼란스러워질 것이다. 어떤 충돌에서 어떤 입자가 나왔는지 알 수가 없어지기 때문이다. 물론 충돌이 하나도 일어나지 않으면 그것 역시 곤란하다. LHC는 양성자 빔 뭉치가 교차할 때마다 최적 개수의 충돌 사건들이 확보될 수 있도록 양성자의 수를 이 정도로 하고 뭉치 크기를 이 정도로 하는 것이다.

양성자와 양성자의 충돌은 거의 순간적으로 이루어진다. 충돌 시간은 1초를 1 뒤에 0이 25개 붙은 숫자로 나눈 것보다도 작다. 따라서 양성자 충돌과 충돌 사이의 시간은 전적으로 양성자 뭉치가 얼마나 자주 교차하느냐에 달려 있다. 양성자 뭉치는 LHC가 최대로 가동될 때 25나노초에 한 번씩 교차한다. 빔은 1초에 1000만 번 이상 교차한다. 그렇게 빈번하게 충돌하기 때문에 LHC는 1초에 10억 번 이상 일어나는 충돌을 통해 어마어마한 양의 데이터를 만들어 낸다. 다행히도 뭉치가 교차하는 사건들 사이의 시간 간격은 컴퓨터가 다른 뭉치에서 나온 충돌과 혼동하지 않고 개별 충돌을 추적해서 기록할 만큼 충분히 길다.

결국 LHC에 등장하는 극한적인 숫자들은 충돌을 실험적으로 통제 가능한 범위 안에서 가능한 최대 에너지로, 가능한 많이 일으키는 데 필요한 것들이다. 대부분의 에너지는 회전하는 빔 안에 들어 있고 연구할 가치가 있는 양성자 충돌은 극히 드물게 일어난다. 양성자 빔은 막대한 에너지를 가지고 있지만, 뭉치 하나가 충돌하는 에너지는 날아가는 모기 몇 마리의 운동 에너지보다 조금 큰 정도이다. 하지만 이것은 양성자의 충돌이지 풋볼 선수나 자동차의 충돌이 아니다. LHC의 극한 기술들은 모두 다 실험가들이 연구할 수 있도록 기본 입자가 충돌하는 극단적으로 작은 영역에 에너지를 집중시키기 위한 것이다. 그리고 그 기술은 모두 다 기본 입자의 충돌에서 일어나는 사건을 실험가들이 추적할 수 있게 하는 데 총동원된다. 머지않아 숨겨져 있는 어떤 구성 요소가 이 추적 과정에서 발견될지도 모른다. 그리고 그 발견으로부터 물질과 공간의 성질에 대한 새로운 사실이 밝혀질지도 모른다. 우리 물리학자들은 LHC에 이런 기대를 걸고 있다.

9장

반지의 귀환

나는 1983년에 물리학과 대학원에 들어갔다. LHC 계획이 공식적으로 처음 제안된 것은 1984년이었다. 그래서 어떤 의미에서 나는 학문의 길을 걸어온 사반세기 동안 LHC의 가동을 기다린 셈이다. 오랜 기다림 끝에 동료들과 나는 마침내 LHC에서 나온 데이터를 보고 있다. 그곳에서 이루어지는 실험이 곧 질량과 에너지와 물질에 대한 새로운 통찰을 가져다줄 것이라 예감하고 있다.

현재 LHC는 입자 물리학자에게 가장 중요한 실험 장치이다. LHC가 가동을 시작함에 따라, 예상할 수 있는 것처럼 나와 동료 물리학자들의 열망과 흥분은 점점 더 커지고 있다. 세미나 룸에 들어가면 언제나 간밤에 무슨 일이 일어나지 않았는지 묻는 사람이 나온다. 충돌 에너지가 얼마나 된대? 빔에 양성자가 얼마나 많이 들어간대? 기계 설계나 실험 설계에 참여하지 않고 계산이나 하고 개념만 다루던 우리 이론가들은 그동안 우리가 추상적으로만 여겼던 일들이 구체화, 현실화되는 것을 보면서 그 모든 것을 세부 사항까지 자세히 이해하고 싶어 한다. 반대편 실험가들도 마찬가지이다. 실험가들도 우리 이론가들이 최근에 내놓은 가설들이 뭔지 열심히 들으려 하고 있다. 나로서는 처음 보는 모습이다. LHC에서 이제부터 그들이 찾아야 하는 것이 무엇인지, 어쩌면 발견하게 될지도 모르는 것이 무엇인지 그들 역시 알고 싶은 것이다.

2009년 12월에 열린 암흑 물질에 대한 학회에서조차 참가자들은 열심히 LHC에 대한 이야기를 했다. 당시는 LHC가 양성자를 가속시키고 충돌시키는 데 성공한 직후였다. 그때는 모두가 황홀해 했다. 1년 전 모든 사람들에게 절망을 안겨 준 사고 때문에 더 그랬던 것 같기도 했다. 실험가들은 자신들의 검출기를 더 잘 이해할 수 있게 해 줄 조사 데이터를 얻어서 안도했다. 이론가들은 너무 오래 기다리지 않아도 뭔가 대답을 얻을 수 있을 것이라는 생각에 기뻐했다. 모든 것이 믿을 수 없을 만큼 잘 돌아갔다. 빔은 순조롭게 돌아갔다. 충돌은 성공적으로 일어났다. 그리고 실험가들은 충돌 사건을 기록했다.

그러나 이 기념비적인 위업에 도달하기까지의 길은 평탄하지 않았다. 이번 9장에서는 그 이야기를 하려고 한다. 그러므로 안전 벨트를 꽉 매기 바란다. 상당히 험한 길이니까.

아주 작은 것을 연구하는 아주 큰 조직

CERN의 이야기는 LHC의 이야기보다 몇 십 년 앞서 시작된다. 제2차 세계 대전이 끝난 직후, 기본 입자 연구를 위한 실험을 주관할 가속기 연구소를 유럽에 건설하자는 구상이 처음 제안되었다. 당시 미국으로 이민을 간 이들이나, 프랑스, 이탈리아, 덴마크 등지에 남은 유럽의 물리학자들은 자신들의 고향 땅에서도 최첨단 과학이 부흥하는 것을 보고 싶어 했다. 미국으로 간 이들이나 유럽에 남은 이들 모두, 유럽이 단결해 공동 연구 시설을 만들고 유럽에서 과학 연구의 불씨를 되살린다면, 전쟁 직후의 정신적 황폐와 불신의 흔적을 치유할 수 있을 것이고, 과학자들이나 과학 자체에 좋은 영향을 줄 것이라는 데 뜻을 같이했다.

1950년 이탈리아 피렌체에서 열린 유네스코 회의에서 미국의 물리학자 이시도어 아이작 라비(Isidor Isaac Rabi, 1898~1988년)는 유럽의 과학 공동체를 재건할 연구소의 창설을 제안했다. 그런 조직을 창설하기 위해 1952년 유럽 원자핵 연구 평의회(Conseil Européen pour la Recherche Nucléaire, 이 프랑스 어 이름의 약칭이 CERN이다.)가 소집되었고, 1953년 7월 1일 유럽 12개국의 대표가 모여서 훗날 '유럽 원자핵 연구 기구(European Organization for Nuclear Research)'라고 불리게 될 연구소 설립을 결의했다. 다음 해 공식적으로 연구소 설립을 위한 국제 협정이 비준되었다. 준비 기구의 약칭이었던 CERN은 이때 벌써 연구소의 이름을 제대로 반영하지 못하게 되었다. 게다가 연구 대상도 원자핵이 아니라 그것보다 작은 기본 입자로 바뀌었다. 하지만 관료주의가 흔히 그렇듯, CERN이라는 명칭은 바뀌지 않고 그대로 남아서, 역사를 보여 주는 초기 유산이 되었다.

CERN의 시설은 심사숙고 끝에 유럽 한가운데, 제네바 근교, 스위스와 프랑스의 국경을 가로지르는 위치에 건설되었다. 야외 활동을 좋아하는 사람이라면, CERN 방문은 정말 멋진 일이 될 것이다. 주변에는 아름다운 농장 풍경이 펼쳐져 있고, 쥐라 산맥이 바로 가까이 있으며, 쉽게 갈 수 있는 거리에 알프스 산맥이 펼쳐져 있다. 스키나 등산이나 사이클링을 타기에 환경이 워낙 좋아서 CERN의 실험가들은 거의가 운동 선수들이다. CERN의 연구소 부지는 매우 넓어서, 운동하기 좋아하는 연구자들이 컨디션을 유지하기 위해 조깅을 하는 데 충분할 정도이다. 연구소 안의 길은 유명한 물리학자들의 이름을 따서 지어졌다. 그래서 연구소를 방문하면 퀴리의 길, 파울리의 길, 아인슈타인의 길을 지날 수 있다. 그러나 CERN의 건물들은 그것들이 건설되던 시대의 희생물이다. 당시는 지루한 국제주의 양식의 저층 건물이 지어지던 1950년대였고, 그 결과 CERN의 건물들은 긴 복도와 단조로운 사무실이 들어차 있는 소박한 것이 되었다. 이곳이 과학을 연구하는 곳이라는 것도 CERN의 건축에 한몫을 했다. 대부분의 대학에서 과학 관련 학과가 있는 건물을 보면, 대체로 캠퍼스에서 제일 못생긴 건물임을 알 수 있다. 이곳을 활기 넘치는 공간으로 만드는 것은 (주변 풍경과 함께) 여기서 일하는 사람들과 그들의 과학적, 공학적 목표와 성과이다.

CERN의 발전 과정과 현재의 연구소 운영 현황에서 핵심적인 역할을 한 것은 국제적인 공동 연구이다. CERN은 아마도 역사상 가장 성공적인 국제 사업일 것이다. 제2차 세계 대전이 끝나고 얼마 안 된 시점이었음에도 불구하고 , 얼마 전까지 분쟁을 벌였던 12개 나라에서 온 과학자들은 이 공동 사업을 위해 힘을 합쳤다.

만약 경쟁이 있었다면, 그것은 주로 미국과, 당시 급격히 발전하고 있던 미국의 과학적 노력에 대한 것이었다. CERN에서 W와 Z 게이지 보손을 발견하기 전까지 입자 물리학 분야에서 이루어진 새로운 발견은 거의 다 미국의 가속기에서 이루어졌다. 1982년 여름 페르미 연구소의 여름 학교에 학생으로 참가했을 때 나는 술 취한 영국 출신 물리학자가 페르미 연구소의 휴게실로 걸어 들어오면서 "어떻게든 그 빌어먹을 벡터 보손을 발견해서 미국의 독주를 박살내야 해."라고 소리치는 것을 본 적이 있다. 아마도 당시 많은 유럽 물리학자들도 같은 생각이었을 것이다. — 설득력은 좀 떨어지고 확실히 좀 천박한 말투였지만.

CERN의 과학자들은 진짜로 그 보손들을 발견했다. 그리고 이제 LHC를 가진 CERN은 의심할 수 없는 실험 입자 물리학의 중심지가 되었다. 그런데 이것은 LHC가 처음 제안되었을 때부터 결정되어 있던 것이 전혀 아니다. 1987년 레이건 대통령이 승인한 미국의 초전도 초대형 충돌기(SSC)는 거의 3배의 에너지를 구현해 냈을 것이다. 의회가 예산 지원을 계속 승인했다면 말이다. 클린턴 행정부는 처음에는 전임자가 시작한 사업을 지지하지 않았다. 하지만 이 연구 프로젝트에 무엇이 걸려 있는지를 윌리엄 제퍼슨 클린턴 대통령(William Jefferson Clinton, 1946년~)이 제대로 이해하게 되면서 상황은 바뀌었다. 1993년 6월, 클린턴은 이 프로젝트가 무산되는 것을 막기 위해 하원 예산 결산 위원회 의장인 윌리엄 휴스턴 내처(William Huston Natcher, 1909~1994년)에게 서한을 보내 이렇게 말했다. "저는 제가 SSC를 계속 지지한다는 점을 알려 드리고 싶습니다. …… 여기서 SSC를 취소하는 것은 아메리카 합중국이 기초 과학 분야에서 견지해 온 지도적 지위를 양보하는 꼴이 될 것입니다. 여러 세대에 걸쳐 의문의 여지가 없던 지위를 말입니다. 지금은 경제적으로 힘든 시기이지만, 우리 행정부는 이 사업을 과학 기술에 대한 광범위한 투자의 일부로서 계속 지지하고 있습니다. …… 저는 이 중요하고도 도전적인 노력에 대한 예산 결산 위원회의 지원과 지지를 요청하는 바입니다." 내가 2005년에 클린턴 전 대통령을 만났을 때, 그는 SSC라는 주제를 꺼냈고 이 사업 포기로 우리가 잃은 것이 무엇인지 물었다. 그 역시 인류가 귀중한 기회를 잃어버렸다고 생각하고 있었다.

의회가 SSC에 사망 선고를 내리던 시기에 아메리카 합중국의 납세자들은 1980년대 후반과 1990년대 초중반 사이에 일어난 저축 대부 조합 위기(Savings and Loan Crisis)를 수습하기 위해 약 1500억 달러를 지불하고 있었는데, 이것은 SSC에 들어갔을 비용인 약 100억 달러를 훨씬 상회하는 돈이었다. 비교하자면, 미국의 연간 적자는 미국인 한 사람당 터무니없게도 600달러에 달하며, 이라크 전쟁에 들어가는 돈은 한 사람당 2,000달러가 넘는다. SSC 프로젝트가 계속되었다면 지금쯤 고에너지에서 어떤 실험 결과를 얻었을 것이고, 심지어 앞으로 LHC가 달성하게 될 것보다 훨씬 높은 에너지가 구현되었을 것이다. 저축 대부 조합 위기가 끝나자, 이번에는 납세자들에게 훨씬 더 큰 부담을 준 2008년 금융 위기와 구제 금융 사태를 맞아야 했다.

LHC의 가격표에 적힌 90억 달러라는 돈은 SSC의 예산과 비슷하다. 이 돈은 유럽 인 한 사람당 15달러, 혹은 CERN에 있는 내 친구 루이스 알바레스고메(Luis Álvarez-Gaumé)의 말마따나, LHC가 건설되는 기간 동안 모든 유럽 인에게 1년에 맥주 한 잔씩을 사 줄 수 있는 돈에 해당한다. LHC에서 수행되고 있는 기초 과학 연구의 가치를 평가하는 일은 늘 어렵지만, 그 연구들은 전기 공학과 반도체 기술, 그리고 월드와이드웹 같은, 우리 생활에 중요한 영향을 끼친 모든 기술적, 공학적 발전에 자극을 주었다. 또한 기초 과학 연구는 기술적, 과학적 사고 방식에도 영감을 주어 그 사고 방식은 우리 경제의 온갖 국면으로 확산되고 있다. LHC가 실용적인 결과를 낼 것으로 기대하기는 어렵겠지만, 그곳에서 이루어질 과학 발전이 가진 잠재력을 그 누구도 부정하지는 못할 것이다. 나는 유럽 인들이 LHC에 들인 돈이 값어치를 하게 될 것이라고 생각한다. 그리고 모든 사람들이 여기에 동의하리라 생각한다.

장기적인 프로젝트는 신뢰, 헌신, 그리고 책임을 필요로 한다. 이런 것들을 미국에서는 찾아보기 점점 더 어려워지고 있다. 과거 미국의 미래 비전은 엄청난 과학적, 기술적 진보를 가져왔다. 그러나 지금 이런 식의 장기 프로젝트는 점점 더 드물어지고 있다. 이제 이런 프로젝트는 장기적 안목을 가진 유럽 공동체에 맡길 수밖에 없는 시대가 된 것은 아닌가 하는 생각이 들 정도이다. LHC는 그 구상이 처음 제안된 것이 사반세기 전이었고, 정식으로는 승인된 것도 1994년이었다. 이 야심만만한 계획은 이제 막 열매를 따려 하고 있다.

나아가서 CERN은 20개 CERN 회원국뿐만 아니라 53개의 비회원국들도 장비의 설계, 시설의 건설 및 기기의 시험 검사 등에 참여시킴으로써 국제적인 지지도 확산시켰다. 현재 85개국에서 온 과학자들이 CERN에 참여하고 있다. 미국은 공식 회원국은 아니지만, 어떤 나라보다 많은 미국인이 주요 실험에 참가하고 있다.

전부 해서 약 1만 명의 과학자들이 LHC 실험에 참여하고 있다. 이것은 전 세계 입자 물리학자의 절반쯤 되는 숫자이다. 그들 중 5분의 1은 CERN 근처에 살고 있는 전임 연구원이다. LHC 완공 이후, CERN의 중심 식당은 너무 붐벼서, 자기 식판으로 다른 물리학자를 건들지 않으면 음식을 주문할 수 없을 정도가 되었다. 식당을 새롭게 확장해야 해결될 문제이다.

워낙 많은 나라에서 사람들이 오기 때문에 CERN을 찾는 미국인은 식당과 연구실과 복도에서 여러 언어와 악센트가 뒤섞인 말소리를 듣고 충격을 받기 십상이다. 미국인들은 또 곳곳에 담배와 시거와 와인과 맥주가 놓여 있는 것을 보고, 고향에 있지 않음을 실감할 것이다. 여름 동안 CERN에서 일했던 내 학생이 CERN 식당 음식의 뛰어난 맛과 양을 언급한 적이 있다. 그러나 더 세련된 미각을 지닌 유럽 인들은 이런 평가에 고개를 갸웃거릴 것이다.

CERN에는 다양한 직종에 종사하는 피고용자들과 방문자들이 있다. 그들은 기술직 직원, 관리직 직원이 있을 뿐만 아니라, 실험에 실제로 참가하는 물리학자들도 있고 이론 부서에서 일하는 100명이 넘는 이론 물리학자들도 있다. CERN은 계층 구조로 되어 있는데, 최고 임원들과 평의회가 중요한 전략적 결정을 포함해 모든 정책 문제를 책임진다. 연구소 소장은 총괄 관리자(director general, DG)라는 거창한 이름으로 불리는데, 그 아래에는 수많은 관리자(director)들이 있어 그렇게 불릴 뿐이다. CERN의 평의회는 사업을 입안하고 일정을 정하는 등 중요한 전략적 판단을 수행하는 결정 기관이다. 평의회에서 다루는 안건은 자문 기관인 과학 정책 위원회(Scientific Policy Committee)에 먼저 제출되어 어떤 과학적 가치를 가지고 있는지 검토를 받는다.

수천 명이 참가하는 거대한 실험 팀 역시 나름의 조직 구조를 가진다. 검출기의 어떤 부분을 담당하느냐, 어떤 유형의 분석을 하느냐에 따라 일이 나뉜다. 한 대학의 연구 그룹이 실험 장치의 특정 부분을 맡기도 하고, 다른 그룹은 특정 형태의 이론적 해석을 맡기도 한다. CERN의 이론가들은 실험가들보다 좀 더 자유롭게 자신의 관심사를 연구한다. 때때로 CERN의 실험과 직접 관련된 연구를 수행하기도 하지만, 대부분의 이론가들은 곧바로 검증되기 어렵고 보다 추상적인 아이디어에 관해 연구한다.

그럼에도 불구하고 CERN과 전 세계의 입자 물리학자들은 모두 다 LHC에 지대한 관심을 가지고 있다. 그들의 미래 연구와 입자 물리학 분야의 미래가 향후 10년과 20년 사이 LHC가 성공적으로 운영되고 그곳에서 새로운 것을 발견하는 데 달려 있음을 잘 알고 있기 때문이다. 그들은 이것이 어려운 과제임을 잘 알고 있다. 또한 이 사업에서 '최상급'의 결과가 나올 것으로 강하게 확신하고 있다.

LHC의 짧은 역사

린 에번스(Lyn Evans, 1945년~)는 LHC 건설의 최고 책임자였다. 그가 사랑스럽게 노래하는 듯한 경쾌한 웨일스 억양으로 말하는 것을 몇 년 전에 들은 적이 있기는 했지만, 그를 직접 만난 것은 2010년 1월 초 캘리포니아에서 열린 어떤 학회에서였다. 타이밍 좋은 만남이기도 했다. LHC가 마침내 성공적으로 가동되기 시작했기 때문에 말수 적은 웨일스 사람인 그도 기뻐하는 것이 역력했기 때문이다.

에번스는 LHC 건설 시 겪었던 파란만장한 일들에 대해 아주 멋진 발표를 했다. 그는 먼저 LHC라는 계획이 처음 제안되었을 때의 이야기로 발표를 시작했다. 그때는 1980년대 CERN이 고에너지 양성자-양성자 충돌기를 만들면 어떻겠느냐는 구상을 검토하기 위해 공식적인 조사를 처음으로 하고 있었다. 그리고 대부분의 사람들이 LHC 계획이 공식적으로 시작되었다고 생각하는 1984년 회의에 대해 이야기했다. 그때 물리학자들은 로잔에서 가속기 건설 기술자들과 업체 관계자들을 불러모아 회의를 가지면서, 처음에는 양성자 빔을 10테라전자볼트로 가속시켜 충돌시키는 구상을 처음으로 제안했다. 최종적으로는 빔의 에너지를 7테라전자볼트로 낮춘 제안이 채택되었다. 10여 년이 지난 1993년 12월, 물리학자들은 이 과감한 계획을 CERN 결정 기관인 CERN 평의회에 제출했다. 그 내용은 LEP를 제외한 CERN의 모든 실험 프로그램을 최소화하고 향후 10년간 LHC를 건설한다는 것이었다. 당시 CERN 평의회는 이 안을 기각했다.

처음에는 SSC와 맹렬한 경쟁을 해야 된다는 우려가 LHC에 반대하는 논거로 작용했다. 그러나 1993년 10월에 SSC 계획이 중지되면서 그 문제는 사라지고, LHC가 차세대 고에너지 가속기의 유일한 후보가 되어 버렸다. 결국 이 사업의 중요성을 확신하는 물리학자들이 늘어나기 시작했다. 게다가 가속기에 대한 연구가 아주 성공적으로 수행되고 있었다. 훗날 LHC 건설 기간 중에 CERN의 소장을 맡게 되는 로베르 아이마르(Robert Aymar, 1936년~)가 대표를 맡은 조사 위원회는 1993년 11월 LHC는 실행 가능성, 경제성, 안전성 측면 모두에서 유망하다고 결론 내렸다.

LHC 계획에서 대두된 가장 큰 어려움은 고에너지로 가속된 양성자를 계속 회전하도록 만들어 줄, 충분히 강력한 자석을 산업 규모로 대량 생산할 수 있도록 기술을 개발하는 것이었다. 앞 장에서 보았듯이, 이미 존재하는 터널의 크기가 가장 큰 기술적 문제였다. 터널의 반지름이 정해져 있으므로 자기장의 세기가 매우 세야 했기 때문이다. 에번스는 발표에서 공학자들과 물리학자들이 개발해 1994년에 시험 가동에 성공한 10미터 길이의 첫 번째 쌍극자 자석 시제품 이야기도 했다. 그는 그것이 "스위스 시계처럼 정밀했다."라고 즐겁게 표현했다. 이 자석이 만들어낸 자기장은 첫 번째 가동에서 8.73테슬라에 달했는데, 이것은 목표치에 도달한 값이었고, 아주아주 바람직한 징후였다.

그러나 좋은 일만 계속되지는 않았다. 유럽의 자금 지원이 미국보다 안정적이기는 했지만, 예상치 못한 문제가 CERN에 재정적 불확실성을 가중시켰다. CERN의 최대 출자국인 독일이 1990년 독일 통일 때문에 재정적으로 어려움을 겪기 시작한 탓이었다. 결국 독일은 CERN 지원금을 줄였다. 영국도 마찬가지로, CERN의 예산이 크게 증가하는 것을 바라지 않았다. 노벨상 수상자인 카를로 루비아의 뒤를 이어 CERN의 소장이 된 영국의 이론 물리학자 크리스토퍼 르웰린스미스(Christopher Llewellyn-Smith, 1942년~)는 전임자처럼 LHC를 강력히 지지하고 있었다. 르웰린스미스는 스위스와 프랑스로부터 지원을 받아서 심각한 예산 문제를 다소 해소했다. 스위스와 프랑스는 자신들의 영토에서 LHC가 건설되어 운영되고 있었기 때문에, LHC로부터 가장 큰 이득을 얻을 수 있는 나라들이었다. 르웰린스미스는 두 나라를 설득할 때 이 점을 강조했다.

CERN 평의회는 기술 발전과 예산 문제 해결을 긍정적으로 평가하고, 얼마 지나지 않은 1994년 12월 16일에 LHC를 승인했다. 나아가서 르웰린스미스와 CERN은 비회원국의 참여도 독려했다. 일본이 1995년에, 인도가 1996년에 참여했고, 곧 러시아와 캐나다가 뒤를 따랐고, 미국이 1997년에 이 프로젝트에 뛰어들었다.

유럽과 다른 나라들의 지원을 받게 되자, LHC는 처음 승인받은 계획안을 변경할 수 있게 되었다. 그 계획안에 따르면 LHC의 건설과 운영을 두 단계로 나누어서 하게 되어 있었다. 첫 단계에서는 자석의 3분의 2만 사용할 수 있었다. 과학 측면에서나 전체 비용 측면에서나, 자기장을 약하게 하는 것은 불만족스러운 선택이었지만, 처음 계획이 승인을 받을 때에는 매년 예산이 적자가 되지 않도록 하는 게 중요했기 때문이다. 1996년 독일이 통일 비용 문제 때문에 다시 지원을 줄였을 때, 예산 상황은 다시 심각해졌다. 그러나 1997년 CERN은 역사상 처음으로 돈을 빌려 건설 자금을 충당했다.

예산 문제와 관련된 이야기가 끝나고 나자, 에번스의 강연은 좀 더 즐거운 이야기로 바뀌었다. 에번스는 1998년 12월에 처음으로 쌍극자 자석을 시험 접촉해 실제 작업 환경에서 검사한 이야기를 했다. 이 검사가 성공적으로 완료되자, LHC 프로젝트의 실행 가능성과 여러 LHC 구성 요소들의 조정 가능성이 증명되었다. 이것은 LHC 개발 과정에서 결정적인 이정표가 되었다.

전자-양전자 충돌기인 LEP는 2000년 모든 가동을 마치고 LHC 설치를 위해서 철거되었다. LHC가 기존 터널에 설치되고, 기존 인력과 장비와 인프라를 그대로 활용한다고 할지라도, LEP에서 LHC로 바뀌는 데에는 엄청난 노동력과 자원이 필요했다.

LHC 계획은 크게 다섯 단계로 진행되었다. 동굴을 파고 실험을 위한 구조물을 건설하는 토목 공사, LHC 가동을 전반적으로 관리하고 운영할 수 있는 일반 시설을 설치하는 작업, 가속기를 저온으로 유지시켜 줄 냉각 시스템을 설치하는 작업, 쌍극자 자석과 연결 장치, 그리고 케이블 등 가속기의 모든 요소들을 제자리에 설치하는 일, 그리고 최종적으로 모든 하드웨어를 작동시켜서 모든 것이 계획대로 가동하는지 확인하는 작업이 바로 그것이다.

CERN의 계획 입안자들은 치밀한 스케줄을 짜는 데에서 일을 시작해서 이러한 건설 과정을 조정해 나갔다. 그러나 누구나 알듯이 "생쥐와 인간이 고안해 낸 가장 좋은 계획은 수시로 어긋나는 법"이다. 말할 필요도 없이, 이런 일이 일어났다.

예산 문제는 항상 문제를 일으켰다. 나는 2001년 입자 물리학 공동체가 느끼던 좌절와 우려를 기억한다. 우리는 그때 심각한 예산 문제가 가능한 한 빨리 해결되고 LHC 건설이 순조롭게 이루어질 방안이 빨리 발견되기만을 바라고 있었다. CERN의 경영진은 비용 초과 문제를 어떻게든 처리해야 했지만, CERN의 규모와 인프라를 고려할 때 치를 수밖에 없는 비용으로 여겼다.

자금 조달과 예산 초과 문제가 어떻게든 해결된 뒤에도, 여전히 LHC 계획이 전적으로 순조롭게 진행되기만 한 것은 아니다. 에번스는 어떻게 예측할 수 없는 문제들이 꼬리에 꼬리를 물듯 이어져 건설 과정이 주기적으로 늦춰졌는지를 강연에서 설명했다.

LHC의 주요 실험 중 하나인 CMS(Compact Muon Solenoid, 소형 뮤온 솔레

노이드)의 시설을 설치하기 위한 굴착 작업에 참여했던 사람들 가운데, 4세기경 로마 제국의 지배를 받던 갈리아 지역의 장원 하나를 발굴하게 되리라고 예측한 사람은 틀림없이 아무도 없었을 것이다. 이 장원의 경계는 오늘날 존재하는 농장의 경계와 평행했다. 고고학자들이 오스티아, 리용, 런던(장원이 있던 시절 이 도시들의 이름은 각각 오스티움, 루그두눔, 론디니움이었다.)에서 만들어진 동전 같은 매장 유물들을 발굴해 내는 동안 굴착 공사는 중단되었다. 로마 인들은 현대 유럽 인들보다 공통 통화를 더 잘 확립했던 것 같다. 유로화는 아직 영국 파운드화와 스위스 프랑화 같은 개별 국가의 통화를 완전히 없애지 못하고 있기 때문이다. 특히 영국 물리학자들이 택시를 타고 CERN에 도착했을 때면, 종종 지불할 화폐가 없어 애를 먹고는 한다.

CMS 쪽 작업 팀이 고생한 것에 비하면, 2001년 ATLAS 쪽 굴착 공사는 상대적으로 평온무사하게 이루어졌다. 검출기를 설치할 공동을 파려면 30만 톤의 바위를 없애야 했다. ATLAS 쪽 작업 팀이 마주친 유일한 문제는 일단 바위를 파냈더니 공동 바닥이 매년 1밀리미터씩 상승한다는 것이었다. 얼마 안 되는 것 같지만, 그 정도의 지반 상승도 원리적으로는 검출기 부품을 정밀하게 조립하는 데 지장을 줄 수 있다. 그래서 공학자들은 아주 민감한 계측기를 설치해야 했다. 그 계측기는 너무나 잘 작동했다. ATLAS의 움직임을 검출할 뿐만 아니라, 2004년 동남아 일대 해역을 휩쓴 쓰나미와 그 원인이 되었던 수마트라 섬의 지진까지 감지할 정도였다.

지하 깊은 곳에 ATLAS 실험 장치를 건설하는 과정은 꽤 인상적이었다. 먼저 공동의 벽은 바닥부터 건설되었지만 그 벽 위에 얹을 둥근 지붕은 지상에서 조립한 다음 케이블에 매달아 내려 보냈다. 2003년에 굴착 공사가 완료된 것을 축하하는 행사가 거행되었는데, 공동 안에서 알프스 호른이 연주되었다고 한다. 에번스는 굉장히 성대한 느낌이 드는 소리였다고 기억했다. 실험 장비를 설치하고 조립하는 일은 장치의 아래쪽부터 시작되어 하나씩 차례차례 이루어졌다. ATLAS 검출기의 조립 작업은 마치 '병에 든 배 모형'을 만드는 것처럼 처음부터 끝까지 지하 공동 안에서 이루어졌다.

한편, CMS 쪽은 난관의 연속이었다. 굴착 공사 중에 또 다른 문제가 생겼는데, 이번에는 CMS 검출기의 위치가 희귀한 고고학적 유물만 아니라 지하의 강과도 겹쳐 있다고 판명되었다. 그해 비가 많이 오자, 물자를 내려 보내기 위해 박아 놓은 70미터 길이의 실린더가 30센티미터나 침수되었다. 공학자들과 물리학자들은 이것을 발견하고는 기겁했다. 이 불행한 사태를 수습하기 위해 굴착 작업자들은 지면을 고정시키고 주변 지역을 안정된 상태로 유지하기 위해 실린더 측면을 따라 얼음의 벽을 만들었다. 길이가 40미터에 이르는 나사처럼 공동 주변의 깨지기 쉬운 암반을 안정시키기 위한 지지 구조도 설치되었다. CMS의 착굴 공사가 예정보다 오래 걸린 것은 놀랄 일이 아니었다.

그나마 다행스러운 일은 CMS 실험에 사용될 검출기가 상대적으로 작았기 때문에 실험 물리학자들과 기술자들이 장비를 지상에서 미리 제작하고 조립할 수 있었다는 것이다. 지상에서 부품을 조립하고 설치하는 일은 훨씬 쉬웠고 다른 작업들도 동시 진행이 가능했기 때문에 모든 일이 더 빨리 진행되었다. 이렇게 검출기를 지상에서 조립할 수 있었기 때문에 굴착 공사에서 일어난 문제들로 일정이 지연되거나 하지는 않았다.

그러나 상대적으로 작다고는 해도 실제로는 거대한 이 장치를 내려보내는 일은 상당히 진땀나는 일이었을 것이다. 나도 2007년에 CMS를 처음 방문했을 때 이 문제를 생각해 본 적이 있다. 사실 CMS 실험의 검출기를 내려 보내는 일은 쉽지 않았다. 가장 큰 부품들을 내려 보낼 때에는 특수 크레인이 동원되었다. 특수 크레인의 케이블에 매달린 대형 부품들은 CMS 공동으로 이어지는 100미터 갱도 속을 시속 10미터의 속도로 내려 보내졌다. 실험 장치 부품들과 갱도 벽 사이에는 10센티미터의 여유밖에 없었으므로, 이렇게 조심조심 관찰을 해 가며 조금씩 내려 보낼 수밖에 없었다. 검출기의 대형 부품 15개가 2006년 11월과 2008년 1월 사이에 내려 보내졌는데, 마지막 부품은 LHC의 가동 예정 시점에 임박해서야 내려 보내졌다. 아슬아슬한 타이밍이었다.

CMS 쪽이 지하수 문제로 곤란을 겪은 지 얼마 안 된 2004년 6월에 다음 위기가 LHC 건설 자체에 닥쳤다. QRL이라고 부르는 헬륨 배관에서 문제가 발견된 것이다. 문제 원인을 조사한 CERN의 공학자들은 이 부분의 공사를 맡았던 프랑스 업체가 원래 설계에서 지시한 물질을, 에번스가 "5달러 스페이서(spacer)"라고 부른 것으로 멋대로 대체했음을 발견했다. 이 대체 물질이 깨지면서 안쪽 파이프가 낮은 온도 때문에 수축한 것이다. 문제가 된 부품은 하나가 아니어서, 모든 연결부를 검사해야 했다.

이때 이미 냉각 라인의 일부가 설치되어 있었고, 다른 부분도 많이 완성되어 있었다. 부품 공급 과정에 문제가 생겨 공사가 더 이상 지연되는 것을 피하기 위해, CERN의 기술자들은 이미 완성된 부분을 고치기로 결정했다. 그리고 아직 납품되지 않은 설비와 부품 들은 업체에서 공급 전에 고치도록 조치했다. CERN의 수리 작업과 커다란 기계 부품을 옮기고 다시 설치하는 문제 때문에 LHC 완공은 1년 늦춰지게 되었다. 어쨌든 이 정도 연기되는 것은, 물의를 일으킨 프랑스 업체를 고소해 법정 공방을 하느라 10년쯤 늦어지는 것에 비하면 훨씬 나은 것이었다. 에번스와 LHC 계획의 지도부는 이것만은 꼭 피하고 싶었다.

헬륨 배관과 냉각 장치 없이는 자석을 설치할 수 없다. 그래서 수리 기간 동안 1,000개의 자석이 CERN의 주차장에 쌓여 있었야 했다. 그곳은 최고급 BMW나 벤츠 자동차들이 들락거리는 곳이었다. 하지만 그 차들을 다 모은다고 해도 10억 달러어치의 자석들보다 비싸지는 않았을 것이다. 이 비싼 자석들을 훔치는 사람은 아무도 없었지만, 주차장은 첨단 공학 기술의 산물들을 보관할 장소는 아니었다. 자석의 성능을 원래 제작 사양대로 유지하기 위해서는 더 이상의 공사 지연은 있어서는 안 되었다.

2005년 위기처럼 보이는 사태가 또 일어났다. 미국의 페르미 연구소와 일본에서 제작한 내부 삼중 자석(Inner Triplet)에 관계된 일이었다. 내부 삼중 자석은 충돌 직전에 마지막으로 양성자 빔을 집속시키는 장치이다. 이 장치는 냉각 장치와 전력 공급 장치가 달린 3개의 사극자로 이루어져 있어서 그런 이름이 붙었다. 이 내장용 삼중 자석이 압력 검사를 통과하지 못했다. 이 황당한 실수로 공정이 다시 지연되었지만, 기술자들이 터널 안에서 삼중 자석을 수리해 낼 수 있었다. 그 덕분에 시간 낭비가 심각한 정도에 이르지는 않았다.

전체적으로 2005년은 전년도보다 성공적이었다. 알프스 호른 소리가 울려 퍼지지는 않았지만, CMS 공동이 2월에 완성되었다. 같은 달에 또 다른 획기적인 이벤트가 열렸다. 첫 번째 초전도 쌍극자 자석이 지하로 내려가 설치되기 시작한 것이다. 자석을 만들고 설치하는 일은 LHC 계획에서 가장 중요한 것이었다. CERN과 산업계가 긴밀하게 공동 작업한 덕분에 초전도 자석들은 시기적절하게, 그리고 경제적으로 제조되었다. 설계는 CERN에서 했지만, 제작은 프랑스, 독일, 이탈리아의 기업들이 수행했다. 2000년에 CERN의 공학자들과 물리학자들과 건설 전문가들은 30개의 쌍극자 자석을 우선 주문했다. 그들은 이것을 가지고 자석의 품질을 검사하고 원가를 계산했다. 그리고 2002년에 1,000개 이상의 자석을 추가 주문했다. 그렇지만 자석의 품질을 일정하게 유지하고 비용을 최소화하기 위해 CERN은 주요 부품과 일부 원재료를 직접 조달했다. 이 일을 위해서 CERN은 유럽 내에서 12만 톤의 물자를 운반해야 했고, 하루 평균 10대의 대형 트럭을 각각 4시간씩 고용해야 했다. 게다가 이것은 CERN이 LHC에 들인 노력의 일부일 뿐이었다.

납품된 자석은 품질 검사를 받은 후 조심스럽게 CERN 부지를 굽어보는 쥐라 산맥 자락에 있는 수직 갱도를 통해 지하 터널로 조심스럽게 내려 보내졌다. 그곳에서부터는 터널 내에서 운행되는 특수 차량이 자석을 싣고 자석이 설치될 곳까지 운반했다. 자석이 워낙 커서 LHC 터널 벽과 자석 사이의 틈은 불과 몇 센티미터밖에 안 되었다. 그래서 바닥에 그려진 선을 광학적으로 인식해서 자동으로 조종되는 특수 차량이 자석 운반에 사용되었다. 또 진동을 줄이기 위해 차량은 시속 1.5킬로미터 정도의 느린 속도로 아주 천천히 움직였다. 자석이 반입된 터널 입구에서 가속기 링의 반대편 끝까지 쌍극자 자석이 가는 데 7시간이 걸렸다는 말이다.

LHC 건설이 시작된 지 다섯 해가 지난 2006년, 1,232개의 쌍극자 자석 중 마지막 자석이 CERN에 납품되었다. 2007년 마지막 쌍극자 자석이 지하로 내려 보내졌고, 3.3킬로미터 길이의 섹션 하나가 설계대로 섭씨 -271도로 냉각되었다. 섹션 하나의 전체 시스템이 처음으로 가동되었고 초전도 자석에 수천 암페어의 전류가 흘렀다. CERN에서 가끔 그러듯이, 사람들은 샴페인을 터뜨리면서 그 순간을 축하했다.

2007년 11월 저온 유지 장치 섹션들이 순차적으로 밀폐되었고, 모든 것이 순조롭게 진행되는 것처럼 보였다. 또 다른 재앙에 가까운 사건이 일어나기 전까지는. 이번에는 PIM이라는 삽입 모듈(Plug In Module)이 문제였다. 우리 미국에 있는 물리학자들은 LHC에 대한 모든 소식을 다 듣지는 못한다. 그러나 이 문제는 화제가 되었다. 내가 CERN에 있는 동료로부터 들은 이야기에 따르면, 발견된 부분만 문제가 아니라 가속기 링 전체에서 같은 문제가 발생할 수 있다는 것이었다.

문제는 상온의 LHC와 가동 시 냉각된 LHC 사이에 생기는 거의 300도에 달하는 온도차였다. 이 차이는 LHC를 이루는 물질에 커다란 영향을 미친다. 금속 부분은 냉각되면 수축하고 따뜻해지면 팽창한다. 쌍극자도 냉각되면 몇 센티미터 수축한다. 15미터 길이의 물체에서 몇 센티미터는 별거 아닌 것 같지만, 자기장을 강력하게 일정하게 유지하려면 코일의 위치가 0.1밀리미터 이상 달라지면 안 된다. 그리고 자기장이 변하게 되면 양성자 빔을 제대로 조종할 수 없게 된다.

온도 변화에 따른 길이 변화에 대응하기 위해 LHC는 쌍극자 사이에 '핑거(finger)'라고 불리는 특별한 연결 장치를 설치하도록 설계되어 있다. 핑거는 냉각될 때에는 늘어나면서 전류를 흐르게 하고, 온도가 올라가면 원래대로 돌아가는 장치이다. 그런데 불량 리벳 때문에 이 핑거가 원래 크기로 돌아가지 않고 부서져 버렸다. 더욱 곤란한 것은, 이런 고장은 모든 연결부에서 일어날 수 있으며, 어떤 연결부에 문제가 있는지 명확하지 않다는 것이었다. 불량 리벳을 찾아 고치라는 과제가 떨어졌다. 그것도 공사를 너무 오래 지연시키지 말고.

CERN의 기술자들은 천재적인 능력을 보여 주었다. 그들이 찾아낸 방법은 아주 간단한 것이었다. 그것은 빔의 진행 경로를 따라 53미터마다 설치되어 있는 픽업 장치(pickup, 소리나 빛을 전파 등의 전기 신호로 바꾸는 장치)를 이용하는 것이었다. 원래 이 장치는 빔의 이동에 맞춰 관련된 전자기기들이 작동할 수 있도록 해 주는 것이었다. 기술자들은 탁구공 크기의 공에 발진기를 설치한 다음, 그 공을 터널 내 빔 파이프를 따라 링 전체를 따라 돌게 했다. 섹터 하나는 3킬로미터 길이인데, 각 섹터를 지날 때마다 빔 파이프에 바람을 불어넣으면 공을 계속 움직이게 할 수 있다. 발진기가 달린 공은 픽업 장치를 지날 때마다 전자 스위치를 작동시킨다. 공이 지나갔는데 전자 기기가 작동해 그것을 기록하지 않았다면, 그곳 연결부는 망가진 것이라고 볼 수 있다. 그러면 기술자들을 바로 그곳으로 보내 고치면 된다. 터널 내 모든 연결부를 열어 보지 않고도 문제를 해결할 수 있는 것이다. LHC에서 일하는 한 물리학자는 LHC에서 가장 먼저 충돌한 것은 양성자가 아니라 탁구공과 망가진 핑거였다는 농담을 했다.

이렇게 마지막 문제가 해결되고 나자, LHC는 본궤도에 오른 것 같았다. 일단 모든 하드웨어가 예정대로 제자리에 설치되었고 작동되기 시작했다. 2008년 오랜 기다림 끝에 드디어, 수많은 사람들이 행운을 비는 가운데 첫 번째 시험 가동이 시작되었다.

2008년 9월: 첫 번째 시험 가동

LHC는 양성자 빔을 만들고, 여러 단계에 걸쳐 에너지를 높인 다음, 최종적으로 원형 가속기에 빔을 주입한다. 그러면 빔은 터널을 한 바퀴 돈 다음 정확히 처음 자리로 돌아온다. 양성자는 이렇게 여러 차례 가속기를 돌다가 주기적으로 진로를 바꿔 높은 효율로 충돌한다. 본격적인 가동에 앞서 이런 각각의 단계들을 차례로 방법으로 검증해야 한다.

첫 번째 검증 포인트는 빔이 링을 따라 제대로 도는지를 확인하는 것이었다. 성공했다. 그토록 많은 시련과 고난을 생각하면 놀라울 정도로 간단하게 성공했다. 2008년 9월에 CERN은 거의 아무런 문제 없이 두 양성자 빔을 가속시키는 데 성공했고, 결과는 예상을 뛰어넘었다. 그날 처음으로 두 양성자 빔이 거대한 터널을 서로 반대 방향으로 가로질렀다. 이 단계 하나만 해도 빔을 주입하는 제반 장치들이 제대로 작동하는지, 제어 장치와 각종 계기가 가동하고 있는지, 자기장이 양성자를 링을 따라 제대로 회전시킬 수 있을 정도로 형성되어 있는지, 그리고 자석들이 모두 설계 사양대로 잘 작동하는지 확인하는 일이 모두 포함되어 있었다. 이 모든 과정이 차례대로 완비된 것은 9월 9일 밤이 처음이었다.

LHC에 관계된 모든 사람은 2008년 9월 10일을 결코 잊지 못할 것이라고 말한다. 그 한 달 후에 내가 CERN에 갔을 때에도 사람들은 여전히 그날 느낀 행복감에 대해서 많이 이야기했다. 사람들은 믿을 수 없을 만큼의 흥분을 느끼며 컴퓨터 스크린에서 2개의 밝은 점이 움직이는 궤적을 좇았다. 첫 번째 빔이 처음 출발한 자리로 거의 정확히 돌아왔다. 사소한 조정 몇 가지를 거치고 난 다음 가동 1시간도 안 되어 양성자를 예정 경로대로 정확하게 유도하는 데 성공했다. 먼저 빔은 가속기 링을 따라 몇 차례 돌았다. 빔에서 튀어나오는 양성자들을 조정하고 있는 사이 빔은 링을 수백 번 회전하고 있었다. 잠시 후 두 번째 빔을 주입해 같은 과정을 거쳤다. 두 번째 빔이 예정 궤도에 정확히 오르는 데 약 1시간 30분이 걸렸다.

에번스는 그저 기뻐하느라 몰랐던 것 같지만, 컴퓨터 화면을 보면서 프로젝트의 경과를 주시하고 있던 주조종실 기술자들의 모습이 인터넷에 생중계되고 있었다. 너무 많은 사람들이 양성자 빔을 나타내는 두 점을 자기 컴퓨터 화면으로 보고 있었기 때문에 용량 초과로 CERN의 인터넷 사이트 연결이 끊어져 버렸다. 전 유럽의 — CERN 홍보 당국의 발표에 따르면, 수백만 명의 — 사람들이 기술자들이 양성자의 궤도를 수정해서 가속기 링을 따라 회전시키는 것을 넋을 잃고 보고 있었다. 같은 시간, CERN 안에서는 물리학자들과 공학자들이 대강당에 모여서 같은 화면을 보며 스릴을 맛보고 있었다. 당시 LHC의 미래는 성공이 보장된 것처럼 보였다. 그날의 결과는 성공이었다.

그러나 불과 9일 후, 행복은 절망으로 바뀌었다. 당시에는 중요한 조건 두 가지를 검사할 예정이었다. 첫 번째는 빔을 LHC 링 안에서 처음에 시험 가동했을 때보다 더 높은 에너지로 시험 가속하는 것이었다. 처음 시험 가동했을 때에는 양성자가 LHC 링에 주입될 때 가지고 있던 에너지만을 이용했다. 두 번째는 두 빔을 충돌시키는 것이었는데, 이것은 말할 것도 없이 LHC 개발에서 핵심적인 이정표가 될 터였다.

그러나 마지막 순간 — 9월 19일이었다. — 에, 기술자들이 많은 고려를 하고 예방책을 마련해 두었음에도, 검사는 실패했다. 심지어 재앙 수준의 실패였다. 가속기의 자석들은 초전도 케이블로 연결되어 있고 그 초전도 케이블을 구리 덮개가 덮고 있다. 사고의 원인은 이 구리 덮개를 부착할 때 생긴 단순한 납땜 하자였다. 그리고 여기에 헬륨 방출 밸브 오작동(거의 작동하지 않았다.)이 합쳐져 양성자를 정말로 충돌시킬 때까지 1년이 넘게 지체되는 사고가 나고 말았다.

사고는 과학자들이 여덟 번째 섹터와 마지막 섹터의 에너지를 높이기 위해 전류를 올리려고 하자 두 자석을 연결하는 '부스바(busbar, 연결 빗장)'의 접속 부위가 파손되면서 일어났다. 부스바란 초전도 자석 한 쌍을 연결하는 초전도 부품을 말한다. (그림 27 참조) 두 자석을 한데 묶고 있는 접속에 문제가 생긴 것이었다. 이 접속 불량으로 아크 방전이 발생했고, 헬륨을 밀폐하고 있던 관에 구멍이 났다. 그리고 6톤 분량의 헬륨이 갑자기 새어나왔다. 보통은 천천히 온도를 올려 주어야 하는데, 이 액체 헬륨의 온도가 갑자기 올라 끓는점에 도달해 버렸고, 헬륨이 기화되면서 초전도 상태가 깨지고 말았다.

새어나온 막대한 양의 헬륨에 의해 생긴 거대한 압력파가 결과적으

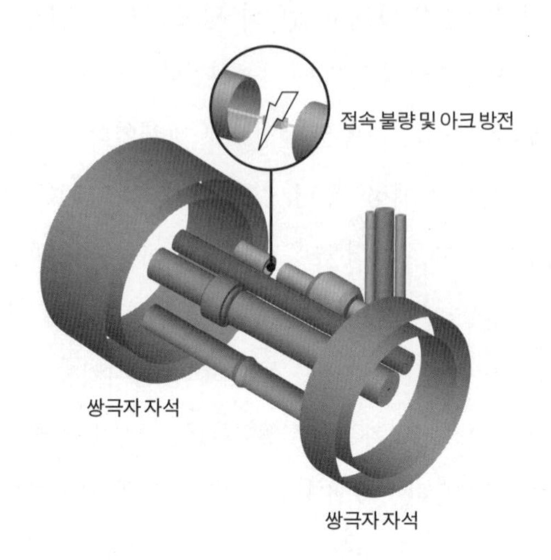

그림 27 자석들은 부스바를 통해 연결되어 있다. 그중 하나의 잘못된 납땜이 불행한 2008년 사고의 원인이 되었다.

로 폭발을 일으켰다. 30초도 채 안 되어 그 폭발 에너지는 자석 일부를 뒤흔들었고, 빔 파이프의 진공 상태를 망가뜨렸으며, 절연체도 손상시켰다. 그리고 600미터 이상의 빔 파이프를 검댕으로 오염시켰다. 10개의 쌍극자가 완전히 파괴되었고, 29개가 교체해야 할 정도의 손상을 입었다. 말할 필요도 없이, 이것은 그 누구도 바라지 않던 사고였다. 더 큰 문제는 터널에 있는 컴퓨터 중 하나가 정지 버튼을 작동시킬 때까지 헬륨이 새어나온 것을 조정실의 그 누구도 눈치 채지 못했다는 것이었다. 사고가 일어나자마자 빔은 사라졌고 사람들은 사고가 났음을 깨달았다.

재난이 일어나고 몇 주 뒤에 CERN을 방문한 나는 뒷이야기를 많이 들었다. LHC의 궁극적인 목적이 양성자를 14테라전자볼트, 즉 14조 전자볼트의 질량 중심 에너지로 충돌시키는 것이었음을 기억하자. 처음 시험 가동 때에는 모든 것이 제대로 돌아가는지 확인하기 위해 에너지를 약 2테라전자볼트 정도로 낮추어서 운용하기로 되어 있었다. 이후 처음으로 데이터를 얻는 실제 가동 때에는 에너지를 10테라전자볼트(각 빔당 5테라전자볼트)로 높일 예정이었다.

그러나 9월 12일에 변압기 고장으로 일정이 조금 지체되자, 시험 가동 계획이 좀 더 과감한 것으로 바뀌었다. 과학자들은 변압기 고장으로 생긴 이 공백 기간 동안 터널 8개의 섹터 각각에서 에너지를 최대 5.5테라전자볼트까지 올려 검사를 계속했고, 8개의 섹터 중 7개를 검사할 수 있었다. 과학자들은 검사를 마친 섹터는 높은 에너지에서 가동해도 문제 없이 정상 작동하리라는 것을 입증했다. 그러나 여덟 번째 섹터는 검사할 시간이 없었다. 그럼에도 불구하고 과학자들은 고에너지 충돌 실험을 그대로 감행하기로 결정했다. 아무런 문제도 없을 것 같았기 때문이다.

기술자들이 검사하지 않은 마지막 섹터의 에너지를 올리려고 할 때까지는 모든 일이 순조롭게 돌아갔다. 마지막 섹터의 에너지를 4테라전자볼트에서 5.5테라전자볼트로 올리고 있을 때 — 당시 흐르는 전류는 7,000~9,000암페어였다. — 치명적인 사고가 일어났다. 말 그대로 문제가 일어날 데에서 문제가 일어난 것이었다.

가동은 연기되었고 CERN은 약 4000만 달러를 들여 모든 것을 수리했다. 자석과 빔 파이프를 수리하는 데 시간이 걸리기는 했지만, 불가능한 일은 아니었다. 예비 자석이 충분히 있어서 39개의 쌍극자 자석은 수리하지 않고 모두 교체했다. 사고가 일어난 섹터에서 전부 해서 53개의 자석이 교체되었다. (14개는 사극자 자석이었고 39개는 쌍극자 자석이었다.) 또한 길이 4킬로미터 이상의 진공 빔 파이프가 깨끗이 청소되었고, 사극자 100개에 새로운 방지 장치가 설치되었으며, 900개의 헬륨 압력 배출구도 새로이 추가되었다. 게다가 6,500개의 검출 장치가 자석 보호 장치에 추가 설치되었다.

하지만 잠재적으로 같은 문제를 일으킬 수 있는 자석 접속 조인트가 1만 개나 있다는 것은 중요한 문제였다. 위험의 정체는 밝혀졌다. 그러나 이 문제가 링의 어딘가에서 다시 일어나지 않는다는 보장은 어디에도 없었다. 비슷한 문제가 일어나 큰 피해를 입히기 전에 이것을 감지하는 메커니즘이 필요했다. 기술자들은 이 도전에 직면해서 다시금 문제를 해결해 냈다. 그들이 개발한 새로운 개량 시스템은 아무리 미세한 전압 강하라도 찾아낸다. 접속 조인트 중 저항값이 높아지는 지점을 정확하게 찾아내는 것이다. 이것은 가속기를 차갑게 유지하는 냉각 장치에 수납되어 있는 시스템 어디에서 고장이 발생했는지 가르쳐 준다. 정식 가동 일정의 연기는 어쩔 수 없는 일이 되어 버렸다. 하지만 신중에 신중을 기해야 했다. 헬륨 방출 밸브 시스템도 개선해야 했고, 접속 조인트뿐만 아니라 자석 자체의 구리 덮개도 제대로 살펴야 했다. 이것은 LHC를 설계 상 최고 에너지로 가동시키는 것을 연기해야 한다는 뜻이었다. 그럼에도 불구하고 에번스를 비롯한 CERN의 사람들은 LHC 전체를 감시하고 안정적으로 관리할 수 있는 새로운 시스템을 갖추면 사고를 일으킨 압력 상승과 같은 일들을 미연에 방지할 수 있을 것이라고 확신했다.

어떤 의미에서는 본격적인 가동이 시작되어 실험 장치가 방사선을 잔뜩 쬐기 전에 물리학자들과 공학자들이 모든 것을 고칠 수 있어서 다행이라고 할 수도 있다. 폭발 사고로 인해 LHC 가동은 1년 늦어지게 되었다. 그 후에야 빔을 테스트하고 다시 충돌을 준비하게 되었다. 1년은 긴 시간이지만 물리학자들이 물질의 기본 구성 요소가 무엇인지 탐구해 온 지난 40년간의 시간과 인류가 온갖 시도를 해 온 지난 수천 년에 견주면 그리 긴 시간은 아니라고 할 수도 있다.

그러나 2008년 10월 21일 CERN 평의회는 원래 계획된 일정 중 하나만은 변경하지 않고 그대로 진행했다. 그날 나는 1,500명의 물리학자들과 세계 각국에서 온 정상들과 함께 제네바 교외에서 열린 공식 LHC 출범 축하 행사에 참석했다. 이 행사는 바로 몇 주 전 일어난 재난을 전혀 예측하지 못한 상태에서 계획된 것이었다. 연설과 음악과, 유럽에서 열리는 문화 행사에서는 절대 빠지지 않는, 맛있는 음식이 넘치는 날이었다. 타이밍은 좋지 않았지만 즐거웠고 유익한 행사였다. 9월에 일어난 사건에 대해 우려하면서도, 사람들은 모두 다 이 실험이 질량의 문제와, 중력이 약하다는 사실과, 암흑 물질과 자연의 힘을 둘러싼 수수께끼에 빛을 비춰 줄 것이라는 희망에 가득 차 있었다.

CERN의 과학자들은 행사 타이밍이 나쁘다고 불만이었지만, 내가 보기에 이 축하 행사는 국제적인 협력이 대성공을 거두었음을 보여 주는 것이었다. 이날의 행사는 뭔가를 발견한 것을 기념하는 자리가 아니라, LHC의 잠재 능력을 인지하고 건설에 참여한 여러 나라들의 열의에 감사하는 자리였다. 몇몇 연설은 진실로 격려가 되고 고무적이었다. 당시 프랑스의 수상이었던 프랑수아 샤를 아르망 피용(François Charles Armand Fillon, 1954년~)은 기초 연구의 중요성과, 세계 금융 위기가 과학의 발전을 방해하지 않도록 할 방안에 대해 이야기했다. 스위스 연방의 대통령인 파스칼 쿠슈팽(Pascal Couchepin, 1942년~)은 공공 사업의 가치에 대해서, 포르투갈의 과학, 기술 및 고등 교육부 장관인 호세 마리아노 가고(José Mariano Gago) 교수는 관료주의를 넘어서는 과학의 가치와 중요한 과학 프로젝트를 성사시키는 데 있어 안정성이 중요함을 역설했다. 각국에서 온 많은 관계자들이 이날 처음 CERN을 방문했다. 행사가 진행되는 동안 내 옆에 앉아 있던 사람은 제네바에서 유럽 연합(EU) 일을 하는 사람이었는데, CERN 부지 안에 발을 들여놓은 적이 없다고 했다. 행사가 끝난 뒤 그는 내게 CERN에 그의 동료와 친구들을 데리고 곧 다시

올 것이라고 열광해서 말했다.

2009년 11월: 최후의 승리

마침내 2009년 11월 20일 LHC는 재가동되었다. 이번에는 근사하게 성공했다. 양성자 빔이 1년 만에 처음으로 링을 따라 회전했고, 며칠 뒤 마침내 충돌해서, 실험 장치 안으로 입자들을 뿜어냈다. 린 에번스는 열심히 LHC가 얼마나 기대 이상으로 잘 작동했는지, 그리고 그게 얼마나 대단한 일인지 설명했다. 고무적인 이야기였다. 그러나 동시에 기묘하게 들리는 이야기이기도 했다. 그는 그 일을 성공시켜야만 하는 책임자였기 때문이다. 그는 그가 해야 할 일을 했던 것에 불과하지 않은가?

그러나 그런 생각은 사정을 모르는 사람의 생각이었다. 기존 가속기에서 얻은 경험으로 예측했던 것을 훨씬 상회하는 속도로 모든 조각이 제자리를 찾아 들어갔기 때문이다. CMS 그룹의 실험가이며 젊은 이탈리아 출신 연구자인 마우리치오 피에리니(Maurizio Pierini)는 에번스가 한 말의 의미를 설명해 주었다. 1980년대에 같은 터널에서 LEP 실험을 위해 전자와 양전자 빔을 검사하는 데 25일이 걸렸는데, 이번에는 일주일 이내에 끝났다. 양성자 빔은 기가 막히게 표적에 도달하고 있고, 상태도 안정되어 있다. 양성자는 한 줄로 늘어서 있으며, 딴 길로 벗어나는 입자는 거의 검출되지 않는다. 게다가 광학 장비들도 제대로 작동하고 있었고, 안전성 검사도 순조롭게 이루어졌으며, 재배열 과정도 성공적으로 끝났다. 실제 빔은 컴퓨터 시뮬레이션 결과와 정확히 일치했다.

사실 CERN의 실험가들도 새로 만든 빔이 가속기 링을 회전하기 시작한 지 불과 이틀 뒤에 충돌할 것이라는 말을 일요일 오후 5시에 듣고는 모두 놀랐다. 실험 중단 후 첫 번째 빔이 나오고 나서, 기록하고 측정할 만한 진짜 충돌이 일어나기까지는 좀 더 시간이 걸릴 것이라고 예상했기 때문이다. 자신들의 실험을, 실험 중단 시기에 했던 것처럼 우주선을 가지고 검증하는 대신, 진짜 양성자 빔을 가지고 시험해 볼 첫 기회가 온 것이었다. 그러나 빔의 충돌을 알리는 통지가 너무 급작스럽게 내려왔기 때문에, 실험가들은 컴퓨터에게 어떤 충돌 신호를 기록할지 지시할 트리거(Trigger) 프로그램을 바꿀 시간이 거의 없었다. 피에리니의 말에 따르면 LHC의 실험가들은 이 천금같은 기회를 바보처럼 더듬거리다 놓쳐 버릴까 봐 불안했다고 한다. 테바트론의 경우 첫 시험 가동 때 빔의 회전과 정보를 읽는 시스템이 운 나쁘게 공명을 일으키는 바람에 첫 번째 테스트 기회를 망쳐 버렸다. 그런 일이 또 일어나기를 바라는 사람은 아무도 없었다. 물론 이런 불안뿐만 아니라 엄청난 흥분 역시 모든 사람들 사이에 퍼져 있었다. (넓게 보면 LHC 가속기를 만들고 빔을 충돌시키고 나온 데이터를 검출하고 분석하는 일 전체가 하나의 실험이지만, 여기서 말하는 실험가들이란 검출기를 만들고, 검출기를 가지고 LHC에서 일어나는 빔 충돌을 기록해서 데이터로 저장하고 분석하는 일을 하는 사람들을 말한다. 가속기를 만들고 빔을 가속시키는 일은 CERN이 하는 일이고, 검출기를 만들고 검출기로 데이터를 얻는 일은 가속기와는 별개로 조직된 실험팀이 수행한다. 좁은 의미로 실험이라고 하면 검출기와 검출기를 가지고 하는 일을 가리킨다. 본문에서는 가속기를 가리킬 때에는 기계(machine)라는 말을, 검출기를 가리킬 때에는 실험(experiment)이라는 말로 표현했다. 여기서 하는 말은 가속기를 운용하는 CERN이 각 검출기 팀들에게, 내일 검출기 안에서 양성자 빔을 충돌시킬 것이니 검출기를 작동시키라고 통고했다는 내용이다. — 옮긴이)

11월 23일에 마침내 LHC는 첫 번째 충돌을 일으켰다. 수백만 개의 양성자가 900기가전자볼트의 에너지로 충돌했다. 수 년 동안의 기다림이 끝나고 검출기가 데이터를 얻기 시작했다. 즉 LHC 가속기에서 일어난 첫 양성자 충돌 결과를 기록하기 시작했다. LHC의 좀 더 작은 실험

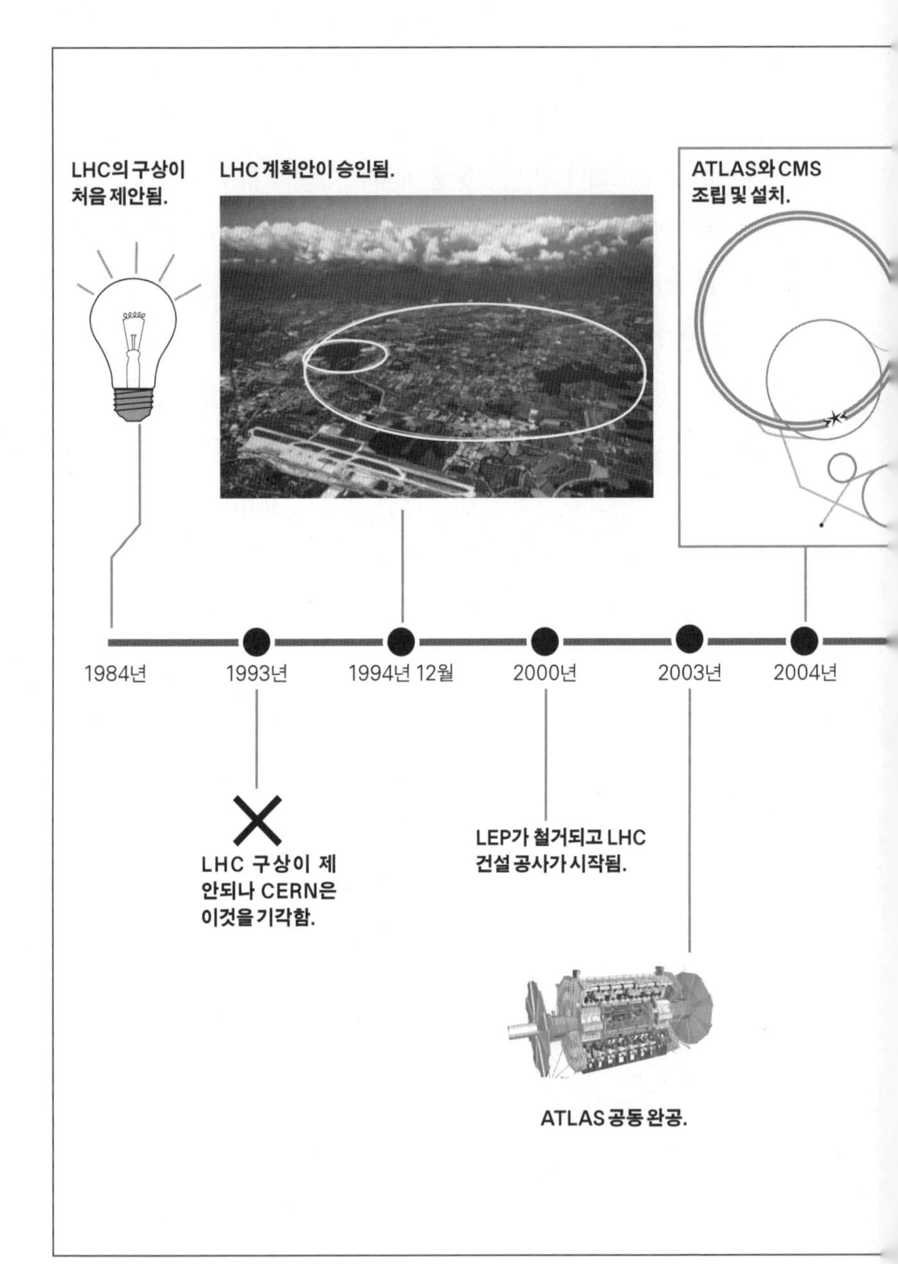

그림 28 인포그래픽으로 보는 LHC 약사.

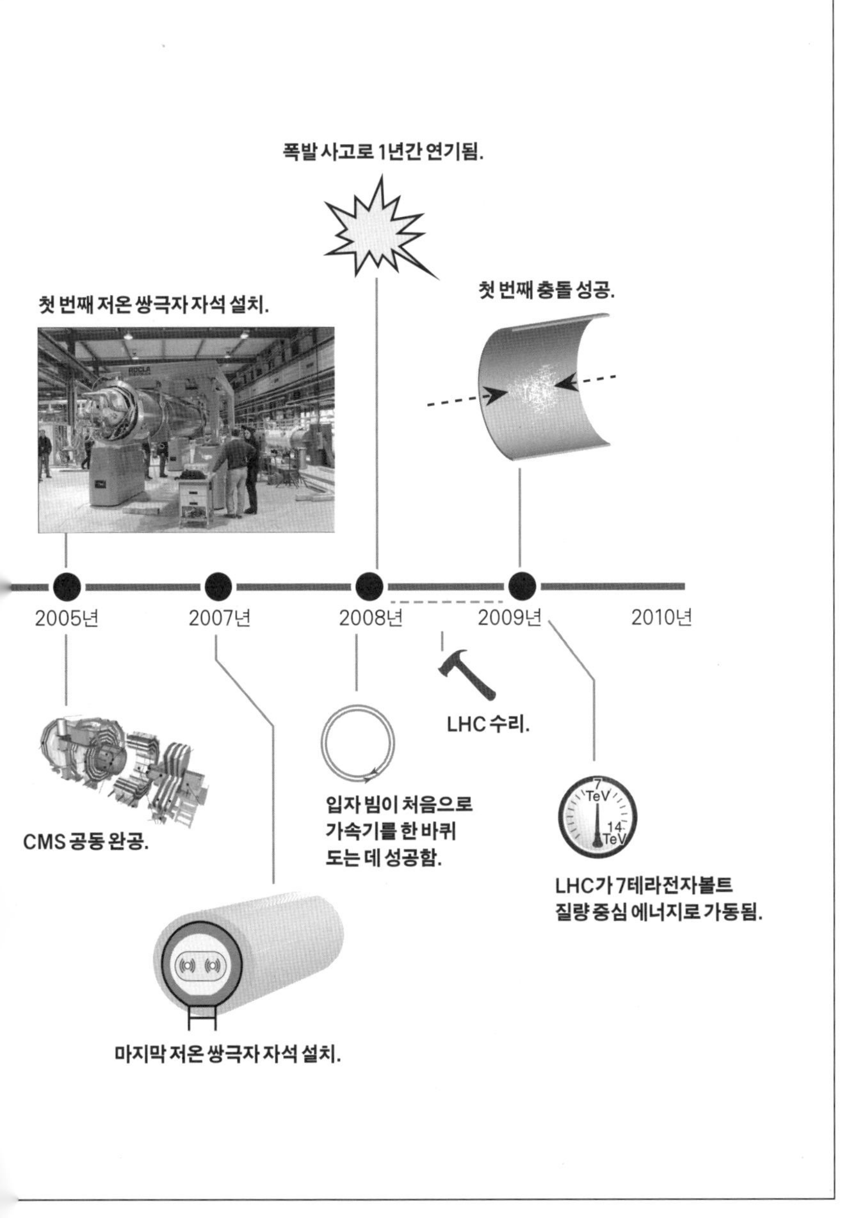
폭발 사고로 1년간 연기됨.
첫 번째 저온 쌍극자 자석 설치.
첫 번째 충돌 성공.
2005년
2007년
2008년
2009년
2010년
LHC 수리.
CMS 공동 완공.
입자 빔이 처음으로
가속기를 한 바퀴
도는 데 성공함.
7
TeV
14
TeV
LHC가 7테라전자볼트
질량 중심 에너지로 가동됨.
마지막 저온 쌍극자 자석 설치.

장치인 ALICE를 사용하는 그룹에서 온 과학자들은 11월 28일에 논문 배포본(preprint, 출판되기 전의 논문)을 내놓기까지 했다.

그리 오래 지나지 않아서 양성자 빔의 에너지는 서서히 상승해 1.18테라전자볼트에 도달했다. 이것은 역사상 가장 높은 에너지였다. 첫 번째 충돌이 일어난 지 겨우 1주일 후인 11월 30일에 1.18테라전자볼트의 양성자 빔이 서로 충돌했다. 그 알짜 중심 에너지가 2.36테라전자볼트였는데, 이것은 8년 동안 페르미 연구소가 가지고 있던 기록을 깨는, 인간이 만들어 낸 것 가운데 역사상 가장 높은 에너지였다.

LHC의 실험 장치 3개가 빔의 충돌을 기록했고, 이후 몇 주 동안 수만 번의 양성자 충돌이 일어났다. (3개의 실험 장치란 ATLAS, CMS, ALICE 검출기를 말한다. — 옮긴이) 이 충돌은 새로운 물리학 이론을 발견하는 데 이용될 것은 아니었지만, 각 실험이 실제로 기능하는지를 알아보는 데 아주 유용하고, 표준 모형에서 온 '배경(background)'을 연구하는 데 쓸 수도 있다. 배경이란 새로운 무언가를 가리키지는 않지만 진짜 발견과 관련될 수도 있는 충돌 사건들이다.

어디서나 실험가들은 LHC가 에너지 기록을 갱신했다는 데 대해 만족감을 표했다. LHC는 그것을 아슬아슬한 타이밍으로 실현해 냈다. LHC는 12월 중순부터 다음 해 3월까지 스위치를 끄기로 되어 있어서, 12월에 기록을 세우지 못했으면 기록 갱신은 몇 달 미뤄질 뻔했기 때문이다. LHC에서 일하는 미국 샌타 바버라 대학교의 실험가인 제프 리치먼(Jeff Richman)은 나도 참가했던 암흑 물질에 관한 학회에서 이 사실을 즐거운 듯이 이야기했는데, 그것은 그가 LHC가 2009년이 가기 전에 테바트론의 에너지를 넘어서는 에너지에서 충돌 실험을 성공시킬지를 두고 페르미 연구소의 한 물리학자와 내기를 했었기 때문이다. 그가 기뻐하는 모습을 보니 누가 이겼는지 명백했다.

2009년 12월 18일, 이 해의 가동을 마치고 LHC의 스위치가 내려지면서 흥분의 물결이 잠시 멈췄다. 린 에번스는 에너지가 더욱 올라갈 것이라고 약속하며 2010년 계획에 대해 이야기하는 것으로 발표를 마쳤다. 계획에 따르면 2010년 연말이 되기 전에 에너지가 7테라전자볼트에 도달하게 된다. 이전의 모든 것을 넘어서는 엄청난 에너지 증가이다. 그때 그는 열의와 확신에 넘쳤다. 실제로 LHC는 더욱 높은 에너지로 재가동되었고, 그의 확신이 옳았음은 입증되었다. 그토록 많은 좋은 일과 나쁜 일이 지나가고, 마침내 LHC는 계획대로 가동되기 시작했다. (LHC의 역사를 그림 28에 요약해 두었다.) LHC는 2012년까지 7테라전자볼트의 에너지에서, 혹은, 가능하다면 조금 더 높은 에너지에서 계속 작동되고 난 후, 적어도 1년간 가동을 중지하고 목표 에너지인 14테라전자볼트에 가능한 한 가깝게 에너지를 올리기 위해 준비 작업에 들어갈 것이다. 가동되는 동안 LHC는 충돌 횟수를 늘리기 위해서, 에너지뿐만 아니라 빔의 강도를 올리기 위해 노력할 것이다.

2009년 LHC가 재가동되고 나서 가속기와 검출기 실험이 순조롭게 운영되고 있는 상황에서 린 에번스의 강연 마지막 말은 청중의 가슴을 울리기에 충분했다. "LHC 건설이라는 모험은 끝이 났습니다. 이제부터는 새로운 발견이라는 모험을 시작합시다."

10장
세상을 삼킬 블랙홀

오랫동안 물리학자들은 LHC 가동을 고대해 왔다. 실험 데이터는 과학의 진보에서 가장 중요한 요소인데, 입자 물리학자들은 여러 해 동안 높은 에너지에서 나오는 데이터에 굶주려 왔다. LHC가 대답을 가져다 줄 때까지는, 그 누구도 표준 모형의 배후에 무엇이 있는지와 관련해 제안된 수많은 아이디어들 중에 어떤 것이 올바른 길을 가리키는 것인지를 알 수가 없다. 그중 가장 흥미로운 가능성 몇 가지를 탐구해 보기 전에, 다음 몇 장에 걸쳐 잠깐 길을 돌아갈까 한다. 먼저 위험(risk)과 불확실성이라는 문제를 고찰해 볼까 한다. 이 문제는 LHC에서 나오는 실험 결과들을 해석하고 이해할 때에도 중요할 뿐만 아니라, 현대 세계와 관련된 수많은 이슈들을 고찰할 때에도 중요한 역할을 한다. 일단 LHC 블랙홀이라는 주제와, 어떻게 해서 이 블랙홀이 원래 받아야 했던 것보다 더 큰 관심을 받게 되었는가를 가지고 이야기를 시작해 보자.

LHC에서 블랙홀이 생긴다면?

물리학자들은 현재 LHC가 궁극적으로 발견할 것이 무엇인가 두고 여러 가지 아이디어들을 내놓은 바 있다. 1990년대에는 이론가들과 실험가들 모두 새로 알려진 특정한 부류의 시나리오에 흥분했다. 이 시나리오에 따르면 입자 물리학뿐만 아니라 중력 이론 자체도 수정되어야 하고, LHC가 구현 가능한 에너지에서 새로운 현상이 발견될 터였다. 이 이론에서 유도되는 여러 가지 가능성들 중 한 가지가 특히 물리학자가 아닌 사람들의 주의를 끌었다. 그것은 기존 이론의 예측보다 훨씬 낮은 에너지에서 아주 작은 블랙홀이 생겨날 수도 있다는 것이었다. 만약 라만 선드럼(Raman Sundrum, 1964년~)과 내가 제안한 것과 같이 공간에 더 많은 차원이 있다는 생각이 옳은 것으로 판명된다면, 이런 고차원적인 소형 블랙홀이 정말로 생성될 수도 있다. 물리학자들은 만약 그런 블랙홀이 실제로 만들어진다면, 그것은 공간이 더 많은 차원을 가지고 있다는 증거가 될 것이고, 그 결과 중력 이론을 수정해야 할지도 모른다고 예측했다. 낙관적인 생각이었다.

분명 모든 사람이 블랙홀이 만들어질 가능성을 열광적으로 환영하는 것은 아니다. 미국과 세계 곳곳에는 이런 블랙홀이 세상 모든 것을 흡수해 버릴지도 모른다고 걱정하는 사람들이 있다. 나도 대중 강연을 할 때면 종종 그런 일이 일어나지는 않는지 질문을 받고는 했다. 질문한 사람들은 블랙홀이 생성되더라도 아무 위험이 없을 것이라는 내 설명을 들으면 대부분 만족했다. 그러나 유감스럽게도 모든 사람들이 과학자의 충분한 설명을 들을 수 있는 것은 아니다.

하와이의 고등학교 교사이자 식물원 관리자인 월터 와그너(Walter Wagner)는, 법률가이면서 원자력 안전 검사원으로 일하기도 했는데, 작가이자 자칭 '시간 이론 연구자'라고 주장하는 스패니어드 루이스 산초(Spaniard Luis Sancho)와 함께 이런 걱정을 하는 사람 가운데 가장 투쟁적인 사람이 되었다. 이 두 사람은 LHC 가동을 방해하기 위해 하와이에서 CERN과 미국의 에너지부와 국립 과학 재단(NSF), 그리고 페르미 연구소를 상대로 소송을 걸기까지 했다. 만약 단순히 LHC 가동을 지연시키는 것이 목적이었다면, 비둘기를 날리고 빵 조각들을 떨어뜨려 놓는 편이 더 간단했을 것이다. (이것은 실제로 일어난 일이기도 하다. 표면적으로는 새가 혼자서 저지른 일로 되어 있기는 하지만 말이다.) 하지만 와그너와 산초는 LHC를 영구적으로 정지시키는 게 목적이었으므로, 소송이라는 방법을 택했다.

블랙홀이 가져올지도 모르는 문제를 우려하는 것은 와그너와 산초만이 아니었다. 변호사인 해리 레만(Harry V. Lehmann)이 쓴 책은 그런 불안과 우려를 잘 요약해 놓고 있는 것 같다. 이 책의 제목은 『양자 세계에는 카나리아가 없다: LHC가 우리 행성을 두고 도박을 벌일 가치가 있는지 누가 결정하는가?(*No Canary in the Quanta: Who Gets to Decide If the Large Hadron Collider Is Worth Gambling Our Planet?*)』였다. 이 문제를 다룬 블로그도 있는데, 거기에는 2008년 9월에 일어난 폭발 사고가 야기한 두려움이 자세히 적혀 있었고, LHC가 안전하게 재가동될지 의문을 던지고 있었다. 그러나 그 글들은 주로, 2008년 9월 19일 재난의 원인이었던 기술적인 문제점이 아니라, LHC가 만들어 낼 수 있는 실제 물리 현상에 중점을 두고 있었다.

레만 등이 사용한 "최후의 날의 기계(Doomsday machine)"라는 위협적인 표현은 이 블랙홀이 지구를 안쪽으로 붕괴시킬지도 모른다는 두려움을 잘 나타내고 있다. 그들은 끈 이론에서 나오는 미지의 것들 때문에 생기는 불확실성도 문제지만, 양자 역학 자체가 불확실하기 때문에 LHC의 안전성 평가단의 위험 평가를 신뢰할 수 없다고 주장했다. 리처드 파인만 같은 물리학자들이 "양자 역학을 이해하는 사람은 아무도 없다."라고 주장했기 때문에 그렇다는 것이다. 그들의 문제 제기는, 위험 요소가 아무리 작다고 하더라도 어떤 이유에서건 간에 지구를 위태롭게 하는 것이 허용될 수 있느냐, 그리고 누가 그 결정을 내려야 하느냐 하는 질문을 포함하고 있었다.

물론 지구가 순간적으로 붕괴한다고 하면 그것은 정말로 무시무시한 종말론적 사건이 될 것이다. 그렇다고 해서 앞의 질문들을 LHC에 던지는 것은 적절하지 않다. 오히려 지구 온난화처럼 이 질문들을 던져야만 하는 적절한 이슈들은 따로 있다. 나는 이 장과 다음 장에서 블랙홀로 인해 지구가 사라지는 일로 괴로워하기보다는 401(k) 퇴직 연금의 고갈 문제를 염려하는 것이 당신 시간을 더 유효하게 쓰는 것이라고 이야기하고자 한다. (401(k)는 미국의 퇴직 연금을 말한다. 401(k) 퇴직 연금 제도는 퇴직금을 회사가 적립하되, 그 관리는 노동자 본인이 책임지는 방식으로 이루어진다. 회사가 퇴직금의 지급을 보장하지 않는다. 닷컴 거품이 터질 때 퇴직 연금을 주식에 묻어 두었던 미국 노동자들은 연금이 주가 폭락과 동시에 증발하는 사태에 직면해야 했다. — 옮긴이) 스케줄과 예산 문제가 LHC를 위험에 빠트린 적이 있기는 하다. 그러나 면밀한 조사와 관찰의 뒷받침을 받은 이론적인 고찰에 따르면, 블랙홀은 LHC에 문제가 되지 않는다.

당연히 물리학자들이 하는 일에 일반인이 의문을 가져서는 안 된다는 이야기는 아니다. 다른 모든 사람들과 마찬가지로 과학자들도 자신들의 행동이 야기할 위험한 결과를 예상할 필요가 있다. 하지만 블랙홀 문제와 관련해 물리학자들은 기존 이론과 데이터에 의거해서 위험을 평가했고 우려할 만한 위험은 없다고 판단했다. 위험 평가와 관련된 문제는 다음 장에서 좀 더 폭넓게 다룰 생각이다. 이번 10장에서는 왜 어떤 사람들은 LHC에서 블랙홀이 나올 가능성이 있다고 생각하는지, 그리고 그들이 주장하는 블랙홀로 인해 세상이 종말을 맞이할지도 모른다는 공포가 어째서 잘못된 것인지 살펴보고자 한다. 이 장에서 논의할 주제들은 사실 다음 장에서 일반적인 논의를 할 때나, 4부에서 LHC가 탐구할 물리학적 연구 대상들을 개략적으로 설명할 때 중요한 역할을 하지 않을 것이다. 그러나 이것은 물리학자들이 어떻게 생각하고 예측하는지, 그리고 어떻게 따라올 위험에 대해 폭넓게 고려할 준비를 하는지 보여 주는 하나의 예가 될 것이다.

LHC의 고차원 블랙홀

블랙홀은 중력이 너무 강해 너무 가까이 다가간 것은 모조리 붙잡아 버리는 물체이다. **사상의 지평**(event horizon)이라고 하는 블랙홀의 경계 안으로 들어온 것은 무엇이건 삼켜 버리고 안에 가두어 버린다. 결코 빨려 들어갈 것 같지 않은 빛조차 블랙홀의 어마어마한 중력장을 떨쳐 내지 못한다. 그 어떤 것도 블랙홀을 빠져나갈 수 없다. 텔레비전 드라마 「스타 트렉」의 팬이었던 친구는 농담으로 그것은 "진짜 보그(Borg)"라고 말했다. (보그는 「스타 트렉」에 나오는 가상의 외계 종족 중 하나인데, 다른 종족을 침략해서 동화시켜서 만들어진 하나의 집합체로 존재한다. 위키피디아 참조. — 옮긴이) 블랙홀과 만난 물체는 모두 흡수된다. 중력 법칙에는 "저항해 봤자 소용없기" 때문이다.

블랙홀은 중력이 중요해질 정도로 많은 양의 물질이 충분히 작은 영역에 집중될 때 생긴다. 블랙홀을 만드는 데 필요한 영역의 크기는 질량의 크기에 따라 정해진다. 질량이 더 작으면 그에 비례해서 더 작은 영역에 물질이 모여야 하고, 질량이 더 크면 더 넓은 영역에 분포되어도 된다. 어느 쪽이든 밀도가 극히 커져서 임계 질량이 필요한 부피 안에 모이게 되면 중력이 압도적으로 강해져서 블랙홀이 형성된다. 고전적으로('양자역학을 무시하고 계산한 바에 따르면'이라는 뜻이다.) 이런 블랙홀들은 주변 물질을 흡수해 점점 커진다. 또한 같은 식의 고전적인 계산에 따르면 블랙홀은 붕괴되지 않는다.

1990년대 이전에는 블랙홀을 만드는 데 필요한 최소 질량이 당대의 가속기 에너지나 보통 입자들의 질량과 비교해서 엄청나게 컸기 때문에, 실험실에서 블랙홀을 생성해 낸다는 것에 대해 그 누구도 생각지 않았다. 블랙홀은 결국 아주 강한 중력이 구체화된 것인 데 반해, 우리가 아는 개별 입자들의 중력은 무시해도 좋을 만큼 약하다. 전자기력과 같은 다른 힘보다 훨씬 약하다. 만약 중력이 우리가 지금까지 생각해 온 것과 일치한다면, 공간이 3차원인 우주에서는 입자를 아무리 높은 에너지로 충돌시킨다고 해도 블랙홀을 만드는 데 필요한 에너지를 절대로 만들 수 없다. 하지만 블랙홀은 우주에 실제로 존재한다. 거대 은하 중심부에는 대개 블랙홀이 자리하고 있는 것으로 보인다. 그러나 블랙홀을 만드는 데 필요한 에너지는 적어도 실험실에서 만들어 낼 수 있는 에너지의 1000조 배, 즉 1 뒤에 0이 15개 붙을 만큼 크다.

그렇다면 대체 왜 LHC에서 블랙홀을 만들어질지도 모른다고 이야기하는 것일까? 그것은 공간과 중력이 우리가 지금까지 관찰해 온 것과 크게 다를 수 있음을 물리학자들이 깨달았기 때문이다. 중력은 우리가 알고 있는 3차원 공간으로만 퍼져나가는 것이 아니라, 우리가 아직까지는 관측하지 못한, 현재로서는 보이지 않는 다른 차원으로도 퍼져나가는 힘일지도 모른다. 그런 여분 차원들이 주는 효과나 영향을 우리는 아직 관측하지 못하고 있다. 하지만 만약에 여분 차원이 존재한다면, LHC에서 구현해 낼 에너지에서는 여분 차원의 중력이 검출 가능한 형태로 모습을 드러낼 수 있다.

7장에서 간단히 소개했던 여분 차원이라는 개념은 아주 낯선 것이지만 합리적인 이론적 토대를 가지고 있고 우리가 알고 있는 중력이 터무니없이 약한 이유를 설명해 줄 수도 있다. (자세한 것은 17장에서 설명할 것이다.) 예를 들어 중력은 고차원 세계에서는 강할지도 모르지만, 우리가 보고 있는 3차원 세계에서는 희석되어 극히 약해져 있는 것일지도 모른다. 혹은 라만 선드럼과 내가 연구한 바와 같이 중력의 세기는 여분 차원에서의 방향과 위치에 따라 변해서 다른 모든 곳에서는 강하지만 우리가 사는 세계에서만 약한 것일 수도 있다. 어떤 생각이 옳은지 우리는 아직 모른다. 아직 확신을 갖기는 이르다. 하지만 실험가들이 LHC에서 이 여분 차원의 증거를 발견할지도 모른다. 17장에서 설명하겠지만 여분 차원은 LHC가 찾아낼 새로운 발견의 주요 후보 중 하나이다.

이 시나리오에 따르면, 원리적으로 여분 차원의 효과가 나타날 만큼 짧은 거리를 탐구하게 될 경우, 중력의 아주 다른 얼굴이 나타날 수도 있다. 더 많은 차원을 가진 이론에서는 우리가 곧 탐구하게 될 더 높은 에너지와 작은 거리에서 우주의 물리적 성질이 달라져야 한다. 만약 실제로 존재하는 여분 차원이 어떤 형태로든 관측 가능한 현상에 영향을 준다면, LHC 에너지에서 구현되는 중력 효과가 전에 생각했던 것보다 훨씬 크다고 해도 이상하지 않다. 이 경우 LHC의 실험에서 우리가 관측한 결과는 단순히 우리가 알고 있는 중력만이 아니라 고차원 우주의 더욱 강한 중력의 영향을 받은 결과일 것이다.

중력이 그렇게 강할 경우, 양성자가 충분히 작은 영역에서 충돌하면 고차원 블랙홀이 생성되기에 충분한 양의 에너지가 만들어질 것이라고 상상할 수 있다. 이런 블랙홀이 곧바로 사라지지 않고 충분히 오래 생존한다면 질량과 에너지를 빨아들일 것이다. 만약 이 블랙홀이 영구적으로 생존하게 된다면 정말로 위험한 존재가 될 것이다. 이것이 걱정 많은 사람들이 마음속으로 그린 파국적인 시나리오이다.

하지만 다행히도, 블랙홀에 대해서는 아인슈타인의 중력 이론에 의거한 고전 물리학적 계산만 있는 것이 아니다. 스티븐 호킹은 명성에 걸맞은 업적을 여럿 남겼는데, 그중에서도 그의 이름이 붙을 정도로 대표적인 발견이 하나 있는데, 그것은 바로 양자 역학이 블랙홀에 잡힌 물질에 탈출구를 제공한다는 것이다. 양자 역학에 따르면 블랙홀도 붕괴할 수 있다.

블랙홀의 표면은 '뜨겁다.' 블랙홀의 질량에 해당하는 온도만큼 뜨겁다. 블랙홀은 뜨겁게 타는 석탄처럼 복사를 내뿜으며 모든 방향으로 에너지를 방출한다. 블랙홀은 여전히 너무 가까이 다가간 모든 것을 흡수한다. 하지만 양자 역학에 따르면 블랙홀의 표면에서 방금 말한 **호킹 복사(Hawking radiation)**를 통해 입자가 증발하면서 에너지를 가져간다. 결국 블랙홀은 차츰 줄어들게 된다. 이 과정을 통해 아무리 커다란 블랙홀이라고 해도 에너지를 모두 복사로 방출하고 언젠가는 사라진다.

LHC는 기껏해야 고차원 블랙홀 하나를 가까스로 만들어 낼까 말까 할 정도의 에너지밖에 구현해 내지 못하기 때문에, 예상컨대 LHC가 만들 수 있는 블랙홀은 작을 것이다. 만약 블랙홀이 애초에 작고 뜨겁다면, 다시 말해 LHC에서 만들어질 수 있을 정도라면, 아주 빨리, 순식간에 사라져 버릴 것이다. 블랙홀은 호킹 복사로 인해 붕괴해서 질량을 모두 소모해 버리고 쉽게 무(無)로 돌아가 버린다. 그러므로 고차원 블랙홀이 정말로 만들어진다고 해도(일단 이론이 맞다고 가정해서), 블랙홀은 무슨 피해를 입힐 만큼 오래 남아 있지 않을 것이다. 커다란 블랙홀은 천천히 증발하지만 작은 블랙홀은 매우 뜨거워서 에너지를 거의 순식간에 잃어버린다. 이런 면에서 블랙홀은 좀 이상한 존재이다. 대부분의 물질, 예를 들어 석탄은 열을 복사하면서 식는다. 반면 블랙홀은 더 뜨거워진다. 블랙홀은 작을수록 더 뜨거우며, 따라서 작을수록 복사를 더 많이 방출한다.

자, 나는 과학자이다. 그래서 내가 하는 말에는 엄밀함이 요구된다. 기술적으로 말해서 앞에서 한 이야기는 호킹 복사와 블랙홀 붕괴 같은 현상이 정말로 일어난다는 것을 전제로 하고 있다. 우리는 블랙홀이 충분히 커서 그 중력계를 기술하는 방정식을 정확히 파악할 수 있을 때에만 블랙홀을 이해한다고 할 수 있다. 잘 검증된 중력 법칙은 블랙홀을 수학적으로 기술할 수 있게 해 준다. 그리고 우리는 그 기술을 신뢰한다. 그러나 지극히 작은 블랙홀의 정체와 관련해서 그만큼 신뢰할 만한 수식을 가지고 있지 않다. 이렇게 아주 작은 블랙홀을 기술하려는 경우에는 양자 역학을 고려해야 한다. 증발 현상뿐만 아니라 그 블랙홀 자체의 성질에 대해서도 그렇다.

양자 역학과 중력이 모두 중요한 역할을 하는 계를 어떻게 풀어야 하는지는 아무도 모른다. 끈 이론은 물리학자들이 할 수 있는 최선의 시도이기는 하지만, 그 의미를 전부는 모른다. 그렇다는 말은 원리적으로 허점이 있다는 소리이다. 지극히 작은 블랙홀은 고전적인 중력 이론으로 유도해 낸 커다란 블랙홀과 같은 방식으로 행동하지 않을 수도 있다. 언젠가 개발될지도 모를 양자 중력 이론으로만 이해할 수 있을 것이다. 아마도 그렇게 극단적으로 작은 블랙홀은 우리가 생각하는 속도로 붕괴하지 않을 것이다.

그러나 이것은 그리 심각한 허점이 아닐지도 모른다. 사실 이렇게 극단적인 물체를 진지하게 걱정하는 사람은 거의 없다. 블랙홀이 위험한 존재가 되는 것은 그것이 커다랗게 자랄 경우뿐이다. 극단적으로 작은 블랙홀은 문제가 될 만큼 많은 물질을 흡수하지도 못하고, 크게 성장하지도 못할 것이다. 위험해진다고 한다면 이 작은 물체가 증발하기 전에 위험을 야기할 만큼의 크기로 커져 버리는 것이다. 그런데 그 물체가 무엇인지 정확하게 알 수는 없어도 그 물체가 얼마나 오래 살아남을지는 추산할 수 있다. 이렇게 예상한 블랙홀의 수명은 블랙홀이 위험한 존재가 되는 데 걸리는 시간보다 훨씬 짧다. 따라서 블랙홀이 위험해지는 것은 확률 분포의 끝에 있는, 거의 일어나지 않을 것 같은 일이므로, 우리는 아주 안전하다. 작은 블랙홀은 우리가 입자 실험에서 흔하게 볼 수 있는 무겁고 불안정한 입자들과 크게 다르지 않다. 금방 사라지는 이런 입자들처럼 작은 블랙홀 역시 매우 빠르게 붕괴할 것이다.

그러나 어떤 사람들은 여전히 호킹이 유도한 결과가 우리가 알고 있는 모든 물리 법칙과 맞기는 하지만, 그래도 틀릴 수 있고, 블랙홀이 충분히 안정될 수도 있으며, 그렇게 되면 아주 오래 살아남지 않겠냐고 걱정을 한다. 사실 우리가 알고 있는 블랙홀에서 나오는 호킹 복사는 너무 약해서 보이지 않을 정도이기 때문에 관측을 통해서 검증된 적은 없기는 하다. 하지만 물리학자들은 이러한 반론을 받아들이지 않는다. 그것은 이 반론이 호킹 복사만이 아니라 이미 잘 검증된 그 밖의 물리학 이론의 다른 많은 측면들까지 부정하려 하기 때문이다. 게다가 호킹 복사의 기초가 되는 논리는 우리가 관측하고 있는 다른 현상들을 예측할 때 정상적으로 기능하고 있다. 그래서 우리 물리학자들은 호킹 복사를 참이라고 확신하고 있다.

그렇기는 하지만 호킹 복사는 아직 관측된 적이 없다. 따라서 블랙홀이 LHC에서 생성되어도 안전 문제가 일어나지 않는다는 것을 정말로 보장하기 위해 물리학자들은 다음과 같은 질문을 던진다. 만약 뭐가 어쨌든 호킹 복사 이론이 틀렸고, LHC에서 만들어진 블랙홀이 붕괴하지 않고 오래 살아남는다고 해 보자. 그렇게 되면 정말로 위험할까?

다행스럽게도, 블랙홀이 아무런 위험도 가져오지 않는다는 더욱 강력한 증거가 있다. 이 증거는 블랙홀이 붕괴한다는 가정도 하지 않고, 이론적인 이야기만 하는 것도 아니다. 게다가 우주에 대한 관측 결과에 기반을 둔 결과이다. 2008년 6월에 스티브 기딩스(Steve Giddings)와 미켈란젤로 망가노(Michelangelo Mangano)라는 두 사람의 물리학자가, 그리고 얼마 후 곧 LHC 안전성 평가단이 블랙홀로 인해 대참사가 일어나는 일은 결코 발생하지 않을 것이라는 논문을 발표했다.[39, 40] 이 논문은 명백히 실험적 근거를 바탕으로 씌어진 것이었다. 기딩스와 망가노는 우주에서 블랙홀이 형성되는 정도를 계산하고, 그렇게 만들어진 블랙홀들이 정말로 안정된 상태라서 붕괴하지 않을 경우, 블랙홀들이 지금까지 우주에 어느 정도의 영향을 주었을지를 예측했다. 그들이 관측한 바에 따르면, 아직 지구의 가속기에서는 블랙홀을 — 고차원 블랙홀조차도 — 만들 만한 에너지를 실현해 내지 못했지만, 우주에서는 그만큼의 에너지가 빈번하게 생성된다. 매우 높은 에너지를 가진 입자인 우주선이 천지사방으로 날아다니고 있고, 종종 다른 물질과 충돌하기도 한다. 우주에서 벌어지는 우주선 충돌의 결과를 지상 실험에서처럼 자세히 연구할 방법은 아직 없지만, 이 충돌 과정에서 LHC가 목표로 하고 있는 정도의 에너지는 얼마든지 생성된다.

만약 여분 차원 이론이 옳다면, 블랙홀이 지구나 태양과 같은 천체에서 생성될 수 있다. 기딩스와 망가노는 몇 가지 모형에 대해서(블랙홀이 생성되는 정도는 여분 차원이 몇 개 있는가에 따라 달라진다.) 계산을 한 결과, 한마디로 말해서 블랙홀은 너무 느리게 성장하기 때문에 위험한 존재가 될 수 없다는 결론에 도달했다. 수십억 년이 지났음에도 불구하고 대부분의 작은 블랙홀들은 극히 작은 상태로 그대로 남아 있을 것이기 때문이다. 블랙홀이 물질을 충분히 흡수해 성장하는 모형도 있다. 그러나 그런 경우 블랙홀은 대개 전기를 띠고 있다. 그런 블랙홀들이 정말로 위험한 존재였다면, 지구나 태양 내부에서 생성되었을 경우, 지구와 태양을 오래 전에 집어삼켰을 것이다. 하지만 지구와 태양은 지금까지 그런 영향을 전혀 받지 않은 것처럼 존재하고 있다. 따라서 전기를 띤 블랙홀은 그것이 아무리 질량을 급속히 흡수하는 것이라고 해도 위험을 가져오지 않는다고 봐도 된다.

이제 남은 위험한 시나리오는 블랙홀이 전기를 띠지 않고 위협적인 존재가 될 정도로 금방 성장하는 경우뿐이다. 그럴 경우, 블랙홀의 움직임을 늦출 수 있는 유일한 힘인 지구 중력마저 블랙홀을 멈추기에는 너무 약하다. 그런 블랙홀은 지구를 금방 지나쳐 버리기 때문에, 지구의 존재 유무를 가지고 그 잠재적인 위험성에 대해 어떤 결론을 내리기는 어렵다.

그러나 기딩스와 망가노는 마지막 가능성조차 기각했다. 중성자별이나 백색 왜성같이 훨씬 밀도가 높은 천체의 중력은 블랙홀을 빠져나가지 못하게 붙잡을 만큼 충분히 강하다. 초고에너지 우주선(Ultra-high-energy cosmic ray)이 강력한 중력을 가진 고밀도 별과 충돌한다면 LHC에서 만들어질 수 있는 것과 같은 블랙홀은 벌써 만들어졌을 것이다. 중성자별과 백색 왜성은 지구보다 훨씬 밀도가 높다. 밀도가 너무나 높아서 자체 중력만으로도 블랙홀을 내부에 붙잡아 둘 수 있을 정도이다. 만약 블랙홀이 만들어졌고, 정말로 위험하다면, 수십억 년 동안 남아 있었던 것으로 우리가 알고 있는 천체들은 블랙홀에 의해 벌써 파괴되었어야 한다. 하늘에 수많은 중성자별과 백색 왜성이 있다는 사실은 설사 그런 블랙홀이 존재한다고 하더라도 위험하지는 않음을 말해 주는 것이다. 만약 블랙홀이 만들어지더라도, 거의 즉시 소멸했거나, 최악의 경우라도 작고 무해하고 안정된 잔존물을 남겼음에 틀림없다. 블랙홀에게는 어떤 형태로든 피해를 입힐 만한 시간이 주어지지 않았다.

무엇보다 블랙홀은 물질을 흡수해 천체를 파괴하는 과정에서 많은 양의 가시광선을 내뿜는다. 이러한 대량의 가시광선 방출은 아직 관측된 적이 없다. 우주가 우리가 아는 대로 존재하고, 백색 왜성이 파괴되는 모습은 관측된 적이 없다는 사실은 LHC가 만들어 낼지도 모르는 블랙홀은 어떤 형태로든 위험하지 않을 것이라는 확실한 증거이다. 우리는 우주의 현재 상태를 바탕으로, LHC 블랙홀이 지구에 어떤 위해도 끼칠 수 없다는 결론을 내릴 수 있다.

이제 안도의 한숨을 쉬어도 좋다. 그런데 나는 블랙홀 이야기를 계속하려고 한다. 이번에는 나의 관점에서, 즉 낮은 에너지에서 블랙홀이 만들어지는 데 필요한 공간의 여분 차원과 같은 주제를 연구하는 사람의 관점에서 블랙홀 이야기를 해 볼까 한다.

블랙홀 관련 논란이 뉴스에 오르내리기 전부터 나는 이 주제에 관심을 두고 있었다. 내게는 프랑스 출신 동료가 하나 있는데, 그 친구는 전에는 CERN에서 일했지만 지금은 **오제**(Auger)라는 실험에 참가하고 있다. 오제는 대기권을 뚫고 지표면까지 내려오는 우주선을 연구하는 실험이다. 그는 자신들이 하는 우주선 실험에서도 같은 에너지 스케일을 연구할 수 있는데도, LHC가 연구 자원을 다 가져가 버린다고 불평했다. 하지만 그들이 하는 실험은 정밀도가 훨씬 떨어지기 때문에, 블랙홀 붕괴같이 극적인 사건이 일어나야만 의미 있는 발견이 이루어질 터였다.

그래서 나는 당시 하버드 대학교의 연구원이던 패트릭 미드(Patrick Meade)와 함께 그 친구가 하고 있는 오제 실험에서 관측할 수 있는 사건의 횟수를 계산해 봤다. 아주 주의 깊게 계산한 결과, 블랙홀 붕괴 같은 사건의 숫자는 처음에 물리학자들이 낙관적으로 예측한 것보다 훨씬 작다는 것을 알았다. 방금 '낙관적'이라고 한 것은 물리학자들은 새로운 물리학에 대한 증거라고 생각하면 늘 흥분해 버리기 때문이다. 우리는 지구에, 혹은 우주에 어떤 재앙이 미칠지 상관하지 않았다. 이제는 독자 여러분도 동의하겠지만 그런 재앙들은 현실적인 위협이 아니었다.

오제 실험이 작은 블랙홀을 발견하지 못하리라는 것은 알게 된 후, 우리는 LHC에서 블랙홀이 많이 나올 수 있다고 주장하는 다른 물리학자들의 생각에 의구심을 가지게 되었다. 심지어 입자 물리학적 현상을 고차원 이론으로 설명하는 일이 옳다고 하더라도 말이다. 우리가 발견한 것은 블랙홀이 만들어지는 정도가 너무 과다하게 예측되었다는 것이었다. 이런 시나리오들은 대략적인 근삿값을 바탕으로 추산해 보고 LHC에서 블랙홀이 매우 많이 생성된다고 했지만, 우리가 자세히 계산해 본 결과, 그렇지 않았다.

패트릭과 나는 블랙홀이 위험하든 말든 신경 쓰지 않았다. 우리가 알고 싶은 것은 작고, 무해하고, 빠르게 붕괴하는 고차원 블랙홀이 만들어질 수 있는가, 그 결과 고차원 중력이 존재한다는 어떤 신호를 발견할 수 있는가 하는 것이었다. 우리의 계산 결과는 고차원의 작은 블랙홀이 만들어지는 일은, 일어난다고 해도 아주 드물게만 일어난다는 것이었다. 물론 작은 블랙홀이 만들어지기만 한다면, 라만과 내가 제안했던 이론을 입증하는 환상적인 증거가 될 것이다. 그러나 나는 과학자로서 계산 결과를 받아들여야만 한다. 우리 결과를 보건대 헛된 기대를 품을 수는 없었다. 패트릭과 나는(그리고 대부분의 다른 물리학자들도) 극단적으로 작은 블랙홀이라고 할지라도 실제로 출현하리라고는 그다지 기대하지 않고 있다.

이것이 과학이 작동하는 방식이다. 사람들은 아이디어를 내놓고, 일단 대략적으로 전개해 보고, 그러고 나서 아이디어를 내놓은 당사자들이나 다른 사람들이 원점으로 다시 돌아가서 세부 사항을 확인한다. 더 면밀하게 조사해 보고 난 뒤 최초의 아이디어를 수정하게 되더라도 그것이 어떤 어리석음의 증거 같은 게 되지는 않는다. 그것은 그저 과학이란 대단히 어렵고, 발전은 대체로 점진적으로 이루어진다는 표시일 뿐이다. 이론적으로, 그리고 실험적으로 최선의 아이디어를 확립하기까지 중간 단계에서는 최초의 아이디어를 발전적으로 개선하는 일과, 반대로 원점으로 돌아가 재검토하는 일이 끊임없이 반복된다. 유감스럽게도 패트릭과 나는 시간 내에 계산을 끝마치지 못해서 블랙홀에 관한 논란이 신문에 퍼지고 소송으로 이어지는 것을 막지 못했다.

하지만 우리는 블랙홀이 결국 만들어지는지 아닌지에 상관없이, LHC에서 강하게 상호 작용하는 입자와 관련된 흥미로운 신호가 나타난다면, 그것이 바로 힘과 중력의 본질을 이해하는 데 있어 중요한 실마리가 될 수도 있음을 알게 되었다. 그렇게 되면 더 큰 차원에 대한 신호를 낮은 에너지에서 볼 수 있을지도 모른다. 우리가 계산한 바에 따르면 이런 특이한 신호가 관측되기 전까지는 블랙홀이 생성되지 않을 것이다. 그러나 이 신호 자체도 중력의 양상을 이해하는 데 중요한 역할을 하게 될 것이다.

이 연구는 과학의 또 다른 중요한 측면을 보여 주는 좋은 예이기도 하다. 스케일의 변화에 따라 패러다임이 극적으로 변한다고는 해도, 그런 돌연한 변화를 데이터 자체에서 갑자기 만나는 일은 거의 없다. 양자역학이 이미 알려진 스펙트럼선을 최종적으로 설명해 낸 것처럼, 가끔은 기존의 데이터가 패러다임의 변화를 촉진하기도 한다. 그러나 현재 진행 중인 실험에서 나온 데이터가 예측과 조금씩 어긋날 때, 이것이 앞으로 발견될 더욱 극적인 증거의 전주곡인 경우가 많다. 과학의 위험한 응용조차 발전에 시간이 걸리는 법이다. 우리 물리학자들은 핵무기 시대에 어느 정도 책임이 있다. 하지만 그 폭탄을 누가 갑자기 느닷없이 발견한 것은 아니다. 질량과 에너지의 등가성을 이해하는 것만으로는 충분하지 않았다. 물리학자들은 물질들을 폭발할 수 있는 위험한 형태로 조합하기 위해 아주 열심히 연구해야 했다.

블랙홀이 만약 커다랗게 성장한다면 우려할 만한 일이었을지도 모르지만, 계산과 관측을 통해 그렇게 되지 않으리라는 게 밝혀졌다. 만약 위험한 블랙홀이 생성된다고 해도 아주아주 작은 블랙홀이 생성되거나, 아니면 앞에서 이야기한 중력과 관련된 입자 상호 작용의 증거가 그 징후로서 먼저 나타날 것이다.

결론적으로 블랙홀은 위험하지 않다. 만약 LHC가 우리 행성을 삼켜 버릴 블랙홀을 만들어 낸다면, 내가 전적으로 책임질 것을 약속한다. 아니면, 내 수업을 들은 신입생들이 소개해 준 인터넷 사이트를 들어가 봐도 좋을 것 같다. 주소는 다음과 같다. http://hasthelargehadroncollid erdestroyedtheworldyet.com

11장

물리학과 위험 관리

2008년 대통령 선거 결과를 가장 잘 예측한 블로그, 파이브서티에이트(FiveThirtyEight, 《뉴욕 타임스》의 웹사이트에 딸린, 여러 분야에 걸쳐 투표를 하고 그 결과를 분석하는 글을 싣는 블로그. 주소는 http://fivethirtyeight.blogs.nytimes.com/이다. — 옮긴이)를 만든 네이트 실버(Nate Silver, 1978년~)가 2009년 가을에 '예측'을 주제로 책을 쓰면서, 인터뷰를 하러 나를 찾아왔다. (이 책은 『신호와 소음』이라는 제목으로 출간되었다. — 옮긴이) 당시 우리는 금융 위기와, 이길 수 없음이 명백한 아프가니스탄 전쟁과, 급등하는 건강 보험료와, 돌이킬 수 없을지도 모르는 기후 변동, 그리고 그 밖에 불쑥 불쑥 나타나는 위협들에 직면해 있었다. 나는 확률과 예측에 대한 네이트의 관점을 알고 싶어서 만나기로 했다. 예측이 맞는 것은 언제이고 그 이유가 무엇인지 알고 싶었다. 어느 정도는 '눈에는 눈, 이에는 이(tit-for-tat)'과 같은 마음에서였다.

그렇지만 내가 인터뷰 대상이 된 것에는 좀 당황했다. 내 전문성이란 입자들의 충돌 결과를 예측하는 것인데, 정부는 차치하고라도 라스베이거스의 도박사들이 돈을 걸 만한 분야는 아니라고 생각했기 때문이다. 나는 네이트가 아마도 LHC 블랙홀 문제에 대해서 물어보리라 생각했다. 하지만 블랙홀의 위험 가능성을 제기한 소송이 그때는 이미 끝나 있었다. 그래서 네이트가 블랙홀 종말 시나리오 문제를 다시 꺼낼지는 의심스러웠다. 게다가 그는 앞에서 열거한 수많은 진짜 심각한 문제들을 연구하는 사람 아닌가?

네이트는 사실 블랙홀 문제에는 관심이 없었다. 네이트는 입자 물리학자들이 LHC와 다른 실험을 할 때 어떻게 추측을 하고 예측을 하는지에 대해 훨씬 사려 깊은 질문을 했다. 그는 예측하는 행위 자체에 관심이 있었고, 과학자는 예측을 하는 것을 직업으로 하는 사람이다. 네이트는 우리 과학자들이 질문할 것과 무엇이 일어날지 추측하기 위해 사용하는 방법과 도구를 어떻게 고르는지 알고 싶어 했다. 곧 우리가 더 자세히 살펴볼 질문들이다.

그렇지만 LHC 실험과, 그 실험에서 우리가 발견하게 될 것이 무엇인지 추측하는 문제를 고찰하기 전에 이번 11장에서는 '위험(risk)'에 대해 좀 더 살펴볼까 한다. 오늘날 위험에 대한 이상한 태도와, 위험이 언제 그리고 어떻게 올 것인지 예상하는 데에서 볼 수 있는 혼란은 생각해 볼 만한 문제이다. 뉴스는 매일매일 예측하지 못했거나 완화시키지 못한 문제가 가져오는 비참한 결과들을 수없이 보도한다. 아마도 입자 물리학에 대해 생각하는 것과, 스케일에 따른 차이를 식별해 내는 안목이 이 복잡한 주제에 대해 빛을 비춰 줄 수도 있을 것이다. LHC 블랙홀에 대한 소송은 확실히 오해에서 생긴 것이었지만, 이 소송이든, 아니면 우리가 직면한 여러 절박한 문제들이든, 위험이라는 주제를 다루는 것의 중요성을 일깨워 주기 충분할 것이다.

입자 물리학에서 무언가를 예측하는 일은 세상에서 이루어지는 위험 평가와는 매우 다르다. 이 책의 한 장을 가지고는 위험을 평가하고 완화하는 일의 실제와 관련해 겨우 표면만 슬쩍 만져 볼 따름이다. 더욱이 블랙홀이라는 예는 일반적인 것이 못 된다. 그런 위험은 본질적으로 존재하지 않기 때문이다. 그렇지만 위험을 어떻게 평가하고 설명하는지를 생각해 볼 때, 이 블랙홀 문제에서 얻은 교훈은 나름 지침이 되어 줄 수는 있다. 비록 LHC 블랙홀은 위험한 존재가 전혀 아니지만 말이다. 하지만 우리는 예측을 잘못 응용하는 것이 우리를 어떻게 잘못된 길로 이끌게 되는지 살펴보게 될 것이다.

위험으로 가득한 세계

LHC에서 블랙홀이 생성될지 말지를 예측할 때 물리학자들은 기존의 과학 이론을, 아직 탐구되지 않은 에너지 스케일까지 확장해서 적용했다. 실제로 어떤 일이 일어날지는 모르지만, 우리는 정밀한 이론적 계산과 명확한 실험적 증거를 바탕으로, 재난이라고 할 만한 사건은 일어나지 않을 것이라는 결론을 내렸다. 면밀한 조사 끝에 과학자들은 모두 다 블랙홀이 가져올지도 모를 위험이 무시해도 좋을 수준이라는데, 즉 우주의 역사만큼의 시간이 지나도 블랙홀 문제는 일어나지 않으리라는 데 동의했다.

이것은 다른 종류의 잠재적인 위험을 다루는 방식과는 아주 다르다. 나는 아직도 경제와 금융 분야의 전문가들이 다가오는 금융 위기를 몇 년 전에 예상하지 못한 이유가 뭔지 모르겠고, 위기가 지나갔다고는 하지만 그것이 도리어 새로운 위기를 위한 무대를 마련한 게 아닌지 의심스럽다. 경제와 금융 분야 전문가들이 모두 경제가 순항하리라 생각한 것도 아니었지만, 경제가 흔들리다가 붕괴할 때까지 아무도 개입하지 않았다.

2008년 가을에 나는 학제간 컨퍼런스에 패널로 참여했다. 거기서 나는 블랙홀의 위험에 대해서 질문을 받았는데, 그것이 처음도 아니고 마지막도 아니었다. 내 오른쪽에 앉았던 골드만삭스의 부회장은 내게 모든 사람이 직면하고 있는 진짜 블랙홀 위기는 경제라고 농담을 했다. 그리고 그런 비유는 놀라울 만큼 적합했다.

블랙홀은 주변에 있는 것은 무엇이든지 흡수해서 강력한 내부의 힘으로 그 성질이든 형태든 모든 것을 바꾸어 버린다. 블랙홀은 전적으로 그 질량과 전하, 그리고 각운동량이라는 물리량으로만 기술되기 때문에, 그 안에 무엇이 들어 있는지, 혹은 그것이 어떻게 붙잡혔는지 흔적조차 찾을 수 없다. 블랙홀 속으로 들어간 정보는 잃어버린 것처럼 되어 버린다. 블랙홀은 그 정보를 미묘한 상관 관계에 따라 천천히, 바깥으로 스며 나가는 복사를 통해서만 내어놓는다. 게다가 작은 블랙홀이 금방 사라져 버리는 데 반해 거대한 블랙홀은 천천히 붕괴한다. 이 말은 작은 블랙홀은 오래 남아 있지 못하지만 거대 블랙홀은 너무 커서 사라지지 않는다는 말이다. 무엇인가가 연상되지 않는가? 한번 은행에 들어간 정보 — 여기에 부채와 파생 상품이 포함되어 있다. — 는 은행에 붙잡혀서 그 안에서 구별할 수 없는 복잡한 자산의 형태로 변형되어 버리고 만다. 일단 이렇게 은행에 흡수된 정보, 즉 그 안에 들어간 모든 것은 천천히 조금씩 빠져나올 따름이다.

너무나 많은 일들이 세계 규모로 일어나는 오늘날 우리는 정말로 통제 불가능한 실험을 거대한 스케일에서 하고 있다. 한번은 라디오 쇼인 「코스트 투 코스트(Coast to Coast)」에 출연한 적이 있는데, 만약 어떤 실험이 세상 전체를 위태롭게 할지 모른다면, 그것이 아무리 흥미로운 실험이라고 해도 그만두어야 하지 않겠냐는 질문을 받았다. 대부분 보수적인 라디오 청취자들에게는 유감스럽게도 나는 이렇게 대답했다. "그런 실험이라면 이미 하고 있다. 그것은 바로 탄소 배출이다." 왜 그 문제는 더 많은 사람들이 걱정하지 않는 것일까?

과학이 진보할 때와와 마찬가지로, 급작스러운 변화가 아무런 사전 경고 없이 일어나는 일은 아주 드물다. 우리 시대에 기후가 급격하게 변화할지 알 수 없지만, 얼음이 녹거나 날씨의 패턴이 변하는 등의 경고 신호는 이미 보고 있다. 경제 역시 2008년에 갑자기 추락한 것처럼 보인다. 하지만 많은 금융 전문가들과 투자자들은 붕괴를 미리 알고 시장을 떠났다. 새로운 금융 상품과 높은 이산화탄소 농도는 급격한 변화를 촉진할 가능성을 가지고 있다. 이러한 실제 상황에서는 위험이 존재하는가, 하는 질문은 의미가 없다. 이런 경우 잠재적 위험을 적절히 설명하고 어디까지 조심해야 할지 올바르게 정하려고 한다면 이 위험에 대해 얼마나 많이 주의를 기울일 것인가를 결정해야 한다.

위험 계산

이상적으로는 위험을 계산하는 일에서 시작해야 할 것이다. 사람들은 확률에 대해 단순히 잘못 알고 있는 경우가 종종 있다. 정치 풍자 뉴스 프로그램인 「더 데일리 쇼(The Daily Show)」의 리포터 존 올리버(John Oliver)가 LHC에 소송을 걸었던 사람 중 하나인 월터 와그너와 블랙홀에 관해 인터뷰했을 때, 와그너는 그나마 가지고 있던 신용마저 잃어버렸다. 그가 LHC가 지구를 망하게 할 확률이 지구가 망하거나 아니면 괜찮거나 둘 중 하나이므로 "50 대 50"이라고 했기 때문이다. 존 올리버는 의심스러운 투로 당신은 확률이 어떻게 작용하는지 확실히 알지 못하는 것 같다고 말했다. 다행히 존 올리버가 옳다. 우리는 확률을 더 잘 계산할 수 있다. (확률을 계산할 때 평등주의자가 될 필요는 없다.)

그러나 확률을 늘 쉽게 계산할 수 있는 것은 아니다. 기후 변동으로 피해를 입을 확률이나 중동 정세가 악화될 확률, 혹은 경제 전망과 관련된 확률 등을 생각해 보자. 이런 경우들은 상황이 훨씬 더 복잡하다. 단순히 위험을 기술하는 방정식이 풀기 어렵기 때문만이 아니다. 심지어 방정식 자체가 무엇인지 모르는 경우도 많다. 기후 변동의 경우, 우리는 시뮬레이션 정도는 할 수 있고 과거의 기록을 살펴 어떤 패턴을 찾아볼 수도 있다. 중동 정세나 경제 전망 문제라면 비슷한 역사적 상황을 찾아보거나 단순화한 모형을 만들어서 모의 시험을 해 볼 수도 있다. 그러나 어떤 경우든 불확실성이 워낙 크기 때문에 뭔가를 예측하기는 대단히 어렵다.

정확하고 믿을 수 있는 예측을 한다는 것은 어렵다. 관계된 모든 요소들을 다 집어넣어 최선의 모형을 만들더라도, 그 특정한 모형에 집어넣어야 하는 입력 데이터와 전제로 삼은 가정에 따라 그 결과가 크게 달라질 수 있다. 전제하고 있는 가정의 불확실성이 아주 크다면, 위험이 적다는 예측은 아무 의미도 없다. 예측이 가치를 가지려면 불확실성을 완전히 고려하고 솔직하게 드러내는 것이 결정적으로 중요하다.

다른 예를 생각해 보기 전에 이런 문제를 보여 주는 작은 일화를 하나 소개할까 한다. 물리학 연구를 시작했을 때, 나는 당시 막 측정된 톱 쿼크의 질량이 놀랍도록 커서 표준 모형에서 중요한 역할을 하는 물리량 하나가 예전 예측보다 훨씬 큰 범위의 값을 가질 수 있음을 발견했다.

톱 쿼크의 질량이 예상보다 커져서 그 물리량에 가해지는 양자 역학적 효과가 변한 탓이었다. 내가 어떤 학회에서 이 연구 결과를 발표했을 때, 내가 제시한 새로운 결과를 톱 쿼크의 질량에 따른 함수로 그려 보라는 요청을 받았다. 나는 할 수 없다고 대답했다. 거기에는 여러 양자 역학적 효과가 얽혀 있고, 남아 있는 불확실성 요소들이 확률 범위를 너무 크게 넓히는 탓에, 그렇게 단순한 곡선으로는 표현할 수 없음을 알았기 때문이다. 그러나 한 '전문가' 친구는 불확실성을 낮추어 잡았고, 그런 그래프를 그렸다. (현실 세계에서도 어떤 일을 예측할 때 사람들은 이처럼 불확실성을 진지하게 고려하지 않는다.) 그리고 한동안 그의 예측은 널리 인용되었다. 그러나 그의 예측 범위에 들어가지 않는 측정 결과가 점차 늘어나기 시작했다. 측정값과 예측값이 일치하지 않는 것은 그가 불확실성을 지나치게 낙관적으로 추산했기 때문임이 확인되었다. 이런 실패는 과학에서든 현실 세계에서든 피하는 편이 낫다. 우리가 원하는 것은 의미 있는 예측이며, 그런 예측은 불확실성을 아주 조심해서 다뤄야만 얻을 수 있다.

현실 세계의 경우 상황들은 처리하기 훨씬 어려운 문제들을 포함하고 있기 때문에, 우리는 불확실성의 요소들과 미지의 요소들을 더욱 조심해서 다뤄야 한다. 이런 문제들을 고려하지 않거나 고려하지 못하는 정량적인 예측을 이용할 때에는 주의를 기울여야 한다.

한 가지 장애물은 계통 위험(systemic risks)을 어떻게 적절하게 설명할 것인가 하는 점이다. 이런 위험은 대부분의 경우 확실히 정량화하기 어렵다. 여러 요소들이 복잡하게 얽힌 커다란 계의 경우 좀 큰 스케일의 요소들은, 종종 간과되고는 하는 더 작은 요소들을 결합하는 데에서 생기는 복합적인 오류들이 포함된 모형들을 수반하는 법이기 때문이다. 그리고 그런 계통 위험은 다른 잠재적 위험의 결과를 증폭시킬 수 있다.

나는 미국 항공 우주국(NASA)의 안전성 문제를 검토하는 위원회에 있을 때 이런 종류의 구조적인 문제를 직접 볼 수 있었다. NASA의 조직과 설비는 전국에 퍼져 있다. 각 지역 선거구 유권자들의 불만을 사지 않기 위해서이다. 각각의 설비는 잘 관리되고 있었지만, 그 모든 것이 연결되어 있는 조직 전체에는 투자가 제대로 되고 있지 않았다. 이런 일은 거대 조직에서는 늘 일어나는 일이다. 조직의 층위 사이에서 전달되는 동안 정보는 흔히 소실된다. NASA와 우주 산업 분야의 위험 분석가인 조 프레이골라(Joe Fragola)는 내게 보낸 이메일에서 이렇게 이야기했다. "제 경험에 따르면 해당 문제의 전문가, 시스템 통합 팀, 그리고 위험 분석 팀이 함께하지 않는 위험 분석은 불완전해질 수밖에 없습니다. 특히 소위 '턴키(turn-key)' 방식의 위험 분석은 위험 분석을 마치 보험 계리사의 연습 문제 같은 것으로 만들어 버리고 맙니다. 결과적으로 학술적인 의미 말고는 아무것도 남지 않습니다." 문제를 광범위하게 넓게 보는 것과 상세하게 깊이 파고들어가는 것은 양립하기 어렵겠지만, 길게 보면 둘 다 꼭 필요하다.

그런 실패의 극적인 결과 중 하나가 멕시코 만에서 일어난 BP 사의 사고이다. (2010년 4월 영국 BP 사의 석유 시추선이 멕시코 만에서 폭발해서 일어난 사상 최악의 기름 유출 사고. — 옮긴이) 2011년 2월 하버드 대학교의 학장이자 BP 사의 딥워터 호라이즌 호 기름 유출 사건에 대한 정부 쪽 조사 위원회의 위원인 체리 머리(Cherry A. Murray)는 하버드 대학교에서 강연을 하면서, BP 사고의 중요한 요인으로 관리의 실패를 꼽았다. 정부 조사 위원회의 과학 기술 부문 선임 고문이자 석유 회사 셸의 심해 사업 부문 전 부사장인 리처드 시어스(Richard Sears)는 BP의 경영진이 문제를 전체적으로 보지 않았다고 지적했다. 그의 표현에 따르면 BP의 경영진이 "초(超)선형적 사고(hyper-linear thinking)"만 했다는 것이다.

입자 물리학은 분명 전문적이고 난해한 일이지만, 그 목표는 가장 단순한 기본 요소를 분리해 내고 가설에 기초해 명쾌한 예측을 하는 데 있다. 입자 물리학의 도전 과제는 아주 작은 거리와 높은 에너지에 도달하는 것이지 복잡한 관계를 다루는 것이 아니다. 사실 우리는 어떤 기본 모형이 옳은지 그른지 모르더라도, LHC에서 양성자와 양성자가 충돌할 때 어떤 종류의 사건이 일어날지, 주어진 모형에 따라 예측할 수 있다. 작은 스케일이 더 큰 스케일에 흡수될 때에야, 우리는 바로 그 더 큰 스케일에 적용되는 유효 이론을 가지고 작은 스케일에서의 세부 사항을 무시하면 오차가 얼마나 생기는지, 그리고 더 작은 스케일이 정확히 어떻게 포함되는지를 이해할 수 있게 된다.

그러나 대부분의 경우, 우리가 1장에서 소개한 것과 같은 스케일에 따른 깔끔한 분리가 쉽게 이루어지지 않는다. 때때로 몇 가지 비슷한 방법을 공유하기는 하지만, 뉴욕 은행가들의 말처럼 "금융은 물리학의 한 갈래가 아니다." 기후나 금융의 세계에서는 작은 스케일의 상호 작용에 대한 지식이 종종 커다란 스케일의 결과를 좌우하는 핵심적인 역할을 하기도 한다.

이렇게 스케일 분리가 이루어지지 않아서 재난이 일어날 수도 있다. 베어링스 은행 파산 사태를 예로 들어보자. 1762년에 설립된 베어링스 은행은 1995년에 망하기 전까지만 해도 영국에서 가장 오래된 명문 투자 은행이었다. 베어링스는 나폴레옹 전쟁이 벌어질 때, 미국이 루이지애나 주를 구입할 때, 그리고 이리 운하를 건설할 때 투자를 했다. 그러나 1995년 싱가포르의 한 작은 사무실에서 무모한 단 한 명의 트레이더가 투자를 잘못 하는 바람에 파산하기에 이르렀다.

최근 사례로는 조지프 카사노(Joseph J. Cassano, 1955년~)의 음모로 AIG가 거의 망할 뻔하고 전 세계가 금융 위기에 빠질 뻔한 사건을 들 수 있다. 카사노는 AIG 파이낸셜 프로덕츠(Financial Products, AIGFP)라고 불리는, 회사 내의 비교적 작은(약 400명으로 구성된) 부서의 책임자였다. AIG는 합리적이고 안정된 투자를 해 왔는데, 카사노는 부채 담보부 증권(CDO)에서 손해가 생기는 것을 피하기 위해 신용 부도 스와프(CDS, 여러 은행이 함께 참여하는 복잡한 투자 수단이다.)를 운용하기 시작했다.

카사노의 부서는 다단계 마케팅이나 피라미드 사기 같은 수법으로 5000억 달러에 이르는 돈을 신용 부도 스와프에 쏟아부었고, 그중 적어도 600억 달러는 서브프라임 모기지와 묶여 버렸다.[41] 만약 물리학에서처럼 하부 단위가 더 큰 계에 흡수되었다면, 작은 부분에서 움직이는 정보와 활동을 위에서는 좀 더 쉽게 볼 수 있었을 것이고, 중간 관리자가 통제하고 감독할 수 있었을 것이다. 그러나 유감스럽게도 스케일 분리가 지나치게 파편화된 탓에 카사노의 음모는 실제로는 관리 감독을 받지 않고 사업 운영 전반에 침투해 버렸다. 그의 활동이 증권, 도박, 보험 등 온갖 영역으로 침투해 가는 동안 그 어떤 규제도 받지 않았다. 신용 부도 스와프는 전 세계로 퍼졌고 아무도 그 잠재적 문제를 파악하지 못했다. 그래서 서브프라임 모기지 사태가 강타했을 때, AIG는 아무런 준비도 되어 있지 않았고, 거액의 손실을 입고 내부로부터 붕괴했다. 남은 것은 미국 납세자들의 세금으로 회사를 구제하는 일뿐이었다.

규제 당국은 개별 기관 투자자들의 건전성과 관련된 통상적인 안정성 문제에 대해서는 (어느 정도) 주의를 기울였지만, 시스템 전체, 혹은 그 시스템에 내포된 복잡하게 얽힌 위험은 전혀 파악하지 못했다. 채권과 채무가 겹친 더 복잡한 시스템을 다루려면, 이런 상호 관계성을 더 잘 이해하고, 위험과 가능한 이익, 그리고 그것을 얻기 위한 대가를 평가하고, 비교하고, 결정할 수 있는 더 포괄적인 방법이 필요하다.[42] 이것은 대규모 계를 다룰 때면 거의 항상 등장하는 문제이다. 또 적절한 시간 틀을 적용하는 것도 마찬가지로 중요하다.

이 적절한 시간 틀이라는 문제는 위험을 산정하고 다루는 것을 어렵게 만드는 새로운 요소이다. 우리의 심리 기제뿐만 아니라 시장과 정치 체제 역시 장기 위험과 단기 위험에 각각 다른 논리를 적용한다. 장기 위험과 단기 위험을 평가할 때 서로 다른 논리를 적용하는 것이 때로는 분별 있게 이루어지기도 하지만 보다 자주는 탐욕 때문에 그렇게 된다. 대부분의 경제학자들과 몇몇 금융 시장 투자가들은 시장의 거품이 무한정 지속되지 않으리라는 것을 안다. 위험은 거품이 터진다는 것 자체가 아니라 — 영원토록 집값이 계속해서 두 배씩 뛴다고 진심으로 생각하는 사람이 몇이나 되었겠는가? — 거품이 당장 터질 수도 있다는 것이다. 사실 실제로 그렇게 할 수는 없겠지만, 만약 언제든 거품이 터질 것을 눈치 채고 그 직전에 그때까지 번 이익을 챙기고 가게 문을 닫고 시장에서 철수할 수만 있다면, 거품에 올라타거나 거품을 부풀리는 일이 반드시 근시안적인 일만은 아니다.

기후 변동의 경우를 살펴보자. 그린란드의 만년설이 녹는 것과 관련해 어떤 숫자를 써야 할지 실제로는 모른다. 100년같이 유한한 시간 내에 만년설이 얼마나 녹을까 하고 묻는다면 그다지 확실한 답을 하기는 어렵다. 그러나 구체적인 숫자를 알지 못한다고 해서 우리 머리를 막 녹기 시작한 얼음이나 차가운 물속에 처박아야 하는 것은 아니다.

기후 변동에 따른 환경 변화처럼 문제가 상대적으로 느리게 일어난다면, 기후 변동으로 인한 위험과, 그것을 막을 방법과 시점에 대해 합의점을 찾는 일은 많은 어려움을 겪게 된다. 게다가 어떤 행동을 취하든 취하지 않든 거기에 드는 비용을 어떻게 추산해야 할지도 알기 힘들다. 만약 기후 변동으로 인해 극적인 사건이 벌어진다면, 아마도 사람들은 그 즉시 행동을 취하게 될 것이다. 물론, 우리가 아무리 빠르게 행동해도 그 시점에서는 이미 너무 늦었을 것이다. 이것이 바로 급격하게 진행되지 않는 기후 변동에도 주의를 기울여야만 하는 이유이다.

심지어 어떤 결과가 어떤 확률로 나올지 알고 있는 경우에도, 우리는 확률은 낮고 결과는 재앙에 가까운 사건과, 확률이 높고 그다지 인상적이지 않은 사건을 대할 때 다른 기준을 적용한다. 매년 교통 사고로 훨씬 많은 사람들이 죽지만, 항공기 사고나 테러리스트의 습격에 대해서 자동차 사고보다 더 많이 이야기한다. 마찬가지로 블랙홀이 출현할 확률을 이해조차 하지 못하는 사람들도 종말 시나리오의 결과가 너무 극단적이기 때문에 그것을 그토록 심각하게 받아들인다. 한편 확률이 낮은(그리고 그렇게 낮지도 않은) 수많은 사건, 사고 들이 사람들의 탐지망에 잡히지 않는다고 해서 그대로 방치되고 무시된다. 많은 사람들이 근해에서 이루어지는 해상 원유 시추가 완전히 안전하다고 생각했지만 실제로 멕시코 만에서 사고가 터졌다.[43]

이것과 관련된 문제가, 최대 편익이나 최대 비용은 종종 확률 분포의 꼬리 부분, 다시 말해 잘 일어날 것 같지 않고, 우리가 잘 알지 못하는 사건에서 발생한다는 것이다.[44] 이상적으로는 우리가 계산한 것이 중간 범위의 추정치이거나 기존의 관련 상황으로부터 얻은 평균값에 따라 객관적으로 결정된 것이기를 바란다. 하지만 비슷한 사건이 일어난 적이 없거나, 그 가능성을 무시했다면 이런 데이터는 우리 손에 없을 것이다. 만약 꼬리 쪽 분포에서 생기는 비용이나 편익이 너무 크다면, 그것이 예측의 대부분을 지배하게 된다. 그것들이 무엇인지 미리 안다면 말이다. 아무튼 확률이 너무 낮아서 평균값이 의미를 잃을 경우에는 전통적인 통계 수법을 적용할 수 없게 된다.

금융 위기는 전문가들이 고려할 수 있는 범위를 넘어서는 사건들 때문에 일어났다. 사람들은 예측 가능한 상황에 기반을 두고 돈벌이를 한다. 그러나 바람직하지 않은 것이라고 상정된 사건들이 일어나 상황을 악화시킬 수 있다. 금융 상품의 신뢰성을 모형으로 만들 때, 대부분의 사람들은 경기가 하강하거나, 나가가 급격하게 추락할 가능성은 염두에 두지 않은 채, 지난 몇 년간의 데이터에만 의존했다. 금융 상품 규제와 관련 당국의 평가 역시 시장이 성장하는 짧은 시간 틀 안에서만 이루어졌다. 시장의 침체 가능성을 받아들였을 때조차도 가치 하락의 정도를 너무 낮게 예상한 탓에 규제가 없을 때 경제가 입을 진짜 손실을 정확하게 예측할 수가 없었다. 실질적으로 위기를 불러온 '일어나지 않을 것 같은' 사건에 대해서는 아무도 주의를 기울이지 않았다. 그래서 주의를 기울였다면 명백하게 보였을 위험이 결코 고려의 대상이 되지 못했던 것이다. 하지만 일어날 것 같지 않은 사건이라고 해도 심대한 영향을 미칠 수 있다면 고려해야만 한다.[45]

세상에 존재하는 모든 위험 평가는 기본 가정이 틀렸을 때에는 위험을 평가하기가 상당히 어려워진다는 문제를 내포하고 있다. 이런 위험 평가가 없다면 예측은 언제나 내재된 편견에 휘둘리기 십상이다. 현실적인 정책 결정은 이렇게 기본 가정에 내재된 숨겨진 편견과 계산 문제를 바닥에 깔고, 예상할 수도 없고 예상한 적도 없는 미지의 요소들을 가지고 이루어지기 마련이다. 문제를 일으키게 될, 바로 그 일어날 것 같지 않은 사건을 정확히 예측하는 것은 그저 불가능한 일일지도 모른다. 이렇게 되면 무언가를 예측하려는 시도 자체가 모두 다 의심스러운 것이 되고 만다. 우리가 미리 알 수 없는 미지의 요소는 항상 우리의 고려에 포함되지 않기 때문이다.

위험 완화

우리는 위험한 블랙홀이 생성될 확률이 아주 낮다고 확신하고 있다.

이것은 우리의 지적 탐구 과정에서 보자면 다행스러운 일이다. 파국적인 결과를 낳을 확률을 정확히 알 수는 없지만, 무시해도 좋을 정도로 작을 것이기에 굳이 계산할 필요도 없음을 잘 알고 있다. 우주가 끝날 때까지 단 한 번도 일어나지 않을 사건이라면 마음껏 무시해도 된다.

그러나 일반적으로 위험을 감수할 만한 수준을 정량화하는 것은 극히 어렵다. 우리는 틀림없이 중대한 위험을, 즉 생명과 지구와 우리가 사랑하는 모든 것에 해가 되는 일을 피하기를 바란다. 위험이 참을 만한 정도의 것이라면, 누가 이익을 얻는지, 누가 손실을 보는지를 알아내고, 그에 따라 위험을 평가하고 예측하는 시스템을 구축하기를 원한다.

위험 분석가 조 프레이골라는 내게 기후 변동을 비롯해 그가 관심을 가진 잠재적 위험들에 대해 이런 이야기를 들려주었다. "진짜 문제는 그런 일들이 일어날 것인가도, 그 결과가 어떠할 것인가도 아닙니다. 그 일들이 일어날 확률이 얼마나 되고 그 불확실성을 만드는 요소들이 어떤 것인가 하는 것입니다. 그리고 이러한 위험들에 대처하기 위해 전 세계 자원을 어느 정도나 배정해야 하는지는, 이러한 위험이 발생할 확률만이 아니라 이러한 위험 대처가 이루어질 가능성에 근거해서 결정되어야만 합니다."

규제 당국은 위험을 평가하고 대처법을 결정할 때 비용-편익 분석에 의거하는 경우가 많다. 표면적으로 그런 생각은 충분히 간결한 것처럼 보인다. 어떤 변화를 이루기 위해 지불해야 하는 비용과 그 변화로부터 얻을 수 있는 편익을 비교함으로써 그 변화의 가치를 알아내는 방법이다. 사실 이것은 여러 상황에 적용 가능한 제일 쓸모 있는 방법처럼 보이기도 한다. 하지만 이것은 수학적 엄밀성이라는 거짓 장식이 될 수도 있다. 현실적으로 비용-편익 분석은 실행하기 대단히 어려울 수 있다. 비용과 편익을 계산하는 일 자체도 어려울 뿐만 아니라, 비용과 편익의 명확한 정의도 합의하기 어려울 때가 있기 때문이다. 여러 가지 가정을 세울 수밖에 없는 상황에서는 미지수가 너무 많아져서 비용이나 편익을 믿을 수 있도록 충분히 정밀하게 계산하기 어려워질 뿐만 아니라, 무엇보다도 위험을 계산할 수가 없게 된다. 물론 시도야 해 볼 수는 있겠지만, 이런 불확실성을 설명해야 하거나, 적어도 그런 게 있다는 것 정도는 알고 있어야 한다.

단기적으로든 장기적으로든 앞으로 생길 비용과 위험을 예견할 수 있는 똑똑한 시스템이 있다면 틀림없이 쓸모가 있을 것이다. 그러나 모든 일을 오로지 비용만 가지고 평가할 수는 없는 법이다. 위험에 노출된 것이 어떤 것으로도 대체 불가능한 것이라면 어떻게 할 것인가?[46] LHC에서 지구를 삼켜 버릴 블랙홀이 생성되는 사태가 우리 생애 안에, 심지어 100만 년 안에라도 일어날 확률이 조금이라도 있다면, 우리는 당연히 LHC의 플러그를 뽑아야 할 것이다.

또한 기초 과학 연구는 궁극적으로는 우리에게 무언가 이득을 준다. 하지만 그 이익을 정량화하기는 너무 어렵다. 따라서 기초 과학 연구 프로젝트를 포기하는 경우 생기는 경제적인 비용을 제대로 계산하기란 매우 힘들다. LHC의 목표는 질량과 힘에 대해서, 그리고 가능하다면 우주의 본질에 대해서 더 잘 이해해 근본적인 지식을 얻는 것이다. 교육받았고 학습할 준비가 되어 있는 대중이 우주와 물질에 관한 거대한 질문이나 심오한 생각을 통해 지적으로 고양되는 것도 우리가 얻는 이익이라고 할 수 있다. 실용적으로는 CERN이 월드와이드웹과, 전 세계적인 정보 처리를 가능하게 해 준 '그리드(grid, 그리드란 수많은 컴퓨터를 연결해 동시에 구동하는 네트워크를 의미한다. 이렇게 함으로써 수많은 컴퓨터가 마치 하나의 거대한 컴퓨터처럼 작동해서 정보의 저장과 연산이 엄청난 규모로 이루어질 수 있다. — 옮긴이)'를 통해 이룩한 정보 처리 분야의 기술 발전과, 초전도 자석 개발 과정에서 이루어진, MRI 같은 의학 장비에 유용하게 이용될 자석 기술의 개선 등도 기초 과학 연구가 가져다준 이익이라고 할 수 있다. 기초 과학의 응용 성과는 계속해서 나올 것이고 그 수 역시 늘어날 것이다. 그러나 구체적으로 어떤 응용 기술이 미래에 활약하게 될지는 실질적으로 예측하기는 어렵다.

비용-편익 분석은 기초 과학에는 적용하기 어렵다. 한 변호사는 농담 삼아 LHC에 대해 비용-편익 분석을 해 보니, 무시무시한 위험이 발생할 확률도 극도로 낮지만, 세상의 모든 문제를 해결해 막대한 이득을 얻을 확률 역시 아주아주 낮다는 결론이 나왔다고 이야기한 적이 있다. 물론 어느 쪽이든 표준적인 비용-편익 계산을 적용할 만한 것은 아니다. 사실 내가 믿기 힘든 것은 이런 것을 변호사가 계산하려고 시도했다는 사실 자체이다.[47]

적어도 과학은 그 목표이기도 한 '영원한' 진리를 추구하는 과정에 이득이 된다. 만약 여러분이 세상의 작동 원리를 발견했다면, 그것을 얼마나 빨리, 혹은 늦게 발견했든지 간에 그것은 진리이다. 과학의 진보가 느리게 일어나기를 바라는 것은 절대 아니다. 그러나 지난해 LHC의 가동이 미루어진 것은 성급하게 LHC의 스위치를 켜려고 할 때 생길 수 있는 위험을 보여 주었다. (2008년의 사고와 그 수습 때문에 LHC 가동이 연기된 것을 말한다. — 옮긴이) 일반적으로 과학자들은 모든 일을 안전하게 진행하려고 애쓴다.

비용-편익 분석은 기후 변동 대책이나 은행업 같은 복잡한 상황에 적용될 때마다 대개 난관에 봉착하게 된다. 비록 원리적으로는 비용-편익 분석이 의미가 있고, 이 분석 방법에 근본적으로 반대하는 사람은 없지만, 이것을 실제로 적용하는 것은 엄청나게 다른 문제이다. 비용-편익 분석의 옹호자들은 비용-편익 분석의 정당성을 비용-편익 분석을 통해 입증하려고 한다. 그들이 옳을지도 모른다. 내가 말하고 싶은 것은 그저 그 방법을 보다 과학적으로 적용해야 한다는 것이다. 어떤 식으로든 숫자를 제시하는 경우에는 어떤 불확정 요소가 그 속에 숨어 있는지 자각하고 있어야 한다. 과학적 분석에서는 늘 그러듯이, 오차와 가정과 편차 등을 모두 고려해야 하고 이것을 감추지 말고 모두 공개해야 한다.

기후 변동 문제에서 아주 중요한 요소 중 하나는 비용 혹은 편익에 대한 고려가 개인적인 것이냐, 일국적인 것이냐, 전 지구적인 것이냐 하는 점이다. 기후 변동이 가진 잠재적인 비용이나 편익은 이런 범주들 모두에 걸쳐 있을 수도 있다. 그렇다고 해서 우리가 항상 이 모든 것을 고려하는 것은 아니다. 미국 정치가들이 교토 의정서에 반대한 것도 미국인들의 입장에서 봤을 때, 특히 미국의 기업 입장에서 비용이 편익을 초과한다고 결론 내렸기 때문이다. 그러나 그런 계산은 지구 전체가 불안정해져서 생기는 비용이나 변화된 환경 규제에서 신재생 에너지 사업이 성공해 가져올 편익과 같이 장기적인 관점에서 평가한 비용과 편익을 계산에 넣지 않은 것이다. 기후 변동 완화에 대한 많은 경제학적 분석들은 환경 규제에 적응하기 위해 기업이 혁신을 하고 미국 경제가 대외 의존도를 축소하기 위해 노력하는 데에서 올 경제적 안정성이 가져다줄 잠재적이고 추가적인 편익을 대개 누락시키기고는 한다. 세상이 어떻게 변할지 우리는 모르는 게 너무나도 많다.

이런 예들은 또한 국경을 넘나드는 위험을 어떻게 평가하고 완화할 것인가 하는 문제를 제기한다. 블랙홀이 정말로 지구에 위험을 가져왔다고 가정하자. 하와이에 사는 어떤 사람이 제네바에서 수행되기로 예정된 실험을 고소해 중지시킬 수 있을까? 현행법에 따르면, 할 수 없다. 하지만 소송전을 질질 끌면 LHC 실험에 대한 미국의 재정 지원을 방해할 수는 있다.

핵 확산은 명백히 지구 전체의 안녕이 걸린 또 다른 문제이다. 아직 우리는 다른 나라에서 만들어진 위험성에 대해서는 제한된 통제력만 행사할 수 있을 뿐이다. 기후 변동과 핵 확산은 일국 단위로 관리되지만 그 위험은 그 위협을 만들어 낸 연구소나 국가에 한정되지 않는다. 위험이 국경이나 사법 관할 구역을 넘어서 영향을 끼칠 때 어떻게 대응해야 하는가는 정치적으로 어려운 문제이다. 하지만 명백히 중요한 문제이기도 하다.

진정한 국제 연구 기관이라고 할 CERN의 성공은 여러 나라들이 공동 목표를 공유했기에 가능했다. 어떤 나라가 자신의 참여 지분을 가능한 한 줄이려고 한 경우는 있었지만, 각국의 개별 이익이 문제가 된 적은 없다. 모든 참가국은 함께 일한다. 과학 추구라는 가치를 공유하기 때문이다. 연구소를 유치하고 있는 프랑스와 스위스는 일자리와 인프라 측면에서 일부 경제적 이득을 볼 수도 있지만, 전체적으로 보아 CERN은 제로섬 게임이 아니다. 한 나라가 다른 나라의 희생으로부터 이익을 얻지는 않기 때문이다.

LHC의 또 다른 주목할 만한 특징은, 기술적인 문제나 실무적인 문제가 일어나면 CERN과 회원국이 함께 책임을 진다는 것이다. 2008년에 일어난 헬륨 폭발 사고를 수리하는 돈은 CERN의 예산으로 충당되었다. 아무도, 특히 LHC에서 일하는 그 누구도 기계 고장이나 과학적 사고로부터 이득을 얻지 않는다. 비용과 편익이 완전히 동조하지 않고, 비용을 대는 자가 위험에 대한 책임을 전적으로 지지 않을 경우, 비용-편익 분석의 유용성은 떨어진다. 이런 종류의 논리를 과학에서 다루는 닫힌 계에 적용하는 것과는 다른 일이다.

어떤 상황에서든 도덕적 해이는 피해야 한다. 이익과 위험이 동조하지 않는 도덕적 해이 상태에서 사람들은 누군가 유효한 보증을 해 주지 않으면 감수하지 않을 것보다 큰 위험을 감수해도 되지 않을까 하는 유혹을 느끼게 되는 법이다. 우리는 올바른 인센티브 체계를 갖출 필요가 있다.

예를 들어 헤지 펀드를 생각해 보자. 헤지 펀드의 펀드 매니저라고 할 제너럴 파트너(general partner)는 투자 수익을 올리면 매년 펀드 수익의 1퍼센트를 나눠 받지만, 펀드가 손실을 보거나 파산하더라도 상응하는 만큼의 돈을 몰수당하지는 않는다. 고용주 — 납세자일 수도 있다. — 들은 손실을 나눠 지지만, 제너럴 파트너 개인은 이익을 지킨다. 이런 변수들을 고려할 때 피고용자에게 가장 큰 이익을 가져다주는 전략은 커다란 변동성과 불안정성을 추구하는 것이다. 이런 식으로 위험과 보상과 책임을 함께 고려하지 않으면 효과적인 시스템과 유효한 비용-편익 분석은 성립하지 않는다. 관련되는 사람들의 범주나 스케일이 다르다는 것을 반드시 계산에 넣어야 한다.

은행업에서도 위험과 이익이 반드시 동조하지 않은 곳에서는 명백한 도덕적 해이가 발생하는 것을 볼 수 있다. 너무 큰 기업은 도산할 경우 국민 경제에 미치는 영향이 너무 커 도산하도록 놔둘 수 없다는 '대마불사' 정책이 레버리지 규제가 약한 금융 정책과 결합될 경우 책임만 지는 사람(즉 납세자)과 대부분 이득만 보는 자(은행가와 보험 회사)가 일치하지 않는 상황이 만들어진다. 2008년에 구제 금융이 필요했는지는 논의의 여지가 있는 문제이다. 하지만 진작 위험과 책임을 동조시켜서 그 상황을 피했다면 더 좋았을 것이다.

LHC의 경우, 실험과 위험에 관한 데이터는 모두 다 누구나 열람할 수 있다. 안전성 보고서도 웹에 올라와 있으므로 누구나 읽을 수 있다. 마찬가지로, 파산했을 경우 구제 금융을 기대하는 기관이나, 불안정한 방식하는 투자 기관들은 감독 기관에 충분한 데이터를 제공해야 한다.

그래야 감독 기관과 규제 당국이 위험에 대한 이익의 상대적 비중을 평가할 수 있기 때문이다. 믿을 수 있는 데이터에 언제라도 접근할 수 있다는 것은 모기지(mortgage) 전문가들이나 감독 기관 등이 장차 일어날지도 모를 금융 위기를 예측하는 데 도움이 된다.

비록 그 자체가 해결책은 아니지만, 적어도 분석을 개선하고 명확한 것으로 만들어 줄 요소가 하나 있다. 그것이 바로 '스케일'을 고려하는 것이다. 어떤 종류의 주체들이 편익과 위험을 나눠 갖는가, 그 분석은 어떤 시간 범위를 대상으로 이루어지는가 하는 문제를 고려해야 한다는 말이다. 스케일 문제는 계산에 누구를 포함시킬 것인가 하는 문제라고 바꿔 말할 수 있다. 즉 개인인가, 조직인가, 정부인가, 아니면 세계인가 하는 식으로. 그리고 한 달 동안의 문제인가, 1년 혹은 10년 동안인가로 생각할 수도 있다. 골드만삭스에 유리한 정책이 경제 전체, 혹은 부채의 늪에 빠져 있는 개인에게는 결과적으로 이득이 안 될 수 있다. 아무리 완벽하고 정확한 계산이 가능하다고 하더라도, 신중하게 만들어진 적확한 질문을 던지지 못하면 올바른 결과를 얻을 수 없다.

정책을 정하거나 비용-편익 분석을 할 때, 우리는 전 지구적인 안정성과 이타적 행동이 가져다줄 잠재적 이득을 무시하는 경향이 있다. 전 지구적 안정성과 이타적 행동은 윤리적인 측면에서의 이득만이 아니라 장기적인 관점에서 봤을 때 재정적인 측면에서도 이득을 가져다줄 수 있다. 하지만 이런 이익은 정량화하기 어렵고, 또 빠르게 변화하는 세상에서 그 일들의 가치를 평가해 내고 확고한 안정성을 만들어 내기 어렵기 때문이다. 그러나 개인이나 기관이나 일국의 이익에 한정되지 않은, 얻을 수 있는 모든 편익을 고려한 규제가 있다면 그것은 아주 훌륭한 것이 될 것이다. 나아가서 그런 규제는 분명 더 나은 세상을 가져올 수 있을 것이다.

최근의 금융 위기를 보면, 시간 틀도 정책 결정이나 비용-편익 분석에 큰 영향을 끼칠 수 있음을 알 수 있다. 시간의 스케일도 다른 의미로도 중요하다. 예를 들어 빠른 일처리가 편익(또는 수익)을 증대시키기도 하지만, 성급한 행동이 위험을 크게 만들기도 하기 때문이다. 그러나 예를 들어 신속한 거래가 거래 가격에 좋은 영향을 미치는 경우도 있지만, 번갯불처럼 빠른 거래가 반드시 경제 전체에 이득을 주는 것은 아니다. 투자 은행에서 일하던 사람이 내게 주식을 자유자재로 팔 수 있는 것이 얼마나 중요한지 설명한 적이 있다. 그러나 그는 그렇게 주식을 몇 초나 그 이하로 소유하고 난 다음 파는 이유를 설명하지 못했다. 그와 그가 속한 은행이 돈을 더 번다는 사실을 제외하면 말이다. 그런 거래는 은행가와 그의 회사에 단기적으로는 많은 이익을 가져다주지만, 장기적으로는 금융 분야에 이전부터 존재해 온 취약점은 악화시킨다. 보다 믿을 만한 시스템은, 아마 단기적으로는 경쟁에 불리할지 몰라도, 장기적으로는 더 많은 수익을 낼 것이고, 따라서 더 우세한 시스템이 될 것이다. 물론 내가 언급한 투자 은행의 직원은 회사에게 매년 20억 달러씩 벌어다 주었다. 아마 그 고용주는 내 제안에 동의하지 않을 것이다. 그러나 그들의 수익을 위해 비용을 치러야만 했던 사람들은 내 제안에 동의할 것이다.

전문가의 역할

많은 사람들이 흔히 그러는 것처럼 확실한 예측이 없다고 위험이 없다고 결론 내려서는 안 된다. 사실 그 반대이다. 특정한 가정이나 방법에서 생길 수 있는 결과들은 그 가정과 방법을 분명하게 제외하기 전까지는 무엇이나 가능하다고 생각해야 한다. 위험한 결과를 예측하는 많은 모형들은 사실 불확실성을 안고 있다. 그렇다고 해서, 아니 그렇기 때문에 기후나 경제, 또는 근해 원유 시추 작업에서 아주 나쁜 일이 일어날 가능성은 무시할 수 있을 만큼 작지 않다. 유한한 시간 범위 안에서는 그런 일이 일어날 가능성이 낮다고 할 수도 있다. 그러나 장기적으로 보면 비참한 결과로 이어질 가능성을 가진 시나리오들이 정말로 많다. 따라서 정보를 충분히 많이 얻기 전까지는 위험을 무시할 수가 없다.

최종 수익에만 관심을 가지는 사람들은 규제에 반대할 것이다. 그러나 안전성과 예측 가능성에도 관심을 가지는 사람들은 규제가 필요하다고 이야기할 것이다. 많은 사람들이 깊이 생각하지 않고 분위기에 휩쓸려 양자택일 식으로 결정한다. 사실 어느 쪽이 적절한지 경우의 수를 하나하나 따져 가며 알아내는 일은, 불가능한 것은 아니지만, 매우 벅찬 일이기 때문이다. 위험을 계산할 때처럼, 결정적인 요소를 알지 못한다고, 적절한 기준이 없다고 할 수는 없다. 따라서 가능한 한 최선의 선택을 할 수 없는 것도 아니다. 필요한 통찰을 갖지 못해서 세부적인 예측이 불가능하다고 해서, 구조적인 문제가 없다고 할 수는 없는 것이다.

이것은 우리에게 마지막 중요한 질문을 던진다. 누가 결정하는가? 전문가의 역할은 무엇인가? 그리고 누가 위험의 유무와 정도를 판단하는가?

LHC에 사용된 돈과 제도와 주의 깊은 감독 관리로 보아, 위험이 적절하게 분석되었다고 생각할 수 있다. 더욱이 LHC의 에너지는 사실 입자 물리학의 기초를 뒤흔들 정도에 도달한 것도 아니다. 물리학자들은 LHC가 안전하다고 확신하고 있으며, 입자 충돌에서 나올 결과를 고대하고 있다.

이것은 과학자들에게 큰 책임이 없다는 말이 아니다. 과학자들은 항상 책임감을 가지고 위험에 신경 써야 한다. 과학자들은 과학 프로젝트를 진행할 때 LHC에서처럼 안전에 대한 확신을 가지고 싶어 한다. 물질이나 미생물이나 그 밖에 무엇이든, 이전에 존재하지 않던 것을 새로 만들어 낼 때(또는 심해 채굴을 진행하거나 지구의 미지의 영역을 탐사할 때에도) 그 연구 주체는 자신이 극단적으로 잘못된 일을 하지 않는다는 확신을 가질 필요가 있다. 해결의 열쇠는 합리적인 위험 관리뿐이다. 근거 없는 공포는 과학의 진보와 그것이 가져올 이익을 방해할 뿐이다. 과학뿐만 아니라 잠재적인 위험을 지닌 어떤 시도라도 마찬가지이다. 상상할 수 있는 미지의 것, 심지어 '알 수조차 없는 미지의 것'에 대해서 우리가 할 수 있는 유일한 대응은 가능한 한 합리적으로 문제를 살피고, 필요하다면 언제나 개입해서 조정할 수 있는 자유를 가져야 한다는 것이다. 멕시코 만에 있던 사람들이 입증했듯이, 뭔가 잘못되어 간다는 사실을 알게 될 여러분은 그 마개를 닫을 수 있어야 한다.

앞 장 시작 부분에서 물리학자가 블랙홀 계산에 사용하는 수법에 관해 일반 블로거들이나 회의주의자들이 이의를 제기했다는 이야기를 했다. 그 반론들 중에는 양자 역학을 지나치게 신뢰해서는 안 된다는 것도 있었다. 분명 호킹은 양자 역학을 이용해 블랙홀의 붕괴를 유도했다. 파인만이 "아무도 양자 역학을 이해하지 못한다."라고 말했지만, 물리학자들은 양자 역학의 결과는 이해하고 있다. 양자 역학이 왜 옳은지에 대한 심오한 철학적 통찰은 가지고 있지 못할 수도 있다. 양자 역학이 데이터를 설명해 주고 고전 물리학으로는 헤쳐 나갈 수 없는 문제를 해결해 주기 때문에 우리는 양자 역학을 믿는다.

물리학자들이 양자 역학에 대해 논의할 때, 양자 역학의 예측에 대해서 논쟁을 벌이는 것이 아니다. 양자 역학은 놀라울 만큼 수많은 성공을 거두었기 때문에 여러 세대의 학생들과 연구자들이 그 정당성을 받아들일 수밖에 없었다. 오늘날 양자 역학과 관련해서 이루어지는 논의는 양자 역학의 철학적 토대에 대한 것이다. 예를 들어 우리가 더 친숙하게 느끼는 고전적인 전제를 가지고 양자 역학의 괴상한 가설을 예측할 수 있는 다른 이론은 없는가 하는 문제들을 가지고 토론한다. 그러나 사람들이 이 주제와 관련해서 어떤 진전을 이룬다고 하더라도 양자 역학의 예측에는 아무런 변화도 줄 수 없다. 철학적인 진보는 우리가 예측을 기술하는 데 사용하는 개념적 구조에는 영향을 줄 수 있지만 예측 그 자체에는 영향을 주지 못한다.

공개적으로 하는 말인데, 내 생각에 이 방면에서 어떤 형태로든 중요한 진보가 이루어질 것 같지는 않다. 양자 역학은 아마도 근본적인 이론일 것이다. 양자 역학은 고전 역학보다 더 풍요로운 이론이다. 고전적인 예측은 모두 양자 역학의 제한적인 경우에 해당한다. 하지만 그 역은 그렇지 않다. 그래서 양자 역학이 고전적인 뉴턴 물리학의 논리로 해석될 날이 올 것이라고는 믿기 어려운 것이다. 고전적인 이론으로 양자 역학을 해석하려고 하는 것은 내가 이 책을 이탈리아 어로 쓰려고 하는 것과 같을 것이다. 내가 이탈리아 어로 말할 수 있는 것은 뭐든지 영어로 말할 수 있지만, 그 반대로는 할 수 없다. 내 이탈리아 어 어휘에 한계가 있으니까.

하지만 양자 역학의 철학적 함의에 동의하든 안 하든 간에, 모든 물리학자들은 양자 역학을 어떻게 적용할 것인지에 대해서는 의견이 일치한다. 양자 역학을 거부하는 소수가 있기는 하지만 그들끼리 떠들게 놔두면 그뿐이다. 양자 역학의 예측은 확실히 믿을 수 있고, 수없이 검증되었다. 게다가 양자 역학의 예측을 제외하더라도, LHC가 안전하다는 증거는 많이 있다. (바로 지구와 태양이 존재하고, 중성자별과 백색 왜성도 존재한다는 사실이 그 증거이다.)

LHC 문제를 가지고 소란을 피우는 사람들은 또한 LHC에서 끈 이론을 사용하는 것을 반대한다. 사실 양자 역학을 사용하는 것은 아무 문제가 없지만 끈 이론은 그렇게까지 확실하지는 않다. 그러나 어쨌든 블랙홀에 대해 어떤 결론을 내리는 데 끈 이론이 필요하지는 않다. 블랙홀의 내부를 이해하기 위해 끈 이론을 이용하는 사람이 있기는 있다. 블랙홀의 내부, 다시 말해 일반 상대성 이론에 따라, 그 중심에 에너지가 무한정 높은 밀도로 모여 있는 특이점의 기하학을 이해하기 위해서이다. 그리고 물리적이지 않은 상황에서 끈 이론에 기반을 두고 블랙홀 증발 현상을 계산해 호킹의 결론을 뒷받침한 사람들도 있다. 그러나 블랙홀 붕괴 현상을 계산할 때에는 양자 역학만 있으면 되고, 완전한 양자 중력 이론이 꼭 필요한 것은 아니다. 끈 이론이 없었어도, 호킹은 블랙홀 복사를 계산할 수 있었다. 몇몇 블로거가 제기한 질문들은 오히려 그들의 과학 이해가 사실을 평가하기에 충분하지 않음을 보여 주는 증거일 뿐이다.

그들의 반론을 보다 관대하게 해석하자면, 그들의 주장이 과학 그 자체가 아니라 자신의 이론을 '신앙'처럼 신봉하는 과학자들에 대한 저항이라고 보는 것이다. 아무튼 끈 이론은 실험적으로 입증할 수 있는 에너지 영역 너머를 다루는 분야이다. 아직 많은 물리학자들이 끈 이론이 옳다고 생각하고, 끈 이론에 관해 연구하고 있다. 그러나 끈 이론에 대한 견해는 참으로 다양하다. 과학자들 사이에서조차 의견이 분분하기 때문에 끈 이론을 옳다고는 그 누구도 확언할 수 없다. 따라서 끈 이론에 대해 안전성 평가를 할 사람은 세상에 존재하지 않는다. 어떤 물리학자들은 끈 이론에 찬성하고 어떤 사람들은 그렇지 않다. 사실 끈 이론이 아직 증명되었거나 구체화되지 않았다는 것을 누구나 안다. 모든 사람들이 끈 이론의 타당성과 신뢰성에 동의하지 않았는데, 끈 이론을 믿고 위험 많은 불확실한 상황에 대처하는 것은 무모한 일일 수도 있다. 하지만 끈 이론은 우리의 안전 문제를 평가할 때 조금도 필요하지 않다. 끈 이론에 대한 실험적인 결과가 아직까지 나오지 않았다는 것은, 끈 이론의 참, 거짓 여부를 우리가 아직 알지 못하는 이유이며, 우리가 살면서 마주치는 현실 세계의 현상 대부분을 예측하는 데 끈 이론이 필요하지 않은 이유이다.

LHC의 잠재적인 위험을 평가할 때 전문가에게 맡기면 된다고 믿고 있음에도 불구하고, 나는 이런 방식에 잠재적인 한계가 있음을 인식하고 있으며, 그 문제를 어떻게 해결하면 좋을지 충분히 알지는 못한다. 금융 '전문가'들은 파생 상품이 위험을 최소화하기 위한 것이지, 잠재적인 위기를 만들어 내기 위한 것은 아니라고 말해 왔다. 경제 '전문가'들은 규제 철폐가 미국 기업들의 경쟁력 강화에 필수불가결한 것이라고만 주장했지, 그것이 미국 경제의 잠재적인 추락을 가져올지도 모른다고는 단 한마디도 하지 않았다. 지금도 그 '전문가들'은 은행 분야의 사람들만이 금융 거래의 실제 상황을 제대로 이해할 수 있으며 이 재난 상황에 제대로 대처할 수 있다고 이야기한다. 전문가들이 충분히 넓게 생각하고 있는지 아닌지 우리가 어떻게 알겠는가?

분명 전문가들도 생각이 짧을 수 있다. 그리고 이해 관계가 충돌할 수도 있다. 이 문제와 관련해서 과학으로부터 어떤 교훈을 얻을 수 있을까?

LHC 블랙홀의 경우 우리는 논리적으로 생각할 수 있는 모든 종류의 잠재적 위험들을 점검했다고 말할 수 있다. 이것은 결코 나만의 생각은 아니다. 우리는 이론적인 논의와 실험적 증거 모두를 고려했다. 우리는 우주 공간에 똑같은 물리적 조건이 적용된 경우도 고려했다. 이때에도 블랙홀 주변에 있던 그 어떤 구조도 파괴되지 않았다.

경제 전문가들도 이미 존재하는 데이터를 가지고 우리 물리학자들과 비슷한 방식으로 실제 상황과 비교 분석할 수 있다면 좋을 것이다.

그러나 카르멘 라인하트(Carmen M. Reinhartm 1955년~)와 케네스 로고프(Kenneth Rogoff, 1953년~)의 책 『이번엔 다르다(*This Time is Different*)』가 보여주는 것처럼 그것은 불가능한 일로 보인다. 역사와 경제적 조건은 반복되지 않기 때문이다. 그러나 경제 거품이 일 때면 언제나 몇 개의 대략적인 척도들이 반복적으로 나타난다.

오늘날 많은 사람들이 규제 철폐로 인한 위험을 그 누구도 예측하지 못했을 것이라고 주장하고 있다. 그러나 이것은 잘못된 주장이다. 선물과 상품 옵션을 감독하는 상품 선물 거래 위원회(Commodity Futures Trading Commission)의 전 위원장이었던 브룩슬리 본(Brooksley Born, 1940년~)은 규제 철폐의 위험성을 지적했다가 강한 반발에 직면해 입을 닫아야 했다. 사실 그녀는 잠재적인 위험이 폭발할지도 모른다고 합리적인 문제 제기를 했을 뿐이다. 그녀의 경고가 정당한지(그녀의 경고가 옳았음은 이제 분명해졌다.)에 대한 엄밀한 분석은 이루어지지 않았고, 규제를 신속하게 철폐하지 않으면 기업에 불이익을 가져다줄 것(단기적으로 월가만 한정해서 보면 그럴 수도 있다.)이라는 당파적 관점만 횡행했다.

규제나 정책과 관련해 목소리를 높이는 경제 전문가들의 머릿속에는 금융적 고려만이 아니라 정치적 속셈도 있을지 모른다. 그리고 이것이 올바른 일을 하는 데 방해가 될지도 모른다. 원칙적으로 과학자들은 정치보다 논의를 더 중요시한다. 물론 위험에 대한 논의도 여기 포함된다. LHC의 물리학자들은 아무런 재난도 일어나지 않을 것이라고 보증하기 위해 진지하고 과학적인 조사를 진행했다.

금융 전문가만이 특정한 금융 상품을 세부 사항까지 이해할 수 있을 수는 있다. 그러나 기본적인 구조적인 문제에 관해서라면 누구라도 생각해 볼 수 있다. 대부분의 사람들은 경제 붕괴를 일으킨 방아쇠가 정확히 무엇이었는지 예측하지 못하고, 심지어 이해하지 못할 수 있다. 그렇다고 하더라도 부채가 과도하게 존재하는 경제가 불안정할 수밖에 없다는 것은 분명하게 이해할 것이다. 누구라도 은행에 수천억 달러를 무조건적으로, 거의 아무런 규제 없이 주는 것을 좋아하지 않을 것이다. 누구라도 그것이 납세자의 돈을 쓰는 좋은 방법이 아님을 알 것이다. 수도꼭지를 만들 때조차 물을 잠글 수 있는 믿을 만한 장치를 갖추어 놓는다. 하다못해 물이 샐 경우 치울 수 있게 청소 도구라도 가져다 놓는다. 같은 일이 왜 심해 석유 채굴에는 적용되지 않았는지 이해하기 어렵다.

《뉴욕 타임스》의 경제 칼럼니스트 데이비드 레온하트(David Leonhardt, 1973년~)가 2010년 그린스펀과 버냉키의 잘못을 "경제적이라기보다 심리학적인" 요소 때문이라고 지적했듯이, 우리가 전문가에게 의존하는 것은 심리학적인 요소 탓이다. 데이비드 레온하트는 이렇게 썼다. "그들은 통념만 메아리치는 반향실(echo chamber)에 갇혔"고 "우주 왕복선 챌린저호의 엔지니어들이나, 베트남 전쟁과 이라크 전쟁의 입안자들, 조종실에서 비극적인 실수를 저지른 비행기 조종사들이 빠져들었던 것과 같은 약점의 희생자가 되었다. 그들은 자신들이 세운 가정을 제대로 검토하지 않았다. 그것은 전적으로 인재(人災)였다."[48]

복잡한 주제를 다루는 유일한 방법은 두루 넓게, 심지어 **국외자(outlier)**에게도 귀를 기울이는 것이다. 경제가 붕괴해 블랙홀로 변하는 것을 예측할 수 있었음에도 불구하고, 이기적인 은행들은 가능한 한 오랫동안 경고를 무시하려고 했다. 과학은 과학자들이 일치단결해 옳은 답에만 투표하는 활동이기 때문에 꼭 민주적인 것은 아니다. 그러나 누가 과학적으로 정당한 주장을 한다면, 결국 과학자들은 그 주장에 귀를 기울이게 될 것이다. 사람들은 흔히 더 유명한 과학자의 발견이나 직관에 먼저 관심을 기울인다. 그러나 무명의 과학자라고 해도 설득력 있는 주장을 한다면 그의 말에 귀를 기울이는 사람들이 차츰 늘어날 것이다.

유명한 과학자들이 무명 과학자의 주장에 곧바로 관심을 가지는 경우도 있다. 아인슈타인은 바로 이런 과정을 거쳐 등장하자마자 과학의 기초에 충격을 준 이론을 제시할 수 있었다. 당시 독일 물리학계의 거물이었던 막스 카를 에른스트 루트비히 플랑크(Max Karl Ernst Ludwig Planck, 1858~1947년)는 아인슈타인의 상대성 이론의 기초가 된 직관의 의미를 이해했다. 우연히도 당시 그는 가장 중요한 물리학 학술지의 편집 주간이었다.

오늘날 우리는 인터넷의 많은 도움을 받고 있다. 생각과 사상과 아이디어가 빛의 속도로 확산되고 있다. 물리학자라면 누구나 논문을 쓸 수 있고 다음날이면 물리학 논문 데이터베이스에 투고할 수 있다. 루보스 모틀(Luboš Motl, 1973년~)은 체코에서 대학을 다닐 때, 럿거스 대학교(Rutgers University)의 저명한 물리학자가 연구하고 있던 과학 문제를 풀었다. 럿거스의 그 물리학자 톰 뱅크스(Tom Banks, 1949년~)는 좋은 아이디어라면 한번도 들어본 적 없는 대학에서 보내온 것이라고 해도 관심을 가지는 인물이었다. 모든 사람이 그렇게 세심하고 관대하지는 않다. 그러나 새로운 생각에 주의를 기울이는 사람들이 있고, 그 아이디어가 만약 좋고 옳다면, 궁극적으로 새로운 생각은 과학계의 담론과 논의의 일부가 될 것이다.

LHC의 기술자들과 물리학자들은 안전을 위해 시간과 돈을 희생했다. 과학자들은 가능한 한 경제성도 추구했지만, 그 대가로 안전과 정확함을 희생시키지 않았다. 모든 사람들의 관심사와 이해 관계가 일치했던 것이다. 시간의 시련을 견디지 못하는 결과로부터는 아무도 이득을 얻지 못한다.

과학의 통화(通貨)는 신망이다. 과학자에게 거액의 퇴직금이란 없다.

예측을 예보하라

이제 블랙홀에 대해서는 걱정할 필요가 없다는 데 여러분 모두 동의할 수 있을 것이다. 사실 그것 말고도 걱정해야 하는 일들은 잔뜩 있다. LHC의 경우, 우리는 LHC가 이룰 긍정적인 결과들만 생각하고 있고 또 그래야만 한다. LHC에서 만들어질 입자들은 물질의 배후 구조에 관한 심오하고 근본적인 의문에 답을 줄 것이다.

잠시 네이트 실버와 내가 나누었던 대화로 돌아가 보자. 나는 우리 입자 물리학자들이 처해 있는 상황이 얼마나 특별한지 깨달았다. 입자 물리학에서는 이전의 업적 위에 새로운 결과를 올려놓는 방법론이 제대로 작동하는 아주 단순한 계만 상대하면 된다. 기존의 증거를 기초로 옳다고 입증된 모형을 가지고 새로운 예측을 하기도 하고, 확실하지는 않지만 나름 믿어 볼 만한 모형을 가지고 예측을 하고, 그것이 어떤 가능성을 가지고 있는지 실험으로 검증해 나간다. 그럴 때조차, 즉 그 모형이 옳은 것으로 증명될지 아직 알지 못할 때조차, 만약 그 아이디어가 현실화된다면 그것의 실험 증거는 무엇이어야 하는지 예상할 수 있다.

입자 물리학자는 사물을 스케일에 따라 구분해서 다룰 수 있다. 작은 스케일에서 일어나는 상호 작용은 커다란 스케일에서 일어나는 것과는 아주 다를 수 있다. 하지만 작은 스케일의 상호 작용은 잘 정의된 방법으로 큰 스케일의 상호 작용에 포함시킬 수 있기 때문에 우리가 이미 알고 있던 것과 일치하는지, 아닌지 알아볼 수 있다.

그러나 대부분의 예측은 이런 식으로 이루어지지 않는다. 복잡한 계를 다룰 때에는 종종 일정 범위 안에 있는 여러 스케일을 동시에 다뤄야 한다. 무책임한 트레이더가 혼자서 AIG와 세계 경제 전체를 불안정하게 만들 수 있는 은행과 같은 사회 조직뿐만 아니라, 다른 과학 분야에서도 그럴 수 있다. 이런 경우 예측의 변동성은 엄청나게 커지게 된다.

예를 들어 생물학의 목표에는 생물학적인 패턴과, 나아가서 동물과 인간의 행동을 예측하는 일이 포함되어 있다. 하지만 우리는 아직 생명의 기본적 기능 단위도, 기본적인 구성 요소로부터 복잡한 효과를 만들어 내는 높은 수준의 조직 구조도 제대로 이해하지 못하고 있다. 또한 우리는 상호 작용을 스케일에 따라 분리하는 것을 불가능하게 만드는 되먹임 고리(feedback loop)들에 대해서도 전부 알지 못한다. 생명 현상을 연구하는 과학자들도 모형을 만들지만, 중요한 기본 구성 요소를 잘 이해하지 못하거나, 그런 요소들이 창발 작용에 어떻게 기여하는지를 알지 못하면, 모형을 만들다가 데이터의 수렁에 빠지거나 수많은 가능성의 미로 속에서 길을 잃게 된다.

더욱 어려운 문제는, 생물학적 모형은 기존 데이터에 맞도록 설계되지만, 아직 그 규칙을 모른다는 점이다. 우리는 모든 생명 현상의 단위가 될 수 있는 독립적이고 기본적인 계들을 모두 다 확인하지 못했고, 그래서 어떤 모형이 옳은지 — 만약 옳은 게 있다면 — 모르고 있다. 신경 과학자 친구와 대화하다 보면 그들 역시 같은 문제를 이야기한다. 새로운 정성적 측정 결과가 나오지 않는다면, 모형을 가지고 할 수 있는 최선의 일은 모형을 기존의 모든 데이터에 합치시키는 일뿐이다. 따라서 살아남은 모형은 모두 데이터와 일치하기 때문에, 어떤 가설이 다른 가설보다 얼마나 더 옳은지 확실하게 알 수가 없다.

네이트와 그가 예측하려고 하는 것들에 대해 이야기하는 것은 재미있었다. 최근에 출간된 수많은 대중 서적들은 틀릴 때만 빼면 올바른 예측을 내놓는 불확실한 가설들을 많이 소개하고 있다. 네이트는 그보다 훨씬 과학적이다. 네이트가 처음 유명해진 것은 야구 경기와 선거에 대해 정확하게 예측해서였다. 그의 분석은 과거 비슷한 상황에 대한 신중한 통계적 계산에 기초를 두고 있다. 그리고 과거의 교훈이 보다 잘 반영될 수 있도록 변수를 가능한 한 많이 포함하고 있다.

네이트는 이제 그의 방법을 어디에 적용할지를 현명하게 선택해야 하는 상황에 처해 있다. 그러나 네이트는 자신이 주목하고 있는 종류의 상관 관계가 해석하기에 골치 아프다는 것을 깨닫고 있다. 예를 들어 화재가 난 엔진은 비행기 사고를 일으킨 원인이라고 이야기할 수 있을 것이다. 추락하는 비행기에서 화재가 난 엔진을 발견하는 것은 놀랄 일이 아니다. 그렇다면 사고를 일으킨 진짜 원인은 정말 무엇이었을까? 돌연변이를 일으키는 유전자와 암을 연결할 때 우리는 똑같은 문제를 만나게 된다. 돌연변이 유전자와 암 사이에 상관 관계가 있다고 하더라도 그것이 반드시 병의 원인인 것은 아니다.

네이트는 다른 잠재적인 함정이 있음도 알고 있다. 데이터가 아주 많다고 하더라도, 무작위성과 잡음 때문에 우리가 보고자 하는 신호가 증가할 수도 있고, 줄어들 수도 있다. 그래서 네이트는 금융 시장이나 지진이나 기후에 대해서는 다루지 않을 것이다. 네이트라면 모든 가능성을 고려해서 전체적인 경향을 예측할 수 있을 것이다. 그렇다고 해도 단기적인 예측은 본질적으로 불확실하다. 네이트는 지금 음악과 영화를 어떻게 가장 잘 배급할 것인가, NBA 슈퍼스타들의 몸값을 어떻게 매길 것인가 같은, 그의 방법이 가장 잘 빛을 발할 수 있는 분야들을 연구하고 있다. 하지만 그는 아주 정확히 정량화할 수 있는 게 아주 적음을 인식하고 있다.

그럼에도 불구하고, 네이트는 예보하는 사람(forecaster)은 또 다른 예측(prediction)을 하는 법이라고 이야기했다. 게다가 그들 중 다수는 '메타 예보(metaforecasting)'를 하려고 한다고 말이다. 그것은 사람들이 무엇을 예측하려고 하는가를 예측하는 일이다.

12장

측정과 불확실성

통계와 확률을 익숙하게 사용할 수 있다면, 과학 측정을 검토할 때는 물론이고, 오늘날 복잡한 세상의 수많은 어려운 문제들에 대해 판단을 할 때 도움이 된다. 몇 년 전에 한 친구가 다음날 저녁 행사에 참가할지 물었을 때 내가 "모르겠어."라고 대답하자 짜증내던 모습에서, 나는 확률적으로 생각하는 것의 가치를 새삼 깨달았다. 다행히도 그는 도박사라서 수학적으로 생각할 줄 아는 사람이었다. 그래서 확실하게 답해 달라고 화가 날 정도로 조르는 대신, 참석할 확률이 얼마나 되느냐고 물었다. 놀랍게도 나는 그런 질문이 대답하기에 훨씬 쉽다는 것을 알았다. 내가 어림잡아서 말해 준 확률은 아주 대략적인 계산 값이었지만, 확실하게 그렇다, 아니다 하고 대답하는 것보다는 내 마음의 불확실한 상태를 더 잘 보여 주는 것이었다.

그 후 나는 친구들과 동료들이 대답하기 어려운 질문을 해 올 때면, 이렇게 확률적으로 접근하려고 해 왔다. 사실 과학자이건 아니건 간에 대부분의 사람들이 자신의 생각은 분명히 있지만 그렇다고 해서 꼭 바꿀 수 없는 것은 아니기 때문에 확률적으로 표현하는 것을 더 편하게 느끼는 일이 많다는 것을 알았다. 예를 들어 어떤 사람에게 지금으로부터 3주 뒤의 목요일에 야구 경기를 보러 가고 싶은지 물어본다고 해 보자. 그러면 야구를 좋아하고, 그날 출장 갈 것 같지 않다고 해도, 주중이라서 망설이는 사람이 태반일 것이다. 그런 경우에는 확실히 간다고 하거나 못 간다고 하지는 못해도 갈 확률이 80퍼센트쯤 된다고 말하는 게 더 편할 것이다. 그저 즉석에서 어림잡은 숫자지만 이 확률은 그의 기댓값을 보다 정확하게 반영해 준다.

일전에 영화 감독이자 시나리오 작가인 마크 비센테와 과학과 과학자들이 일하는 방식에 대해 이야기를 나눌 때 그는, "대부분의 사람이 아무렇지 않게 거리낌없이 말하는 일에 대해서도 과학자들은 절대적인 것처럼 들리는 것을 피하기 위해 애쓰는 것처럼 보여 놀란 적이 있다."라고 말했다. 과학자들은 언제나 세상에서 제일 정확하게 말하는 사람이 아니다. 하지만 과학자들은 최소한 자기 전문 분야에 대해서 이야기할 때에는 자신이 알거나 이해하는 것과 알지 못하거나 이해하지 못하는 것을 명확하게 구분해서 말하려고 한다. 그래서 과학자들은 좀체 그렇다, 아니다 하고 분명하게 말하지 않는다. 그런 식의 발언은 여러 가능성의 범위를 정확하게 반영하지 못하기 때문이다. 그 대신 과학자들은 확률이나 조건을 붙여 이야기한다. 역설적이게도 이렇게 언어 사용 방식이 다르기 때문에 과학자들의 발언은 사람들에 의해 빈번하게 오해되거나 간과된다. 과학자들은 더 정확하게 표현하려고 하지만, 그 분야의 전문가가 아닌 사람들은 그 말의 중요성을 쉽게 알아채지 못한다. 어떤 말을 할 때 상당한 증거의 뒷받침을 필요로 하는 과학자들과 달리 대부분의 사람들은 주저없이 명확하게 말한다. 그러나 과학자들이 100퍼센트 확실성을 가지지 못한다고 해서, 아는 게 없는 것은 아니다. 그들이 이런 식으로 이야기를 하는 것은 모든 측정에는 불확실성이 내재되어 있기 때문이다. 이것이 바로 이 장의 주제이다. 확률적으로 생각하는 것은 데이터와 사실의 의미를 명확히 하는 데 도움을 주며, 충분한 정보에 근거해서 적절한 결정을 내리는 데에도 도움을 준다. 이 장에서 우리는 측정값의 의미에 대해 깊이 생각해 보면서, 확률을 고려한 진술이나 발언이, 과학적 지식이건 아니건, 어떤 지식의 상태를 보다 정확하게 반영하고 있음을 살펴볼 것이다.

과학적 불확실성

최근 하버드 대학교에서는 커리큘럼을 점검하고 교양 필수 과목들을 새로 결정했다. 이 과정에서 교수들이 과학의 필수 요소라고 생각하고 논의한 범주 중 하나가 '경험적 추론(empirical reasoning)'이었다. 교육 요강에 따르면, 대학은 다음과 같은 교육 목표를 가져야 한다. "경험적 데이터를 수집, 평가하고, 증거를 비교 검토하며, 확률적 추정에 대해 이해하고, 이용 가능한 데이터로부터 추론을 이끌어 내는 방법, (여기까지는 좋다.) 그리고 입수 가능한 증거에 기초해서는 해결할 수 없는 경우가 어떤 것인지 알아보는 방법을 가르쳐야 한다."

대학 교육에 필요한 요소들을 모아놓은 교육 요강안(나중에 명확해졌다.)의 문구는, 좋은 의도로 씌어진 것이겠지만, 측정이 어떻게 이루어지는지에 대해서는 근본적인 오해를 부를 수 있는 것이었다. 과학은 일반적으로 어느 정도 확률에 의거해서 문제를 해결한다. 물론 어떤 아이디어나 관측이든 아주 높은 신뢰도로 검증할 수 있으며, 과학을 이용해서 건전한 판단을 내릴 수도 있다. 그러나 과학에 관한 것이든 아니든 간에, 어떤 문제를 경험적 증거만 가지고 완전히 해결할 수 있는 경우는 그리 많지 않다. 사실 아주 드문 일이다. 우리는 데이터를 충분히 모아 그 속에서 신뢰할 만한 인과 관계를 추출해 낼 수도 있고, 나아가서 놀랍도록 정확한 예측을 할 수도 있다. 그러나 이것은 모두 확률적인 의미에서만 그렇다. 1장에서 이야기했듯이, 불확실성이 존재하기 때문에 — 그것이 아무리 작더라도 — 아직 발견되지 않은 새로운 현상이 존재할 가능성이 열리는 것이다. 100퍼센트 확실한 일은 거의 없으며, 검증이 이루어지지 않은 상태에서는 어떤 이론이나 가설도 반드시 적용된다고 보증할 수 없다.

어떤 현상이 실증된다고 하더라도 그것은 그 검증의 타당성이 인정되는 범위 안에서만 유효한 것이다. 모든 실증은 그 실증의 정확성의 정도가 설명되어야 하는 것이다. 측정이란 항상 어떤 확률적 요소를 포함하고 있다. 과학에서 이루어지는 대부분의 측정은 보다 정확하고 보다 정밀한 측정을 하면 드러날 어떤 근본적인 실재가 존재한다는 가정에 의존한다. 측정이라는 것은 이 숨겨진 실재를 가능한 한(혹은 우리 목적에 필요한 만큼) 최대한 드러내기 위한 것이다. 따라서 과학자들은 이런 식으로 말할 수밖에 없는 것이다. "어떤 일련의 측정값들을 중심으로 하는 구간에 95퍼센트의 확률로 참값이 존재한다." 이것을 일상 언어로 바꾼다면 95퍼센트 신뢰도로 확신한다 하는 식이 될 것이다. 이 확률은 어떤 측정값의 신뢰성과, 가능성과 함의이 폭이 어느 정도 되는지 말해 준다. 어떤 측정값에 수반되는 불확실성을 모르고서는 그 측정값을 완전히 이해할 수 없다.

불확실성이 생기는 원인 중 하나는 무한정 정밀한 측정 도구가 없다는 것이다. 그렇게 정밀한 측정이 가능하려면 눈금이 무한정 정밀하게 새겨진 계측 기기가 있어야 한다. 그런 계기가 존재하고 충분히 신중하게 측정을 한다면 소수점 아래에 무한개의 숫자가 달린 측정값을 얻게 될 것이다. 그러나 현재 기술로는 실험에서 그렇게 측정할 수는 없다. 실험가들이 할 수 있는 일은 가능한 한 정확한 실험 결과가 나올 수 있도록 계측 기기의 눈금을 현재 기술로 가능한 범위 안에서 정확히 긋는 것밖에 없다. 400년 전 천문학자 튀코 브라헤 역시 그랬다. 기술이 진보함에 따라 계측 기기의 정밀도 역시 더 향상될 것이다. 그렇다고는 해도 측정이 무한히 정확해질 수는 없다. 오랜 시간 동안 수많은 발전이 이루어졌음에도 불구하고 측정 도구 자체의 특징을 반영하는 **계통적 불확실성**(systematic uncertainty)을 없애지는 못했다.

불확실성이 있다고 해서 과학자들이 모든 선택지나 조건을 똑같이 다루지는 않다. (비록 뉴스 리포터는 빈번하게 그런 잘못을 저지르지만 말이다.) 50퍼센트 확률은 아주 드문 일이다. 과학자들은(혹은 완전한 정확성을 추구하는 사람이라면 누구라도) 확률이 아주 높을 때라도, 측정 결과의 수치가 어떻게 되고, 그것이 확률적으로 의미하는 바가 무엇인지 이야기할 것이다.

과학자들이나 글쓰기 전문가들은 단어 사용에 특히 신중을 기해야 할 때에는 **정밀성**(precision)과 **정확성**(accuracy)이라는 말도 구분해 사용한다. 어떤 양을 반복 측정하는데, 기록된 값이 몇 번이고 측정해도 많이 차이가 나지 않는다면 그 계측 기기는 **정밀**하다. 정밀함이란 편차의 정도를 말해 주는 척도인 것이다. 반복 측정한 결과가 많이 변하지 않으면 그 측정은 정밀한 것이다. 더 정밀하게 측정하면 할수록 측정값은 더 작은 변동 범위 안에 모이게 될 것이다. 반복 측정의 평균값은 더 빠르게 수렴할 것이다.

한편 **정확성**은 측정된 평균값이 원래 참값에 얼마나 가까운가를 말해 준다. 다른 말로 하면 측정 도구가 가진 치우침의 정도를 나타낸다. 전문적인 말로 해서, 측정 도구에 고유의 오차가 있을 경우 측정할 때마다 발생하는 오차가 항상 같기 때문에 정확도는 떨어진다고 할 수 있지만 정밀도는 떨어진다고 할 수 없다. 계통적 불확실성은 측정 도구 자체에 내재된, 결코 제거할 수 없는 불확실성을 말한다.

만약 완전한 측정 도구가 있다고 하더라도 대부분의 경우 올바른 결과를 얻기 위해서는 여러 차례 측정해야 한다. 이것은 불확실성이 생기는 또 다른 이유가 된다. 이것을 **통계적 불확실성**(statistical uncertainty)이라고 한다.[50] 이 불확실성 때문에 신뢰할 만한 결과를 얻기 위해서는 여러 차례 측정을 반복할 수밖에 없게 된다. 아무리 정확한 장치라고 할지라도 한 번의 측정으로 반드시 참값을 얻을 수 없다. 그러나 여러 차례 측정하면 그 평균값이 참값에 점점 가까워질 것이다. 계통적 불확실성이 측정의 정확도를 좌우하는 반면 통계적 불확실성은 정밀도에 영향을 준다. 제대로 된 과학 연구라면 이 두 가지 불확실성을 모두 고려해서, 가능한 한 많은 표본을 가지고, 가능한 한 주의 깊게 측정을 한다. 이상적으로는 측정이 정확하면서도 정밀하게 이루어져야 한다. 그래야 예상 오차의 절대적인 크기가 줄어들고 측정값의 신뢰도도 높아질 것이다. 측정값이 가능한 한 좁은 범위 안에 있고(측정 결과가 정밀하다.) 측정 횟수가 늘어남에 따라 참값 근처로 점차 모이는(측정 결과가 정확하다.) 것이 바람직한 측정이다.

한 가지 친숙한(그리고 중요한) 사례를 가지고 이 개념들에 대해 좀 더 살펴보자. 바로 약의 효능 시험이다. 의사들은 약과 관련된 통계를 좀체 말해 주지 않는다. 아마 본인들도 잘 모르고 있을 것이다. 사실 의사한테 "이 약은 어떨 때는 듣고, 어떨 때는 듣지 않을 겁니다."라는 말을 들으면 짜증 날 것이다. 이 말에는 유용한 정보가 거의 담겨 있지 않기 때문이다. 약의 효능이 어떤 빈도로 작용하는가, 약효 시험이 이루어진 모집단이 자신과 어느 정도 가까운가 같은 정보가 전혀 담겨 있지 않기 때문이다. 따라서 어떤 판단을 내리기 매우 어렵다. 차라리 어떤 처방이나 약이 비슷한 나이나 몸 상태의 환자에게 적용되었을 때 어느 정도의 비율로 효능을 보였는지 말해 주는 것이 낫다. 그러면 의사가 통계학을 이해하지 못했다고 하더라도, 환자는 의미 있는 데이터나 정보를 얻을 수 있다.

공정을 기하기 위해서, 약에 대한 반응이 사람에 따라 달라져 어떤 약이 효능이 있는지 없는지 판단하기 어려운 경우도 살펴보자. 통계적 모집단에 **이질성**(heterogeneity)이 있는 경우를 살펴보자는 것이다. 먼저 한 사람을 가지고 약효를 검사할 수 있는 간단한 경우를 생각해 보자. 예를 들어 아스피린이 여러분의 두통을 완화시켜 주는지 검사하는 과정을 생각해 보자.

이것은 아주 쉽고 간단해 보인다. 아스피린을 복용하고 효과가 있는지 보면 되는 것이다. 하지만 실제로는 이것보다는 좀 더 복잡하다. 여러분이 진짜로 나았다고 치자. 그것이 아스피린 덕분인지 어떻게 알겠는가? 아스피린이 진짜로 효과가 있는지 알아내기 위해, 다시 말해 약을 복용하지 않았을 때보다 두통이 더 빨리 나았는지, 아니면 통증이 더 많이 줄어들었는지 알아내기 위해서는, 약을 복용했을 때와 복용하지 않았을 때 어떻게 달라지는지를 비교할 수 있어야 한다. 그러나 여러분은 한 번에 하나의 행동(아스피린을 먹거나 말거나)만 할 수 있기 때문에, 복용 유무에 따른 결과 차이를 비교할 수가 없다. 한 번의 측정만 가지고는 원하는 답을 얻기 충분하지 않은 것이다.

따라서 답을 얻으려면 시험을 여러 번 할 수밖에 없다. 두통이 오면,

그때마다 동전을 던져서 아스피린을 먹을지 말지를 정하고 결과를 기록한다. 이것을 충분히 여러 번 반복하고 나서 여러분이 겪었던 온갖 종류의 두통과, 그 두통을 겪고 있을 때의 각종 상황(그리 졸리지 않았을 때에는 두통이 더 빨리 사라졌다 등등.)에 대해 평균을 구하고, 통계를 사용하면 올바른 결과를 얻을 수가 있다. 약을 먹을지 말지 결정하는 조건을 동전을 던져 결정했고, 표본으로 사용된 것이 여러분 한 사람이므로, 측정 결과에 치우침이 생기지 않을 것이다. 그래서 시험 횟수가 충분하다면 결과는 참값으로 수렴할 것이다.

언제나 이런 단순한 방법으로 약의 효능을 알아낼 수 있다면 좋을 것이다. 그러나 대부분의 약은 단순한 두통보다 더 심각한 병, 심지어 사람을 죽음에도 이르게 하는 병을 치료하기 위한 것이다. 그리고 많은 경우 약의 효능은 장기간에 걸쳐 나타나므로, 한 사람에 대한 단기적 반복 검사로는 그 약효를 제대로 시험할 수가 없다.

그래서 보통 생물학자들이나 의사들은 약이 얼마나 잘 듣는지를 검사할 때, 그 사람이 아무리 원하다고 해도, 한 사람만을 대상으로 하지는 않는다. 과학적인 목적으로는 그렇게 하는 편이 더 좋기는 하지만 말이다. 그렇다면 이번에는 같은 약에도 사람마다 반응이 달라질 수 있다는 사실과 싸워야 한다. 어떤 약이든지, 같은 정도로 병에 걸린 사람들을 모집단으로 해서 투약하더라도, 그 효과는 어느 정도의 범위에 걸쳐서 나타난다. 따라서 대부분의 경우에 과학자가 할 수 있는 최선의 일은 약을 투여할지 말지를 결정해야 하는 환자와 가능한 한 비슷한 사람들로 이루어진 모집단을 대상으로 약효 시험을 설계하는 것이다. 하지만 대부분의 의사들은 약효 시험 조사를 직접 설계하지 않으며, 따라서 자신의 환자들이 약효 시험이 이루어진 모집단과 비슷한지 어떤지 잘 모르게 된다.

대신 의사들은 기존의 연구 결과를 활용해 볼 수도 있다. 아주 꼼꼼하게 설계된 것은 아니지만 HMO(Health Maintenance Organization, 건강 유지 기구. 미국의 의료 보험 시스템 중 하나 — 옮긴이) 회원 조사 같은 모집단 관찰 결과가 있기는 하다. 이번에는 결과를 올바로 해석해야 한다는 문제에 마주치게 된다. 이런 조사 결과만으로는 관련성이나 상관 관계가 아닌 인과 관계가 성립한다고 보증하기 어려울 수 있다. 예를 들어 폐암 환자들의 손가락이 많은 경우 누렇게 된다고 해서, 누런 손가락이 폐암을 일으킨다는 식으로 잘못된 결론을 내려서는 안 되는 것이다.

그래서 과학자들은 치료나 투약이 무작위적으로 설정되어 있는 조사를 선호한다. 예를 들어 환자가 동전을 던져서 약 복용 여부를 결정하는 조사는, 환자가 치료를 받고 안 받고가 동전이 뒤집히는 결과에 따라서만 정해지기 때문에 조사 결과의 표본 집단 의존도가 낮아진다. 마찬가지로 무작위적인 표본 추출을 통해 연구하게 되면, 원리적으로 흡연과 폐암과 누런 손가락 사이의 관계에 대해서 알 수 있다. 만약 어떤 집단 구성원을 무작위적으로 흡연자나 비흡연자로 만든다고 한다면, 누런 손가락과 폐암 중 하나가 다른 쪽의 원인이 되든 말든, 최소한 관찰한 환자들의 경우에는 흡연이 두 가지 증상의 근본적 원인 중 하나라는 결론을 내리게 될 것이다. 물론 이 연구는 비윤리적일 수 있다.

가능하다면 언제나 과학자들은 계를 단순화하려고 하고, 조사하고자 하는 특정 현상을 분리하기 쉽게 만들려고 노력한다. 조사 결과를 정밀한 동시에 정확하게 만들기 위해서는, 표본 집단을 명확하게 정의하고 대조군을 적절하게 선택하는 것이 중요하다. 약이 사람의 몸에 작용하는 것처럼 복잡한 현상을 분석할 때에는 수많은 요인들을 동시에 고려해야 한다. 여기서 바로 문제가 하나 발생한다. 조사 결과를 얼마나 신뢰할 수 있는가 하는 것이다.

측정의 목표

완벽한 측정이란 없다. 따라서 과학 연구를 할 때에는 불확실성을 어디까지 허용할지 그 범위를 정해야 한다. 사실 무언가를 결정할 때에는 항상 그래야 한다. 불확실성의 허용 범위를 정한 다음에야 우리는 앞으로 나아갈 수 있다. 예를 들어 성가신 두통을 없애기 위해 약을 먹을 때 표본 집단의 75퍼센트만 효능을 볼 수 있다고 해도 사람들은 대개 약을 복용해 볼 것이다. (부작용은 최소여야 한다.) 이번에는 식습관을 바꾸는 경우를 생각해 보자. 예를 들어 식습관을 바꾸면 안 그래도 낮았던 심장병 발병 위험이 2퍼센트 정도 줄어들거나 5퍼센트에서 4.9퍼센트로 떨어진다고 하자. 그런 이야기를 듣는다고 여러분이 좋아하는 보스턴 크림 파이를 끊어야만 한다고 생각하지는 않을 것이다.

공공 정책의 경우에는 문제가 훨씬 불명확할 수 있다. 보통 대중의 여론은 회색 지대에 있는 법이다. 법령을 바꾸거나 규제를 시행하기 전에 그 문제에 대해 얼마나 정확하게 알아야 하는지는 사람마다 생각이 다르다. 게다가 많은 요소들이 개입해 계산을 복잡하게 만든다. 앞 장에서 논의한 것처럼 목표와 방법이 불분명하면 신뢰할 만한 비용-편익 분석을 하기가, 불가능하지는 않지만, 아주 어려워진다.

《뉴욕 타임스》의 칼럼니스트 니콜라스 크리스토프(Nicholas D. Kristof, 1959년~)가 음식이나 용기에 들어 있는 잠재적 위험 화합물(BPA, Bisphenol A)의 위험성을 고발하는 글에서 이야기한 바와 같이, "BPA 연구가 수십 년 동안 경종을 울려 왔음에도 불구하고, 증거는 아직 복잡하고 논의의 여지도 많다. 그런 게 인생이다. 현실 세계에서는 애매하고 모순되는 데이터를 가지고 규제할지 말지를 결정해야 한다."[51]

그렇다고 해서 어떤 정책을 평가할 때 그 비용과 편익을 정량적으로 계산하는 것을 목표로 삼을 필요가 없다는 뜻은 아니다. 여기서 말하는 것은 어떤 것을 평가하는지, 전제와 목표에 따라 평가의 폭을 어느 정도로 할지, 비용-편익 계산에 무엇을 포함시키고, 무엇을 포함시키지 않았는지를 명확하게 해야 한다는 뜻이다. 비용-편익 분석은 분명히 유용하지만 구체성, 확실성, 그리고 안전성과 관련해 잘못된 인상을 주기 쉽고, 사회를 잘못된 방향으로 유도할 수도 있다.

다행히도 물리학자들이 다루어야 하는 문제들은 대부분 공공 정책을 결정할 때 다루어야 하는 문제들보다 — 적어도 방정식을 만들 수 있다는 측면에서 — 훨씬 단순하다. 응용을 염두에 두지 않고 순전히 지식만을 추구한다면 다른 식으로 질문해야 한다. 기본 입자 측정은, 적어도 원리적으로는, 더욱더 단순하다. 모든 전자는 근본적으로 모두 같다. 통계 오차나 계통 오차를 고려해야 하기는 하지만 모집단의 이질성에 대해서는 걱정할 필요가 없는 것이다. 전자 하나의 행동은 다른 모든 전자의 행동을 대표한다. 그러나 통계 오차와 계통 오차 개념은 여기서도 똑같이 적용된다. 따라서 과학자들은 이 오차들을 최소화하기 위해 노력한다. 과학자들의 그러한 노력이 어디까지 이루어질 것인가는 그들이 해결하고자 하는 문제가 무엇이냐에 달려 있다.

그럼에도 불구하고 '단순한' 물리계에서조차 측정은 결코 완벽해질 수 없다. 따라서 정확성을 어디까지 추구할지 정할 필요가 있다. 실제적인 수준에서 이 질문은 실험에서 측정을 몇 번이나 반복해야 하는가, 또는 측정 도구를 얼마나 정밀하게 만들 것인가 하고 묻는 것이다. 대답은 실험가 자신에게 달려 있다. 불확실성을 어디까지 허용할 것인가는 실험가가 제기하는 질문에 따라 달라진다. 목표가 달라지면 정확도와 정밀도의 정도도 달라진다.

예를 들어 원자 시계는 시간을 10조분의 1의 정밀도로 측정하지만,

시간을 그렇게 정밀하게 알 필요가 있는 측정은 거의 없다. 아인슈타인의 중력 이론을 검증하는 일은 하나의 예외인데, 이런 실험은 가능한 한 최고의 정밀도와 정확도를 요구한다. 아인슈타인의 이론이 지금까지 이루어진 모든 시험을 통과했다고 하더라도, 끊임없이 개선되는 측정을 통해 보다 높은 정밀도로 이론을 검증하게 되면, 기존의 낮은 정밀도 측정에서 나타나지 않은 미지의 편차가 새로운 물리적 효과로서 발견될지도 모른다. 만약 그런 효과가 발견된다면 그 편차는 우리에게 새로운 물리 현상과 관련된 중요한 직관을 선사할 것이다. 반대로 새로운 편차가 발견되지 않으면, 아인슈타인의 이론은 이전에 증명된 것보다 더 정확한 것이 된다. 결국 우리는 그 이론에 대해 이전보다 더 강한 믿음을 가질 수 있게 되며, 더 넓은 에너지와 거리 영역에서 아인슈타인의 이론을 더 정확하게 적용할 수 있게 된다. 반대로 만약 사람을 달에 보내려고 할 경우에는 로켓을 올바르게 발사할 수 있을 만큼의 물리 법칙만 알면 된다. 일반 상대성 이론까지 알 필요는 없다. 아주 작은 잠재적 효과가 어떤 편차를 일으킬 것이라고 걱정할 필요도 없는 것이다.

입자 물리학에서의 정확성

입자 물리학에서는 검출 가능한 범위 안에서 가장 작고, 가장 기초적인 물질의 기본 구성 요소들을 지배하는 법칙을 찾는다. 각각의 입자 물리학 실험에서는 동시에 일어나는 다수의 충돌이나, 일정 기간 동안 반복적으로 상호 작용하는 충돌들이 뒤섞인 것을 측정하거나 하지 않는다. 입자 물리학자들이 하는 예측은 우리가 알고 있는 입자들이 일정한 에너지에서 서로 부딪치는, 단 한 번의 충돌을 대상으로 한다. 입자들은 충돌 지점에서 다른 입자를 만나 상호 작용을 하고 검출기를 통해 날아가는데, 그 과정에서 검출기에 에너지를 남긴다. 물리학자들은 충돌 후 날아가는 입자들의 질량과 에너지와 전하 같은 여러 성질을 가지고 입자 충돌의 특성을 기술한다.

실험 기술적 과제가 남아 있기는 하지만, 이런 의미에서 입자 물리학자들은 행운아이다. 우리는 기본적 구성 요소와 법칙을 분리하기 위해 가능한 한 근본적인 계를 연구하기 때문이다. 따라서 가진 자원을 총동원해 가능한 한 투명한 실험계를 만들어야 한다. 물리학자들의 도전 과제는 복잡한 계를 해명해 내는 것이라기보다는 필요한 물리적 변수를 찾아내는 것이다. 과학은 언제나 지식의 최첨단을 추구하는 법이므로 당연히 간단한 실험은 존재하지 않는다. 그래서 종종 현재 기술이 달성 가능한 에너지와 거리의 한계 영역에서 실험이 이루어지는 것이다.

참으로 입자 물리학 실험은 단순하지가 않다. 정밀한 근본적 물리량을 연구한다고 해도 그렇다. 예를 들어 결과 발표를 앞둔 실험가는 두 가지 난제 중 하나를 마주하게 된다. 만약 정말 색다른 것을 봤다면, 그들이 본 것이 보통의 표준 모형적 사건의 결과가 아님을 증명해야 한다. 표준 모형적 사건도 가끔 어떤 새로운 입자나 새로운 효과와 비슷한 결과를 내놓을 때가 있기 때문이다. 한편 새로운 것을 보지 못했다면 이 관측 결과는 표준 모형 너머의 존재를 볼 수 있는 조건을 더 엄격한 것으로 만들기 때문에 방금 했던 실험의 정확도를 보다 확실하게 점검하지 않으면 안 된다. 무엇을 기각할지 알기 위해서는 측정 도구의 감도를 충분히 잘 이해해야 한다.

실험가는 실험 결과에서 이미 알고 있는 표준 모형 입자가 만들어 내는 **배경 사건**으로부터 새로운 물리학을 나타내는 사건을 구별할 수 있어야 한다. 이것이 새로운 발견을 하기 위해서는 많은 충돌 사건이 있어야 하는 한 가지 이유이다. 수많은 충돌이 일어나면 새로운 물리 현상을 나타내는 사건이 충분히 만들어져서 그것과 비슷한 '뻔한' 표준 모형의 과정과 확실하게 구별되기 때문이다.

그러므로 실험에는 통계적으로 다루기 충분한 데이터가 필요하다. 측정에는 항상 고유의 불확실성이 존재하므로 반복 측정은 필수적이다. 그리고 양자 역학에 따르면 근본적인 사건들 역시 그렇다. 양자 역학이 지배하는 세계에서 우리가 아무리 뛰어난 기술을 구사해 실험을 설계하더라도, 결국 계산할 수 있는 것은 상호 작용이 일어나는 확률뿐이다. 우리가 어떻게 측정을 하든 이런 불확실성은 사라지지 않는다. 따라서 어떤 상호 작용의 세기를 정확하게 측정하는 방법은 오로지 여러 차례 측정을 반복하는 것뿐이다. 때때로 이런 불확실성이 측정의 불확실성보다 작기도 하고, 너무 작아서 중요하지 않을 때도 있다. 그러나 어떨 때에는 이것을 고려해야 할 필요가 있다.

예를 들어 양자 역학적 불확실성에 따르면 붕괴하는 어떤 입자의 질량은 본질적으로 불확실한 양이다. 그 원리에 따르면 측정 시간이 유한할 경우 에너지 측정은 반드시 불확실해진다. 측정 시간은 반드시 붕괴하는 입자의 수명보다 짧을 것이기 때문에 측정되는 질량은 일정 범위 안에서 변동한다. 그래서 만약 실험가가 붕괴해서 나오는 입자를 가지고 새로운 입자가 나왔다는 증거로 삼고자 한다면, 그 새로운 입자의 질량을 재기 위해 몇 번이고 측정을 반복해야 한다. 한 번 측정했을 때에는 올바른 값을 구하지 못한다고 해도, 모든 측정값들의 평균값은 그래도 올바른 값으로 수렴해 간다.

많은 경우 양자 역학적인 질량의 불확실성은 측정 도구의 계통적 불확실성(측정 도구 고유의 불확실성이다.)보다 작다. 그럴 경우 실험가는 질량에 대한 양자 역학적 불확실성을 무시할 수 있다. 그렇게 하더라도, 수반되는 상호 작용의 확률적 본성 때문에 측정의 정밀도를 확보하려면 아주 많은 수의 측정이 필요하다. 약효 시험 때처럼 대량의 통계적 데이터가 올바른 대답으로 이끌어 준다.

그리고 양자 역학과 관련된 확률이 완전히 무작위적인 것이 아님을 아는 것이 중요하다. 확률은 잘 정의된 법칙에 따라 계산할 수 있다. 우리는 이것을 14장에서 W 보손의 질량에 대해 논의하면서 살펴볼 것이다. 우리는 주어진 질량과 수명을 가진 입자가 충돌에서 생성될 가능성을 보여 주는 곡선이 전체적으로 어떤 모양을 그릴지 알고 있다. 에너지 측정값들은 참값을 중심으로 해서 분포하며, 그 분포는 입자의 수명과 불확정성 원리에 따라 모순 없이 예측할 수 있다. 하나의 측정값만으로는 질량을 정할 수 없지만, 수많은 측정을 하면 질량을 정할 수 있다. 우리는 반복된 측정에서 얻어낸 평균값으로부터 질량을 추론해 내려면 어떻게 해야 하는지 그 수순도 잘 알고 있다. 충분히 많은 측정을 하면 실험가는 주어진 정밀도와 정확도의 수준 내에서 올바른 질량 값을 결정할 수 있다.

측정과 LHC

과학 결과를 나타내기 위해 확률을 이용하는 것이나, 양자 역학에는 확률이 본질적이라는 말이 우리가 아무것도 알지 못한다는 뜻은 아니다. 사실 그 반대인 경우가 많다. 우리는 많은 것을 알고 있다. 예를 들면, **전자의 자기 모멘트**(magnetic moment of the electron)는 **양자장 이론**(quantum field theory)을 이용해서 극히 정확하게 계산할 수 있는 전자 고유의 성질이다. 양자장 이론이란 양자 역학과 특수 상대성 이론이 결합된 이론으로, 기본 입자의 물리적 성질을 연구하는 도구이다. 하버드의 동료 제럴드 가브리엘스(Gerald Gabrielse)는 전자의 자기 모멘트를 13자리까지 측정했는데, 이것은 계산한 결과와 거의 정확하게 일치했다. 불확실성은 1조분의 1보다 작은 수준에서야 나타나기 시작한다. 전자의 자기 모멘트는 이론적 예측값과 측정값이 가장 정확하게 일치하는 자연의 기본 상수이다.

물리학 말고 세상에 대해 이렇게 정확한 예측을 할 수 있는 학문 분야는 없다. 그런데 대부분의 사람은 이 정도로 정확한 숫자가 나오면 이론과 그것이 예측하는 현상이 확실히 이해되었다고 말할 것이다. 분명 과학자들은 세상 그 누구보다도 정확하게 보고 말할 수 있다. 그러나 그들은 측정과 관찰이 아무리 정밀해도 여전히 보지 못한 현상과 새로운 개념이 있을 것이라고 생각한다.

동시에 과학자들은 그런 새로운 현상으로 인해 생기는 편차의 크기에 대해 어떤 한계가 있다고 분명하게 말할 수 있다. 새로운 가설로 인해 예측이 바뀔 수는 있지만, 그 변동은 현재의 측정 오차 범위나 그보다 작은 범위 안에서만 이루어진다. 가끔 예측되는 새로운 효과가 너무 작아서 우주가 끝날 때까지도 발견될 희망이 없는 것처럼 보이는 경우도 있다. 그런 경우라도 과학자들은 분명하게 이야기할 수 있다. "그 일은 절대로 일어나지 않을 것이다."라고.

가브리엘스가 했던 측정은 양자장 이론이 옳다는 것은 대단히 높은 정밀도로 입증한 것이다. 그렇다고 할지라도 양자장 이론, 입자 물리학, 혹은 표준 모형이 존재하는 모든 것을 설명하는 이론이라고 확신을 가지고 말할 수는 없다. 1장에서 설명했듯이, 우리 눈에 보이는 세계 근저에 새로운 현상이 숨겨져 있고, 이 현상은 다른 에너지 스케일을 탐색할 때나 훨씬 정밀한 측정을 할 때에야 비로소 나타나는 것일지도 모른다. 아직 그런 거리와 에너지 영역까지 실험적으로 조사하지 않았으므로 지금으로서는 알 수 없다.

LHC 실험은 이전에 연구했던 어떤 에너지보다도 높은 에너지 영역에서 실험을 하므로, 극히 높은 정밀도의 측정을 통해서만 확인할 수 있는 간접적인 효과가 아니라, 새로운 입자나 상호 작용을 실험에서 직접 발견함으로써 새로운 가능성의 문을 열 수 있다. 아무리 LHC라고 하더라도 양자장 이론을 벗어날 정도로 높은 에너지의 현상은 측정하지 못할 것이다. 하지만 잘 측정되어 있는 자기 모멘트 값과 같이 현재의 정밀도 수준에서 측정된 표준 모형의 예측값과 차이를 보이는 다른 현상이 나타날 수도 있을 것이다.

표준 모형 너머의 물리학을 다루는 모형을 연구하는 데 있어, 지금 우리가 알고 있는 것과 일치하지 않는다는 예측이 나온다면, 그것은 아무리 작은 것이라고 해도, 현실 세계의 본질에 대한 커다란 실마리가 될 수도 있다. 우리가 아직 보지 못한 이론에 포함되어 있는 메커니즘들은 분명 눈에 보이는 차이를 만들어 낼 것이기 때문이다. 아직까지 그 어긋남이 발견되지 않았다는 것으로부터, 무언가 새로운 것을 발견하기 위해서는 정밀도가 얼마나 높아야 하고, 얼마나 높은 에너지가 필요한지 얼추 짐작할 수 있다. 그렇다고 해서 숨겨진 새로운 현상의 본질을 엄밀하게 알 수는 없다.

지금 우리가 유효 이론으로 연구하고 있는 대상과 그 한계는, 그 유효 이론이 더 이상 기능하지 못하게 되는 시점이 될 때에만 비로소 완전히 이해하게 된다. 이것이 1장에서 소개한 유효 이론의 진정한 교훈이다. 그 시점부터 유효 이론에는 일정한 제약이 가해지게 된다. 그러나 그때부터도 유효 이론은 주어진 스케일에 따라 아이디어들을 범주화하고, 새로운 물리 현상의 효과가 주어진 에너지에서 어느 정도의 크기를 가지는지 판정할 수 있는 체계적인 방법을 제공한다.

전자기력과 약한 핵력에 관한 측정은 표준 모형의 예측과 0.1퍼센트 수준까지 일치한다. 입자의 충돌 비율, 질량, 붕괴 비율, 그리고 다른 성질들이 예측값과 이 수준의 정밀도와 정확도로 일치한다. 그러므로 표준 모형에는 새로운 발견의 여지가 남아 있다. 새로운 물리학 이론은 표준 모형의 예측에서 벗어나는 결과를 가져올 수 있다. 하지만 그 어긋남의 정도는 지금까지 이루어진 측정에서 실험가들이 놓쳤을 만큼 충분히 작아야 한다. 아무리 새로운 현상이나 근본적인 이론이 있다고 해도 그 효과는 아주 작아서 지금까지 볼 수 없는 것이었어야 한다. 효과가 작은 것은 상호 작용 자체가 작아서일 수도 있고, 지금 실험하는 에너지에서는 만들어지지 않을 만큼 무거운 입자가 관계해서일 수도 있다. 기존의 측정값들로부터 새로운 입자나 새로운 힘을 직접 발견하기 위해 필요한 에너지가 얼마나 높은지 알 수 있다. 새로운 입자나 힘이 만들 수 있는 어긋남은 현재 이루어지고 있는 측정이 허용하는 불확실성이 야기하는 편차보다 더 클 수 없기 때문이다. 또한 기존의 측정으로부터 새로운 사건이 얼마나 드물게 일어날지도 알 수 있다. 실험가들은 측정의 정밀도를 충분히 높이거나 다른 물리적 조건에서 실험을 해서, 지금까지 모든 입자 물리학의 실험적 결과를 잘 기술하는 표준 모형과 어긋나는 점을 찾고 있다.

새로운 아이디어는 낮은 에너지에 적용되어 성공을 거둔 유효 이론 위에 구축되는 법이다. 현재 진행되고 있는 실험은 이런 생각을 바탕으로 수행되고 있다. 물리학은 지식을 스케일 별로 쌓아 나가는 것이다. 우리는 이것을 염두에 두고 새로운 물질이나 상호 작용을 해명해 가야 한다. LHC의 높은 에너지에서 발견되는 현상을 조사함으로써 우리는 지금까지 보아 온 것의 기저에 있는 이론을 발견하고 완전히 이해하게 될 것을 희망한다. 새로운 현상을 측정하기 전이라도, LHC의 데이터는 표준 모형 너머에 어떤 현상이나 이론이 존재할 수 있는지 엄밀하게 규정하고 그것을 탐구하기 위해서는 어떻게 해야 하는지 가르침을 줄 것이다. 그리고 만약 우리의 이론적 고찰이 옳다면, 이제 LHC에서 연구하려고 하는 고에너지 수준에서 새로운 현상이 차츰 발견되어야만 한다. 이렇게 새로운 발견이 이루어진다면 표준 모형은 더 완전한 이론으로 흡수되거나 확장될 것이다. 더 포괄적인 모형은 더 높은 정확도로 더 넓은 영역의 스케일에 적용될 것이다.

어떤 이론이 자연의 진짜 모습을 그리고 있는지 우리는 모른다. 새로운 발견이 언제 이루어질지 역시 알 수 없다. 그 답은 LHC에서 실제로 나오는 것이 무엇일지에 달려 있으며, 아직은 알 수 없다. 벌써 알 필요도 없다. 그러나 무엇이 존재하는지 추론하는 데 있어, 실험 결과가 어떤 식으로 나올지, 그리고 그 발견이 언제 이루어질지, 그리고 이런 것들을 어떻게 추산할지 우리는 알고 있다. 다음 2개 장에서 LHC 실험의 구체적인 내용을 자세히 살펴볼 것이다. 그리고 이어지는 4부에서는 물리학자들이 어떻게 모형을 만들고, 볼 수 있을지도 모르는 것들에 대해 어떤 식으로 예측하는지 생각해 볼 것이다.

13장

CMS와 ATLAS

2007년 8월 나는 CERN 이론 그룹의 리더인 스페인 물리학자 루이스 알바레스고메로부터 ATLAS 실험 시설 견학을 가자는 제안을 받았다. 이 견학 프로그램은 실험 물리학자 페터 예니(Peter Jenni, 1948년~. ATLAS 실험의 창설자 중 한 사람으로 평가받는다. — 옮긴이)와 파비올라 지아노티(Fabiola Gianotti, 1960년~, ATLAS의 전 대표. — 옮긴이)가 노벨상 수상자 리정다오(李政道, 1926년~)와 몇몇 사람들을 위해 준비한 행사였다. 페터와 파비올라의 전염되기 쉬운 열정에는 당할 수가 없었다. 그들은 당시 ATLAS 실험의 대표와 부대표였는데, 실험의 세세한 부분까지 설명하는 말 한마디 한마디에 전문성과 친절함이 가득했다.

우리 견학 참가자들은 헬멧을 쓰고 LHC 터널로 들어갔다. 처음 멈

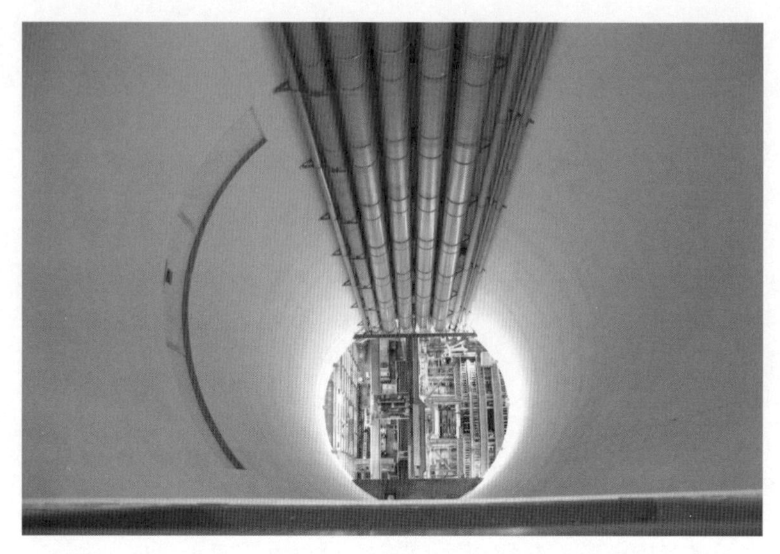

그림 29 ATLAS 공동을 위에서 내려다본 모습. 물자들을 내려 보내는 관이 보인다.

춘 곳은 ATLAS 공동이 내려다보이는 엘리베이터 플랫폼이었다. (그림 29의 사진 참조) 우리가 서 있는 곳에서 100미터 아래로 검출기 부품 등의 물자를 내려 보내는 수직 관들이 설치되어 있는 거대한 동굴을 보니 흥분이 되었다. 앞으로 무엇을 경험하게 될까, 동료들과 나의 가슴은 열렬한 기대로 부풀었다.

우리는 아래로 내려갔다. 아직 완공되지 않은 ATLAS 검출기가 설치되고 있었다. 미완성 상태라서 검출기의 내부 구조를 볼 수 있었다. 완공되고 나면 볼 수 없는 모습이었다. 적어도 유지 보수를 위해 LHC의 가동을 장기간 멈추기 전까지는 그럴 것이다. 덕분에 우리는 검출기의 정교한 내부 구조를 직접 볼 수 있었다. 검출기 내부는 인상적으로 색채가 풍부하고, 컸다. 노트르담 성당의 본당보다 더 컸다.

ATLAS는 장엄하다. 그러나 그 크기만이 ATLAS가 가진 장엄함의 전부는 아니다. 나처럼 뉴욕 같은 대도시에서 자란 사람이라면 거대한 구조물에 그렇게까지 감명 받지는 않을 것이다. ATLAS의 장엄함은 이 거대한 검출기가 수없이 많은 작은 부품들로 이루어져 있다는 것에서 온다. 그중 어떤 것들은 마이크로미터 수준의 정밀도로 거리를 측정하도록 설계되었다. LHC 검출기의 아이러니는 가장 작은 크기를 정확하게 측정하기 위해서는 그렇게 커다란 실험 장치가 필요하다는 사실이다. 요즘 대중 강연을 하면서 검출기의 모습을 보여 줄 때면 ATLAS가 크기만 할 뿐 아니라, 정밀하다고 강조한다. 이 점이 ATLAS를 그토록 경이롭게 만든다.

견학 1년 후인 2008년, 나는 CERN을 다시 방문해 ATLAS 검출기의 건설이 진척된 것을 보았다. 전해에는 노출되어 있던 검출기의 끝 부

그림 30 다층 구조로 이루어진 CMS 뮤온 검출기 및 자석의 연결부(자기 차폐 요크) 앞에 서 있는 길라드 페레스.

분은 이제 닫혀 있었다. 나는 또 물리학자 신치아 다 비아(Cinzia da Via)와 그림 30에 나오는 내 동료 길라드 페레스(Gilad Perez)와 함께 CMS도 구경했다. CMS는 LHC의 두 번째 다목적 검출기로서, 역시 볼 만했다.

길라드는 아직 LHC 실험 시설을 구경한 적이 없었다. 그래서 흥분하는 그를 보면서 나도 처음 왔을 때 느낌을 다시 맛볼 수 있었다. 우리는 관리가 느슨한 틈을 타서 여기저기 올라가 보고 심지어 빔 파이프까지 엿보았다. (그림 31 참조) 길라드는 바로 여기가 여분 차원 입자가 만들어져서 내가 제안한 이론의 증거가 나올 수 있는 장소라고 말했다. 그러나 발견된 것이 내 모형의 증거가 되든, 아니면 다른 이론의 증거가 되든 간에 이 빔 파이프는 현실 세계를 이루는 새로운 구성 요소에 대한 통찰이 탄생하는 곳이 될 것이다. 생각하는 것만으로도 기분이 좋아지는 일이다.

8장에서 두 양성자를 가속시켜서 충돌시키는 LHC 가속기에 대해서 소개했다. 이번 13장에서는 LHC에 설치된 두 다목적 검출기인 CMS와 ATLAS에 초점을 맞출 것이다. 검출기는 가속된 입자가 충

그림 31 신치아 다 비아가 지나가고 있는 자리에서(왼쪽) 빔 파이프 내부(오른쪽)를 들여다볼 수 있다.

돌할 때 나오는 것들을 알아내는 장치이다. LHC의 다른 실험 시설인 ALICE, LHCb, TOTEM, ALFA, LHCf 등은 강한 핵력을 더 잘 이해한다든가, 보텀 쿼크의 성질들을 보다 정밀하게 측정한다든가 하는 더 특별한 목적을 위해 설계된 검출기들이다. 이런 실험 시설들은 표준 모형의 구성 요소들을 보다 상세하게 연구하기 위한 것이라 기본적으로는 LHC의 가장 주요한 목표인 표준 모형의 물리학을 넘어서는 현상을 발견하게 되지는 않을 것이다. CMS와 ATLAS가 바로 우리가 바라는, 새로운 현상과 물질을 드러내는 실험을 수행할 것으로 기대를 모으고 있는 주요 검출기이다.

이번 13장에는 기술적인 세부 사항이 많이 나온다. 나와 같은 이론 물리학자조차 이런 모든 사실을 알 필요가 없을 정도이다. 앞으로 발견될 가능성이 있는 새로운 물리학에만 관심이 있거나, LHC에 관해 전반적인 개념 정도만 알면 충분하다고 생각하는 독자라면 이 장을 건너뛰어도 된다. 그러나 LHC 실험 장비와 시설은 감동적일 정도로 잘 만들어져 있다. 이런 세부 사항을 생략하면 LHC 계획에 대한 무례가 될 것 같다.

기본 원리

어떤 의미에서 ATLAS와 CMS 검출기는 갈릴레오와 그 밖의 다른 과학자들이 수백 년 전에 선구적으로 시작한 변화가 논리적으로 진화한 것이다. 망원경이 발명된 이래, 계속해서 진보해 나간 기술 덕분에 물리학자들은 더 먼 거리에 있는 것들도 간접적으로 연구할 수 있게 되었다. 아주 작은 영역을 탐사할 수 있는 도구로만 관찰할 수 있는 물질의 기초적 구조에 관해 더 많은 것을 알게 되었다.

LHC 실험은 10경분의 1센티미터(10^{-17}센티미터) 크기 영역의 구조와 상호 작용을 연구하기 위해 설계되었다. 이것은 이전에 어떤 실험이 관찰했던 크기보다도 10분의 1 정도 작은 것이다. 미국 일리노이 주 버테이비아에 위치한 페르미 연구소의 테바트론에서 사용되었던 것과 같은, 기존의 고에너지 충돌 실험 원리가 LHC 검출기에서도 비슷하게 사용되고 있지만, 새로운 검출기들이 만나게 될 최고 기록의 에너지와 충돌 비율은 새로운 문제들을 많이 제기했으며, 이 문제들 때문에 이 검출기들은 전례 없이 크고 복잡한 기계가 되었다.

우주 공간을 보는 망원경처럼, 검출기는 일단 만들어지고 나면 본질적으로 손대기 어렵다. 검출기는 사방이 막힌 지하 깊은 곳에 위치하고, 엄청난 양의 방사선에 노출된다. 가속기가 가동될 때에는 아무도 검출기에 접근할 수 없다. 가동될 때가 아니라고 하더라도, 검출기의 특정 부분을 손대는 것은 극히 어렵고 시간도 많이 걸린다. 이런 까닭에 검출기는 아무런 보수 및 정비 없이 적어도 10년은 가동되도록 건설된다. 그러나 LHC는 2년에 한 번씩 긴 휴지기를 가지도록 예정되어 있는데, 그 기간 동안 물리학자들과 기술자들은 검출기의 여러 부분을 손댈 수 있다.

그런데 한 가지 중요한 점에서 입자 물리학 실험은 망원경과 아주 다르다. 입자 검출기는 특정한 방향을 향할 필요가 없다. 어떤 의미에서 검출기는 동시에 모든 방향을 바라본다. 충돌이 일어나고 입자가 나타난다. 검출기는 흥미로울 것 같은 사건은 무엇이든 기록한다. ATLAS와 CMS는 다목적 검출기이다. 이 장비들은 한 종류의 입자나 충돌 사건만을 기록하지도 않고, 특정한 과정에만 초점을 맞추지도 않는다. 이 실험 장치들은 가능한 한 넓은 영역의 상호 작용과 에너지로부터 데이터를 얻을 수 있도록 설계되었다. 실험가들은 거대한 계산 능력을 가진 컴퓨터를 자유자재로 이용해서 실험이 기록된 '그림'으로부터 입자와 입자가 붕괴해서 생겨난 현상에 대한 정보를 명확하게 구별해 내려고 하고 있다.

38개국의 183개 연구소로부터 온 3,000명이 넘는 사람들이 CMS 실험에 참여해서, 검출기를 건설하고 운영하며 데이터를 분석하고 있다. 이탈리아 물리학자 귀도 토넬리(Guido Tonelli, 1950년~)는 부대표였다가 지금은 그룹을 이끌고 있다. (2012년 힉스 보손 발견 시 CMS의 대표는 미국 샌타 바버라 대학교의 조지프 '조' 인칸델러(Joseph 'Joe' Incandela)였다. — 옮긴이)

남자 물리학자가 대표를 맡는 CERN의 유습을 깨고, 이탈리아 출신의 재능 넘치는 여성 물리학자 파비올라 지아노티가 이번에, 또 다른 다목적 실험인 ATLAS에서 부대표였다가 대표가 되었다. 파비올라는 그 역할을 충분히 맡을 만한 사람이다. 파비올라는 온화하고 친절하며 우아함을 갖췄고, 게다가 물리학과 실험 그룹 모두에 커다란 공헌을 해 왔다. 그러나 내가 정말로 파비올라에 대해서 질투가 나는 점은 그녀가 뛰어난 요리사이기까지 하다는 점이다. 세세한 부분까지 엄청나게 신경을 쓰는 이탈리아 인으로서는 당연한 일일지 모른다.

ATLAS도 역시 거대한 공동 연구의 장이다. ATLAS 실험에는 38개국의 174개 연구소에서 온 3,000명이 넘는 과학자들이 참여하고 있다(2009년 12월 기준). ATLAS 실험은 1992년, 당시 제안되었던 2개의 실험안인 EAGLE(Experiment for Accurate Gamma, Lepton, and Energy Measurements, 감마선, 렙톤, 에너지를 정확하게 측정하기 위한 실험)과 ASCOT(Apparatus with Super Conducting Toroids, 초전도 토로이드 관측 장치)이 통합되면서 양쪽의 특징과, SSC의 검출기를 위해 연구 개발되었던 요소들을 결합해서 재설계된 것이다. 최종 실험안은 1994년에 제출되었고 2년 후부터 자금 지원을 받기 시작했다.

두 검출기는 기본적인 개요는 비슷하지만 세부적인 구성과 실험 수

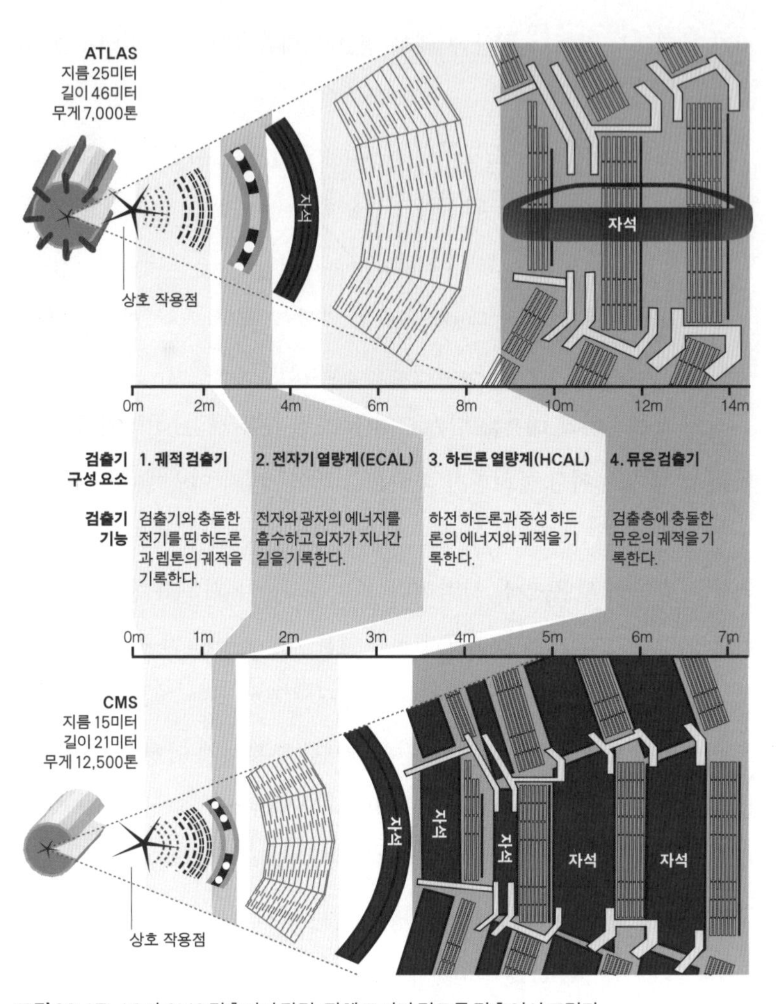

그림 32 ATLAS와 CMS 검출기의 단면. 전체 크기가 같도록 맞추어서 그렸다.

행 능력은 다르다. 그림 32에 자세한 사항이 설명되어 있다. 상호 보완적 운용을 염두에 두고 설계되었기 때문에 각각의 실험은 조금씩 다른 강점을 가지고 있다. 물리학자들은 두 실험의 결과를 가지고 상호 교차 검증을 할 수 있다. 입자 물리학에서 무언가를 발견한다는 것이 극히 어렵다는 것을 고려한다면, 탐색 목표가 같은 두 실험이 서로의 발견을 확인하고 뒷받침해 준다면 실험 결과의 신뢰도는 훨씬 더 높아질 것이다. 두 실험이 같은 결론에 이른다면 누구나 확신할 수 있을 것이다.

또 실험이 2개 존재하게 되면 경쟁이라는 요소가 강력한 역할을 하게 된다. 실험가들을 보면 이 문제를 자주 실감할 수 있다. 경쟁은 실험가들에게 보다 빨리, 보다 완전하게 결과를 얻어 내라는 압력을 가한다. 또한 두 실험의 연구자들이 서로에게서 배우기도 한다. 좋은 아이디어라면 두 실험에서 모두 채택될 것이다. 물론 구체적인 실행 형태는 좀 다를 수 있다. 어느 정도 다른 구성과 기술에 기반을 둔 2개의 독립적인 팀이 이중으로 연구하게 되면, 불의의 사태가 일어났을 때 한쪽이 다른 쪽을 대신할 수도 있고, 앞에서 이야기한 것처럼 경쟁과 협력이 자연스럽게 생겨난다는 이점을 얻을 수 있다. 이런 생각을 기초로 해서 하나의 가속기에 공통의 목표를 가진 2개의 검출기가 설치되도록 결정되었다.

사람들은 LHC가 언제 내 실험을 하는지, 그래서 나와 내 공동 연구자들이 제안한 특정한 모형을 언제 검증하는지 종종 묻는다. 나는 즉시 한다고 대답한다. 하지만 동시에 다른 모든 사람의 제안 역시 마찬가지이다. 이론 물리학자들의 역할은 새로운 탐색 목표와 그것을 달성하기 위한 새로운 방법을 고안해 내는 것이다. 고에너지 영역에 새로운 물리적 구성 요소와 힘이 존재한다면, 그것이 무엇이든, 발견해 낼 수 있는 수단을 찾아내는 것이 우리 연구의 목적이다. 물리학자들은 그 결과로 새로운 것을 발견하고 측정하고 해석하고 현실 세계의 저 밑바닥에 있는 것에 대한 새로운 통찰을 얻는다. 그것이 무엇이든. 데이터가 기록되면 수천 명의 실험 물리학자들은 여러 분석 팀으로 나뉘어 데이터에 들어 있는 정보가 내 모형과, 또는 그 밖의 흥미로운 모형들과 맞는지, 혹은 맞지 않는지를 연구한다. 그 시점의 데이터와 합치하지 않는 모형은 버려질 것이다.

그러고 나면 이론가들과 실험가들은 기록된 데이터를 검증해서 그것이 특정한 형태의 가설과 일치하는지 확인한다. 대부분의 입자들이 몇 분의 1초밖에 존재하지 않으며, 심지어 직접 볼 수도 없지만 실험 물리학자들은 이 '그림'을 이루는 디지털 데이터를 이용해서 어떤 입자가 물질의 핵심을 이루고, 어떻게 그들이 상호 작용하는지 확인한다. 검출기와 데이터의 복잡성을 고려한다면 실험가들은 정말 엄청난 양의 정보와 씨름해야 할 것이다. 이 장의 나머지 부분에서는 그 정보가 정확하게 무엇인지 알아볼까 한다.

ATLAS와 CMS 검출기

LHC의 양성자가 수소 원자에서 떨어져 나와서 27킬로미터의 가속기 링에서 높은 에너지로 가속되는 과정까지는 앞에서 살펴봤다. 반대 방향으로 도는 2개의 빔이 완전히 평행하다면 결코 교차하지 않고 반대 방향으로 링을 돌 것이다. 그래서 링을 따라 여러 곳에 설치되어 있는 쌍극자 자석이 양성자 빔의 방향을 바꾸고, 사극자 자석이 빔을 집중시켜서, 두 빔 속의 양성자가 지름 30마이크로미터보다 작은 영역에서 만나서 상호 작용을 하도록 한다. 양성자-양성자 충돌이 일어나는 각 검출기의 한가운데 위치를 **상호 작용점(interaction point)**이라고 부른다.

실험 장치는 이 상호 작용점을 중심으로 동심원을 그리게끔 설치되어 빈번하게 일어나는 양성자 충돌에서 튀어나오는 수많은 입자를 흡수하고 기록한다. (그림 33의 CMS 검출기 개요도 참조) 두 양성자 빔이 반대 방향에서 같은 속도로 날아와서 충돌하지만, 양성자가 충돌하고 나면 원래 빔 방향이 아니라 사방으로 흩어지는 입자들이 많기 때문에 이것을 흡수하고 기록하기 위해 검출기를 원통 모양으로 만든다. 사실 양성자

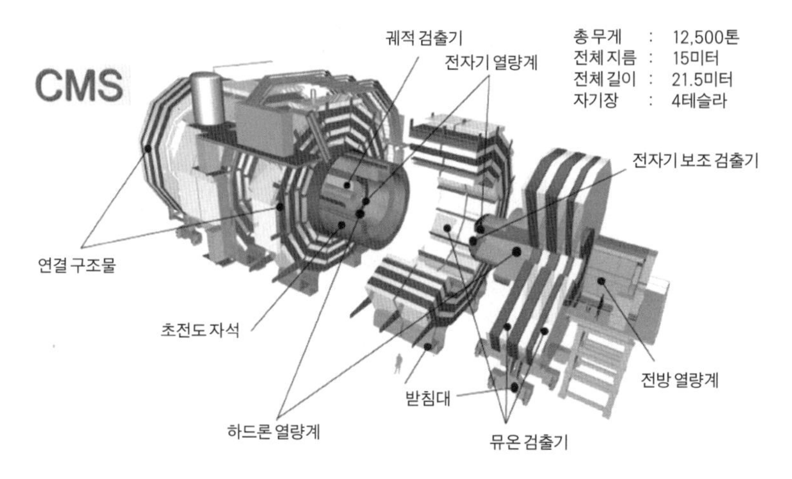

그림 33 검출기의 구성 요소를 보여 주는 CMS 검출기의 컴퓨터 이미지. (CERN과 CMS의 사용 허락을 받은 것이다.)

하나하나는 빔의 크기보다 훨씬 작기 때문에, 대부분의 양성자가 궤도만 살짝 틀어질 뿐 전혀 충돌하지 않고 빔 파이프 속을 따라 계속 움직인다. 개별 양성자가 정면 충돌하는 사건은 정말 드물게 일어나지만 실험에서 관측하려는 것은 바로 그 사건이다.

다시 말해 대부분의 양성자는 빔 방향으로 계속 진행하지만, 드문드문 빔의 방향에 수직으로 입자들이 튀어나가는 사건이 일어나는데, 이것이 연구해 볼 만한 사건이라는 것이다. 원통형의 검출기는 이렇게 대다수의 입자가 빔 방향으로 그대로 날아간다는 것을 고려하면서 빔 방향에 수직으로 날아가는 상호 작용 결과물들을 가능한 한 많이 검출하도록 설계되었다. CMS 검출기는 스위스 국경 근처 프랑스 세시의 지하에 위치한 양성자 충돌 지점에 설치되어 있고, ATLAS의 상호 작용점은 CERN의 본부 시설과 가까운 스위스 메랭 마을의 지하에 있다. (충돌에서 생성된 입자들이 ATLAS 검출기의 단면을 따라 비산하는 것을 시뮬레이션한 것이 그림 34이다.)

그림 34 ATLAS 검출기 안에서 일어나는 충돌 사건의 시뮬레이션. 입자들이 빔 진행 방향의 수직으로 검출기 층을 통과하는 것을 보여 준다. (사람은 크기 비교를 위해 등장시킨 것이며, 사람이 있을 때에는 가동하지 않는다.) 검출기 자석의 독특한 도넛 모양 구조가 잘 드러나 있다. (CERN과 ATLAS의 사용 허락을 받은 것이다.)

표준 모형의 입자들은 질량과 스핀과 상호 작용하는 힘에 따라 그 성질이 정해진다. 궁극적으로 만들어지는 것이 무엇이든 간에, 두 실험은 우리가 알고 있는 표준 모형의 힘과 상호 작용을 통해 그것을 검출한다. 그것이 할 수 있는 전부이다. 표준 모형의 상호 작용을 하지 않는 입자는 흔적을 남기지 않고 상호 작용 영역을 떠나 버린다.

그러나 실험에서 표준 모형의 상호 작용이 측정되면 무엇이 지나갔는지 알아낼 수 있다. 이것이 검출기가 하게 될 일이다. CMS와 ATLAS는 둘 다 입자들, 즉 광자, 전자, 뮤온, 타우, 그리고 강한 상호 작용을 해서 같은 방향으로 모여서 제트(jet)를 이루는 입자들의 에너지와 운동량을 측정한다. 양성자 충돌 영역을 둘러싸고 있는 검출기는 입자를 구별하기 위해 에너지와 전하를 측정하도록 설계되어 있고, 질릴 정도로 많은 데이터를 다루기 위한 복잡한 컴퓨터 하드웨어와 소프트웨어, 그리고 전자 장치를 포함하고 있다. 실험가들은 전하를 띤 하전 입자가 우리가 이미 알고 있는 다른 전하를 띤 물질과 상호 작용하는 것을 보고 그 정체를 확인한다. 또 강한 핵력을 통해 상호 작용하는 것이라면 무엇이든 검출할 수 있다.

검출기를 구성하고 있는 여러 부분들은 모두 결국은 도선과, 지나간 것을 기록하기 위해 검출기 안에 채워진 물질이 상호 작용하면서 나온 전자를 이용해 데이터를 기록한다. 때때로 막대한 양의 전자와 광자가 나와서 하전 입자 샤워(shower)가 발생하기도 하고, 가끔은 검출기 물질이 이온화되어 그 전하가 기록되는 일이 발생하기도 한다. 그러나 어느 경우든 도선이 신호를 기록하고 신호는 도선을 통해 물리학자들이 쓰는 컴퓨터로 전송된다. 물리학자들은 그것을 자기 컴퓨터에서 처리하고 분석한다.

자석 역시 두 검출기에서 모두 중요하다. 자석은 하전 입자의 전하와 운동량을 측정하는 데에서 핵심적인 역할을 한다. 전하를 띤 입자는 자기장 속에서 그 운동 속도에 따라 휘어진다. 운동량이 큰 입자는 똑바로 가려고 할 것이고, 반대 전하를 가진 입자는 반대 방향으로 휠 것이다. LHC에서 사용되는 입자는 엄청나게 높은 에너지를 (그리고 운동량을) 가지기 때문에 실험에 아주 강력한 자석이 필요하다. 그래야 전하를 띤 고에너지 입자가 그리는 궤적의 작은 곡률을 측정할 수 있기 때문이다.

소형 뮤온 솔레노이드(Compact Muon Solenoid, CMS)라는 뜻의 CMS 실험 장치는 이름처럼 두 다목적 검출기에서도 작은 쪽이다. 하지만 무게는 CMS가 더 무겁다. 터무니없게도 1만 2500톤이나 나간다. '작다는' 크기도 길이 21미터, 지름 15미터에 이른다. 이것은 ATLAS보다는 작지만 그래도 테니스 코트를 덮을 만큼은 크다.

CMS에서 특별한 부분은 4테슬라에 달하는 강력한 자기장인데, 검출기의 이름에서 솔레노이드는 이 자기장을 가리킨다. (솔레노이드는 코일을 원통 모양으로 감아놓은 것을 말한다. 코일에 전기가 흐르면 솔레노이드 내부에는 거의 일정한 자기장이 생긴다. — 옮긴이) 검출기 안쪽에 있는 솔레노이드는 지름 6미터의 원통형 코일로 이루어져 있고, 코일은 초전도 케이블로 되어 있다. 검출기 바깥쪽 층을 이루는 자기 차폐 요크(magnetic return yoke)도 인상적인데, CMS의 엄청난 중량의 대부분을 차지한다. CMS에는 파리의 에펠탑보다 더 많은 쇠가 사용되었다.

CMS의 이름 중 '뮤온'이라는 말에 궁금증을 가질 사람이 있을지도 모르겠다. (처음 그 이름을 들었을 때 나도 그랬다.) 뮤온은 전자와 같은 종류의 입자이면서 훨씬 무거운 입자로 검출기의 바깥층까지 통과해 나간다. 높은 에너지의 전자와 뮤온을 재빨리 확인하는 것은 새로운 입자를 검출하는 데 있어 중요한 일이다. 무거운 입자가 붕괴할 때 이렇게 높은 에너지를 가진 입자가 만들어질 수 있기 때문이다. 이런 입자들은 강한 핵력을 통해 상호 작용하지 않기 때문에 새로운 것일 가능성이 꽤 높다. 양성자는 저절로 전자나 뮤온을 만들어 내지 않기 때문이다. 그러므로 이렇게 즉시 확인할 수 있는 입자들은 양성자 충돌에서 흥미로운 무거운 입자가 생성되었다가 붕괴한 것을 가리키는 증거일 수 있다. CMS의 자기장은 애초에 높은 에너지의 뮤온에 특별히 신경을 써서 설계되어 있다. 그래서 뮤온을 트리거로 쓸 수 있다. 즉 데이터를 대량으로 버릴 수밖에 없는 상황에서도 높은 에너지를 가진 뮤온이 관련되어 있는 사건에서 나온 데이터는 우선적으로 기록할 수 있게 되어 있다.

CMS와 같이 ATLAS도 이름에 자석이 들어간다. 강력한 자기장은 ATLAS에도 중요하기 때문이다. 앞서 밝혔듯이 ATLAS는 A Toroidal LHC ApparatuS의 약어이다. 여기서 '토로이드(toroid)'라는 단어가 자석을 가리키는데, 자기장은 CMS보다 약하지만 대신 더 넓은 영역에 작용한다. (원통에 코일을 감은 것이 솔레노이드이고, 도넛에 코일을 감은 것이 토로이드이다. — 옮긴이) 토로이드 형태의 거대한 자석 때문에 ATLAS는 CMS보다 더 크며, 사실 역사상 가장 큰 실험 장치이다. ATLAS는 길이 46미터에 지름 25미터에 달해서, 길이 55미터, 높이 40미터의 공동에 꼭 맞게 들어찬다. ATLAS의 무게는 약 7,000톤으로 CMS 무게의 절반을 조금 넘는다.

입자들의 모든 성질을 측정하기 위해 충돌이 일어나는 영역을 중심으로 검출기들이 배치되어 있다. 바깥쪽으로 갈수록 점점 더 큰 검출기가 자리 잡고 있다. CMS와 ATLAS 검출기 둘 다, 입자가 지나갈 때 입자의 전하와 궤적을 측정하도록 설계된 여러 부분으로 구성되어 있다. 충돌에서 생성된 입자는 먼저 상호 작용점과 가장 가까운 곳에 설치되어 있어 전하를 띤 입자의 궤적을 정밀하게 측정하는 **내부 궤적 검출기**(inner tracker)를 만난다. 다음은 입자를 멈추게 해서 내놓은 에너지를 측정하는 **열량계**(calorimeter), 그리고 마지막으로 맨 바깥쪽에서 투과해 나오는 뮤온의 에너지를 측정하는 **뮤온 검출기**(muon detectors)를 만난다. 이 검출기 구성 요소들은 각 측정의 정밀도를 높이기 위해 다층 구조로 배치되어 있다. 우리는 이제 빔에서 가장 가까운 가장 안쪽 검출기로부터 가장 바깥쪽까지, 측정이 이루어지는 순서에 따라 검출기 내부 구조를 살펴볼 것이다. 양성자가 충돌해서 뿌려지는 입자들을 어떻게 기록하고 정체를 밝히며 정보화하는지 설명하겠다.

궤적 검출기

검출기의 가장 안쪽 부분은 충돌 영역에서 나온 하전 입자의 위치를 기록해서 궤적을 재구성하고 운동량을 측정하는 궤적 검출기이다. ATLAS와 CMS 모두에서 궤적 검출기는 동심원을 이루는 여러 부분으로 되어 있다.

빔과 상호 작용점에 가장 가까이 있는 층은 가장 세밀하게 나뉘어 있으며, 대부분의 데이터를 만들어 낸다. 아주 작은 검출기 구성 요소인 실리콘 **픽셀**은 가장 안쪽 영역에 자리 잡고 있는데 빔 파이프부터 몇 센티미터 떨어진 곳에서부터 설치되어 있다. 픽셀은 입자의 밀도가 가장 높은 상호 작용점과 매우 가까운 위치에서도 궤적을 극히 정밀하게 검출하도록 설계되어 있다. 실리콘은 작은 조각 하나하나에 회로 같은 것을 정밀하게 새겨 넣을 수 있어서 현대 전자 공학에서 널리 이용되며, 입자 검출기에서도 마찬가지 이유로 사용된다. ATLAS와 CMS의 픽셀은 하전 입자를 극히 높은 해상도로 검출하도록 설계되었다. 실험가들은

그림 35 케이블이 연결된 CMS 실리콘 궤적 검출기 칸막이 앞의 발판에 서 있는 신치아 다 비아와 기술자 도메니코 다톨라(Domenico Dattola).

각 점(bit)들을 서로 연결하고, 그것을 상호 작용점까지 연장함으로써 빔하고 아주 가까운 영역에서도 입자가 지나간 궤적을 찾아낼 수 있다.

CMS 검출기의 처음 세 층 — 중심으로부터 반지름 11센티미터까지의 영역 — 은 100×150마이크로미터의 픽셀 총 6600만 개로 이루어져 있다. ATLAS 내부의 픽셀 검출기 역시 비슷한 정도로 정밀하다. ATLAS의 가장 안쪽 검출기는 50×400마이크로미터의 픽셀로 이루어져 있다. 이것이 이 부분 검출 능력의 최소 단위이다. ATLAS의 픽셀은 모두 약 8200만 개로 CMS보다 약간 더 많다.

수천만 개의 요소로 이루어진 픽셀 검출기는 정보를 읽어들이는 정교한 전자 장치가 필요하다. 이 장치에 필요한 용량과 속도 문제는 내부 검출기가 쬐게 되는 대량의 방사선 문제와 더불어, 두 검출기 개발 과정에서 해결해야 할 주요한 난관이었다. (그림 35 참조)

내부 궤적 검출기는 3개의 층으로 이루어져 있기 때문에 검출기를 통과할 만큼 긴 수명을 가진 입자에 대해서는 3개의 **자국(bit)**을 기록할 수 있다. 이 궤적은 일반적으로 픽셀 층을 넘어 바깥쪽 검출기까지 이어지기 때문에 어떤 입자와 분명하게 관련시킬 수 있는 확실한 신호가 된다.

나와 동료 연구자인 매슈 버클리(Matthew Buckley)는 내부 검출기의 기하학적인 구조에 주목했다. 약학 핵력을 통해서 중성 입자로 붕괴하는 어떤 가상의 하전 입자는 불과 몇 센티미터 길이의 궤적만 남길 수 있다는 것을 깨달았기 때문이다. 이런 특별한 경우에는 궤적이 내부 검출기 안에서 끝나기 때문에 여기서 읽어 들이는 정보가 입자가 남기는 정보의 전부가 된다. 우리는 내부 궤적 검출기의 가장 안쪽 층의 픽셀에만 의존해서 데이터를 분석해야 하는 실험가들이 만나게 될 새로운 문제를 생각했다.

그러나 대부분의 하전 입자들은 궤적 검출기의 다음 부분까지 갈 만큼 오래 살기 때문에 검출기는 몇 센티미터보다는 훨씬 긴 궤적을 기록할 수 있다. 그러므로 가로, 세로 두 방향 모두에 대해 해상도가 좋은 내부 픽셀 검출기 바깥에는, 두 방향 중 긴 쪽 방향의 해상도가 낮게 비대칭적으로 설정되어 있는 실리콘 띠(strip)가 있다. 긴 띠는 원통 모양의 검출기와 마찬가지로 빔 방향으로 평행하게 뻗어 있고, 더 넓은 영역에 걸쳐 유효하다. (반지름이 커지면 넓이는 더욱더 커진다는 것을 기억하라.)

CMS의 실리콘 궤적 검출기는 중간 영역은 13개 층으로, 앞쪽과 뒤쪽 영역은 14개 층으로 이루어져 있다. 앞에서 이야기한 처음 세 층을 지나면 실리콘 띠로 이루어진 다음 네 층이 나오는데 반지름 55센티미터까지 이 층이 이어진다. 여기서 검출기의 구성 요소는 길이 10센티미터, 폭 180마이크로미터인 띠 모양이다. 남은 여섯 층은 긴 방향으로는 정밀도가 떨어지는데, 띠의 길이는 20센티미터로 같지만 폭은 80마이크로미터에서 205마이크로미터로 다양하고, 반지름 1.1미터 위치까지 이어진다. CMS 내부 궤적 검출기에 포함되어 있는 띠는 모두 960만 개이다. 이 띠들은 지나간 하전 입자들 대부분의 궤적을 재구성하는 데 중요한 역할을 한다. CMS의 실리콘 띠의 면적을 모두 합하면 테니스 코트 하나에 맞먹는다. 이전에 가장 큰 실리콘 검출기의 실리콘 면적이 겨우 2제곱미터였던 것을 생각하면 엄청난 진보이다.

ATLAS의 내부 궤적 검출기는 반지름이 1미터가 조금 안 되고 길이는 7미터쯤 된다. CMS처럼 안쪽의 실리콘 픽셀 층 3개 바깥에는 실리콘 띠 4개의 층으로 이루어진 반도체 궤적 검출기(Semiconductor Tracker, SCT)가 자리 잡고 있다. ATLAS의 경우 실리콘 띠의 크기는 길이 12.6센티미터에 폭 80마이크로미터이다. SCT의 전체 면적도 물론 엄청나서, 61제곱미터에 달한다. 픽셀 검출기가 상호 작용점 가까이에서 정교한 측정을 해서 궤적을 재구성하는 데 역할을 한다면, SCT는 넓은 영역을 높은 정밀도로(한쪽 방향이기는 하지만) 관찰할 수 있으므로 궤적 전체를 재구성하는 데 결정적으로 중요하다.

CMS와는 달리 ATLAS 궤적 검출기의 바깥쪽 검출기는 실리콘으로 만들어지지 않았다. 그곳에는 전이 방사 궤적 검출기(Transition Radiation Tracker, TRT)가 설치되어 있는데, 이 장치는 기체가 채워져 있는 관(管)으로 이루어져 있고, 궤적 검출기이면서 전이 방사 검출기로도 작동한다. 하전 입자가 길이 144센티미터에 지름 4밀리미터인 관 속의 기체를 이온화시키면 관 속의 도선을 통해 이온화를 검출해서 궤적을 측정한다. 이 검출기도 역시 빔의 진행 방향에 수직인 횡단면 방향으로 가장 해상도가 좋다. 관은 궤적을 200마이크로미터의 정밀도로 측정하는데, TRT는 가장 안쪽에 있는 검출기보다는 떨어지지만 대신 훨씬 넓은 면적을 커버할 수 있다. 또한 빛의 속도에 가깝게 움직이는 입자는 소위 **전이 방사(transition radiation)**를 방출하는데 검출기는 이런 입자들을 구별해 낼 수 있다. 가벼운 입자는 일반적으로 더 빠르게 움직이므로, 이것으로 입자의 질량차를 식별하는 것이다. 이 기능은 전자를 확인하는 데 도움이 된다.

이 모든 세부 사항에 좀 질렸다면, 여기 나온 것들은 대부분의 물리학자들이 알아야 하는 것보다도 더 많은 내용임을 상기하자. 아무튼 이런 내용을 일별하고 나면 검출기의 규모와 정밀도에 대한 감각을 얻을 수 있다. 물론 특정한 검출기 부분과 관련해서 일하는 사람이라면 매우 중요한 내용이다. 하지만 하나의 구성 요소에 아주 익숙한 사람이라도 나머지 모든 부분에 대해서까지 알고 있는 것은 아니다. 나는 어떤 다이어그램이 정확한지 확인하려고 검출기 사진을 들여다보다가 이 모든 것들을 공부하게 되었다. 그러니까 한 번에 알아듣지 못하겠다고 너무 아쉬워할 필요는 없다. 몇몇의 전문가들은 전체적인 작동 과정을 파악하고 있지만 많은 수의 실험가들조차 모든 것을 자세한 것까지 다 잘 알고 있는 것은 아니다.

전자기 열량계: ECAL

일단 세 종류의 궤적 검출기를 통과해서 바깥쪽으로 나온 입자는 다음 단계의 검출기, 즉 전자기 열량계(Electromagnetic CALorimeter, ECAL)를 만나게 된다. 전자기 열량계는 전하를 가진 입자나 전기적으로 중성인 입자(특히 전자와 광자)를 그 안에서 멈추게 해서 입자가 내놓은 에너지와 멈춘 위치를 기록하는 장치이다. 보다 구체적으로 말하자면, 입사된 전자나 광자가 검출기 물질과 상호 작용하면서 생성된 입자들을 찾는 것이다. 전자기 열량계는 전자나 광자의 정확한 에너지와 위치 정보를 산출한다.

CMS의 ECAL에 사용되는 물질은 놀라운 것이다. 이 물질은 텅스텐

그림 36 CMS의 전자기 열량계에 사용되는 텅스텐산납 결정의 사진.

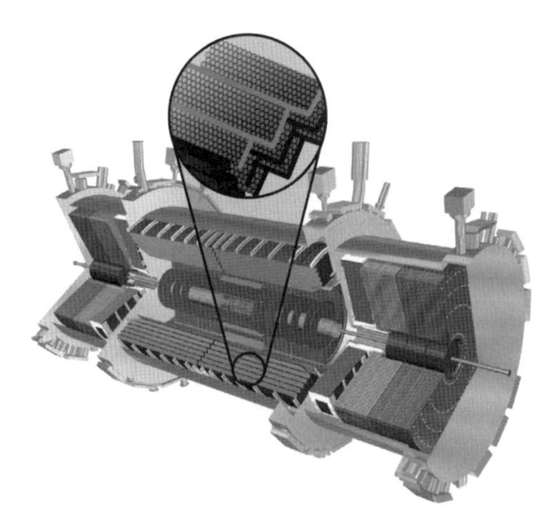

그림 37 ATLAS 전자기 열량계의 아코디언 주름 같은 구조.

산납 결정으로 만들어져 있는데, 밀도가 높고 광학적으로 투명해서, 전자와 광자를 멈추게 하고 검출하는 데 꼭 필요한 바로 그 물질이다. 아마 그림 36의 사진을 보면 어떤 물질인지 대략 느낄 수 있을 것이다. 이 물질이 매력적인 이유는 믿어지지 않을 만큼 투명하기 때문이다. 이렇게 밀도가 높으면서 투명한 물질은 결코 본 적이 없을 것이다. 이 물질이 유용한 이유는 이것을 이용해서 전자기적 에너지를 놀랍도록 정확하게 측정할 수 있어서이다. 16장에서 자세히 설명하겠지만 환상의 힉스 입자를 찾는 데 결정적으로 중요한 역할을 할 물질이다.

ATLAS 검출기는 전자와 광자를 멈추게 하는 데 납을 이용한다. 이 흡수 물질을 통과할 때 일어나는 상호 작용은, 처음 입자의 궤적에 담긴 에너지를 입자 샤워로 바꾸고, ECAL은 이 입자 샤워의 에너지를 검출한다. 입자 샤워의 에너지를 측정하는 데에는 액체 아르곤이 사용된다. 아르곤은 화학적으로 다른 원소와 반응하지 않는 불활성 원소이며 방사선에 매우 잘 견디는 물질이다. 액체 아르곤으로 측정한 에너지를 가지고 처음 입사된 입자의 에너지를 추론한다.

나는 이론 쪽으로 기울어진 사람임에도 불구하고, ATLAS를 견학 갔을 때 검출기의 이 부분을 보면서 매혹되었다. 파비올라가 이 열량계의 특수한 기하학적 형태를 개발하고 만드는 데 참여했다. 열량계는 아코디언 모양의 납판으로 된 방사형 층이 액체 아르곤과 전극으로 이루어진 얇은 층으로 나뉜 모습이었다. 파비올라는 이런 기하학적 구조에 의해 전자 회로가 검출기 요소와 아주 가까이 위치하게 되어 전자 장치가 정보를 읽는 속도가 훨씬 빨라진다고 설명했다. (그림 37 참조)

하드론 열량계: HCAL

빔 파이프부터 시작해서 바깥쪽으로 퍼져나가는 입자가 다음 차례로 만나게 되는 것은 하드론 열량계(Hadronic CALorimeter, HCAL)이다. HCAL은 하드론 입자의 에너지와 위치를 측정한다. 하드론이란 강한 핵력을 통해 상호 작용을 하는 입자이다. 그러나 하드론 열량계에서 측정하는 값은 전자기 열량계에서 측정하는 전자와 광자의 에너지보다 정밀도가 떨어진다. 이것은 어쩔 수 없는 일이다. HCAL은 거대하다. 예를 들어 ATLAS의 HCAL은 지름 8미터에 길이 12미터에 달한다. HCAL을 ECAL만큼의 정밀도를 갖도록 작은 조각으로 만든다면 제작비가 견딜 수 없을 만큼 너무 비싸질 것이다. 그래서 궤적을 측정하는 정밀도는 낮출 수밖에 없었다. 무엇보다도 검출기를 작은 조각으로 만드는 것과는 상관없이 강한 상호 작용을 하는 입자의 에너지를 측정하는 것이 항상 더 어렵다. 왜냐하면 하드론 입자 샤워의 에너지 변동폭이 더 크기 때문이다.

CMS의 HCAL은 황동이나 강철같이 밀도가 높은 물질과 방사선에 노출되면 빛을 방출하는 플라스틱 타일 섬광 계수기(scintillator)가 교대

그림 38 CMS의 뮤온 검출기와 결합되는 전자석 코일. 건설 중의 모습이다.

로 배치되어 있는 층상 구조로 되어 있다. 여기를 하드론이 지나가게 되면 섬광 계수기가 방출하는 빛의 세기에 따라 하드론의 에너지와 위치를 측정하고 기록하도록 장치가 설계되어 있다. ATLAS의 경우 중심 영역의 흡수 물질은 철인데, HCAL의 작동 방식 자체는 거의 같다.

뮤온 검출기

모든 다목적 검출기에서 가장 바깥쪽 부분은 뮤온 검출기이다. 기억하겠지만 뮤온은 전자와 매우 비슷한 하전 입자인데, 차이가 있다면 전자보다 200배 무겁다. 뮤온은 전자기 열량계나 하드론 열량계에서 멈추지 않고 검출기의 두꺼운 바깥쪽 영역을 뚫고 날아가 버린다. (그림 38 참조)

고에너지 뮤온은 새로운 입자를 발견할 때 매우 유용하다. 하드론과는 달리 따로 떨어져 나오기 때문에 상대적으로 깨끗하게 검출하고 측정할 수 있다. 또 뮤온은 흥미로운 충돌 사건에서 같이 나오는 일이 많기 때문에, 실험 물리학자들은, 빔에 수직 방향으로 날아가는 고에너지 뮤온과 관련된 사건을 모두 기록하기를 원한다. 뮤온 검출기는, 뮤온 외에도 검출기의 바깥쪽까지 나오는 모든 종류의 무겁고 안정적이며 전하를 띤 입자를 검출하는 데 유용하다.

뮤온 검출기는 가장 바깥쪽 검출 장치까지 날아온 뮤온이 남긴 신호를 기록한다. 어떤 면에서 뮤온 검출기는 궤적 검출기와 뮤온의 방향을 휘어지게 만드는 자기장을 가지고 궤적과 운동량을 측정하는 장치이므로 가장 안쪽에 있는 내부 궤적 검출기와 비슷하다. 그러나 뮤온 검출기의 자기장은 다른 종류의 자석으로 만들며 검출기도 훨씬 두꺼워 작은 곡률도 측정할 수 있으므로 운동량이 큰 입자를 측정할 수 있다. (운동량

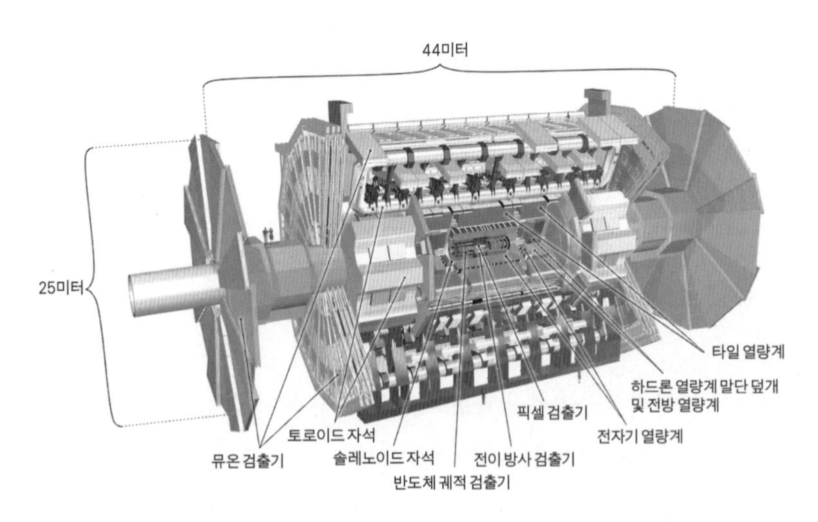

그림 39 ATLAS 검출기의 층상 구조와 분리된 말단 덮개를 보여 주는 컴퓨터 이미지. (CERN과 ATLAS의 사용 허락을 받은 것이다.)

이 큰 입자는 자기장 속에서 덜 휘어진다.) CMS의 뮤온 검출기는 중심부 빔에서 3미터 정도 떨어진 곳에서부터 시작되어 약 7.5미터의 검출기 전체의 반지름과 비슷한 영역까지 이어진다. ATLAS에서는 약 4미터부터 11미터까지이다. 이 거대한 구조물은 50마이크로미터 정도 되는 입자의 궤적을 측정할 수 있다.

말단 덮개

마지막으로 설명할 검출기 구성 요소는 실험 장치의 앞쪽과 뒤쪽 끝에 있는 검출기의 **말단 덮개**(end cap)이다. (전체 구조에 대해서는 그림 39 참조) 이제 더 이상 입자가 빔에서 방사상으로 흩어져 날아가는 것을 생각할 필요는 없다. 뮤온 검출기가 비산하는 입자가 만나는 마지막 장치였다. 이제 원통 모양의 검출기의 축 방향으로 가서 양쪽 끝을 덮고 있는 부분을 보자. 검출기 원통 부분의 양쪽 끝에는 말 그대로 덮개가 있다. 이 덮개는 가능한 한 많은 입자를 기록하기 위해 양쪽 끝부분을 담당하고 있는 검출기이다. 말단 덮개는 검출기 설치 시 가장 나중에 마지막으로 설치되는 부분이므로, 내가 2009년에 방문했을 때는 아직 설치되어 있지 않았다. 그 덕분에 검출기 내부의 여러 층을 잘 볼 수 있었다.

이 말단 영역에 자리한 검출기는 실험 장치를 **밀폐**하는 동시에 LHC 실험에서 생성되는 모든 입자의 운동량을 측정하기 위한 것이다. LHC의 실험 장치는 이처럼 검출기들이 모든 방향에 걸쳐 빈틈 없이 설치되어 있다. 밀폐 상태에서 측정하기 때문에 상호 작용을 하지 않거나 아주 약하게 상호 작용하는 입자도 발견할 수 있다고 여길 수 있다. 만약 '잃어버린' 수직 방향 운동량(수직 방향은 빔의 방향에 대해서 수직 방향이라는 뜻이다. — 옮긴이)이 관측된다면, 직접 검출 가능한 상호 작용을 하지 않는 입자가 적어도 하나 생성되었다고 볼 수 있다. 그런 입자가 운동량을 가지고 가 버리면, 실험가들은 사라진 운동량을 통해 그런 입자의 존재를 알게 된다.

검출기가 모든 수직 방향 운동량을 측정할 수 있는데, 그럼에도 불구하고 충돌 후에 보존되어야 할 수직 방향 운동량이 사라졌다면, 무엇인가가 검출되지 않은 채 사라지면서 운동량을 가져갔다고 추정할 수 있다. 지금까지 살펴봤듯이 검출기는 운동량을 수직 방향으로는 아주 조심스럽게 측정한다. 앞과 뒤에 있는 열량계는 에너지나 운동량이 수직 방향으로 실험가가 모르게 새어 나가지 않도록, 검출기의 밀폐성을 보장해 준다.

CMS 검출기의 말단 부분에 설치된 장치는 강철로 만든 흡수재와 수정 섬유로 만들어져 있는데, 밀도가 높은 물질이라서 입자의 궤적을 식별하기 쉽게 해 준다. 말단 덮개의 황동은 원래는 러시아 군의 포탄 탄피를 재활용한 것이다. ATLAS의 경우에는 앞부분에 설치되어 있는 액체 아르곤 열량계를 사용해서 전자와 광자뿐만 아니라 하드론도 검출한다.

자석

두 검출기에 대해 자세히 살펴봤다. 이제 남은 부분은 두 검출기 모두의 이름에도 들어가는 자석이다. 자석 그 자체는 입자의 성질을 기록하는 검출 장비는 아니다. 그러나 자석은 입자의 궤적을 분류하고 그 성질을 파악하는 데 있어 결정적으로 중요한 역할을 하는 운동량과 전하를 알아내는 과정에서 필수불가결한 역할을 한다. 검출기의 필수 구성 요소인 것이다. 입자의 궤적은 자기장 속에서 휘어지기 때문에, 그 궤적은 직선이 아니라 곡선으로 나타난다. 얼마나, 그리고 어느 방향으로 휘었는가 하는 것은 에너지와 전하에 따라 결정된다.

냉각 상태에서 작동하는 니오븀-티타늄 초전도 코일로 만들어진 CMS의 거대한 솔레노이드 자석은 길이 12.5미터에 지름 6미터의 크기이다. 이 자석은 검출기를 만드는 데 있어서 CERN이 해결해야 하는 새로운 도전 과제였고, 일찍이 이런 형태로 만들어진 자석 중에서 가장 큰 것이다. 솔레노이드는 금속 심의 주변에 코일을 감은 것으로, 코일에 전기를 통하면 자기장이 생긴다. 자석에 저장된 에너지는 TNT 화약 약 0.5톤에 해당한다. 말할 필요도 없이, 만에 하나 자석이 꺼지고 초전도 효과가 갑자기 사라지는 것을 막기 위한 예방 조치가 이루어져 있다. 2006년 9월 4테슬라에서 솔레노이드 시험 가동이 성공적으로 완수되었다. 실제로는 오래 사용하기 위해 이것보다 약간 약한 3.8테슬라에서 가동될 것이다.

솔레노이드 자석은 충분히 커서 그 안에 궤적 검출기와 열량계까지 다 들어갈 수 있다. 한편 뮤온 검출기는 솔레노이드 밖에 설치되어 있다. 그러나 뮤온 검출기의 4개 층은 자기 코일을 둘러싼 거대한 철 구조물과 얽혀 있다. 이것이 자기장을 균일하고 안정되게 만든다. 이 철로 만들어진 자기 차폐 요크는 길이 21미터에 지름 14미터에 달하는데, 검출기 전체의 반지름 7미터를 꽉 채운다. 어떤 의미에서는 이 철 구조물도 뮤온 검출기 시스템의 일부라고 할 수 있다. 1만 톤의 철을 뚫고 뮤온 검출기를 지나가는 입자 중에 우리가 알고 있는 것은 뮤온뿐이기 때문에(사실은 아주 높은 에너지의 하드론도, 드물지만, 여기까지 올 수 있기 때문에 실험 물리학자들은 골치를 썩이고 있다.) 요크에서 나오는 자기장은 외부 검출기에서 뮤온을 휘어지게 한다. 자기장 속에서 뮤온이 휘어지는 정도는 뮤온의 운동량과 관계있으므로, 이 자기 차폐 요크는 뮤온의 운동량과 에너지를 측정하는 데 절대로 필요하다. 구조적으로 안정된 거대한 자석은 또 다른 역할도 한다. 검출기를 지지하고 자체의 자기장이 만드는 엄청난 힘으로부터 실험 장치를 보호한다.

ATLAS의 경우 자석 배치는 완전히 다르다. ATLAS에는 2개의 다른 자석 시스템이 사용되고 있다. 하나는 궤적 검출기를 둘러싸고 있는 2테슬라의 자기장을 발생시키는 솔레노이드 자석이고, 다른 하나는 뮤온 검출기에 번갈아 가며 끼워져 있는 바깥 영역의 토로이드 자석이다. 도넛 모양이라고 이해하면 좋다. ATLAS 검출기의 사진을 (혹은 검출기 자체를 직접) 보면, 가장 크게 눈에 띄는 것이 거대한 8개의 토로이드 구조(그림 34 참조)와 말단 덮개에 있는 2개의 또 다른 토로이드이다. 이 자석들이 만들어 내는 자기장은 빔 축 방향으로는 26미터까지 뻗치고 방사 방향으로는 뮤온 검출기의 시작점부터 11미터에 이른다.

ATLAS 실험 견학 시 들었던 재미있는 이야기들 중 하나는, 건설 인부들이 자석을 처음 내려 보냈을 때, 자석이 (옆에서 봤을 때) 타원형에 가까웠다는 것이다. 이것은 자석을 만든 기술자들이 중력이라는 요인을 고려했기 때문이다. 시간이 지나면 자석 자체의 무게 때문에 자석이 점차 원형이 되도록 그렇게 만들었던 것이다.

인상 깊었던 또 다른 이야기는, 기술자들이 실험 장치와 시설을 설계할 때 ATLAS를 설치한 공동의 바닥이 지하수의 압력 때문에 원래 파놓은 것에서 1년에 약 1밀리미터씩 상승하는 것까지 고려했다는 것이다. 그들은 이렇게 조금씩 융기하는 공동 바닥이 2010년에는 최적의 위치에 오도록 했다. 2010년은 원래 계획에 따르면 완전한 성능으로 가동되기 시작하는 첫해였다. LHC 가동 시점이 미뤄짐에 따라 기술자들의 뜻대로 되지는 못했다. 그러나 지금까지 실험 장치 아래의 지반은 안정되어 있고, LHC가 가동되는 동안 그 위치로 남아 있을 것이라고 한다.

야구 감독 로런스 피터 '요기' 베라(Lawrence Peter 'Yogi' Berra, 1925~2015년)

가 남긴 "예측하는 것은 힘들다. 미래에 대해서는 특히 더 그렇다."라는 말이 있기는 하지만, ATLAS의 기술진은 예측을 제대로 해 냈다.[52]

컴퓨터

LHC에 대해서 설명할 때 거기에서 사용되는 컴퓨터의 막강한 계산 능력을 이야기하지 않으면 제대로 설명했다고 할 수 없다. 지금까지 이야기했던 궤적 검출기, 열량계, 뮤온 검출기, 그리고 자석에 들어가는 뛰어난 하드웨어뿐만 아니라, 전 세계적인 조직망을 구축하고 있는 LHC의 컴퓨터 시스템은 수많은 충돌이 만들어 낼 압도적인 양의 데이터를 다루는 데에서 필수적인 역할을 한다.

LHC는 과거 가장 높은 에너지를 구현했던 충돌형 가속기인 테바트론보다 에너지만 7배 더 높은 것이 아니라, 50배나 빠른 속도로 충돌 사건을 일으킨다. LHC는 해상도가 지극히 높은 사진들과도 같은, 초당 약 10억 번까지의 비율로 일어나는 충돌 사건을 처리할 수 있어야 한다. 각 사건의 '사진'은 약 1메가바이트의 정보를 가지고 있다.

이것은 어떤 컴퓨터 시스템도 다룰 수 없는 엄청난 양의 데이터이다. 그래서 **트리거** 시스템을 두어, 어떤 데이터를 기록하고 어떤 데이터를 버릴 것인지를 부지런히 결정한다. 단연 많이 일어나는 충돌 사건은 강한 핵력을 통해 일어나는 보통의 양성자 상호 작용이다. 이런 충돌 사건은 대부분 우리가 아는 물리적 과정을 보여 주기 때문에 새로운 것은 없으므로 신경 쓸 필요가 없다.

양성자의 충돌은 어떤 면에서 2개의 콩 주머니를 부딪힌 것과 같다. 주머니는 부드러우므로 대부분의 경우 충돌은 흡수되고 눈에 띄는 일은 일어나지 않는다. 그러나 가끔 콩 주머니가 쾅 부딪히면서 콩과 콩이 엄청난 힘으로 서로를 때린다. 아마도 콩끼리 부딪히고 주머니는 찢어질 것이다. 그런 경우 충돌한 콩은 딱딱하고 에너지를 모아서 충돌했으므로 놀랍도록 멀리 날아가 버릴 것이고, 나머지 콩들은 원래 가던 방향으로 그냥 지나갈 것이다.

마찬가지로 빔에 들어 있던 양성자가 서로 충돌하면 양성자를 이루고 있는 구성 요소들 중 일부가 충돌해서 흥미로운 사건을 만들어 낸다. 이때 양성자의 나머지 부분들은 가던 방향으로 빔 파이프를 따라 그저 계속 갈 것이다.

그러나 콩이 충돌하는 경우에는 콩이 부딪혀 방향이 바뀌는 것으로 끝이지만, 양성자가 충돌하는 경우에는 양성자를 구성하는 쿼크, 반쿼크, 글루온이 충돌해, 원래의 입자가 에너지나, 다른 종류의 물질로 바뀐다. 그리고 낮은 에너지에서 충돌하면 주로 양성자의 전하를 담당하는 세 쿼크가 충돌하는 데 반해, 6장에서 이미 본 바와 같이, 높은 에너지에서 충돌하면 양자 역학적 가상 효과로 인해 글루온과 반쿼크가 많이 만들어져 충돌에 참여한다. 흥미로운 충돌 사건이란 이런 양성자의 구성 요소들이 서로 충돌하는 경우를 가리킨다.

양성자가 높은 에너지를 가지면 그 안의 쿼크, 반쿼크, 글루온도 높은 에너지를 가진다. 그럼에도 불구하고 그 에너지는 결코 양성자의 전체 에너지가 될 수 없다. 일반적으로 이 에너지는 전체 에너지의 일부일 뿐이다. 그래서 쿼크와 글루온은 양성자 에너지의 극히 일부만을 가지고 충돌하기 때문에 대부분의 경우 무거운 입자를 만들지 못한다. 상호 작용의 세기가 더 작아서, 혹은 새로운 입자라고 기대되는 입자의 질량이 너무 무거워서, 아직 보지 못한 입자나 힘이 나오는 흥미로운 충돌 사건은 '지루한' 표준 모형 충돌보다 훨씬 낮은 비율로 일어난다.

그러므로 콩 주머니가 그랬듯이, 대부분의 충돌 사건은 관심을 끌지 못한다. 각각의 양성자가 서로를 그저 보고 지나치거나 충돌한다고 해도 우리가 알고 있는 표준 모형적 사건만이 일어나서, 새로 알아낼 것이 별로 없다. 반면에 예측에 따르면 LHC가 힉스 보손과 같이 자극적인 새로운 입자를 만들어 내는 일은 대략 10억분의 1로 일어난다.

요컨대 좋은 일이 일어나는 행운의 시간은 아주 짧다는 것이다. 그래서 일단은 그렇게 많은 충돌을 일으켜야 하는 것이다. 대부분의 충돌 사건은 새로울 것이 없다. 그러나 아주 드물게 일어나는 몇몇 사건은 아주 특별해서 우리에게 많은 것을 알려준다.

이 드문 사건을 찾아내는 일은 **트리거**에 달려 있다. 트리거란 흥미로울 가능성이 있는 사건을 찾아내도록 설계된 하드웨어와 소프트웨어들을 통틀어 일컫는 용어이다. 트리거 작업이 얼마나 어마어마한 일인지(일단 여러 종류의 경로가 있을 수 있음을 염두에 두어야 한다.) 이해하는 한 가지 방법은 1억 5000만 화소(양성자 빔 뭉치가 한 번 교차할 때 나오는 데이터의 양)의 카메라를 가지고 1초에 4000만 장(빔 뭉치가 교차하는 속도)의 사진을 찍는다고 생각해 보는 것이다. 빔 뭉치가 교차할 때마다 20~25회의 충돌이 일어난다면 이것은 1초에 10억 번의 물리적 사건이 일어나는 것에 해당한다. 트리거는 재미있는 사진 몇 장만 남겨두는 장치에 해당한다. 아니면 스팸 메일 필터라고 생각할 수도 있다. 트리거가 하는 일은 흥미로운 데이터만 실험가들의 컴퓨터에 남겨두는 것이다.

트리거는 흥미로운 현상이 있을 것 같은 충돌 사건만을 찾아내 저장하고 새로운 내용이 없을 것 같은 사건은 버릴 수 있는 능력을 가지고 있어야 한다. 일단 새로운 사건이라면 상호 작용점에서 일어나서 검출기에 기록되는 충돌 사건 자체가 보통의 표준 모형에서 일어나는 과정과 충분히 구별될 수 있을 것이다. 또한 충돌 사건이 특별하게 보이는 것이 언제인지를 알면 어떤 사건을 남겨두어야 할지 알 수 있다. 이것만으로도 곧바로 인식할 수 있는 새로운 사건의 비율이 훨씬 낮아질 것이다. 그래도 아직 트리거는 문제를 해결해야 한다. 트리거는 초당 10억 개의 사건 중에서 흥미로울 가능성이 있는 몇 백 개의 사건을 골라내야 한다.

하드웨어와 소프트웨어가 결합된 **문**(gate)이 이 임무를 수행한다. 여러 수준의 트리거들이 계속해서 평범한 것으로 판명된 대부분의 데이터를 각각의 단계에서 기각시키고, 우리가 다룰 만한 양의 데이터만 남겨놓는다. 이 데이터는 다음 차례로 전 세계 160개 연구소의 컴퓨터 시스템에서 분석된다.

1단계의 트리거는 하드웨어 기반으로, 검출기에 설치되어 있다. 높은 에너지의 뮤온이 나왔다든가, 열량계에 수직 방향의 에너지가 매우 많이 흡수됐다든가 하는, 잘 구분되는 특징들을 확인해서 일단 크게 걸러내는 일을 한다. 1단계 트리거의 결과를 기다리는 몇 마이크로초 동안, 양성자 빔 뭉치가 교차해서 나온 데이터는 버퍼에 저장된다. 그다음 단계의 트리거는 소프트웨어 기반이다. 검출기 가까이에 있는 거대한 컴퓨터 클러스터에서 분석할 사건을 가려내는 알고리듬이 돌아간다. 1단계 트리거가 초당 10억 개의 사건을 초당 약 10만 개로 줄이는데, 소프트웨어 트리거는 이것을 다시 약 1,000개에서 수백 개로 줄인다.

트리거를 통과하는 각 사건은 1메가바이트가 넘는 엄청난 양의 정보를 담고 있다. 이 정보들은 앞서 이야기했던 검출기의 각 부분들이 읽어낸 것이다. 초당 수백 개의 사건은 초당 100메가바이트가 넘는 디스크 공간에 저장된다. 이만큼의 정보 양은 1년 동안 모으면 1페타바이트를 넘어선다. 페타바이트란 10^{15}바이트, 혹은 1000조 바이트(이 말을 써 본 적이 있는가?)를 말하는데, DVD 수십만 장에 해당한다.

팀 버너스리는 CERN의 데이터를 다루고 전 세계 실험가들이 실시간으로 컴퓨터에서 정보를 공유할 수 있도록 하기 위해 월드와이드웹을 처음으로 개발했다. CERN은 이것을 발전시켜 LHC의 컴퓨터 **그리드(Grid)** 시스템을 개발했다. 그리드는 중요한 소프트웨어 개발이 끝난 2008년 하반기부터 가동되기 시작해서 실험 물리학자들이 처리하고자 했던 엄청난 양의 데이터를 다룰 수 있게 해 주었다. CERN의 그리드는 전용 광섬유 케이블과 공용 고속 인터넷을 모두 사용한다. 그리드(격자)라는 이름은, 하나의 도시 지역에서 쓰는 전기가 특정한 한 발전소에서만 오는 것이 아니듯이, 데이터가 특정한 한 장소에 있는 것이 아니라 전 세계의 컴퓨터에 나뉘어 있기 때문에 붙은 것이다.

일단 트리거를 통과한 사건이 저장되면, 그 정보는 그리드를 통해 전 세계에 배포된다. 그리드를 통해 전 세계의 컴퓨터 네트워크는 여기저기에 저장된 데이터에 언제라도 접근할 수 있다. 월드와이드웹은 정보만 공유하지만 그리드는 그리드에 연결된 수많은 컴퓨터들의 계산 능력과 데이터 저장 능력을 공유한다.

이 그리드 시스템을 이용해 여러 개의 컴퓨팅 센터가 계층 구조를 이루어 데이터를 처리한다. 0층(Tier 0)은 CERN에 있는 중앙 시설인데, 여기에서 데이터가 기록되고 나면, 날것 상태에서 물리학 분석에 보다 적합한 형태로 가공된다. 광대역 통신망을 통해, 데이터는 10여 개의 국가별 컴퓨팅 센터인 1층(Tier 1)으로 보내진다. 분석 그룹은 1층의 데이터부터 접근할 수 있다. 광섬유 케이블이 1층과 약 50개 대학에 설치되어 있는 2층(Tier 2)의 분석 센터를 연결한다. 2층의 분석 센터 역시 물리적 과정을 시뮬레이션하고 몇몇 특별한 분석을 하기에 충분한 계산 능력을 가지고 있다. 최종적으로 대학 내의 연구 그룹은 3층(Tier 3)에서 분석을 수행한다. 실제의 물리학 분석 대부분은 여기서 이루어진다.

이렇게 해서 실험 물리학자들은 어느 곳에 있든 자신의 데이터를 분석해서 LHC의 양성자 충돌이 보여 줄지도 모르는 것을 탐색할 수 있다. 이것은 새롭고 강력한 시스템이다. 그러나 이 시스템이 정말 제대로 잘 작동하는지 확인하기 위해서는 먼저 해야 하는 일이 있다. 14장에서 살펴보겠지만, 그것은 바로 충돌 현장에 무엇이 있는가를 추론해 내는 일이다.

14장

입자 확인하기

입자 물리학의 표준 모형은 기본 입자와 그 상호 작용에 대해 우리가 현재 이해하고 있는 바를 간결하게 정리해 놓은 것이다.[53] (그림 40에 요약되어 있다.) 여기에는 우리에게 익숙한 물질을 이루는 업 쿼크와 다운 쿼크, 그리고 전자와 같은 입자가 있다. 또한 같은 힘을 통해 상호 작용하는 무거운 입자들도 많이 있다. 이 무거운 입자들은 자연에서 보통 물질과 같이 발견되지는 않으며, 오직 높은 에너지의 충돌 실험에서 주의해서 찾아내야만 연구할 수 있다. LHC가 현재 연구하고 있는 입자를 비롯해 표준 모형의 구성 요소 대부분은 완전히 숨겨져 있다가, 뛰어난 실험적, 이론적 통찰을 통해 지난 20세기 후반에야 발견된 것들이다.

LHC에서 ATLAS와 CMS 실험은 표준 모형의 입자를 검출하고 확

회전성

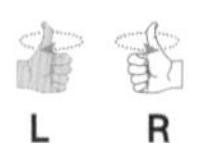

입자는 진행하는 방향에 대해 어느 쪽 스핀을 가지느냐에 따라 좌회전성, 혹은 우회전성을 가진다.

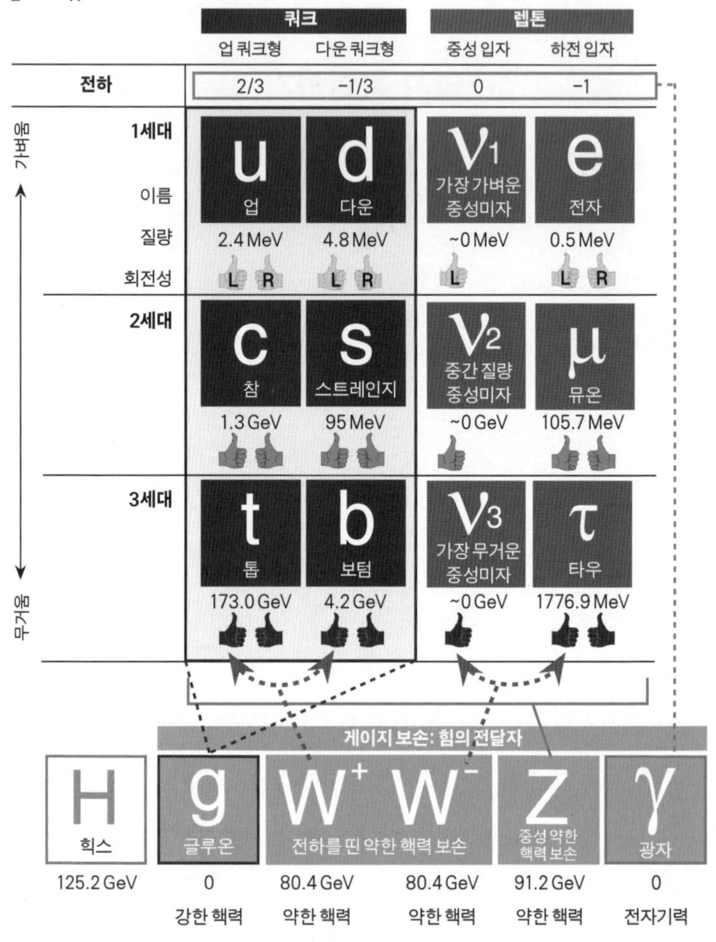

그림 40 입자 물리학 표준 모형의 구성 요소들과 그 질량. 좌회전성과 우회전성 입자를 따로 표시했다. 입자의 종류를 바꾸는 약한 핵력은 좌회전성 입자에만 작용한다.

인하기 위해 설계되었다. 물론 진정한 목표는 우리가 이미 알고 있는 것을 넘어서 미해결의 수수께끼를 다룰 수 있는 새로운 구성 요소나 힘을 찾는 것이다. 그러기 위해서는 물리학자들이 표준 모형에 따른 배경 사건을 구별할 수 있어야 하고, 색다른 성질의 새로운 입자가 붕괴해서 만들어진 표준 모형 입자를 확인할 수 있어야 한다. LHC의 실험 물리학자들은 탐정과 같다. 그들은 데이터를 분석해서 실마리들을 서로 연결하고 그곳에 무엇이 있었는지를 알아낸다. 그들은 익숙한 모든 것을 배제하고 난 뒤에야 무언가 새로운 존재를 추론해 낼 것이다.

앞 장에서 다목적 실험 장치를 훑어보았다. 이 장에서는 LHC의 물리학자들이 어떻게 개별 입자를 확인하는지 하는 관점에서 검출기를 다시 살펴 볼 것이다. 입자 물리학 현상과 표준 모형의 입자들을 어떻게 발견하는지에 대해 어느 정도 알게 되면 4부에서 LHC에서 앞으로 발견할 것들에 대해 논의할 때 도움이 될 것이다.

렙톤 찾기

입자 물리학자는 표준 모형의 기본 물질 입자를 두 종류로 나눈다. 하나는 전자와 같이 강한 핵력을 느끼지 않는 렙톤이다. 표준 모형에는 전자의 더 무거운 복제본이 2개 더 있다. 이 입자들은 전하는 전자와 같지만 질량은 훨씬 크다. 이들의 이름은 **뮤온**(muon)과 **타우**(tau)이다. 표준 모형의 모든 물질 입자는 이와 같이 세 종류의 복제본이 있음이 밝혀졌다. 전하는 모두 같고 각 **세대**(generation)는 앞의 세대보다 더 무겁다. 왜 이렇게 전하가 같은 세 종류의 복제본이 있어야 하는지는 알 수 없다. 노벨상 수상자인 물리학자 이시도어 라비는 뮤온이 존재한다는 말을 듣고는, 자신의 당혹스러움을 다음의 유명한 한탄으로 표현했다. "그거 누가 주문한 거야?"

가장 가벼운 렙톤은 찾기에 제일 쉽다. 전자와 광자 둘 다 에너지를 전자기 열량계(ECAL)에 내놓지만, 전자는 전하가 있고 광자는 전하가 없으므로, 전자는 쉽게 광자와 구별된다. 전자만이 ECAL에 에너지를 내놓기 전에 내부 궤적 검출기에 흔적을 남긴다.

뮤온 역시 상대적으로 확인하기가 간단하다. 다른 모든 표준 모형 입자처럼 뮤온도 아주 빨리 붕괴해 버려서 보통의 물질 속에서는 찾을 수 없고, 그래서 지상에서는 아주 드물게밖에 찾을 수 없다. 그러나 뮤온은 붕괴하기 전에 바깥쪽 검출기에 도달할 만큼은 오래 산다. 그래서 뮤온은 길고 뚜렷하게 보이는 궤적을 내부 궤적 검출기에서 바깥쪽 뮤온 검출기까지 남기게 된다. 실험가들은 이것을 연결해서 뮤온을 찾을 수 있다. 뮤온은 표준 모형의 입자 중에서 바깥쪽 검출기까지 도달하는 유일한 입자이며 눈에 보이는 신호를 남기기 때문에 쉽게 골라낼 수 있다.

타우 역시 검출기에 눈에 보이는 신호를 남기기는 하지만, 찾기가 그리 간단하지 않다. 타우는 전자와 뮤온과 같이 전하를 띤 렙톤이지만, 훨씬 무겁다. 대부분의 무거운 입자들처럼 타우도 불안정하다. 즉 붕괴하기 쉽다. 타우가 지나간 자리에는 다른 입자들만 남게 된다. 타우는 빠르게 더 가벼운 렙톤과 중성미자라는 입자 둘로 붕괴하거나, 중성미자 하나와 강한 핵력을 느끼는 파이온이라는 입자 하나로 붕괴한다. 실험가들은 이런 입자 붕괴 생성물 — 원래 입자가 붕괴해서 나온 입자들 — 들을 연구해서 어떤 무거운 입자가 존재했다가 붕괴했는지, 만약 그랬다면 그 입자의 성질은 무엇인지를 알아낸다. 비록 타우가 직접 궤적을 남기지는 않지만, 붕괴 생성물에 대해서 기록한 정보만 다 있으면 타우의 존재와 그 성질을 확인할 수 있다.

전자, 뮤온, 그리고 훨씬 무거운 타우 렙톤은 -1이라는 전하를 가지고 있다. 이것은 양성자 전하의 반대이다. 충돌형 가속기에서는 이 렙톤의 반입자들도 생겨난다. 양전자, 반뮤온, 반타우가 그것이다. 이 반입자들은 +1의 전하를 가지고, 검출기에 비슷하게 보이는 궤적을 남긴다. 그러나 전하가 반대라서, 자기장 속에서 반입자가 그리는 궤적은 반대 방향으로 휘어진다.

지금 말한 세 종류의 전하를 띤 렙톤 말고도, 표준 모형에는 전하를 띠지 않는 렙톤인 중성미자도 있다. 전하를 띤 세 렙톤이 전자기력과 약한 핵력을 모두 느끼는 반면 중성미자는 전하가 없으므로 전기적인 힘은 느끼지 못한다. 게다가 1990년대까지만 해도 실험 결과에 따르면 중성미자의 질량이 0인 것 같았다. 1990년에 이루어진 가장 흥미로운 실험적 발견 중 하나는 중성미자가 극히 작지만 0이 아닌 질량을 가진다는 것을 알아낸 것이다. (이 업적에 대해 2015년의 노벨 물리학상이 주어졌다. — 옮긴이) 이것은 표준 모형의 구조에 관해 중요한 정보를 제공했다.

비록 중성미자가 매우 가볍고, 그래서 충돌 실험의 에너지 범위 안에 있지만, 전하가 없어 오직 약한 핵력으로만 상호 작용을 하기 때문에 LHC에서 직접 검출하는 것은 불가능하다. 어느 정도로 약하게 상호 작용을 하느냐 하면, 태양에서 1초에 50조 개 넘게 날아오는 중성미자가 여러분의 몸을 통과하고 있지만, 여러분은 누가 말해 주기 전에는 이것을 몰랐을 것이다.

이렇게 보이지 않음에도 불구하고, 물리학자 볼프강 에른스트 파울리(Wolfgang Ernst Pauli, 1900~1958년)는 중성자가 붕괴할 때 에너지가 어디로 가는지를 설명하기 위해서는 "궁여지책으로" 중성미자가 존재해야 한다고 추측했다. 중성미자가 에너지의 일부를 가져간다고 가정하지 않으면, 중성자 붕괴 과정에서 붕괴 후 검출되는 양성자와 전자의 에너지를 합쳐도 원래 중성자의 에너지만큼 되지 않아서, 에너지 보존 법칙이 깨지는 것으로 보인다. 닐스 보어 같은 일류 물리학자조차 당시에는 에너지 보존 법칙을 희생하고 에너지가 사라지는 것을 받아들이려고 했다. 물리학의 기존 전제에 대한 더 강한 신념을 가지고 있던 파울리는 에너지 보존 법칙을 희생시키는 대신, 에너지는 절대적으로 보존되지만 여분의 에너지를 가져가는 전기적으로 중성인 입자를 실험가들이 보지 못한 것이라고 추측했다. 그리고 파울리가 옳은 것으로 판명되었다.

파울리는 당시에는 가설적 존재였던 그의 입자를 '중성자(neutron)'라고 불렀지만, 그 이름은 다른 용도로 쓰이게 되었다. 즉 원자핵 안에 있는 양성자의 중성 짝을 중성자라고 부르게 되었다. 그래서 약한 핵력 이론을 개발했고, 아마도 그것보다는 최초의 원자로를 만들어 낸 것으로 더욱 유명한 이탈리아 물리학자 엔리코 페르미(Enrico Fermi, 1901~1954년)는 이 입자를 '중성미자(neutrino)'라고 불렀다. 이 이름은 이탈리아 어로 '작은 중성자'라는 뜻이다. 물론 중성미자가 단순히 작은 중성자는 아니지만, 중성자처럼 전하를 가지지 않고 중성자보다 훨씬 가볍다.

다른 모든 표준 모형 입자들처럼 중성미자 역시 세 종류가 존재한다. 전하를 가진 렙톤인 전자, 뮤온, 타우 각각은 그 짝이 되는 중성미자를 가지고 있고, 약한 핵력을 통해 상호 작용한다.[54]

전자와 뮤온과 타우를 찾는 방법에 대해서는 이미 살펴보았다. 그래서 렙톤에 대해 남아 있는 실험적 질문은 중성미자를 어떻게 찾을 것인가 하는 문제이다. 중성미자는 전하가 없고 상호 작용을 아주 약하게 하기 때문에, 흔적을 전혀 남기지 않고 검출기를 빠져나간다. LHC에 있는 사람들은 중성미자가 거기 있다고 어떻게 말할 수 있는가?

운동량(입자가 천천히 움직일 때에는 속도 곱하기 질량으로 나타낼 수 있지만 빛의 속도에 가깝게 움직일 때에는 특정 방향으로 움직이는 에너지와 비슷해진다.)은 모든 방향에 대해 보존된다. 에너지처럼 운동량도 보존되며, 이것에 반하는 증거는 발견된 바 없다. 따라서 검출기에서 측정된 입자의 운동량이 검출기로 들어온 운동량보다 작다면 뭔가 다른 입자가(혹은 입자들이) 빠져 나갔음에 틀림없다. 그리고 그 과정에서 잃어버린 운동량을 가져갔을 것이다. 이런 식의 논리에 따라 파울리는 최초로(그의 경우에는 원자핵의 베타 붕괴에서) 중성미자의 존재를 추론했다. 그리고 오늘날에 이르기까지 이것은 상호 작용을 약하게 해서 보이지 않는 것처럼 보이는 입자의 존재를 탐지하는 방법으로 늘 쓰이고 있다.

양성자 충돌기에서 실험가들은 빔에 대해 수직 방향의 운동량을 전부 측정하고 무언가 빠진 것이 있는지 계산해 본다. 이때 빔에 대해 수직 방향의 운동량만을 생각하는 이유는 빔 파이프로 그냥 지나가는 입자들이 많은 양의 운동량을 가져가는데, 이들의 운동량 변화를 정확히 추적하기는 어렵기 때문이다. 양성자 빔의 방향에 수직인 운동량은 측정하기도 쉽고 설명하기도 쉽다.

양성자와 양성자가 충돌할 때 빔에 대해 수직 방향의 운동량을 모두 합하면 본질적으로 0이 되므로, 충돌 후 입자들의 수직 방향 운동량도 합하면 0이어야 한다. 만약 측정값이 예상과 맞지 않는다면, 실험가들은 무엇인가가 잃어버렸음을 **검출**했다고 할 수 있다. 이제 남은 문제는 상호 작용을 하지 않는 수많은 입자들 중에 어느 것이 그 무언가인지를 어떻게 식별해 낼 것인가 하는 문제이다. 표준 모형에 따른 과정이라면 중성미자가 검출되지 않는 요소일 것이다. 곧 살펴보게 되겠지만, 중성미자가 약한 상호 작용을 한다는 사실에 기초해서 물리학자들은 중성미자가 생성되는 비율을 계산하고 예측한다. 또한 물리학자들은 W 보손이 어떤 식으로 붕괴하는지도 이미 알고 있다. 예를 들어 전자나 뮤온 하나가 따로 떨어져 나오면서 수직 방향 운동량이 W 보손 질량의 절반 정도의 에너지에 해당하는 경우는 다른 경우에는 좀처럼 일어나지 않으므로 이것이 W 보손의 붕괴 생성물이며 중성미자도 하나 생성되었음을 추측할 수 있다. 그래서 운동량 보존 법칙과 이론적인 뒷받침을 받는 데이터를 이용해 중성미자도 **발견**할 수 있다. 중성미자의 경우에 입자를 식별할 수단이 우리가 직접 보는 입자의 경우에 비해 훨씬 적다는 것은 명백하다. 이론적인 고찰과 사라진 에너지에 대한 측정 결과를 합쳐야만이 거기 무엇이 있었는지를 알 수 있다.

새로운 발견을 생각할 때 이런 개념을 가지고 있는 것은 중요하다. 전하가 없거나 직접 검출할 수 없을 정도로 상호 작용이 약한 다른 새로운 입자를 발견하는 일에도 비슷한 개념이 적용되기 때문이다. 이런 경우에는 사라진 에너지와 이론적인 가정이 결합되어야만 무엇이 있었는지 추론할 수 있다. 그래서 가능한 한 많은 운동량을 측정할 수 있도록 검출기를 밀폐하는 과정이 대단히 중요한 것이다.

하드론 찾기

우리는 지금 렙톤(전자, 뮤온, 타우, 그리고 그 입자들과 짝을 이루는 중성미자들)을 살펴보았다. 표준 모형의 입자 중에 렙톤을 제외한 입자들을 **하드론**이라고 한다. 하드론은 강한 핵력을 통해 상호 작용하는 입자를 말한다. 이 범주에는 양성자, 중성자, **파이온(pion)** 등 쿼크와 글루온으로 만들어진 입자들이 모두 다 속한다. 하드론은 내부 구조를 가지고 있다. 쿼크와 글루온이 강한 핵력으로 서로 묶여 있는 속박 상태를 하드론이라고 한다.

그러나 표준 모형의 목록이 가능한 속박 상태를 모조리 싣고 있는 것은 아니다. 표준 모형에 있는 것은 서로 묶여서 하드론 상태를 만드는 쿼크와 글루온 같은 더 근본적인 입자들이다. 양성자와 중성자 속에 있는 업 쿼크와 다운 쿼크에다가 **참(charm)**, **스트레인지(strange)**, **톱(top)**, **보텀(bottom)**이라는 이름의 더 무거운 쿼크들이 포함되어 있다. 전하를 가진 렙톤과 전기적으로 중성인 렙톤(즉 중성미자)이 그렇듯이, 무거운 쿼크도 가벼운 쿼크들인 업 쿼크나 다운 쿼크와 똑같은 전하를 가지고 있다. 무거운 쿼크 역시 자연에서 곧바로 발견되지 않는다. 무거운 쿼크를 연구하려면 가속기가 필요하다.

하드론(강한 핵력을 통해 상호 작용을 하는 입자)은 입자 충돌을 할 때 렙톤(강한 핵력으로 상호 작용을 하지 않는 입자)과 매우 다르게 보인다. 이것은 기본적으로 쿼크와 글루온이 강한 상호 작용을 하기 때문에 따로 떨어져서 단독으로 나타나지 않기 때문이다. 쿼크와 글루온은 항상 제트 형태로 나타난다. 제트 속에는 원래 입자가 포함되어 있는 경우도 있지만 대개의 경우 마찬가지로 강한 핵력을 느끼는 다른 입자들의 뭉치를 형성하고 있다. 제트는 하나의 입자로 된 것이 아니라, 그림 41에서 보듯 강한 상호 작용을 하는 입자들이 쏟아져서 원래 입자를 '감싸는' 상태이다. 처음 제트를 만들어 낸 쿼크나 글루온으로부터 강한 상호 작용을 통해 원래의 충돌 사건에서는 존재하지 않았던 새로운 쿼크와 글루온이 많이 만들어진다. 양성자 자체가 강한 상호 작용을 통해 만들어진 입자이므로 양성자 충돌기에서는 수많은 제트가 발생한다. 강한 상호 작용을 하는 입자는 진행하는 방향으로 강한 상호 작용을 하는 입자를 새로 많이 만들어서 뿌린다. 때로는 다른 방향으로 튀어 나가면서 별개의 제트를 만드는 쿼크와 글루온이 나오기도 한다.

내가 이전 책인 『숨겨진 우주』에서 인용했던 「웨스트 사이드 스토리(West Side Story)」의 「제트 단의 노래(Jet Song)」는 진짜로 하드론 제트를 잘 묘사하고 있다.

너는 결코 혼자가 아니네,
너는 결코 버림받지 않아!
너는 너 자신의 집,

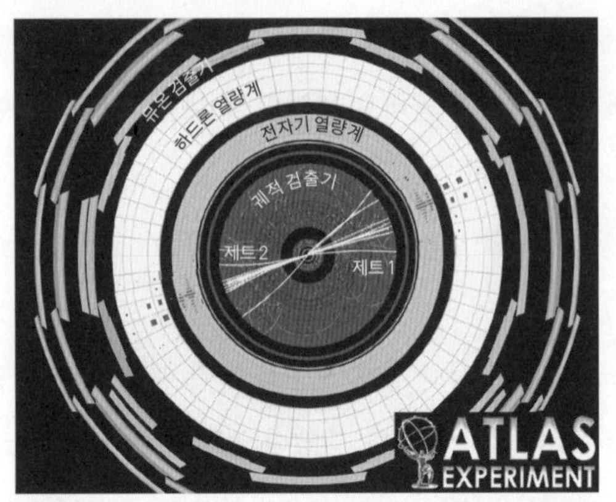

단면

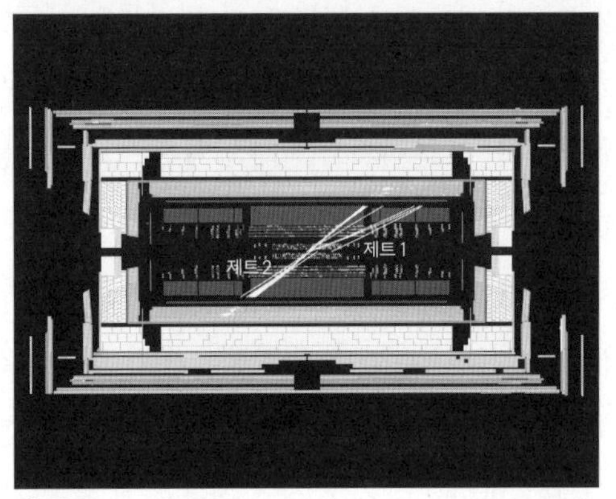

측면

그림 41 제트는 쿼크와 글루온을 중심으로 형성된 강한 상호 작용을 하는 입자들의 비말이다. 그림에서 제트가 궤적 검출기와 하드론 열량계에서 검출되는 것을 볼 수 있다. (CERN의 허가를 받고 수정된 사진이다.)

조직이 함께한다면

너는 잘 보호받지.

쿼크들은, 그리고 대부분의 갱의 조직원들은, 혼자 돌아다니지 않고 강하게 상호 작용하는 친구들과 항상 행동을 함께한다.

일반적으로 제트는 눈에 보이는 궤적을 남긴다. 제트 속의 입자 중에는 전하를 가진 입자도 있기 때문이다. 그리고 제트가 열량계에 도착하면 에너지를 그곳에 남긴다. 따라서 실험가들은 이론적인 계산과 컴퓨터를 이용한 계산, 거기에다 주의 깊은 실험적 연구를 통해 처음에 제트를 만들었던 하드론의 성질을 추론한다. 그렇다고 하더라도 강한 상호작용과 제트 때문에 쿼크와 글루온은 더욱 미묘한 존재가 된다. 우리는 쿼크나 글루온 그 자체가 아니라, 쿼크나 글루온이 들어 있는 제트만 측정할 수 있다. 그래서 대부분의 쿼크 제트와 글루온 제트는 서로 구별하기 어렵다. 모든 제트는 많은 양의 에너지를 내놓고, 무수한 궤적을 남긴다. (각 검출기가 주요 표준 모형 입자를 확인하는 순서를 나타낸 것이 그림 42이다.)

제트의 성질을 측정한 후라고 해도, 제트를 처음 만든 쿼크, 혹은 글루온이 어떤 것인지 특정하는 것은 불가능하거나 대단히 어렵다. 단, 보

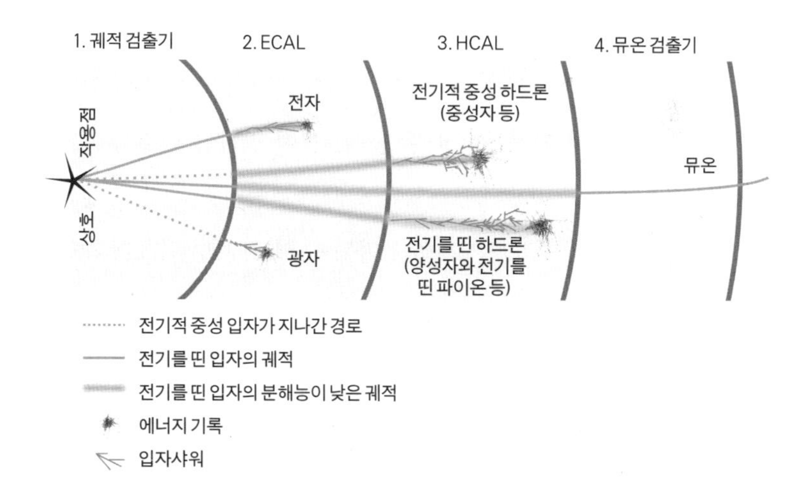

그림 42 표준 모형의 입자가 검출기에서 확인되는 순서를 요약한 그림. 중성 입자는 궤적을 남기지 않는다. 전기를 띠었거나 중성인 하드론도 전자기 열량계에 작은 에너지를 남길 수 있지만 대부분의 에너지는 하드론 열량계에 남긴다. 뮤온은 다른 모든 검출기를 통과해서 바깥쪽 검출기까지 도달한다.

텀 쿼크는 예외이다. — 다운 쿼크와 같은 전하를 가지는 계열의 쿼크들 중 가장 무거운 쿼크이다. 같은 계열에서 두 번째로 무거운 쿼크는 스트레인지 쿼크이다. 보텀 쿼크가 특별한 이유는 보텀 쿼크가 다른 쿼크보다 천천히 붕괴하기 때문이다. 다른 불안정한 쿼크들은 만들어지자마자 붕괴해서, 붕괴 생성물이 남기는 궤적이 양성자가 충돌한 상호 작용점 근처부터 시작된다. 반면 보텀 쿼크는 수명이 충분히 길어서(보텀 쿼크의 수명은 약 1.5피코초인데, 충돌기 안에서 쿼크는 거의 광속으로 날아가기 때문에 이 수명은 0.5밀리미터 정도 날아갈 수 있는 시간이 된다. 1피코초는 1조분의 1초이다.) 붕괴 생성물의 궤적이 상호 작용점에서 알아볼 수 있을 만큼 멀리 떨어진 곳에서 출발한다. 내부 궤적 검출기의 실리콘이 이렇게 **떨어져 있는 꼭짓점(displaced vertex)**을 그림 43에서처럼 검출해 낸다.

실험 물리학자가 보텀 쿼크의 붕괴에서 나온 궤적을 재구성한다고 해도, 충돌 사건의 중심이라 할 수 있는 상호 작용점까지 거슬러 올라갈 수는 없다. 대신 궤적은 내부 궤적 검출기 안 보텀 쿼크 붕괴 지점에서 시작된 것처럼 보인다. 그 지점에는 그곳으로 날아온 보텀 쿼크와 그것이 붕괴해 생성된 입자들이 이루는 궤적들이 만나는 연결점에 꼬임(kink)이 남아 있다.[55] 미세하게 분할된 실리콘 검출기를 가지고, 실험가들은 빔 근처에서도 궤적을 자세히 살펴볼 수 있고, 보텀 쿼크를 확인할 수 있다.

또 다른 실험적 관점을 통해서 구별되는 쿼크로 **톱 쿼크**가 있다. 톱 쿼크의 특징은 엄청나게 무겁다는 것이다. 톱 쿼크는 업 쿼크와 같은 전하를 가지는 세 쿼크 중에서 가장 무거운 쿼크이다. (다른 하나는 참 쿼크이다.) 톱 쿼크의 질량은 전하가 다른 쿼크인 보텀 쿼크보다 40배 더 무겁고 전하가 같은 업 쿼크보다는 무려 3만 배나 무겁다.

톱 쿼크는 너무 무겁기 때문에 그 붕괴 생성물도 확실히 다른 궤적을

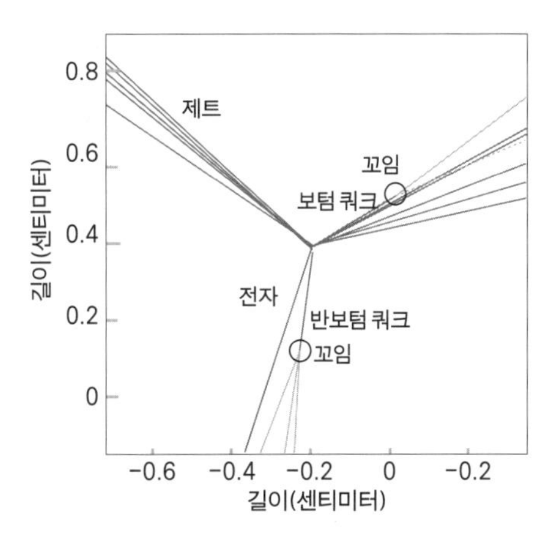

그림 43 보텀 쿼크로 만들어진 하드론은 비교적 수명이 길어서 다른 입자로 붕괴하기 전에 검출기에 눈에 보이는 흔적을 남긴다. 구체적으로 말하자면, 실리콘 꼭짓점(silicon vertex) 궤적 검출기에 붕괴 지점의 위치를 가리키는 '꼬임(kink)'을 남긴다. 이 흔적을 이용해서 보텀 쿼크를 특정해 낼 수 있다. 이 그림은 톱 쿼크의 붕괴에서 나오는 붕괴 생성물들의 궤적을 나타낸 것이다.

남긴다. 가벼운 쿼크가 붕괴할 때 나오는 생성물은, 원래 입자처럼 거의 빛의 속도에 가깝게 가던 방향으로 하나의 제트로 날아간다 제트를 만든 입자가 2개 이상의 별개의 붕괴 생성물이어도 그렇다. 그러나 톱 쿼크는 애초에 아주 에너지가 높지 않았다면, 보텀 쿼크와 W 보손(전하가 있는 약한 핵력의 게이지 보손)으로 뚜렷하게 붕괴하고, 이들을 둘 다 찾아서 확인할 수 있다. 톱 쿼크가 아주 무겁다는 것은, 힉스 입자 및 LHC에서 곧 확인될 약한 핵력 스케일의 물리학과 관련된 입자와 밀접하게 상호 작용을 한다는 의미이다. 따라서 톱 쿼크와 그 상호 작용의 특성은 표준 모형의 근저에 놓인 물리학 이론과 관련해서 귀중한 실마리를 줄지도 모른다.

약한 핵력의 전달자 찾기

표준 모형의 입자를 확인하는 방법에 대한 논의를 마치기 전에 생각해 볼 마지막 입자는 약한 핵력을 전달하는 약한 게이지 보손인 2개의 W 보손과 하나의 Z 보손이다. 약한 핵력의 게이지 보손은 광자나 글루온과는 달리 질량이 0이 아니라는 특별한 성질을 가지고 있다. 약한 핵력을 전달하는 게이지 보손의 질량은 물리학자들에게 몇 가지 중요하고 근본적인 비밀을 제기한다. 이 장에서 논의한 다른 입자의 질량과 같이, 이 질량의 근원은 곧 살펴볼 힉스 메커니즘에 뿌리를 두고 있다.

W와 Z 보손은 무겁기 때문에 붕괴한다. 따라서 톱 쿼크나 다른 불안정한 무거운 입자들처럼 W와 Z 보손도 그 붕괴 생성 입자들을 보고 확인할 수 있다. 아직 발견되지 않은 무거운 입자들 역시 불안정할 것이므로, 약한 핵력 게이지 보손의 붕괴는 붕괴하는 무거운 입자들의 성질을 보여 주는 좋은 사례가 될 것이다.

W 보손은 약한 핵력을 느끼는 입자들(사실, 우리가 살펴본 거의 대부분의 입자들과) 모두 상호 작용한다. 그래서 W 보손은 붕괴할 수 있는 다양한 선택지가 있다. W 보손은 모든 전하를 가진 렙톤(전자, 뮤온, 타우)과 그것들과 짝을 이루는 중성미자로 붕괴할 수 있다. 또한 그림 44처럼 업 쿼크와 다운 쿼크의 쌍이나 참 쿼크과 스트레인지 쿼크의 쌍으로 붕괴할 수도 있다.[56]

입자의 질량은 그 입자가 어떻게 붕괴되는지를 결정하는 중요한 요인이기도 하다. 어떤 입자가 다른 입자들로 붕괴하려면 다른 입자들의 질량을 전부 합쳤을 때 원래 입자의 질량보다 작아야만 한다. 따라서 W 보손은 톱 쿼크와 보텀 쿼크하고도 상호 작용을 하지만, 톱 쿼크가 W 보손보다 무겁기 때문에 톱 쿼크와 보텀 쿼크로 붕괴할 수는 없다.

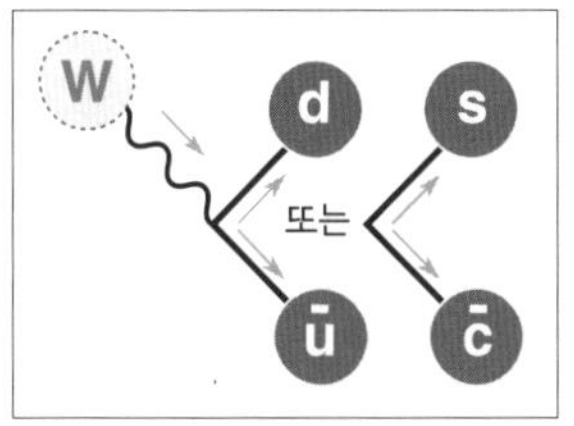

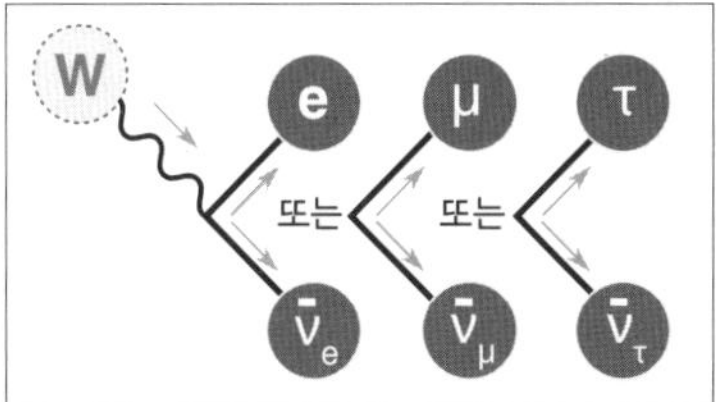

그림 44 W 보손은 전기를 띤 렙톤과 그 짝인 중성미자로 붕괴할 수 있고, 업 쿼크와 다운 쿼크의 쌍, 참 쿼크와 스트레인지 쿼크의 쌍으로 붕괴할 수도 있다. 실제로 물리적 입자는 여러 종류의 쿼크와 중성미자가 겹쳐 있는 것이기 때문에 섞여 W 보손은 경우에 따라 동시에 다른 세대의 입자들로 붕괴하기도 한다.

W 보손이 2개의 쿼크로 붕괴하는 경우를 생각해 보자. 이 경우에는 실험가가 붕괴해서 나오는 입자를 모두 측정할 수 있기 때문에 사례로서 적절하다. (렙톤과 중성미자로 붕괴하는 경우는 중성미자를 '잃어버리기' 때문에 그렇지 않다.) 에너지와 운동량은 언제나 보존되기 때문에, **붕괴해서 나온** 두 쿼크의 전체 에너지와 운동량을 측정하면 원래 입자, 즉 W 보손의 에너지와 운동량을 알 수 있다.

이 지점에서 아인슈타인의 특수 상대성 이론과 양자 역학이 합쳐져서 이야기가 좀 더 재미있게 된다. 우리는 아인슈타인의 특수 상대성 이론을 통해 질량이 에너지와 운동량과 어떻게 관련되는지를 알고 있다. 많은 사람들이 유명한 $E=mc^2$이라는 방정식을 알고 있을 것이다. 이 방정식은 질량 m이 m_0일 때, 다시 말해 입자가 정지하고 있을 때의 질량(고유 질량)일 때 성립한다. 일단 입자가 움직이면 운동량(p)이 생기고 그러면 더 완전한 식인 $E^2-p^2c^2=m_0^2c^4$를 사용해야 한다.[57] 원래의 입자가 붕괴해서 사라졌더라도 이 식으로부터 실험가들은 에너지와 운동량을 가지고 입자의 질량을 추론할 수 있다. 실험가들은 모든 운동량과 에너지를 더하고 이 방정식을 적용한다. 그러면 원래 입자의 질량이 결정된다.

여기서 양자 역학이 필요해지는 이유는 좀 더 미묘하다. 입자는 실제의 진짜 질량을 언제나 정확히 가지고 있는 것 같지 않기 때문이다. 양자 역학적 불확정성을 고려할 경우 에너지를 정확히 측정하려면 무한히 오랜 시간이 걸린다. 그러나 입자는 붕괴할 수 있기 때문에 영원히 살지 않는 입자의 에너지는 결코 정확히 알 수 없다. 입자가 더 빨리 붕괴하고 수명이 짧을수록 측정된 에너지의 양이 참값으로부터 벗어나는 폭이 커지게 된다. 즉 측정된 입자의 질량값은 참된 평균값에 가까운 값일 수는 있어도 참값 그 자체는 아니라는 것이다. 입자의 질량 — 평균값이 수렴되어 가는 가장 가능성 높은 값 — 과 수명을 모두 다 추정하기 위해서는 측정을 여러 차례 반복할 수밖에 없다. 입자가 붕괴하기 전까지 존재했던 시간의 길이에 따라 측정된 질량값이 퍼져 있는 정도가 결정되기 때문이다. (그림 45 참조) 이것은 W 보손과 모든 붕괴하는 입자에 대해서 성립한다.

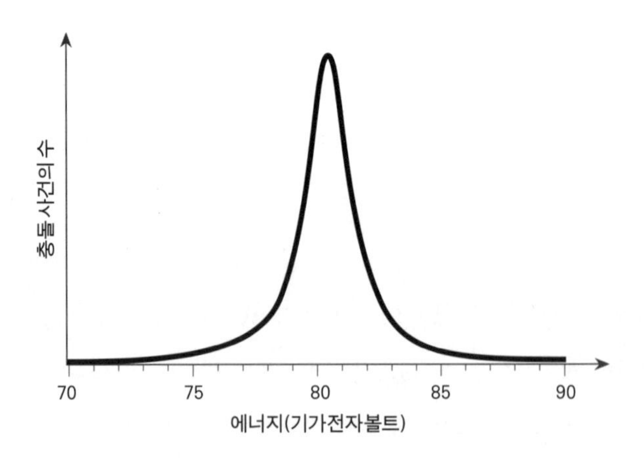

그림 45 붕괴한 입자의 질량 측정 결과는 진짜 질량(에너지)을 중심으로 분포하지만, 입자의 수명에 따라 질량값은 일정한 폭을 가지고 퍼져 있게 된다. 이 그림은 W 보손의 경우를 나타낸 것이다.

이 장에서 설명한 방법을 이용해서, 실험가들이 측정한 결과들을 함께 결합하면 표준 모형 입자들은 찾을 수 있을 것이다. (표준 모형의 입자들과 그 성질에 대해서는 그림 46에 요약되어 있다.[58]) 그러나 경우에 따라서는 이 과정에서 완전히 새로운 어떤 것을 확인할 수도 있다. 물질 — 그리고 공간 그 자체 — 의 본질에 대한 통찰을 주게 될 새롭고 색다른 입자를 LHC가 만들어 내기를 희망한다. 다음 4부에서는 우리가 새로 발견되기를 기대하고 있는 흥미로운 가능성들이 무엇인지를 살펴볼 것이다.

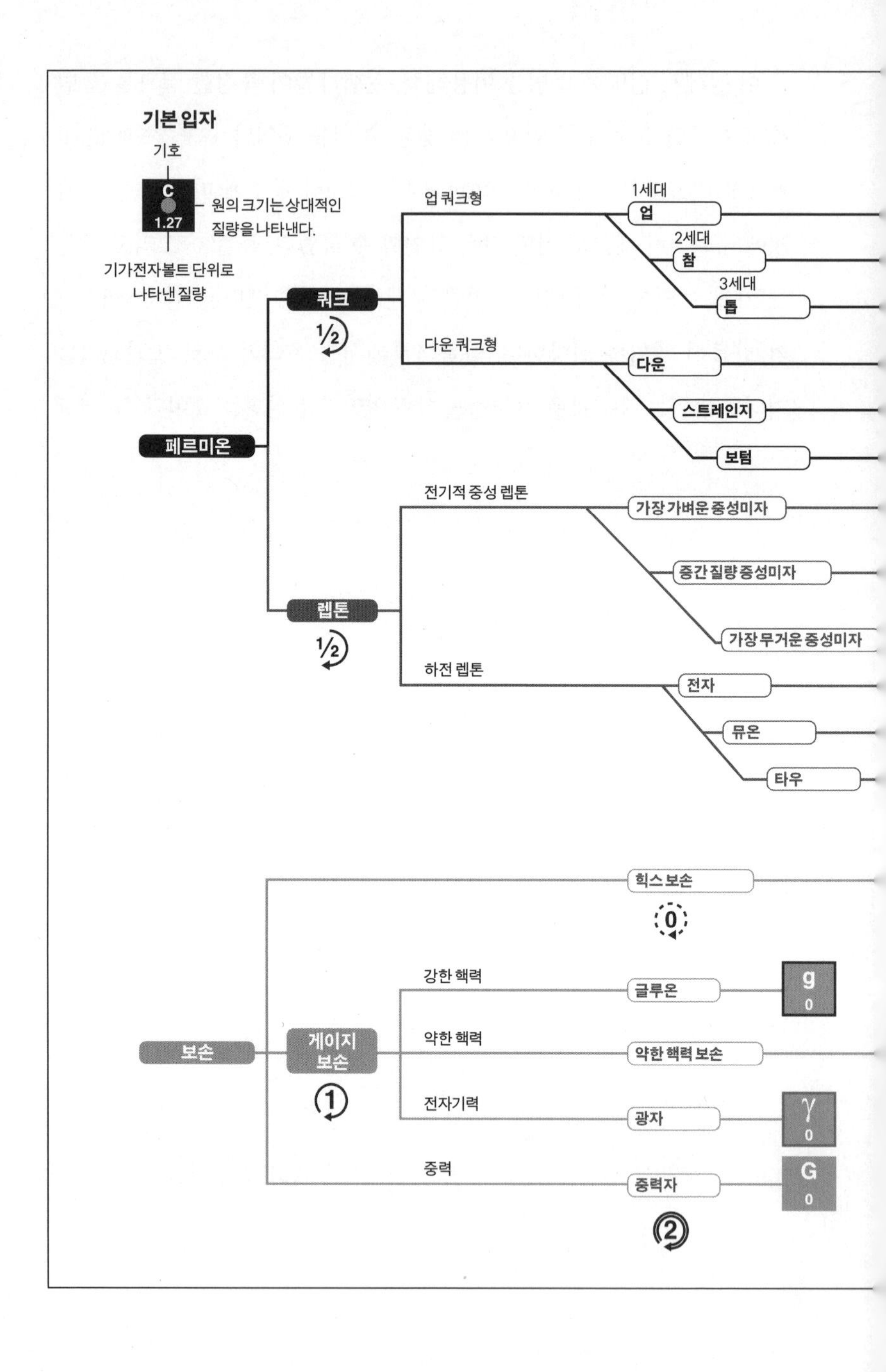
기본 입자
기호
C
1.27
원의 크기는 상대적인 질량을 나타낸다.
기가전자볼트 단위로 나타낸 질량
페르미온
쿼크
1/2
업 쿼크형
1세대
업
2세대
참
3세대
톱
다운 쿼크형
다운
스트레인지
보텀
렙톤
1/2
전기적 중성 렙톤
가장 가벼운 중성미자
중간 질량 중성미자
가장 무거운 중성미자
하전 렙톤
전자
뮤온
타우
보손
힉스 보손
0
게이지 보손
1
강한 핵력
글루온
g
0
약한 핵력
약한 핵력 보손
전자기력
광자
γ
0
중력
중력자
G
0
2

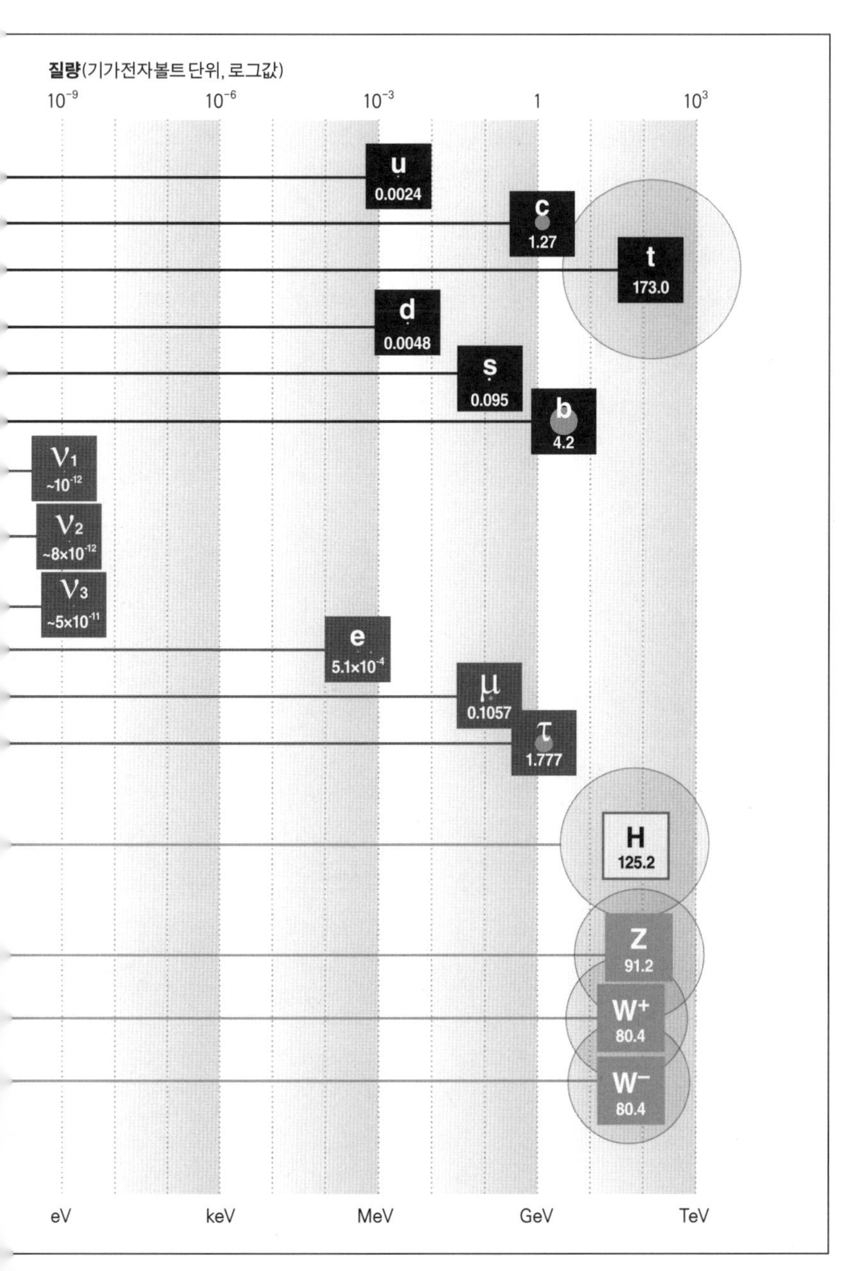

그림 46 종류와 질량에 따라 분류한 표준 모형의 입자들. 회색 원은 질량을 나타낸다.(원이 사각형 안에 들어 있는 경우도 있다.) 표준 모형의 구성 요소들이 한마디로 설명하기 힘들 정도로 다양함을 알 수 있다.

4부

모형, 예측, 그리고 결과

15장

진리, 아름다움, 그리고 그 밖의 과학적 오해들

2007년 2월에 미국 캘리포니아에서 열린 엘리트 TED 회의(elite TED conference)에서 노벨상 수상자인 이론 물리학자 머리 겔만이 강연을 했다. 이 회의는 과학과 기술, 문학, 연예(엔터테인먼트), 그리고 그 밖의 여러 분야에서 새로운 영역을 개척하고 있는 이들이 1년에 한 번 모여서 다양한 주제를 가지고 새로운 발전과 통찰에 대해 발표하는 행사였다. 청중을 구름같이 모으고 그들을 매료시켜 기립박수를 받은 머리 겔만의 강연은 과학에서의 진리와 아름다움을 주제로 한 것이었다. 강연의 기본 전제는 시인 존 키츠(John Keats, 1795~1821년)를 떠올리게 하는 다음 말에 잘 요약되어 있었다. "진리는 아름다움이고 아름다움은 진리이다." (키츠의 「그리스 항아리에 대한 송시(Ode on a Grecian Urn)」의 마지막 행은 다음과 같다. "아름다움은 진리이고, 진리는 아름다움이다. / 이것이 세상에서 그대가 아는 전부이며, 알아야 할 전부다." 원문은 "Beauty is truth, truth beauty, — that is all / Ye know on earth, and all ye need to know."이다. — 옮긴이)

겔만은 그런 거창한 표현을 자신 있게 말할 수 있는 사람이었다. 겔만은 1960년대에 이루어진 각종 실험에서 발견된, 일견 무작위처럼 보이는 데이터를 우아하게 체계화하는 근본적인 원리를 발견해서, 그의 가장 중요한 업적이며 노벨상을 받은 업적인 쿼크에 관한 발견을 이룩했다. 머리 겔만의 경험에 따르면, 아름다움 — 적어도 단순함 — 에 대한 추구가 그를 진리로 이끌었다.

청중들 중 그 누구도 그의 주장에 반론을 제기하지 않았다. 결국 대부분의 사람들은 아름다움과 진리는 하나라는 생각과 하나를 탐구하는 일이 다른 하나를 드러내게 된다는 생각을 좋아한다. 그러나 고백하건대 나는 이 가정이 약간 믿을 수 없다고 늘 생각해 왔다. 비록 모두가 위대한 과학 이론의 핵심에 아름다움이 있고, 진리는 항상 미학적 기준을 만족시킬 것이라고 믿고 싶어들 하지만, 아름다움이란, 적어도 부분적으로는, 진리에 대해 신뢰할 만한 심판자가 될 수 없는 주관적인 기준일 뿐이다.

진리와 아름다움을 하나로 보는 것의 기본적인 문제는, 진리와 아름다움이 항상 일치하는 것은 아니기 때문이다. 그렇게 볼 수 있는 것은 오직 정말로 그럴 때뿐이다. 만약 진리와 아름다움이 같은 것이라면 "추악한 진실(ugly truth)" 같은 말은 애초에 생겨나지도 않았을 것이다. 이런 표현이 과학을 위해 특별히 만들어진 것은 아니라고 해도, 세상을 관찰해 보면 항상 아름답지는 않다. 찰스 로버트 다윈(Charles Robert Darwin, 1809~1882년)의 지지자였던 토머스 헨리 헉슬리(Thomas Henry Huxley, 1825~1895년)는 이런 느낌을 다음과 같이 잘 표현했다. "과학은 체계화된 상식이다. 거기서는 많은 아름다운 이론들이 추악한 사실에 죽임을 당한다."[59]

문제를 더 어렵게 만드는 것은, 물리학자들이 우주와 그 구성 요소가 완전히 아름답지는 않다는 당황스러운 관찰 결과를 받아들여야만 한다는 사실이다. 우리는 어지러운 현상과 잡다한 입자 들이 늘어선 동물원을 관찰하고 이해하려고 한다. 물리학자들은 최소한의 법칙과, 가능한 한 적은 기본 요소만을 사용해서 모든 관찰 결과를 설명할 수 있는 단순한 이론을 좋아한다. 그러나 단순하고 우아하고 통일적인 이론, 또 어떤 입자 물리학 실험의 결과도 예측하는 데 사용할 수 있는 이론을 찾고 있음에도 불구하고, 심지어 그런 이론을 찾게 된다고 하더라도 그 이론을 실제 세계에 적용하려면 여러 단계가 더 필요할 것임을 우리는 잘 알고 있다.

우주는 복잡하다. 단순하고 간결한 방정식을 복잡한 세상과 연결하려면 일반적으로 새로운 구성 요소와 원리가 필요하다. 새로운 구성 요소는 처음에 제안되었던 형식에 존재하던 아름다움을 파괴할 수도 있다. 처음 발의되었을 때에는 이상적이었던 법률도 입법 과정을 거치면서 누더기가 되듯이 말이다.

이런 잠재적 위험이 있다고 해서 아름다움이라는 기준을 버리면 어떻게 될까? 그런 기준 없이 우리는 우리가 이미 알고 있는 것 너머로 어떻게 나아갈 수 있을까? 아직 설명되지 않는 현상을 어떻게 해석해야 할까? 이 장은 과학에서 아름다움이라는 개념과 미학적 기준의 역할, 그리고 아름다움을 지침으로 삼았을 때의 장점과 단점에 대한 장이다. 또한 과학에 있어서 상향식 접근법인 **모형 만들기(model building)**에 대해 설명한다.

아름다움

최근에 한 예술가와 대화를 나눈 적이 있다. 그가 유머러스하게 표현하기를, 현대 과학의 커다란 아이러니 중 하나는, 과학 연구자들이 아름다움을 자기 목표라고 말하는 일이 현대 예술가보다 더 많다는 것이라고 했다. 물론 예술가가 미학적인 기준을 포기한 것은 아니다. 하지만 그들은 자신들의 일에 관해 이야기할 때 자기가 '발견'한 것과 '발명'한 것에 대해 말한다. 적어도 그렇게 말하려고 하는 것 같다. 과학자들 역시 발견과 발명을 소중히 여기지만, 동시에 우아한 이론을 찾고자 한다. 그것이 가장 강력한 매력을 풍긴다는 것을 종종 깨닫기 때문이다.

많은 과학자들이 우아함에 가치를 두고 있지만, 단순함과 아름다움이 무엇인가에 관해서는 사람마다 생각이 다를 수 있다. 여러분과 여러분의 이웃이 대미언 허스트(Damien Hirst, 1965년~) 같은 현대 예술가의 예술적 가치에 대해 격렬하게 다툴 수 있는 것처럼, 과학의 어떤 측면에서 만족감을 찾을지는 과학자마다 다를 것이다.

나나 비슷한 생각을 가진 연구자들은 겉으로는 완전히 다르게 보이는 현상들 사이의 공통점을 보여 주는 근본적인 기저 원리를 찾는 것을 좋아한다. 끈 이론을 하는 동료들 대부분은 특정한 풀 수 있는 이론을 연구한다. 그들은 어려운 수학 방정식을 이용해 연습 문제(toy problem, 실제의 물리적 상황에 꼭 관련되지 않아도 되는 문제)를 공략하고 있는데, 이런 문제들이 관측 가능한 물리 현상을 연구하는 데 어떤 도움이 될지는 나중에나 밝혀질 것이다. 다른 물리학자들은 간결하고 우아한 수학적 형식을 갖추고 있고, 체계적인 계산을 해서 많은 실험적 예측을 할 수 있는 이론에만 심혈을 기울인다. 그리고 또 다른 이들은 그저 계산을 좋아한다.

흥미로운 원리, 고도로 발전된 수학, 그리고 복잡한 수치 시뮬레이션 모두 물리학의 일부분이다. 대부분의 과학자들은 그 모든 것에 가치를 두지만, 우리는 무엇이 가장 재미있는가, 혹은 과학의 진보를 이끌 가능성이 높은가에 따라 우선 순위를 부여한다. 실제로 과학자 개인들은 어떤 방법이 자신의 적성이나 재능에 가장 적합한가에 따라 접근 방법을 택한다.

아름다움을 보는 관점이 다양하기만 한 것도 아니다. 예술에 대해 그렇듯이, 우리의 사고 방식도 시간에 따라 진화한다. 바로 머리 겔만의 전문 분야인 양자 색역학(Quantum Chromodynamics)이 바로 이런 경우이다.

겔만은 1960년대에 계속해서 발견되고 있던 많은 입자들을 어떻게 체계화해야 그 엄청난 다양성을 설명할 수 있는 패턴을 찾아낼 수 있는지 날카로운 통찰을 제시하고 이것에 기초해서 강한 핵력의 구조를 추측했다. 겔만은 쿼크라는 이름의 더 근본적인 입자의 존재를 가정했다. 그는 쿼크가 새로운 종류의 전하를 가진다고 제안했다. 그러면 강한 핵력은 겔만이 제안한 전하를 가지는 모든 물체에 영향을 끼치며, 쿼크를 서로 속박해서 새로운 전하에 대해 중성인 상태를 만든다. 이것은 전기력이 전자를 원자핵에 묶어두고 전기적으로 중성인 원자를 만드는 것과 같다. 만약 그렇다면, 발견되고 있는 모든 입자들은 이 쿼크들의 속박 상태, 다시 말해 이 새로운 전하의 알짜 양이 0이 되도록 모인 복합적 물체라고 해석할 수 있게 된다.

겔만은 세 가지 다른 종류의 쿼크가 있고, 각각이 다른 **색깔 전하(color charge)**를 지니고 있다고 하면, 이 쿼크들이 결합해 색깔 전하가 중성이 되는 수많은 속박 상태가 만들어질 것이라고 생각했다. 그리고 이 수많은 결합 방법 때문에 지금 발견되는 것처럼 넘치도록 많은 입자들이 존재할 수 있는 것이라고 추측했다. 그리고 이 추측이 실제로 그렇다는 것도 확인되었다. 이렇게 겔만은 설명 불가능할 정도로 난잡한 입자의 혼란스러운 더미에서 아름다운 설명을 찾아냈다.

그러나 머리 겔만과 또 다른 물리학자 조지 츠위그(뒤에는 신경 생물학자가 되었다. 지금은 월가에서 헤지 펀드를 하려고 하고 있다. — 옮긴이)가 이 아이디어를 처음 내놓았을 때, 사람들은 이것이 제대로 된 과학 이론이라고 믿지 않았다. 이유는 좀 전문적이지만 매우 재미있다. 입자 물리학자들의 계산은 멀리 떨어져 있을 때에는 상호 작용하지 않는 입자에 적용된다. 그렇게 해서 우리는 입자가 가까이 있을 때 일어나는 상호 작용을 유한한 크기로 계산할 수 있다. 이런 가정이 있기 때문에 모든 상호 작용은 상호 작용하는 입자가 가까이 있을 때 적용되는 국소적인 힘에 전적으로 포함된다.

그런데 겔만이 가정했던 힘은 입자가 더 멀리 떨어지면 떨어질수록 더 강해지는 것이었다. 이것은 쿼크가 가까이 있건 멀리 있건 항상 상호 작용을 한다는 말이었다. 게다가 아주 멀리 떨어져 있어도 상호 작용을 한다. 당시의 지배적 기준에 따르면 겔만의 생각은 신뢰할 만한 계산을 하는 데 사용할 수 있는 진정한 이론이 되지도 못하는 것이었다. 쿼크는 항상 상호 작용을 하기 때문에, 쿼크가 모든 것으로부터 멀리 떨어져 있는, 이른바 **점근 상태(漸近狀態, asymptotic state)**도 매우 복잡하다. 추한 것을 참아 준다고 해도 겔만과 츠위그가 가정한 점근 상태는 계산 가능한 이론에서 물리학자들이 만나고 싶지 않은 입자였다.

처음에는 그 누구도 이 복잡하고 강하게 속박된 상태를 가지고 어떻게 계산을 해야 좋을지 알지 못했다. 그러나 오늘날의 물리학자들은 강한 핵력에 대해 반대로 생각한다. 이제 우리는 그 아이디어가 처음 제안되었을 때보다 그 이론을 훨씬 잘 이해한다. 데이비드 그로스, 휴 데이비드 폴리처(Hugh David Politzer, 1949년~), 그리고 프랭크 앤서니 윌첵(Frank Anthony Wilczek, 1951년~)은 그들이 "점근적 자유도(asymptotic freedom)"라고 부른 것에 대한 연구로 노벨상을 받았다. 그들이 계산한 바에 따르면, 그 힘은 에너지가 낮을 때에만 강하다. 에너지가 높을 때에는 강한 핵력은 더 이상 다른 힘들보다 강하지 않고, 필요한 계산을 잘할 수 있다. 사실 현대 물리학자들 중 일부는 상호 작용의 세기가 높은 에너지에서 아주 약해지는 강한 핵력과 같은 것을 포함한 이론만이 잘 정의된 이론이라고 생각한다. 이런 이론에서는 고에너지에서 상호 작용의 세기가 무한정 커지지 않기 때문이다.

겔만의 강한 핵력 이론은 미학적인 기준과 과학적인 기준이 교차하는 흥미로운 사례이다. 처음에는 겔만도 단순함이 주요 지침이었다. 그러나 어려운 과학적 계산과 이론적인 통찰이 있고 나서야 모든 사람이 그의 이론의 아름다움에 동의할 수 있었다.

물론 이것이 유일한 사례는 아니다. 우리가 최고의 신뢰를 보내고 있는 이론 중 많은 것들이 겉보기에는 추하고 받아들이기 어려워서, 존경받고 많은 것을 잘 아는 당대의 일류 과학자들조차 처음에는 받아들이기를 거부했다. 양자 역학과 특수 상대성 이론을 결합한 양자장 이론은 현대 입자 물리학의 기초이다. 노벨상을 수상한 이탈리아 출신 과학자 엔리코 페르미조차 처음에는 양자장 이론을 거부했다. 그가 보기에도 양자장 이론은 모든 계산에 형식을 부여해 체계화했고 많은 것을 정확하게 예측하는 것이었지만, 물리학의 기본 원리에 비추어 볼 때에 기괴한 계산 수법을 이용하고 있다는 문제를 가지고 있었다. 이론은 분명 매우 아름다운 측면도 가지고 있다. 그리고 우리를 놀라운 통찰로 이끌어 준다. 동시에 이론은 우리가 그저 참고 받아들여야 하는 측면도 가지고 있다. 비록 우리가 그 모든 복잡함과 얽힘을 별로 좋아하지 않더라도 말이다.

이런 이야기는 지금까지 여러 번 반복되었다. 아름다움은 대개의 경우 사후에 동의를 받는다. 약한 상호 작용은 패리티 대칭성(parity symmetry)을 깬다. 이것은 왼쪽으로 회전하는 입자는 오른쪽으로 회전하는 입자와 다르게 상호 작용을 한다는 뜻이다. 왼쪽과 오른쪽이 동등하다는 근본적인 대칭성이 깨지는 것은 본질적으로 혼란스럽고 아름답지 않은 일이다. 그러나 바로 이 비대칭성은 우리가 세상에서 보는 다양한 질량의 기원이 된다. 따라서 물질의 구조와 생명의 필수 요소이기도 하다. 처음에는 추하다고 생각되었지만, 이제는 필수불가결한 존재가 되었다. 비록 그 자체는 추한 것일지도 모르지만 패리티 대칭성 깨짐은 우리가 보는 모든 물질과 본질적인 관계를 맺고 있는 현상일 뿐만 아니라 더 복잡한 현상에 대한 아름다운 설명으로 이끌어 준다.

아름다움은 절대적이 아니다. 어떤 개념은 그것을 만든 사람에게는 호소력이 있을 수 있지만 어떤 사람의 견지에서는 귀찮고 어지러울 것이다. 때때로 나도 내가 생각해 낸 추측의 아름다움에 취할 때가 있다. 다른 사람들이 전에 생각해 냈던, 제대로 작동하지 않았던 다른 생각들을 모두 알기 때문이다. 그러나 이전 것들보다 낫다고 해서 반드시 아름다운 것은 아니다. 내가 이 기준을 만족시키는 모형을 만들었다고 해서 내 모형이 다루는 주제에 그리 정통하지 않은 동료 역시 나와 같은 생각을 하게 되지는 않을 것이다. 그가 회의적이고 비판적인 반응을 보일 때, 아이디어가 좋은지 나쁜지 판단할 수 있는 더 나은 기준을 생각해 본다. 그 아이디어는, 그 문제를 연구해 본 일이 없는 사람에게도 호소력을 가질 수 있어야 한다.

그 역도 가끔 옳다. 아이디어를 떠올린 사람이 스스로 너무 추하다고 생각해 좋은 아이디어들을 기각하기도 하기 때문이다. 막스 플랑크는 광자를 믿지 않았다. 비록 양자 역학에 이른 논리의 기차를 그가 출발시켰지만, 그는 광자라는 개념을 마음에 들어 하지 않았다. 아인슈타인은 그의 일반 상대성 이론 방정식에서 유도된 팽창하는 우주는 진실일 수 없다고 생각했다. 부분적으로는 팽창하는 우주라는 것이 그의 미의식이나 철학적 성향과 모순되었기 때문이다. 이 아이디어 중 어느 것도 당시에는 그리 아름다운 것처럼 보이지 않았을 수도 있다. 그러나 물리 법칙과, 그 물리 법칙의 적용 대상인 우주는 그런 데 개의치 않는다.

"보시기에 좋았더라."

아름다움의 본질이 계속 진화하고 불확실한 것이라고 한다면, 아이디어나 이미지를 보편적인 호소력과 객관적인 아름다움을 가진 것으로 만들어 주는 특징은 무엇일까? 이것은 한번 생각해 볼 만한 가치가 있는 문제일 것이다. 미학적인 기준에 관해 가장 기초적인 질문은 아마, 예술에서든 과학에서든, 아름다움이 무엇인가에 대한 보편적인 기준, 다시 말해 어떤 경우에든 통용되는 기준을 인류가 가져 본 적이 있는가 하는 것이다.

지금으로서는 그 대답을 아는 사람은 없다. 아름다움은 취향을 동반하는 법이고 결국 취향은 주관적인 기준이기 때문이다. 그렇다고는 해도 인류가 어떤 공통의 미학적 기준을 공유하지 않는다고는 믿기는 어렵다. 한 전시회에서 어떤 작품이 최고인가 묻거나 어떤 전시회에 사람이 몰리는가 조사해 보면 사람들의 의견이 놀랍도록 일치하는 것을 볼 수 있다. 물론 이것만으로는 아무것도 증명하지 못한다. 우리는 시간과 장소를 공유하고 있고, 아름다움에 대한 믿음이 특정한 문화적 맥락이나, 시대 상황과 분리되기 어렵기 때문이다. 아름다움이라는 개념은 바로 거기서 유래하기 때문에 사람들의 후천적 가치관과 판단 기준을 선천적인 것과 구별하기가 결코 쉽지 않다. 어떤 극단적인 경우에는 사람

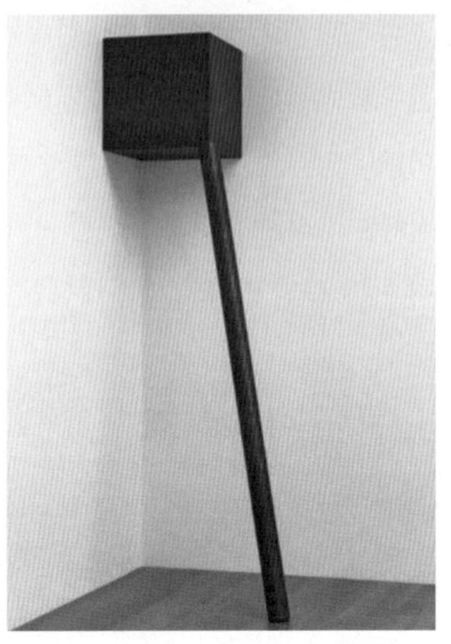

그림 47 여기 보이는 리처드 세라의 초기 조각 작품은 예술이란 때로는 균형에서 살짝 벗어났을 때 더 멋지기도 하다는 것을 보여 준다. (Copyright © 2011 by Richard Serra/Artists Rights Society [ARS], New York.)

들이 무엇인가가 보기 좋다거나 불쾌하다는 데 모두 의견이 일치할 수도 있다. 그리고 어떤 드문 순간에는, 모두가 어떤 아이디어의 아름다움에 동의할 수도 있다. 그러나 그 몇 안 되는 경우라도 모든 세부 사항에까지 꼭 의견이 맞는 것은 아니다.

그렇기는 하지만 몇 가지 미적인 기준들은 정말로 보편적일 수 있다. 모든 미술 입문 수업에서는 균형에 대해 가르칠 것이다. 피렌체 아카데미아 미술관에 있는 미켈란젤로의 다비드 상은 이 원리의 좋은 예이다. 다비드 상은 우아하게 서 있다. 이 상이 뒤집히거나 깨지는 일은 일어나지 않을 것처럼 보인다. 사람들은 찾을 수 있다면 늘 균형과 조화를 찾는다. 미술, 종교, 과학 모두가 사람들에게 균형과 조화에 다가갈 수 있다고 약속한다. 그러나 균형은 단순히 구성 원리 중 하나이다. 리처드 세라(Richard Serra, 1939년~)의 초기 조각 작품에서 보듯, 균형이라는 개념에

도전할 때 오히려 매혹적인 작품이 나올 수 있는 것이다. (그림 47 참조)

대칭성도 아름다움에 있어서 핵심적인 개념이라고 여겨지는 일이 많다. 미술과 건축에서 우리는 빈번하게 대칭성으로부터 생성된 질서가 드러나는 것을 본다. 만약 당신이 무언가를 변화시켰을 때, 예를 들어 회전시키거나, 거울에 반사시키거나, 일부분을 교환하거나 했을 때 변화된 상태가 원래의 상태와 구별할 수 없다면, 그 무언가는 그 변화에 대해 대칭성을 가지고 있다고 말할 수 있다. 대칭성은 조화롭다. 이것은 아마 종교 상징이 대칭적인 경우가 많은 한 가지 이유일 것이다. 기독교의 십자가, 유대교의 육망성, 불교의 법륜(法輪), 이슬람의 초승달 모양이 모두 그런 예인데, 그림 48에서 볼 수 있다.

이것을 더 확장해서 우상을 배제하고 기하학적인 형상에 의존하는 이슬람 미술은 대칭성의 사용이란 측면에서 주목할 만한 성과를 이루었다. 인도의 타지마할은 장대한 예이다. 타지마할을 방문하고도 그 완벽한 질서와 정연한 형상과 엄밀한 대칭성에 감동받지 않은 사람은 만난 적이 없다. 무어 인의 예술과 재미있는 대칭성의 패턴이 결합된 스페인 남부의 알람브라 궁전은 가장 아름다운 건축물 중 하나이다.

엘즈워스 켈리(Ellsworth Kelly, 1923년~)나 브리짓 루이스 릴리(Bridget Louise Riley, 1931년~)의 작품처럼 최근 예술 작품 중에서도 대칭성을 명시

그림 48 종교적 상징물은 흔히 대칭성을 형상화한다.

그림 49 샤르트르의 노트르담 대성당이나 시스티나 예배당의 천장의 건축 구조는 모두 대칭성을 형상화하고 있다.

적이고 기하학적으로 표현한 것들이 있다. 샤르트르 대성당이나 시스티나 예배당 천장 벽화와 같은 고딕 시대나 르네상스 시대의 예술과 건축물은 절묘하게 대칭성을 이용했다. (그림 49 참조)

그러나 예술은 완전히 대칭적이지 않을 때 가장 아름다운 경우가 많다. 일본 미술 작품들은 우아함으로 널리 알려져 있는데, 또한 대칭성을

그림 50 일본 미술이 매력적인 이유 중 하나는 비대칭성을 적극적으로 활용한다는 것이다.

명백히 깨뜨리는 것으로도 유명하다. 일본의 회화와 판화의 작가들은 그림 50에서 볼 수 있는 것처럼 우리 눈을 끄는 뚜렷한 방향성을 부여하고는 했다.

단순함이 아름다움을 평가하는 기준이 될 때도 가끔 있다. 많은 단순함이 대칭성에서 나온다. 그런데 대칭성이 없을 때에도 작품 배후에 어떤 질서가 존재할 수 있다. 잭슨 폴록(Jackson Pollock, 1912~1956년)의 작품은 처음 보기에는 혼란스러울지 모르지만, 작품에 사용된 페인트의 농담(濃淡) 속에는 기본적인 단순성이 녹아 있다. 개개의 페인트 얼룩은 완전히 무작위적인 것처럼 보이지만, 가장 유명하고 성공적인 작품에 등장하는 각 색깔의 농담은 아주 일정하다.

예술의 단순함은 사람 눈을 속이는 경우가 왕왕 있다. 한번은 앙리 에밀브누아 마티스(Henri Émile-Benoit Matisse, 1869~1954년)의 가장 단순한 작품들이라고 할, 색종이를 오려 붙인 그림들을 스케치해 본 적이 있다. 그 작품들은 그가 만년에 건강이 나빠졌을 때 제작한 것이었다. 내가 그 작품을 막상 재현해 보려고 하니, 그의 작품들이 그리 단순하지 않음을 깨달았다. 적어도 서투른 내 솜씨로는 그랬다. 단순한 요소들은 피상적으로 보이는 것보다 더 풍부한 구조를 숨기고 있는 경우가 많다.

그렇다고 해서 아름다움의 기준이 단순함과 기본 형태만 있는 것은 아니다. 라파엘로 산치오(Raffaello Sanzio, 1483~1520년)나 티치아노 베첼리오(Tiziano Vecelio, 1488?~1576년)의 작품들처럼 많은 내적 요소를 포함한 농후하고 복잡한 채색으로 가득한 유화도 찬사를 받을 만한 아름다운 예술 작품이다. 결국 완벽한 단순함은 지루함이 될 수도 있다. 예술을 볼 때는 눈을 잡아 끌 정도로 흥미로운 것을 더 좋아한다. 우리는 따라갈 수 있을 만큼 단순한 것을 원하지만, 지루할 만큼 단순한 것은 원하지 않는다. 이것이 세상이 이루어진 방법인 것 같다.

과학에서 아름다움

미학적 기준은 분명하게 정의하기 어렵다. 예술에서처럼 과학에서 사용되는 통일된 기준이 몇 가지 있기는 하지만 절대적인 것은 아니다. 제대로 정의하기 어렵기는 하지만, 과학계에서는 통용되는 미학적 기준들이 몇 가지 있고 나름 유용한 역할을 한다. 그것이 연구의 성공이나 참과 거짓을 담보해 주지는 못하지만, 그래도 우리 연구의 지침이 되어 줄 수는 있다.

우리가 과학에 적용하는 미학적인 기준은 예술에 적용하는 기준과 비슷한 부분이 있다. 대칭성은 확실히 중요한 역할을 한다. 우리는 대칭성을 가지고 계산을 체계화하고, 전혀 다른 현상을 서로 연관지을 때 종종 도움을 받는다. 흥미롭게도 예술에서처럼 과학에서도 대칭성은 보통 완전한 상태가 아니다. 가장 훌륭한 과학적 서술은 대개의 경우 대칭적 이론의 아름다움을 충분히 반영하면서 대칭성 깨짐이 실제 세계에 대한 예측을 할 때 꼭 필요하다는 것을 인정하고 수용한다. 대칭성이 깨지면 그 대칭성을 포함한 이론은 더 풍부해지고, 더 많은 것을 설명할 수 있게 된다. 그리고 예술에서 자주 그렇듯이, 깨진 대칭성을 포함하고 있는 이론은 완전히 대칭적인 이론보다 더 아름답고 흥미로운 것이 되기도 한다.

기본 입자에 질량을 부여한다는 힉스 메커니즘이 훌륭한 예가 될 것이다. 다음 장에서 설명할 것처럼, 힉스 메커니즘은 약한 핵력에 관련된 대칭성이 조금 깨지는 경우 어떤 일들이 벌어지는지 설득력 있게 설명해 준다. 이 아이디어가 옳다는 것을 논의의 여지없이 증명해 줄 입자인 힉스 보손은 아직 발견되지 않았다. 그러나 이 정도로 아름답고 실험적으로나 이론적으로나 요구되는 기준을 만족시키는 이론은 거의 없기 때문에 대부분의 물리학자들은 이 이론이 자연에서 실현될 것이라고 믿는다. (2012년까지의 실험 결과 힉스 보손은 마침내 발견되었다. 이 발견에 대해 리사 랜들은 『이것이 힉스다!(*Higgs Discovery*)』를 출간해 설명한 바 있다. — 옮긴이)

단순성은 이론 물리학자에게 중요한 또 다른 주관적인 기준이다. 우리는 단순한 기본 요소가 우리가 보는 복잡한 현상의 저 밑에 있다는 뿌리 깊은 믿음을 가지고 있다. 세상 만물이 단순한 기본 요소로 이루어져 있다는 믿음과 그 기본 요소나 그것과 비슷한 어떤 요소를 찾는 일은 오래전에 시작되었다. 고대 그리스에서 플라톤은 완전한 형상이 있다고 상상했다. 그에게 있어 지상의 현실적인 존재는 이상적 존재인 기하학적 형상의 근사물이라고 생각했다. 아리스토텔레스 역시 이상적 형상의 존재를 믿었지만, 그 이상적 존재를 드러내는 유일한 수단은 그 근사물인 물리적 물체를 관찰하는 것뿐이라고 생각했다. 종교도 흔히 보다 완벽하고 통일된 상태가 존재한다고 가정한다. 그것은 현실과 분리되어 있지만, 종교를 통해 그 분리를 극복할 수 있다고 믿는다. 에덴동산에서 인류의 조상이 추방당하는 이야기도 이상적인 세계가 따로 존재한다고 가정하고 있는 것이다. 비록 현대 물리학이 다루는 문제와 방법은 선현들의 것과 많이 다르지만, 많은 물리학자들 역시 보다 단순한 우주를 찾고 있다. 철학이나 종교의 가르침이 아니라 세계를 구성하고 있는 기초적인 요소들 속에서.

근본적인 과학적 진실을 찾는 일은 단순한 구성 요소를 찾는 일을 포함하는 일이 많다. 그 단순한 구성 요소들로부터 우리가 지금 보고 있는 복잡하고 풍부한 현상을 재구성할 수 있다. 그런 연구는 의미 있는 패턴이나 구성 원리를 찾는 일이 되기도 한다. 대부분의 과학자들은 단순하고 우아한 아이디어가 간결하게 구현되는 경우에만 그 아이디어가 정말로 옳을지도 모른다는 기대를 품는다. 출발점에서의 입력값이 적으면 적을수록 좋다. 그럴수록 예측력은 강해질 것이기 때문이다. 표준 모형의 핵심에 무엇이 있는지 탐구하는 입자 물리학자들은 자신의 아이디어가 실현되었을 때 그 결과가 번잡한 것이 되면 흔히 회의적이 된다.

다시, 예술과 마찬가지로 물리학 이론도 본질적으로 단순한 것이 있을 수 있다. 혹은 단순하고 예측 가능한 요소로 이루어진 복합체일 수도 있다. 물론 처음 구성 요소들과 그 요소들이 따르는 규칙이 단순하다고 해서, 마지막 모습까지 반드시 단순할 필요는 없다.

이런 단순함 추구가 극단에 도달한 것이 적은 수의 법칙을 따르는 단순한 요소 몇 개로 이루어진 통일 이론을 찾는 일이다. 이 탐색 여행은 야심적이고, 그래서 어떤 이는 무모하다고까지 할 과업이다. 의심할 여지없이, 다음과 같은 명백한 장애물 때문에 모든 관찰 결과를 완전히 설명하는 우아한 이론을 즉시 찾을 수는 없다. 즉 우리를 둘러싼 세계는 그런 이론이 담고 있는 단순성의 일부만을 드러낼 뿐이기 때문이다. 통일 이론은 단순하고 우아하지만, 동시에 관측 결과에 부합하는 풍부한 구조를 가지지 않으면 안 된다. 우리는 모든 물리학의 저 깊은 곳에는 단순하고, 우아하고, 예측력이 있는 하나의 이론이 있음을 믿고 싶다. 지금 우리가 아는 우주는 이론처럼 순수하고, 단순하고, 질서정연한 것은 아니다. 우주에 대해 근본적으로 통일된 기술이 가능하더라도, 이 세상에서 우리가 보는 매혹적이고 복잡한 현상과 그것을 연결시키기 위해서는 엄청난 연구가 필요할 것이다.

물론, 우리는 아름다움이나 단순함 같은 것을 추구하다가 너무 멀리 나아가 버릴 수도 있다. 우리는 선을 넘지 않도록 주의해야 한다. 과학이나 수학 수업을 듣는 학생들 사이에서 유명한 농담이 있다. 교수들은 아무리 복잡한 현상이라고 하더라도 이미 잘 해명된 현상이라면 무엇이든 항상 "뻔하다."라고 말한다는 것이다. 교수는 이미 답을 알고 있고, 기본 요소와 논리에 대해서도 잘 알고 있지만, 수업을 듣는 학생들은 결코 그렇지 않다. 문제를 단순한 조각으로 분해하고 나서야 비로소 학생들도 '별 거 아니구나.'라고 생각할 수 있게 된다. 그러나 그 전에 어떻게 해야 그것을 단순한 조각들로 환원시킬 수 있는지를 먼저 알아야 한다.

모형 만들기

결국, 인생이 그런 것처럼 과학에서도 아름다움의 기준은 하나가 아니다. 그저 우리는 지식 탐구에 지침으로 활용할 수 있는 몇 가지 직관을 가지고 있을 뿐이다. 그 직관은 실험적 제약을 넘어설 수는 없다. 예술에서든, 과학에서든 아름다움이 어느 정도 객관적인 측면을 가질 수는 있다. 하지만 그것이 적용될 때에는 늘 취향과 주관성이 개재된다.

그러나 과학자들의 경우에는 커다란 차이점을 하나 가지고 있다. 그것은 궁극적으로는 실험이 모든 것을 결정해 준다는 것이다. 우리의 아이디어 중 만약 옳은 것이 있다면 어느 것이 옳은 것인지를 실험이 결정해 준다. 과학의 진보에 미학적 기준을 활용할 수 있지만 진정한 과학적 진보는 데이터를 이해하고, 예측하고, 분석하는 일을 통해 이루어진다. 얼마나 아름다운 이론인지와 관계없이, 그 이론은 여전히 틀릴 수 있고, 그럴 경우 그 이론은 허사가 된다. 지적으로 가장 만족스러운 이론이라고 할지라도 현실 세계에 맞지 않는다면 포기해야 한다.

그럼에도 불구하고, 물리적 기술을 보다 정확하게 확정하는 데 필요한 아주 높은 에너지 영역이나 우리가 이제껏 접해 보지 못한 변수 영역에 도달하기 전에는, 표준 모형 너머에 무엇이 있는지 추측해 보기 위해 물리학자들은 선택의 여지없이 미학적 기준과 이론적 고찰 모두를 활용할 수밖에 없다. 이 잠정적인 단계에서는 한정된 데이터만 가지고 나아갈 방향을 잡아야 하기 때문에 자기 나름의 취향과 논리적 기준을 가지고 현존하는 문제에 도전할 수밖에 없다.

이상적으로는, 다양한 가능성들을 그 결과들을 가지고 연구하는 편이 더 좋다. 모형 만들기는 그것을 위한 접근 방법의 이름이다. 동료들과 나는 다양한 입자 물리학 모형을 탐구한다. 이 모형들은 표준 모형의 기저에 있을지도 모르는 물리학 이론에 대한 추측들이다. 우리의 목표는 쉽게 볼 수 있는 스케일에서 나타나는 복잡한 현상들을 체계화시켜 줄 단순한 원리를 발견해 현재의 지식으로 해결하지 못하는 문제들을 해결하는 것이다.

물리 모형을 만드는 사람들은 유효 이론의 관점에 서서 이해하고자 하는 거리 스케일을 핵심에 도달할 때까지 계속해서 줄여 나가야 한다. 이것은 우리가 이미 알고 있는 것 — 우리가 설명할 수 있는 현상과 설명하지는 못하나 궁금해하는 현상 — 에서 출발해서 관측되는 기본 입자의 성질과 상호 작용 사이의 관계를 설명할 수 있는 근본적인 모형을 도출하고자 하는 '상향식' 접근법이다.

'모형'이라는 용어에서 전시나 사전 조사에 쓰기 위해 만드는 작은 스케일의 건물 같은 물리적인 구조물을 떠올리는 사람도 있을 것이다. 또는 기후 모형이나 전염병 확산 모형처럼 알려진 물리 원리에 따라 결과를 계산하는, 컴퓨터 수치 시뮬레이션을 연상하는 사람도 있을 수 있다.

입자 물리학에서의 모형 만들기는 앞의 정의 중 어느 것과도 매우 다르다. 그러나 입자 물리학의 모형은 잡지나 패션쇼에 나오는 모델과 비슷한 측면을 가지고 있다. 패션쇼 무대의 모델이나 물리학의 모형 모두 상상 속의 새로운 아이디어를 표현한다. 그리고 사람들은 처음에는 아름다운 것, 또는 적어도 더 충격적이거나 놀라운 것을 좇아 모여든다. 그러나 결국에는 진정한 희망을 보여 주는 것에 끌린다.

말할 필요도 없이 비슷한 점은 여기까지이다.

입자 물리학의 모형은 우리가 이미 이해하고 있으며 그 예측이 이미 검증된 이론의 기저에 무엇이 있는지 추측한 결과이다. 모형을 만들 때에는 미학적 기준이 중요한 역할을 한다. 어떤 아이디어가 추구할 가치가 있는가를 정하는 데 있어서 지침이 되기 때문이다. 그러나 아이디어의 정합성이나 검증 가능성도 마찬가지로 중요한 기준이 된다. 모형은 다양한 물리적 기초 요소들과, 이제껏 실험적으로 검증된 적이 없는 극소의 거리나 크기에 적용되는 원리가 가진 특징을 잡아내고 그것을 가설적으로 기술한 것이다. 모형을 가지고 우리는 다양한 이론적 추측의 특징과 결과를 결정할 수 있다.

모형은 우리가 이미 알고 있는 것으로부터 한층 더 설득력을 갖춘 더 포괄적인 이론을 만들어 내기 위한 일종의 방법론적 외삽(外挿, extrapolation)이다. 언젠가 보다 작은 거리와 높은 에너지 영역을 탐구해서 기초적인 가설이나 예측을 검증하고 나면 맞다고 증명될 수도 있고 그렇지 않을 수도 있는 제안의 견본이다.

'이론'은 '모형'과 다르다는 것을 기억하자. 이론이라는 말은 일상에서 흔히 쓰는 것처럼 거친 추론을 뜻하는 것이 아니다. 우리가 알고 있는 입자들과 그 입자들이 따르는 물리 법칙이 이론을 구성하는 요소이다. 그러니까 이론이란 명확히 정해진 기본 요소들과, 원리들과 법칙, 그리고 그 기본 요소들이 어떻게 상호 작용하는지 예측해 주는 규칙들과 방정식들의 집합이다.

그러나 우리가 이론과 그 의미를 완전히 이해한다고 해도, 같은 이론이 여러 가지 다른 방식으로 구현될 수 있고, 이것은 현실 세계에서 다른 물리적 결과로 귀결될 수 있다. 모형은 여러 가능성들을 추출해 만들어 본 견본 같은 것이다. 우리는 이미 알고 있는 물리적 원리와 기본 요소들을 결합해서 실제 세계를 제대로 기술하는 것 같은 설명을 만들어 낸다. 이것이 모형이다.

이론을 파워포인트의 템플릿(template, 보기판)이라고 한다면 모형이란 여러분이 만든 프레젠테이션(presentation) 자료이다. 이론에는 파워포인트의 모든 애니메이션 효과가 포함될 수 있지만 모형에는 발표의 요점을 전달하는 데 필요한 애니메이션 효과만 들어 있다. 이론은 제목과 굵은 점으로 표시된 항목들만 있으면 되지만, 모형은 바로 여러분이 전달하고 싶은 내용이 구체적으로 모두 다 들어가 있기 때문에 잘만 하면 자신이 생각하고 있는 바를 모두 설명할 수 있다.

물리학에서 모형 만들기의 본질은 물리학자들이 대답하려는 질문에 따라 변해 왔다. 물리학은 항상 최소한의 가정만으로 가장 많은 수의 물리량을 예측하려고 한다. 그러나 이것이 가장 근본적인 이론을 바로 판정할 수 있다는 이야기는 아니다. 물리학에서는 모든 것이 가장 근본적인 수준에서 이해되기 전에도 중요한 진보가 이루어지는 경우가 흔하기 때문이다.

19세기에 물리학자들은 온도와 압력의 개념을 이해하고 있었고, 그것을 열역학과 증기 기관을 설계하는 데 응용했다. 한참이 지난 후에야 이 개념들은 더 근본적이고 미시적인 수준에서 수많은 원자나 분자가 무작위적으로 운동하는 결과로서 설명되었다. 20세기 초에 물리학자들은 전자기적 에너지로 질량을 설명하는 모형을 만들려고 했다. 이런 모형들은 계가 움직이는 방식에 대한 당시 물리학자들의 강력한 믿음에 기초했지만, 틀린 것으로 판명되었다. 조금 후에 닐스 보어가 그동안 관찰된 원자의 스펙트럼을 설명하는 원자 모형을 만들었다. 보어의 모형은 곧 더 완전한 양자 역학 이론으로 대치되었는데, 그 이론은 보어의 핵심적인 아이디어를 흡수하고 개선했다.

오늘날 모형을 만드는 사람들은 입자 물리학의 표준 모형 너머에 무엇이 있는지 알아내려고 하고 있다. 충분히 검증되고 잘 이해되었기 때문에 현재 표준 모형이라고 불리기는 하지만, 표준 모형 역시 표준 모형이 발전하던 시대에 알려진 관측 사실들을 모순 없이 정합적으로 설명하려면 어떻게 해야 하는가 하는 추측의 산물이다. 그럼에도 불구하고 표준 모형은 그 전제를 검증하는 방법에 대해서도 예측을 했기 때문에, 실험가들이 궁극적으로 표준 모형이 맞다는 것 증명할 수 있었다.

표준 모형은 현재까지 관측된 모든 결과들을 정확하게 설명하지만, 물리학자들은 이것이 완전한 이론이 아니라는 데 상당한 확신을 가지고 있다. 특히 표준 모형은 기본 입자들에게 질량을 부여하는 입자와 그 상호 작용이 무엇이며 — 즉 힉스 영역(Higgs sector)의 구성 요소는 무엇이며 — 왜 그 입자가 그 특정한 질량값을 가지는지에 대해서는 답을 하지 않은 채로 남아 있다. 표준 모형 너머를 설명하려는 모형은 이런 문제들을 해결하기 위해 더 깊은 수준에서의 상호 관련성들과 관계들을 설명해야 한다. 모형들은 적용되는 특정한 거리 혹은 에너지 스케일뿐 아니라 기본 가정과 물리적 개념을 구체적으로 선택해야 한다.

최근 내 연구의 많은 부분은 놓치기 쉬운 새로운 현상을 설명할 수 있는 참신하고 구체적인 탐색 전략과 새로운 모형에 대해 생각하는 것이다. 내가 고안한 모형에 대해 생각할 뿐만 아니라, 다른 모든 가능성 역시 숙고한다. 입자 물리학자들은 입자, 힘, 가능한 상호 작용과 같이 필요한 각종 요소와 규칙에 대해 잘 알고 있다. 그러나 이런 구성 요소들 중 어떤 것이 실제로 존재하는 세계를 만드는 레시피에 포함되는지 정확히는 알지 못한다. 그래서 우리는 알고 있는 이론적 요소들을 이것저것 적용해 가면서, 최종적으로는 복잡한 이론에 포함될 것 같은, 근본적인 것으로 여겨지는 단순한 아이디어를 도출해 내기 위해 노력한다.

중요한 점은 모형이 실험적 탐색의 목표를 제공하고, 지금까지 실험적으로 연구된 적이 없는 아주 짧은 거리에서 입자들이 어떻게 행동하는가에 대해 구체적으로 예측한다는 것이다. 측정이 이루어지고 나면 서로 경쟁하는 모형들을 구별하는 실마리를 얻을 수 있다. 보다 근본적인 새 이론이 어떤 것일지는 아직 모른다. 그럼에도 불구하고 표준 모형과 어떤 것이 달라질지 그 이론의 특징이 무엇일지는 짐작할 수는 있다. 근원적인 실재를 나타내고자 하는 모형과 그 결과에 대해 숙고함으로써, 모형이 옳다면, LHC에서 나타날 것이 무엇인지 예측할 수 있다. 모형을 이용함으로써 우리 아이디어의 사변적인 성질을 알아내고, 현재 존재하는 데이터와 일치하면서도 아직 이해되지 않은 현상을 설명하는 방법의 가능성이 아주 많다는 것을 깨닫게 된다. 살아남는 것은 오직 몇몇 모형뿐일 것이다. 그러나 그런 모형을 만들고 이해하는 것은 가능한 선택지의 윤곽을 그리고 꼭 필요한 요소들을 모으는 가장 좋은 방법이다.

모형과 모형의 구체적인 결과를 탐색하는 것은 실험가들이 무엇을 찾아야 하는지 확실히 아는 데 도움이 된다. 그것이 무엇이든 간에 말이다. 모형은 실험가들에게 새로운 물리학 이론의 본질을 이루는 흥미롭고 주목할 만한 요소들을 가르쳐 준다. 실험가들은 이것을 실마리 삼아 모형을 만든 사람들이 계의 관계성과 상호 작용의 주요 원인이 되는 기본 요소와 물리적 원리를 올바르게 밝혀냈는지를 검증할 수 있다. 실험이 이루어지는 에너지 스케일에 적용되는 새로운 물리 법칙을 포함한 모형은 그것이 제대로 된 것이라면 새로운 입자와 그것들 사이의 새로운 관계성에 대해 예측해야 한다. 입자의 충돌에서 나타나는 입자와 그 입자의 성질을 관측하고 나면 그렇게 생성된 입자의 형태와 질량과 상호 작용을 알아내는 데 도움이 될 것이다. 새로운 입자가 발견되거나 다른 상호 작용이 측정되거나 한다면, 제안된 모형들을 취사선택하고, 더 나은 모형으로 가는 길을 열어 줄 것이다.

데이터가 충분하다면 — 당시 실험의 정밀도 수준, 거리, 그리고 에너지 스케일에 따라 — 어떤 모형이 기초가 되는 모형으로서 옳은 것인지 결정할 수 있을 것이다. LHC 에너지에서 조사할 수 있는 가장 작은 거리 스케일에서도, 기초가 되는 이론을 지배하는 규칙이 아주 단순해서, 관계되는 물리 법칙의 영향을 추론하고 계산할 수 있었으면 좋겠다.

물리학자들은 무엇이 연구하기에 가장 좋은 모형이고, 무엇이 실험에서 발견한 것을 설명하는 데 가장 유용한 방법인지 활발한 토론을 하고 있다. 나는 자주 동료 실험가들과 마주앉아서 그들이 실제로 실험을 하고 새로운 에너지 영역을 탐사할 때 모형을 어떻게 이용하면 좋을지 토론한다. 어떤 모형에서 특정한 변수에 해당하는 기준점은 너무 제한적인 것은 아닐까? 모든 가능성을 포괄하는 더 좋은 방법은 없는 것일까?

LHC 실험은 아주 복잡해서, 명확한 탐색 목표가 없을 경우에는 결과가 표준 모형적 배경 사건들 속에 파묻혀 버린다. 실험은 기존의 모형을 염두에 두고 설계되고 최적화되어 있다. 그러나 실제로는 보다 광범위한 가능성들도 탐색하고 있다. 실험가들은 실험적 탐색을 할 때 나타날지도 모르는 새로운 신호를 만들어 낼 가능성이 있는 여러 종류의 모형에 대해 알고 있는 것이 중요하다. 특정 모형에 대해 과도한 편견을 가지면 안 되기 때문이다.

이론가들과 실험가들은 어떤 것도 놓치지 않기 위해 열심히 일하고 있다. 실험적으로 입증될 때까지는 여러 다른 제안들 중 어느 것이 옳은지 알 수 없을 것이다. 제안된 모형들은 실제 세계를 올바르게 기술하는 것일 가능성을 다들 가지고 있다. 그러나 그렇지 않다고 해도, 그 모형이 아직 발견되지 않은 새로운 물질의 특성을 식별할 수 있게 해 주는 흥미로운 탐색 방법들을 가르쳐 줄 수 있다. 무엇이 되었든, LHC가 대답을 내놓기를 바란다. 그리고 우리는 그것을 받아들일 준비가 되어 있기를 바란다.

16장

힉스 보손

2010년 3월 30일 아침, 잠에서 깨고 나니 이메일이 쏟아지고 있었다. 모두 간밤에 CERN에서 첫 번째 7테라전자볼트 에너지의 충돌 실험이 성공했다는 데 대한 것이었다. 이것은 LHC에서 진짜 물리학 프로그램이 시작되었음을 알리는 것이다. 2009년이 끝날 무렵 기술적으로 결정적인 이정표가 될 입자의 가속과 충돌 실험이 이루어졌다. 그 충돌 사건들은 LHC에서 일하는 실험가들이 검출기를 더 잘 이해하고 최종적으로 조정하는 데 있어서, 우연히 지나가는 우주선(cosmic ray) 데이터가 아니라 진짜 LHC 충돌 데이터를 가지고 할 수 있다는 점에서 매우 중요했다. 이제 앞으로 1년 6개월 동안 물리학자들이 여러 이론을 연구하고 검증하는 데 쓸 수 있는 진짜 데이터가 CERN의 검출기에 기록될 것이다.

마침내, 수많은 부침 끝에 LHC의 물리학 연구가 정말 시작되었다.

LHC의 가동 과정은 정해진 계획에 따라 거의 정확히 진행되었다. 내 실험가 동료의 말에 따르면 이것은 매우 좋은 일이라고 한다. 어제 그 친구는 기자가 있으면 그날의 기술적 성취에 대한 평판이 나빠질지 모른다고 했었다. 기자들은 (그리고 참가한 모든 사람이) 여러 번 시작이 잘못되는 것을 목격했는데, 그건 사실 뭔가가 아주 조금만 잘못되어도 작동하도록 설계된, 너무 강력한 보호 시스템이 설치되어 있었기 때문이다. 그러나 이번에는 몇 시간 만에 빔을 가속기 안에서 회전시키고 충돌시키는데 성공했으며, 신문과 웹사이트에서 보게 될 멋진 사진들이 나왔다.

7테라전자볼트의 충돌 에너지는 원래 계획된 LHC 에너지의 절반에 불과하다. 진짜 목표 에너지였던 14테라전자볼트에는 몇 년 후에야 도달할 것이다. 또한 7테라전자볼트 실험의 광도 — 초당 충돌하는 양성자의 수 — 도 원래 설계된 값보다 훨씬 적다. 그럼에도 LHC의 모든 것은 마침내 궤도에 올랐다. 우리는 이제 물질의 내부 구조에 대한 우리의 이해가 곧 진전될 것이라고 믿을 수 있다. 그리고 모든 일이 잘 된다면, 2~3년 안에 LHC는 가동을 잠시 멈추고 기계의 성능을 올린 후, 설계된 최고 성능으로 다시 가동되면서 우리가 기다리고 있는 진정한 해답을 줄 것이다.

가장 중요한 목표 중 하나는 기본 입자가 어떻게 질량을 얻는지를 배우는 것이다. 왜 모든 입자가 빛의 속도 정도로 날아다니지 않는 것일까? 만약 질량이 없으면 물질은 어떻게 될까? 이 질문에 대한 대답은 힉스 보손과 함께 뭉뚱그려서 **힉스 영역**이라고 알려진 입자들에 따라서 정해진다. 이 장에서는 왜 이 입자를 성공적으로 찾는 일이, 기본 입자의 질량이 어떻게 생겨나는지에 대한 우리 생각이 옳은지 알려주는 것인가를 설명한다. 훗날 더 높은 광도와 더 높은 에너지로 LHC가 재가동

될 때, 물리학자들은 이 중대하고 놀라운 현상의 배후에 놓인 입자와 상호 작용에 관해 탐색하고 궁극적으로 이해하게 될 것이다.

힉스 메커니즘

지금까지 우리가 연구해 온 에너지 스케일에서 표준 모형이 잘 맞는다는 데에는 어떤 물리적인 의문도 없다. 실험가들은 표준 모형의 여러 예측을 검증했으며, 오차 1퍼센트 이하의 정밀도로 실험과 이론적 예측이 잘 맞았다.

그러나 표준 모형은 아직 아무도 본 적 없는 구성 요소에 의지하고 있다. 영국의 물리학자 피터 힉스의 이름을 따서 힉스 메커니즘이라고 부르는 이 과정은 모순 없이 기본 입자들에 질량을 부여하는, 우리가 아는 유일한 방법이다. 단순한 형태의 표준 모형의 기본 전제에 따르면 힘을 전달하는 게이지 보손도, 표준 모형의 핵심적인 구성 요소인 쿼크와 렙톤 같은 기본 입자도 모두 0이 아닌 질량을 가질 수 없다. 그러나 물리적인 현상을 측정한 결과에 따르면 기본 입자들의 질량은 명백히 0이 아니다. 기본 입자의 질량은, 우주 구조의 형성 과정은 물론이고, 원자 안에서 돌고 있는 전자의 궤도 반지름이나 약한 핵력이 미치는 극단적으로 작은 영역처럼 아주 작은 세계에서 일어나는 원자 및 입자 물리학적 현상을 이해하는 데에서 중요한 역할을 한다. 또한 질량은 $E=mc^2$ 방정식에 따라서, 기본 입자를 만들어 내는 데 얼마의 에너지가 필요한가를 결정한다. 아직까지는 표준 모형에서 힉스 메커니즘을 빼고서는 기본 입자의 질량이라는 수수께끼를 이해할 수 없다. 힉스 메커니즘이 빠진 표준 모형에서 질량은 허용되지 않는다.

입자가 질량에 대해 절대적인 권리를 가지지 않는다는 생각은 지나치게 독단적으로 들리며, 입자는 항상 0이 아닌 질량을 가지는 것을 선택할 권리가 있다고 예상하는 것이 더욱 합리적으로 보인다. 그러나 표준 모형과 힘에 대한 모든 이론의 미묘한 구조는 강제성이 있다. 그래서 허용되는 질량의 유형을 제한한다. 페르미온의 경우에 해당하는 설명과 게이지 보손의 경우에 해당하는 설명은 조금 다르게 보이지만, 두 경우 모두 근본적인 논리는 힘에 관한 모든 이론의 핵심에 있는 대칭성과 관련되어 있다.

입자 물리학의 표준 모형은 전자기력, 약한 핵력, 그리고 강한 핵력을 포함하고 있으며, 각각의 힘은 대칭성과 연결되어 있다. 대칭성이 없다면, 그 힘을 전달하는 게이지 보손의 진동 모드가 양자 역학과 특수 상대성 이론에 의해 존재하는 것으로 예측되는 것보다 너무 많을 것이다. 대칭성이 없는 이론에서는 이론적으로 계산할 때 고에너지에서 가짜 진동 모드에 대한 확률이 1보다 크게 나오는 등 의미 없는 결과가 나오게 된다. 자연을 정확하게 기술하려면, 그런 식의 물리적으로 의미 없는 입자 — 잘못된 방향으로 진동하기 때문에 실제로 존재하지 않는 입자 — 는 명백히 제거되어야 한다.

이런 관점에서, 대칭성은 스팸 메일 필터나 품질 관리 규정 같은 역할을 한다. 예를 들면 품질 관리 규정은 대칭적으로 균형이 잡혀서 설계된 성능을 낼 수 있는 차만 공장에서 출고되도록 한다. 힘에 대한 모든 이론에서 대칭성 역시 잘못 작동하는 요소들을 걸러 낸다. 그렇게 할 수 있는 이유는, 우리가 원하지 않는 물리적으로 잘못된 입자들 사이의 상호 작용은 대칭성을 따르지 않는 반면, 필요한 대칭성을 지키는 방식으로 상호 작용하는 입자는 올바르게 진동하기 때문이다. 따라서 대칭성은 이론적인 예측이 물리적으로 의미 있는 입자만을 갖도록 강제하고 실험과 일치하는 의미 있는 결과를 유도해 낼 수 있도록 만들어 준다.

그러므로 대칭성은 힘의 이론을 우아하게 형식화한다. 계산할 때마다 잘못된 모드를 하나하나 제거하는 게 아니라, 대칭성은 물리적으로 문제가 있는 모든 입자를 한꺼번에 지워 버린다. 대칭적인 상호 작용을 가진 이론은 항상 물리적으로 옳기 때문에 우리가 기술하려는 행동을 하는 진동 모드만을 가진다.

이 과정은, 전자기력이나 강력처럼 질량이 0인 입자가 힘을 전달하는 이론에서 완벽하게 성립한다. 대칭성이 존재하는 이론에서는 고에너지에서의 상호 작용에 대한 예측이 모두 유효하고, 물리적인 모드만이 — 자연에 실제로 존재하는 모드만이 — 이론에 등장한다. 질량이 없는 게이지 보손에 대해서는, 대칭성에 의한 적합한 제약 조건이 이론에서 물리적으로 잘못된 부분을 제거해 주기 때문에, 고에너지에서의 상호 작용과 관련된 문제를 해결하기가 상대적으로 단순하다.

대칭성은 두 가지 문제를 해결한다. 물리적으로 잘못된 모드를 없애고, 그것에 따라서 이 모드가 들어가는 잘못된 예측 결과들 역시 제거한다. 그러나 질량이 0이 아닌 게이지 보손은 자연에 존재하는 물리적인 진동 모드를 추가로 가진다. 약한 핵력을 전달하는 게이지 보손이 바로 이 범주에 들어간다. 대칭성은 너무 많은 진동 모드를 없애 버릴 것이다. 어떤 새로운 요소 없이 약한 핵력 게이지 보손은 표준 모형의 대칭성을 유지하지 못한다. 질량이 0이 아닌 게이지 보손에 대해 우리는 잘못되게 행동하는 모드를 가지고 있을 수밖에 없고, 이것은 고에너지에서의 잘못된 행동을 해결하는 것이 그리 간단치 않음을 뜻한다. 그럼에도 불구하고 고에너지에서 의미 있는 상호 작용을 만들어 내기 위해서는, 이론에 뭔가가 더 필요하다.

더욱이, 힉스 영역 없이는 표준 모형에 등장하는 어떤 기본 입자도 가장 단순한 형태의 힘의 이론이 가진 대칭성을 유지하면서 0이 아닌 질량을 가질 수 없다. 현존하는 힘과 관련된 대칭성이 있을 때, 힉스가 없는 표준 모형의 쿼크와 렙톤 역시 0이 아닌 질량을 가지지 못할 것이다. 그 이유는 게이지 보손에 관한 논리와는 관련이 없지만, 여하튼 대칭성에 원인이 있다.

14장에서 우리는 질량이 0이 아닐 때 짝지어지는 좌회전성(left-handed), 그리고 우회전성(right-handed)의 페르미온이 모두 포함된 표를 살펴봤다. 쿼크와 렙톤의 질량이 0이 아니면, 질량은 좌회전성 페르미온을 우회전성 페르미온으로 바꾸어 주는 상호 작용을 가져온다. 그러나 좌회전성 페르미온과 우회전성 페르미온이 서로 바뀌려면, 둘은 같은 힘을 느낄 수 있어야 한다. 그런데 실험이 증명한 바에 따르면 약한 핵력은 좌회전성 페르미온과 우회전성 페르미온에 다르게 작용한다. 이것은 물리 법칙에 대해 왼쪽과 오른쪽이 동등하다는 패리티 대칭성이 깨져 있다는 것을 뜻한다. 이 사실을 처음 알았을 때 모든 사람이 깜짝 놀랐다. 그 밖의 알려진 다른 자연 법칙은 왼쪽과 오른쪽을 구별하지 않기 때문이다. 하지만 약한 핵력이 왼쪽과 오른쪽을 똑같이 다루지 않는다는 이 놀라운 성질은 실험으로 증명되었고, 표준 모형의 핵심적인 특징이다.

왼쪽과 오른쪽 쿼크와 렙톤에 대해 상호 작용이 다르다는 것은, 새로운 구성 요소가 없다면 쿼크와 렙톤의 질량이 기존의 물리 법칙과 모순된다는 것을 우리에게 알려 준다. 만일 0이 아닌 질량이 있으면 약한 핵력 전하를 가지고 약한 상호 작용을 하는 입자와 그렇지 않은 입자가 연결될 것이다.

다른 말로 하면, 오직 좌회전 입자만 약한 상호 작용을 하므로, 약한 상호 작용은 사라질 수도 있다. 약한 핵력 전하는 명백하게 우주에 아무 입자도 없는 상태인 **진공**으로 사라질 것이다. 일반적으로 그런 일은 일어나지 않는다. 전하는 보존되어야 한다. 만약 전하가 나타나거나 사라질 수 있다면, 그 전하에 해당하는 힘과 관련된 대칭성은 깨질 것이고, 사라진 것으로 가정했던 고에너지에서의 게이지 보손의 상호 작용에 대해 괴상한 확률적 예측이 다시 나타날 것이다. 만약 진공이 정말 비어 있어서 어떤 입자나 장도 존재하지 않는다면, 약한 핵력 전하는 이런 방법으로 마술적으로 사라지지 않아야 한다.

그러나 만약 진공이 진짜로 비어 있지 않다면, 다시 말해 진공이 약한 핵력 전하를 제공하는 **힉스 장**으로 가득 차 있다면, 전하는 나타날 수도, 사라질 수도 있다. 전하를 진공에 부여하는 힉스 장은 실제 입자로 이루어진 것이 아니다. 진공이 가진 전하는 근본적으로 장 자체가 0이 아닌 값을 가질 때 생기는, 약한 상호 작용의 전하이다. 이 약한 핵력 전하는 우주 전체에 퍼져 있다. 힉스 장이 사라지지 않는다는 것은 마치 우주가 약한 상호 작용의 전하를 무한히 공급한다는 것과 같다. 누가 당신에게 돈을 무한정 준다고 상상해 보자. 당신은 마음 내키는 대로 돈을 빌려 줄 수도 있고, 어디서 얻을 수도 있을 것이다. 그래도 여전히 무한대의 돈을 가지고 있을 것이다. 비슷한 개념으로 힉스 장은 무한대의 약한 핵력 전하를 진공에 공급한다. 그렇게 힉스 장은 힘에 관련된 대칭성을 깨고, 전하를 진공으로 흘리거나 진공에서 끌어와 아무런 문제 없이 입자에 질량을 부여한다.

힉스 메커니즘과 질량의 기원을 이해하는 한 가지 방법은, 진공에 퍼져 있는 힉스 장이 진공을 약한 핵력 전하를 가진 끈적끈적한 유체처럼 행동하도록 만든다고 생각하는 것이다. 약한 핵력 게이지 보손이나 표준 모형의 쿼크와 렙톤처럼 이 약한 핵력 전하를 가진 입자는 유체와 상호 작용을 하고, 이 상호 작용은 입자들의 속도를 늦춘다. 질량이 없는 입자는 진공 속을 빛의 속도로 달릴 것이고, 속도가 느려지는 입자는 그만큼 질량을 얻게 될 것이다.

기본 입자가 질량을 얻는 이 기묘한 과정을 우리는 힉스 메커니즘이라고 한다. 힉스 메커니즘은 우리에게 기본 입자가 어떻게 질량을 얻는지뿐만 아니라 질량의 성질에 대해서도 알려 준다. 예를 들면, 이 메커니즘은 왜 어떤 입자는 무겁고 어떤 입자는 가벼운지를 설명해 준다. 그것은 단순하다. 힉스 장과 더 많이 상호 작용하는 입자는 더 많은 질량을 가지게 되고, 더 적게 상호 작용하는 입자는 더 적은 질량을 가지게 된다. 가장 무거운 입자인 톱 쿼크는 상호 작용이 가장 크다. 아주 작은 질량을 가진 전자나 업 쿼크는 아주 작은 상호 작용을 한다.

힉스 메커니즘은 또한 전자기력과 전자기력을 전달하는 광자(빛)의 본질에 대해서도 깊은 통찰을 준다. 힉스 메커니즘은 진공에 퍼져 있는 약한 핵력 전하와 상호 작용하는 힘의 전달자만 질량을 얻을 수 있다고 설명한다. W 게이지 보손과 Z 게이지 보손은 약한 핵력 전하와 상호 작용하기 때문에 질량을 갖는다. 그러나 진공을 채우고 있는 힉스 장은 약한 핵력 전하를 띠고 있지만, 전기적으로는 중성이다. 따라서 광자는 약한 핵력 전하와는 상호 작용하지 않고, 광자의 질량은 0인 채로 남는다. 그래서 광자는 유별난 존재가 된다. 힉스 메커니즘이 없다면, 질량이 0인 입자에는 세 종류의 약한 핵력 게이지 보손과, 하이퍼차지(hypercharge) 게이지 보손이라는 게이지 보손이 있을 것이다. 여기서 나는 광자를 언급하지 않았다. 그런데 힉스 장이 존재할 경우에는 하이퍼차지 게이지 보손과 세 종류의 약한 핵력 게이지 보손 중 하나가 특정한 방법으로 결합한 형태가 진공의 약한 핵력 전하와 상호 작용하지 않게 된다. 이 결합 형태가 정확히 전자기력을 전달하는 광자이다. 광자가 질량이 없다는 것은 전자기학에서 결정적으로 중요한 사실이다. 광자에 질량이 없기 때문에, 약한 핵력이 극히 작은 영역에서만 작용하는 데 반해서, 전파는 아주 멀리까지 퍼져나갈 수 있는 것이다. 힉스 장은 약한 핵력 전하는 가지지만 전기 전하는 가지지 않는다. 그래서 약한 핵력을 전달하는 입자는 무겁지만, 광자는 질량이 0이고, 정의 그대로 빛의 속도로 달린다.

혼동하지 말자. 광자는 기본 입자이다. 그러나 광자를 이루는 게이지 보손들은 기본 입자라고 할 수 없다. 원래의 게이지 보손은 정해진 질량(그 질량은 0일 수도 있다.)을 가지고 변하지 않은 채로 진공 중을 달리는 물리적인 입자에 해당되지 않기 때문이다. 힉스 메커니즘에 의해 진공에 퍼져 있는 약한 핵력 전하를 알게 될 때까지, 어떤 입자가 질량을 가지고 어떤 입자가 질량을 가지지 않는지 골라낼 방법은 없다. 힉스 메커니즘에 따라 진공에 주어진 전하에 따라, 하이퍼차지 게이지 보손과 약한 핵력 게이지 보손은 진공 속에서 진행하면서 서로 바뀔 수 있기 때문에, 우리는 이 입자들을 정해진 질량을 가진 물리적인 입자로 생각할 수 없다. 진공에 약한 핵력 전하가 주어지면 오직 질량이 없는 광자와 질량을 얻은 Z 보손만이 진공에서 다른 입자로 바뀌지 않은 채 나아간다. 이때 힉스 메커니즘은 광자라는 특정 입자와 광자가 전달하는 전기적인 전하를 따로 뽑아내는 역할을 한다.

그래서 힉스 메커니즘은 왜 그것이 광자이며, 질량이 0인 다른 힘의 전달자가 아닌지를 설명한다. 힉스 메커니즘은 또한 질량의 다른 성질도 설명해 준다. 이 성질은 좀 더 미묘하지만 왜 힉스 메커니즘이 우리가 감지하는 고에너지에서의 예측값과 일치하는 질량을 주는지에 대해 깊은 통찰을 준다. 힉스 장을 유체라고 생각해 보자. 그러면 그 밀도 역시 입자의 질량과 관련될 것이라고 상상할 수 있다. 그럼 이번에는 이 밀도가 일정한 간격으로 떨어져 있는 약한 핵력 전하로부터 생겨나는 것이라고 해 보자. 어떤 기본 입자가 있어 아주 짧은 거리만 이동하기 때문에 약한 핵력 전하를 건드리지 않는다면 그 입자는 마치 질량이 0인 것처럼 움직일 것이다. 반면 먼 거리를 가게 되면 반드시 약한 전하와 부딪치고 속도는 느려질 것이다.

이것은, 힉스 메커니즘이 약한 핵력에 대한 대칭성이 **자발적으로 깨지는 것**과 관련 있다는 사실, 그리고 대칭성이 깨지는 것은 어떤 정해진 스케일과 관련된다는 사실을 말해 준다.

대칭성의 자발적 깨짐은 대칭성 자체는 자연의 법칙 속에 존재하지만 — 모든 힘의 이론이 그렇듯이 — 계의 실제 상태에 의해서는 깨져 있을 때 일어난다. 앞에서 말했듯이 대칭성은, 이론에서 고에너지 입자의 행동과 연결되기 때문에, 반드시 존재해야 한다. 그러면 유일한 해답은 대칭성은 존재하고, 자발적으로 깨져서 약한 핵력 게이지 보손은 질량을 가지지만 고에너지에서의 현상은 잘못되지 않는 것이다.

힉스 메커니즘의 배후에 있는 아이디어는 대칭성이 진정으로 이론의 일부라는 것이다. 물리 법칙은 대칭적으로 작용한다. 하지만 세상의 실제 상태는 대칭성을 따르지 않는다. 처음에는 뾰족한 끝으로 서 있다가 넘어지면서 특정한 방향을 가리키는 연필을 생각해 보자. 연필이 서 있을 때에는 모든 방향은 똑같지만, 일단 연필이 넘어지면 대칭성은 깨진다. 그러므로 넘어진 연필은 서 있는 연필이 가지고 있던 회전 대칭성을 자발적으로 깬 것이다.

비슷하게 힉스 메커니즘은 약한 핵력의 대칭성을 자발적으로 깬다. 이것은 물리 법칙은 그 대칭성을 지키지만, 약한 핵력 전하로 가득 찬 진공의 상태에 따라 대칭성이 깨진다는 것을 의미한다. 대칭적이지 않은 방식으로 우주에 퍼져 있는 힉스 장은, 힉스 장이 없을 때에 존재했던 약한 핵력의 대칭성을 깨뜨려서 기본 입자가 질량을 가지도록 허용한다. 힘의 이론은 약한 핵력에 관련된 대칭성을 지키지만, 그 대칭성은 진공을 채우고 있는 힉스 장에 의해서 깨져 있다.

전하를 진공에 넣음으로써, 힉스 메커니즘은 약한 핵력에 관계된 대칭성을 깨뜨린다. 그리고 대칭성이 깨지는 것은 어떤 특정한 스케일에서이다. 그 스케일은 진공에 전하가 어떻게 분포되어 있는지에 따라 정해진다. 높은 에너지는 양자 역학에 따라 짧은 거리에 해당하는데, 이 거리가 전하가 분포된 거리보다 짧다면 입자들은 어떤 약한 핵력 전하도 만나지 않을 것이며, 그래서 질량이 없을 것이다. 그러므로 짧은 거리에서, 혹은 그것과 동등하게 높은 에너지에서 대칭성이 나타난다. 그러나 긴 거리에서 약한 핵력 전하는 일종의 마찰력처럼 작용해서 입자를 천천히 가게 만든다. 오직 낮은 에너지에서만, 혹은 긴 거리에서만 힉스 장은 입자에 질량을 부여하는 것 같다.

그리고 이것이 정확히 우리가 필요로 하는 것이다. 질량이 있는 입자에는 의미가 없는, 위험한 상호 작용은 높은 에너지에서만 적용된다. 낮은 에너지에서 입자들은 질량을 가질 수 있고, 실험에 따르면 질량을 가져야만 한다. 약한 핵력을 자발적으로 깨는 힉스 메커니즘은 우리가 알기로는 이런 일을 할 수 있는 유일한 방법이다.

비록 우리가 기본 입자의 질량을 만드는 힉스 메커니즘의 원인이 되는 입자를 아직 발견하지 못했지만, 힉스 메커니즘이 자연에 적용된다는 실험적 증거는 가지고 있다. 초전도 물질이라는 완전히 다른 상황에서 힉스 메커니즘은 여러 번 관찰되었다. 초전도 현상은 전자가 쌍을 이루고 이 전자쌍이 물질에 퍼져서 일어난다. 초전도체에서 일어나는 **응축(condensate) 현상**은 앞에서 힉스 장이 했던 것과 같은 역할을 하는 전자쌍에 의해 일어난다.

그러나 초전도체의 응축에서는 약한 핵력 전하가 아니라 전기 전하가 그 역할을 한다. 그러므로 초전도 물질 안에서 일어나는 응축은 전자기력을 전달하는 광자에 질량을 부여한다. 질량은 전하를 가리는데, 이것은 초전도체 안에서 전기장과 자기장이 멀리까지 미치지 못하도록 한다. 전자기력은 짧은 거리를 넘어서면 급격히 약해진다. 양자 역학과 특수 상대성 이론은 초전도체 안에서 볼 수 있는 이런 차폐 거리(screening distance)가 초전도 물질 안에서만 질량을 가지게 되는 광자의 직접적인 결과라는 것을 말해 준다. 초전도 물질들에서는 초전도체에 퍼져 있는 전자쌍에 걸려서 광자가 질량을 가지기 때문에, 전자기장이 차폐 거리 이상으로는 투과할 수 없게 된다.

힉스 메커니즘도 비슷한 방식으로 작용한다. 그러나 힉스 메커니즘에서는 전기 전하를 띠고 물질 안에 퍼져 있는 전자쌍과 달리, 약한 핵력 전하를 띠고 진공을 채우는 힉스 장이 중심 역할을 할 것이다. 그리고 광자가 질량을 얻어 전기 전하를 가리는 대신에, 약한 핵력 게이지 보손이 질량을 얻어 약한 핵력 전하를 가릴 것이다. 약한 핵력 게이지 보손이 질량을 가지기 때문에, 약한 핵력은 원자핵보다 작은 영역에서, 매우 짧은 거리에서만 유효하다.

이것이 게이지 보손에 질량을 부여하는 방법 중 모순을 야기하지 않는 유일한 방법이기 때문에, 물리학자들은 힉스 메커니즘이 자연에 적용된다고 확신하고 있다. 그리고 힉스 메커니즘은 게이지 보손의 질량뿐 아니라 모든 기본 입자들의 질량의 원인일 것으로 기대하고 있다. 우리는 표준 모형의 약한 상호 작용을 하는 입자들에 질량을 부여하는 모순 없는 다른 이론을 알지 못한다.

힉스 메커니즘은 추상적인 개념이 여럿 나오는 어려운 주제이다. 힉스 메커니즘과 힉스 장의 개념은 본질적으로 양자장 이론과 입자 물리학과 연결되어 있고, 우리가 쉽게 눈으로 보고 상상할 수 있는 현상과는 거리가 멀다. 그러니 중요한 점 몇 가지를 간단히 요약해 보자. 힉스 메커니즘 없이는 고에너지에서 의미 있는 예측값이나 입자의 질량을 얻을 수 없다. 이 두 가지는 모두 올바른 이론이 갖춰야만 하는 핵심적인 요소이다. 해답은 자연 법칙에는 대칭성이 존재하지만 0이 아닌 힉스 장의 값 때문에 대칭성이 자발적으로 깨지는 것이다. 진공에서 깨진 대칭성은 표준 모형 입자들이 0이 아닌 질량을 가지도록 허용한다. 그러나 자발적 대칭성 깨짐은 에너지(혹은 길이) 스케일과 관련이 있기 때문에, 그 효과는 오직 기본 입자의 질량 스케일이나 그것보다 작은 저에너지에서만, 혹은 약한 상호 작용의 길이 스케일이나 그보다 큰 스케일에서만 의미가 있다. 이런 에너지와 질량에 대해, 중력의 영향은 무시할 만큼 작고 (질량을 포함한) 표준 모형은 입자 물리학의 실험 결과를 정확히 기술한다. 하지만 자연 법칙에는 대칭성이 여전히 존재하기 때문에 고에너지에서 의미 있는 예측을 할 수 있다. 여기에 더해서 보너스로, 광자는 우주에 퍼져 있는 힉스 장과 상호 작용하지 않기 때문에 질량이 0이라고 힉스 메커니즘은 설명한다.

힉스 메커니즘이 이론적으로 성공적이지만, 우리는 이제 이 아이디어를 검증해 줄 실험적 증거를 찾아야 한다. 피터 힉스도 그런 실험의 중요성을 인정했다. 2007년에 힉스는 이 메커니즘의 수학적 구조는 매우 만족스럽지만 "만약 실험적으로 증명되지 않는다면, 글쎄, 그저 게임일 뿐이지. 검증이 필요해."라고 말한 바 있다. 우리는 피터 힉스가 제안한 이론이 정말 옳다고 생각하므로, 몇 년 내에 흥미로운 발견을 할 것으로 기대하고 있다. 그 증거는 LHC에서 입자 하나나 혹은 여럿의 형태로 나타날 것이다. 가장 간단한 형태로 구현된다면 그 증거는 **힉스 보손**이라는 입자일 것이다.

실험적 증거의 탐색

"힉스"는 사람을 말하기도 하고 메커니즘을 말하기도 하지만, 가설적인 입자를 말하기도 한다. 힉스 보손은 아직 발견되지 않은 표준 모형의 핵심적인 구성 요소이다. 힉스 보손은 힉스 메커니즘이 일어난 뒤 남아 있을 것으로 예상되는 흔적으로, LHC 실험에서 발견될 것으로 기대된다. 힉스 보손이 발견되면 이론적인 추정은 확인되고 힉스 장이 정말로 진공에 퍼져 있음을 알게 될 것이다. 힉스 메커니즘 없이는 기본 입자들이 질량을 가지는 합리적인 이론을 생각할 수 없기 때문에, 우리는 우주에서 힉스 메커니즘이 작동하고 있다고 믿는다. 또한 힉스 메커니즘의 어떤 증거는 LHC가 검증하게 될 에너지 스케일에서 곧 나타나야 하며, 그 증거는 아마도 힉스 보손일 것이라고 생각한다.

힉스 메커니즘의 일부인 힉스 장과, 실제 입자인 힉스 보손 사이의 관계는 미묘하지만, 전자기장과 광자 사이의 관계와 매우 비슷하다. 자석을 냉장고 가까이 가져가면 실제 물리적인 광자가 나오지 않더라도 고전적인 자기장을 느낄 수 있다. 양자 효과 없이도 존재하는, 고전적인 힉스 장은 공간을 통해 퍼지고, 입자의 질량에 영향을 주는 0이 아닌 값을 가질 수 있다. 그런데 이 값은 공간에 실제 입자가 없을 때도 역시 존재할 수 있다.

그러나 뭔가가 장을 자극하면, 즉 약간의 에너지를 주면 그 에너지는 장의 파동을 만들 수 있고 따라서 입자를 생성한다. 전자기장의 경우, 생성되는 입자는 광자이다. 힉스 장의 경우 그 입자는 힉스 보손이다. 힉스 장은 공간에 퍼져 있고 전자기-약 작용의 대칭성이 깨지는 원인이다. 한편 힉스 보손은 LHC에서처럼 에너지가 있는 곳에서 힉스 장으로부터 만들어진다. 힉스 장이 존재한다는 증거는 단순히 기본 입자가 질량을 가진다는 것이다. LHC에서 (혹은 힉스 보손이 만들어질 수 있는 어디서라도) 힉스 보손이 발견된다면 힉스 메커니즘이 질량의 근원이라는 우리의 신념이 확인될 것이다.

때때로 언론이 힉스 보손을 "신의 입자(God particle)"라고 부르고, 많은 사람들이 그 이름을 흥미롭게 생각한다. 기자들은 사람들이 관심을 가지니까 그 이름을 좋아하고, 그래서 물리학자 리언 맥스 레이더먼(Leon Max Lederman, 1922년~)이 그 이름을 처음 쓰게 되었다. 그러나 그 단어는 그저 이름일 뿐이다. 힉스 보손은 놀라운 발견이겠지만, 별명을 남용할 필요는 없다.

비록 지나치게 이론적으로 들리지만, 힉스 보손의 역할을 하는 새로운 입자가 존재해야 한다는 논리는 매우 견고하다. 앞에서 언급한 이론적 정당성에 덧붙여, 질량이 있는 표준 모형 입자들의 이론의 정합성은 힉스 보손을 필요로 한다. 질량이 있는 입자만 배경 이론에 나오고 질량을 설명하는 힉스 메커니즘이 없다고 가정해 보라. 그럴 경우 이 장의 앞부분에서 설명한 대로 고에너지 입자들의 상호 작용에 대한 예측값은 무의미할 것이며, 1보다 큰 확률이 나올 수도 있다. 물론 우리는 그런 예측값은 믿지 않는다. 추가적인 구조가 없는 표준 모형은 불완전해야만 한다. 새로운 입자와 상호 작용을 도입하는 것은 유일한 탈출구이다.

힉스 보손이 있는 이론은 우아하게 고에너지에서의 문제를 피해 간다. 힉스 보손과의 상호 작용은 고에너지에서의 상호 작용에 대한 예측을 그저 바꾸는 것이 아니라 고에너지에서의 잘못된 행동을 정확히 상쇄한다. 물론 이것은 우연이 아니다. 이것은 정확히 힉스 메커니즘이 보증하는 일이다. 우리는 아직 우리가 정확하게 자연에서 힉스 메커니즘이 구현되는 정확한 모습을 예측했는지 확실히는 모른다. 그러나 물리학자들은 약한 상호 작용의 스케일에서 새로운 입자나 입자들이 나타나야 한다고 상당히 확신하고 있다.

이런 생각을 기반으로, 우리는 이론을 올바르게 만드는 것이 무엇이든, 새로운 입자든, 새로운 상호 작용이든 간에, 지나치게 무거울 수도,

너무 높은 에너지에서 일어날 수도 없다는 것을 안다. 새로운 입자가 없다면, 약 1테라전자볼트의 에너지에서 이미 잘못된 예측값이 나타난다. 그래서 힉스 보손이 (혹은 같은 역할을 하는 뭔가가) 존재해야 할 뿐 아니라, LHC에서 발견할 수 있을 만큼 가벼워야 한다. 더 정확하게 말하면 만약 힉스 보손이 800기가전자볼트보다 무겁다면 표준 모형은 고에너지에서의 상호 작용에 대해 불가능한 예측을 내놓게 된다.

실제로 우리는 힉스 보손이 그보다 가벼우리라고 예상한다. 현재의 이론은 상대적으로 가벼운 힉스 보손을 선호한다. 대부분의 이론적 실마리들이 가리키는 힉스 보손의 질량은 1990년대에 LEP 실험에서 얻은 질량 한계인 114기가전자볼트를 살짝 넘는 값이다. 그 값은 LEP 실험이 만들어서 검출할 수 있는 힉스 보손의 가장 높은 질량이었는데, 많은 사람들은 힉스 보손을 발견하기 직전에 있다고 생각했다. 오늘날 대부분의 물리학자들은 힉스 보손의 질량이 이 값에 가까울 것이며, 아마도 140기가전자볼트를 넘지는 않을 것이라고 생각하고 있다.

힉스 보손이 가볍다고 예측하는 가장 강력한 근거는 실험 데이터이다. 단순히 힉스 보손 자체를 탐색한 결과뿐 아니라 표준 모형의 다른 물리량을 측정한 결과들 말이다. 표준 모형의 예측값은 실험 결과와 아주 잘 맞는다. 그래서 아주 작은 양만 벗어나도 이렇게 정밀한 결과에 영향을 끼친다. 힉스 보손은 양자 효과를 통해 표준 모형의 예측값에 기여한다. 만약 힉스 보손이 지나치게 무거우면 이 효과가 너무 커져서 이론적인 예측값과 데이터가 일치하지 않게 된다.

양자 역학은 우리에게 가상 입자가 모든 상호 작용에 기여할 수 있음을 가르쳐 주었다. 가상 입자는 당신이 어떤 상태에서 시작했더라도 아주 짧은 시간 동안 나타났다가 사라지면서 최종적인 상호 작용에 기여한다. 그래서 힉스 보손을 전혀 수반하지 않는 표준 모형적 과정이라고 하더라도, 힉스 보손을 교환하는 과정이 표준 모형의 예측값에는 영향을 미치게 된다. 예를 들면 Z 게이지 보손이 쿼크와 렙톤 쌍으로 붕괴하는 비율이라든가 W와 Z 보손의 질량비 같은 양 말이다. 양자 효과에 따른 전자기-약 작용의 정밀 테스트에서, 가상의 힉스 보손 효과의 크기는 힉스 보손의 질량에 좌우된다. 그리고 예측값은 힉스의 질량이 너무 크지 않을 때만 잘 맞는다는 것이 판명되었다. 가벼운 힉스 보손을 선호하는 두 번째의 (그리고 더 이론적인) 이유는 우리가 간단히 언급할 초대칭성 이론과 관계가 있다. 많은 물리학자들은 자연에 초대칭성이 존재한다고 믿는데, 초대칭성 이론에 따르면 힉스 보손의 질량은 Z 게이지 보손의 질량에 가까워야 한다. 즉 상대적으로 가벼워야 한다.

그래서 힉스 보손이 아주 무겁지 않다는 예측이 주어지면, 왜 모든 표준 모형의 입자들을 발견했는데 힉스 보손만을 아직 보지 못하고 있는가 하는 질문을 던지는 것이 이치에 맞는다. 대답은 힉스 보손의 성질에 있다. 입자가 가볍더라도, 가속기에서 입자가 만들어지지 않거나 검출되지 않으면 우리는 그 입자를 볼 수 없다. 입자의 발견 여부는 입자의 성질에 달려 있다. 결국 전혀 상호 작용하지 않는 입자는 아무리 가볍더라도 결코 볼 수 없다.

힉스 보손과 힉스 장이 서로 다른 존재이기는 하지만 다른 기본 입자들과의 상호 작용은 마찬가지이므로, 우리는 힉스 보손의 상호 작용이 무엇이어야 하는지에 대해 많은 것을 알고 있다. 그래서 우리는 기본 입자의 질량으로부터 힉스 장과 그 입자의 상호 작용에 관해 알아냈다. 힉스 메커니즘이 기본 입자의 질량의 근원이기 때문에, 힉스 장은 가장 무거운 입자와 가장 강하게 상호 작용한다는 것을 알고 있다. 힉스 보손은 힉스 장으로부터 만들어지기 때문에, 우리는 그 상호 작용 역시 알고 있다. 힉스 보손은 힉스 장과 같이 가장 큰 질량을 가지고 있는 표준 모형의 입자와 가장 강하게 상호 작용한다.

힉스 보손이 더 무거운 입자와 더 크게 상호 작용한다는 것은, 만약 무거운 입자를 충돌시켜서 힉스 보손을 만든다면 힉스 보손을 더 쉽게 만들 수 있음을 의미한다. 그러나 아쉽게도 우리는 가속기에서 너무 무거운 입자를 가지고 실험을 할 수는 없다. 그러면 LHC가 힉스 보손을, 혹은 다른 입자를 어떻게 만드는지에 대해 생각해 보자. LHC에서 일어나는 충돌은 가벼운 입자의 충돌이다. 질량이 가볍기 때문에, 힉스 보손과의 상호 작용도 아주 작아서, 만약 힉스 보손의 생성에 수반되는 다른 입자가 없다면 생성 비율이 너무 낮고 어떤 가속기에서도 아무것도 검출할 수 없을 것이다.

다행히 양자 역학은 이것을 대신할 수 있는 방법을 제공한다. 힉스 보손 생성은 입자 충돌기에서 무거운 가상 입자를 통해서 미묘한 방법으로 진행된다. 가벼운 쿼크가 충돌하면, 먼저 무거운 입자가 생기고 그로부터 힉스 보손이 생성된다. 예를 들면 가벼운 쿼크는 충돌해서 가상의 W 입자를 생성할 수 있다. 이 가상 입자는 힉스 보손을 만들어 낼 수 있다. (이 생성 과정에 대해서는 그림 51 첫 번째 그림 참조) W 보손은 양성자 안에 들어 있는 업 쿼크나 다운 쿼크보다 훨씬 무겁기 때문에 힉스 보손과의 상호 작용도 현저하게 크다. 양성자 충돌이 충분히 일어나면, 힉스 보손은 이 방법으로 생성되어야 한다.

힉스 보손이 생성되는 또 다른 방법은 다음 쪽의 두 번째 그림에서 보듯이, 쿼크가 가상의 약한 핵력 게이지 보손 2개를 만들고, 두 게이지 보손이 충돌해서 힉스 보손 하나를 만드는 것이다. 이 경우에 힉스 보손은 게이지 보손이 생성될 때 산란되는 쿼크가 만드는 2개의 제트와 함께 생성된다. 이 과정과 앞서의 과정에서는 모두 힉스 보손 하나와 함께 다른 입자들이 만들어진다. 첫 번째 경우에 힉스 보손은 게이지 보손과 함

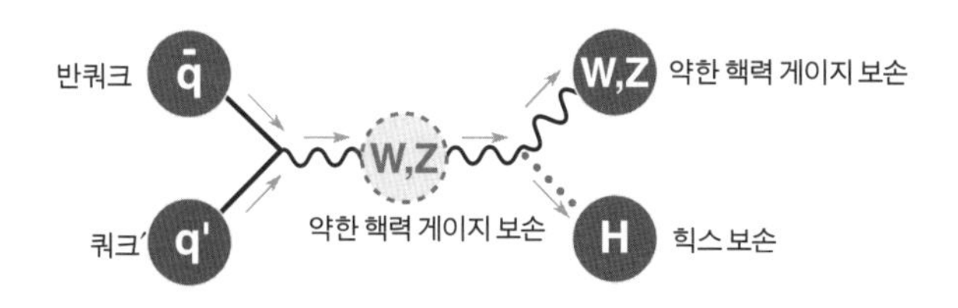

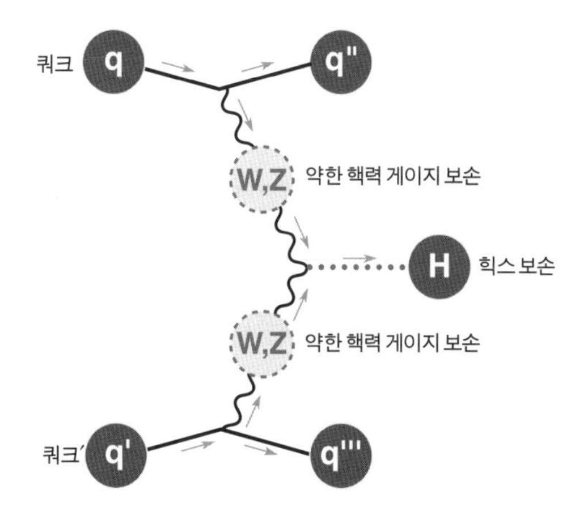

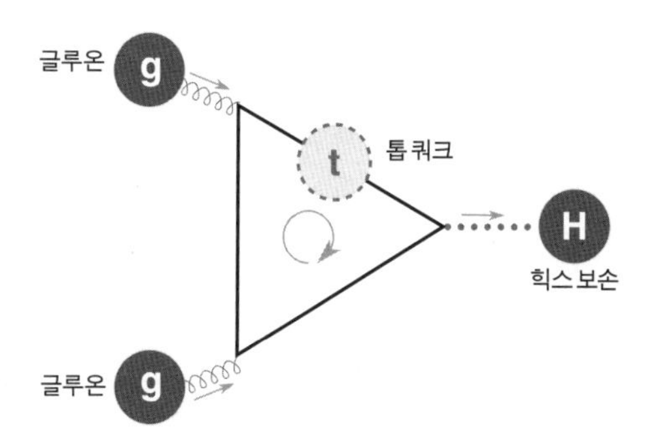

그림 51 세 가지 힉스 생성 모형. 위에서 아래로 순서대로 힉스 복사, W·Z 융합, gg 융합이다.

께 생성된다. 두 번째 경우가 LHC에서는 더 중요한데, 힉스 보손은 제트와 함께 생성된다.

그런데 힉스 보손은 그 자체만으로 생성될 수도 있다. 세 번째 그림처럼 글루온이 충돌해서 톱 쿼크와 그 반입자쌍을 만들고 이들이 다시 쌍소멸해서 힉스 보손 하나를 만드는 것이다. 이때 톱 쿼크와 반톱 쿼크는 오랜 시간 남아 있지 않는 가상 입자인데, 양자 역학에 따르면 톱 쿼크가 힉스 보손과 엄청나게 강하게 상호 작용하기 때문에 이 과정이 매우 자주 일어나게 된다. 앞에서 말한 두 과정과 달리 이 생성 과정은 힉스 보손 말고는 다른 흔적을 남기지 않는다. 이때 생성되는 힉스 보손은 곧 붕괴한다.

그래서 힉스 보손 자체는 반드시 아주 무겁지 않아도 — 다시 말하지만, 힉스 보손의 질량은 약한 핵력 게이지 보손과 비슷하고 톱 쿼크보다는 가벼울 가능성이 높다. — 게이지 보손이나 톱 쿼크와 같이 무거운 입자들과 함께 생성될 가능성이 높다. 그러므로 LHC에서와 같이 높은 에너지에서 이뤄지는 충돌 실험은 힉스 보손을 더 잘 생성한다. 충돌 횟수가 어마어마하게 많으므로 더욱 그렇다.

그러나 생성 비율이 높더라도, 힉스 보손을 보기 위해서는 또 다른 난제가 남아 있다. 힉스 보손이 생성되자마자 곧바로 붕괴하기 때문이다. 다른 모든 무거운 입자들처럼 힉스 보손도 안정된 입자가 아니다. 지금 말하는 붕괴하는 것은 힉스 보손이며, 힉스 장이 아니라는 것을 명심하자. 힉스 보손은 힉스 메커니즘의 부산물이며, 검출 가능한 실험적 결과물일 뿐이다. 다른 입자들처럼 힉스 보손도 가속기 충돌 실험에서 생성될 수 있다. 그리고 다른 불안정한 입자들처럼, 힉스 보손 역시 영원히 남아 있지는 못한다. 붕괴는 본질적으로 순식간에 일어나기 때문에, 힉스 보손을 찾는 유일한 방법은 붕괴해서 만들어진 결과물을 찾는 것이다. 힉스 보손은 자신과 상호 작용하는 입자들로 붕괴한다. 즉 힉스 메커니즘을 통해 질량을 얻으며, 힉스 보손으로부터 생성될 수 있을 만큼 가벼운 입자들로 붕괴한다. 어떤 입자와 그 반입자가 힉스 보손의 붕괴로부터 나올 때, 그 입자들은 에너지 보존 법칙에 따라서 힉스 보손의 질량의 절반보다 가벼워야 한다. 그래서 힉스 보손은 붕괴할 수 있는 입자들 중에서 가장 무거운 입자들로 우선 붕괴한다. 그런데 여기 문제가 하나 있다. 그것은 힉스 보손이 상대적으로 가벼울 경우에는 우리가 확인하기 제일 쉬운 입자로는 아주 드물게 붕괴한다는 것이다.

만약 힉스 보손이 예상과 달리 가볍지 않고, W 보손의 두 배보다 무거운 것으로 밝혀진다면(그러나 톱 쿼크 질량의 두 배보다 작다면), 힉스 보손을 찾는 일은 상대적으로 쉬워진다. 그 정도로 무거운 힉스 보손은 실제로 항상 2개의 W 보손이나 Z 보손으로 붕괴할 것이다. (W 보손으로 붕괴하는 과정에 대해서는 아래 그림 52 참조) 실험가들은 W 보손과 Z 보손을 어떻게 확인하는지 알고 있으므로, 힉스 보손을 발견하는 일이 아주 어렵지는 않을 것이다.

이렇게 힉스 보손이 상대적으로 무거울 경우 일어날 수 있는 붕괴 시나리오 중 앞의 것 다음으로 많이 일어나는 것은 힉스 보손이 보텀 쿼크와 그 반입자로 붕괴되는 것이다. 그러나 보텀 쿼크의 질량이 W 게이지 보손보다 훨씬 작기 때문에 — 그래서 힉스 보손과의 상호 작용 크기도 작기 때문에 — 보텀 쿼크와 그 반입자로 붕괴되는 비율 역시 W 보손으로 붕괴되는 비율보다 훨씬 낮을 것이다. W 보손으로 붕괴될 만큼 무거운 힉스 보손이 보텀 쿼크로 붕괴되는 비율은 1퍼센트도 채 되지 않는다. 더 가벼운 입자로 붕괴하는 일은 보다 적게 일어난다. 그래서 만약

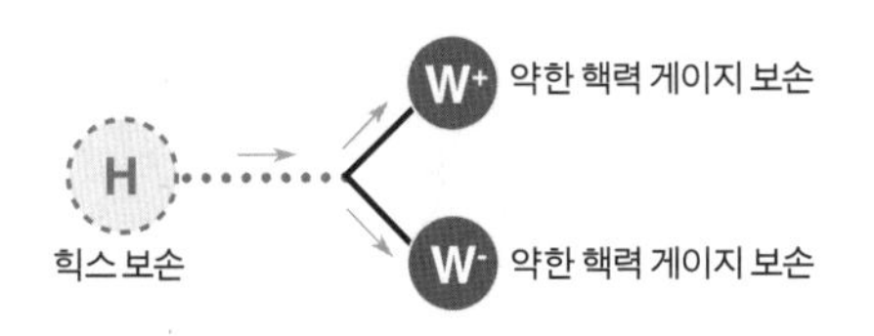

그림 52 무거운 힉스 보손은 W 게이지 보손으로 붕괴될 수 있다.

힉스 보손이 상대적으로 무겁다면, 즉 우리 예상보다 무겁다면, 곧 W 게이지 보손이나 Z 게이지 보손으로 붕괴할 것이다. 그런 붕괴는 상대적으로 보기 쉽다.

그러나 앞에서 말한 바와 같이, 표준 모형에 관한 실험 데이터와 결합된 이론은 힉스 보손이 아주 가볍고, 그래서 W 게이지 보손이나 Z 게이지 보손으로는 붕괴하지 못할 것이라고 말한다. 이 경우 가장 많이 일어나는 붕괴 방법은 보텀 쿼크와 그 반입자 — 반보텀 쿼크(그림 53 참조) — 로 붕괴하는 것인데, 이 붕괴 현상은 관찰하기가 만만치 않다. 한 가지 문제는 양성자와 양성자가 충돌할 때, 강한 상호 작용을 하는 수많은 쿼크와 글루온이 만들어진다는 것이다. 이 입자들은 힉스 보손이 붕괴했다고 가정했을 때 나올 보텀 쿼크와 혼동되기 쉽다. 그중 가장 문제인 것은, LHC에서 수많은 톱 쿼크가 만들어져서 이 톱 쿼크들이 붕괴되어 나오는 보텀 쿼크가 힉스 보손의 신호를 가려 버리는 것이다. 이론가들과 실험가들은 힉스 붕괴에서 나오는 보텀 쿼크-반보텀 쿼크 상태를 이용하는 방법이 있는지 보려고 애쓰고 있다. 그런 이유로 붕괴 비율은 높지만, 보텀 쿼크로 붕괴하는 방법은 아마도 LHC에서 힉스 보손을 발견하는 데 그리 좋은 방법은 아닐 것이다. — 비록 이론가들과 실험가들이 이 과정을 이용하는 방법을 찾아내기는 할 테지만 말이다.

그래서 실험가들은, 나오는 수가 적더라도, 힉스 보손이 붕괴해서 나오는 다른 입자를 찾아야 한다. 가장 좋은 후보는 타우-반타우 쌍이나

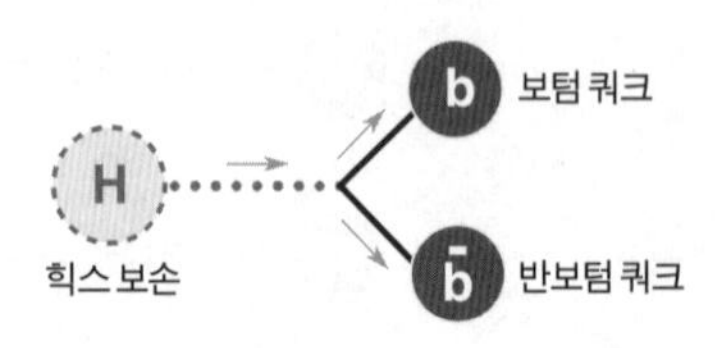

그림 53 가벼운 힉스 보손은 보텀 쿼크로 붕괴한다.

광자쌍이다. 타우 렙톤이 세 종류의 렙톤 중에서 가장 무겁고, 보텀 쿼크를 제외하면 힉스 보손이 붕괴할 수 있는 입자들 중 가장 무거운 입자라는 것을 상기하자. 광자쌍으로 붕괴하는 비율은 훨씬 낮다. 힉스 보손은 오직 가상 입자가 매개하는 양자 효과를 통해서만 광자쌍으로 붕괴한다. 그러나 광자는 검출하기가 상대적으로 쉽다. 비록 이 방법으로 힉스 보손을 발견하기가 간단하지는 않지만, 실험가들은 광자의 특성을 측정할 수 있을 것이며, 일단 충분한 수의 힉스 보손이 붕괴하면 정말로 광자 쌍으로 붕괴하는 힉스 보손을 확인할 수 있을 것이다.

사실, 힉스 보손의 발견이 결정적으로 중요하기 때문에, CMS와 ATLAS 실험 팀은 광자쌍과 타우 렙톤 쌍을 찾을 수 있는 정교하고 주의 깊은 탐색 전략을 수립했고, 두 실험의 검출기는 힉스 보손을 검출할 것을 염두에 두고 만들어졌다. 검출기에 설치된 전자기 열량계(ECAL)는 광자를 정밀하게 측정하도록 설계되었고 뮤온 검출기는 더 무거운 타우 렙톤의 붕괴를 기록하는 것을 돕는다. ATLAS와 CMS가 이 방법으로 힉스 보손의 존재를 확립할 것이다. 일단 충분한 수의 힉스 보손이 검출되면, 우리는 그 성질에 관해 배우게 될 것이다.

생성 과정과 붕괴 과정을 연구하는 일은 모두 힉스 보손을 발견하기 위한 도전이다. 그러나 이론가들과 실험가들, 그리고 LHC 그 자체는 모두 도전에 응해야만 한다. 물리학자들은 수년 내에 힉스 보손의 발견을 축하하고 그 성질에 대해서 더 많은 것을 배우기를 바란다.

힉스 영역

우리는 곧 힉스 보손을 발견하기를 기대한다. 원래 예정된 에너지의 절반으로 가동되는 LHC의 초기 가동 단계 에너지로도 힉스를 만들어

내기에는 충분하므로, 원리적으로 힉스 보손은 LHC 가동 초기 단계에서도 생성될 수 있다. 그러나 힉스 보손은 양성자가 충돌할 때마다 생성되지는 않는다. 힉스 보손을 생성하는 양성자 충돌은 그리 많지 않다. 이것은 힉스 보손이 생기려면 아주 많은 양성자 충돌이 있어야만 한다는 뜻이다. 즉 아주 높은 광도가 필요하다. LHC가 원래 목표로 했던 에너지로 가동하기 위해서 1년 6개월 동안의 휴식에 들어가기 전에, 원래 계획된 충돌 횟수로는 발견하기에 충분한 수의 힉스 보손을 만들기는 어려울 것 같았다. 하지만 휴식 전인 2012년의 가동 계획을 보면 우리는 환상의 힉스 보손에 접근할 수도 있는 것처럼 보인다. 물론 LHC가 최고 출력으로 가동되면 그때의 광도는 충분히 높을 것이고, 힉스 보손을 찾는 일은 LHC의 가장 주요한 목표가 될 것이다.

우리가 정말 힉스 보손이 존재한다고 확신한다면(그리고 그것을 추구하는 게 그토록 어렵다면) 힉스 보손을 직접 찾는 일은 불필요해 보일 수도 있다. 그러나 여러 이유에서 노력할 가치는 충분하다. 아마도 가장 중요한 이유는 지금까지는 이론적인 예측만 있었다는 것이다. 대부분의 사람들은 당연히 관찰을 통해 증명된 과학적 결과만을 믿는다. 힉스 보손은 지금까지 발견된 그 어떤 입자와도 매우 다른 입자이다. 힉스 보손은 우리가 처음 보게 되는 기본 스칼라 보손(scalar boson)일 것이다. 쿼크나 게이지 보손과는 달리, 스핀이 0인 스칼라 입자는 계를 회전시키거나 밀어서 움직여도 변하지 않는다. 지금까지 발견된 스핀이 0인 입자들은 쿼크처럼 스핀이 0이 아닌 입자들이 결합한 복합 입자였다. 힉스 보손이 만들어져서 검출기에 우리가 볼 수 있는 증거를 남기기 전까지, 아무도 힉스 스칼라 보손이 존재하는지를 확실히 알지는 못할 것이다.

두 번째 이런 이유를 들 수 있다. 힉스 보손을 발견하고 그 존재를 확실히 알았다고 하면, 우리는 이제 그 성질을 알고 싶을 것이다. 우리가 알지 못하는 것들 중 가장 중요한 것은 힉스 보손의 질량이다. 그리고 힉스 보손의 붕괴 과정 역시 중요하다. 우리는 이론적인 예측값은 알지만, 데이터가 예측값과 일치하는지 측정하는 것도 필요하다. 그렇게 해야 힉스 장에 대한 우리의 단순한 이론이 옳은지, 아니면 더 복잡한 이론의 일부에 지나지 않는지를 알 수 있을 것이다. 힉스 보손의 성질을 측정함으로써, 우리는 표준 모형의 배후에 무엇이 있는지에 대한 통찰을 얻을 것이다.

예를 들어, 전자기-약 작용의 대칭성을 깨는 원인이 되는 힉스 장이 하나가 아니고 둘이라면, 관측되는 힉스 보손의 상호 작용은 매우 크게 변할 수 있다. 표준 모형의 대안이 되는 모형에서는 힉스 보손이 생성되는 비율이 예상과는 다를 수 있다. 그리고 표준 모형의 힘에 영향을 받는 다른 입자가 존재한다면, 그 입자들은 힉스 보손이 최종적으로 붕괴하는 상태의 상대적인 붕괴 비율에 영향을 줄 수 있다.

따라서 힉스 보손을 연구해야 하는 세 번째 이유가 드러난다. 우리는 무엇이 진정으로 힉스 메커니즘을 수행하는지 모른다. 지금까지 이 장에서 초점을 맞춰 온 가장 단순한 모형은 실험적으로 하나의 힉스 보손만 나올 것이라고 예측한다. 그러나 우리가 힉스 메커니즘이 기본 입자 질량의 근원이라고 믿지만, 우리는 아직도 힉스 메커니즘을 구현하는 데 수반되는 입자들이 정확히 무엇인지 확실하게는 모른다. 그래도 대부분의 사람들은 우리가 가벼운 힉스 보손을 발견할 가능성이 높다고 생각한다. 만약 그렇게 된다면, 중요한 아이디어가 결정적으로 확인되는 셈이다.

하지만 대안적인 모형에는 더 복잡한 힉스 영역이 있을 수 있고, 더 풍부한 예측이 가능해질 수 있다. 예를 들면, 초대칭성 모형은 힉스 영역에 더 많은 입자가 있으리라고 예견한다. 우리는 여전히 힉스 보손을 발견하겠지만, 힉스 메커니즘의 상호 작용은 힉스 보손이 하나만 있는 모형과는 다를 것이다. 만약 그 입자들이 충분히 가벼워서 우리가 사용하는 충돌기에서 생성될 수 있다면, 우리는 다른 힉스 영역이 존재한다는 명명백백한 증거들, 즉 힉스 영역의 다른 입자들이 남긴 재미있는 흔적을 볼 수 있을 것이다.

어떤 모형은 심지어 기본 스칼라 보손인 힉스 보손이 존재하지 않고, 힉스 메커니즘은 기본 입자가 아니라, 초전도 물질에서 쌍을 이룬 전자가 광자에 질량을 주는 것과 같이, 더 근본적인 입자의 속박 상태인 복합 입자를 통해 작동한다고 제안하기도 한다. 그렇다면 더 근본적인 입자들의 속박 상태인 힉스 입자는 놀랍도록 무거워야 하며, 기본 입자인 힉스 보손과는 구별되는 다른 상호 작용의 특성을 가질 것이다. 이런 모형은 모든 실험적 관측 결과와 부합하기가 어려워서 현재는 인기가 없다. 그렇지만 LHC의 실험가들은 이것을 확인하기 위해 탐색을 계속할 것이다.

입자 물리학에서 계층성 문제

힉스 보손은 LHC가 발견할 수 있는 것들 중 빙산의 일각에 불과하다. 힉스 보손의 발견이 아무리 흥미로운 일이라도, 힉스 보손만이 LHC 실험이 탐색하는 유일한 목표가 아니다. 아마도 약한 상호 작용의 스케일을 연구하는 주된 이유는 아무도 힉스 보손이 우리가 찾아야 할 남은 것의 전부라고 생각하지 않기 때문일 것이다. 물리학자들은 힉스 보손이 우리에게 물질의 본성과, 아마도 우주 그 자체에 대해 더 많은 것을 가르쳐 줄 더 풍부한 모형의 하나의 구성 요소에 불과하다고 기대한다.

이것은 힉스 보손이 있고 그 외에 아무것도 없다면 소위 **계층성 문제**

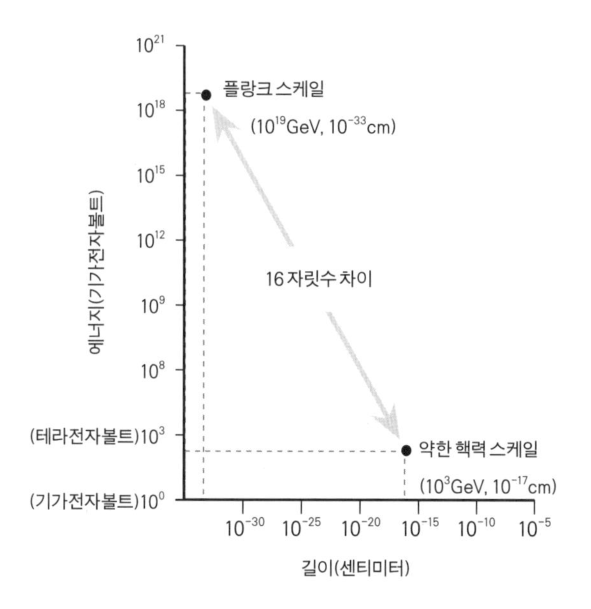

그림 54 입자 물리학의 계층성 문제. 약한 핵력의 에너지 스케일은 중력과 관계 있는 플랑크 스케일보다 16자릿수만큼 작다. 플랑크 길이 스케일은 LHC에서 탐색하는 영역보다 그만큼 작은 것이다.

라는 또 다른 거대한 수수께끼를 가져오기 때문이다. 계층성 문제는 왜 입자들의 질량이, 특히 힉스 보손의 질량이 그 값이냐를 묻는 질문과 관계가 있다. 기본 입자들의 질량을 결정하는 약한 상호 작용의 질량 스케일은 또 다른 어떤 질량 스케일의 1경분의 1에 불과하다. 그 질량의 스케일은 중력의 크기를 결정하는 플랑크 질량이다. (그림 54 참조)

약한 상호 작용의 질량에 비해 플랑크 질량이 엄청나게 크다는 것은 중력이 극히 약하다는 사실에 대응하는 결과이다. 중력 상호 작용은 플랑크 질량의 역수와 관계 있기 때문이다. 플랑크 질량이 우리가 아는 것처럼 크다면 중력은 아주 약해야만 한다.

근본적으로 명백한 사실은 알려진 힘 중에서 중력이 단연 가장 약한 힘이라는 것이다. 중력이 약하지 않다고 생각할 수 있는데, 그것은 지구 전체의 질량이 당신을 잡아당기고 있기 때문이다. 대신 2개의 전자 사이의 중력을 생각해 보면, 전자기력은 중력보다 1 뒤에 0이 43개 붙을 만큼 강하다는 것을 알게 된다. 즉 전자기력이 1조 배의 1조 배의 1조 배의 1000만 배 큰 것이다. 기본 입자에 작용하는 중력은 완전히 무시해도 될 정도로 약하다. 이런 의미에서 계층성 문제란 다음과 같이 요약할 수 있다. **왜 중력은 다른 기본 힘들에 비해 그렇게 약할까?**

입자 물리학자들은 약한 상호 작용의 질량에 대한 플랑크 질량의 크기처럼, 설명할 수 없는 큰 수를 좋아하지 않는다. 하지만 수가 이상하게 크다는 데 대한 미학적인 거부감보다 문제는 훨씬 더 심각하다. 양자 역학과 특수 상대성 이론을 통합한 양자장 이론에 따르면 어떤 모순도 없어야 한다. 계층성 문제가 중대하다는 것은, 적어도 이론가에게는, 이런 관점에서 가장 잘 이해된다. 양자장 이론은 약한 상호 작용의 질량과 플랑크 질량은 거의 같아야 한다고 지적한다.

양자장 이론에서 플랑크 질량은 단지 그것이 중력이 강해지는 스케일이라서 중요한 게 아니다. 플랑크 질량에서는 중력과 양자 역학이 핵심적인데, 우리가 아는 물리 법칙은 그 스케일에서 깨져야 한다. 저에너지에서, 우리는 양자장 이론을 가지고 어떻게 입자 물리학 계산을 하는지를 안다. 그 계산을 기반으로 많은 성공적인 예측을 했고, 그래서 물리학자들은 양자장 이론이 옳다고 확신하고 있다. 사실 모든 과학을 통틀어 가장 정밀하게 측정된 숫자는 양자장 이론에 근거한 계산과 일치한다. 이렇게 일치하는 것이 우연일 수는 없다.

그러나 우리가 비슷한 원리를 적용해서 가상 입자에 의한 힉스 보손의 질량에 대한 양자 역학적 기여를 계산하면 터무니없는 값이 나온다. 이론에 나오는 어떤 입자의 가상적 효과도 힉스 보손의 질량을 플랑크 질량만큼 크게 만드는 것으로 보인다. 중간 단계의 입자는 대통일 이론 스케일의 질량만큼 엄청나게 무거울 수도 있고(그림 55 왼쪽 그림 참조) 톱 쿼크처럼 표준 모형에 나오는 보통 입자일 수도 있다. (그림 55 오른쪽 그림 참조) 어느 쪽도, 가상 입자의 양자 역학적 보정은 힉스 보손의 질량을 너무나 크게 만든다. 문제는 주고받는 가상 입자에게 허용된 에너지가 플랑크 에너지만큼 크다는 것이다. 그렇다면 힉스 보손의 질량에 기여하는 효과 역시 그만큼 클 수 있다. 이 경우, 약한 상호 작용에 따른 대칭성이 자발적으로 깨지는 스케일 또한 플랑크 에너지가 될 것이고, 이것은 1 뒤에 0이 16개 붙을 만큼 — 1경 배쯤 — 너무 높다.

계층성 문제는 힉스 보손이 하나만 있는 표준 모형에서 결정적으로 중대한 문제이다. 기술적으로, 빠져나갈 구멍이 없는 것은 아니다. 가상 입자가 없을 때 힉스 보손의 질량은 엄청나게 클 수 있고, 그래서 우리가 필요한 만큼의 정밀도를 가지고 가상 입자의 효과를 상쇄시킬 수 있다. 문제는, 이것이 원리적으로는 가능하지만, 그러기 위해서는 16개의 자릿수가 상쇄되어야 한다. 이것은 거의 엄청난 우연의 일치이다.

어떤 물리학자도 이런 엉터리 같은 이야기를, 혹은 입자 물리학자들이 부르는 이름으로, '미세 조정'을 믿지 않는다. 질량 사이에 이렇게 모순처럼 보이는 일이 있다는 것이 알려짐에 따라, 우리 이론 물리학자들

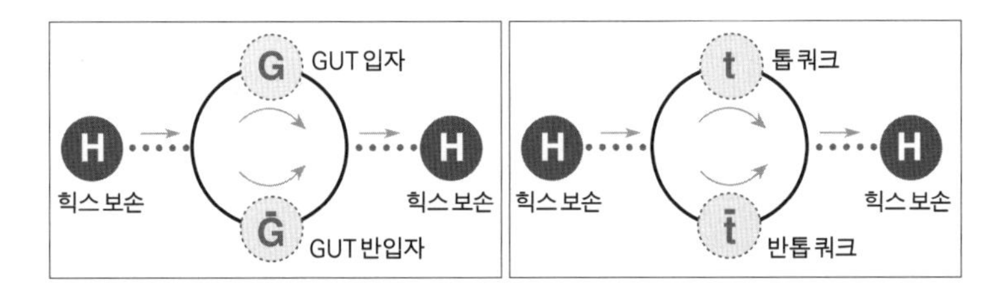

그림 55 무거운 입자(예를 들면 대통일 이론(GUT)의 입자)와 그 반입자가 주는 힉스 보손의 질량에 대한 양자 역학적 효과(왼쪽). 톱 쿼크와 반톱 쿼크가 힉스 보손의 질량에 주는 양자 역학적 효과(오른쪽).

모두는 우리가 알고 있는 이론의 배후에 뭔가 더 크고 좋은 것이 있으며, 계층성 문제는 그것을 알려주는 신호라고 생각하게 되었다. 단순한 모형으로는 이 문제를 완전히 해결하지 못하는 것 같다. 유일하게 희망적인 해답은 어떤 놀라운 특징을 갖도록 표준 모형을 확장하는 일이다. 힉스 메커니즘을 수행하는 것이 무엇이냐는 문제와 함께, 계층성 문제의 해결 역시 LHC에서 탐색할 주요 목표이다. 그리고 다음 17장의 주제이기도 하다.

17장

표준 모형의 후계자들

2010년 1월, 입자 물리학자들이 LHC 시대의 입자 물리학과 암흑 물질 탐색에 대해 논의하기 위해 캘리포니아 남부에서 열린 컨퍼런스에 모였다. CMS 실험에 참여하고 있고 캘리포니아 공과 대학 물리학과 교수이며 이 컨퍼런스의 주최자인 마리아 스파이로풀루(Maria Spiropulu)가 내게 기조 강연을 부탁했다. LHC 실험이 다룰 주요 연구 주제들과 가까운 미래 물리학의 목표에 대해서 개괄해 달라는 것이었다.

마리아는 학회가 활기차게 진행되기를 바랐기 때문에, 오프닝 강연을 하는 세 연사들의 "결투"로 학회를 시작하자고 제안했다. 오프닝 강연자가 세 사람인데 '결투(duel)'라는 단어를 쓴 것도 문제였지만 초대된 청중들 자체는 더 큰 문제였다. (결투(duel)는 '두 사람 사이의 싸움'이라는 어원을 가지고 있다. — 옮긴이) 이 분야의 전문가들에서 이 문제에 관심을 가진 캘리포니아의 첨단 기술 업계의 참관인들까지 청중들의 범위가 넓었기 때문이다. 마리아는 내게 현재의 이론과 실험에서 미묘하고 흔히 간과되는 측면을 깊이 있게 해설해 달라고 했다. 그러나 물리학 전문가는 아니지만 첨단 기술에 대한 조예가 깊은 어플라이드 마인즈(Applied Minds) 사의 창업자인 윌리엄 대니얼 '대니' 힐리스(William Daniel 'Danny' Hillis, 1956년~)는 비전문가도 따라갈 수 있도록 가능한 한 기본적인 것부터 설명해 달라고 부탁했다.

나는 그런 모순되고 만족시키기 불가능한 요청을 접했을 때 합리적인 사람이라면 당연히 할 법한 일을 했다. 바로 미뤄 버리는 것이었다. 나는 웹에서 찾은 것으로 첫 번째 슬라이드를 만들었는데, (그림 56 참조) 결국 이것은 이 주제에 관한 데니스 오버바이(Dennis Overbye, 1944년~)의 《뉴욕 타임스》 기사가 되었다. 오타까지 전부.

나의 발표 슬라이드는 다음 강연자들과 내가 다룰 주제들을 모아 놓은 것이었다. 나는 결투하는 고양이들이 한 마리 한 마리 등장할 때마다 유머러스한 음향 효과를 집어넣었는데(이 책에서는 소리를 들려줄 수 없어 아쉬울 뿐이다.) 그것은 각 모형과 관련된 열정과 불확실성을 반영하는 것이었다. 컨퍼런스에 참석한 모두가, 자신이 연구하는 아이디어를 얼마나 크게 확신하고 있든지 상관없이, 데이터가 곧 나오리라는 것을 알고 있었다. 그리고 데이터야말로 마지막에 웃는 자가(혹은 노벨상 수상자가) 누구인지를 판정하는 최종 심판자가 될 것이다.

LHC는 새로운 이해와 새로운 지식을 얻을 수 있는 유일한 기회이다. 입자 물리학자들은 그동안 궁리해 온 심오한 질문들에 대한 답을 곧 알게 되리라 기대하고 있다. 왜 입자는 지금 가지고 있는 그 질량을 가지는 것일까? 암흑 물질은 무엇으로 이루어져 있을까? 여분 차원은 계층성

그림 56 내가 컨퍼런스 발표 시 사용한 슬라이드. 후보 모형들을 보여 주고 있다.

문제를 해결할 수 있을까? 시공간에 또 다른 대칭성이 있는 것은 아닐까? 혹은 전혀 보지 못했던 어떤 것이 작동하고 있는 것일까?

그동안 제안되었던 해답들 중에는 초대칭성, 테크니컬러, 그리고 여분 차원과 같은 이름의 모형들이 있다. 실제 해답은 우리가 예상했던 것과 완전히 다른 것으로 판명될 수도 있다. 그러나 모형은 무엇을 찾아야 할지에 대한 구체적인 표적을 제시해 준다. 이 장에서는 계층성 문제를 해결할 후보로 거론되는 몇 가지 모형을 소개하고, LHC가 탐구할 내용이 어떤 것인지 살짝 살펴보려고 한다. 여기에서 소개하는 모형 및 다른 모형을 탐색하는 일은 함께 이루어지게 되는데, 자연에 대한 진정한 이론이 무엇이라고 판명되든 간에, 그 탐색 과정은 우리에게 가치 있는 통찰을 줄 것이다.

초대칭성

초대칭성이라는 이름의 별난 대칭성과 이 대칭성을 포함하고 있는 모형부터 이야기를 시작해 보자. 만약 이론 입자 물리학자들을 대상으로 설문 조사를 해 본다면 상당수의 물리학자들이 초대칭성이 언젠가 계층성 문제를 해결할 것이라고 답할 것이다. 그리고 실험가들에게 무엇을 찾고 싶으냐고 묻는다면, 역시 상당수가 초대칭성을 꼽을 것이다.

1970년대 이래, 많은 물리학자들이 초대칭성 이론이 실제로 존재하는지에 관해 고찰해 왔다. 많은 이들이 이 이론이 너무도 아름답고 놀랍기 때문에 자연에 존재해야만 한다고 믿는다. 나아가서 초대칭 모형에서는 모든 힘이 높은 에너지에서 같은 세기가 된다는 것도 계산해 냈다. 표준 모형에서도 힘들의 세기는 상당 수준 수렴하는데, 초대칭 모형에서는 이것을 한층 더 개량한 것이다. 힘을 통일하는 것이 가능함을 보여준 것이다. 또한 많은 이론 물리학자들은, 초대칭 모형의 세부 사항을 모두 다 우리가 알고 있는 것과 일치시키기가 어렵기는 하지만, 초대칭성이 계층성 문제의 가장 강력한 해답이라고 생각한다. 초대칭 모형은 전

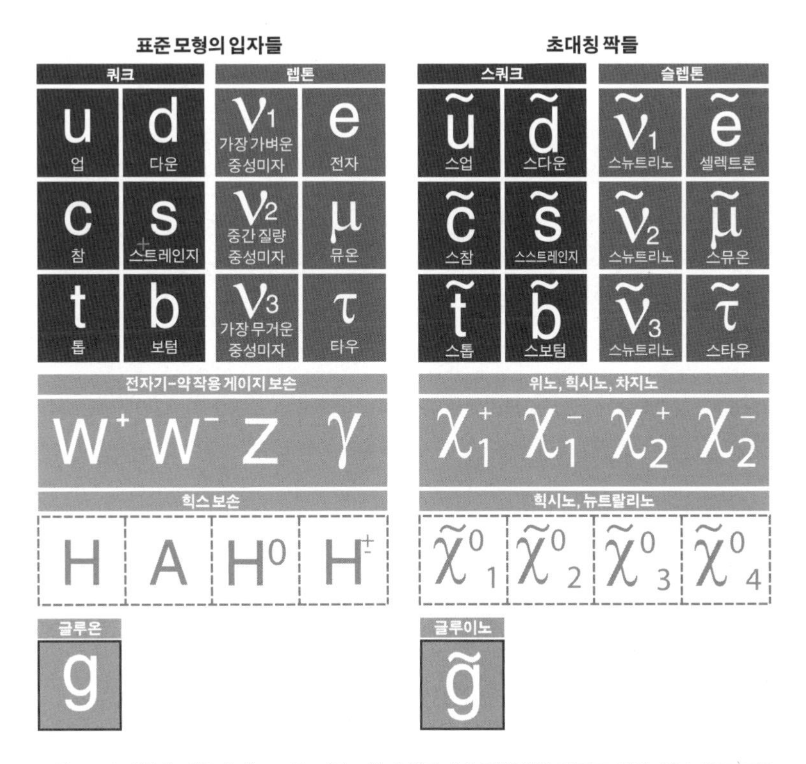

그림 57 초대칭성 이론에서는 모든 표준 모형의 입자가 초대칭 짝을 가지고 있다. 힉스 쪽도 표준 모형 이상으로 확장되어야 한다.

자나 쿼크 같은 표준 모형의 모든 기본 입자들이, 상호 작용은 같지만 양자 역학적 성질은 다른 입자를 초대칭 짝으로 가진다고 가정한다. 만약 세상이 초대칭적이라면, 우리가 알지 못하는 입자, 즉 우리가 알고 있는 입자의 초대칭 짝(superpartner) 입자가 존재해서, 곧 발견될 것이다. (그림 57 참조)

분명 초대칭 모형은 계층성 문제를 해결할 수도 있다. 만약 초대칭성이 존재한다면 이 문제가 아주 멋진 방법으로 해결된다. 엄밀한 초대칭 모형에서는 입자와 그 초대칭 짝이 가상 입자로서 작용하는 양자 역학

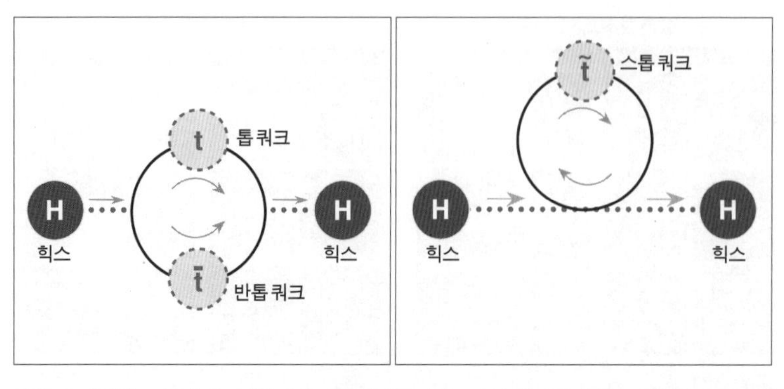

그림 58 초대칭 모형에서는 가상의 초대칭 입자들이 힉스 보손의 질량에 주는 영향이 표준 모형의 입자들이 주는 영향을 정확하게 상쇄시킨다. 예를 들어 위의 두 그림이 주는 영향을 합치면 0이 된다.

적 효과가 정확히 상쇄되기 때문이다. 즉 초대칭 모형에서 모든 입자의 양자 역학적 효과를 다 더해서 그것이 힉스 보손의 질량에 미치는 효과를 계산해 보면, 0이 된다. 초대칭 모형에서 힉스 보손은 양자 역학적인 가상 입자의 효과가 존재하더라도 질량이 없거나 가벼울 것이다. 그리고 진정한 초대칭성 이론에서는 입자와 그 초대칭 짝이 만드는 양자 역학적 효과의 합은 정확히 상쇄된다. (그림 58 참조)

이것이 아마도 기적처럼 보이겠지만, 틀림없이 일어난다. 초대칭성이 매우 특별한 형태의 대칭성이기 때문이다. 초대칭성은 우리에게 익숙한 회전 대칭성이나 병진 대칭성처럼 시간과 공간에 대한 대칭성이다. 그런데 초대칭성은 시공간을 양자 영역에까지 확장한 것이다.

양자 역학에서 물질은 보손과 페르미온이라는 두 가지 아주 다른 범주로 분류된다. 페르미온은 **스핀(spin)**이 반정수(half-integer)인 입자이다. 스핀은 입자가 제자리에서 도는 것 같은 작용을 얼마나 하는지 말해 주는 양자수(quantum number)이다. (양자수란 양자 역학적인 상태를 정해 주는 숫자이다. — 옮긴이) 반정수란 1/2, 3/2, 5/2, …처럼 정수에 1/2을 더한 숫자를 의미한다. 표준 모형 입자인 쿼크와 렙톤이 페르미온의 실례로서, 1/2의 스핀을 가진다. 보손은 힘을 전달하는 게이지 보손이나, 아직 힉스 보손과 같이 0, 1, 2, … 등의 정수 스핀을 가지는 입자이다.

페르미온과 보손의 차이는 스핀만 있는 것이 아니다. 페르미온과 보손은 같은 형태의 입자가 둘 이상 있을 때에 매우 다르게 행동한다. 예를 들어 같은 성질을 가진 똑같은 페르미온은 절대로 같은 장소에 있을 수 없다. 이것이 오스트리아 물리학자인 볼프강 파울리의 이름을 딴 **파울리 배타 원리**(Pauli exclusion principle)이다. 페르미온의 이러한 성질은 주기율표의 구조를 설명해 주는데, 만약 어떤 양자수에 따라 구분되어 있지 않으면, 전자는 원자핵 주위를 서로 다른 궤도로 돌아야 하기 때문이다. 이것은 또한 내 의자가 지구 중심으로 떨어져 버리지 않는 이유이기도 하다. 내 의자의 페르미온들이 지구를 이루는 물질과 같은 장소에 있을 수 없기 때문이다.

반면 보손은 정확히 반대로 행동한다. 사실 보손은 같은 장소에서 발견되는 일이 더 많다. 보손은 서로 닮은 악어들처럼 겹쳐서 쌓을 수 있는데, 그로 인해서 같은 양자 역학적 상태에 많은 입자가 모여 있는 보스 응축과 같은 현상이 일어날 수 있는 것이다. 레이저 역시 보손인 광자가 서로 잘 모이는 성질을 이용한 것이다. 똑같은 광자들이 한꺼번에 발사되는 데서 레이저의 강력한 빔이 만들어진다.

놀랍게도 초대칭 모형에서는 우리가 아주 다른 것으로 간주하는 보손과 페르미온이 서로 바뀔 수 있다. 입자가 바뀌고 난 다음에도 이론은 원래 이론과 똑같다. 각 입자는, 양자 역학적으로 정반대지만(즉 보손과 페르미온의 관계이지만 — 옮긴이) 질량과 전하는 정확히 똑같은 짝 입자를 가진다. 새로운 입자의 명명법은 좀 웃긴데 내가 대중들을 상대로 이 주제에 대해 이야기할 때면 킥킥거리는 웃음이 나오지 않을 때가 없다. 예를 들어 페르미온인 전자(electron)는 보손인 **스전자(selectron, 셀렉트론)**와 짝을 이룬다. 보손인 광자(photon)는 페르미온인 **포티노(photino)**와, W 입자는 **위노(Wino)**와 짝을 이룬다. 새로운 입자는 짝을 이루는 표준 모형 입자와 관련된 상호 작용을 한다. 그러나 그들의 양자 역학적 성질은 정반대이다.

초대칭성 이론에서 각 보손의 성질은 초대칭 짝인 페르미온의 성질과 관계되어 있고, 각 페르미온은 초대칭 짝인 보손과 관련된 성질을 지닌다. 각 입자에 초대칭 짝이 있고 상호 작용이 정밀하게 맞춰져 있기 때문에 이 이론에서 페르미온과 보손을 바꾸는 기기묘묘한 대칭성이 나타나는 것이다.

힉스 보손의 질량에 대한 가상 입자의 효과가 신기하게도 상쇄되는 것을 이해하는 한 가지 방법은, 초대칭성이 보손을 초대칭 짝인 페르미온과 관계 짓는다는 것을 상기하는 것이다. 특히 초대칭성은 힉스 보손을 힉스 페르미온인 **힉시노(Higgsino)**와 짝짓는다. 양자 역학적 효과는 보손들의 질량에는 근본적인 영향을 주지만, 페르미온의 질량은 양자 역학적인 보정을 하고 나서도, 양자 역학적 효과를 고려하지 않은 상태의 질량인 **고전적인 질량**보다 많이 커지지는 않는다.

이 논리는 아주 교묘한데, 페르미온의 질량 보정이 크게 이루어지지 않는 것은 좌회전성 입자와 우회전성 입자 모두가 페르미온의 질량에 관여하기 때문이다. 질량 항은 두 방향의 앞뒤를 서로 바꾼다. 만약 고전적인 질량 항이 없고 두 방향의 입자가 양자 역학적인 효과 없이는 서로 바뀔 수 없다면, 양자 역학적 효과를 고려해도 두 입자는 서로 바뀔 수 없다. 만약 페르미온이 처음에 질량이 없었다면(즉 고전적인 질량이 없었다면), 양자 역학적 효과를 집어넣은 후에도 여전히 질량은 0이다.

이런 성질은 보손에는 적용되지 않는다. 예를 들면 힉스 보손은 스핀이 0이다. 그래서 힉스 보손이 우회전성 입자냐 좌회전성 입자냐 하는 것은 아무런 의미도 없다. 그러나 초대칭성에 따르면 보손의 질량과 페르미온의 질량은 같다. 그래서 만약 힉시노의 질량이 0이라면(혹은 아주 작다면), 양자 역학적인 효과를 모두 고려하더라도 그 초대칭 짝인 힉스 보손의 질량도 그래야 한다.

우리는 아직 계층의 안정성과 힉스 질량에 대한 커다란 양자 역학적 보정 효과가 상쇄된다는 사실을 이렇게 우아하게 설명하는 모형이 옳은지 알지 못한다. 그러나 초대칭성이 계층성 문제를 정말로 해결하는 모형이라면, LHC에서 무엇이 발견되어야 하는지 우리는 대체로 잘 알고 있다. 모든 입자가 초대칭 짝을 가지므로, 초대칭 모형에 따르면 발견되지 않은 새로운 입자가 어떤 것인지 알 수 있기 때문이다. 게다가 새로운 초대칭 입자의 질량이 어느 정도일지도 추산할 수 있다.

물론, 자연에서 초대칭성이 정확하게 보존된다면, 모든 초대칭 짝들의 질량을 정확하게 알 수 있다. 짝을 이루는 표준 모형 입자들의 질량과 완전히 똑같을 것이기 때문이다. 그러나 초대칭 짝은 어느 하나도 발견되지 않았다. 이것은 초대칭성이 자연에 작용한다고 하더라도, 원래 형태 그대로 정확하게 존재하는 것은 아니라는 말이다. 만약 초대칭성이 존재한다면 스전자나 스쿼크(squark)나 그 밖의 초대칭성 이론이 예측하는 다른 초대칭 입자를 이미 발견했어야 한다.

그래서 **초대칭성은 깨어져 있어야만 한다.** 이 말은 초대칭성 이론에서 예측하는 관계들이 근사적으로는 맞지만 정확하지는 않다는 뜻이다. 깨진 초대칭성 이론에서는 모든 입자가 여전히 초대칭 짝을 갖지만, 이 초대칭 짝은 짝을 이루는 표준 모형의 입자와 다른 질량을 가질 것이다.

그러나 만약 초대칭이 아주 심하게 깨져 있다면, 세계는 초대칭성이 자연에 존재하지 않는 것처럼 보일 것이므로, 계층성 문제 해결에 전혀 도움이 되지 못할 것이다. 초대칭성은, 우리가 아직 초대칭성의 증거를 발견하지는 못하도록, 그러나 힉스 입자의 질량은 커다란 양자 역학적 보정 효과에 따라 너무 커지지 않도록 하는 방법으로만 깨져야 한다.

그러려면 초대칭 입자의 질량은 약한 핵력 스케일의 값을 가져야 한다. 그것보다 가벼우면 이미 다른 실험에서 초대칭 입자가 관측되었을 것이고, 그것보다 무거우면 힉스 입자의 질량이 너무 커지게 된다. 힉스 입자의 질량은 대략적으로만 알고 있으므로 초대칭 입자의 질량도 정확히는 알 수 없다. 그러나 초대칭 입자의 질량이 너무 크다면 계층성 문제는 여전히 남아 있게 될 것이다.

따라서 초대칭성이 자연에 존재하고 계층성 문제를 해결해 준다면, 수백 기가전자볼트에서 수 테라전자볼트까지의 질량을 가진 많은 수의 새로운 입자가 존재해야만 한다. 이 영역이 바로 정확히 LHC가 탐색하도록 설정된 질량 범위이다. LHC는 에너지가 14테라전자볼트에 이르기 때문에 쿼크와 글루온이 충돌해 새로운 입자가 생성될 때 양성자가 가진 전체 에너지 중 일부만 입자 생성에 쓰인다고 해도 초대칭 입자가 충분히 만들어질 수 있다.

LHC에서 생성되기 가장 쉬운 입자는 강한 핵력을 느끼는 초대칭 입자들일 것이다. 이 입자들은 양성자가 충돌할 때(정확히 말해서 양성자 안의 쿼크와 글루온이 충돌할 때) 엄청나게 많이 만들어진다. 충돌이 일어날 때, 강한 핵력을 통해 상호 작용하는 새로운 초대칭 입자들이 제일 쉽게 만들어질 수 있기 때문이다. 그러면 그 입자들은 검출기에 특징이 뚜렷해서 구별하기 쉬운 증거를 남길 것이다.

입자들이 실험에 남긴 증거의 파편이라고 할 **신호**들은 입자가 만들어진 후 무슨 일이 일어났는지에 따라 정해진다. 대부분의 초대칭 입자들은 붕괴할 것이다. 그리고 일반적으로 더 가벼운 입자들(표준 모형의 입자와 같은 입자들이다.)만 남아 있을 것이다. 그리고 그 입자들의 전하량을 합하면 원래 초대칭 입자의 전하량과 같을 것이다. 만약 정말로 그렇다고 한다면 그런 무거운 초대칭 입자는 원래의 전하량을 보존하는 방식으로 더 가벼운 표준 모형 입자로 붕괴할 것이다. 그러면 실험은 표준 모형 입자를 검출하는 일이 될 것이다.

이것만으로는 아마 초대칭성을 확인하기에 충분하지 않을 것이다. 그러나 거의 모든 초대칭 모형에서 초대칭 입자는 표준 모형 입자만으로 붕괴하지 않을 것이다. 붕괴가 끝난 후 또 다른(더 가벼운) 초대칭 입자가 남아 있을 것이다. 이것은 초대칭 입자가 반드시 쌍으로 생성되기(혹은 소멸하기) 때문이다. 그러므로 초대칭 입자가 붕괴하고 난 뒤에도 최종적으로는 초대칭 입자 하나가 남아 있어야 한다. 초대칭 입자가 완전히 사라지는 경우는 있을 수 없기 때문이다. 결과적으로 가장 가벼운 초대칭 입자는 안정된 상태여야 한다. 더 이상 붕괴할 것이 없는 이 가장 가벼운 입자를 물리학자들은 **가장 가벼운 초대칭 입자**(Lightest Supersymmetric Particle)라고, 간단히 **LSP**라고 부른다.

붕괴가 완전히 끝난 뒤에도 전기적으로 중성인 초대칭 입자 중에 가장 가벼운 입자가 남는다는 것은 실험가에게 있어서는 중요한 특징이다. 실험적으로 확인하는 데 유리한 점이 있기 때문에, 초대칭 입자는 분명히 구별된다. 우주론 연구에서 얻은 제한 조건에 따르면 LSP는 전하를 가지지 않는다. 따라서 LSP는 검출기의 어떤 부분과도 상호 작용을 하지 않는다. 이것은 초대칭 입자가 생성되고 붕괴될 때에는 언제나, 운동량과 에너지가 사라지는 것처럼 보이는 일이 일어난다는 뜻이다. LSP는 검출기에서 사라지면서 운동량과 에너지를 가지고 가고 우리의 검출기는 그것을 기록하지 못하게 된다. 결국 이 에너지 소실은 우리가 모르는 입자가 생성되었다가 소멸했다는 '신호'가 된다. 에너지 소실이라는 신호를 초대칭 입자만 남기는 것은 아니지만, 우리는 이미 초대칭 모형의 스펙트럼에 대해서 많이 알고 있으므로, 무엇을 보아야 하고 무엇을 볼 수 없는지를 다 알고 있다.

예를 들어, 쿼크의 초대칭 짝인 스쿼크가 만들어졌다고 가정하자. 스쿼크가 붕괴해서 어떤 입자가 될 것인지는 어떤 입자가 더 가벼운지에 달려 있다. 한 가지 가능한 붕괴 방법은 스쿼크가 쿼크와 LSP로 붕괴하는 것이다. (그림 59 참조) 붕괴는 생성 즉시 일어날 수 있기 때문에 검출기는 붕괴 생성물만을 기록한다. 스쿼크가 그렇게 붕괴한다면 검출기는 쿼크가 지나간 것을 궤적 검출기와 강한 상호 작용을 하는 입자가 남긴 에너지를 측정하는 하드론 열량계에 기록할 것이다. 그리고 실험에서 에너지와 운동량이 사라졌음도 기록할 것이다. 실험가들은 중성미자가 생성될 때와 같은 방식으로 운동량이 없어졌음을 확인할 수 있을 것이다. 빔에 대해 수직 방향의 운동량을 측정해서 모두 더했더니 0이 아니더라는 것을 발견할 것이다. 여기에서 실험가들이 대면할 가장 큰 난제 중 하나는 사라진 운동량에서 얼마만큼이 초대칭 입자 붕괴와 관련 있는지 애매함이 없이 특정하는 일이다. 결국 검출되지 않았다고 해서 사라진 것이라고 단정할 수 없지만 일단 사라진 것처럼 보이기 때문이다. 어떤 문제가 있었거나 측정 오류가 생기거나 해서 작은 양의 에너지라도 검출되지 않았는데, 그것을 가지고 특별한 것이 생성되지 않았는데도 운동량이 사라졌다고 초대칭 입자가 나타난 신호라고 오해할 수도 있는 것

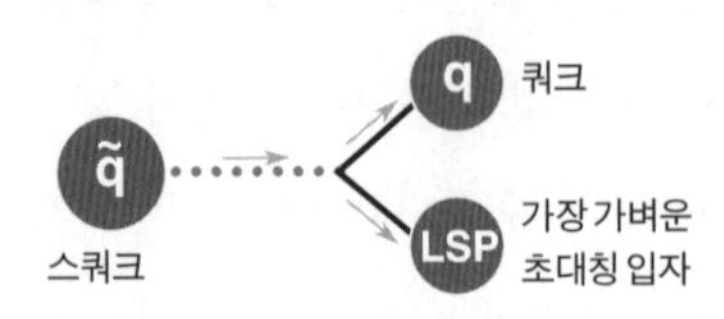

그림 59 스쿼크는 쿼크와 LSP(가장 가벼운 초대칭 입자)로 붕괴할 수 있다.

이다.

사실 스쿼크는 그 자체만으로 생겨날 수는 없고, 또 다른 강하게 상호 작용하는 물체(다른 스쿼크나 반스쿼크와 같은 입자)와 함께만 생겨날 수 있기 때문에, 실험가들은 최소한 2개의 제트를 측정하게 될 것이다. (그 예가 그림 60에 표시되어 있다.) 만약 양성자가 한 번 충돌해서 스쿼크 2개가 만들어진다면 그 입자들은 쿼크 2개를 생성할 것이고 검출기에 쿼크 2개가 기록될 것이다. 최종적으로 사라진 에너지와 운동량은 검출되지 않겠지만, 이 에너지와 운동량이 사라졌다는 사실 자체가 새로운 입자의 증거가 될 것이다.

LHC의 가동이 예정보다 연기되는 바람에 생긴 한 가지 주요한 장점은, 실험가들이 검출기를 완전히 이해할 시간을 벌었다는 것이다. 실험가들은 LHC가 가동되는 날부터 당장 정밀한 측정이 이루어지도록 검출기를 조정해서 소실 에너지를 곧바로 측정할 수 있게 되었다. 한편 이론가들은 초대칭 모형과 그 밖의 다른 모형을 탐색할 다른 방법 전략은 없는지 생각할 시간을 가졌다. 예를 들어 나는 윌리엄스 칼리지에서 온

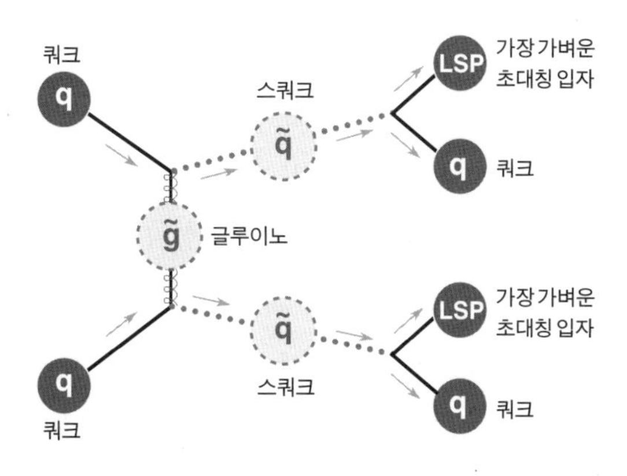

그림 60 LHC는 2개의 스쿼크를 함께 만들 수 있다. 두 스쿼크는 모두 쿼크와 LSP로 붕괴해서 에너지가 사라진 흔적을 남긴다.

이론 물리학자 데이브 터커스미스(Dave Tucker-Smith)와 함께 방금 이야기한 스쿼크 붕괴를 찾아내는 다른, 그렇지만 연관된 방법을 발견했다. 우리 방법은 충돌에서 나오는 쿼크의 운동량과 에너지만 측정하면 되고, 사라진 운동량을 직접 측정할 필요가 없는 좀 교묘한 방법이다. 최근 LHC 실험가들의 기민한 대응은 감탄할 정도이다. CMS의 실험가들은 이 아이디어를 곧바로 받아들여 실행해 보면서 이 아이디어가 쓸 만하다는 것을 증명해 보였을 뿐만 아니라 몇 달 만에 아이디어를 일반화하고 개선시키기까지 했다. 우리가 최근 제시한 방법은 이제 표준적인 초대칭성 탐색 전략의 일부가 되었고 CMS는 첫 번째 초대칭성 탐색을 할 때 태어난 지 얼마 안 된 이 방법을 이용했다.[62]

앞으로, 만약 초대칭성이 발견된다고 해도, 실험가들은 거기서 멈추지 않을 것이다. 실험가들은 초대칭 입자의 스펙트럼 전체를 완성하기 위해 전력을 다할 것이며 이론가들은 이론가대로 그 결과의 의미를 해석하기 위해 노력할 것이다. 초대칭성과, 초대칭성을 자발적으로 깰 수 있는 입자를 설명하려는 더 근본적이고 흥미로운 이론들은 많이 있다. 만약 초대칭성이 계층성 문제의 타당한 해답이라면, 우리는 어떤 초대칭 입자가 존재해야 하는지 알고 있다. 하지만 그 입자의 정확한 질량이 얼마인지, 그리고 그 질량의 기원이 무엇인지는 아직 알지 못한다.

질량 스펙트럼이 달라지면 LHC에서 보게 될 것도 크게 달라질 것이다. 입자는 자신보다 가벼운 입자로만 붕괴할 수 있기 때문이다. 초대칭 입자들이 선택할 수 있는 연쇄적인 붕괴 과정은 그 질량에 따라, 즉 어떤 입자가 무겁고 어떤 입자가 가벼운지에 따라 결정된다. 다양한 과정들이 일어나는 비율 역시 입자의 질량에 따라 달라진다. 일반적으로 더 무거운 입자들은 더 빨리 붕괴한다. 그리고 무거운 입자들은 충분한 양의 에너지를 가지고 충돌할 때만 만들어질 수 있으므로 생성되기가 보통 더 어렵다. 모든 결과들을 다 합쳐 보면, 표준 모형의 근저에 무엇이 있는지, 그리고 다음 에너지 스케일에서는 무엇이 기다리고 있는지에 대해 중요한 통찰을 얻을 수 있다. 이것은 우리가 새로 발견할 물리학 이론이 어떤 것이든, 그 이론을 이용해 분석할 때면 항상 적용되는 이야기이기도 하다.

그러나 초대칭성이 물리학자들 사이에서 인기가 아무리 높다고는 해도, 초대칭성이 정말로 계층성 문제와 현실 세계에 적용되는지는, 몇 가지 문제를 해결한 뒤에야 분명하게 말할 수 있다.

첫 번째, 그리고 아마도 가장 중요한 문제는 아직 우리가 초대칭성에 대한 어떤 실험적 증거도 보지 못했다는 것이다. 만약 초대칭성이 존재한다면, 왜 우리는 아직 그 증거를 보지 못했을까? 이 질문에 대한 유일한 대답은 초대칭 짝들이 무겁다는 것뿐이다. 그러나 초대칭성이 계층성 문제에 대한 자연스러운 해답이 되려면 초대칭 짝들이 적절히 가벼워야 한다. 초대칭 짝들이 무거울수록, 초대칭성이 계층성 문제의 해답이 될 가능성은 점점 낮아지게 된다. 초대칭성을 계층성 문제의 해답으로 만들고 힉스 보손의 질량을 설명하기 위해 이론을 얼마나 조정해야 할지가 힉스 보손의 질량과 초대칭성이 깨지는 스케일의 비에 따라 정해지기 때문이다. 이 값이 클수록 이론을 좀 더 많이 '미세 조정'해야 한다.

아직 힉스 보손을 발견하지 못했다는 것도 문제이다. 초대칭 모형에서 검출되지 않을 정도로 힉스 보손이 무거워지려면 아주 커다란 양자역학적 효과가 필요하다. 그리고 이것은 무거운 초대칭 입자에 의해서만 생길 수 있다. 그러나 그러면 다시, 초대칭 입자의 질량이 너무 무거워져서 초대칭이 있어도 계층성이 좀 부자연스럽게 된다.

초대칭성과 관련된 또 다른 문제는 초대칭성이 적절히 깨져 있다는 사실을 포함하고, 지금까지 나온 모든 데이터와 일치하는 모순 없는 모형을 만드는 것이 아주 어렵다는 것이다. 초대칭성은 매우 독특한 대칭성으로 여러 상호 작용 사이의 관계를 정해 주고 양자 역학에서 보통은 허용되는 상호 작용을 금지하기도 하는 아주 구체적인 대칭성이다. 일단 초대칭이 깨지면 '무정부주의적 원리'가 모든 것을 지배한다. 일어날 수 있는 일은 모두 일어난다. 대부분의 모형은, 자연에 나타난 적이 없거나 아주 드물게만 나타나서 지금까지 발견되지 않았던 붕괴가 실제보다도 더 높은 빈도로 일어날 것이라고 예측한다. 양자 역학 때문에, 일단 초대칭이 깨지면 벌레가 가득 든 깡통이 열린 것처럼 온갖 문제가 발생하게 된다.

물리학자들이 그저 올바른 대답을 찾지 못하고 있는 것일 수도 있다. 우리는 명확하게 옳은 모형이 없다거나, 약간의 미세 조정이 일어나지 않는다고 확실히 말할 수 없다. 초대칭성이 계층성 문제의 옳은 해답이라면, 분명 LHC에서 곧 그 증거를 발견하게 될 것이다. 그러므로 이 문제는 확실히 추구해 볼 가치가 있다. 초대칭성을 발견한다는 것은 처음 보는 새로운 시공간의 대칭성이 논문 속의 이론적인 수식들 속에서가 아니라 현실 세계에 작용한다는 것을 의미한다. 그러나 초대칭성을 발견하지 못한다고 해도 또한 다른 대안을 생각해 볼 수 있다. 그 첫 번째 대안이 바로 **테크니컬러(technicolor)**라는 이름의 모형이다.

테크니컬러

1970년대로 돌아가 보면 물리학자들은 계층성 문제를 해결하기 위한 또 다른 대안을 생각하고 있었다. 그것이 바로 테크니컬러 모형이다. 사실 이것은 계층성 문제에 대한 첫 번째 대안이었다. 이 화려한 이름의 모형에는 농담처럼 들리는 **테크니컬러 힘(technicolor force)**이라는 이름의 새로운 힘을 통해 강하게 상호 작용하는 입자가 포함되어 있다. (테크니컬러는 원래 미국 테크니컬러 사에서 개발한 컬러 영화의 색 재현 방식이다. 색채가 풍부하게 재현되는 장점이 있어 널리 쓰였다. 유명한 영화로는 「사랑은 비를 타고(Singin' in the Rain)」, 「오즈의 마법사(The Wizard of Oz)」, 애니메이션 「판타지아(Fantasia)」 등이 있다. 물리학자들이 새로운 강한 상호 작용이라는 뜻으로 컬러가 붙는 이름을 가져다 붙인 것이므로 원래의 뜻과는 아무 상관이 없다. — 옮긴이) 이 모형이 제안한 내용에 따르면 테크니컬러는 강한 핵력(물리학자들은 강한 핵력을 색력(color force)이라고 부른다.)과 비슷하게 작용하지만, 양성자 질량의 스케일에서가 아니라 약한 핵력의 에너지 스케일에서 입자를 묶어놓는다.

만약 테크니컬러가 정말로 계층성 문제의 답이라면, LHC에서는 힉스 보손이 기본 입자로서 하나만 생성되지 않을 것이다. 그 대신 LHC에서는 힉스 입자 역할을 하는 하드론과 같은 속박 상태의 입자가 생성될 것이다. 테크니컬러를 뒷받침할 실험적 증거는 약한 핵력의 스케일이나 그보다 큰 에너지 스케일에서 수많은 속박 상태의 입자들과 강한 상호 작용들이 나타나는 것이다. 이것은 우리에게 익숙한 하드론과 매우 비슷하겠지만 훨씬 높은 에너지 스케일에서만 나타난다는 점에서 매우 다를 것이다.

아직 어떤 증거도 관측되지 않았다는 점은 테크니컬러 모형의 중요한 제약 조건이 된다. 만약 테크니컬러가 진짜로 계층성 문제의 해답이라면 그 증거는 이미 발견되었어야 한다. 물론 우리가 지금 뭔가 미묘한 점을 놓치고 있을 가능성을 배제할 수는 없다.

가장 중요한 점은 테크니컬러를 사용해 모형을 만드는 일이 초대칭성 때보다 훨씬 어렵다는 것이다. 우리가 자연에서 관찰한 모든 것과 일치하는 모형을 찾는 일은 아주 어려운 일이고, 전체적으로 적합한 모형은 발견되지 않았다.

그래도 실험가들은 열린 생각을 가지고 테크니컬러와 새로운 강한 힘의 증거가 될 만한 것들을 찾고 있다. 그러나 그다지 희망적이지는 않다. 하지만 테크니컬러가 세계의 기초 이론으로 판명된다면, 아마 마이크로소프트 워드의 맞춤법 프로그램은 내가 'technicolor'라고 칠 때마다 자동으로 첫 글자를 대문자 'T'로 바꿔 버리는 짓을 더 이상 하지 않게 될 것이다.

여분 차원

초대칭성도 테크니컬러도 계층성 문제에 대한 명백하게 완벽한 해답은 아니다. 초대칭성 이론에서는 실험과 모순되지 않도록 초대칭성 깨짐을 포함시키는 일이 쉽지 않다. 쿼크와 렙톤의 질량을 옳게 예측하는 테크니컬러 이론을 유도해 내는 것은 더 어렵다. 결국 물리학자들은 새로운 길을 찾아보기 시작했고, 겉보기에는 훨씬 더 사변적인 대안을 찾아냈다. 어떤 아이디어가 비록 처음에는 추하고 명확하지 않다고 해도, 우리는 어떤 아이디어가 가장 아름다운지, 그리고 보다 중요하게는 옳은지는 그 모든 의미를 이해하고 나서야 판정할 수 있음을 기억해야 한다.

1990년대가 되자 물리학자들이 끈 이론과 그 구성 요소들을 더 잘 이해하게 됨에 따라 계층성 문제를 다루는 새로운 제안들이 나오기 시작했다. 이 아이디어들은 제약이 많은 끈 이론 자체에서 직접 유도된 것은 아니었지만 끈 이론을 이루는 요소들의 영향을 많이 받은 것이었다. 즉 공간의 여분 차원을 내포하는 것이었다. 만약 여분 차원이 존재한다면 — 그렇다고 해도 좋을 만한 이유가 있는데 — 계층성 문제를 해결할 열쇠가 될 수 있다. 정말 그렇다면 LHC에서 여분 차원이 존재한다는 실험적 증거가 나타날 것이다.

공간 차원이 더 있다는 것은 낯선 개념이다. 만약 우주에 그런 차원이 있다면, 공간은 우리가 일상 생활에서 보는 것과는 매우 다를 것이다. 전후, 좌우, 상하, 다르게 이야기하면 위도, 경도, 높이라는 세 방향에 더해서 그 누구도 보지 못했던 방향으로 공간이 확장되는 셈이기 때문이다.

그런 차원을 우리가 관측하지 못하기 때문에 이 새로운 공간 차원은 반드시 숨겨져 있어야만 한다. 1926년에 스웨덴 물리학자 오스카르 베니아민 클라인(Oskar Benjamin Klein, 1894~1977년)이 제안한 것처럼, 새로운 공간이 아주아주 작아서 우리가 관측할 수 있는 어떤 것에도 직접 영향을 끼치지 못한다면 그 차원은 우리 눈에 띄지 않고 숨겨져 있을 수 있다. 사물을 구별해 보는 인간의 분해능이 제한되어 있기 때문에 차원이 너무 작으면 그것을 다른 차원으로 식별할 수 없다는 것이다. 만약 어떤 차원이 아주 작게 말려 있고 우리가 그곳을 지나갈 수 없으면 그것을 차원으로서 인식할 수 없다. 그림 61을 보자. 줄타기를 하는 사람은 자기가 올라탄 줄을 1차원으로 보지만 줄 위에 올라간 작은 개미는 줄 표면을 2차원으로 느낄 것이다.[63]

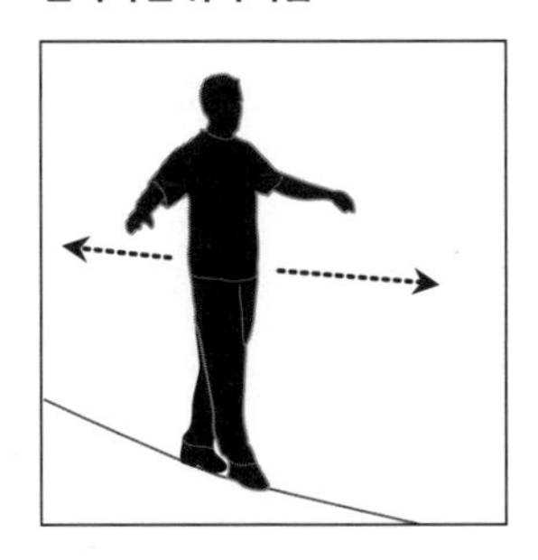

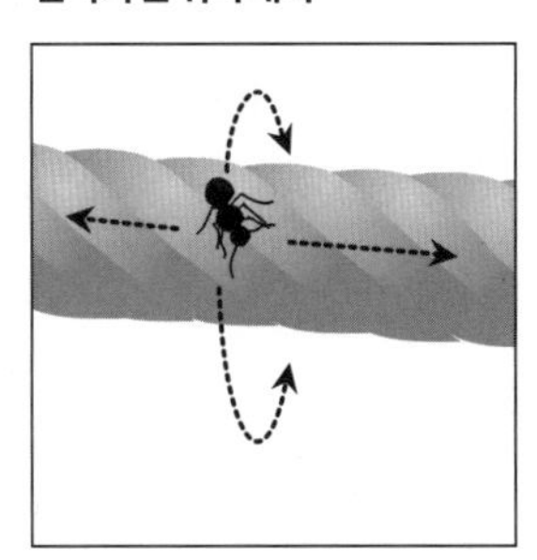

그림 61 사람과 작은 개미는 자신들이 타고 있는 줄을 매우 다르게 느낀다. 사람에게 줄은 1차원이지만 개미에게는 2차원이다.

차원이 숨겨져 있을 수 있는 또 다른 가능성은 시공간이 휘거나 비틀려 있을 수 있다는 것이다. 아인슈타인이 말한 것처럼 에너지가 있으면 시공간 왜곡된다. 라만 선드럼과 내가 1999년에 밝혔듯이, 만약 이 왜곡 정도가 아주 특별하다면 새로운 차원의 효과는 눈에 잘 띄지 않게 된다. 이것은 비틀린 기하가 차원을 숨기는 또 하나의 방법이 될 수도 있다는 뜻이다.[64]

그런데 여분 차원을 본 적도 없으면서 왜 여분 차원이 있다고 생각하는 것일까? 물리학의 역사는 사람들이 본 적 없는 것을 발견해 온 역사였다. 그 누구도 원자를 '보지' 못했고, 그 누구도 쿼크를 '보지' 못했다. 지금 우리는 두 가지 다 존재한다는 강력한 실험적 증거를 가지고 있다.

공간의 차원이 3개뿐이어야 한다는 물리 법칙은 없다. 아인슈타인의 일반 상대성 이론은 차원의 수가 얼마가 되든 상관없이 성립한다. 사실 아인슈타인이 그의 중력 이론을 완성하고 얼마 되지 않아서 테오도어 프란츠 에두아르트 칼루차(Theodor Franz Eduard Kaluza,1885~1954년)가 아인슈타인의 생각을 확장해서 네 번째 공간 차원이 존재하는 이론을 제안했고, 5년 후에 오스카르 클라인이 네 번째 차원이 말려 있어서 다른 세 차원과 어떻게 달라질 수 있는지를 보였다.

양자 역학과 중력을 결합시킬 이론으로 촉망받는 끈 이론은 물리학자들이 최근에 여분 차원이라는 개념을 받아들이는 또 다른 이유이다. 끈 이론은 우리에게 익숙한 중력 이론과 그대로 연결되지 않는다. 끈 이론은 반드시 공간에 추가로 새로운 차원이 있어야 성립한다.

사람들은 종종 내게 우주에 몇 개의 차원이 있는지 묻고는 한다. 아무도 모른다. 끈 이론은 6개 또는 7개의 여분 차원이 있다고 말한다. 그러나 모형을 만드는 사람들은 열린 자세를 견지한다. 다른 버전의 끈 이론은 다른 가능성을 이야기한다. 아무튼 앞으로 할 논의에서 모형을 만드는 사람들이 신경을 쓰는 차원은 충분히 비틀려 있거나 아주 커서 물리적인 예측에 영향을 미칠 수 있는 것들이다. 입자 물리학적 현상에 영향을 미칠 수 있는 차원보다 훨씬 작은 다른 차원도 있을 수 있지만, 그렇게 작은 차원은 무시할 것이다. 다시 유효 이론의 관점에서 측정에 영향을 미칠 수 없을 정도로 작거나 보이지 않는 것은 무시할 것이다.

끈 이론은 또한 **브레인**(brane, 막이라고도 한다.—옮긴이)이라고 부르는 다른 요소들을 도입하는데, 만약 여분 차원이 있다면 브레인을 통해 우주의 기하학적인 성질이 더욱 풍부함을 알 수 있을 것이다. 1990년대에 끈 이론 연구자 조지프 '조' 폴친스키(Joseph 'Joe' Polchinski, 1954년~)는 끈 이론은 끈이라는 1차원 물체에 대한 이론만이 아님을 확인시켜 주었다. 폴친스키와 여러 이론가들은 브레인이라고 알려진 고차원의 물체가 이론에서 핵심적인 역할을 한다는 것을 증명했다.

'브레인'은 막(膜)을 뜻하는 멤브레인(membrane)에서 따온 것이다. 멤브레인이 3차원 공간 안에 존재하는 2차원 면을 뜻하는 것처럼, 브레인은 고차원 공간 안에 존재하는 그보다 낮은 차원의 면을 뜻한다. 브레인은 입자나 힘을 붙잡아서 고차원 공간 전체로 자유롭게 다니지 못하게 할 수 있다. 고차원 공간의 브레인은 3차원 공간 안의 2차원 면인 욕실의 샤워 커튼과 같다. (그림 62 참조) 커튼에 맺힌 물방울은 2차원 커튼의 표면 위에서만 움직인다. 이것은 입자와 힘이 브레인의 낮은 차원의 면 위에 붙잡혀 있는 것과 같다.

간단하게 말하자면 두 종류의 끈이 있다. 끈의 끝이 존재하는 열린 끈과 고무 밴드처럼 고리를 이루는 **닫힌 끈**이다. (그림 63 참조) 1990년대의 끈 이론가들은 열린 끈의 끝은 아무 데나 있지 못하고 브레인에서 끝나야 한다는 것을 깨달았다. 브레인에 연결된 열린 끈의 진동에서 입자가 나오면 그 입자들도 브레인 위에 붙잡힌다. 끈의 진동인 입자는 당연

샤워 커튼 '브레인'

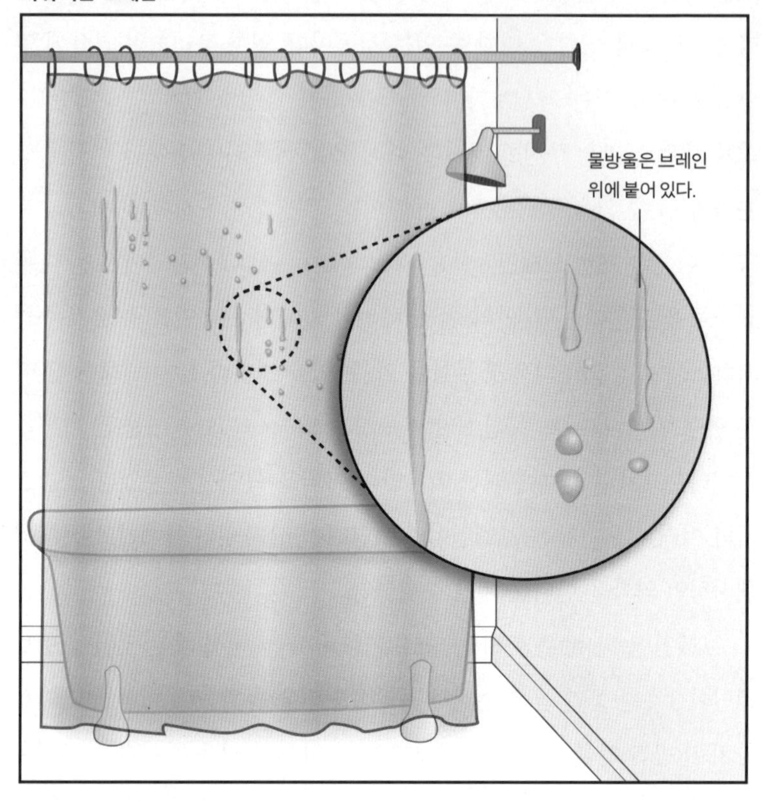

그림 62 브레인은 입자를 붙잡아 놓는다. 입자는 그 위에서는 움직일 수 있지만 브레인을 떠날 수는 없다. 이것은 물방울이 샤워 커튼 위에서는 움직일 수 있지만 떨어지지는 못하는 것과 같다.

히 브레인에서 벗어날 수 없다. 샤워 커튼 위의 물방울처럼 입자들은 브레인의 차원을 따라서만 움직일 수 있고, 브레인을 떠나서 움직일 수는

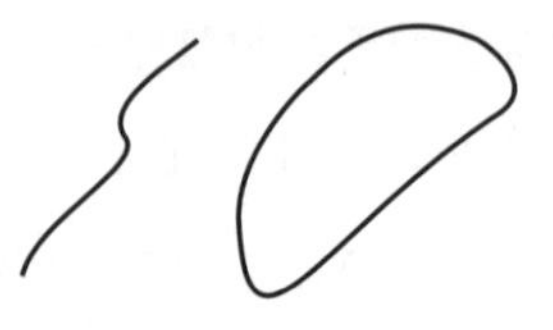

그림 63 열린 끈은 2개의 끝이 있지만 닫힌 끈은 끝 부분이 없다.

없다.

끈 이론은 여러 형태의 브레인이 존재한다고 제안하지만, 계층성 문제와 관련해서 가장 흥미로운 모형은 우리가 아는 3개의 물리적 차원으로 확장되는 브레인이다. 공간에 더 많은 차원이 있고 중력이 모든 차원에 작용하더라도, 입자와 힘은 이 브레인 세계 안에 갇혀 있다. (그림 64는 브레인 세계의 개요를 보여 준다. 한 사람과 자석이 브레인 위에 있고 중력은 둘 다뿐만 아니라 브레인 바깥에도 퍼져 있다.)

끈 이론의 여분 차원은 관측 가능한 세계에서 물리적인 중요성을 가질 수 있다. 그리고 3차원 브레인에 대해서도 역시 그럴 수 있다. 여분 차원을 생각하는 가장 중요한 이유는 아마도 여분 차원이 눈에 보이는 현상에 영향을 줄 뿐만 아니라, 특히 입자 물리학의 계층성 문제처럼 커다란 수수께끼와 관련되어 있기 때문일 것이다. 여분 차원과 브레인은 이 문제를 해결하는 열쇠가 될 수 있다. 그러면서 중력이 왜 그렇게 약한가 하는 문제도 다룰 수 있다.

바로 여기서 우리가 지금 여분 차원을 연구해야만 하는 이유를 확인할 수 있다. 여분 차원은 우리가 지금 이해하려고 하는 현상에 영향을 미칠 수 있고, 만약 그렇다면 우리는 곧 그 증거를 볼지도 모른다.

앞에서 이야기했던 것처럼 계층성 문제는 두 가지 방식으로 표현할 수 있다. 먼저 계층성 문제는 왜 힉스 입자의 질량이 — 약한 핵력의 스케일이 — 플랑크 질량보다 훨씬 작은가 하는 문제라고 할 수 있다. 이것이 우리가 초대칭성과 테크니컬러에 대해 생각할 때 고려했던 질문이다. 그런데 계층성 문제는 이렇게 바꿀 수 있다. 왜 중력은 다른 알려진 힘들에 비해 그렇게 약한가? 중력의 세기는 약한 핵력 스케일 질량보다 1경 배 큰 플랑크 스케일 질량에 따라 정해진다. 플랑크 질량이 클수록 중력은 약하다. 질량이 플랑크 스케일이나 그 근처일 때만 중력은 강해진다.

그림 64 표준 모형의 입자와 힘은 고차원 공간 속 브레인 세계 위에 붙어 있는 것일 수 있다. 그럴 경우, 내 사촌 매트, 우리가 알고 있는 물질과 별들, 전자기력과 같은 힘들, 우리 은하와 우주 모두는 브레인의 3차원 공간에서만 살고 있는 것이다. 반면, 중력은 공간 전체를 통해서 퍼져 나갈 수 있다. (사진은 마티 로젠버그(Marty Rosenberg)의 허가를 받아 실었다.)

입자가 플랑크 질량에 따라 정해지는 스케일보다 아주 가벼운 한, 우리 세계에서 중력은 극히 약하다.

왜 중력이 그렇게 약한가 하는 문제는 사실 계층성 문제와 동등하다. 즉 한쪽의 해답은 다른 쪽의 해답도 된다. 그러나 비록 같은 문제라고 해도, 중력 문제의 관점에서 계층성 문제를 이야기하다 보면 여분 차원을 이용한 해법으로 기울게 된다. 이제 여분 차원과 관련된 대표적인 제안 두 가지를 자세히 살펴보겠다.

커다란 여분 차원과 계층성 문제

사람들이 계층성 문제를 처음 생각하기 시작한 이래, 물리학자들은 이 문제를 해결하기 위해서는 약 1테라전자볼트의 약한 핵력의 에너지 스케일에서 입자가 다른 방식으로 상호 작용한다고, 우리의 이론을 수정해야만 한다고 생각했다. 표준 모형의 입자만 있다고 하면 힉스 입자의 질량에 대한 양자 효과가 너무 커져 버리고 만다. 힉스 입자의 질량에 대한 커다란 양자 역학적 보정 효과를 통제하기 위해서는 무언가가 존재해 상호 작용에 개입해야 한다.

초대칭성과 테크니컬러는 새로운 입자가 고에너지 상호 작용에 개입해서 양자 역학적 보정 효과를 상쇄시키거나 아예 나타나지 않도록 만듦으로써 이 문제를 해결하고자 했다. 1990년대까지 계층성 문제를 해결하기 위해 제안된 모든 해법은 비슷한 범주로 생각할 수 있다. 약한 핵력 스케일에서 새로운 입자와 힘, 심지어는 새로운 대칭성이 나타난다고 상정함으로써 문제를 해결하려고 한 것이다.

1998년, 니마 아르카니아메드(Nima Arkani-Hamed, 1972년~), 사바스 디모폴루스(Savas Dimopoulos, 1952년~), 지아 드발리(Gia Dvali, 1964년~)는 이 문제를 다루는 또 다른 방법을 제안했다.[65] 그들은, 이 문제가 약한 핵력의 에너지 스케일뿐만 아니라 중력과 관계된 플랑크 에너지의 비율과도 관련이 있기 때문에, 아마도 이 문제는 중력 자체의 기본적인 본성에 대해 잘못 이해하는 데서 비롯된 것일 수도 있다고 지적했다.

그들은 적어도 약한 핵력의 스케일과 비교해서 중력의 근본적인 스케일에서 보면 사실상 질량에 계층성이 없다고 주장했다. 아마도 중력은 여분 차원의 우주에서는 훨씬 강하겠지만, 우리가 살고 있는 3차원 더하기 1차원의 시공간에서는 우리가 볼 수 없는 차원들을 통해 새어나가기 때문에 희석되어서 그렇게 약하게 관측된다는 주장이다. 그들의 가정은 여분 차원의 우주에서 중력이 강해지는 스케일은 사실은 약한 핵력의 스케일이라는 것이었다. 그럴 경우, 우리가 중력의 세기를 아주 약하다고 측정하게 되는 것은, 중력이 근본적으로 정말로 약해서가 아니라 보이지 않는 커다란 차원에 걸쳐 퍼져 있기 때문이다.

이것을 이해하는 한 가지 방법은 스프링클러를 가지고 비슷한 상황을 상상해 보는 것이다. 스프링클러에서 나오는 물줄기를 생각해 보자. 만약 물이 우리가 사는 1차원을 따라서만 뿌려진다면, 그 효과는 호스

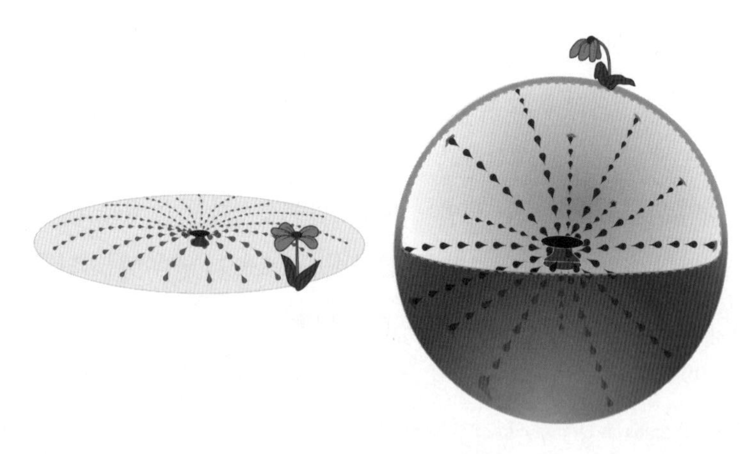

그림 65 고차원 공간에서 힘의 세기는 저차원 공간에서보다 거리에 따라 더 빠르게 약해진다. 이것은 고차원의 스프링클러에서 물이 거리에 따라 더 빨리 줄어드는 것과 같다. 물은 2차원에서보다 3차원에서 더 많이 퍼지게 된다. 그림에서 보듯, 저차원 스프링클러 옆의 꽃이 더 생생하다.

에서 나오는 물의 양과 물이 날아가는 거리에 따라 정해질 것이다. 그러나 만약 또 다른 공간 차원이 있다면, 물은 호스 끝에서 나온 후에, 그 차원으로도 퍼질 것이다. 그러면 물이 우리가 볼 수 없는 차원을 통해서도 뿌려지기 때문에 일정 거리에서 우리가 받을 수 있는 물의 양은 또 다른 차원이 없을 때보다 훨씬 줄어들 것이다. (그림 65 참조)

만약 여분 차원이 유한한 크기라면, 물이 여분 차원의 경계 너머까지 퍼지지는 않을 것이다. 그러나 여분 차원이 아예 없어 여분 차원으로 물이 퍼지지 않는 경우와 비교한다면 여분 차원을 가진 공간 안의 임의의 지점에 뿌려지는 물의 양은 훨씬 줄어들게 된다.

마찬가지로 중력이 우리가 사는 차원 말고 다른 차원으로도 퍼진다고 생각해 보자. 만약 여분 차원의 크기가 유한해서 중력이 무한정 퍼져 나가지 않는다고 하더라도, 차원의 크기가 크면 우리가 3차원 세계에서 느끼는 중력은 희석될 것이다. 높은 차원에서 중력의 기본 세기가 충분히 강해도, 차원이 충분히 크다면, 우리가 느끼는 것은 아주 약한 중력일 것이다. 하지만 이 아이디어가 성립하려면 여분 차원의 크기가 이론적인 고찰을 통한 예상에 비해 어마어마하게 커야 한다. 3차원에서 중력은 그만큼 약하기 때문이다.

그럼에도 불구하고 LHC는 이 아이디어를 실험적으로 검증할 것이다. 이 아이디어가 지금은 불가능해 보이지만 무엇이 옳은지에 대한 최종 심판자는 언제나 실제로 존재하느냐의 여부이지 우리가 모형을 만들기 쉬운지가 아니다. 만약 커다란 여분 차원이 실제로 존재한다면 그 사실을 가르쳐 주는 특징적인 '신호'가 언젠가 발견될 것이다. 고차원 중력이 약한 핵력의 에너지 스케일에서, 즉 LHC가 구현할 수 있는 에너지에서 강해지기 때문에, 양성자 충돌에서 고차원 중력을 전달하는 고차원 중력자가 생성될 수 있다. 그러나 그 중력자는 여분 차원으로 날아가 버린다. 우리가 잘 아는 중력은 극히 약하다. 공간 차원이 3개만 있는 곳에서는 중력이 너무 약해서 중력자가 결코 만들어지지 않는다. 하지만 새로운 시나리오에서 고차원 중력은 충분히 강해서, LHC로 도달할 수 있는 에너지에서 중력자를 생성할 수 있다.

그 결과 **칼루차-클라인(KK) 모드**라는 입자가 생성될 수 있다. KK 모드란 높은 차원의 중력이 3차원 공간에 드러난 것이다. 이 이름은 우리 우주의 여분 차원에 대해서 처음 생각했던 테오도르 칼루차와 오스카르 클라인의 이름에서 온 것이다. KK 입자는 우리가 아는 입자와 비슷하게 상호 작용하지만, 질량이 더 무겁다. 이들이 무거운 질량을 갖는 이유는 여분 차원 방향으로도 여분의 운동량을 가지고 있기 때문이다. 커다란 여분 차원 시나리오에서 예측하듯 KK 모드와 중력자가 같이 생성되면 검출기에서 바로 사라질 것이다. 이 짧은 방문의 흔적은 사라진 에너지일 것이다. (그림 66 참조. KK 입자가 생성되었다가 에너지와 운동량을 가지고 사라진다.)

물론 에너지가 사라지는 것은 초대칭 모형의 특징이기도 하다. 만약 무언가 발견되었어도 남은 흔적이 비슷해서, 적어도 처음에는 여분 차원 진영과 초대칭성 진영 양쪽 사람들 모두 데이터가 자기네 예측을 입증하는 것으로 해석할 수도 있다. 그러나 실험 결과와 양쪽 모형의 예측을 자세히 이해하고 나면 어느 쪽 아이디어가 옳았는지 결정할 수 있을 것이다. 모형을 만드는 우리의 목표 중 하나는, 실험에서 나온 신호와 데이터의 세부 사항을 진정한 의미와 결부시키는 데 있다. 일단 서로 다른 가능성들의 특징을 더 자세히 이해하고 나면, 실험에서 나올 신호의 비율과 특성에 대해 더 잘 알게 될 것이고 그 미묘한 차이를 이용해서 그 신호와 데이터가 어떤 모형과 합치하는지 구별해 낼 수 있을 것이다.

아무튼 현시점에서는 나와 많은 동료들 모두 커다란 여분 차원 시나

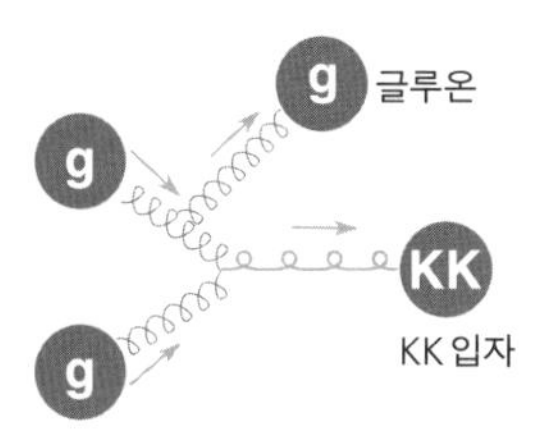

그림 66 커다란 여분 차원 시나리오에서 여분 차원 방향의 운동량을 가진 중력자의 KK 짝이 만들어질 수 있다. 그렇게 되면 그 입자는 검출기에서 곧바로 사라지고 운동량과 에너지 소실을 자신이 생성되었다는 증거로 남겨놓을 것이다.

리오가 진짜로 계층성 문제의 해답인가 하는 점에 의심을 품고 있다. 사실 우리는 아주 다른 여분 차원 모형을 지지하고 있다. 이쪽이 가능성이 훨씬 더 높다. 그러나 이 모형에 대해서는 잠시 뒤에 설명하기로 하고, 커다란 여분 차원 모형에 대해 회의하는 이유를 먼저 살펴보자. 일단 그렇게 생각하는 한 가지 이유는 여분 차원이 그렇게 클 수 있을 것 같지 않아서이다. 이 모형에서 여분 차원은 계층성 문제에서 다루어지는 다른 스케일에 비해 아주 거대해야 한다. 이 시나리오대로라면 약한 핵력의 스케일과 중력 스케일 사이의 계층성은 원리적으로 없어지지만, 새로운 차원의 크기와 관련된 새로운 계층성이 도입되게 된다.

이 시나리오의 또 다른 문제점은 우주가 진화해 온 모습이 관측된 것과 많이 다를 것 같다는 것이다. 문제는 우주의 나머지 부분을 이루는 매우 큰 차원이 팽창해서 우주의 온도가 너무 낮아질 수 있다는 것이다. 모형이 실제로 존재하는 세계에 대한 이론이 되기 위해서는, 그 모형이 예측하는 우주가 공간 차원이 3개만 있을 때 관측할 수 있는 모습과 같아야 한다. 우리가 보는 우주와 같아야 하는 것이다. 커다란 여분 차원 시나리오에서는 이것이 어렵다.

이런 문제가 있다고 해서 커다란 여분 차원이라는 아이디어를 버릴 필요는 없다. 아주 똑똑한 사람이 문제의 해결책을 발견해서 모형을 만들 수도 있다. 그러나 가능한 한 관측 사실과 일치시키기 위해서 애쓰다 보면 모형이 과도하게 복잡해지고 꼬이는 경향이 있다. 대부분의 물리학자들은 미학적인 견지에서 그런 아이디어에 회의적이다. 그래서 많은 사람들이 다음 절에서 설명할, 좀 더 그럴듯한 여분 차원의 아이디어로 관심을 돌렸다. 그렇다고 하더라도 커다란 여분 차원의 아이디어가 실제 세계에 적용될지 말지는 실험가들만이 확실히 말해 줄 수 있을 것이다.

비틀린 여분 차원

여분 차원을 포함한 이론들 가운데에서 커다란 여분 차원 시나리오만이 계층성 문제에 대한 유일한 해법은 아니다. 일단 여분 차원이라는 아이디어의 문이 열리자, 라만 선드럼과 나는 더 나은 해법을 찾기 시작했다.[66] 그리고 자연에 실제로 존재할 가능성이 더 높다고 대부분의 물리학자들이 동의할 수 있는 모형을 찾는 데 성공했다. 그렇다고 대부분의 물리학자들이 우리 모형이 참이라고 생각한다는 말은 아니다. 많은 사람들이, LHC가 보여 줄 것을 정확히 예측하거나 더 이상의 실험적 실마리 없이도 완전히 정확한 모형을 만들려면 정말로 운이 좋아야 할 것이라고 생각하고 있다. 하지만 우리 모형은 가능성 높은 모형 중 하나이다. 그리고 대부분의 좋은 모형들처럼 자신이 제안하는 내용을 실험적으로 증명할 수 있도록 명확한 탐색 전략을 제시하고 있다. 그래서 이론가와 실험가들이 LHC의 모든 능력을 활용해 이 제안이 옳다는 증거를 발견할 수 있도록 도울 것이다.

라만과 내가 제안한 해법은 여분 차원도 하나뿐이고 그 차원이 클 필요도 없다. 새로운 차원이 클 때 따라오는 새로운 계층성 문제도 생기지 않는다. 그리고 커다란 여분 차원 시나리오와 달리 우주의 진화가 최근의 우주론적 관측과 잘 일치한다.

비록 우리는 새로운 여분 차원 하나에만 초점을 두지만, 공간 차원이 추가로 더 존재할 수도 있다. 그러나 이 시나리오에서 둘 이상의 차원은 입자의 성질을 설명하는 데 특별한 역할을 하지 않을 것이다. 그러므로 우리는 유효 이론의 관점에 따라 계층성 문제의 해법을 찾을 때에는 다른 차원을 무시하고, 여분 차원 하나가 만드는 효과에만 집중하면 된다.

만약 라만과 내가 제시한 아이디어가 옳다면, LHC는 곧 공간의 본질과 관련된 매혹적인 성질을 가르쳐 줄 것이다. 우리가 제안하는 것은 드라마틱하게 비틀려 있는 우주이다. 물질과 에너지가 있으면, 시공간이 휘어진다는 아인슈타인의 가르침에 따라 얻은 결과이기도 하다. 우리가 아인슈타인 방정식으로부터 유도한 기하를 전문 용어로는 '비틀렸다(warped).'라고 한다. (정말로 원래부터 있는 전문 용어이다.) 이 말은 시공간이 우리가 주목하고자 하는 새로운 차원을 따라 변한다는 것이다. 만약 여러분이 여분 차원 공간의 한 장소에서 다른 곳으로 이동한다면 질량과 에너지뿐만 아니라 시간과 공간 모두 스케일 변화를 겪게 될 것이다. 조금 어렵게 들릴 수도 있겠지만 잠시 후 그림 68과 함께 자세히 설명하도록 할 것이다.

이렇게 비틀린 시공간의 기하학에서 나오는 한 가지 중요한 결과는, 힉스 입자가 여분 차원 공간의 어떤 위치에서는 매우 무거웠지만, 우리가 사는 곳에서는 — 마땅히 그래야 하는 것처럼 — 약한 핵력의 스케일에 해당하는 질량을 가진다는 점이다. 좀 제멋대로인 것처럼 들리지만 그렇지 않다. 우리 시나리오에 따르면, 우리가 사는 브레인이 있고 — 약한 핵력 브레인(weakbrane)이라고 하자. — 중력이 집중되어 있는 중력 브레인(gravity brane), 혹은 물리학자들이 플랑크 브레인(Planck brane)이라고

그림 67 랜들-선드럼의 모형에 따르면 공간의 네 번째 차원(시공간의 다섯 번째 차원)은 2개의 브레인을 경계로서 가지고 있다. 이 공간에서 중력자 파동 함수(공간의 어떤 점에서 중력자를 발견할 확률을 알려주는 함수)는 중력 브레인에서 약한 핵력 브레인으로 갈수록 지수 함수적으로 감소하게 된다.

부르는 두 번째 브레인이 있다. 이 브레인에는 우리와 분리된 여분 차원의 우주가 포함되어 있다. (그림 67 참조) 이 시나리오에서 두 번째 브레인은 사실 우리가 사는 브레인의 바로 옆집일 것이다. 두 브레인 사이의 거리는 1센티미터의 100만×1조×1조분의 1밖에 안 된다.

그림 67의 비틀린 기하에서 놀라운 성질이 유도된다. 중력을 매개하

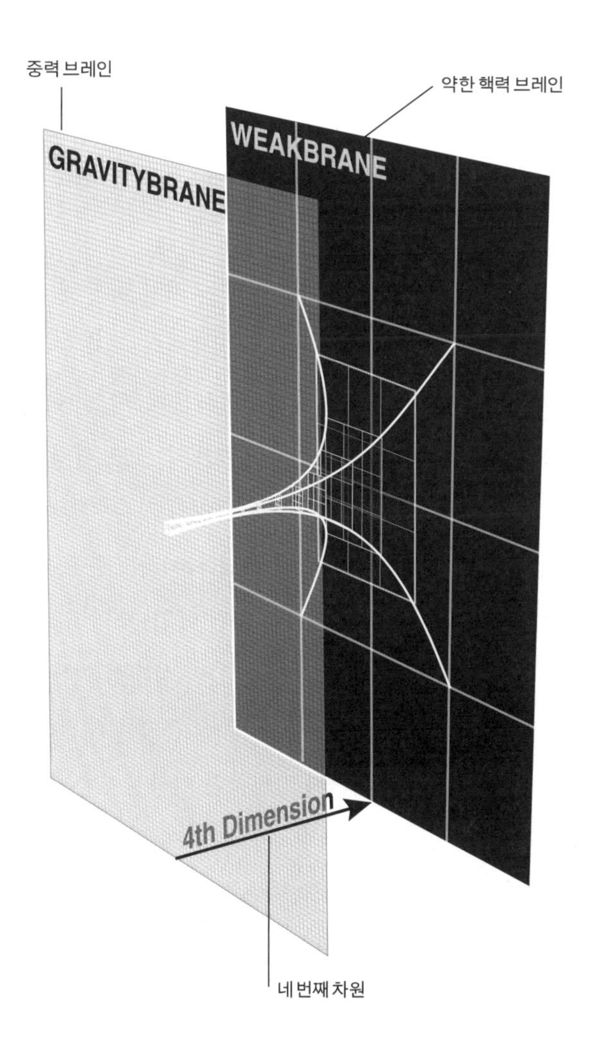

그림 68 비틀린 공간의 기하가 계층성 문제를 해결할 수 있는 이유를 이해하는 또 다른 방법은 기하 그 자체의 관점에서 문제를 보는 것이다. 공간, 시간, 에너지, 질량 모두는 한 브레인에서 다른 브레인으로 가면서 지수 함수적으로 스케일이 재조정된다. 이 시나리오에서라면 힉스 입자의 질량이 플랑크 질량보다 지수 함수적으로 작은 것이 자연스러울 것이다.

는 중력자가 우리 브레인이 아니라 다른 브레인에서는 훨씬 무거워진다는 것이다. 그래서 중력은 다른 차원의 어딘가에서는 강하지만 우리가 사는 곳에서는 매우 약한 것이다. 사실 라만과 나는 중력이 우리가 사는 곳 근처에서는 다른 브레인 위에서보다 지수 함수적으로 약해져야 한다는 것을 발견했다. 이렇게 되면 중력이 약한 것을 자연스럽게 설명할 수 있게 된다.

이것은 그림 68에 도식화한 것처럼 시공간 기하를 통해 해석할 수도 있다. 시공간의 스케일은 네 번째 공간 차원에서의 위치에 따라 달라진다. 질량 역시 스케일이 지수 함수적으로 변하는데, 힉스 보손의 질량 역시 우리에게 필요한 값이 되도록 변한다. 2개의 크고 평평한 브레인이 여분 차원 우주의 경계를 이룬다는 우리 모형의 기본 가정에 논의의 여지가 있지만, 기하 그 자체는 브레인과 **벌크**(bulk)라고 부르는 여분 차원 공간이 가지는 에너지를 가지고 있다고 하면 아인슈타인의 중력 이론으로부터 직접 유도할 수 있다. 라만과 나는 일반 상대성 이론의 방정식을 풀었다. 그리고 내가 방금 설명한 대로 계층성 문제를 해결하는 데 필요한, 질량의 스케일이 변하는 휘어지고 비틀린 기하를 발견했다.

커다란 여분 차원 모형과 달리, 비틀린 기하에 기초한 모형은 계층성 문제라는 오래된 수수께끼를 그저 새로운 수수께끼(왜 여분 차원이 그렇게 큰가?)로 바꾸기만 하는 것이 아니다. 비틀린 기하를 전제로 한 모형에서 여분 차원은 크지 않다. 큰 숫자가 나오는 것은 시공간의 스케일이 지수 함수적으로 변하기 때문이다. 여분 차원 공간에서는 조금만 떨어져 있어도, 지수 함수적으로 커지면 물체의 크기의 비와 질량의 비가 엄청나게 커질 수 있다.

이 지수 함수적 변화라는 것은 우리가 만들어 낸 것이 아니다. 이 함수는 우리가 제안한 시나리오에서 아인슈타인 방정식이 가질 수 있는 유일한 해에서 나온 것이다. 라만과 나의 계산에 따르면 비틀린 기하에서 중력의 세기와 약한 핵력의 세기의 비는 두 브레인 사이의 거리의 지수 함수였다. 만약 두 브레인 사이의 거리가 적당한 값일 때 — 그러니까 중력에 따라 규정되는 스케일을 단위로 해서 몇 십 정도일 때 — 질량과 힘의 세기 사이에서 계층성이 자연스럽게 나타난다.

비틀린 기하에서 우리가 느끼는 중력은 약하다. 중력이 커다란 여분 차원으로 흩어져 희석되기 때문이 아니라 다른 곳에 집중되어 있기 때문이다. 바로 다른 브레인 위이다. 우리가 느끼는 중력은 여분 차원 세계의 다른 영역에서 매우 강한 힘으로 느껴지는 힘의 꼬리 부분인 것이다. 우리는 다른 브레인 위의 다른 우주를 볼 수 없다. 그 브레인과 공유하는 힘은 중력밖에 없고, 중력은 우리가 사는 곳 주변에서는 너무 약해서 관측할 수 있는 신호를 전달하지 못하기 때문이다. 사실 이 시나리오는 **다중 우주**(multiverse)의 한 예로 생각될 수 있다. 다중 우주에서 우리 우주를 구성하고 있는 요소들은 다른 우주의 물질과 매우 약하게 상호 작용하거나 어떤 경우에는 전혀 상호 작용하지 않는다. 이런 사변적 이론은 검증 불가능하고, 영원히 상상의 영역에 남아 있을 것이다. 너무 멀리 떨어져 있어서 거기서 나온 빛이 우주가 끝날 때까지 우리에게 닿을 수 없는 물질은 결국 검출할 수 없다. 그런 의미에서 중력을 공유하기 때문에 실험적으로 검증할 수 있는 결과를 가져올 수도 있는 라만과 나의 '다중 우주' 시나리오는 유별나다. 우리는 다른 우주에 직접 접촉할 수 없다. 그러나 고차원의 벌크를 지나온 입자들은 우리에게 올 수 있다.

LHC에서 연구와 탐사가 자세히 이루어지기 전이라고 하더라도, 여분 차원 세계를 입자 물리학에 도입한 가장 명백한 효과는 질량 스케일의 계층성을 설명할 수 있다는 것이다. 이것은 입자 물리학 이론이 이제까지 관측된 현상들을 성공적으로 설명하는 데 꼭 필요한 것이다. 물론 이것만으로는 여분 차원 세계라는 개념이 우리가 사는 실제 세계에서 제대로 기능하는지 알기에 충분하지 않다. 다른 시나리오들과의 차이

점을 알 수 없기 때문이다.

그러나 LHC에서 구현될 고에너지는 공간의 여분 차원이 그저 괴상한 아이디어에 불과한 것인지 아니면, 이 우주에 대한 사실인지 발견하는 데 도움을 줄 것이다. 만약 우리 이론이 옳다면, LHC에서 칼루차-클라인 모드(KK 모드)가 생성될 것이다. 우리의 시나리오에 따르면 계층성 문제와의 관계 때문에 LHC에서 탐구하게 될 에너지 스케일에서 KK 모드가 발견되어야만 한다. KK 모드의 질량은 1테라전자볼트 정도여야 하는데, 이것은 바로 약한 핵력의 질량 스케일이다. 일단 충분히 높은 에너지가 얻어지고 나면 이런 무거운 입자는 언제든 생성될 수 있다. KK 입자의 발견은 크게 확장된 우주로 들어가는 문을 여는 새로운 통찰의 열쇠가 될 것이다.

사실 비틀린 기하의 KK 모드는 중요한 특징을 가지고 있다. 이것은 이 입자를 다른 것과 더 쉽게 구별할 수 있게 해 줄 것이다. 중력자 자체는 결국 극히 약한 중력을 전달하므로 터무니없이 약하게 상호 작용하는 반면, 중력자의 KK 모드는 훨씬 강하게 상호 작용한다. 거의 약한 핵력만큼 강하게 상호 작용하는 것이다. 이것은 중력보다 1조 배 정도 강한 것이다.

KK 중력자가 놀라울 정도로 강하게 상호 작용하는 이유는 이들이 비틀린 기하 속을 움직이기 때문이다. 시공간의 드라마틱한 비틀림 때문에 KK 중력자의 상호 작용이 우리가 느끼는 중력을 전달하는 중력자의 상호 작용보다 훨씬 강한 세기를 가지게 된 것이다. 비틀린 기하에서는 질량의 스케일만 변하는 것이 아니라 중력 상호 작용의 스케일도 변한다. 계산을 해 보면 KK 중력자가 약한 핵력 스케일의 입자와 비슷한 세기로 상호 작용함을 알 수 있다.

이것은 이 시나리오에 대한 실험적 증거가 초대칭 모형과, 그리고 커

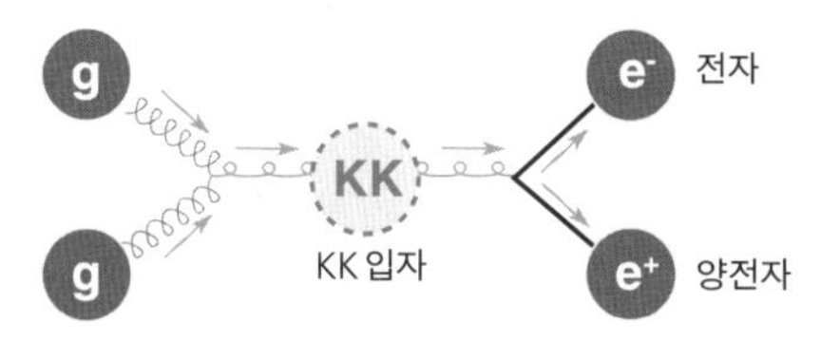

그림 69 랜들-선드럼 모형에서는 KK 중력자가 생성되어 검출기 안에서 전자와 양전자처럼 관측 가능한 입자로 붕괴할 수 있다.

다란 여분 차원 모형과는 달리, 보고자 하는 입자가 검출기에 포착되지 않고 사라져서 생기는 에너지 소실이 아닐 것이라는 뜻이다. 대신 더욱 명확하고 확인하기 쉬운 신호를 남길 것이다. 그 신호란 입자가 검출기 안에서 표준 모형의 입자로 붕괴해서 눈에 보이는 궤적을 남기는 것을 말한다. (그림 69가 이 사례이다. KK 입자가 생성되어서 전자와 양전자로 붕괴하는 과정이다.)

이것은 사실 실험 물리학자들이 지금까지 새로운 무거운 입자를 발견해 왔던 방식이다. 실험가들은 입자를 직접 보지 않는다. 대신 실험가들은 입자의 붕괴 생성물들을 관측한다. 그러면 원리적으로 에너지 소실을 조사해서 얻는 것보다 훨씬 많은 정보를 얻을 수 있다. 이렇게 붕괴해서 나온 입자들의 성질을 연구해서 실험가들은 원래 존재했던 입자의 성질을 알아낼 수 있다.

만약 비틀린 기하 시나리오가 옳다면, KK 중력자의 붕괴에서 나오는 입자 쌍을 곧 관찰하게 될 것이다. 검출된 입자들의 에너지와 전하와 그 밖의 다른 성질들을 측정해 보면 KK 입자의 질량 및 다른 성질들을 추론할 수 있다. 이런 특질들과, 입자가 여러 가지 최종 상태로 붕괴하는 비율을 함께 고려해 보고 실험가들은 KK 중력자가 발견된 것인지, 아니면 또 다른 이상한 존재가 발견된 것은 아닌지를 결정한다. 모형을 통해 실험에서 발견될 입자들의 성질에 대해 알게 되면 물리학자들은 예측을 해서 실험에서 나오는 수많은 가능성들을 식별하고 구분할 수 있게 된다.

내 친구(인간성을 찬양하기도 하고 풍자하기도 하는 영화 시나리오 작가이다.)는 깊은 의미를 갖는 것이 발견될지도 모르는데 내가 어떻게 그 결과를 알고 싶어서 안달하지 않는지 도통 이해하지 못한다. 그는 나를 볼 때마다 끈덕지게 묻고는 한다. "그 결과가 네 인생을 바꿀 수도 있는 거 아니야? 네 이론을 확증해 주는 거 아니야?" 또 이렇게 묻기도 한다. "왜 거기(제네바) 가서 사람들 옆에 붙어 있지 않지?"

물론 어떤 의미에서는 그의 본능이 옳을 것이다. 그러나 실험가들도 이미 무엇을 찾아야 할지 알고 있고, 이론가들의 일은 상당 부분 이미 끝났다. 무엇을 찾아야 할지에 대해 새로운 아이디어가 떠오르면, 그때 가서 실험가들과 이야기하면 된다. 우리 이론가들이 CERN에, 혹은 실험을 하고 있는 그 방에 있을 필요는 없다. 실험가들은 미국뿐만 아니라, 지구 전체에 흩어져 있다. 게다가 우리는 원격 통신을 하며 일하는 데 아주 능숙하다. 이것은 어느 정도는 여러 해 전 CERN에서 일하던 팀 버너스리가 월드와이드웹을 고안해 낸 덕분이기도 하다.

또 일단 LHC가 완전히 가동된다고 하더라도, 그곳에서 이루어질 탐색 작업이 얼마나 어려운 도전일지 잘 알고 있다. 그래서 우리는 좀 더 기다려야 한다는 것을 안다. 다행히 KK 모드는 방금 설명했듯이 실험가들이 가장 직접적으로 찾을 수 있는 현상 중 하나이다. 모든 입자가 중력을 느끼기 때문에, KK 중력자는 모든 종류의 입자로 붕괴한다. 그래서 실험가들은 가장 확인하기 쉬운 입자에 초점을 맞추어 찾으면 된다.

그러나 두 가지 조심해야 할 점이 있다. 입자를 찾는 일이 처음에 예상했던 것보다 더 어려울 수가 있고, 그래서 기본적인 아이디어가 옳더라도, 발견까지 한참을 기다려야 할지도 모른다. 두 가지 이유가 있다.

한 가지는, 비틀린 기하를 도입한 모형 중에는 실험에서 나타날 신호가 보다 번잡하고 찾기 어려운 것이 있기 때문이다. 모형은 본래 근본적인 구조를 기술하는 것이다. 여기서 근본적인 구조란 여분 차원과 브레인을 말한다. 그러나 근본적인 구조에서 유래하는 일반 원리가 구체적으로 드러나는 방식에는 여러 가지가 있을 수 있다. 우리의 원래 시나리오에서는 중력만이 벌크라는 고차원 공간을 통해 퍼져 나갔다. 그러나 나중에는 일반 원리가 다른 방식으로 구현되어 있는 모형도 연구했다. 이런 시나리오들에서는 모든 입자가 브레인 위에만 있지 않다. 벌크에도 입자가 있고 그 입자마다 KK 모드가 있어서, KK 입자가 더 많이 나타난다. 그런데 이런 KK 입자는 찾기가 상당히 어려울 것이라는 게 밝혀졌다. 이렇게 더 알아내기 어려운 시나리오의 증거를 어떻게 발견할 것인가에 대해 많은 연구가 필요했다. 이러한 후속 연구는 지금 당장 진행되고 있는 KK 입자 탐색 실험뿐만 아니라 앞으로 등장할 새로운 모형이 제시할 에너지가 높고 무거운 입자를 찾는 데 도움이 될 것이다.

입자를 찾는 일이 어려울 수 있는 다른 이유는 KK 입자가 우리가 예상했던 것보다 무거울 수 있다는 것이다. 우리는 KK 입자가 가질 것으로 예상되는 질량의 범위를 알지만 정확한 값은 모른다. 만약 KK 입자가 찾기 쉽고 가볍다면 LHC는 즉시 KK 입자를 잔뜩 만들어 낼 것이고, 실험가들은 그것을 쉽게 찾을 것이다. 그러나 입자가 무겁다면, LHC조차 겨우 몇 개밖에 만들지 못할 수도 있다. 그리고 그것보다 더 무겁다면 LHC가 하나도 생성하지 못할 수도 있다. 다른 말로 하면, 새로운 입자와 새로운 상호 작용이 LHC에서 얻을 수 있는 것보다 더 높은 에너지에서 나타날 수도 있는 것이다. 이것은 터널의 크기가 정해져 있었기 때문에 도달할 수 있는 에너지가 제한된 LHC의 한계이다.

이론 물리학자로서 내가 할 수 있는 일은 별로 없다. LHC의 에너지는 이미 정해져 있다. KK 모드가 너무 무겁다고 판명된 뒤라도, 우리는 여분 차원이 존재한다는 희미한 실마리를 찾고자 노력할 수는 있다. 패트릭 미드와 내가 LHC에서 만들어질 수도 있는 고차원 블랙홀의 생성 확률을 계산했을 때, 우리는 원래 제기된 것보다 블랙홀 생성 비율이 훨씬 낮다는 부정적인 결과에만 초점을 맞추지 않고, 블랙홀이 생성되지 않더라도 고차원의 중력이 강하다면 무슨 일이 일어날까 하는 문제도 고찰했다. 우리는 LHC가 고차원 중력이 존재한다는 것을 보여 주는 어떤 흥미로운 신호를 만들어 내지 않을까 생각했다. 그리고 새로운 입자나 블랙홀과 같은 것이 발견되지 않아도, 실험가들이 표준 모형의 예측과 어긋나는 어떤 것을 관측할 수 있음을 깨달았다. 뭔가 발견되리라고 장담할 수는 없지만, 실험가들은 현재의 가속기와 검출기를 가지고 할 수 있는 모든 일을 다 할 것이다. 더 진전된 다른 연구를 하고 있는 동료들 중에는 표준 모형 입자가 벌크 안에 있을 경우에 KK 모드를 더 쉽게 발견하는 방법을 연구하는 이들도 있다.

또한 운이 좋아서 새로운 입자의 질량과 상호 작용의 스케일이 우리가 예상한 것보다 작고, 약하다고 판명될 수도 있다. 그렇다면 KK 입자를 예상보다 빨리 발견하게 될 뿐만 아니라, 다른 새로운 현상까지 보게 될 것이다. 만약 끈 이론이 자연의 근본적인 이론이고 새로운 입자가 등장할 에너지 스케일이 낮다면, LHC는 KK 입자와 새로운 상호 작용뿐만 아니라, 모든 것의 기본 요소가 되는 진동하는 끈과 관련된 입자까지도 만들 수 있을 것이다. 이런 입자는 종래의 가설에 따르면 너무 무거워서 생성될 수 없다. 그러나 비틀림이 실제로 존재한다면 어떤 끈 모드(string mode, 기본 끈에 대응하는 입자)가 예상보다 훨신 가벼워서 약한 핵력의 에너지 스케일에서 나타날지도 모른다.

분명 비틀린 기하에는 흥미로운 가능성이 여럿 있고, 우리 모두는 실험 결과를 간절히 기다리고 있다. 만약 비틀린 기하의 효과가 발견된다면, 이것은 우리가 우주의 본질을 보는 관점을 바꿔 놓을 것이다. 그러나 그 가능성 중 어떤 것이 자연에서 구현되고 있는지 알기 위해서는 LHC의 탐색이 끝나는 것을 기다려야만 한다.

다시 LHC

LHC 실험은 현재, 이 장에서 소개된 아이디어들을 모두 다 검증하고 있다. 이 모형 중 어떤 것이 맞는 것이라면 그 힌트가 곧 나타나기를 바란다. KK 모드와 같은 명백한 증거가 나올 수도 있고, 표준 모형의 과정이 아주 약간 달라지는 미묘한 결과가 나올 수도 있다. 어느 쪽이건 이론 물리학자와 실험 물리학자는 정신을 바짝 차리고 기다리고 있다. LHC에서 무언가가 발견되든 발견되지 않든, 후보군은 좁혀질 것이다. 운이 좋다면 여기서 논의한 아이디어 중 하나가 옳다는 것이 증명될지도 모른다. LHC가 만들어 내는 것과 검출기가 작동하는 것에 대해 우리가 더 많이 알게 될수록, 더 많은 가능성을 검증할 수 있게 될 것이고, LHC를 어떻게 확장해야 할지에 대해서도 더 많이 알게 될 것이다. 그리고 데이터가 얻어지면, 이론가들은 그 데이터를 자신의 연구 계획에 합쳐 넣을 것이다.

우리가 대답을 얻기 시작할 때까지 얼마나 걸릴지는 알 수 없다. 무엇이 있는지, 질량은 얼마나 되고, 상호 작용은 또 어떻게 하는지도 모르기 때문이다. 1년이나 2년 안에 뭔가 발견될 수도 있다. 다른 발견은 10년 넘게 걸릴 수도 있다. 어쩌면 LHC에서 만들어 낼 수 있는 것보다 더 높은 에너지가 필요할 수도 있다. 기다리자면 좀 애가 탈 수도 있지만,

그 결과는 환상적일 것이다. 손톱을 물어뜯으며 기다릴 가치가 있을 것이다. 그 결과는 실제로 존재하는 세계의 본질에 대한, 적어도 우리를 이루는 물질에 대한 우리의 관점을 바꿔 놓을 것이다. 결과가 드디어 나오고 나면 완전히 다른 세계가 펼쳐질 것이다. 우리 생애 안에 우주를 완전히 다르게 보게 될지도 모른다.

18장

상향식 대 하향식

그 어떤 것도 확실한 실험 결과를 대신할 수 없다. 그러나 우리 물리학자들이 지난 25년 동안 LHC의 스위치가 켜지고 의미 있는 데이터가 나오기만을 기다리느라 손가락만 빨며 앉아 있었던 것은 아니다. 우리는 오랫동안 실험에서 찾아야 할 것이 무엇이고, 데이터의 의미는 어떤 것이 될지를 열심히 생각해 왔다. 또한 이 기간 동안 가동되고 있던 실험의 결과들을 연구해 왔다. 그 실험 결과를 통해, 우리가 알고 있는 입자들과 상호 작용에 대해 자세한 것을 알 수 있게 되었고, 우리가 생각할 방향을 잡는 데 도움을 얻었다.

이렇게 기다리는 기간은, 적어도 한동안 데이터로부터 멀어져서, 여러 아이디어에 대해서 깊이, 더 많이 생각해 볼 엄청난 기회였다. 지난

25년 동안 나온 보다 재미있고 모험적인 모형들과 이론적 통찰들은, 기다리는 시간 동안 이론 물리학자들이 수행했던 매우 수학적인 탐구의 결과였다. 데이터가 풍부했더라면 나로서도 여분 차원이나 초대칭성의 수학적인 측면에 대해 그렇게나 고찰해 보지 않았을 것이다. 이런 아이디어를 최종적으로 뒷받침하는 측정이 이루어졌다고 해도, 사전에 수학적인 탐구가 충분히 수행되지 않았다면, 그 의미를 밝히는 데는 시간이 더 걸릴 것이다.

실험과 수학 양자는 함께 과학을 진보시킨다. 그러나 과학의 진보가 이루어지는 과정이 단순명쾌하기만 하는 경우는 거의 없기 때문에, 물리학자들은 최선의 탐구 전략을 두고 두 패로 나뉘고는 한다. 모형을 만드는 사람들은 15장에서 소개한 **상향식** 방법을 이용한다. 그들은 실험을 통해 알게 된 사실들에서 출발해서 설명되지 않고 남아 있는 수수께끼에 도전해 간다. 종종 보다 이론적이고 수학적인 발전을 위해 애쓸 때도 있다. 앞 장에서는 모형의 몇몇 구체적인 예를 제시하고 이 모형들이 실험가들이 LHC에서 수행하게 될 탐색 작업에 어떤 영향을 미치는지 소개했다.

다른 사람들, 가장 잘 알려져 있기로는 끈 이론가들은 **하향식** 방법으로 생각한다. 이들은 자신들이 옳다고 믿는 이론, 예를 들어 끈 이론에서 출발해서 그 기본 개념을 가지고 올바른 중력의 양자 이론을 만들어 내려고 한다. 하향식 이론은 높은 에너지와 짧은 거리에서 정의된다. 하향식이라는 말에서 알 수 있듯이, 이들은 모든 것이 높은 에너지 스케일에서 정의된 기본 전제에서 유도될 수 있다고 생각한다. 높은 에너지가 짧은 거리에 해당하기 때문에, 이 용어가 혼란을 줄 수도 있다. 그러면 아주 작은 구성 성분이 물질을 이루는 기본 요소라는 것을 상기하자. 이런 식으로 생각하면 모든 것은 기본 원리와 기본적인 구성 요소로부터 유도될 수 있고, 기본 원리와 구성 요소는 짧은 거리, 그리고 높은 에너지에서 정의된다. 그래서 '하향식'이라고 부른다.

이 장은 물리학에서 사용되는 하향식 방법과 상향식 방법을 살펴보고 둘 사이를 비교하기 위한 장이다. 그 차이를 탐구해 보고, 어떻게 두 방법이 종종 일치하기도 하고, 그 결과 뛰어난 통찰을 가져오기도 하는지를 고찰해 볼 것이다.

끈 이론

모형을 만드는 사람들과는 달리, 수학적인 데 많이 경도된 물리학자들은 순수한 이론의 세계에서 일하고자 한다. 그들의 희망은 하나의 우아한 이론에서 출발해서 결과를 유도해 내고, 그 아이디어를 데이터에 적용하기만 하면 되는 것이다. 통일 이론을 완성시키고자 한 대부분의 시도는 그런 하향식 접근법을 구체화한 것이다. 끈 이론은 아마도 그런 접근법의 가장 두드러진 예일 것이다. 끈 이론은 원리적으로 모든 물리 현상의 근원이 되는 가장 궁극적인 기본 구조에 대해 추측한 것이다.

끈 이론가들은 약한 핵력의 스케일에서 중력이 강해지는 플랑크 스케일까지 물리적 스케일을 단숨에 뛰어넘어 그 모든 것을 정복하고 싶어 한다. 아마도 실험가들은 이 아이디어를 가까운 시일 안에는 직접 검증하지 못할 것이다. (앞 장에서 이야기한 여분 차원 모형이 예외가 될지도 모른다.) 그러나 끈 이론 자체는 검증하기 어렵다고 할지라도, 끈 이론은 관측 가능한 모형을 만들고자 하는 사람들에게 아이디어와 개념을 제공한다.

모형 만들기냐, 끈 이론이냐 하고 묻는 것은 근본적인 진리로부터 통찰을 얻으려고 하는 플라톤의 접근 방법을 따를 것인가, 경험적인 관찰에 뿌리를 두는 아리스토텔레스의 방법을 따를 것인가 하고 묻는 것과 같다. '하향식' 접근을 따를 것인가, '상향식' 접근을 따를 것인가? 이 선택은 '노년의 아인슈타인 대 젊은 아인슈타인'의 문제라고 바꿔 말할 수도 있다. 아인슈타인은 원래 실험을 중시했고 실험이 물리학적인 상황에 뿌리를 두고 있는 것이라고 생각했다. 그러면서 또한 이론의 아름다움과 우아함에도 가치를 두었다. 자신의 특수 상대성 이론과 모순되는 실험 결과가 나왔을 때 아인슈타인은 실험이 틀림없이 잘못되었을 것이라고 확신했고, 자기 나름의 결론을 내렸다. (그리고 결국 아인슈타인이 옳은 것으로 밝혀졌다.) 아인슈타인은 실험 결과의 의미가 너무 추해서 믿을 수가 없었던 것이다.

아인슈타인은 수학의 도움으로 일반 상대성 이론을 최종적으로 완성하고 난 뒤 수학 쪽으로 더 경도되었다. 수학적 진보가 아인슈타인의 이론을 완성하는 데 결정적으로 중요했기 때문이다. 만년의 아인슈타인은 이론적 방법을 더욱 신뢰하게 되었다. 그러나 아인슈타인을 따라한다고 해서 문제가 해결되는 것은 아니다. 아인슈타인은 수학을 적용해 일반 상대성 이론을 완성하는 데 성공했지만, 훗날 통일장 이론을 찾는 수학적 탐색은 성과를 내지 못했다.

하워드 조자이와 셸던 글래쇼가 제안한 대통일 이론(GUT) 역시 하향식 방법이다. 대통일 이론의 근거는 기존의 데이터였다. 그들의 추론은 기본적으로 표준 모형의 특정한 입자와 힘, 그리고 그들이 상호 작용하는 세기에서 영감을 얻은 것이었다. 그러나 이론은 우리가 아는 것으로부터 아주 높은 에너지 스케일에서 일어날지도 모르는 것까지 확장되었다.

재미있게도, 힘의 통일은 입자 가속기가 도달할 수 없는 높은 에너지에서 일어나지만, 대통일 이론의 초기 모형은 충분히 관측 가능한 예측을 내놓았다. 조자이-글래쇼의 대통일 이론은 양성자가 붕괴할 것이라고 예측했다. 양성자가 붕괴하는 데는 오랜 시간이 걸리지만, 실험가들은 안에 든 물질 속의 양성자 중 적어도 하나는 붕괴해서 눈에 보이는 흔적을 남기도록 거대한 통을 준비해서 물질로 가득 채워 놓았다. 그러나 양성자가 붕괴하는 일은 발견되지 않았고, 원조 대통일 이론은 기각되었다.

그 후 조자이도 글래쇼도, 우리가 직접 가속기에서 연구할 수 있는 에너지 스케일로부터 엄청나게 떨어진 스케일에 적용되어, 아주 희미한 실험 결과만 나오거나 아예 나오지 않는 하향식 이론에 관해서는 연구하지 않았다. 우리가 이해하고 있는 것들로부터 10의 몇 제곱씩 차이가 나는 거리와 에너지 스케일의 이론에 관해서 올바른 생각을 한다는 것은 말도 안 되는 일일 뿐이라고 결론지었던 것이다.

조자이와 글래쇼는 손을 뗐지만, 그래도 다른 물리학자들은 하향식 접근이 어떤 종류의 어려운 이론적 문제를 다루는 유일한 방법이라고 여긴다. 끈 이론가들은 지옥에서 일하는 쪽을 택했는데, 이것은 명백히 전통적인 과학과는 거리가 있지만, 풍요롭고 논란이 많은 아이디어의 집합으로 이끌어 주었다. 끈 이론가들은 자신들 이론의 몇 가지 양상을 이해하게 되었는데, 여전히 그것들을 이리저리 합쳐 보고 있다. 끈 이론이라는 이 급진적인 아이디어를 진전시킬 근본 원리를 아직도 찾고 있는 것이다.

끈 이론을 중력 이론으로서 연구하게 된 동기도 데이터에서 온 것이 아니라 이론적인 문제에서 온 것이다. 끈 이론에는 자연스럽게 중력자가 될 수 있는 입자가 나온다. 중력자란, 양자 역학에 따르면 존재해야 하는, 중력을 전달하는 입자이다. 끈 이론은 현재 양자 중력 이론에 대한 가장 유력한 후보이다. 즉 양자 역학과 아인슈타인의 일반 상대성 이론을 모순 없이 결합시키며, 생각할 수 있는 모든 에너지 스케일에서 성립하는 이론이다.

물리학자들은 원자 내부처럼 짧은 거리에서 믿을 만한 예측을 할 때에는 기존의 이론을 이용할 수 있다. 그렇게 짧은 거리에서는 양자 역학이 중요한 역할을 하며 중력은 무시해도 좋을 정도로 약해지기 때문이다. 중력은 원자 정도의 질량을 가진 입자에 너무나도 작은 영향만을 미치기 때문에 물리학자들은 중력을 마음 놓고 무시하면서 양자 역학을 사용할 수 있다. 물리학자들은 은하 내부처럼 먼 거리에 걸쳐 일어나는 현상도 예측할 수 있다. 이 경우에는 양자 역학은 무시하고 중력만 가지고 예측을 한다.

그러나 우리는 아직 양자 역학과 중력을 모두 포함하면서, 가능한 모든 에너지와 거리 스케일에서 성립하는 이론은 가지고 있지 않다. 특히 플랑크 에너지와 플랑크 길이 정도의 어마어마하게 높은 에너지와 극히 짧은 거리에서 중력을 어떻게 계산해야 하는지 모른다. 중력의 영향력은 입자의 질량이 더 크고 에너지가 높을수록 더욱 강하게 작용하기 때문에, 플랑크 질량의 입자의 상호 작용에서 중력은 핵심적인 역할을 할 것이다. 그리고 아주 작은 플랑크 길이에서 양자 역학 역시 그럴 것이다.

따라서 이 문제는 현재까지 관찰된 현상에 대한 계산에는 아무런 영향도 주지 않지만, — 물론 LHC에서 관찰될 현상에 대해서는 어떨지 알 수 없지만 — 아직은 이론 물리학이 불완전하다는 것을 보여 주는 강력한 증거인 셈이다. 물리학자들은, 양자 역학과 중력이 비슷하게 중요해져서 어느 한쪽도 무시할 수 없는 극히 높은 에너지나 짧은 거리에서 어떻게 양자를 모순 없이 결합해야 할지 아직 모른다. 우리가 지금 알고 있는 것들 사이에 있는 간극이 앞으로 무엇을 해야 할지 가리키는 이정표일지도 모른다. 많은 사람들은 끈 이론이 이 문제의 해답이 될 수 있다고 생각한다.

'끈 이론'이라는 이름은 이 이론을 처음 만들 때, 가장 근본적인 요소를 진동하는 끈으로 생각한 데서 온 것이다. 끈 이론에도 입자들이 존재하지만, 이 입자들은 끈의 진동에서 생겨난다. 진동하는 바이올린 현에서 여러 가지 음이 만들어지는 것과 같이, 끈의 진동 방식에 따라 여러 가지 입자들이 만들어진다. 원리적으로 끈 이론의 실험적 증거는 끈이 만드는 여러 가지 진동 모드에 해당하는 새로운 입자들이 될 것이다.

그러나 그런 입자들 대부분은 너무 무거워서 결코 발견되지 않을 것 같다. 이것이 끈 이론이 자연에 적용되고 있는지를 실험적으로 증명하기 무척 어려운 이유이다. 끈 이론의 방정식은 엄청나게 작고 터무니없이 높은 에너지를 가진 입자들을 기술하고 있어서 우리가 상상할 수 있는 어떤 검출기로도 도저히 관측할 수 없을 것 같다. 끈 이론이 정의되는 에너지 스케일은 현재 기술의 실험 장치로 탐색할 수 있는 에너지의 약 1경 배이다. 그런데 우리는 현재 입자 가속기의 에너지가 10배만 높아져도 무슨 일이 일어날지 전혀 알지 못한다.

게다가 끈 이론가들은 실험적으로 가능한 에너지에서 무슨 일이 생기는지도 정확하게 예측하지 못한다. 입자의 구성과 그 성질이 아직 그 구조를 알 수 없는 끈 이론의 기본 요소들에 좌우되기 때문이다. 자연에서 끈 이론이 어떤 형태로 구현될지는 끈 이론의 구성 요소들이 어떻게 배치될지에 달려 있다. 최근에 만들어진 끈 이론에 따르면 끈 이론은 우리가 보는 것보다 더 많은 입자, 더 많은 힘, 그리고 더 많은 시공간의 차원을 갖고 있다. 무엇이 보이는 입자와 힘과 차원을 보이지 않는 것과 구별하는 것일까?

예를 들어 끈 이론에서의 공간은 반드시 우리가 주변에서 보는 3차원의 공간이 아니다. 대신 끈 이론의 중력은 6개 또는 7개의 공간 차원을 기술한다. 끈 이론이 실현되려면 보이지 않는 나머지 차원이 우리가 아는 차원과 어떻게 다른지를 설명해야 한다. 끈 이론이 매혹적이고 놀라울수록, 이렇게 여분 차원과 같은 수수께끼의 성질이 관측 가능한 우주와의 관련성을 가린다.

끈 이론이 정의되는 높은 에너지에서 벗어나 측정 가능한 에너지 스케일과 관련해서 어떤 예측을 얻기 위해서는, 원래 이론에서 무거운 입자를 없애면 원래 이론이 어떻게 보일지 추측해야 한다. 그러나 도달 가능한 에너지에서 끈 이론이 구현되는 방법은 무수히 많고, 그 수많은 가능성들 사이에서 쓸 만한 것을 가려내려면 어떻게 해야 할지, 혹은 우리 세계처럼 보이는 것을 찾으려면 어떻게 해야 할지는 아직 아무도 모른다. 문제는 우리가 아직 끈 이론을 우리가 보는 에너지에서의 결과를 얻을 만큼 충분히 잘 이해하지 못한다는 것이다. 너무 복잡해서 이론적으로 예측하기 힘들다. 수학적으로 풀기 어려울 뿐만 아니라, 끈 이론의 구성 요소들을 어떻게 배치하고, 어떤 수학 문제를 풀어야 문제가 해결될지도 늘 분명하지가 않다.

무엇보다 지금은 끈 이론이 물리학자들이 처음에 생각했던 것보다 훨씬 더 복잡하며, 다른 차원으로 된 새로운 구성 요소, 특히 브레인 같은 것들을 가지고 있음을 알게 되었다. 끈 이론이라는 이름은 아직 일반적으로 쓰이고 있지만, 물리학자들은 M-이론이라고도 이야기한다. 그런데 아무도 'M'이 정말로 무슨 뜻인지는 모른다.

끈 이론은 이미 심오한 수학적, 물리적 통찰을 가져온 바 있는 장대한 이론이며, 끈 이론이 궁극적으로 자연을 기술하는 올바른 구성 요소를 포함하고 있을 가능성은 높다. 하지만 불행히도, 거대한 이론적 간극이 현재 우리가 이해하고 있는 이론과 세상을 기술하는 예측 사이를 갈라놓고 있다.

궁극적으로, 만약 끈 이론이 옳다면, 현실 세계의 현상을 기술하는 모든 모형을 그 근본적인 가정으로부터 유도될 수 있어야 한다. 그러나 끈 이론의 원래 형식은 추상적이고, 관측되는 현상과의 관계는 희미하다. 끈 이론의 예측이 우리 세계와 맞아 떨어지는 올바른 물리적 원리를 모두 찾으려면 운이 아주 좋아야 할 것이다. 그것이 끈 이론의 궁극적인 목표이다. 그러나 한 풀 꺾인 과제이다.

비록 우아함과 단순함이 참된 이론의 보증서가 될 수 있지만, 우리가 이론이 아름답다고 진정으로 판정할 수 있는 것은 이론이 어떻게 작동하는지 완전하게 이해했을 때이다. 자연이 끈 이론에 나타나는 여분의 차원을 어떻게, 그리고 왜 숨기고 있는지를 발견하는 것은 경이로운 업적이 될 것이다. 물리학자들은 이 과업을 어떻게든 성취하고 싶어 한다.

풍경

『숨겨진 우주』에서 농담조로 이야기했듯이, 끈 이론을 현실적인 것으로 만들려는 대부분의 시도는 어딘가 성형 수술 느낌이 난다. 끈 이론을 우리 세계에 맞추려면 이론가들은 거기 있어서는 안 되는 조각들을 숨기는 방법을 찾아야 한다. 입자를 보이지 않게 없애고 차원을 감쪽같이 접어 넣어야 한다. 그러나 그 이론에서 나오는 입자들이 정확한 입자들과 혹할 만큼 비슷하다고 해도 보이지 않는 입자와 차원을 적절히 숨기지 못하면 충분히 옳다고 말할 수는 없다.

최근에 이루어지고 있는 끈 이론의 현실화 시도 중에는 연극이나 영화에서 배우를 고르기 위해 하는 오디션 같은 것이 있다. 어떤 배우는 캐릭터와 딱 맞는 얼굴을 갖고 있지만 연기를 잘 못하고 어떤 배우는 표정이 딱딱해 감정 표현을 제대로 못하지만, 오디션을 충분히 하다 보면 아름답고 재능 있는 배우들이 나타날지도 모른다.

끈 이론에 관한 아이디어 중에는 이 배우 오디션과 비슷한 것이 있다. 그것은 우리 우주의 특이성, 다시 말해 구성 요소가 이상적으로 배열된 드문 상태라고 제안했다. 이 아이디어에 따르면 끈 이론이 궁극적으로 알려진 모든 힘과 입자를 진짜로 통일한다고 해도, 그것은 특정한 입자와 힘과 상호 작용을 나타내는 하나의 안정된 분지 같은 것이다. 그 분지 옆에는 다른 언덕들과 골짜기들이 있을 수 있다. 그리고 이런 다양한 지형들을 모두 포괄하는 복잡한 **풍경(Landscape)**이 있을 수 있다.

최근의 연구에 따르면, 끈 이론은 다중 우주의 시나리오를 통해 여러 우주에 구현될 수 있다. 서로 다른 우주들은 서로 너무 멀리 떨어져 있기 때문에 중력을 통해서조차 각자의 우주가 끝날 때까지도 상호 작용을 하지 않을 것이다. 그런 경우 각각의 우주에서는 완전히 다른 진화 과정이 나타나는데, 우리는 그중 하나에서 종말을 맞이할 것이다.

만약 이런 우주들이 존재했고 그런 우주에 가서 살 방법이 없다면, 우리 우주를 제외한 나머지 우주를 모두 다 무시하는 것이 옳을 것이다. 그러나 우주는 그 모든 것을 만들면서 진화할 수 있다. 그리고 각각의 우주는 근본적으로 다른 성질을 가지며 진화할 것이다. 질량, 힘, 에너지의 성질 모두 다를 것이다.

어떤 물리학자들은 끈 이론과 입자 물리학을 특히 곤란하게 만드는 문제를 다루기 위해 **인간 원리(anthropic principle, '인류 원리'라고 번역되기도 한다.—옮긴이)**와 풍경 개념을 연결하기도 한다. 인간 원리는 우리가 은하와 생명을 허용하는 우주에 살기 때문에, 어떤 물리량의 값이 지금의 그 값, 혹은 그것과 비슷한 값을 가지게 된 것이라고 설명한다. 그렇지 않으면 우리는 여기서 우주가 왜 그런 물리량을 가지는가 하는 질문을 하지도 못할 것이다. 예를 들어 우주가 너무 많은 에너지를 가지면, 너무 빨리 팽창해서 물질이 응집해 우주적 구조물을 형성하거나 하지 못할 것이다.

인간 원리를 채택하려면 우선 인간과 관련된 어떤 물리적 특성 — 그런 것이 있다고 한다면 — 이 입자와 힘과 에너지의 특정한 구성 방식을 다른 방식보다 선호하는지를 알아내야 할 필요가 있다. 무엇보다 어떤 성질이 예측 가능한 것이고 어떤 성질이 우리가 둘러앉아서 과학을 이야기할 수 있도록 해 주는 것인지도 알지 못한다. 어떤 성질이 필연적인 것이고, 어떤 것이 우연적인 것인가? 어떤 것이 설명 가능한 것이고 어떤 것이 설명 불가능한 것인가?

개인적으로는 구성 방식의 가능성을 수많이 품고 있는 풍경 속에 우리가 살고 있다는 생각이 충분히 일리 있는 것 같다. 우리가 쓰고 있는 일련의 중력 방정식에는 무수히 많은 해가 있고, 우리가 관측하는 것이 세계의 모든 것이라고 단언할 수 있는 근거도 없기 때문이다. 그러나 관측되는 현상을 설명하는 방법으로 인간 원리를 도입하는 것은 아무래도 석연치가 않다. 문제는 인간 원리가 충분한 것인지 결코 알 수가 없다는 것이다. 우리가 일의적으로 예측할 수 있는 현상과, 그저 그렇게 되어 있기 때문에 그렇게 되는 현상을 어떻게 해야 구분할 수 있을까? 무엇보다 인간 원리의 설명은 검증할 수 없다. 인간 원리가 옳다고 판명될 수도 있다. 그러나 기본 원리로부터 더 근본적인 설명이 나오면 인간 원리는 틀림없이 폐기될 것이다.

실험이 답을 줄 것이다!

끈 이론에는 심오하고 가능성 높은 아이디어가 들어 있다. 이미 끈 이론은 우리에게 양자 중력과 수학에 대한 통찰을 주었고, 모형을 만드는 사람이 탐구해 볼 만한 흥미로운 재료를 제공한 바 있다. 그러나 우리가 풀고 싶은 문제에 대답을 할 수 있을 만큼 끈 이론을 풀 수 있게 되려면 오랜 시간이 지나야 할 것 같다. 끈 이론이 현실 세계에서 어떤 식으로 구현될지를 아무것도 없는 데서 도출해 내기 너무 어렵다. 궁극적으로 성공적인 모형이 끈 이론으로부터 도출된다고 하더라도, 불필요한 요소들이 혼란스럽게 섞여 있어서 그것을 찾아내기 어려울 것이다.

물리학에서 모형 만들기라는 접근 방법은 끈 이론이 확실한 예측을 위한 전제로 삼는 에너지 스케일이 우리가 관찰할 수 있는 곳에서 아주 멀리 떨어져 있다는 직관으로부터 시작된다. 스케일이 바뀌면 현상을 기술하는 방식도 바뀌기 때문에 입자 물리학에서 어떤 문제를 다루는 메커니즘은 그 문제에 적합한 에너지 스케일에서 가장 잘 연구할 수 있다.

물리학자들은 공통의 목표를 가지고 있지만, 그것을 얻는 최선의 방법에 관해서는 모두 다 다른 답을 내놓는다. 나는 모형을 만드는 접근 방법을 선호하는데, 그러면 가까운 장래에 실험의 검증과 안내를 받을 가능성이 높기 때문이다. 나와 동료들도 끈 이론에서 나온 아이디어를 이용할 수도 있고, 우리 연구가 끈 이론 연구에서 의미를 가질 수도 있다. 그러나 끈 이론을 적용하는 것이 내 첫째 목표는 아니다. 내 목표는 검증 가능한 현상을 이해하는 것이다. 모형은 더 근본적인 이론과의 관계가 설정되기 전에도 기술될 수 있고 실험적 검증도 받을 수 있다.

모형을 만드는 사람들은 실용주의자들이다. 한 번에 모든 것을 얻어낼 수 없음을 잘 안다. 모형에서 사용하고 있는 가정이 궁극적인 기초 이론의 일부이거나, 보다 깊은 곳에 숨겨진 심오한 이론적 기반을 가진 새로운 관계성을 슬쩍 보여 주는 것에 불과할 수도 있다. 모형은 유효 이론이다. 일단 모형이 옳다고 증명되면, 끈 이론가들이나 하향식의 성격이 좀 더 강한 방법을 사용하고자 하는 사람들에게 방향을 제시할 수 있다. 모형은 끈 이론이 제공한 풍부한 아이디어들로부터 이미 도움을 받았다. 그러나 모형은 우선 더 낮은 에너지와, 그 에너지에서 수행되는 실험에 초점을 둔다. 표준 모형을 넘어선 모형은 표준 모형의 구성 요소들과 이미 탐색된 에너지 영역의 결과를 결합하고, 거기에 더 짧은 거리에서만 볼 수 있는 새로운 힘, 새로운 입자, 그리고 새로운 상호 작용을 포함한다. 그렇게 해도 우리가 아는 모든 것을 아무런 부족함 없이 짜맞추기는 어렵다. 나나 다른 누군가가 연구 결과 만들어 내는 모형들은 종종 처음의 우아함을 상당 부분 잃는다. 이런 이유로 모형을 만드는 사람은 열린 마음을 가져야 하는 것이다.

나는 다양한 모형들을 연구하고 있다. 그러나 그 모형들이 모두 맞을 수는 없고 그중에서 어느 것이 맞는지는 LHC가 알려줄 것이라고 생각한다. 이렇게 내 생각을 말하면 사람들은 자주 혼란스러워한다. 한 걸음 더 나아가 내가 지금 관심 가지고 있는 특정한 모형이 꼭 대단한 가망이 있는 것은 아니라고 설명하면 더 놀란다. 그럼에도 불구하고, 나는 진정한 설명 능력을 가진 원리가 될 수 있는 아이디어나 새로운 형태의 실험적 탐색 전략을 제시하는 프로젝트를 택한다. 내가 생각하는 모형들은 일반적으로 흥미로운 점이 있거나 해명되지 않은 현상을 재미있게 설명할 가능성이 있는 메커니즘을 가지고 있다. 그러나 명확하지 않은 요소가 너무나 많고 진보의 기준 역시 불확실한 경우가 너무나 많아 실제 세계를 예측하고 해석하는 데 쓰기에는 어려운 경우가 많다. 처음 만든 것으로부터 올바른 답을 얻는다? 그런 일이 있다면 그것은 기적이다!

여분 차원 이론의 장점 중 하나는 하향식과 상향식 진영 양쪽으로부터 얻은 아이디어를 융합해서 만든 이론이라는 점이다. 끈 이론가들은 자신들의 이론적 틀에서 나온 브레인이 핵심적인 역할을 한다는 것을 안다. 그리고 모형을 만드는 사람들은 계층성 문제를 중력의 문제로 재해석한 것에서 새로운 해법을 찾을 수 있었다.

LHC가 이제 이 아이디어들을 검증하고 있다. LHC가 발견하는 것은 무엇이든 미래의 모형을 만드는 데 안내 지침이 되거나 제약 조건이 될 것이다. 더 높은 에너지에서의 실험 결과를 가지고 관찰 결과를 서로 맞추어 보면 무엇이 옳은지를 결정할 수 있을 것이다. 관측 결과가 어떤 특정한 제안을 따르지 않더라도, 그 모형들을 만들면서 배운 교훈의 도움을 받아 어떤 이론이 궁극적으로 옳을지 가능성을 좁혀 갈 것이다.

모형 만들기는 여러 가지 가능성들을 이해하고, 실험에서 탐색할 것을 제안하고, 일단 데이터가 나오면 데이터를 해석하는 데 도움을 준다. 운이 좋아서 바로 결과를 얻을 수도 있다. 그러나 모형을 만드는 것은 무엇을 찾아야 할지에 대한 통찰도 준다. 어떤 모형의 예측도 완전히 옳지는 않은 것으로 판명된 경우에도, 새로 나온 실험 결과의 의미에 대해 추론하는 데에는 도움이 될 것이다. 결국 여러 아이디어를 구별하고 어떤 것이 현실 세계를 제대로 기술하는지 판단하는 데 활용될 것이다. 만약 현재 제안된 모형들이 모두 맞지 않는다고 하더라도, 데이터는 계속 옳은 모형이 무엇일지 정하는 데 도움이 될 것이다.

고에너지 실험은 단순히 새로운 입자를 찾는 일이 아니다. 실험은 더 많은 것을 설명할 수 있는, 우리가 알고 있는 모든 것의 기초가 되는 물리 법칙의 구조를 찾고 있다. 실험의 뒷받침을 받아 답을 확정짓기 전까지 우리는 그저 추측을 할 뿐이다. 지금 우리는 미학적 기준(또는 선입견)을 가지고 어떤 모형을 다른 것보다 더 좋아하고 있을 뿐이다. 그러나 실험이 모형들을 판정할 수 있는 에너지, 혹은 거리에 도달하고, 통계적으로 충분한 양의 데이터를 얻으면, 더 많은 것을 알게 될 것이다. LHC에서 나올 실험 결과를 바탕으로 우리는 우리가 내놓은 추측 중 어느 것이 옳은지를 판정할 수 있을 것이고 현실 세계의 본질이 무엇인지 확립할 수 있을 것이다.

5부

우주의 스케일

19장

안에서 밖으로

초등학생이었을 때, 어느 날 아침 나는 일어나서 우주(최소한 우리가 알고 있는 우주)의 나이가 갑자기 2배로 늘었다는 뉴스를 읽고 어리둥절했다. 이 변화에 나는 정말 깜짝 놀랐다. 어떻게 우주의 나이처럼 중요한 어떤 것이, 그렇게 급격하게, 마음대로, 다른 것은 아무것도 바뀌지 않은 채 바뀔 수 있을까?

요즘 내가 놀라는 것은 반대 방향이다. 나는 우주와 그 나이를 얼마나 정확하게 측정할 수 있는지를 보고 아찔한 생각이 든다. 우리는 우주의 나이를 이전보다 훨씬 정확하게 알 뿐만 아니라, 시간에 따라 우주가 어떻게 자라 왔는지, 어떻게 원자핵이 만들어지고, 은하와 성단이 진화하기 시작했는지도 안다. 예전에는 무엇이 일어났는지 정성적으로 그려

볼 수만 있었다. 이제 우리는 정확하게 과학적으로 기술할 수 있다.

최근 우주론은 놀라운 시대로 들어섰다. 이론과 실험 모두에서 혁명적인 진전이 이뤄져서, 20년 전이라면 아무도 가능하다고 믿지 못했을 만큼 넓은 범위에 걸쳐 자세한 기술을 할 수 있게 되었다. 일반 상대성 이론과 입자 물리학에 뿌리를 둔 계산과, 개량된 실험 방법을 결합함으로써 물리학자들은 우주가 초기 단계에서 어떤 모습을 하고 있었으며, 어떤 과정을 거쳐 오늘날의 모습으로 진화했는가에 대한 상세한 이해를 확립해 왔다.

지금까지 이 책은 주로 물질의 내부 구조를 탐구하는 더 작은 스케일로의 여행에 초점을 맞춰 왔다. 안으로의 여행이 일단 현재의 한계점에 도달한 만큼, 이제 5장에서 시작했던 짧은 거리 스케일로의 여행을 마치고, 바깥으로 눈을 돌려 바깥 우주에 존재하는 물체들의 크기에 관해 생각해 보자.

먼저 주의할 점 하나. 이 우주 스케일로의 여행에는 물질 내부 세계로의 여행과는 큰 차이가 하나 있다. 우주의 경우에는 크기만을 가지고 우주의 모든 측면을 산뜻하게 설명할 수 없기 때문이다. 우주를 관측한다는 것은 오늘의 우주만을 기록하는 것이 아니다. 빛의 속도가 유한하기 때문에 빛을 통해서 우주를 보면 언제나 시간을 거슬러서 보게 된다. 우리가 오늘날 보는 구조는 초기 우주의 빛이 방출되고 나서 수십억 년이 지난 뒤에 망원경에 잡힌 것일 수 있다. 지금 우리가 보고 있는 거대하게 팽창한 우주의 크기는 초기 우주보다 엄청나게 크다.

그렇지만 크기가 우리가 관측한 것을 설명하는 데서 중요한 구실을 한다는 것은 변함이 없다. 이 장은 현재의 우주와 그 역사를 탐구할 것이다. 후반부에서는 우주가 아주 작았을 때부터 지금 우리가 관측하는 광대한 구조를 갖출 때까지 우주 전체가 어떻게 진화해 왔는지 살펴볼 것이다. 그러나 우선 우주의 현재 모습을 바라보면서 우리를 둘러싸고 있는 것들의 특징적 거리 스케일에 익숙해져 보도록 하자. 그러고 나서 스케일을 늘려 가며 지구 위, 그리고 우주에 존재하는 다양한 크기의 물체들, 다양한 거리에 떨어져 있는 물체들을 생각해 보자. 그러다 보면 바깥 우주에 있는 거대한 구조에 대한 대략적인 느낌을 얻을 수 있을 것이다. 스케일을 키워 가는 이 여행은 앞서 물질의 내부로 파고 들어가는 여행보다는 짧게 끝날 것이다. 우주의 구조는 아주 풍부하지만 관측 가능한 물체 대부분은, 더 근본적이고 더 새로운 법칙은 아니지만, 이미 우리가 알고 있는 물리 법칙으로 설명할 수 있다. 별과 은하가 형성되는 과정은 우리가 알고 있는 화학 법칙과 전자기 법칙을 따른다. 이것은 우리가 앞에서 살펴봐 왔던, 작은 스케일에 뿌리를 둔 과학이다. 그러나 이 여행에서는 중력이 주요한 역할을 한다. 그리고 제대로 된 이론적 기술을 하기 위해서는 중력이 작용하는 물체의 속력과 밀도를 고려해야 하고, 이것에 따라 이론적인 기술을 바꿔 가야 한다.

우주로의 여행

영화와 책으로 만들어져서 거리 스케일 변화에 따라 세계가 어떻게 달리 보이는지를 실감나게 보여 준 「10의 제곱수(Powers of Ten)」라는 작품은 시카고 그랜드 파크에 앉아 있는 한 쌍에서 시작하고 끝난다.[67] 이 스케일이야말로 어떤 곳보다 우리 여행을 시작하기에 좋은 곳이다. 일단 단단한 땅(지금 우리는 그것이 대부분 비어 있어 틈이 많음을 알고 있다.)에 발을 딛고 잠깐 멈춰 서서 우리 주변의 익숙한 길이와 크기를 가진 물체들을 살펴보자. 1~2미터 높이의 인간 스케일을 잠시 보고 난 다음, 이 편안한 곳을 떠나 더 큰 물체들이 존재하는 더 높은 곳으로 가 보도록 하자. (그림

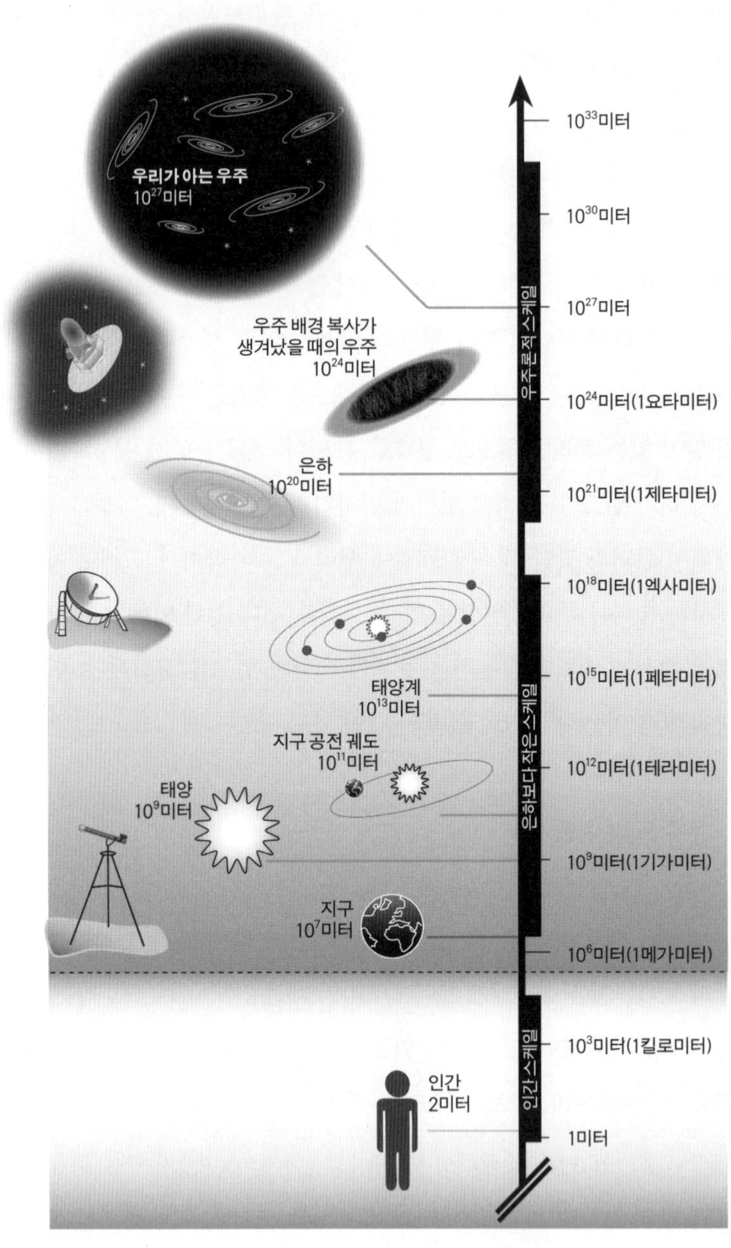

그림 70 커다란 스케일로의 여행, 그리고 그 스케일을 표현하는 길이 단위들.

70 참조)

높이와 관련된 인간의 반응을 가장 잘 보여 준 일은, 내 경험상, 엘리자베스 스트렙 댄스 컴퍼니의 공연이었다. 댄서들(혹은 '액션 엔지니어'들)이 점점 높아지는 가로막대에서 뛰어내리고 있었다. 마지막 댄서는 10미터나 되는 높이에서 뛰어내렸다. 청중 속에서 숨 막히는 헐떡임이 나온 데서도 명백하듯이, 이것은 분명히 우리가 편하게 느끼는 범위를 넘는 것이었다. 사람들은 그 높이에서 뛰어내려서는 안 되는 존재이다. 적어도, 절대 머리부터 떨어져서는 안 된다.

비록 그렇게 극적이지는 않겠지만, 대부분의 높은 빌딩에 대해서도 사람들은 두려움에서부터 소외감까지 강한 반응을 보인다. 건축가들이 직면하는 문제 중 하나는 우리보다 훨씬 큰 구조물을 '인간적으로' 만드는 것이다. 건물과 구조물의 크기와 모양은 다양하지만, 그것에 대한 우리의 반응은 필연적으로 크기에 대한 우리의 심리적, 생리적 수용 태도를 반영한다.

인간이 만든 구조물 중 세계에서 가장 높은 것은 아랍 에미리트 연합국 두바이에 있는 높이 828미터의 빌딩 부르즈 칼리파이다. 이 건물은 섬뜩할 정도로 높지만, 대부분 비어 있다. 아마도 영화 「미션 임파서블 4」는 부르즈 칼리파를, 영화 「킹콩」에서의 엠파이어 스테이트 빌딩처럼 문화적 상징으로 만들지는 못할 것이다. 뉴욕의 상징인 높이 381미터의 빌딩은 부르즈 칼리파 높이의 절반도 안 된다. 그러나 이용률은 엠파이어 스테이트 빌딩이 훨씬 높다.

자연에는 이런 고층 건물보다 훨씬 큰 물체들이 존재하고, 우리는 그것들을 보면 경외감을 느낀다. 수직 방향으로 따지면, 해발 8.8킬로미터에 이르는 에베레스트 산이 지상에서 가장 높은 봉우리이다. 유럽에서 가장 높은 산인 몽블랑은 그 절반밖에 안 된다. (당신이 5,200미터 가까이 되는 시하라 산이 있는 조지아 출신이라면 몽블랑이 유럽 최고봉이라는 말에 동의하지 않을지도 모르겠다.) 그래도 몇 년 전에 몽블랑 정상에 올랐을 때는 정말로 행복했다. 정상에서 찍은 사진을 보면 나와 친구가 끔찍이도 불쌍해 보이기는 하지만 말이다. 11킬로미터 깊이의 마리아나 해구는 지구 표면에 난 홈 중 가장 깊다. 영화 감독 제임스 프랜시스 캐머런(James Francis Cameron, 1954년~)이 그의 히트 영화 「아바타」를 통해 3차원 입체 영상을 정복하는 데 성공한 다음 다른 세상 같은 이 심해 해구를 탐사하기도 했다.

지표면을 따라 수평 방향으로 펼쳐져 있는 구조물을 보자면 자연의 조형이 한층 더 거대한 영역에 이르렀음을 알 수 있다. 예를 들어 태평양은 폭이 2000만 미터에 달한다. 800만 미터 정도인 러시아 국토 길이는 태평양의 절반 정도이다. 거의 구에 가까운 지구 자체의 지름은 1200만 미터이고 둘레의 길이는 그 3배쯤 된다. 미국의 동서 횡단 길이는 420만 미터쯤으로 지구 둘레의 10분의 1쯤 되는데, 그래도 360만 미터 정도인 달의 지름보다는 크다.

우주 공간에 존재하는 물체들의 크기는 더 넓은 범위에 걸쳐 있다. 예를 들어 소행성은 아주 작아서 조약돌만한 것부터 지구상의 어떤 물체보다 큰 것까지 다양하다. 지름이 10억 미터쯤 되는 태양은 지구보다 100배쯤 더 크다. 그리고 태양계의 크기는, 태양에서 명왕성(행성이든 아니든 태양계에 속하는 것은 분명하므로)까지의 거리로 말하면 태양 반지름의 약 7,000배이다.

지구에서 태양까지의 거리는 꽤 짧아서 겨우 1000억 미터밖에 안 된다. 1광년의 10만분의 1 정도이다. 1광년은 빛이 1년 동안 이동하는 거리인데 초속 3억 미터(빛의 속도)×300만 초(1년을 초로 환산한 것)이다. 빛의 속도가 이렇게 유한하기 때문에 우리가 받는 햇빛은 약 8분 전에 방출된 빛이다.

광대한 우주 속에는 다양한 모양과 크기를 가진 눈에 보이는 구조물들이 존재한다. 천문학자들은 하늘에 존재하는 것들을 형태에 따라 체계화했다. 몇몇 스케일을 보자면, 보통 은하의 지름은 약 3만 광년, 혹은 3×10^{20}미터이다. 우리 은하도 평범한 은하 중 하나인데 크기는 약 3배쯤 된다. 은하단은 수십 개에서 수천 개의 은하가 모여 있는 것인데, 크기는 약 10^{23}미터, 혹은 1000만 광년이다. 은하단의 한쪽 끝에서 다른 쪽까지 가는 데 빛조차 약 1000만 년이 걸린다.

크기가 이렇게 다양하지만, 이 물체들 대부분은 뉴턴 법칙의 지배를 받는다. 달의 궤도, 명왕성의 궤도, 그리고 지구 자신의 궤도 모두 뉴턴의 중력 이론으로 설명할 수 있다. 태양에서 행성까지의 거리를 알면 뉴턴의 중력 법칙에 따라 행성의 궤도를 정확히 예측할 수 있다. 여기에서는 뉴턴의 사과를 지구에 떨어뜨린 것과 똑같은 법칙이 작용한다.

그럼에도 불구하고 행성의 궤도를 더 정밀하게 측정했더니 뉴턴의 법칙이 정답이 아니라는 것이 드러났다. 일반 상대성 이론을 통해서만 수성 근일점의 세차 운동을 설명할 수 있었다. 수성 근일점의 세차 운동이란 수성의 태양 공전 궤도가 시간에 따라 변한다는 것이다. 일반 상대성 이론은 밀도가 낮고 속력이 느릴 경우에 유효한 뉴턴의 법칙을 포함하고, 그 한계를 벗어나도 성립하는 보다 완전한 이론이다.

그러나 일반 상대성 이론은 대부분의 물체를 기술할 때에는 필요하지 않다. 하지만 그 효과는 시간이 흐름에 따라 누적되며, 물체의 밀도가 블랙홀과 같이 충분히 높으면 현저해진다. 은하 중심에 있는 블랙홀은 반지름이 약 10조(10^{13}) 미터에 이른다. 그 질량은 엄청나서, 태양 질량의 400만 배에 이르는데, 다른 모든 블랙홀과 같이 이 천체의 중력 관련 성질을 기술하려면 일반 상대성 이론이 필요하다.

가시 우주(visible universe, 광학적으로 관측 가능한 우주) 전체의 크기는 현재

1000억 광년, 그러니까 10^{27}미터로 추정된다. 우리 은하의 100만 배의 크기이다. 이것은 우리가 실제로 관측할 수 있는 거리인 대폭발이 일어난 시간부터 지금까지 빛이 137.5억 년 동안 달릴 수 있는 거리보다 더 크니까 어마어마하게 큰 것이다. 그 무엇도 빛보다 빠르게 달릴 수 없으므로 우주의 나이가 137.5억 세라고 한다면 우주가 이런 크기를 갖는 것은 불가능해 보인다.

그러나 이것은 모순이 아니다. 우주의 나이를 바탕으로 추정한 빛의 신호의 이동 가능 거리보다 우주 전체의 크기가 더 큰 것은 우주 자체가 팽창하고 있기 때문이다. 일반 상대성 이론은 이 현상을 이해하는 데에서 중요한 역할을 한다. 일반 상대성 이론의 방정식에 따르면 우주의 공간 구조 자체가 팽창하고 있는 것이다. 덕분에 우리는 우주 팽창이 없었다면 볼 수 없었을 멀리 떨어진 장소들도 관측할 수 있다.

유한한 빛의 속도와 유한한 우주의 나이 때문에 우리가 관측할 수 있는 크기에는 한계가 있다. 가시 우주는 우리 망원경으로 볼 수 있는 곳까지의 우주를 말한다. 그렇지만 우주의 크기는 우리가 볼 수 있는 범위에 국한되지 않는 것이 거의 확실하다. 작은 스케일을 탐구할 때 현재의 실험적 제약 너머에 있는 세계를 추측할 수 있는 것처럼, 관측 가능한 우주 너머에 존재하는 것도 상상할 수 있다. 우리가 얼마나 큰 물체까지 생각할 수 있을지는 우리가 볼 것이라는 희망을 가질 수 없는 구조까지 관찰하려는 우리의 상상력과 인내력에 달려 있다.

관측 가능한 가시 우주의 경계선인 **지평선(horizon)** 너머에 무엇이 있는지 우리는 정말로 알 수 없다. 우리가 관측하는 것에 한계가 있으므로, 그 너머에는 새롭고 완전히 낯선 현상이 존재할 가능성이 있다. 다른 구조, 다른 차원, 그리고 심지어 다른 물리 법칙도 원리적으로 가능하다. 그것이 관측된 것들과 모순되지 않는 한. 그렇다고 천체 물리학을 하는 동료인 맥스 에릭 테그마크(Max Erik Tegmark, 1967년~)가 가끔 주장하는 것처럼, 모든 가능성이 다 자연에 구현된다는 뜻은 아니다. 그러나 지평선 너머에 무엇이 있을 수 있는가에 대해서 무수한 가능성이 있음은 분명하다.

다른 차원이나 다른 우주가 정말로 존재하는지 우리는 아직 모른다. 일단 우리 우주 전체가 유한한지 무한한지조차 확실하게 말할 수 없다. 비록 우리 대부분은 후자일 것 같다고 생각하기는 하지만 단언하지는 못한다. 우주에 끝이 있다는 신호는 어떤 관측에서도 발견되지 않았다. 그러나 그것은 우리가 그 정도까지만 측정했다는 말일 뿐이다. 원리적으로 우주에는 끝이 있을 수 있다. 심지어 공, 혹은 풍선 모양일 수도 있다. 그러나 이론적이건 실험적이건 이 문제와 관련된 정보를 주는 실마리는 현재 하나도 없다.

대부분의 물리학자들은 가시 우주 너머에 대해서 너무 많이 생각하는 것을 그리 좋아하지 않는다. 거기 무엇이 있을지 알게 될 것 같지 않기 때문이다. 그러나 중력이나 양자 중력의 이론은 존재할지도 모르는 세계의 기하를 고찰할 수학적 도구를 우리에게 준다. 공간의 여분 차원이라는 아이디어와 이론적 도구를 바탕으로 물리학자들도 가끔 낯선 다른 우주를 생각한다. 우리는 우리 우주가 존재하는 동안에는 그 우주와 접촉하지 못할 것이다. 접촉할 수 있다고 해도 오로지 중력을 통해서만 만날 수 있을 것이다. 18장에서 이야기한 바와 같이, 끈 이론가들 중에는 다중 우주의 존재를 고찰하는 이들이 있다. 이 다중 우주에는 서로 연결되지 않은 여러 개의 우주가 포함되어 있고, 그런 우주들은 끈 이론 방정식에 잘 맞는다. 때로는 이 다중 우주 아이디어를 다양한 우주의 존재 가능성을 이용한 인간 원리와 결합하기도 한다. 심지어 어떤 사람은 다중 우주에 대한 관측 가능한 증거를 찾으려고 노력한다. 지금은 아니라 미래 언젠가 이뤄질 관측을 통해 발견될 증거가 어떤 것일지 추론하는 것이다. 17장에서 보았듯이, 어떤 독특한 시나리오에서는 2개의 브레인으로 이루어진 '다중 우주'가 입자 물리학의 문제를 이해하는 데 도움을 줄 수도 있다. 그런 경우 검증 가능한 결과가 나올 수도 있다. 그러나 다중 우주 아이디어는 대부분 상상할 수 있고 실재할 수도 있겠지만, 아마도 미래에도 실험적 검증의 범위를 넘어서는 곳에 남아 있을 것이다. 결국 이론적이고 추상적인 가능성으로만 남을 것이다.

대폭발: 시간이 지남에 따라 작은 것에서 큰 것으로

자 이제 우리는 우리가 관측할 수 있고 심지어 상상할 수 있는 세계의 끝에 도달했다. 우리가 관측할 수 있는 가장 큰 크기까지 살펴본 것이다. 이번에는 우리가 살고 있고 관찰하고 있는 우주가 어떤 진화 과정을 거쳐 오늘날 우리가 보고 있는 거대한 구조를 만들어 냈는지 살펴보자. 대폭발 이론은 우주가 137.5억 년의 생애 동안 처음의 작은 크기에서 어떻게 지금 1000억 광년의 크기로 성장해 왔는지 말해 준다. 프레드 호일(Fred Hoyle, 1915~2001년)은 농담으로(그리고 회의적으로), 고온, 고밀도의 불덩어리가 우리가 보는 별과 구조 들로 이루어진 우주로 팽창하기 시작했을 때 일어난 일을 '대폭발'이라고 불러서 이 이론에 이름을 붙여 주었다. 우주는 진화하면서 성장하고 물질은 희박해지고 온도는 차갑게 식어 간다.

그러나 우리가 알지 못하는 것은, 처음에 무엇이 폭발을 일으켰고, 폭발이 어떻게 일어났는가 하는 것이다. 그리고 폭발한 것의 크기가 정확히 얼마였는지도 모른다. 이후에 일어난 우주의 진화 과정은 우리가 이해하고 있지만, 그 기원은 여전히 수수께끼 속에 잠겨 있다. 여하튼, 대폭발 이론은 우주가 시작된 최초의 순간에 대해서는 말해 주지 않지만, 우주의 역사가 그 후 어떻게 진행되어 왔는지는 잘 알려주는 매우 성공적인 이론이다. 대폭발 이론과 현재의 관측 결과를 결합하면 우주가 어떻게 진화해 왔는가에 대해 우리는 많은 것을 알 수 있다.

20세기가 시작되었을 때에는 아무도 우주가 팽창하고 있는지 몰랐다. 에드윈 허블이 처음으로 하늘을 응시했을 때 알려진 것은 거의 없었다. 할로 섀플리(Harlow Shapley, 1885~1972년)는 우리 은하의 크기가 30만 광년이라고 측정했으나, 우리 은하가 우주의 전부라고 생각했다. 1920년대에 허블은 섀플리가 구름이나 먼지라고 생각했던 성운(星雲, 그래서 이런 이름이 붙었다.) 중 어떤 것은 사실 수백만 광년 떨어진 은하들이라는 것을 깨달았다.

일단 은하가 여럿임을 확인하고 난 다음, 허블은 그의 두 번째 멋진 발견인 우주 팽창을 발견했다. 1929년 허블은 은하가 적색 이동을 가

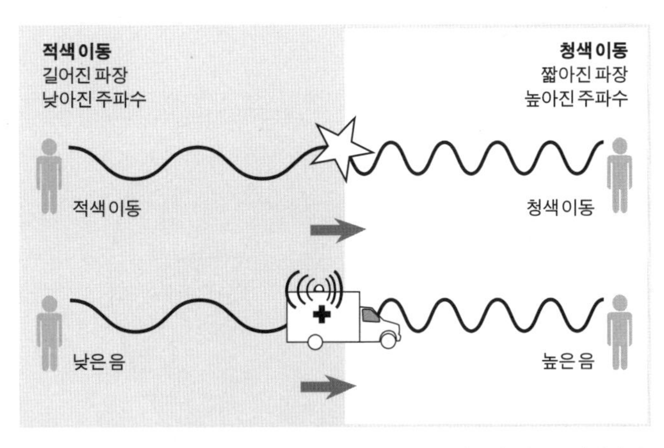

그림 71 우리로부터 멀어지는 물체로부터 나온 빛은 더 낮은 주파수의 빛으로 바뀐다. 혹은 스펙트럼의 빨간색 쪽으로 이동한다. 반면 다가오는 물체에서 나온 빛은 더 높은 주파수의 빛으로 혹은 파란색 쪽으로 이동한다. 이것은 앰뷸런스가 멀어질 때 사이렌 소리가 낮아지고, 다가올 때 높아지는 것과 같다.

지는 것을 관측했다. 적색 이동이란 멀리 떨어진 물체의 경우 빛이 더 긴 파장 쪽으로 치우치는 식으로 도플러 효과가 발생한다는 이야기이다. 이 적색 이동은, 앰뷸런스가 멀어질수록 사이렌 소리가 점점 낮아지는 것과 같이 은하가 멀어지고 있음을 증명하는 것이다. (그림 71 참조) 그가 확인한 바에 따르면, 우리 은하 밖 외계 은하들은 모두 다 우리 위치에 대해서 멈춰 있지 않고 우리로부터 멀어지고 있었다. 이것은 우리가 팽창하는 우주에 살고 있다는 증거였다. 우리 우주에서 은하는 모두 다 서로 멀어지고 있다.

우주의 팽창은 우리가 즉자적으로 상상하는 이미지와 다르다. 우주는 이미 존재하는 공간 속에서 팽창하는 것이 아니기 때문이다. 우주는 존재하는 모든 것이다. 우주가 팽창하는 곳에는 아무것도 존재하지 않는다. 우주 공간 그 자체가 팽창한다. 그 안의 어떤 두 점을 골라도 그 둘 사이의 거리는 시간이 지남에 따라 서로 멀어진다. 다른 은하들이 우리로부터 멀어지고 있지만 우리의 위치가 특별한 것이 아니다. 은하들은

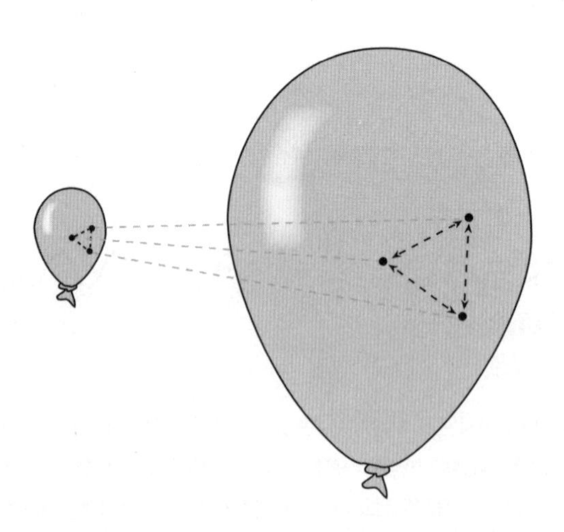

그림 72 '풍선 우주'는 풍선(우주)이 팽창함에 따라 모든 점들이 서로 멀어지는 양상을 보여 준다.

자기들끼리도 서로 멀어지고 있다.

이것을 머릿속에 그리는 한 가지 방법은 우주를 풍선의 표면이라고 상상하는 것이다. 풍선 표면에 두 점을 표시했다고 하자. 풍선을 불면 표면이 늘어나고, 두 점은 점점 서로 멀어진다. (그림 72 참조) 이것이 우주가 팽창할 때 그 안의 두 점 사이에 일어나는 일이다. 어떤 두 점, 혹은 두 은하 사이의 거리도 다 증가한다.

이 비유에서 점 그 자체는 팽창하지 않는다. 점들 사이의 공간만 팽창하는 것이다. 이것은 사실 팽창하는 우주에서 일어나는 일이기도 하다. 예를 들어 원자는 서로 전자기력으로 강하게 결합되어 있다. 우주가 팽창한다고 해도 원자는 더 이상 커지지 않는다. 은하와 같이 상대적으로 높은 밀도로 강하게 속박된 상태도 마찬가지이다. 팽창시키는 힘이 그들 사이에도 작용하지만, 다른 힘들이 작용하기 때문에 은하 자체는 우주 전체가 팽창한다고 해서 따라 커지지 않는다. 은하는 자체적으로 강한 인력을 느끼고 있기 때문에 은하들 사이의 상대적인 거리가 커지는 동안에도 크기는 변하지 않는다.

물론 이 풍선의 비유는 완벽하지는 않다. 우주는 2개가 아니라, 3개의 공간 차원으로 되어 있다. 더욱이 우주는 크고, 아마 크기가 무한할 것이며, 풍선의 표면처럼 휘어져 있지 않다. 무엇보다도 풍선은 우주와 달리 우리 우주 안에 존재하고, 이미 존재하는 공간으로 팽창한다. 우주는 공간 그 자체에 퍼져 있고 다른 어떤 것 속으로 팽창하는 것이 아니다. 그래도 이런 단서를 달기는 했지만, 풍선의 표면은 공간이 팽창한다는 것을 아주 잘 기술해 주고 있다. 모든 점은 동시에 다른 모든 점으로부터 멀어져 간다.

풍선의 비유는 또 우주가 어떻게 태초의 고온, 고밀도의 불덩어리 같은 존재에서 시작해 식어 갔는지도 더 쉽게 이해할 수 있게 해 준다. 극히 뜨거운 풍선을 아주 크게 팽창시킬 수 있다고 상상해 보자. 처음에는 너무 뜨거워서 건드리기 어렵겠지만, 풍선이 팽창하면 풍선 내부의 공기가 식어 사람이 손댈 수 있는 상태가 될 것이다. 대폭발 이론도 마찬가지로 태초의 고온, 고밀도 우주가 팽창하면서 식는다고 예측하고 있다.

아인슈타인은 실제로 그의 일반 상대성 이론 방정식으로부터 팽창하는 우주를 유도해 냈다. 그러나 당시에는 누구도 우주의 팽창을 관측한 적이 없었기 때문에, 아인슈타인은 자기 계산을 믿지 못했다. 그래서 아인슈타인은 이론을 정적인 우주와 조화시키려고 새로운 에너지의 원천을 집어넣었다. 그러나 허블의 관측 결과를 보고, 아인슈타인은 자기가 만든 허튼 소리를 없앴는데, 이것을 "아인슈타인 최대의 실수"라고 부른다. 그러나 이렇게 방정식을 수정한 것이 완전히 잘못만은 아니었다. 우리는 아인슈타인이 추가했던 우주 상수항이 실제로 최근의 관측 결과를 설명하는 데 필요하다는 것을 보게 될 것이다. 이것은 최근 이루어진 관측 결과에 바탕을 둔 것이기도 하다. 물론 최근 확립된 가속 팽창을 설명하는 측정값은 아인슈타인이 우주를 정지시키려고 제안한 값보다 10배가량 크기는 하다.

우주의 팽창은 하향식 물리학과 상향식 물리학이 서로 만나는 좋은 예이기도 하다. 아인슈타인의 중력 이론은 우주가 팽창한다고 예측했고, 실제로 우주 팽창이 발견됨으로써, 물리학자들은 자신들이 옳은 길을 가고 있다는 것을 확신하게 되었다.

오늘날 우리는 현재 우주가 팽창하는 속도를 결정하는 숫자를 **허블 상수**(Hubble constant)라고 부른다. 허블 상수는 모든 공간에서 팽창하는 비율이 같다는 의미에서 상수이다. 그러나 허블 상수는 시간에 대해서는 상수가 아니다. 우주가 더 뜨겁고 더 밀도가 높고 중력 효과가 더 강했던 우주 초기에는 우주가 훨씬 더 빠른 속도로 팽창했다.

허블 상수를 정밀하게 측정하는 일은 기본적으로 어렵다. 현재와 과거를 분리해야 하는 문제를 만나기 때문이다. 적색 이동은 허블 상수와 거리에 비례하므로, 허블 상수를 알려면 적색 이동이 일어나는 은하들이 얼마나 멀리 있는지 알아야 한다. 이것을 부정확하게 측정했기 때문에 이 장의 처음 부분에서 이야기했던 것처럼 우주의 나이가 2배나 차이가 났던 것이다. 만약 허블 상수의 측정이 2배 정도 불확실하다면, 우주의 나이도 그렇게 될 것이다.

이 문제는 이제 아주 잘 해결되어 있다. 허블 상수는 스미스소니언 천문대의 웬디 로렐 프리드먼(Wendy Laurel Freedman, 1957년~) 등에 의해 정밀하게 측정되어 있다. 약 100만 광년 떨어진 은하에 대해서 팽창 속도는 초속으로 약 22킬로미터이다. 이 값에 기초해서, 우주의 나이는 약 137.5억 년이라는 것을 알게 되었다. 나이를 2억 년 정도는 과소, 혹은 과대평가할 수 있지만 두 배까지는 아니다. 이만큼이면 아직 불확실성이 큰 것처럼 보일 수 있지만, 오차 범위로는 충분히 작아서 오늘날 우리가 이해하는 것과 큰 차이가 없다.

그리고 두 가지 다른 핵심적인 관측 결과가 예측과 잘 일치해 대폭발 이론을 입증해 주었다. 입자 물리학과 일반 상대성 이론 둘 다의 예측을 바탕으로 하기 때문에, 양쪽을 다 확증할 수 있는 측정 결과가 되기도 하는 것인데, 그중 하나는 헬륨과 리튬과 같은 우주의 여러 원소들의 밀도를 측정한 것이다. 대폭발 이론이 예측하는 이 원소들의 양은 측정과 잘 일치한다. 이것은 어떤 면에서 간접적인 증명인데, 이 값을 얻기 위해서는 핵물리학과 우주론에 기초해서 상세하게 계산해야 한다. 그렇다고 해도, 여러 가지 다른 원소의 양이 모두 예측과 맞는다는 것은 물리학과 천문학이 둘 다 옳은 방향으로 가고 있지 않다면 우연히는 일어나기 어려운 일이다.

미국의 로버트 우드로 윌슨(Robert Woodrow Wilsonm 1936년~)과 독일 출신의 아노 앨런 펜지어스(Arno Allan Penzias, 1933년~)가 1964년에 우연히 2.7켈빈의 우주 마이크로파 배경 복사(cosmic microwave background radiation, CMBR)를 발견하자, 이것은 대폭발 이론을 입증하는 더욱 강력한 증거가 되었다. 이 온도를 잘 들여다보자. 그 어떤 것도 절대 영도보다 차가울 수는 없다. 우주의 복사선은 3켈빈보다 낮고 사물이 차가워질 수 있는 절대 한계보다는 따뜻하다.

윌슨과 펜지어스의 공동 작업과 행운은 때때로 과학과 기술이 합쳐져서 아무도 상상할 수 없었던 결과를 얻게 되는 훌륭한 실례이다. (이 업적으로 그들은 1978년 노벨 물리학상을 받았다.) AT&T가 전화 사업을 독점하고 있을 때, 이 회사는 한 가지 멋진 일을 했는데, 그것은 벨 연구소를 만든 것이다. 벨 연구소는 순수 연구와 응용 연구가 밀접한 관계를 가지고 함께 수행되는 아주 훌륭한 연구 환경을 만들었다.

복잡한 기계 장치의 세부적인 데 매료된 기술광인 로버트 윌슨과, 문제를 더 크게 보는 과학자인 아노 펜지어스는 벨 연구소에서 함께 전파 망원경을 개발하고 있었다. AT&T는 당연하게도 통신에 주된 관심을 두고 있었으므로 하늘의 전파를 연구하는 것은 중요한 일이었다. 윌슨과 펜지어스는 특히 과학과 기술 자체에 관심이 많았다.

어떤 전파 천문학적 문제를 연구하던 윌슨과 펜지어스는 처음에는 그저 이상한 골칫거리라고 생각했던 문제가 간단히 설명되지 않는다는 것을 깨달았다. 그것은 (아주 안정되고) 균일한 배경 잡음 같았다. 그것은 태양에서 오는 것도 아니었고, 전해에 있었던 핵실험과 관계된 것도 아니었다. 그들은 아홉 달 동안 무슨 일인지 이해하기 위해, 잘 알려진 것처럼 비둘기 똥을 치우는 등, 생각할 수 있는 모든 시도를 해 보았다. 비둘기 똥(펜지어스의 표현에 따르면 "하얀색 유전체(誘電體) 물질")을 치우고 비둘기를 총으로 쏘아 잡는 등 모든 상상할 수 있는 해법을 강구한 뒤에도 잡음은 사라지지 않았다.

윌슨은 자신들이 발견을 한 타이밍이 얼마나 운이 좋은 것이었는지 내게 이야기했다. 그들은 대폭발에 대해서는 알지 못했지만, 프린스턴 대학교의 로버트 헨리 딕케(Robert Henry Dicke, 1916~1997년)와 필립 제임스 에드윈 피블스(Phillip James Edwin Peebles, 1935년~)는 알고 있었다. 이 물리학자들은 대폭발 이론에 잔존하는 마이크로파 복사가 내포되어 있음을 막 깨달았던 참이었다. 그들이 자신들이 발견한 것이 무엇인지 아직 깨닫지도 못한 벨 연구소의 과학자들에게 자신들이 추월당했음을 알았을 때, 그들은 이 복사를 측정하기 위한 실험을 계획하고 있었다. 펜지어스와 윌슨에게는 행운이었던 것은, MIT의 천문학자 버니 버크(Bernie Burke)가 프린스턴 팀의 연구와, 펜지어스와 윌슨의 발견을 모두 알고 있었다는 것이었다. 윌슨은 내게, 버크는 인터넷의 초기 버전 같은 사람이었다고 이야기해 주었다. 버크는 펜지어스와 윌슨, 그리고 딕케와 피블스를 연결해서 결실을 맺게 했다.

이것은 과학이 작동하는 아름다운 예이다. 특정한 과학적 목적으로 수행된 연구에서 부수적으로 기술적이고 과학적인 이득이 나올 수 있다. 천문학자들은 그들이 발견한 것을 찾고 있지는 않았지만, 그들은 기술적, 과학적으로 아주 능숙했다. 그들은 뭔가를 발견했을 때, 그것을 그냥 넘기지 않아야 한다는 것을 알았다. 상대적으로 작은 현상을 찾는 그들의 연구는 엄청나게 심오한 의미를 지닌 발견으로 이어졌다. 그것이 가능했던 것은 그들이 발견을 했을 때 문제를 대국적으로 생각하는 사람이 근처에 있었기 때문이다. 벨 연구소 과학자들의 발견은 우연이었지만, 그것은 우주론을 영원히 바꾸어 놓았다.

우주 마이크로파 배경 복사는 아주 강력한 도구임이 판명되었다. 대폭발을 확인하기 위해서뿐만 아니라 우주론을 정밀한 과학으로 바꾸어 놓는 데에도 그랬다. 우주 마이크로파 배경 복사 분석은 전통적인 천문학의 측정과는 아주 다른 방식으로 우주의 과거를 관측할 수 있게 해주었다.

과거에 천문학자들은 하늘에 있는 천체들을 관측하면서, 그 나이를 결정하려고 했고, 그것들이 만들어진 진화의 역사를 추론하려고 했다. 이제 과학자들은 우주 마이크로파 배경 복사를 이용해서 별이나 은하가 만들어지기 이전으로 시간을 거슬러 올라가 직접 관측할 수 있다. 과학자들이 관측하는 빛은 오래전, 우주 진화의 초기에 방출된 것이다. 우리가 보고 있는 마이크로파 복사가 방출되었을 때, 우주의 크기는 현재의 1,000분의 1에 불과했다.

우주는 원래 온갖 형태의 입자로 가득 차 있었다. 그러나 일단 충분히 식은 우주 탄생 후 40만 년 정도 되자 전기를 띤 입자들은 함께 결합해서 전기적으로 중성인 원자를 형성하기 시작했다. 일단 이런 일이 일어나면, 빛은 더 이상 산란되지 않는다. 그러므로 관측된 우주 마이크로파 배경 복사는 대폭발 이후 40만 년 정도 되었을 때 방출되어 방해받거나 끊기는 일 없이 날아와 지구와 위성에 설치된 망원경에 도달한 빛인 것이다. 펜지어스와 윌슨이 발견한 배경 복사는 우주 역사의 초기 단계에 존재하는 복사와 같지만, 우주가 팽창하면서 희석되고 식은 빛이기도 하다. 도중에 하전 입자에 의해 산란된 적도 없고 이동을 방해받은 적도 없이 망원경으로 직접 들어와서 검출된 태초의 빛인 셈이다. 이 빛은 과거를 보는 직접적이고 정밀한 창문이다.

1989년에 발사되어 4년간 활동한 우주 마이크로파 배경 복사 탐사 위성(Cosmic Microwave Background Explorer, COBE)은 이 배경 복사를 아주 정확하게 측정했고, 실험을 수행한 과학자들은 측정 결과가 예측값과

1,000분의 1 이하 수준의 오차로 정확하게 맞는다는 것을 알았다. 그러나 COBE는 새로운 것도 측정했다. COBE의 측정 결과 중 가장 흥미로운 사실은 하늘 전체의 온도 분포가 아주 조금 불균일하다는 것이었다. 우주가 극히 매끈하기는 하지만, 1만분의 1도 안 되는 아주 작은 불균일성이 생겼고, 이것이 점차 성장해서 우주의 구조를 만드는 데 핵심적인 역할을 했다. 불균일성은 아주 작은 길이 스케일에서 생겨났지만, 천체 물리학적인 측정과 구조에 관련될 만큼 커졌다. 중력으로 인해 밀도가 높은 영역이 생겼고 그곳에서 섭동이 특히 더 커져서 물질의 응집 정도가 더욱 높아졌고 우리가 지금 관측하는 무거운 천체가 형성되었다. 앞에서 논의한 별과 은하와 은하단은 모두 이런 작은 양자 역학적인 요동이 중력을 통해 진화한 결과인 것이다.

마이크로파 배경 복사를 측정하는 것은 앞으로도 계속 우주의 진화를 이해하는 데 결정적으로 중요한 역할을 할 것이다. 초기 우주를 직접 보는 창으로서 배경 복사의 역할은 아무리 강조해도 부족하지 않다. 최근에는 우주 마이크로파 배경 복사에 대한 측정이 전통적인 통찰 말고도 다양하고 신비한 현상들에 대한 새로운 통찰들을 주고 있다. 이 현상들은 우주의 급팽창(inflation), 암흑 물질, 암흑 에너지 등에 관한 것이다. 다음 20장에서는 이 문제들에 대해 살펴볼 것이다.

20장

당신에게는 아주 큰 것, 내게는 아주 작은 것

내가 MIT 교수였을 때, 입자 물리학자들이 일하는 학과 건물의 3층 공간이 가득 차 버리고 말았다. 그래서 나는 당시 이론 천문학자들과 우주론 학자들이 쓰고 있던 아래층으로, 특히 앨런 하비 구스(Alan Harvey Guth, 1947년~)의 옆 방으로 옮겨야 했다. 앨런 구스는 입자 물리학자로 경력을 시작했지만, 오늘날에는 최고의 우주론 학자 중 한 사람으로 알려져 있다. 연구실을 옮길 때, 나는 이미 입자 물리학과 우주론 사이의 관계를 어느 정도 탐구하고 있었다. 그러나 옆 방 사람과 그런 관심을 공유하면, 그리고 그 연구실이 당신 방처럼 어질러져 있어서 집에 온 것처럼 편안하면, 연구가 훨씬 쉬워지는 법이다.

많은 입자 물리학자들이 다양한 분야로 흩어지고 있다. 꼭 건물 공간이 모자라서 그런 것만은 아니다. 바이오젠(Biogen)의 공동 설립자인 월터 길버트(Walter Gilbert, 1932년~)는 입자 물리학자로 시작했으나, 자기 분야를 떠나서 생물학 연구와 노벨상을 받은 화학 연구를 했다. 그 이래로 많은 이들이 그의 발자국을 따랐다. 한편, 내 대학원생 때의 친구 중 많은 수가 입자 물리학을 떠나서, 월가에서 시장의 미래 변화에 돈을 거는 '퀀트(quant)'가 되었다. 그들은 때를 잘 골라서 옮겼다. 그런 투자를 다루는 새로운 금융 도구가 당시에 막 개발되고 있었기 때문이다. 생물학 분야로 간 물리학자들은 입자 물리학의 사고법과 문제 체계화 방법을 가지고 갔고, 금융 분야로 간 이들은 연구 기법과 몇 가지 방정식을 자신들이 옮긴 분야에서 활용했다.

그러나 입자 물리학과 우주론이 중첩되는 부분의 물리학은 앞에서 소개한 어떤 것보다도 훨씬 깊고 풍부하다. 우주를 다양한 스케일에서 면밀히 조사한 결과, 가장 작은 스케일의 기본 입자와 가장 큰 스케일에서의 우주 그 자체 사이에 수많은 연관성이 있음이 드러났기 때문이다. 결국 우주는 정의에 따르면 유일하고 모든 것을 포괄한다. 입자 물리학자는 물질의 중심에 어떤 형태의 기본 물질이 존재하는지를 묻고, 우주론 연구자는 바깥으로 눈을 돌려 저 바깥에 존재하는 것이 무엇이고, 어떻게 진화해 왔는지를 연구한다. 우주의 신비, 그중에서도 특히 우주가 무엇으로 되어 있는지는 우주론 학자와 입자 물리학자에게 똑같이 중요하다.

양쪽 연구자들은 기본적인 구조를 관찰하고 근본적인 물리 법칙을 찾고자 한다. 그 과정에서 상대방의 연구 성과를 염두에 두어야 한다. 입자 물리학자들이 연구하는 우주의 구성 요소는 우주론 학자에게도 중요한 연구 주제이다. 또한 일반 상대성 이론과 입자 물리학의 양자를 포괄하는 자연 법칙은, 만약 둘 다 옳은 것이라면, 하나의 우주에 적용되는 것이기 때문에 우주의 진화를 기술할 수 있어야 한다. 동시에 우주의 진화에 대한 지식으로부터, 물질이 어떠한 성질을 가져야만 하는지 알아낼 수 있어야 한다. 관측된 우주의 역사를 망가뜨리지 않으려면 어쩔 수 없다. 우주는 어떤 면에서 최초의, 그리고 가장 강력한 입자 가속기이다. 우주 진화의 초기 단계에서는 에너지와 온도가 매우 높았는데, 현재의 고에너지 가속기 실험은 우주 초기의 조건을 일부라도 지상에서 재현하기 위한 것이라고 할 수 있다.

최근 이렇게 두 분야의 관심사가 접근하면서, 결실이 풍부한 관찰 결과와 중요한 통찰이 많이 얻어지고 있으며, 바라건대 이런 상황이 계속 이어지면 좋겠다. 이 장에서는 우주론에서 입자 물리학자와 우주론 학자 모두가 탐구하고 있는, 몇 가지 아직 해답을 얻지 못한 중요한 문제들을 고찰해 볼 것이다. 두 분야 연구자들의 관심사가 겹치는 주제들은 우주의 급팽창, 암흑 물질, 그리고 암흑 에너지이다. 이 현상들 각각에 대해 우리가 이해하고 있는 바는 무엇이고, 앞으로의 연구에서 중요한 역할을 할, 우리가 지금 이해하고 있지 못하는 것이 무엇인지 이야기할 것이다.

급팽창 우주론

비록 우주가 탄생했을 때, 바로 그 순간에 무슨 일이 일어났는지는 아직 이야기할 수가 없지만, 양자 역학과 중력을 아우르는 보다 포괄적인 이론이 필요하기 때문에 우리는 아주 이른 시기에(아마도 우주가 진화하기 시작한 지 10^{-39}초 쯤 후에) 우주 급팽창이라고 부르는 현상이 일어났다는 것은 증거에 입각해서 논리적으로 확실하게 주장할 수 있다.

1980년에 앨런 구스가 이 시나리오를 처음으로 제안했다. 구스의 시나리오는 극초기, 다시 말해 아주 이른 시기에 우주 자체가 바깥쪽으로 폭발했다고 말하는 것이었다. 재미있게도 구스는 처음에 대통일 이론의 우주론적인 결과를 포함하는 입자 물리학 문제를 해결하려고 애쓰고 있었다. 입자 물리학을 하는 사람답게 구스는 장 이론(field theory)에 뿌리를 둔 방법을 사용했다. 이 이론은 특수 상대성 이론과 양자론을 결합한 이론으로 입자 물리학자들이 계산할 때 사용하는 주된 도구이다. 그러나 구스는 그것으로부터 우주론에 대한 우리의 생각에 혁명을 일으킨 이론을 이끌어 냈다. 급팽창이 언제, 어떻게 일어났는가 하는 것은 여전히 고찰해야 할 문제이다. 그러나 이렇게 폭발적인 팽창을 거친 우주는 명확한 증거들을 남길 테고, 지금은 그중 많은 것이 발견되었다.

표준적인 대폭발 시나리오에서 초기 우주는 조용히 꾸준하게 성장한다. 예를 들어 우주의 나이가 4배가 될 때 크기가 2배가 되는 식이다. 그러나 급팽창 시기가 되면 하늘의 조각조각이 믿을 수 없을 만큼 빠르게, 시간에 따라 지수 함수적으로 팽창한다. 일정 시간이 지나면 우주는의 크기가 2배가 되고, 그만큼의 시간이 지나면 다시 2배가 되었다. 급팽창 시기가 끝날 때까지 계속해서 적어도 90번은 2배로 커지는 일이 반복된 끝에, 우주는 지금 우리가 보는 것처럼 매끈해졌다. 실제로 계산해 보면, 지수 함수적 팽창이 일어나 우주의 나이가 60배가 되었을 때, 우주의 크기는 1조 배의 1조 배의 1조 배 이상 커졌다. 급팽창이 없었으면 겨우 8배쯤으로 커지고 말았을 것이다. 어떤 의미에서 급팽창은 작은 것에서 큰 것으로 진화해 온 우리 이야기의 시작점이기도 하다. 최소한 우리가 관측을 통해서 이해할 수 있는 부분에 대해서는 그렇다. 처음에 일어난 거대하고 급격한 팽창은 우주를 채우고 있는 물질과 복사를 희박하게 만들어서 우주를 실질적으로 텅 빈 것으로 만들었다. 그러므로 우리가 오늘날 우주에서 관측하는 모든 것은 급팽창 직후에 나타난 것이다. 그때 급격한 팽창을 이끌었던 에너지가 물질과 복사로 전환되었다. 급팽창이 끝나고 나서 원래의 대폭발로 인한 진화가 뒤를 이었다. 우주는 팽창했고 우리가 보는 거대한 구조가 나타났다.

표준적인 대폭발 이론에 따르면 급팽창이야말로 우주의 진화를 이끌어낸 '폭발'이라고 생각할 수 있다. 급팽창이 진짜 시작은 아니다. 양자중력이 중요한 역할을 하게 될 때 무슨 일이 일어나는지 우리는 모른다. 그러나 대폭발에서 물질이 식어서 점차 뭉치기 시작하는 진화의 단계는 급팽창으로부터 시작되었다.

급팽창은 또한 왜 우주에 아무것도 없는 것이 아니라 무엇인가가 있는가에 대해 부분적인 대답을 준다. 급팽창 시기에 축적된 거대한 에너지 밀도의 일부가 ($E=mc^2$에 따라) 물질로 전환되었는데, 이 물질이 현재 우리가 보는 세상만물로 진화했다. 이 장의 마지막 부분에서 논의할 것이지만, 물리학자들은 왜 우주에 물질이 반물질보다 더 많은지를 알고 싶어 한다. 그러나 이 질문에 대한 대답이 무엇이든, 우리가 아는 물질은 급팽창이 끝나자마자 대폭발 이론의 예측에 따라 진화를 시작했다.

급팽창 이론은 상향식 방법으로 시작한 이론이다. 이 이론은 원래의 대폭발 이론이 가지고 있던 중요한 문제점을 해결했지만, 급팽창이 어떻게 일어나는지 실제로 설명할 수 있는 모형이 실재하리라고 믿은 것은 겨우 몇 사람뿐이었다. 설득력 있는 고에너지 이론 가운데 급팽창이 도출되는 것은 없는 것 같았기 때문이다. 믿을 만한 모형을 만드는 것이 너무 어려워서 많은 물리학자들은(내가 대학원생이었을 때 하버드에 있던 사람들도) 이 아이디어가 옳은 것인지 의심했다. 한편 러시아 출신으로 현재는 스탠퍼드 대학교의 물리학 교수이며 최초의 급팽창 이론 연구자들 중 한 사람이기도 했던 안드레이 드미트리예비치 린데(Andrei Dmitriyevich Linde, 1948년~)는 급팽창은 옳은 것이라고 생각하고 있었다. 우주의 크기와 형상, 그리고 그 균일성에 대해 급팽창 말고는 설명할 수 있는 개념이 없었기 때문이다.

급팽창은 진리와 아름다움의 관계, 혹은 그 결여의 흥미로운 예이다. 우주의 지수 함수적 팽창은 우주의 기원과 관련된 많은 현상들을 아름답고 간결하게 설명하지만, 그 지수 함수적 팽창을 자연스럽게 유도하는 이론을 찾다 보면 그리 깔끔하지 않은 모형만 많이 나오게 된다.

그러나 최근에는 — 여전히 대부분의 모형이 만족스럽지는 않지만 — 많은 물리학자들이 급팽창이나, 급팽창과 아주 비슷한 어떤 것이 일어났다고 확신하게 되었다. 지난 수년간의 관측 결과가 급팽창을 전제하는 대폭발 우주론을 지지하는 증거들을 잔뜩 내놓았기 때문이다. 이제 많은 물리학자들이 대폭발로 인한 우주 진화와 급팽창이 일어났다고 믿는다. 이 이론들에 기초한 예측이 놀라울 정도의 정밀도로 확인되었기 때문이다. 급팽창의 본질을 설명하는 참된 모형이 없다는 것은 아직 해결되지 않은 문제이다. 그러나 지수 함수적인 팽창이 일어났다는 것을 뒷받침하는 사실 증거는 이제 많다.

우주 급팽창의 증거 중 하나는 앞 장에서 소개했던 우주 마이크로파 배경 복사가 완전하게 균일하지는 않다는 것과 관계가 있다. 배경 복사는 우리에게 단순히 대폭발이 일어났다는 것 이상의 많은 것을 말해 준다. 배경 복사를 한마디로 표현하면 우주의 극초기 — 최초의 별들이 생겨나기도 전 — 의 스냅 사진이다. 따라서 이 우주 배경 복사는 우주가 여전히 아주 매끈했을 때, 어떤 구조물이 만들어지기 시작했을 때를 돌아볼 수 있게 해 준다. 우주 마이크로파 배경 복사를 측정하면 완전한 균일성에서 아주 조금 벗어나 있음을 알 수 있다. 이것은 급팽창 이론의 예측 결과이기도 하다. 양자 역학적 요동으로 인해 급팽창이 끝나는 시점이 장소마다 약간씩 달라져 완전한 균일성이 살짝 깨지고 불균일성이 생기는 것이다. 위성 실험인 윌킨슨 마이크로파 비등방성 검출기(Wilkinson Microwave Anisotropy probe, WMAP) 실험은 이 프로젝트의 선구자였던 프린스턴의 물리학자 고(故) 데이비드 토드 윌킨슨(David Todd Wilkinson, 1935~2002년)의 이름을 딴 것이다. WMAP은 다른 시나리오들과는 완전히 다르고, 급팽창 이론의 예측과 합치하는 정밀한 측정 결과를 내놓았다. 급팽창이 오래전에 상상하기 어려운 높은 온도에서 일어났음에도 불구하고, 급팽창 우주론에 기반을 둔 이론은 오늘날 하늘에서 날아오는 복사에 새겨져 있는 온도 변화의 패턴이 보여 주는 통계적 성질을 정확히 예측한다. WMAP은 온도와 에너지 밀도의 작은 불균일성을 이전보다 더욱 정확히, 더욱 작은 각도 스케일로 측정했고, 그 패턴은 급팽창 이론에서 기대한 결과 그대로였다.

WMAP은 급팽창이 야기한 결과 중 가장 중요한 것을 발견하기도 했다. 그것은 바로 우주가 극히 평탄하다는 것을 측정한 것이다. 아인슈타인은 공간이 휘어질 수 있음을 우리에게 가르쳐 주었다. (휘어진 2차원 면의 예를 보려면 그림 73을 참조하라.) 공간의 곡률은 우주의 에너지 밀도에 따라

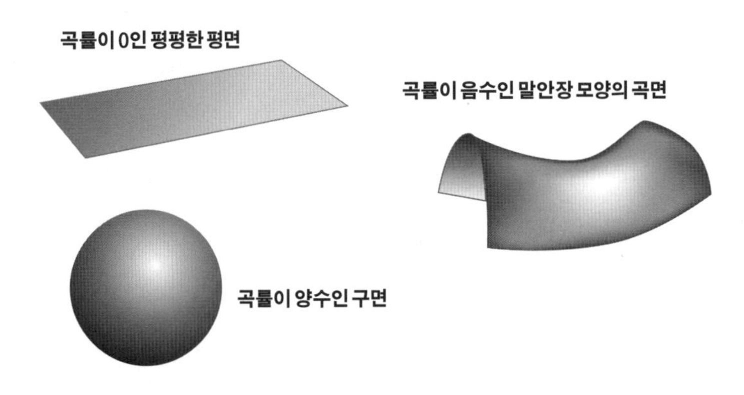

그림 73 2차원 면의 곡률이 0, 양수, 음수인 경우. 4차원 시공간을 2차원 지면 위에 그리는 것은 힘들지만 우주 역시 이 곡면들처럼 휘어져 있을 수 있다.

정해진다. 급팽창 이론이 처음 제안되던 시기에도 우주가 생각보다 훨씬 평탄할 것이라고 막연히 알고는 있었지만, 측정이 그리 정밀하지 못해서, 우주가 너무 많이 팽창해 버려서 공간이 평탄해졌다는 급팽창 이론의 예측을 검증할 수는 없었다. 우주 마이크로파 배경 복사에 대한 정밀한 측정 결과 우주가 1퍼센트 수준으로 평탄하다는 것이 입증되었다. 이것은 적절한 물리학적 설명이 뒷받침되지 않으면 아주 이해하기 어려운 일이다.

우주가 이렇게 평탄하다고 판명됨으로써 급팽창 우주론은 커다란 승리를 거두게 되었다. 만약 그렇지 않았으면 급팽창 이론은 틀린 것으로 판정되었을 것이다. WMAP의 측정은 과학의 승리이기도 하다. 우주의 기하를 알려줄 우주 마이크로파 배경 복사를 정확하게 측정하자고 이론가들이 처음 제안했을 때, 모두들 아주 흥미로운 일이라고 여겼지만, 기술적 난점들 때문에 그 실험이 쉽사리 이루어지기는 어렵다고 생각했다. 그러나 모든 사람들의 예상을 뒤엎고, 불과 10년 만에 관측 우주론 학자들은 필요한 측정을 해 냈고 우주의 진화에 대한 놀라운 통찰을 가져다주었다. WMAP은 여전히 하늘 전체의 온도 변동을 상세히 측정하며 새로운 결과를 가져다주고 있다. (WMAP은 2010년 10월에 9년간의 가동을 마치고 퇴역해서 태양을 중심으로 하는 퇴역 위성 궤도로 들어갔다. — 옮긴이) 현재 가동되고 있는 플랑크 위성은 이런 요동을 더욱더 정밀하게 측정하고 있다. 우주 마이크로파 배경 복사 측정은 초기 우주에 대한 통찰을 주는 가장 중요한 원천이므로 앞으로도 계속 연구될 것이다.

그 밖에도, 하늘에 남아 있는 우주 복사에 대해 최근 상세하게 연구한 결과, 우주와 우주의 진화에 대한 정량적인 지식을 비약적으로 발전시킬 수 있었다. 복사를 자세하게 연구함으로써, 우리를 둘러싼 물질과 에너지에 관해 풍부한 정보를 얻을 수 있었던 것이다. 또한 우주 마이크로파 배경 복사는 빛이 처음 방출되었을 때의 조건뿐만이 아니라, 빛이 통과해 온 우주에 관해서도 알려주었다. 우주가 지난 137.5억 년 동안 변해 왔다면, 혹은 우주의 에너지가 예상과 달랐다면, 그 차이가 상대성 이론에 따라 빛이 지나온 경로에 영향을 미쳤을 것이고, 결과적으로 우리가 측정하고 있는 배경 복사의 성질에도 영향을 미쳤을 것이다. 이것은 오늘날 우주의 에너지 분포를 아주 예민하게 탐지할 수 있게 해 주는 연구 수단이다. 이것으로부터 우리는 우주에 포함된 모든 것들에 관해 다양한 정보를 얻을 수 있다. 여기에는 이제부터 이야기할 암흑 물질과 암흑 에너지도 포함된다.

암흑의 핵심

우주 마이크로파 배경 복사 측정 결과는 급팽창 이론을 성공적으로 확인했을 뿐만 아니라, 우주론 학자와 천문학자, 그리고 입자 물리학자들이 알고 싶어 할 몇 가지 중요한 수수께끼를 던져 주었다. 급팽창 이론에 따르면 우주는 평평해야 하지만, 우주를 그렇게 만든 에너지가 지금 어디에 있는지는 급팽창 이론만으로는 알 수 없다. 그럼에도 불구하고, 아인슈타인의 일반 상대성 이론 방정식을 기초로 현재의 우주를 평평하게 만든 에너지를 계산할 수 있다. 그 결과 우리가 볼 수 있는 물질만으로는 필요한 에너지의 4퍼센트 밖에 안 된다는 것이 밝혀졌다.

무언가 새로운 것이 필요하다는 신호인 이 새로운 수수께끼는 COBE가 측정한 온도와 밀도의 변동이 작다는 것과 관련이 있었다. 온도와 밀도의 작은 변동과, 관측 가능한 가시 물질만 가지고 계산하면, 작은 변동이 어떤 구조를 이룰 만큼 크게 자랄 때까지 우주가 지속되지 않는다는 결론이 나온다. 측정된 요동이 작다는 것과, 은하와 은하단이 존재한다는 것은 그 누구도 직접 보지 못한 물질이 존재한다는 것을 의미한다.

사실 과학자들은 이미 암흑 물질이라고 알려진 새로운 형태의 물질이 존재해야 함을 COBE의 우주 배경 복사 탐색 이전부터 잘 알고 있었다. 이제 곧 살펴볼 다른 관측 사실들이 보이지 않는 물질이 더 존재해야 함을 이미 가리키고 있었던 것이다. 암흑 물질이라고 알려진 이 수수께끼의 물질은 중력과는 상호 작용하지만, 빛과는 상호 작용하지 않는다. 이 물질은 빛을 방출하지도 흡수하지도 않기 때문에, 정확히 말하면 암흑 물질이 아니라 보이지 않는 물질이라고 해야 한다. 암흑 물질은(그래도 이미 이름이 붙었으므로 이 이름으로 부르겠다.) 중력의 영향을 제외하면 그 실체를 확인할 수 있는 성질을 거의 보여 주지 않는다. 상호 작용을 한다고 해도 극히 약하다.

더욱이 중력의 영향과 그것을 측정한 결과는 암흑 물질보다 더 신비한 무엇인가가 존재한다는 것도 가리키고 있었다. 바로 암흑 에너지이다. 암흑 에너지는 우주 전체에 퍼져 있지만, 보통의 물질처럼 뭉쳐 있지 않고, 우주가 팽창해도 희박해지지 않는다. 암흑 에너지는 급팽창을 촉발한 에너지와 매우 비슷한데, 단 오늘날의 밀도는 급팽창 시기보다는 훨씬 낮다.

우리는 현재 이론과 관측이 크게 진보해서 아이디어를 정밀하게 검증할 수 있는 우주론의 르네상스에 살고 있다. 하지만 암흑 시대이기도 하다. 그림 74처럼 우주의 에너지의 약 23퍼센트는 암흑 물질이 가지고 있고, 약 73퍼센트는 수수께끼의 암흑 에너지가 가지고 있다.

과거 물리학 역사에서 '암흑'이라는 이름이 붙었던 마지막 물체는, 1800년대 중반에 프랑스의 위르뱅 장 조제프 르 페리에(Urbain Jean Joseph Le Verrier, 1811~1877년)가 제안한 보이지 않는 행성이었다. 그는 그 행성을

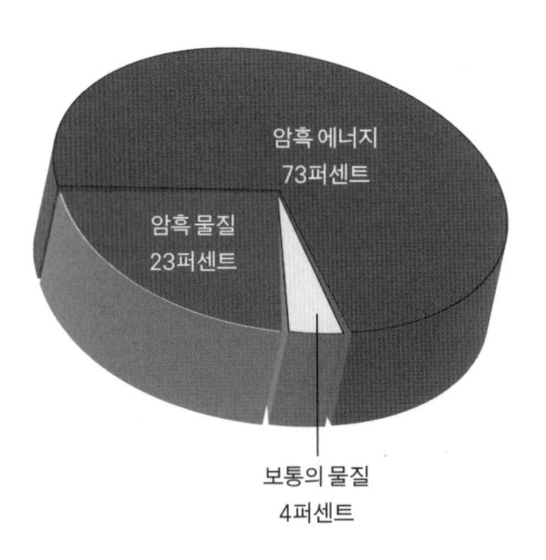

그림 74 우주를 구성하고 있는 관측 가능한 보통의 물질, 암흑 물질, 암흑 에너지의 상대적인 양을 보여 주는 원그래프.

"불칸(Vulcan)"이라고 불렀다. 르 페리에는 수성 궤도의 특이한 현상을 설명하려고 이 행성을 제안한 것이었다. 르 페리에는 영국의 존 쿠치 애덤스(John Couch Adams, 1819~1892년)와 함께 이전에 이미 천왕성에 미치는 효과로부터 해왕성이 존재한다는 것을 추론해 낸 적이 있었다. 그러나 르 페리에는 수성에 관해서는 틀렸다. 수성 궤도가 이상한 이유는 행성이 하나 더 존재하는 것보다 훨씬 더 극적인 것이었다. 이것을 설명하기 위해서는 아인슈타인의 일반 상대성 이론이 필요했다. 일반 상대성 이론이 옳다는 것을 증명한 첫 번째 일이 바로 아인슈타인이 자신의 이론으로 수성 궤도를 정확하게 예측한 것이었다.

암흑 물질과 암흑 에너지가 우리가 이미 알고 있는 이론을 통해 밝혀질 수도 있다. 그러나 우주에 존재하는 이 보이지 않는 구성 요소들은 앞으로 물리학계에 닥칠 중요한 패러다임 이동의 전조일 수도 있다. 여러 가능성 중에서 어느 것이 암흑 물질과 암흑 에너지 문제를 해결할지는 오로지 시간이 지나 봐야 할 것이다.

그렇다고 할지라도, 내가 생각하기에, 암흑 물질은 우리가 아는 물리 법칙에 부합하는, 보다 전통적이고 통상적인 방식으로 설명될 수도 있을 것 같다. 우리가 잘 아는 것과 비슷한 힘의 법칙에 따라 움직이는 물질이라고 해서, 왜 우리에게 친숙한 물질과 정확히 같은 방식으로 행동해야 하는가? 이것을 좀 더 간명하게 말해 볼까. 모든 물질이 꼭 빛과 상호 작용을 해야 하는 것은 아닌 것이다. 만약 과학의 역사에서 뭔가 배울 것이 있다면, 그것은 우리가 보는 것이 전부라는 생각은 근시안적인 믿음이라는 것이다.

물론 다르게 생각하는 사람도 많다. 암흑 물질이 존재한다는 것을 매우 신비롭게 여기는 사람들도 있고, 우리가 볼 수 있는 물질의 6배나 되는 대부분의 물질을 보통의 망원경으로는 검출할 수 없다는 것을 못마땅하게 여기는 사람들도 있으며, 심지어 암흑 물질이 있다는 주장 자체가 어떤 오류 아니냐고 의심하는 사람들도 있다. 개인적으로는 완전히 반대로 생각한다. (물론 모든 물리학자가 나처럼 생각하는 것은 아니다.) 만약 우리 눈으로 보는 게 존재하는 물질의 전부라면 아마 더 이상할지도 모른다. 인간의 지각이 모든 것을 직접 감지할 수 있을 정도로 완벽하리라 여기는 것이 더 이상하지 않은가! 돌이켜보면, 수세기 동안 우리는 얼마나 많은 것들이 눈에 보이지 않고 숨겨져 있는지 물리학을 통해서 배웠다. 이렇게 생각하고 나면 우리가 알고 있는 것이 모든 물질 에너지의 6분의 1이나 된다는 사실 자체가 오히려 수수께끼가 된다. 나와 동료들은 현재 이것이 우연의 일치인지 아닌지 연구하고 있다.

암흑 물질의 성질에 관해서 우리가 알고 있는 것은 무언가가 거기 있어야 한다는 것이다. 비록 우리가 암흑 물질을 정확한 의미에서 '보지'는 못하지만, 그 중력 효과는 감지할 수 있다. 우주에 암흑 물질의 중력 효과가 있다는 증거는 다양한 관측을 통해 진작 발견되었다. 암흑 물질은 존재해야 한다. 암흑 물질의 존재를 알려주는 첫 번째 실마리는 은하단에서 회전하는 별들의 속력을 측정한 결과 발견되었다. 1933년에 프리츠 츠비키(Fritz Zwicky, 1898~1974년)는 은하단의 은하가 관측된 질량을 통해 설명될 수 있는 것보다 더 빠르게 궤도를 돈다는 것을 관측했고, 얀 헨드릭 오르트(Jan Hendrik Oort, 1900~1992년)가 그 후 곧 우리 은하에서 비슷한 현상을 관측했다. 츠비키는 이런 연구들을 바탕으로 직접 볼 수 없는 암흑 물질이 존재한다는 것을 확신했다. 그러나 두 관측 결과 모두 결정적이지는 않았다. 단순한 관측 오류이거나 다른 은하의 힘이 작용한 결과일지도 몰랐다. 이것이 정체불명의 중력 증가를 설명하기 위해 보이지 않는 존재를 발명하는 것보다 더 그럴듯해 보였다.

츠비키가 관측했을 때, 그는 별들을 하나하나 구별해 보지는 못했다. 암흑 물질에 대한 훨씬 더 확고한 증거는 천문학자 베라 루빈(Vera Rubin, 1928년~)이 가져왔다. 그녀는 츠비키보다 한참 뒤인 1960년대 말과 1970년대 초반 사이 은하에서 별들이 회전하는 것을 자세하게 정량적으로 측정했다. 처음에는 '지루한' 연구처럼 보였던 은하 내 별들의 회전에 관한 연구가 암흑 물질에 대한 첫 번째 확실한 증거가 되었다. 사실 베라는 이 일이 당시 천문학 분야의 다른 연구보다 사람의 발길이 덜 지나간 영역이라서 택했을 뿐이다. 베라 루빈과 켄트 포드(Kent Ford, 1931년~)의 관측 결과는 여러 해 전에 츠비키가 내린 결론이 옳다는 것을 보여 주는 부정할 수 없는 증거였다.

어떻게 망원경을 통해서 보이지 않는 것을 볼 수 있었는지 이상하게 여길 수도 있다. 베라가 본 것은 중력의 효과였다. 별들이 궤도를 도는 속도와 같은 은하의 성질은 얼마나 많은 물질이 은하에 들어 있는지에 좌우된다. 보이는 물질만 있다고 할 때, 은하 변두리에 있는 별들은 은하의 중력 효과를 그다지 민감하게 느끼지 않고 회전할 것이다. 그러나 은하 중심 근처 밝은 물질들이 있는 곳의 별들보다 10배나 멀리 떨어진 별들이 은하 중심 근처에 있는 별들과 같은 속도로 회전하고 있었다. 이것은 질량의 밀도가 중심에서 멀어져도 줄어들지 않음을 뜻했다. 적어도 은하 중심에서 빛을 내는 물질이 있는 데까지의 거리의 10배까지는 그렇다는 것이다. 천문학자들은 은하는 주로 보이지 않는 암흑 물질로 이루어져 있다고 결론지었다. 우리가 보는, 빛을 내는 물질도 상당한 비율을 차지하지만, 은하의 대부분은 — 적어도 보통 우리가 말하는 의미로는 — 보이지 않는다.

지금은 암흑 물질이 존재한다는 다른 증거도 많이 확보되었다. 가장 직접적인 증거 중 하나는 그림 75에 나타낸 중력 렌즈 현상이다. 중력 렌즈 현상은 빛이 질량이 있는 물체 주변을 지나갈 때 생기는 현상이다. 물체 자체가 빛을 발하지 않더라도 중력 효과는 만든다. 그리고 중력이 우리가 볼 때 그 물체의 뒤에 있는 천체에서 나온 빛을 휘어지게 한다. 빛이 암흑 물질로 이루어진 물체를 돌아나오는 식으로 휘기 때문에 저절로 빛이 직선으로 온다고 여기는 우리는 하늘에서 원래 천체의 상을 여러 개 보게 된다. 중력 렌즈 효과가 만드는 이 다중 이미지 때문에 우

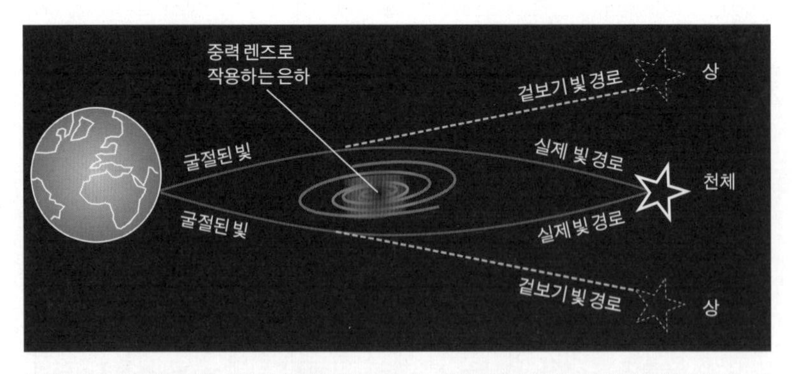

그림 75 무거운 물체 옆을 지나가는 빛은 휘어지는데, 그렇게 되면 원래의 천체가 관측자에게는 여러 개로 보이게 된다.

리는 보이지 않는 물체를 '볼' 수 있거나, 적어도 관측된 빛을 휘게 하는 중력의 존재를 추측해서, 암흑 물질로 이루어진 천체의 그 존재와 성질을 추론해 낼 수 있다.

중력 이론을 수정하는 것보다 암흑 물질이 존재한다고 가정하는 것이 이런 현상을 더 잘 설명할 것이다. 현재 가장 강력한 증거는 두 은하단이 충돌하는 총알 은하단(Bullet cluster)에서 볼 수 있다. (그림 76 참조) 이 은하단의 충돌 양상은 은하단이 별과 기체와 암흑 물질로 되어 있음을 잘 보여 준다. 은하단의 뜨거운 기체는 강하게 상호 작용해서 두 은하단이 충돌하고 있는 중심 영역에 응집된 채로 남아 있다. 한편 암흑 물질은 상호 작용을 하지 않는다. 적어도 많이는 하지 않는다. 그래서 암흑

그림 76 총알 은하단은 암흑 물질이 은하단의 일부임을 실증하는 좋은 사례이다. 중력 이론을 수정한다고 해도 이 은하단에서 일어나는 역학적 현상들을 잘 설명할 수가 없다. 상호 작용을 강하게 하는 통상적인 물질들은 충돌 중심부에 붙잡혀 있는데, 중력 렌즈 효과로 검출해 본 암흑 물질들은 충돌 중심부를 그냥 지나쳐 버렸다. 상호 작용을 훨씬 약하게 하는 암흑 물질이 상호 작용을 보다 강하게 하는 보통 물질과 분리되어 있음을 잘 보여 주는 사례이다.

물질은 충돌 영역을 그냥 통과해서 지나간다. 중력 렌즈 효과를 측정해 보면, 상호 작용을 훨씬 약하게만 하는 암흑 물질과 상호 작용을 보다 강하게 하는 보통 물질을 가정한 모형에서 볼 수 있는 것과 똑같은 방식으로 암흑 물질이 뜨거운 기체와 분리되어 있음을 볼 수 있다.

여기에 더해 앞에서 논의한 우주 마이크로파 배경 복사에도 암흑 물질이 존재한다는 증거가 있다. 중력 렌즈 현상과 달리 복사를 측정해서는 암흑 물질의 분포에 대해서는 아무것도 알 수 없다. 그 대신 우주라는 파이에서 얼마나 큰 조각이 암흑 물질이 가지고 있는 에너지로 구성되는가 하는 암흑 물질의 알짜 에너지 양을 알 수 있다.

우주 마이크로파 배경 복사를 측정함으로써 초기 우주에 관해 많은 것을 알 수 있고, 초기 우주의 특성에 대한 상세한 정보를 얻을 수 있다. 우주 마이크로파 배경 복사 측정 결과는 암흑 물질만이 아니라 암흑 에너지도 존재한다는 것을 보여 주고 있다. 아인슈타인의 일반 상대성 이론 방정식에 따르면 우주는 에너지 총량이 꼭 맞는 값일 때에만 평평할 수 있다. 물질만으로는, 심지어 암흑 물질까지 포함시킨다고 해도 WMAP과 여러 기구(氣球)를 이용한 우주선 검출기가 측정한 대로 우주가 평평하다는 것을 설명하기에는 부족하다. 다른 에너지가 더 있어야만 한다. 암흑 에너지 존재한다고 해야만 우리가 사는 3차원 공간의 곡률이 0이라는 사실, 즉 우주가 평평하다는 사실과 지금까지 이루어진 다른 모든 관측 결과를 일치시키는 설명을 할 수가 있다.

우주 에너지의 약 70퍼센트를 차지하는 암흑 에너지는 암흑 물질보다 더 알 수 없는 존재이다. 물리학계에 암흑 에너지의 존재를 확신시킨 것은 우주의 팽창 속도가 지금 현재 가속되고 있다는 사실을 발견한 일이다. 비록 훨씬 느리기는 하지만 우주 초기의 급팽창 시기처럼 말이다. 1990년대 후반 '초신성 우주론 프로젝트(Supernova Cosmology Project)'와

'높은 적색 이동 초신성 탐색 팀(High-z Supernova Team)'이라는 두 연구진은 우주의 팽창 하는 비율이 줄어드는 것이 아니라 증가하고 있음을 독립적으로 발견해서 물리학계를 놀라게 했다.

이런 초신성 관측이 시작되기 전에도 우리가 모르는 에너지가 있음을 가리키는 몇 가지 힌트가 있었지만, 결정적인 증거는 되지 못했다. 그러나 1990년대에 꼼꼼하게 측정해 본 결과 아주 멀리 떨어져 있는 초신성이 예상보다 어두운 것으로 확인되었다. 이 특별한 형태의 초신성은 빛을 아주 일정하게 예측 가능한 방식으로 방출했으므로, 그 밝기가 생각보다 어둡다는 사실은 새로운 설명을 요구했다. 그리고 그 새로운 설명은 우주가 가속 팽창한다는 것이었다. 즉 우주는 점점 더 빠른 속력으로 팽창하고 있었다. 보통 물질은 이런 가속 팽창을 일으킬 수 없다. 중력이 팽창을 억제하기 때문이다. 가능한 유일한 설명은 우주가 급팽창 시기처럼 행동한다는 것뿐이었다. 단 우주 초기에 있었던 급팽창 시기보다는 에너지가 훨씬 낮다. 이렇게 가속되는 일은 과거 아인슈타인이 도입했다 포기했던 우주 상수나 암흑 에너지로 알려진 것에 의해서만 일어날 수 있다.

물질과 달리 암흑 에너지는 주변에 음(-)의 압력을 미친다. 통상적인 양(+)의 압력은 안으로 붕괴하도록 만드는 데 반해, 음의 압력은 팽창을 가속한다.[68] 지금까지 측정된 것과 일치하면서 가장 명확하게 음의 압력을 주는 예는 아인슈타인의 우주 상수이다. 우주 상수는 우주 전체에 퍼져 있는 에너지와 압력인데, 물질에 포함되어 있지는 않다. 암흑 에너지는 지금 우리가 사용하는 가장 일반적인 용어로서, 우주 상수가 가정했던 에너지와 압력 사이의 관계가 정확하게 맞지 않고 근사적으로만 맞을 가능성을 고려해서 쓰는 말이다.

오늘날 암흑 에너지는 우주의 에너지의 주된 부분이다. 암흑 에너지

밀도가 터무니없이 낮기 때문에 이것은 더욱 놀라운 일이다. 암흑 에너지는 지난 몇 십억 년 동안만 우위를 점하고 있는 것이다. 우주 진화 초기에는 처음에는 복사가, 그다음에는 물질이 우위를 차지했었다. 그러나 복사와 물질은 우주 부피가 계속 증가하면서 차츰 희박해졌다. 반면 암흑 에너지의 밀도는 우주가 팽창해도 일정하게 유지되었다. 우주가 지속되면서 복사와 물질의 에너지 밀도는 크게 줄어들었고, 흩어지지 않은 암흑 에너지가 지배권을 가지게 되었다. 암흑 에너지는 그 크기는 엄청나게 작음에도 불구하고, 그 지배력은 필연적으로 막강한 것이 되었다. 우주는 처음 100억 년 동안 팽창 속도가 점점 느려지는 가운데 팽창을 지속해 왔다. 마침내 암흑 에너지의 효과가 강해지기 시작했고, 우주의 팽창은 가속되기 시작했다. 최종적으로 우주는 진공 에너지 외에는 아무것도 남지 않게 될 것이고, 그것에 따라 팽창은 더욱 가속될 것이다. (그림 77 참조) 이 미약한 에너지가 지구의 미래와는 상관없을지도 모르지만, 우주의 미래를 지배할 것은 틀림없다.

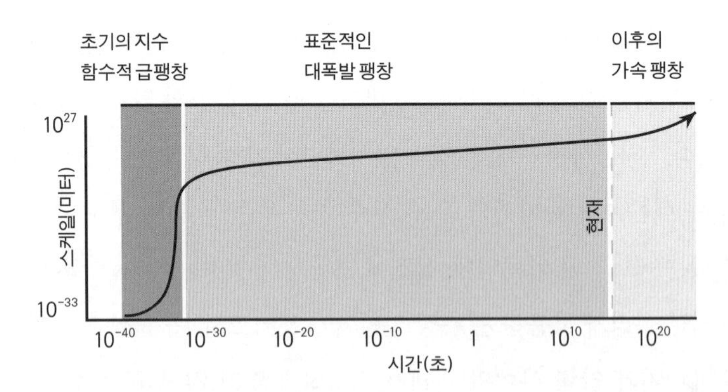

그림 77 우주 팽창은 시간에 따라 다르게 이루어져 왔다. 급팽창 상태일 때에는 지수 함수적으로 빠르게 팽창했다. 급팽창이 끝나고 표준적인 대폭발 팽창이 뒤를 이었다. 암흑 에너지가 이제 팽창 속도를 다시 가속시키고 있다.

그 밖의 수수께끼들

암흑 에너지와 암흑 물질이 필요하다는 것은, 우주론의 이론과 데이터가 놀랍도록 일치한다고 해서 우리가 우주의 진화를 이해한다고 목에 힘을 주어서는 안 된다는 경고이기도 하다. 우주의 대부분은 정체불명의 존재들이 지배하고 있다. 지금으로부터 20년 후에, 사람들은 우리의 무지를 보고 웃음 지을 것이다.

그리고 우주의 에너지와 관련된 수수께끼는 암흑 에너지와 암흑 물질만이 아니다. 특히 암흑 에너지의 값과 관련된 수수께끼 역시 빙산의 일각에 불과하다. 우주 전체에 널리 퍼져 있다는 에너지가 왜 그렇게 작은가? 암흑 에너지의 양이 더 컸더라면, 우주가 지금처럼 진화하기도 전에 물질과 복사보다 우세해졌을 것이고, 우주의 구조는 (그리고 생명은) 형성될 시간을 얻지 못했을 것이다. 무엇보다, 일찍이 급팽창을 일으키고 유지한 거대한 에너지 밀도의 원인이 무엇인지 아무도 알지 못한다. 그러나 우주의 에너지에 관한 최대의 문제는 뭐니 뭐니 해도 **우주 상수 문제**(cosmological constant problem)이다.

양자 역학에 따르면, 급팽창 시기에도, 현재에도 암흑 에너지는 더 큰 값을 가져야 한다. 양자 역학에 따르면 영구히 존재하는 입자가 하나도 없는 상태인 진공은 사실상 금방 사라지는 입자로 가득 차 있으며, 입자들이 생겼다가 사라지기를 반복하고 있다. 이 짧은 수명의 입자들은 어떤 에너지 값이라도 가질 수 있다. 가끔은 에너지가 너무 높아서 그 입자들이 가지는 중력 효과를 무시할 수 없을 수도 있다. 이렇게 높은 에너지의 입자는 엄청난 양의 에너지를 진공에 주게 되는데, 에너지가 너무 커서 우리 우주가 오랜 진화 기간 동안에 허용할 수 있는 것보다 더 클 수도 있다. 우주가 지금 우리가 보는 모습과 같으려면 진공 에너지의 값은 놀랍게도 양자 역학에서 예상하는 값보다 소수점 밑에 0이 120개나 더 붙을 정도로 작아야 한다.

이 문제와 관련해서 더 어려운 문제가 하나 더 있다. 왜 우리는 하필 물질과 암흑 물질과 암흑 에너지가 비등한 시기에 살고 있는가 하는 것이다. 분명 암흑 에너지는 통상적인 물질과 암흑 물질을 합친 것보다 더 많지만, 겨우 3배 정도일 뿐이다. 암흑 에너지와 암흑 물질과 보통의 물질은 원리적으로 완전히 다른 근원에서 온 것이므로, 그중 하나가 다른 것보다 압도적으로 많을 수 있는데, 이들의 밀도가 비슷하다는 것은 아주 이상한 일이다. 게다가 이런 기묘한 우연의 일치가 (대략적으로 말해) 우리가 살고 있는 시기에만 일어나는 일이라서 특히 주목할 만하다. 초기 우주에서는 암흑 에너지가 차지하는 비율이 훨씬 낮았다. 앞으로는 훨씬 많은 비율을 차지하게 될 것이다. 오직 현재에만 보통의 물질과 암흑 물질과 암흑 에너지라는 세 성분이 비슷한 비율을 이루고 있다.

왜 에너지 밀도가 터무니없이 낮고, 왜 근원이 다른 에너지들이 오늘날 비슷한 비율을 이루고 있는가 하는 의문은 전혀 풀리지 않고 있다. 사실 어떤 물리학자들은 진정한 설명이란 없다고 믿기도 한다. 그들은 우주의 진공 에너지가 가진 값이 더 컸다면 은하와 구조, 나아가 우리 자신이 만들어질 수 없었을 것이기 때문에, 그렇게 가지기 어려운 진공 에너지 값을 가진 우주에 우리가 살고 있다고 생각한다. 우주 상수가 더 큰 우주에서라면 우리는 여기서 이렇게 에너지의 값에 대한 질문을 하지도 못할 것이다. 이런 생각을 가진 물리학자들은 많은 우주가 존재하고, 각각의 우주에는 다른 값의 암흑 에너지가 있다고 믿는다. 수많은 가능한 우주 중에서 구조를 만들어 낼 수 있는 우주에만 우리가 있을 수 있다. 이 우주의 에너지 값은 하찮을 정도로 작지만, 그렇게 작은 값의 우주에서만 우리가 존재할 수 있는 것이다. 이런 식의 논리가 18장에서 이야기했던 **인간 원리**이다. 18장에서 말했듯이, 나는 그렇게 확신하지는 못한다. 그럼에도 불구하고, 나도, 그리고 다른 누구도 더 나은 대답을 가지고 있지는 못한다. 암흑 에너지 값에 대해 설명하는 것은 아마도 오늘날 입자 물리학자들과 우주론 연구자들이 마주친 최대의 수수께끼일 것이다.

에너지와 관련된 수수께끼에 더해서, 물질도 우주론적인 문제를 가지고 있다. 대체 왜 이 우주에는 물질이 있는가 하는 것이다. 우리의 방정식은 물질과 반물질을 똑같이 다룬다. 물질과 반물질은 서로 만나면 소멸한다. 물질도 반물질도 우주가 식을 때 남아 있을 수 없다.

암흑 물질이 거의 상호 작용을 하지 않아서 그대로 남아 있는 반면에, 보통의 물질은 강한 핵력을 통해 충분히 많이 상호 작용한다. 표준 모형에 무언가 색다른 것을 더하지 않으면, 보통의 물질은 우주가 현재의 온도로 식기 전에 전부 사라졌을 것이다. 물질이 남아 있을 수 있는 유일한 이유는 물질이 반물질보다 더 많았기 때문이다. 그러나 이것은 우리가 현재 가진 이론의 가장 간단한 형태에는 포함되어 있지 않다. 그러므로 양성자는 존재하지만, 양성자와 함께 소멸해 버릴 수 있는 반양성자는 볼 수 없는 이유를 찾아내야 한다. 어딘가에서 물질과 반물질 사이의 비대칭이 만들어져야 한다.

그렇게 살아남은 물질의 총량은 암흑 물질의 총량보다 작지만, 여전히 우주의 상당한 양을 차지하고 있으며, 말할 필요도 없이, 우리가 알고 있고 사랑하고 있는 모든 것의 원천이다. 이 물질과 반물질 사이의 비대칭성이 언제 어떻게 생겨났느냐 하는 것이 입자 물리학자들과 우주론학자들이 달려들어 해결하고 싶어 하는 또 하나의 커다란 문제이다.

암흑 물질을 이루는 것이 무엇인가 하는 문제도 물론 남아 있으며, 매우 중요하다. 아마도 최근의 연구 결과가 시사하듯이, 근본적인 모형이 암흑 물질의 밀도와 보통 물질의 밀도를 연관짓는 것을 머지않아 보게 될 것이다. 아무튼, 우리는 암흑 물질 문제에 대해 가능한 한 빨리 실험을 통해 더 많은 것을 알게 되기를 희망한다. 이제부터 그 사례를 구체적으로 살펴보도록 하겠다.

21장

암흑에서 온 방문자

LHC의 수석 엔지니어인 린 에번스는 2010년 1월에 캘리포니아에서 열린 LHC와 암흑 물질 컨퍼런스의 강연 말미에 "지난 몇 십 년 동안 이론가 여러분은 '암흑' 속에서 얼마나 헛된 몸부림을 쳤는지 모릅니다."라고 농담을 했다. 그리고 이렇게 덧붙였다. "이제 저는 제가 왜 지난 15년 동안 LHC 건설에 매진해야 했는지 알게 되었습니다." 에번스의 말은 지난 몇 년 동안 고에너지 데이터가 부족했음을 지적하는 것이었다. 동시에 그의 말은 암흑 물질의 정체가 LHC에서 확인될지도 모른다는 가능성을 시사하는 것이기도 했다.

입자 물리학과 우주론 사이에는 연관성이 많이 존재한다. 그러나 가장 흥미를 자아내는 것은 암흑 물질이 LHC에서 탐구하게 될 에너지에서 진짜로 만들어질 수도 있다는 것이다. 놀라운 사실은 만약 약한 핵력 스케일의 질량을 가진, 새로운 종류의 안정된 입자가 존재한다면, 이런 형태의 입자가 초기 우주에서 지금까지 살아남았을 때 지니고 있는 에너지의 양은 딱 암흑 물질을 설명할 만큼이라는 것이다. 처음에는 뜨거웠지만 그 뒤에 식은 우주에서 살아남은 암흑 물질의 양을 계산한 결과가 그럴 수 있음을 보여 주고 있다. 그것은 암흑 물질이 글자 그대로 바로 우리 코앞에 있을 뿐만 아니라, 그 정체도 증명될 수 있다는 뜻이다. 만약 암흑 물질이 정말로 그렇게 약한 핵력 스케일의 질량을 가진 입자라면, LHC가 입자 물리학의 질문에 대해 어떤 통찰을 줄 뿐만 아니라, 저 바깥 우주에 무엇이 있고, 그 모든 것이 어떻게 시작했는지와 같은 우주론적 질문에 대해서도 해결의 실마리를 제공할 수 있다.

그러나 암흑 물질을 탐사하는 수단이 LHC만 있는 것은 아니다. 사실 물리학은 이제 정말로 흥미로운 가능성을 듬뿍 머금고 있는 데이터를 얻게 되는 시대로 접어들고 있다. 이것은 입자 물리학뿐만 아니라 천문학과 우주론 분야에서도 그렇다. 이번 21장에서는 앞으로 10년 동안 어떻게 실험적으로 암흑 물질을 찾고자 하는지를 세 갈래의 접근법을 통해 설명한다. 먼저, 왜 약한 핵력 스케일의 질량을 가지는 입자가 암흑 물질의 후보로서 선호되고 있는지 알아보고, 다음으로 만약 그 가정이 옳을 경우, LHC가 어떻게 암흑 물질 입자를 만들어 내고 확인하게 되는지 살펴볼 것이다. 다음으로 암흑 물질 입자를 찾기 위해 특별히 설계된 암흑 물질 탐사 전용 실험이 지상에 도달한 암흑 물질을 어떻게 찾으며, 암흑 물질의 미약하지만 검출 가능한 상호 작용을 어떻게 기록하는지 고찰해 볼 것이다. 마지막으로 하늘에서 암흑 물질 입자가 쌍소멸해서 생성된 입자를 지상과 우주에 설치된 망원경과 검출기가 어떻게 탐지하는지에 대해서도 살펴볼 것이다. 이 세 가지 암흑 물질 탐사 방법을

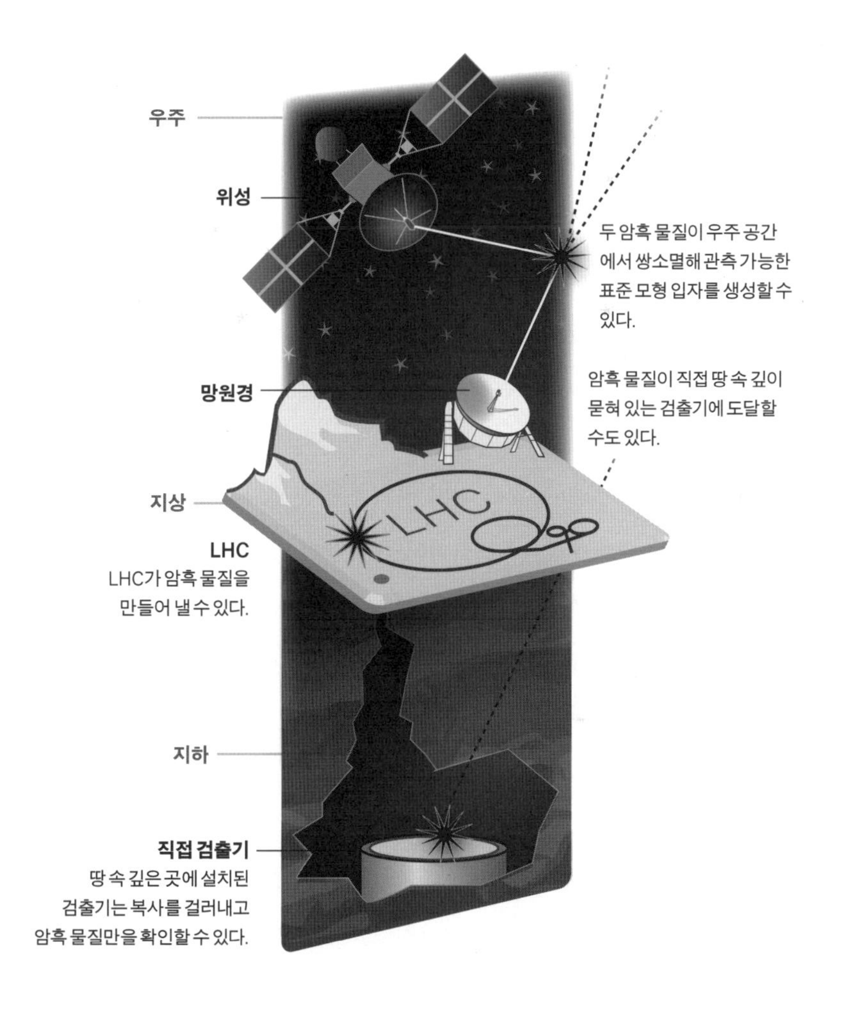
우주
위성
두 암흑 물질이 우주 공간
에서 쌍소멸해 관측 가능한
표준 모형 입자를 생성할 수
있다.
망원경
암흑 물질이 직접 땅 속 깊이
묻혀 있는 검출기에 도달할
수도 있다.
지상
LHC
LHC
LHC가 암흑 물질을
만들어 낼 수 있다.
지하
직접 검출기
땅 속 깊은 곳에 설치된
검출기는 복사를 걸러내고
암흑 물질만을 확인할 수 있다.

그림 78 암흑 물질 탐사 방법은 세 가지 있다. 지하의 검출기는 암흑 물질이 직접 원자핵에 충돌하는 것을 찾는다. LHC가 암흑 물질을 만들고 검출기가 그 흔적을 발견할 수도 있다. 그리고 위성이나 망원경은 우주 공간에서 암흑 물질이 쌍소멸해 관측 가능한 물질을 생성해 냈다는 증거를 찾을 수 있다.

그림 78에 나타냈다.

실제로는 투명한 암흑 물질

우리는 암흑 물질의 밀도도 알고, 암흑 물질이 차갑다는 것(빛의 속도에 비해 느리게 움직인다는 뜻이다.)도 알고, 상호 작용을 한다고 해도 아주 약하게 한다는 것도 안다. 빛과 거의 상호 작용하지 않는다는 것은 확실하다. **그렇다, 암흑 물질은 투명하다.** 우리는 암흑 물질의 질량을 모르고, 중력 이외의 상호 작용을 하는지 안 하는지 모르고, 초기 우주에서 어떻게 만들어졌는지를 모른다. 암흑 물질의 평균 밀도는 안다. 그러나 그것만으로는 물질과 암흑 물질이 어떤 방식으로 분포되어 있는지 알 수 없다. 우리 은하 내에 1세제곱센티미터당 양성자 1개씩의 형태로 분포되어 있을 수도 있고, 양성자 1000조 개 분량의 작은 물체가 우주 전체에 1세제곱킬로미터당 1개씩의 형태로 분포되어 있을 수도 있다. 어느 쪽이든 암흑 물질의 평균 밀도는 같고, 어느 쪽이든 우주 구조를 형성하는 씨앗이 될 수 있다.

그래서 비록 암흑 물질이 거기 있는 것은 알지만, 아직 그 본질은 알지 못한다. 암흑 물질은 작은 블랙홀일 수도 있고, 다른 차원의 물체일 수도 있다. 가장 그럴듯하기로는, 그저 표준 모형의 통상적인 상호 작용을 하지 않는 새로운 기본 입자일 수도 있다. 아마도 곧 발견될 약한 핵력 스케일의 물리학 이론에서 나오게 될 전기적으로 중성이고 안정된 잔존물일 듯하다. 그렇다고 해도 우리는 암흑 물질 입자의 성질, 그 질량과 상호 작용이 무엇인지, 그리고 더 큰 새로운 입자 범주의 일부인지 알고 싶어 한다.

현재 암흑 물질을 기본 입자 중 하나로 이루어져 있다고 해석하는 것이 선호되는 이유 중 하나는 앞에서 언급한 제약 조건들인 암흑 물질의 잔존량과, 암흑 물질이 담당하고 있는 에너지의 비율이 이 가설을 뒷받침하기 때문이다. 놀라운 사실은 질량이 대략 LHC에서 탐색하게 될 약한 핵력의 에너지 스케일 정도인 안정된 입자의 에너지는, (다시 $E=mc^2$를 가지고 계산하면) 현재 우주의 **잔존 밀도**와 거의 일치해서, 암흑 물질이 될 수 있는 범위에 있다는 점이다. 잔존 밀도란 우주에 있는 입자에 저장된 에너지의 비율이다.

논리는 다음과 같다. 우주가 진화하면서, 온도는 낮아진다. 우주가 더 뜨거웠을 때 많이 있었던 더 무거운 입자는 나중에 차가워진 우주에서는 훨씬 많이 사라진다. 낮은 온도에서 에너지는 그 입자를 만들어 내기에 충분하지 못하기 때문이다. 일단 온도가 충분히 떨어지면, 무거운 입자는 반입자와 만나서 쌍소멸해서 둘 다 사라지지만, 입자와 반입자가 생성되는 그 역과정은 더 이상 충분히 일어나지 않는다. 그러므로 무거운 입자는 점차 소멸되어 버리고, 무거운 입자의 밀도는 우주가 식어 가면서 매우 빠르게 감소한다.

물론 무거운 입자가 쌍소멸하기 위해서는 입자와 반입자가 먼저 서로를 찾아야 한다.[69] 그런데 입자와 반입자 수가 줄어들면 그 입자와 반입자의 밀도가 낮아지면서, 입자와 반입자가 만나는 일이 잘 일어나지 않게 된다. 결과적으로, 입자와 반입자가 쌍소멸하기 위해서는 둘이 같은 장소에서 탱고를 추어야 하기 때문에, 우주의 진화 후기에는 입자가 쌍소멸하는 일이 잘 일어나지 않게 된다.

그 결과, 안정되고, 약한 핵력 스케일의 질량을 가진 입자는 열역학을 대략적으로 적용했을 때 예상되는 정도보다 훨씬 풍부하게 오늘날 남아 있을 수 있다. 입자와 반입자가 너무 희소해져서 서로를 찾지 못하고, 그 결과 서로를 없애지 못한다. 얼마나 많은 입자가 오늘날 남아 있는지는, 그 암흑 물질 후보 입자의 질량과 상호 작용에 달려 있다. 물리학자들은 이런 양을 알면 암흑 물질의 잔존량을 계산할 수 있다. 흥미롭고 멋진 사실은, 안정된 약한 핵력 스케일의 질량을 가지는 입자는 우연히도 암흑 물질의 잔존량만큼 남아 있게 된다는 것이다.

물론, 우리는 입자의 정확한 질량도 정밀한 상호 작용의 크기도 모르기 때문에(이 안정된 입자가 속해 있는 모형이 무엇인지는 말할 필요도 없고), 이 숫자가 정확한지는 아직 알 수 없다. 그러나 겉보기에는 전혀 다른 2개의 현상에서 나타나는 숫자들이, 뜻밖에도 정확하지는 않지만 거의 일치한다는 사실은 지적으로 자극적인 일이다. 약한 핵력 스케일에서의 물리학이 우주의 암흑 물질을 설명한다는 신호가 될 수도 있다.

이런 형태의 암흑 물질 후보를 **윔프**(WIMP)라고 한다. **약하게 상호 작용하는 무거운 입자**(Weakly Interacting Massive Particle)라는 뜻이다. 여기서 '약하다.'라는 말은 말 그대로 상호 작용의 세기가 약하다는 말이며, 약력, 즉 약한 핵력을 말하는 것이 아니다. 윔프는 표준 모형에서 약하게 상호 작용을 하는 중성미자보다도 더 약하게 상호 작용한다. 암흑 물질이 정말로 윔프로 이루어져 있는지는 LHC가 밝혀낼 수도 있는 암흑 물질의 성질에 관한 보다 직접적인 증거가 없으면 알 수 없을 것이다. 그래서 우리는 이제부터 살펴볼 실험적 탐색을 필요로 한다.

LHC에서 암흑 물질이 생성될까?

암흑 물질을 직접 만들어 낸다는 흥미로운 가능성은, 우주론을 연구하는 사람들이 약한 핵력의 에너지 스케일의 물리학에 대해서, 그리고 LHC가 무엇을 발견할지에 대해 관심을 가지는 이유 중 하나이다. LHC는 윔프를 찾는 데 필요한 바로 그 에너지를 가지고 있다. 앞에서 말한 계산대로, 만약 암흑 물질이 정말로 약한 에너지 스케일과 관련된 입자로 이루어져 있을 경우 LHC에서 만들어질 수 있다.

그러나 그런 경우라고 해도 암흑 물질 입자가 반드시 발견되는 것은 아니다. 요컨대 암흑 물질은 상호 작용을 거의 하지 않는다. 암흑 물질과 표준 모형 물질의 상호 작용이 제한적이기 때문에, 분명 암흑 물질이 직접 만들어지거나, 검출기에서 직접 발견되기는 어려울 것이다. 암흑 물질이 만들어졌다고 해도, 검출기를 통과해서 날아가 버린다. 그럼에도 불구하고 모든 것을 다 잃어버리는 것은 아니다. (암흑 물질 입자라고 해도 그렇다.) 계층성 문제에 대한 해답으로 제출된 시나리오들은 모두 여러 가지 다른 입자들을 포함한다. 그 대부분은 암흑 물질보다 더 강한 상호 작용을 한다. 이들 중 어떤 것은 매우 많이 만들어지고, 생성된 뒤 암흑 물질로 붕괴할 수도 있다. 이때 암흑 물질이 가지고 가 버리는 운동량과 에너지는 검출되지 않고 사라지게 된다.

초대칭 모형은 이렇게 암흑 물질의 후보 입자를 필연적으로 포함하는 약한 핵력 스케일의 모형 중에서 가장 잘 연구된 모형이다. 만약 초대칭성이 세상에 적용된다면, 가장 가벼운 초대칭 입자(LSP)는 암흑 물질이 될 수 있다. 이 가장 가벼운 입자는 전하가 0이며, 너무 약하게 상호 작용을 해서, 발견될 만큼 충분한 개수의 입자가 직접 만들어지기는 어렵다. 그러나 강한 핵력을 전달하는 입자인 글루온의 초대칭 짝인 글루이노와, 쿼크의 초대칭 짝인 스쿼크는, 만약 이 입자들이 존재하고 질량이 가능한 범위에 있다면 충분히 만들어질 수 있다. 그리고 17장에서 논의한 바와 같이, 이 두 초대칭 입자는 점차 붕괴하다가 결국에는 LSP가 된다. 그래서 암흑 물질 입자가 직접 만들어지지 않더라도, 많이 만들어질 수 있는 다른 입자들이 붕괴해서 LSP가 관측 가능한 수준으로 생성될 수 있다.

그 밖의 다른 약한 핵력 스케일의 암흑 물질 이론도 검증 가능한 결과를 준다면 거의 비슷한 방법으로 만들어지고 '검출'되어야 한다. 암흑 물질 입자의 질량은 LHC에서 연구될 약한 핵력 스케일의 에너지 근처에 있어야 한다. 그 입자들은 상호 작용의 세기가 약해서 직접 만들어지기는 어려울 것이다. 그러나 많은 모형들이 암흑 물질 입자로 붕괴할 수 있는 새로운 입자들을 포함하고 있다. 그것을 통해 우리는 암흑 물질 입자가 존재한다는 것을 알 수 있고, 암흑 물질이 가져가는 운동량으로부터 질량도 알 수 있다.

LHC에서 암흑 물질이 발견된다면 분명히 중요한 업적이 될 것이다. 만약 발견된다면 실험가들은 그 성질을 자세히 연구할 수 있을 것이다. 그러나 LHC에서 발견된 입자가 정말로 암흑 물질의 구성 입자인지 실제로 입증하는 것은 더 많은 추가 증거를 필요로 할 것이다. 아마 그것은 지하와 우주 공간에 설치된 검출기에서 얻을 수 있을 것이다.

암흑 물질 직접 검출 실험

LHC에서 암흑 물질이 생성될 가능성에 대해 생각해 보는 것은 확실히 흥미로운 일이다. 그러나 대부분의 우주론 실험은 가속기에서 수행되지 않는다. 지상이나 우주에서 수행되는 천문학 관측 및 암흑 물질 탐색 실험이 우주론에서 제기되는 문제에 대한 해답을 다루게 될 것이고 우리의 이해를 넓혀 줄 것이다.

물론 암흑 물질과 보통 물질의 상호 작용은 매우 약하다. 그래서 현재의 암흑 물질 탐사는 암흑 물질이 거의 보이지 않지만, 그래도 우리가 아는(그리고 검출기를 이루고 있는) 물질과 그래도 약하게는(검출 불가능할 정도로 약하지는 않게) 상호 작용을 하리라는, 좀 비약적인 믿음에 의존하고 있다.

이것은 그저 희망적인 생각에 그치는 것은 아니다. 앞에서 이야기한 잔존 밀도 계산에 의거한 것이기 때문이다. 만약 암흑 물질이 계층성 문제를 설명하기 위해 제안된 모형과 관계가 있다면, 초기 우주 이후 지금까지 남아 있는 입자의 밀도는 암흑 물질 관측 결과를 설명하기에 충분한 양이 될 것이다. 이 잔존 밀도 계산에 따르면, 현재 암흑 물질의 후보로 제안된 윔프 물질 중 많은 것들이, 현재 운용되고 있는 암흑 물질 검출기에 검출될 수 있는 비율로 표준 모형 입자들과 상호 작용을 한다.

그렇다고 해도 암흑 물질의 상호 작용이 약하기 때문에, 암흑 물질을 찾기 위해서는 암흑 물질끼리 만나 쌍소멸하고 그때 생성되는 새로운 입자와 그 반입자를 찾아낼 수 있는 아주 민감한 검출기나 지하에 설치된 거대한 검출기가 필요하다. 복권을 한 장만 샀다면 아마 당첨되지 않겠지만, 구입 가능한 복권의 절반 이상을 산다면 당첨 가능성이 충분히 높아질 것이다. 마찬가지로, 암흑 물질과 검출기 내 핵자 하나의 상호 작용은 아주 약하더라도, 아주 민감한 검출기나 아주 큰 검출기를 마련할 수 있다면 암흑 물질 발견 확률을 충분히 높일 수 있을 것이다.

암흑 물질 검출기와 관련된 어려운 과제는 전기적으로 중성인 암흑 물질 입자를 검출하고, 그 후 검출 결과를 우주선이나 다른 배경 복사와 구별하는 것이다. 전하를 가지지 않는 입자는 검출기와 보통의 방법으로는 상호 작용하지 않는다. 검출기를 지나가는 암흑 물질 입자가 남기는 유일한 흔적은 검출기 물질의 원자핵을 때려서 그 에너지를 아주 조금 변화시켰을 때 생긴다. 이것이 관측 가능한 유일한 결과이므로, 암흑 물질 검출기는 반드시 암흑 물질 입자가 지나가면서 생기는 아주 작은 양의 열이나 에너지 변동의 증거를 찾아내야 한다. 따라서 검출기는 암흑 물질 입자가 아주 살짝 튕겨 나가며 남긴, 열이나 극소량의 에너지도 기록할 수 있도록 극히 차갑거나 매우 민감하도록 설계된다.

극저온 검출기(cryogenic detector)라는 아주 차가운 장치는 암흑 물질 입자가 검출기 안으로 들어오면서 내놓는 미량의 열을 감지한다. 미량의 열이 이미 뜨거운 검출기에 더해지면 알아채기가 너무 어렵다. 그러나 특별히 설계된 차가운 검출기라면 아주 작은 열량도 흡수해서 기록할 수 있다. 극저온 검출기는 게르마늄과 같은 원소의 결정으로 된 흡수재를 사용하고 있다. 이런 종류의 실험에는 CDMS(Cryogenic Dark Matter Search, 극저온 암흑 물질 탐색), CRESST(Cryogenic Rare Event Search with Superconducting Thermometers, 초전도 온도계를 이용한 극저온 희소 사건 탐색), EDELWEISS(Expérience pour DEtecter Les WIMPs En [I] Site Souterrain, 윔프 지하 검출 실험) 등이 있다.

그 밖의 암흑 물질 직접 검출 실험으로는 제논이나 아르곤 같은 불활성 기체 원소를 재료로 한 불활성 액체 검출기(noble liquid detector)가 있다. 암흑 물질이 빛과 직접 상호 작용하지는 않지만, 제논이나 아르곤 원자핵과 충돌하면 원자핵에 가해진 에너지가 독특한 섬광을 일으킬 수 있다. 이 섬광을 검출하는 것이다. 이런 종류의 실험에는 제논을 이용한 XENON100과 LUX(Large Underground Xenon dark matter experiment, 대형 지하 제논 암흑 물질 검출 실험)가 있고, 다른 불활성 기체를 검출기 재료로 이용한 ZEPLIN과 ArDM 등이 있다.

이론가, 실험가 모두 이런 실험들에서 어떤 새로운 결과가 나올지 애타게 궁금해 하고 있다. 나는 2009년 12월에 샌타 바버라의 카블리 이론 물리학 연구소(Kavli Institute For Theoretical Physics, KITP)에서 두 명의 암흑 물질 전문가인 더그 핑크바이너(Doug Finkbeiner)와 닐 와이너(Neil Weiner)가 주최한 암흑 물질 컨퍼런스에 참가했다. 당시 감도가 가장 높았던 암흑 물질 검출 실험인 CDMS가 막 새로운 결과를 내놓았을 때라서 시기적절했다. 핑크바이너와 와이너는 둘 다 젊고 키가 큰 동년배이면서 버클리에서 함께 박사 학위를 받았다. 그들은 암흑 물질 실험과 그 의미를 또한 잘 이해하고 있었다. 닐은 입자 물리학 배경 지식을 더 많이 가지고 있었고, 더그는 천체 물리학 연구 경험이 더 많았다. 하지만 그들은 암흑 물질이라는 주제에서 서로 만났다. 암흑 물질 연구는 입자 물리학과 천체 물리학 모두를 포괄하는 연구가 되고 있기 때문이다. 학회에서 그들은 암흑 물질에 대한 이론적인 분야와 실험적인 분야 모두에서 선도적인 전문가를 모두 모았다.

그날 가장 관심을 모은 강연은, 내가 도착한 아침에 캘리포니아 샌타바버라 대학교 교수인 해리 넬슨(Harry Nelson)이 지난 CDMS 결과에 대해 발표한 것이었다. 옛 결과를 발표한 것이 왜 그렇게 많은 관심을 끌었는지 이상할 것이다. 그것은 학회 참석자 모두가 사흘 후면 새 데이터가 나온다는 것을 알고 있었기 때문이다. 그리고 CDMS 실험의 과학자들이 뭔가 발견했다는 강력한 증거를 보았다는 소문이 떠돌고 있었다. 그래서 모두가 그 실험을 더 잘 이해하고 싶어 했다. 수 년 동안 이론가들은 암흑 물질 검출에 대해 발표하는 것을 들어 왔는데, 주로 그 결과만 들었고, 세부 사항에 대해서는 피상적인 주의만을 기울여 왔다. 그러나 암흑 물질 검출이 임박한 것 같아지자, 실험에 대한 이론가들의 관심이 높아졌다. 그다음 주에 결과가 발표되었는데, 그것은 청중들의 엄청나게 고조되었던 기대와 달리 실망스러운 것이었다. 그러나 넬슨이 발표할 때에는 모두가 열중했다. 넬슨은 곧 발표될 결과에 대해 탐지하려는 무수한 질문들을 받아넘기며 흔들리지 않고 자신의 발표를 했다.

2시간 동안 이루어진 그 발표는 격식을 차리지 않는 것이었기에, 참가자들은 더 잘 이해하기 위해서 필요할 때면 언제든지 중간에 끼어들어 질문하거나 반박하거나 할 수 있었다. 넬슨의 강연은 대부분 입자 물리학자였던 청중들이 혼란스러워할 만한 문제들을 잘 설명해 주는 것이었다. 천문학이 아니라 입자 물리학이 전공이었던 해리 넬슨은 우리가 사용하는 것과 같은 언어로 이야기했다.

이렇게 예외적으로 어려운 암흑 물질 실험에서도 악마는 디테일에 있다. 넬슨은 풍요로운 설명으로, 실험의 자질구레한 세부 사항까지 뚜렷하게 눈앞에 그릴 수 있도록 만들어 주었다. CDMS 실험은 저온 물리학 기술에 기반을 두고 있다. 이 내용은 전통적으로 응집 물질 물리학자나 고체 물리학자가 다루어 온 기술이었다. 넬슨은 자기가 실험에 참가하기 전에는 그런 고감도 실험이 가능하리라고는 믿지 않았다고 한다. 그래서 그의 동료들은 그를 보고, 당신이 우리 실험 제안서의 심사 위원이 아니라서 정말 다행이었다고 농담을 했다고 한다.

CDMS는 제논과 아이오다인화나트륨 섬광 검출기 실험과 아주 다르다. CDMS는 아이스하키 퍽 크기의 게르마늄이나 실리콘 같은 금속 조각 위에 설치된 고감도 기록 장치인 포논(phonon) 검출기로 이루어져 있다. 포논이란 광자가 빛의 양자이듯, 게르마늄이나 실리콘에서 나오는 소리의 양자를 가리킨다. (소리라고는 하지만 정확히 말하면 이 경우 물질의 결정 격자의 진동을 말한다. — 옮긴이) 이 검출기는 초전도가 일어나는 경계 근처의 아주 낮은 온도에서 작동한다. 포논에서 나온 에너지가 아주 조금이라도 검출기에 전달되면, 초전도성이 사라지고 **초전도 양자 간섭계 (superconducting quantum interference device, SQUID)**라는 장치를 통해 암흑 물질의 신호일지도 모르는 사건들이 기록된다. 이 장치는 극도로 민감해서, 에너지를 아주 정밀하게 측정한다.

그러나 사건 하나를 기록한다고 해서 끝나는 것이 아니다. 실험가들은 검출기가 배경 복사가 아니라 암흑 물질을 기록했음을 입증해야 한다. 문제는 모든 것이 복사를 방출한다는 점이다. 심지어 우리도 그렇다. 내가 지금 글을 입력하고 있는 컴퓨터도 복사를 방출한다. 당신이 읽고 있는 이 책도(혹은 전자책 기기도) 복사를 방출한다. 실험가 한 사람의 손가락에서 나오는 땀 한 방울이면 어떤 암흑 물질 신호도 엉망으로 만들어 버리기 충분하다. 게다가 우리 주위에는 천연, 인공 방사능 물질이 무수히 존재한다. 검출기 자체뿐만 아니라 환경과 공기도 복사를 방출한다. 우주선이 검출기를 때릴 수도 있다. 바위 속의 저에너지 중성자가 암흑 물질처럼 보일 수도 있다. 우주선 속의 뮤온이 바위를 때려서 물질이 튕겨 나올 수도 있는데, 이때 튀어나온 중성자가 암흑 물질처럼 보일 수도 있다. 암흑 물질 입자의 질량과 상호 작용의 세기에 대해 합리적인 범위에서 최대한 낙관적으로 가정해도, 배경에 나타나는 전자기 현상은 암흑 물질의 존재를 의미하는 신호를 만들 것으로 예상되는 사건보다 약 1,000배는 많다.

그래서 암흑 물질 실험이라는 게임의 이름은 **차폐와 판별(Shielding and Discrimination)**이 된다. (이것은 천체 물리학자들의 용어이다. 입자 물리학자들은 좀 더 정치적으로 올바른 용어인 **입자 확인(Particle ID)**이라는 용어를 쓴다. 요즘 세상에 그게 그렇게 중요한지는 모르겠지만.) 실험가들은 검출기를 가능한 한 전자기 복사로부터 차폐시켜야 하고, 암흑 물질일 가능성이 있는 사건을 검출기 내부에서 평범한 복사가 산란되는 것으로부터 구분해 판별해야 한다. 차폐를 위해서 일단 실험 자체를 광산처럼 지하 깊은 곳에서 수행한다. 우주선은 검출기에 닿기 전에 주변 바위에 의해 걸러진다. 암흑 물질은 상호 작용을 훨씬 적게 하므로 주변 바위의 방해를 받지 않고 검출기에 도달할 수 있다.

암흑 물질 탐사 실험을 위해서는 다행히도, 빈 광산과 빈 터널이 많이 있다. XENON10 실험과 이것을 더 크게 만든 XENON100 실험과 함께, DAMA 실험과 텅스텐을 검출기 재료로 쓴 CRESST 등이 이탈리아 지하 약 3,000미터 터널에 위치한 그란 사소(Gran Sasso) 연구소에서 수행되고 있다. 미국 사우스 다코타 주의 홈스테이크(Homestake) 광산 지하 1,500미터의 동굴은 원래 금을 채굴하기 위한 것이었는데, 지금은 또 다른 제논 기반 실험인 LUX가 설치되어 있다. 이 실험은 레이먼드 데이비스(Raymond Davis, 1914~2006년)가 태양 핵반응에서 나오는 중성미자를 발견한 바로 그곳에서 수행되고 있다. CDMS 실험은 약 750미터 지하에 위치한 미국 미네소타 주의 수단(Soudan) 광산에서 이루어지고 있다.

그러나 광산과 터널 위에 있는 바위만으로는 검출기가 복사를 받지 않는다고 보장할 수 없다. 실험가들은 다양한 방법으로 검출기를 차폐한다. CDMS는 상호 작용이 너무 강해서 암흑 물질일 리가 없는 것이 바깥에서 들어오면, 이것을 멈추게 하는 폴리에틸렌 층으로 둘러싸여 있다. 특기할 만한 것은 검출기를 둘러싸고 있는 납이다. 이 납은 18세기에 침몰한 프랑스 범선에서 가져온 것이다. 수세기 동안 물 밑에 있었던 오래된 납은 방사선을 모두 방출할 만큼 충분한 시간을 보냈다. 이런 납은 검출기를 전자기 복사로부터 완벽하게 차폐시킬 수 있는 밀도가 높고 흡수력이 강한 물질이다.

이런 모든 예방책에도 불구하고 여전히 많은 전자기 복사가 남아 암흑 물질 검출을 방해한다. 복사와 암흑 물질일 가능성이 있는 후보를 구별하기 위해서는 더 많은 판별 과정이 필요하다. 암흑 물질의 상호 작용은 중성자가 목표물을 때릴 때 일어나는 핵반응과 비슷하다. 그래서 포논 감지기 맞은편에, 암흑 물질일 가능성이 있는 물질이 게르마늄이나 실리콘을 지나갈 때 발생하는 이온화 정도를 측정하는, 통상의 입자 물리학 검출기가 설치된다. 이 이온화 정도와 포논의 에너지를 모두 측정함으로써 암흑 물질의 결과일지도 모르는 핵반응을 복사로부터 생긴 전자의 반응과 구별한다.

그 밖의 CDMS 실험의 멋진 특징은 위치와 시간을 정확하게 측정한다는 점이다. 직접적인 위치 측정은 두 방향에 대해서만 이루어지지만, 포논 감지기에 기록된 시각을 바탕으로 세 번째 방향에 대해서도 좌표를 알 수 있다. 따라서 실험가들은 사건이 발생한 위치를 정확히 알 수 있고, 판별을 방해하는 배경 사건을 배제할 수 있다. 또 다른 좋은 특성은 검출기가 아이스하키 퍽 크기의 부분으로 나뉘어 있다는 것이다. 암흑 물질의 존재를 나타내는 진짜 사건은 이 검출기들 중 하나에서만 발생할 것이다. 반면 국소적으로 유도 방출된 복사는 검출기 하나에서만 검출되지는 않을 것이다. 이런 특성들을 바탕으로 추가적인 검출기 개량이 이루어진다면 CDMS에서 암흑 물질이 발견될 수도 있을 것이다.

CDMS가 인상적인 검출기지만, 그렇다고 유일한 암흑 물질 검출기는 아니다. 저온 검출기가 암흑 물질 탐사의 유일한 방식인 것도 아니다. 암흑 물질 컨퍼런스가 있던 주의 후반부에 제논 실험의 개척자 중 한 사람인 엘레나 에이프릴(Elena Aprile)이 그녀 자신이 참여한 실험(XENON10과 XENON100)을 중심으로 불활성 액체를 이용하는 실험에 대해서 자세하게 소개했다. 이 실험들이 곧 암흑 물질에 대한 가장 민감한 검출 실험이 될 터였으므로, 청중들은 이 강연에도 열심히 귀를 기울였다.

제논 실험은 암흑 물질 사건을 섬광을 통해서 기록한다. 액체 제논은 밀도가 높고 균일하다. 원자 하나의 질량이 크고, — 그래서 암흑 물질과의 상호 작용 비율이 높고, — 섬광을 잘 일으킨다. 에너지를 받으면 아주 쉽사리 이온화되기 때문에 앞에서 말한 것처럼 이온화 정도와 섬광으로 전자기적 사건와 암흑 물질 사건을 효과적으로 구별할 수 있게 해준다. 액체 제논의 가격이 지난 10년 동안 6배 정도 오르기는 했어도 다른 물질에 비해 상대적으로 싸다. 이런 형태의 불활성 기체를 사용한 실험은 크기가 더 커질수록 검출기의 성능과 결과가 훨씬 더 좋아지므로, 실험의 대형화 경향은 앞으로도 계속될 것이다. 더 많은 물질을 사용하면, 검출할 가능성이 높아질 뿐만 아니라, 검출기의 바깥 부분이 안쪽 부분을 차폐하는 효과가 있어서 더 효율적이 되고, 결과에 대한 신뢰성도 높아진다.

실험가들은 이온화와 초기 섬광 두 가지를 측정해서, 신호와 배경이 되는 복사를 구별한다. XENON100 실험은 섬광을 측정하기 위해 저온 고압의 환경에서 작동하도록 설계된 아주 특별한 광전관(光電管)을 이용한다. 앞으로 아르곤 검출기가 사용되면 섬광 펄스의 자세한 모양을 시간의 함수로 추적할 수 있어서, 섬광과 관련된 더 자세한 정보를 얻을 수 있을 것이고, 신호와 배경을 구별하는 데에도 도움이 될 것이다.

한 가지 기묘한 것은(이 상황은 앞으로 곧 바뀌겠지만.), 현재로서는 하나의 섬광 실험만이 신호를 실제로 보았다고 하고 있다는 것이다. 이 실험은 이탈리아 그란 사소 연구소의 DAMA 실험이다. DAMA 실험은 지금까지 설명한 실험과는 달리 신호와 배경을 검출기 내부에서 판별하지 않는다. 그 대신 DAMA는 지구가 태양 주위를 도는 데 따라 속도 의존성이 달라지는 것을 이용해서, 시간에 따른 변화만 가지고 암흑 물질 신호를 확인한다.

지구에 들어오는 암흑 물질 입자의 속도가 관련이 있는 이유는 이 속도에 따라 얼마나 많은 에너지가 검출기에 남겨지는가가 결정되기 때문이다. 만약 에너지가 너무 낮으면 무엇인가가 있음을 실험이 감지하지 못할 것이다. 에너지가 많을수록 실험 장치가 사건을 더 잘 기록하게 된다. 지구의 공전 속도 때문에, 우리에 대한 암흑 물질의 상대 속도(그리고 검출기가 받는 에너지)는 1년 중 어느 시기냐에 따라 달라진다. 즉 어떤 시기(여름)에는 다른 시기(겨울)보다 신호를 보기가 더 쉬워진다. DAMA 실험은 사건이 일어나는 비율의 연간 변화가 예측과 일치하는지를 찾는다. 그리고 실험 결과는 어떤 신호가 발견되었음을 가리키고 있다. (그림 79 참

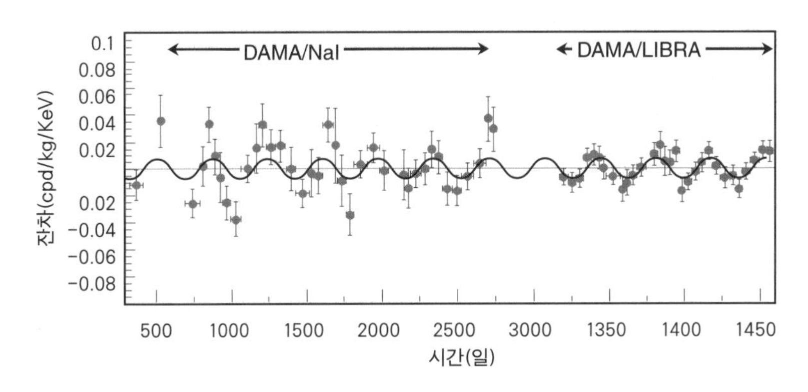

그림 79 신호가 시간에 따라 변하는 것을 보여 주는 DAMA 실험 데이터.

조)

DAMA의 신호가 암흑 물질의 존재를 뜻하는 것인지, 검출기를 잘못 이해해서 나온 것인지, 그것도 아니면 주변 환경 탓에 생긴 것인지 아직 확실히 모른다. 다른 실험에서는 아직 아무것도 보지 못했으므로 사람들은 회의적이다. 다른 신호가 없는 것은 대부분의 암흑 물질 모형이 예측하는 것과는 맞지 않기 때문일 것이다.

비록 잠시 혼란스러운 상태지만, 이것은 과학을 재미있게 만드는 또 하나의 요소이다. 이 결과는 다른 형태의 암흑 물질이 존재하는 것은 아닐까, 그것도 아니면 암흑 물질에 우리가 모르는 성질이 있어 DAMA 실험 말고는 암흑 물질 신호를 감지하지 못하는 것이 아닐까 하는 문제를 생각하도록 우리를 북돋운다. 이런 결과가 나온 이상 우리는 검출기를 더 잘 이해해서, 거짓 신호를 식별해 내고, 데이터가 실험가가 원했던 것인지를 알 수 있도록 더 노력할 것이다.

더 나은 감도를 얻고자 전 세계에 걸쳐 여러 실험들이 수행되고 있다. 이 실험들은 DAMA가 암흑 물질을 발견했다는 주장을 기각할 수도 있고 아니면 확인해 뒷받침할 수도 있다. 그렇지 않으면, 독립적으로 다른 형태의 암흑 물질을 자체적으로 발견할 수도 있다. 다른 실험이 하나라도 DAMA가 본 것을 확인하다면, 모든 사람은 암흑 물질이 발견되었다는 데 동의할 것이지만, 아직 그런 일은 일어나지 않았다. 그럼에도 불구하고 곧 대답이 나올 것이다. 여러분이 이 책을 읽을 때면 앞에서 이야기한 것들이 모두 낡은 이야기가 되어 버렸을 수도 있다. 그러나 실험의 본질은 바뀌지 않을 것이다.

간접적인 암흑 물질 검출

LHC, 지하의 저온 검출기, 불활성 액체 검출기와 함께 암흑 물질의 정체를 밝혀내기 위해 사용되는 마지막 방법은 암흑 물질을 하늘에서나 지상에서 **간접 검출**하는 것이다. 암흑 물질의 밀도는 희박하지만, 그래도 때때로 자신과 같은 종류의 입자와, 혹은 자신의 반입자와 만나 쌍소멸할 수 있다. 이런 과정은 암흑 물질의 전체 밀도에 크게 영향을 줄 만큼 일어나지는 않겠지만, 측정 가능한 신호가 발생할 정도로 일어날 수 있다. 이것은 암흑 물질이 쌍소멸될 때 새로운 입자가 만들어져서 암흑 물질의 에너지를 가지고 나오기 때문이다. 암흑 물질의 성질에 따라 암흑 물질이 쌍소멸할 때, 가끔은 전자와 양전자, 혹은 광자 한 쌍과 같이 검출할 수 있는 표준 모형의 입자와 반입자가 만들어지기도 한다. 그러면 반입자나 광자를 측정하는 천체 물리학 검출기가 이런 쌍소멸 현상의 흔적을 관측할 수 있다.

암흑 물질이 쌍소멸해서 생성된 표준 모형 입자를 찾아내는 이런 장치들은 원래 그 목적을 위해 설계된 것이 아니다. 이 장치들은 하늘에 무엇이 있는지 더 잘 이해하기 위해 입자나 빛을 검출하는 것들로, 우주 공간이나 지하에 설치되어 망원경이나 검출기로 쓰이게끔 설계된 것들이다. 별과 은하, 그리고 그 안의 알 수 없는 물체에서 방출되는 것을 관측함으로써 천문학자들은 천체의 화학적 조성에 대해 알아내고, 별들의 특성과 본질을 추론할 수 있다.

철학자 오귀스트 콩트(Auguste Comte, 1798~1857년)는 1835년에 별에 대해 "우리는 어떤 방법으로도 그 화학적 조성을 조사할 수 없을 것이다."라고 틀린 말을 했다. 그것은 우리가 얻을 수 있는 지식의 경계를 넘어선 것이라고 생각했던 것이다. 콩트의 말이 나오고 그리 오래 지나지 않아서 태양에서 방출되거나 흡수되는 빛인 태양 스펙트럼이 발견되었고, 스펙트럼을 해석한 결과 태양의 조성을 알 수 있게 되었다. 그리고 콩트가 틀렸다는 것이 밝혀졌다.

오늘날의 실험가들도 다른 천체의 조성을 추측하려고 할 때, 이 방법을 계속 이용한다. 현대의 망원경은 아주 민감해서, 우주 바깥에 무엇이 있는지에 관한 우리의 지식을 몇 달이 멀다 하며 계속 늘려 가고 있다.

암흑 물질 탐사를 위해서는 운 좋게도, 이런 실험에서 나오는 광자와 입자에 대한 관측 결과를 암흑 물질의 성질을 아는 데 이용할 수 있다. 반입자는 우주에 상대적으로 드물고, 광자의 에너지 분포는 확인 가능한 독특한 성질을 보이기 때문에, 이들을 검출하면 결국 암흑 물질과의 관계를 알 수 있다. 이렇게 입자의 공간적 분포를 알게 되면, 통상적인 천체 물리학적 배경 사건과 암흑 물질의 쌍소멸 현상을 구별하는 데도 도움이 된다.

나미비아에 위치한 HESS(High Energy Stereoscopic System, 고에너지 입체 검출 시스템)와 미국 애리조나 주에 있는 VERITAS(Very Energetic Radiation Imaging Telescope Array System, 고에너지 복사 영상 망원경 배열 시스템)는 지상에 망원경을 거대하게 배열한 시스템으로서, 은하의 중심부에서 날아오는 고에너지 광자를 검출하고 있다. 그리고 다음 세대의 초고에너지 감마선 천문대인 CTA(Cherenkov Telescope Array, 체렌코프 망원경 배열)는 감도가 더욱 높을 것이다. 한편 페르미 감마선 위성 망원경은 2008년 초 발사된 인공 위성에 탑재되어 지상 550킬로미터 상공에서 지구 주위를 돌고 있다. 지상의 광자 검출기가 거대한 집광 면적을 가졌다는 이점이 있다면, 페르미 위성의 매우 정밀한 장치는 더 높은 고에너지 분해능과 보다 상세한 지향성 정보 수집 능력을 갖추고 있으며, 저에너지 광자에 민감하고 시계도 200배나 더 넓다.

두 형태의 실험 모두 암흑 물질이 쌍소멸할 때 나오는 광자나 전자-양전자 쌍이 만드는 복사를 검출할 수 있다. 어느 쪽이든 관측할 수 있다면 암흑 물질의 정체와 성질에 대해 많은 것을 알게 될 것이다.

또 다른 검출기는 주로 전자의 반입자인 양전자를 찾고 있다. 이탈리아가 주도하는 위성 실험인 PAMELA 프로젝트에서 일하는 물리학자들은 벌써 그들이 발견한 것을 보고했다. 그들은 예상한 것과 전혀 다른 것을 보았다. (PAMELA 실험 결과는 그림 80 참조) PAMELA는 발음하기도 어려운 '반물질-물질 탐색과 가벼운 원자핵의 천체 물리학을 위한 탑재 장비(Payload for Antimatter-Matter Exploration and Light-nuclei Astrophysics)'의 머리글자를 딴 이름인데, 이탈리아 악센트로 말하면 좀 낫게 들린다. PAMELA에서 양전자가 더 많이 나오는 것으로 측정된 사건이 암흑 물질 때문에 일어난 것인지, 펄사와 같은 천문학적 대상을 잘못 추산한 것인지는 아직 모른다. 그러나 어느 쪽이건, 천체 물리학자와 입자 물리학자 모두 이 결과에 주의를 기울이고 있다.

암흑 물질이 쌍소멸해서 양성자와 반양성자가 생성될 수도 있다. 사실, 많은 모형에서 암흑 물질이 정말로 서로 만나 쌍소멸하면 이 입자들이 가장 많이 나올 것으로 예측하고 있다. 그러나 이미 알고 있는 천문학적 현상에 따라 은하 안에는 많은 수의 반양성자가 숨어 있기 때문

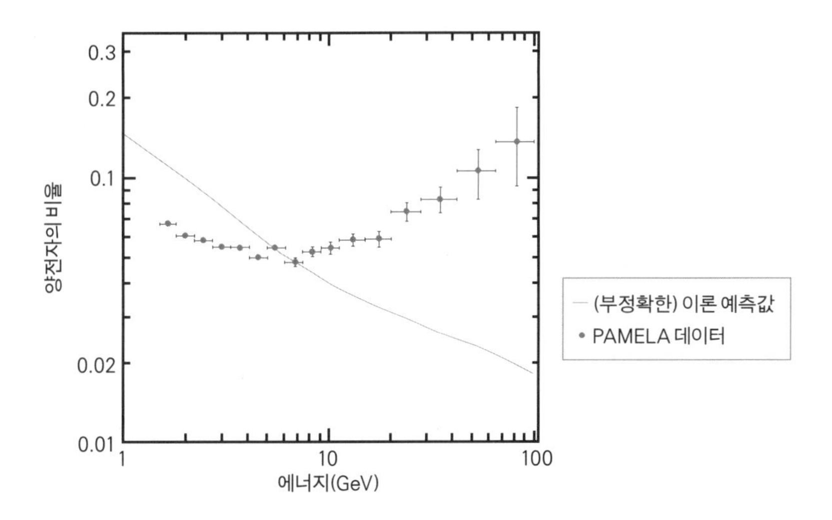

그림 80 실험 데이터(십자 모양)가 이론적 예측(점선)과 얼마나 잘 맞지 않는지 보여 주는 PAMELA 실험 데이터.

에 이 반양성자들이 암흑 물질의 신호를 가릴 수 있다. 그래도 그런 암흑 물질도 반중수소를 통해서 보게 될지도 모른다. 반중수소는 반양성자와 반중성자가 약하게 결합해 있는 상태인데 암흑 물질이 쌍소멸될 때 형성될 수 있다. GAPS(General Antiparticle Spectrometer, 일반 반입자 분광계)와 같은 위성 실험과 현재 국제 우주 정거장에 설치된 AMS-02(Alpha Magnetic Spectrometer, 알파 자기 분광계)가 궁극적으로 이런 반중수소를 찾아내 암흑 물질을 발견할 수 있다.

마지막으로 약한 핵력을 통해서만 상호 작용하는 중성미자라고 불리는 중성 입자가 암흑 물질을 간접적으로 검출하는 열쇠가 될 수 있다. 암흑 물질은 태양이나 지구의 중심에 잡혀 있을지도 모른다. 이 경우 암흑 물질의 쌍소멸에서 나올 수 있는 신호는 오직 중성미자뿐일 것이다. 중성미자는 다른 입자와는 달리 상호 작용을 거의 하지 않고 빠져나올 수 있기 때문이다. AMANDA(남극에 설치되어 있다.), IceCube(남극),

ANTARES(지중해) 등의 검출기가 이렇게 나오는 고에너지의 중성미자를 찾고 있다.

앞에서 설명한 신호 중 어떤 것이라도 관측된다면, 우리는 암흑 물질의 상호 작용과 그 질량 등의 성질에 대해 더 많이 알게 될 것이다. 심지어 아무것도 발견되지 않더라도 역시 그 자체로 더 많은 것을 알 수 있다. 그동안 물리학자들은 다양한 암흑 물질 모형으로부터 나온 예측에 따라 어떤 신호가 나올 것으로 기대할 수 있는지 생각해 왔고, 지금도 생각하고 있다. 그리고 물론 우리는 지금 존재하는 측정 결과의 의미가 무엇인지를 묻는다. 암흑 물질은 너무도 약하게 상호 작용하기 때문에 아주 다루기 힘든 존재이다. 그러나 여러 다른 형태의 실험이 진행 중인 현재, 우리는 암흑 물질이 검출되는 것이 임박한 일일지도 모른다는 희망을 가지고 있다. 그리고 LHC나 다른 실험 결과에 따라서, 우리는 우주 저 바깥에 무엇이 있는지, 어떻게 그 모든 것을 아우를 수 있는지에 대해 더 잘 이해하게 될 것이다.

6부

다음 탐구를 준비하며

22장

전체적으로 생각하고 구체적으로 행동하라

이 책을 여기까지 읽었다면, 인간 정신이 어떻게 광대한 우주 끝에서 저 깊은 물질의 내부 구조까지 탐색해 왔는지를 이해할 수 있을 것이다. 하버드 대학교 교수였던 고(故) 시드니 리처드 콜먼(Sidney Richard Coleman, 1937~2007년)은 이 두 방향을 추구하는 데 있어서 세상에서 가장 똑똑한 물리학자 중 하나로 꼽혀 왔다. 학생들 사이에서 떠도는 일화에 따르면 시드니 콜먼이 대학원을 마치고 박사 후 연구원에 지원했을 때, 그에 대한 추천서들은, 단 한 장을 빼고 모두 다, 시드니 콜먼은 리처드 파인만을 제외하면 그들이 아는 한 가장 똑똑한 물리학자라고 씌어져 있었다고 한다. 그 예외의 추천서 한 장이 바로 파인만이 쓴 것이었는데, 그는 시드니가 세상에서 제일 똑똑한 물리학자라고 썼다. 파인만은 자기 자신을 세지 않았던 것이다.

시드니의 60세 생일에 그의 업적을 기리기 위해 열린 기념 강연회에서 그와 같은 세대에 속하는 저명한 물리학자들이 나와 연설을 했다. 여러 해 동안 콜먼의 하버드 대학교 동료 교수였고, 그 자신도 뛰어난 입자 물리학자였던 하워드 조자이는 그 자리에 모인 쟁쟁한 이론 물리학자들의 발표와 연설을 계속 지켜보면서, 그가 감명을 받은 것은 그들 모두가 얼마나 다르게 생각하는가 하는 점이었다고 이야기했다.

조자이가 옳았다. 강연자들은 각자 독특한 관점에서 과학에 접근했고, 그들(말 그대로 모두 남자였다.) 나름의 독자적인 기술을 가지고 큰 공헌을 했다. 어떤 사람은 시각적으로 접근하는 능력이 있었고 어떤 사람은 수학적 능력을 타고났으며, 어떤 이들은 단순히 정보를 받아들이고 계산하는 용량이 엄청나게 컸다. 상향식 스타일의 연구자와 하향식 스타일의 연구자가 모두 모여 있었는데 그들의 업적 역시 물질 내부의 강한 핵력을 이해하는 일에서부터 끈 이론을 도구로 이용해서 새로운 수학을 유도하는 일까지 다양했다.

과거 알렉산드르 세르게예비치 푸슈킨(Alexander Sergeyevich Pushkin, 1799~1837년)은 이렇게 썼다. "영감은 시에서 필요한 만큼 기하학에서도 필요하다." 창조성은, 주지하다시피, 예술과 인문학에서뿐만 아니라 입자 물리학, 우주론, 수학, 그리고 다른 과학 분야에서도 모두 필수적인 역할을 한다. 과학에는 제한된 상황에서 이루어지는 창조적인 시도를 고양시킬 수 있는 특별한 풍요로움이 집약되어 있다. 영감과 상상력은 논리 규칙 더미 속에서 간과되기 쉽다. 그러나 영감과 상상력은 과학의 필수 요소이다. 수학과 테크놀로지 역시 아이디어를 어떻게 종합하면 좋을지 창조적으로 생각할 수 있는 사람에 의해, 그리고 흥미로운 결과를 우연히 발견했을 때 그 가치를 인식할 만큼 창조적으로 각성해 있는 사람에 의해 발견되었고 체계화되었다.

지난 수년간, 나는 운 좋게도 다른 분야의 창조적인 사람들과 만나고 함께 일하는 다양한 기회를 가졌다. 그들 사이에는 흥미로운 공통점이 있었다. 과학자, 작가, 미술가, 그리고 음악가 들은 표면적으로는 아주 다르게 보였지만, 그들이 가진 기술과 재능과 감수성의 본질은 일반적으로 생각하는 것만큼 다르지는 않았다. 이제 나를 가장 놀라게 했던 자질에 대해 이야기하면서, 우리의 과학과 과학적 사고에 대한 이야기를 마무리하고자 한다.

천재의 자질

과학자든 예술가든 뭔가 중요한 일을 할 때에는 창조성 그 자체에 관해 생각하는 것 같지 않다. 책상 앞에 앉아서 "난 오늘 창조적일 테다!"라고 결심한다고 해서 창조적으로 일할 수 있는 것은 아니기 때문이다. 그 대신 과학자나 예술가는 눈앞의 문제에 집중한다. 여기서 집중한다는 것은 그 하나의 목적에 맞추어서 그것만을 생각할 수밖에 없고, 그 일에만 오로지 전념하는 것을 말한다.

우리는 보통 창조적인 노력의 최종 산물만을 보고 그 밑에 깔린 엄청난 노력과 전문적인 기술이나 지식은 보지 못한다. 프랑스 출신의 고공 줄타기 예술가 필립 페티(Philippe Petit, 1949년~)가 1974년 세계 무역 센터의 쌍둥이 빌딩 사이 약 400미터 높이 공중에서 줄타기했던 것을 기념하는 다큐멘터리 영화 「맨 온 와이어(Man on Wire)」가 2008년에 공개되었다. 페티의 묘기는 1974년 당시에 나와 같은 뉴욕 시민뿐만 아니라 전 세계 많은 사람들의 눈길과 마음을 사로잡았다. 그 영화를 보면서 새삼 그의 모험심과 솜씨에 감명을 받았다. 페티는 그저 두 벽 사이에 줄을 고정시키고 아슬아슬하게 걸어가기만 한 것이 아니었다. 안무가 엘리자베스 스트렙이 내게 보여 준 두께 2.5센티미터나 되는 책에는 페티가 줄을 설치하기 전에 연구했던 수많은 도면과 계산이 적혀 있었다. 그때에야 비로소 나는 그가 엄청난 준비를 했고 이 이벤트를 계획하며 스스로의 안전을 보장하기 위해 엄청나게 집중했음을 깨달았다. 페티는 농담처럼 자신을 "독학 엔지니어"라고 불렀다. 공연을 할 때 사용할 재료의 역학적 특성을 이해하기 위해 기존의 물리 법칙을 꼼꼼하게 연구하고 난 다음에야, 구체적인 줄타기 준비를 시작했던 것이다. 물론 실제로 줄을 타기 전까지 페티 자신도 모든 것을 고려해 보았는지 절대적으로 확신할 수는 없었을 것이다. 단지 그는 그가 예상할 수 있는 것을 모두 고려했을 뿐이다. 결과적으로 그것만으로 충분했다.

사람이 이런 수준으로 몰두한다는 것이 믿기지 않는다면, 주위를 돌아보기 바란다. 사람들은 흔히 자기가 하는 일에 못 박힌 듯이 집중하는 법이다. 중요한 일이건 별로 중요하지 않은 일이건 그렇다. 십자말풀이를 하고 있는 옆집 사람을 보라. 텔레비전의 스포츠 방송에 정신이 팔린 친구를 보라. 내려야 할 곳도 지나칠 정도로 독서에 몰두하는 어떤 사람을 보라. 비디오 게임을 하느라 몇 시간씩 보내는 사람은 말할 것도 없다.

연구에 열중하고 있는 연구직의 사람은 행운아이다. 그가 먹고살기 위해 하는 일과 그가 사랑하는 일 — 적어도 소홀히 하는 것을 참을 수 없는 일 — 이 일치하기 때문이다. 이런 일을 직업으로 가지고 있는 사람들은 일반적으로 자신이 하는 일이 영구적 중요성을 가지고 있을지도 모른다는 생각(착각일 가능성이 높다.)으로 자신을 격려한다. 과학자들은 자신이 세계의 진리를 결정하는 거대한 사명의 일부분이라고 생각하기 좋아한다. 십자말풀이를 할 시간조차 없는 날에도 우리는 연구 과제에 들이는 시간은 더 많았으면 하고 바랄 것이다. 게다가 장대한 구상과 원대한 목표와 관계된 연구라면 더욱 그럴 것이다. 실제로 과학자가 집중해서 일을 할 때에는 게임을 하는 것이나 텔레비전 스포츠 중계를 보는 것과 마찬가지처럼 보일 수도 있다.[70] 그러나 과학자는 차를 운전할 때나 밤에 잠들 때에도 연구에 대해 계속해서 생각하고 있을 것이다. 며칠 동안이든, 몇 달 동안이든, 아니면 몇 년 동안이든 연구를 계속 수행하는 능력은 확실히 연구가 중요하다는 신념과 관계가 있다. 단지 몇 사람만이 그것을 이해할 수 있다고 하더라도(적어도 처음에는), 그리고 자기가 가는 길이 궁극적으로 틀린 것으로 판명될 수 있다고 하더라도, 자신의 연구가 중요하다고 믿는다면 그 연구에 몰두할 수 있을 것이다.

최근 창조성과 재능이 타고났다는 주장에 의문 부호를 찍고, 성공의 요인이 재능을 조기에 발굴해서 갈고 닦는 데 있다고 주장하는 경향이 강해지고 있다. 데이비드 브룩스(David Brooks, 1961년~)는《뉴욕 타임스》의 칼럼에서 이 주제와 관련된 신간 몇 권을 소개하며 이 문제를 이렇게 정리하고 있다. "지금 우리는 모차르트가 가지고 있던 것은 타이거 우즈가 가지고 있는 것과 같은 것이라고 믿게 되었다. 오랜 시간 동안 무언가에 집중할 수 있는 능력과 자식의 능력을 향상시키고자 하는 아버지의 의지 같은 것 말이다."[71] 브룩스의 칼럼에는 파블로 피카소(Pablo Picasso, 1881~1973년)의 사례도 소개되어 있다. 피카소는 전통적인 화가의 아들이었다. 특권적인 환경에서 피카소는 어릴 때부터 이미 멋진 그림을 그리고 있었다. 빌 게이츠(Bill Gates, 1955년~) 역시 특별한 기회로 가득한 환경에서 자랐다. 말콤 글래드웰(Malcolm Gladwell, 1963년~)은 『아웃라이어(*Outliers*)』라는 책에서, 빌 게이츠가 다닌 시애틀 고등학교가 컴퓨터 동아리가 있던 몇 안 되는 학교 중 하나였고, 나중에 워싱턴 대학교는 게이츠에게 컴퓨터를 몇 시간씩 계속해서 사용할 수 있는 기회를 주었다고 소개했다.[72] 글래드웰은 게이츠의 성공에서 그의 추진력과 재능보다 그에게 주어진 특별한 기회가 더 크고 중요한 역할을 했다고 이야기한다.

사실 조기에 어떤 일에 집중하고 그 일에 익숙해지면 그 일과 관련된 기술과 지식이 몸에 붙기 때문에 의심할 나위 없이 많은 경우에 창조성의 배경이 된다. 만약 여러분이 풀기 힘든 어려운 문제를 만났다면, 기초적인 것을 공부하거나 준비하는 데 가능한 한 적은 시간을 쓰고 싶을 것이다. 일단 기술과 지식(물리학자라면 수학)이 제2의 천성이 되면, 필요할 때 훨씬 쉽게 가져다 쓸 수 있다. 그렇게 몸에 새겨진 기술과 지식은 의식 밑바닥 무의식 속에서 계속 작동하며, 어느 날 갑자기 좋은 아이디어를 의식 수준으로 밀어올리기도 한다. 잠자는 동안에 문제를 풀었던 경험을 한 사람이 한둘이 아니다. 구글의 창업자 래리 페이지(Larry Page, 1973년~)는 내게 구글의 씨앗이 된 아이디어가 꿈속에서 그에게 찾아왔다고 이야기한 적이 있다. 그러나 그것은 몇 달 동안 그가 그 문제에 골몰한 후의 일이다. 사람들은 흔히 통찰력을 '직관'의 산물로 생각한다. '직관의 계시'가 내리는 순간의 이면에 연구에 쏟아부었던 시간이 얼마나 많았는지 잘 생각하지 못하기 때문이다.

따라서 브룩스와 글래드웰의 관점은 어떤 의미에서 의심할 바 없이 옳다. 물론 타고난 기술과 재능도 중요하지만, 기술을 연마하지 않거나, 학습을 집중해서 하지 않거나, 꾸준한 연습을 하려는 의지가 없으면, 여러분은 그리 멀리 가지 못한다. 그러나 일찍 기회를 얻고 체계적으로 준비했다고 해서 충분한 것은 아니다. 브룩스와 글래드웰의 관점은 중요한 것을 하나 놓치고 있다. 어떤 일을 그렇게 열심히 집중해서 하고 학습과 수련을 집중하는 것도 하나의 재능이기 때문이다. 이전에 했던 일에서 배우고 머릿속에 교훈을 계속 축적해 갈 수 있는 예외적인 사람은, 연구와 반복을 통해 훨씬 더 많은 것을 얻을 수 있을 것이다. 이런 끈질김이 있어야 집중이건 몰두이건 할 수 있고, 성과를 낼 수 있다. 과학 연구에서건 다른 창조적인 일에서건 마찬가지이다.

캘빈 클라인(Calvin Klein, 1942년~)의 첫 번째 향수는 '옵세션(Obsession)'이었다. 이 이름은 우연히 정해진 것이 아니었다. (그의 말에 따르면) 그는 '옵세션'적이었기에, 즉 강박적이었기에 성공했다. 프로 골퍼는 셀 수 없이 반복된 연습 끝에 자기 스윙을 완성한다고 하지만, 모든 사람이 지루해 하거나 좌절하지 않고 공을 1,000번씩 칠 수 있는 것은 아니다. 생물학자이자 나의 암벽 등반 친구인 카이 진(Kai Zinn)은 어려운 루트 — 관심 있는 사람을 위해 말하자면 5.13 등급 정도 — 를 타는데, 루트를 아주 자세하게 모두 다 기억하고 있어서 나보다 훨씬 잘 움직인다. 같은 루트를 10번 탔을 경우 그는 나보다 훨씬 많은 것을 알고 있다. 이것은 또한 그가 훨씬 더 잘 견디도록 해 준다. 나는 금방 지루해 하고 다른 루트를 찾는데 그는 그러지 않는다. 나는 결국 어중간한 실력의 등반가로 남아 있지만, 반복을 통해 효과적으로 학습하는 방법을 아는 카이 진은 계속 발전할 것이다. 18세기의 박물학자이며 수학자이자 작가였던 조르주루이 르클레르(Georges-Louis Leclerc, 1707~1788년), 즉 뷔퐁 백작은 이 능력을 다음과 같이 간결하게 요약했다. "천재는 오직 인내심에 소질이 있는 것이다." 하지만 나는 한 가지 덧붙이겠다. 그런 인내심의 근저에는 실력이 향상되지 않는 것만은 참지 못하는 자질이 있다.

문제 밖에 답이 있다

수련, 전문적인 훈련, 그리고 의욕은 과학 연구에서도 대단히 중요하다. 그러나 이것이 필요한 전부가 아니다. 자폐증에 걸린 사람이 — 말할 것도 없이 일부 학자나, 많은 관료도 — 종종 높은 수준의 전문적인 기술과 재능을 보이는 경우가 있다. 그러나 그런 사람에게는 창조성과 상상력이 결여되어 있는 경우가 많다. 요즈음 이렇게 다른 재능 없이 추진력과 기술적인 성취만을 결합했을 때의 한계를 잘 보여 주는 곳은 영화관이다. 예를 들어 애니메이션 등장 인물이 다른 등장 인물과 눈으로 따라잡기 어려울 정도로 화려하게 싸우는 장면은 그 자체만으로도 충분히 인상적인 기술적 성취라고 할 수 있겠지만, 사람들의 마음을 사로잡는 창조적인 에너지를 가지는 일은 드물다. 번쩍이는 빛과 시끄러운 소리에도 불구하고 나는 흔히 보다가 잠들어 버리고는 한다.

나의 마음을 사로잡는 영화는 거대한 질문과 진짜 아이디어를 다루면서, 그것을 우리가 감상할 수 있고 이해할 수 있는 작은 예로 구체화한 것들이다. 「카사블랑카」는 애국심과 사랑과 전쟁과 충실함에 대한 영화라고 할 수도 있지만, 이 영화에서 릭이 일자에게 "세 사람의 문제 따윈 이 미친 세상에서 콩 한 줌만도 못하다는 걸 질리도록 보지."라고 경고하는데, 나는 이 세 명 때문에 이 영화에 넋을 잃는다. (물론 피터 로어와 클라우드 레인스도 여기에 더해야 할 것이다.) (세 사람은 물론 영화 「카사블랑카」의 주연인 험프리 보가트, 잉글리드 버그만, 폴 헌레이드이다. 피터 로어는 우가트 역, 클라우드 레인스는 르노 소장 역이다. — 옮긴이)

과학자들 역시 큰 전망과 작은 세부 사항이 모두 머릿속에 들어 있을 때 적절한 질문을 떠올리게 된다. 과학에는 우리 모두가 해결하고 싶어 하는 거대한 질문도 있고, 다루기 쉽다고 믿는 작은 문제들도 있다. 그러나 커다란 질문을 인지했다고 해서 충분한 것은 아니기 쉽다. 사실 과학을 진보로 이끄는 것은 대부분의 작은 문제의 해답이기 때문이다. 3장에서 언급했던, 솔트레이크 시에서 열린 스케일에 대한 컨퍼런스의 제목과 윌리엄 블레이크의 시구가 우리에게 상기시켜 주듯이, 그리고 갈릴레오가 그 옛날에 이해했듯이, 정말로 한 알의 모래가 세계 전부를 드러낼 수 있다.

모든 창조적인 사람에게 필수적인 능력은 옳은 질문을 제기하는 능력이다. 창조적인 사람은 진보를 이룰 수 있는 확실하고, 흥미롭고, 가장 중요하게는 실행 가능한 방법을 안다. 그리고 결국에는 문제를 올바르게 정식화한다. 가장 훌륭한 과학은 대개의 경우 광범위하고 중요한 문제를 인식하는 것과, 몇몇 사람들만이 관심을 가지는 것처럼 보이는 명백히 작은 문제나 세부 사항에 집중하는 것 모두를 필요로 한다. 때때로 작은 문제나 세부 사항에 숨어 있는 모순이 커다란 진보를 가져오는 실마리로 판명되고는 한다.

다윈의 혁명적인 아이디어 역시 어떤 의미에서는 새와 식물에 대한 세부적인 관찰로부터 시작되었다. 수성 근일점의 세차 운동 역시 잘못된 사소한 관측이 아니라, 뉴턴의 물리 법칙에 한계가 있음을 알려주는 결정적인 신호였다. 이 관측은 아인슈타인의 중력 이론을 입증하는 증거 중 하나가 되었다. 어떤 사람에게는 너무 작고 잘 보이지도 않을지 모르는 이론의 갈라진 틈과 관측과의 불일치가, 문제를 올바른 방식으로 적절하게 바라보는 사람에게는 새로운 개념과 아이디어로 가는 관문이 될 수 있다.

아인슈타인 역시 처음부터 중력을 이해하려고 연구를 시작한 것이 아니다. 아인슈타인이 이해하고자 했던 것은 당시 막 개발된 전자기학 이론의 의미였다. 아인슈타인은 모든 사람이 생각하던 것과 모순되어 보이기까지 한, 특이한 측면에 집중했다. 그것은 시간과 공간의 대칭성에 관한 것이었고, 결국 아인슈타인의 연구는 인간이 생각하는 방식에 혁명을 일으켰다. 아인슈타인이 보기에 그 모순과 특이성 속에는 의미가 있었다. 그는 큰 전망을 가지고 문제를 보면서 동시에 그 모순과 특이성이 어떻게 가능한지 끈질기게 파고들었다.

최근의 연구에서도 커다란 전망과 디테일에의 집중이 결합되는 것을 볼 수 있다. 왜 어떤 상호 작용은 초대칭성 이론에서는 일어날 수 없는가 같은 문제를 이해하는 일은 어떤 사람에게는 아주 세부적인 일처럼 보일 수 있다. 동료 물리학자인 데이비드 카플란(David B. Kaplan, 1958년~)이 1980년대에 유럽에서 그 문제에 관해서 발표했을 때 그는 놀림을 당했다. 그러나 지금 이 문제는 초대칭성과 초대칭성이 깨지는 것과 관련해 새로운 통찰을 풍부하게 제공해 주는 것으로 여겨지고 있다. 여기서 나온 아이디어들을 검증하기 위해 현재 LHC의 실험가들이 실험을 준비하고 있다.

나는 우주가 합리적이라고 생각하며, 우리가 아는 것에서 벗어나는 현상은 아직 발견되지 않은 재미있는 무언가를 의미한다고 굳게 믿고 있다. 내가 워싱턴 D. C.에서 열린 크리에이티비티 재단(Creativity Foundation)의 강연회에서 이 신념을 피력하자, 한 블로거가 내가 높은 기준을 가지고 있다고 멋지게 해석해 주었다. 그러나 사실, 우주가 합리적이라는 믿음은 아마도 많은 과학자들이 어떤 문제를 연구할지 생각할 때 가장 중요한 추진력으로 작용하고 있을 것이다.

내가 아는 창조적인 사람들 중 많은 이들 역시 머릿속에서 동시에 여러 가지 질문과 생각을 담을 능력을 가지고 있다. 누구라도 구글에서 이것저것 검색할 수 있지만, 사실들과 아이디어들을 참신한 방법으로 연결하지 못하는 한 새로운 것을 찾아내지는 못할 것이다. 다른 방향에서 온 아이디어들을 서로 살짝 어긋나게 배열해 보자. 그러면 새로운 연상이나 통찰, 아니면 시(詩)에 이를 것이다. (시야말로 창조성이라는 말이 원래 적용되던 분야이다.)

많은 사람들이 1차원적으로 일하는 것을 더 좋아한다. 그러나 그렇게 되면 하던 일이 막히거나, 어떻게 해야 할지 모르게 되면, 더 이상 앞으로 나갈 수 없게 된다. 많은 작가들과 미술가들처럼 과학자들도 누더기를 깁듯이 진보해 나간다. 그것은 전혀 선형적인 과정이 아니다. 우리는 조각 맞추기 퍼즐의 어떤 부분은 맞추고 또 다른 부분은 메우지 못할 수도 있다. 메울 수 없는 빈틈이 나오면 언젠가 메워지리라는 희망을 가지고 잠시 미루어 둔다. 나중에 맞는 퍼즐 조각이 나오면 그때 맞추면 되기 때문이다. 어떤 이론을 한번 읽었다고 해서 모조리 이해하는 사람은 극히 드물다. 언젠가 모든 조각을 다 찾아 맞출 수 있다는 믿음이 있어야, 빈틈을 만나면 안심하고 도중에 건너뛰거나, 필요할 때 되돌아올 수 있다. 이것을 가능하게 해 주는 것이 바로 방대한 지식과 광대한 시야이다. 처음 논문을 훑어볼 때에는 저자가 말하는 바나 연구 결과를 이해할 수 없을 것 같아도 아무튼 계속 읽어 나가야 한다. 이해하지 못하겠는 것이 나오면 건너뛰고 일단 끝까지 다 읽으면서 자기 나름대로 생각해 보고, 그러고 나서 이해하지 못했던 부분으로 되돌아오면 된다. 몰두할 수 있다면 계속할 수 있다. 의미를 알 수 있는 것이든 의미를 알 수 없는 것이든 모두 연구하면서 계속 앞으로 나아가야 한다.

토머스 앨바 에디슨(Thomas Alva Edison, 1847~1931년)은 유명한 말을 남겼다. "천재는 1퍼센트의 영감과 99퍼센트의 노력으로 이루어진다." 그리고 루이 파스퇴르(Louis Pasteur, 1822~1895년) 역시 이렇게 말했다. "관찰 분야에서 기회는 준비된 정신을 더 좋아한다." 그렇게 몸 바쳐 노력하는 과학자는 가끔 찾던 답을 발견하는 법이다. 또한 원래의 연구 목표에서 벗어난 문제의 답을 발견하기도 한다. 알렉산더 플레밍(Alexander Fleming, 1881~1955년)은 전염병의 치료법을 찾고자 했던 것이 아니었다. 플레밍은 어떤 종류의 곰팡이가 그가 연구해 오던 포도상구균(*Staphylococcus*)의 균주를 죽인다는 것을 알아차리고 그 잠재적인 치료 능력을 깨달았다. 그러나 페니실린이 개발되어 세상을 바꾼 강력한 약이 된 것은 10년이 지난 후, 다른 사람들에 의해서였다.

이런 식의 부수적인 효과는 문제에 대한 탐구가 광범위하게 축적되었을 때 생기는 경우가 많다. 라만 선드럼과 나는 초대칭성에 대해 연구하다가, 비틀린 여분 차원이라는 아이디어에 도달하게 되었다. 그리고 이것이 계층성 문제를 해결할 수도 있음을 깨달았다. 그 후 방정식을 열심히 들여다보고 문제를 더 넓은 관점에서 고찰해 본 결과, 우리는 무한한 크기의 비틀린 공간 차원도 기존의 관측 결과나 물리 법칙에 어긋나지 않고 존재할 수 있음을 발견했다. 그 전까지 우리는 공간 차원과는 관계없는, 입자 물리학의 전혀 다른 주제들을 연구하고 있었다. 그러나 우리는 마음속에 커다란 전망과 작은 디테일을 동시에 가지고 있었다. 표준 모형에서 질량 스케일의 계층성을 이해하는 것과 같은 현상론적인 주제에 집중할 때에도 공간의 본질과 같은 큰 문제를 잊지 않고 있었다.

이 연구의 또 다른 중요한 특징은, 라만도 나도 상대성 이론의 전문가가 아니었다는 점이다. 그래서 우리는 열린 마음을 가지고 연구에 몰두할 수 있었다. 방정식이 우리 눈앞에 그 가능성을 보여 주지 않았다면, 나도, 라만도(그리고 다른 누구도) 아인슈타인의 중력 이론에 눈에 보이지도 않는 무한한 차원이 존재하리라고 상상하지 못했을 것이다. 우리는 방정식이 보여 주는 결과를 끈질기게 추적했을 뿐이다. 무한히 큰 여분 차원이 불가능한 것으로 여겨진다는 것은 알지도 못했다.

그렇다고 해서 우리가 옳다고 곧바로 확신했던 것도 아니었다. 그리고 라만과 나는 여분 차원이라는 급진적인 아이디어에 아무것도 모르고 뛰어든 것이 아니었다. 우리와 많은 사람들이 더 표준적인 아이디어를 적용해 볼 수는 없는지 여러 가지 시도를 해 본 뒤에야 종래의 시공간 개념을 가지고는 문제를 풀지 못할 것이라는 결론에 도달했고 우리가 현재 살고 있는 시공간을 떠나 보는 것이 의미가 있겠다고 생각한 것이다. 비록 여분 차원이 낯설고 신기한 제안이기는 했지만 아인슈타인의 상대성 이론은 여전히 적용되었다. 그러므로 우리는 가설적인 우주에서 무슨 일이 일어나는지 이해하는 데 사용할 방정식과 수학적 방법을 갖추고 있는 셈이었다.

우리의 발견 이후 많은 물리학자들이 우리의 연구 결과를 이어받아 여분 차원 개념을 실마리 삼아 새로운 아이디어를 찾아내기 시작했다. 그 아이디어들 중에는 여분 차원이 전혀 없는 우주에 적용할 수 있는 것도 있다. 문제를 다른 각도로(문자 그대로 직교하는 방향으로) 보기 시작하자마자 이전에서는 생각지도 못했던 가능성들을 깨달았다. 그것은 3차원 공간의 사각 상자 밖에서 문제를 보는 것, 말 그대로 기존의 개념틀을 깨뜨려 보는 데 도움이 되었다.

사람은 새로운 지평에 서게 되면 문제가 완전히 해결되기 전까지는 불확실성과 함께 사는 수밖에 달리 선택할 길이 없다. 틀림없이 줄타기 예술가보다는 생명의 위험이 덜하겠지만, 새로운 현상을 관찰하고자 하는 사람은 기존의 지식으로 단단하게 다져진 확고한 기반 위에서 출발했다고 하더라도 불가피하게 미지의 것과 그것에 딸린 불확실성하고 조우할 수밖에 없다. SF 영화의 우주 탐험가들뿐만 아니라, 예술가들과 과학자들 역시 “아무도 간 적 없는 곳을 대담하게 간다.” 물론 아무도 간 적 없는 새로운 영역으로 나아가기 위해서는 새로운 개념과 아이디어가 필요할 것이다. 그리고 처음에는 비현실적인 것처럼 보이는 이상한 실험 결과가 나올 수도 있다. 그러나 대담함이라는 것이 무작위나 무계획이나 이전에 이루어진 일들에 대한 무시를 뜻하지는 않는다. 새로운 영역을 탐구하는 사람은 최선을 다해 준비한다. 그럴 때 유효한 것이 규칙과 방정식과 우주의 정합성을 믿는 직관이다. 이것들은 새로운 영역을 탐사할 때 우리를 지켜 주는 갑옷이다.

내 동료 마크 카미온코스키(Marc Kamionkowski, 1965년~)의 말처럼, “야심적인 것도 좋고 미래 지향적인 것도 좋다." 그러나 중요한 점은 역시 현실적인 목표를 정하는 것이다. 내가 참석했던 크리에이티비티 재단의 행사에서 상을 받은 학생은, 거품 붕괴로 이어진 최근의 성공적인 경제 성장이 부분적으로 창조성에서 유래했다고 이야기했다. 그러나 그는 억제 수단이 없다는 것이 거품을 터지게 만들었다고 지적했다.

과거 가장 획기적인 것으로 평가되는 연구들 중에 몇몇은 대담함과 조심스러움이라는 모순되는 충동을 잘 보여 주는 사례들이 되기도 한다. 과학 저술가인 개리 톱스(Gary Taubes, 1956년~)가 언젠가 내게 말하기를, 자기가 알기로 학자들은 가장 자신감이 넘치는 사람인 동시에 가장 불안해하는 사람이라고 했다. 이 심한 모순이 학자들의 추진력이 된다고도 했다. 자신이 앞서 나간다고 믿으면서도 한편으로는 자기가 옳다는 것을 확신하기 위해 엄격한 기준을 부여하지 않고는 못 견디는 것이다. 창조적인 사람은 언제나 자신이야말로 무언가 새로운 일을 해내는 존재라고 스스로 믿지 않으면 안 된다. 동시에 다른 사람이 이미 같은 아이디어를 생각해 냈지만 그것을 버린 것일지도 모른다는 것을 항상 염두에 두어야 한다.

매우 모험적인 아이디어를 가진 과학자라고 해도 그것을 발표하는 것은 아주 조심스러워 하는 경우가 있을 수 있다. 과학 역사에 가장 큰 영향을 미친 아이작 뉴턴과 찰스 다윈도 자신들의 위대한 생각을 바깥 세상에 알리기 전에 오랫동안 뜸을 들였다. 찰스 다윈은 여러 해에 걸쳐 치밀한 연구를 했고, 광범위한 관찰 연구를 마친 뒤에야 『종의 기원』을 출판했다. 『프린키피아』로 발표된 뉴턴의 중력 이론 역시 그가 10년 넘게 발전시킨 것이었다. 뉴턴은 공간적으로 임의의 모양을 가진 물체가 (점입자뿐만 아니라) 역제곱 법칙을 따른다는 것을 만족스럽게 증명할 때까지 출판을 미루고 기다렸던 것이다. 역제곱 법칙이란 중력이 두 물체의 질량 중심 사이의 거리의 제곱에 비례해서 약해진다는 것을 의미하는데, 이것을 증명하기 위해 뉴턴은 미적분학이라는 수학의 한 분야를 발전시켰다.

때때로 문제를 올바르게 파악하기 위해서는 관점을 바꿔야 할 때가 있다. 문제를 바꿔 써 보기도 하고, 경계 조건을 늘여 보거나 하면 겉보기에는 해답이 없을 것 같은 곳에서 해답을 발견할 수 있다. 인내와 믿음은 종종 결과에 큰 차이를 가져온다. 여기서 믿음이란 종교적인 믿음이 아니라 해답이 존재한다는 믿음을 말한다. 성공하는 과학자를 비롯해서 분야를 막론하고 창조적인 사람들은 실패한 채로 끝나는 것을 거부한다. 그들은 결코 길이 막혔다고 주저하거나 머뭇거리지 않는다. 문제를 해결할 수 없으면, 다른 길을 찾는다. 장애물을 만나면 터널을 파거나 다른 길을 찾거나 그 위를 날아 넘어간다. 바로 이때 상상력과, 겉보기에 말도 안 되는 것처럼 보이는 아이디어가 들어온다. 계속해서 답을 찾으려면 답이 실재한다고 믿지 않으면 안 된다. 세계가 궁극적으로 합리적이며, 우리가 그 안에 내재된 논리를 찾아낼 수 있다고 믿지 않으면 안 되는 것이다. 올바른 견지에서 문제를 보면 놓칠 수도 있었던 관계가 발견되는 일이 흔히 있다.

"상자 바깥에서 생각하기"라는 표현은 기존의 개념틀에서 벗어나라는 뜻이다. 그러나 이 말은 사각형 업무용 파티션 공간에서 빠져나오라는 사회적 의미(나는 예전에 이런 뜻이라고 생각했다.)에서 유래한 것이 아니라, 펜을 떼지 않고 9개의 점을 4개의 직선으로 연결하라는 '9점 문제'에서 온 것이다. (그림 81 참조) 펜을 사각형 범위 안에서 움직이는 한 이 문제를 풀 수 없다. 그러나 아무도 그런 제한을 한 적이 없다. '상자 바깥으로' 나가면 답이 나온다. (그림 82 참조) 여기서 문제를 수많은 다른 방법으로 재구성할 수 있다는 것도 깨달을 수 있다. 만약 점을 크게 그리면 직선 3개

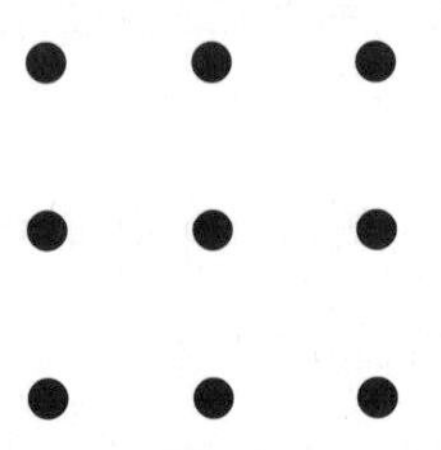

그림 81 아홉 점 문제는 연필을 떼지 않고 4개의 선만으로 모든 점을 연결하라는 것이다.

로 연결할 수 있다. 종이를 접을 수 있다면(아니면 어떤 작은 소녀가 문제를 만든 사람에게 제안했듯이 아주 두꺼운 펜을 쓴다면) 직선 하나로도 점을 모두 연결할 수 있다.

이런 해답은 사기가 아니다. 제한 조건이 더 있을 때라면 모르지만. 안타깝게도 교육은 때때로 학생들에게 문제를 어떻게 푸는지를 가르칠 뿐만 아니라 교사의 의도를 예측하는 법을 가르치기도 한다. 그러면 올바른 답의 범위가 좁아지고, 학생의 생각의 틀 역시 좁아질 것이다. 『쿼크와 재규어(*The Quark and the Jaguar*)』에서 머리 겔만은,[73] 워싱턴 대학교의 물리학 교수였던 알렉산더 캘런드라(Alexander Calandra, 1911~2006년)의 '기압계 이야기'를 인용하고 있다.[74] 이 이야기에서 그는 어떤 교사에 대해 이야기하는데, 그 교사는 학생에게 성적을 어떻게 주어야 할지 결정하지 못하고 고민하고 있다. 그 교사는 자기 학생들에게 기압계를 이용해서 건물의 높이를 재는 법을 물어보았다. 그런데 이 문제의 학생은 먼저 기압계에다 끈을 묶어서 건물 꼭대기에서 땅으로 늘어뜨리고, 끈의 길이를 잰다고 대답했다. 물리학을 이용해 보라고 하자 옥상에서 기압계를 떨어뜨리고 낙하 시간을 측정하거나, 하루 중 특정한 시간에 기압계

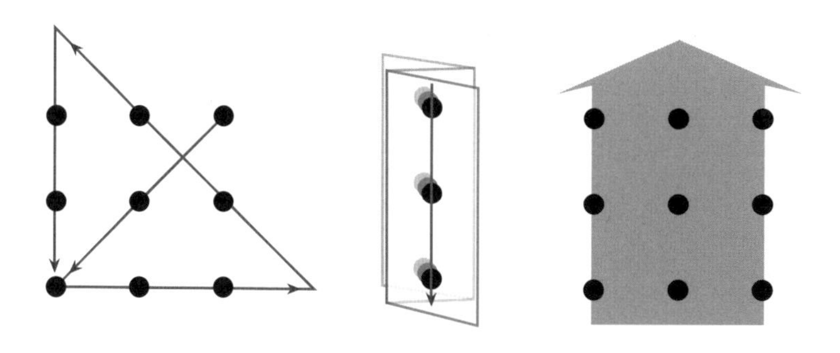

그림 82 아홉 점 문제를 해결하기 위해서는 '상자 바깥에서 생각하기'가 필요하다. 창조적인 방법에는 종이를 접어서 점들의 위치를 맞추기, 아주아주 굵은 펜으로 긋기 등 여러 가지가 가능하다.

의 그림자의 길이를 재면 된다고 말했다. 그 학생은 또 건물의 관리인에게 기압계를 주고 대신 건물의 높이를 말해 달라고 하는 비물리학적인 해법도 덤으로 제시했다. 이 대답들은 교사가 원하던 것은 아닐지도 모른다. 그러나 그 학생은 눈치 빠르게, 그리고 유머 있게 교사가 준 조건이 문제의 핵심이 아님을 알아챈 것이다.

다른 물리학자들과 내가 1990년대에 여분 차원에 대해 생각하기 시작했을 때, 우리는 상자 바깥 정도가 아니라 3차원 공간 바깥으로 나갔다. 우리가 처음 생각했던 것보다 훨씬 더 큰 세계 위에 문제를 올려 놓고 고찰했다. 결국 우리는 오랫동안 입자 물리학자들을 괴롭히던 문제를 해결할 수 있는 해법을 발견했다.

그렇기는 해도 아무것도 없는 곳에서 연구가 시작되지는 않는다. 연구 활동은 다른 사람들이 이전에 생각해 냈던 수많은 아이디어와 통찰을 통해 풍부해진다. 좋은 과학자들은 서로의 의견에 귀를 기울인다. 때로는 다른 사람의 연구를 경청하고, 관찰하고, 읽는 것으로부터 올바른 문제나 해답을 찾기도 한다. 우리는 자주 다른 사람의 재능을 빌리기 위해서, 또는 우리 자신의 정직성을 유지하기 위해서 공동으로 일한다.

모두가 자신이 중요한 문제를 해결하는 첫 번째 사람이 되기를 원하지만, 과학자들은 여전히 서로에게 배우고, 가진 것을 공유하고, 공통의 연구 주제에 파고든다. 그러다 보면 때때로 다른 과학자가 기대하지도 않았던 이야기를 하고, 거기에 흥미로운 문제나 해답의 실마리가 들어 있고는 한다. 과학자들은 자기 나름의 영감을 가지고 일을 하지만, 항상 다른 과학자들과 아이디어를 교환하고, 결과를 유도해 내며, 수정을 하고, 만약 원래의 아이디어가 제대로 기능하지 않는 것으로 확인되면 처음부터 다시 시작한다. 새로운 아이디어를 상상하고, 그중 어떤 아이디어는 간직하고 다른 아이디어는 폐기한다. 이것이 우리의 본업이다. 우리가 발전을 이루는 방법이다. 나쁘지 않다. 이것이 바로 진보이다.

조언자의 입장에서 내가 대학원생들을 위해 할 수 있는 가장 중요한 역할 중 하나는, 아직 좋은 아이디어를 어떻게 표현하는지 배우지 못한 학생들이 좋은 아이디어를 냈을 때 놓치지 않고 알아봐 주고, 알려주는 것이라고 생각한다. 그리고 학생들이 내가 생각해 낸 것에서 허점을 찾았을 때 그 지적에 귀를 기울이는 것이다. 이런 식의 대등한 소통이 창조성을 가르치고, 적어도 촉진하는 최선의 방법이라고 생각한다.

경쟁 역시, 대부분의 다른 창조적인 노력에서뿐만 아니라 과학에서도 중요한 역할을 한다. 창조성에 관한 토론을 할 때 미술가 제프 쿤스(Jeff Koons, 1955년~)는 간단히 이렇게 말했다. 그는 어릴적 그의 누나가 미술을 하는 것을 보고 자신이 더 잘할 수 있음을 깨달았다고 이야기했다. 또 어떤 젊은 영화 제작자는 어떻게 경쟁이 자신과 동료들이 서로의 기술과 아이디어를 흡수하고, 자신의 것을 다듬고 발전시키도록 고무하는지 설명해 주었다. 요리사 데이비드 창(David Chang, 1977년~. 한국계 미국인 요리사로 한국 이름은 장석호이다. — 옮긴이)은 비슷한 생각을 조금 더 솔직하게 표현해 주었다. 새로운 레스토랑이 생기면 그는 그곳을 찾고 이런 반응을 보인다고 한다. "맛있네. 난 왜 이런 걸 생각 못 했지?"

뉴턴은 연구 결과가 완성될 때까지 출판을 기다렸다. 그러나 그는 그 동안에도 역제곱 법칙을 알고 있던 그의 경쟁자 로버트 후크를 경계했다. 하지만 후크는 미적분학을 몰라서 법칙을 뒷받침하지 못했다. 그럼에도 불구하고, 뉴턴이 책을 써야겠다고 결심한 것은, 부분적으로 후크의 연구와 겹치는 것이 아닌가 하는 의심을 불식시키기 위해서였다. 다윈 역시 앨프리드 러셀 월레스(Alfred Russel Wallace, 1823~1913년)가 자신과 비슷한 진화라는 아이디어를 가지고 있다는 것을, 그리고 더 오래 입을 다물고 있으면 자기 이론을 뺏기게 될지도 모른다는 것을 알았다. 이것은 자신의 연구를 출판하는 확실한 동기가 되었다. 다윈과 뉴턴 둘 다 자신들의 혁명적인 결과를 발표하기 전에 자신의 가설을 확실한 것으로 만들고 싶었던 것이다. 그래서 끝없이 검토하며 그것이 옳다는 완벽한 확신이 들 때까지 계속 그것을 발전시켰고, 적어도 자신이 경쟁에서 뒤질지도 모른다는 위기감이 들 때까지 발표를 미루었던 것이다.

우주는 우주 스스로가 우리보다 더 똑똑하다는 것을 반복해서 보여 주고 있다. 방정식과 관측 결과를 통해 사람들이 꿈도 꾸지 못했던 사실이 드러난다. 오직 열린 마음을 가지고 창조적으로 탐구할 때에만 그렇게 감춰진 현상을 발견해 낼 수 있을 것이다. 논의의 여지가 없는 증거 없이는 어떤 과학자도 양자 역학을 발명하지 못했을 것이다. 나는 DNA의 엄밀한 구조나 생명을 만들어 내는 무수한 현상을 예측하는 것은 만약 거기에 무엇이 있는지 말해 주는 현상이나 방정식이 없었다면, 거의 불가능했을 것이라고 생각한다. 우리가 보고 있는 모든 것의 기저에 있는 원자 내부의 작동 원리와 입자의 행동이 그렇듯이, 힉스 메커니즘도 독창적이고 정교한 발명이다.

연구는 살아 있는 생물처럼 유기적인 과정이다. 우리가 어디를 향하고 있는지를 반드시 알 필요는 없지만, 실험과 이론은 우리에게 소중한 길잡이가 되어 준다. 예비 조사와 기술적인 재능, 집중력과 인내력, 올바른 질문, 자신의 상상력에 대한 주의 깊은 신뢰 모두가 우리가 세계를 이해하는 법을 찾는 데 도움을 준다. 그래서 마음을 열고, 다른 사람과 대화하고, 앞선 이들이나 동료들보다 더 잘하려고 노력하고, 답이 있을 것을 믿어야 한다. 처음의 동기가 무엇이건, 그리고 어떤 특정한 기술을 사용하게 될지와는 무관하게, 과학자들은 안쪽 세계와 바깥쪽 세계에 대한 탐구를 계속하며, 우주 깊은 곳에 있는 정교한 메커니즘에 관해 알고 싶어 할 것이다.

책을 마치며

독일의 언론에서 내 물리학 연구나 내 책 『숨겨진 우주』에 대해 보도한 것을 번역해서 처음 보았을 때, 나는 "우주의 끝(edge of the universe)"이라는 말이 반복해서 나와서 놀랐다.[75] 말 자체는 나올 만한 말이기는 하지만, 이 말이 무작위로 등장하는 것은 처음에는 설명할 길이 없는 것 같았는데, 결국 컴퓨터가 내 성인 랜들 Randall을 독일어로 번역해 놓은 것으로 판명되었다.[76]

정말로 우리는, 작은 스케일과 큰 스케일 모두에서 우주의 끝에 서 있는 셈이다. 과학자들은 약한 핵력의 스케일인 약 10^{-17}센티미터에서 우주의 크기인 10^{30}센티미터까지의 거리를 실험적으로 탐색해 왔다. 미래에 진정한 패러다임 이동을 구분짓게 될 스케일이 무엇인지 우리가 확실히 알 수는 없다. 그러나 많은 과학의 눈은 지금 약한 핵력의 스케일을 주시하고 있다. 그 스케일은 LHC가 탐색하고 암흑 물질 실험이 뒤지고 있는 영역이다. 동시에 이론적인 작업은 우리가 이해하고 있는 틈을 메우기 위해 계속해서 약한 핵력 스케일에서 플랑크 에너지까지, 그리고 더욱 큰 스케일까지를 연구하고 있다. 우리가 본 것이 거기 있는 모든 것이라고 생각하는 것은 오만이다. 새로운 발견이 준비되어 있는 게 거의 확실하다.

현대 과학의 시대는 역사의 흐름에서 벗어난 순간으로 보인다. 그러나 기술과 수학의 진보를 통해 얻어진 탁월한 통찰이 17세기에 탄생한 이래, 우리는 세계를 이해하는 감동적인 머나먼 여정을 걸어왔다.

이 책에서는 오늘날 고에너지 물리학자와 우주론 학자들이 어떻게 자신들의 갈 길을 결정하는지, 이론과 실험이 결합해서 어떻게 깊고 근본적인 몇 가지 문제에 빛을 던질 수 있었는지를 알아보았다. 대폭발 이론은 현재 우주의 팽창을 설명하지만, 그보다 먼저는 무슨 일이 있었는지, 그리고 암흑 에너지와 암흑 물질의 본질은 무엇인지에 대한 질문은 열린 채로 남겨놓았다. 표준 모형은 기본 입자의 상호 작용을 예측하지만, 그 성질이 왜 지금 그 모습인지에 대한 문제는 풀리지 않은 채로 남아 있다. 암흑 물질과 힉스 보손에 대한 대답은 임박해 있을지 모른다. 새로운 시공간 대칭성 혹은 새로운 공간 차원의 증거가 나올 수도 있다. 운이 좋아서 곧 대답을 얻을 수도 있다. 아니면 필요한 물리량이 너무 무겁거나 너무 약하게 상호 작용하거나 해서 시간이 좀 걸릴 수도 있다. 우리가 질문하고 지켜본다면 결국 답을 알게 될 것이다.

훨씬 검증하기 어려운 아이디어에 대해 숙고한 결과도 이야기했다. 그런 아이디어들은 우리 상상력을 확장시키고 나중에 실재하는 것과 연결될 수도 있지만, 철학과 종교의 영역에 남아 있을 수도 있다. 과학은 다

중 우주가 펼쳐진 풍경이 틀렸다거나, 신이 없다고 증명하지는 못할 것이다. 그러나 그런 것이 있다고 입증하는 일도 일어날 것 같지 않다. 그렇다고 해도 다중 우주의 어떤 면은 — 계층성을 설명할 수 있다든가 하는 것은 — 검증할 수 있는 결과를 내놓을 수도 있다. 이런 것들을 찾아내는 것은 과학자들에 달려 있다.

이 책, 『천국의 문을 두드리며』의 다른 주요한 요소는 스케일, 불확실성, 창조성, 그리고 이성적인 비판적 추론 등의 과학적 사고에 대해 말해주는 개념들이다. 우리는 과학이 진보를 이뤄서 대답에 이를 것이라고 믿을 수도 있고, 구체적인 설명을 얻기 전에 시간이 지남에 따라 복잡성이 발현해 버릴 것이라고 믿을 수도 있다. 답을 하기엔 너무 복잡한 문제일 수도 있지만, 그렇다고 합당한 신념을 포기하는 것을 정당화하지는 않는다.

자연과 인생과 우주를 이해하는 것은 비범하게 어려운 문제를 제기한다. 우리 모두는 우리 자신이 누구인지, 어디서 왔는지, 그리고 어디로 가고 있는지를 더 잘 이해하고 싶고, 우리 자신보다 더 크고, 최신 유행보다 더욱 항구적인 것에 초점을 맞추고 싶다. 왜 어떤 이들이 종교로 선회해서 설명을 구하는지 이해하기는 쉽다. 여러 사실들을 발견하고, 영감 어린 해석으로 그 사이의 놀라운 관계를 입증하지 않았다면, 지금까지 과학자들이 도달한 대답을 생각하기란 극히 어려웠을 것이다. 과학적으로 생각하는 사람들이 세상에 대한 우리의 지식을 진전시킨다. 우리가 도전할 일은 할 수 있는 한 많이 이해하는 것이며, 독단적인 주장에 제한을 받지 않는 호기심이야말로 그에 필요한 것이다.

어떤 사람에게는 합리적인 탐구와 오만 사이의 경계가 문제가 될 수도 있지만, 궁극적으로는 비판적인 과학적 사고야말로 우주의 구조에 대한 질문에 답하는 데 있어 유일하게 믿을 수 있는 방법이다. 몇몇 최근의 종교 운동에서 극단주의자의 반지성적인 흐름은 진보와 과학은 물론이고 전통적인 기독교의 유산과도 맞지 않는다. 그러나 다행히 그들이 모든 종교적 혹은 지성적 전망을 나타내지는 않는다. 많은 사고 방식은 종교적인 생각조차도 기존 패러다임에의 도전을 포함하고, 아이디어의 진화를 허용한다. 우리 개개인의 진보는 잘못된 아이디어를 대체하는 것과 옳은 것을 건설하는 것을 수반한다.

전 국가 과학 아카데미 의장이자 《사이언스》의 편집장이기도 했던 생화학자 브루스 앨버츠(Bruce Alberts, 1938년~)는 최근 강연에서 과학에 내재된 창조성과 합리성과 개방성과 포용성이 필요함을 강조했다. 이것은 인도의 초대 총리인 자와할랄 네루(Jawaharlal Nehru, 1889~1964년)가 "과학적 기질(scientific temper)"이라고 부른 특징의 확고한 결합이다.[77] 과학적 사고 방식은 사회적, 실용적, 정치적인 여러 어려운 주제를 다루는 핵심적인 도구를 제공하는 데 있어서 오늘날의 세계에 결정적으로 중요하다. 여기서는 과학과 과학적 사고의 타당성에 관한 의견을 몇 가지 더 언급하고 말을 맺으려고 한다.

오늘날의 복잡한 난제 몇 가지는 기술과, 많은 모집단의 정보, 그리고 계산 능력의 결합으로 다룰 수 있을지 모른다. 그러나 과학적인 것이든 그 밖의 것이든, 많은 주요한 진전들은 단순히 오랫동안 어려운 문제를 연구해 온 개인이나 소집단의 많은 생각을 필요로 한다. 비록 이 책은 기초 과학의 본질과 가치에 초점을 두었지만, 순수하게 호기심에 의해 유도된 연구야말로 과학 그 자체를 진보시킴과 동시에 우리가 사는 방식을 완전히 바꾸는 획기적인 기술적 발전을 이끌어낸다. 기초 과학은 우리에게 어려운 문제에 관해 생각하는 중요한 방법을 알려줄 뿐만 아니라, 창조성과 우리가 논의한 원리를 포함하는 더 많은 과학적 사고와 결합될 때, 내일 해답을 발견하는 데 도움이 될 오늘의 기술적인 도구도 가져다준다.

이제 묻고 싶은 것은 이런 맥락에서 어떻게 더 큰 문제를 다룰 것인가 하는 점이다. 우리는 어떻게 그저 단기간의 목표를 넘어서는 기술을 가지게 되는가? 기술의 세계에서조차, 우리는 아이디어와 격려를 필요로 한다. 반드시 가져야 할 물품을 만드는 회사는 성공할 것이며, 새로운 것을 추구할 때 쉽게 따라잡을 것이다. 하지만 이런 것은 우리가 기술을 다루고 싶어 하는 진짜 이슈에서 벗어나게 만들 수 있다. 아이팟은 재미있지만 아이팟을 가지고 노는 것이 오늘날 세계의 커다란 문제들은 해결해 주지는 않을 것이다.

잡지 《와이어드(*Wired*)》의 설립자 중 한 사람인 케빈 켈리(Kevin Kelly, 1952년~)는 기술과 진보에 관한 컨퍼런스에 함께 패널로 나갔을 때 이렇게 말했다. "기술은 우주에서 가장 강력한 힘이다." 만약 정말 그렇다면, 기술 혁명에 핵심적으로 중요한 것이 기초 과학이므로 과학은 가장 강력한 힘의 원천이다. 전자는 아무런 숨은 동기 없이 발견되었지만, 이제 전자 공학은 우리 세상을 규정짓고 있다. 전기 역시 순전히 지적인 동기에서 발견되었지만, 지구는 지금 전선과 케이블을 혈관 삼아 맥동하고 있다. 원자에 대한 비전(秘傳)의 이론이었던 양자 역학조차 벨 연구소의 과학자들이 기술 혁명의 기초가 되는 소자인 트랜지스터를 개발하는 데 열쇠가 되었다. 원자에 대한 연구 초창기, 사람들이 연구하고 있는 결과가 컴퓨터와 정보 혁명같이 거대한 것은커녕 아주 작은 데라도 응용되리라고는 그 누구도 믿지 않았다. 궁극적으로 이런 획기적인 돌파구에 이르는 실재의 본성에 관한 깊은 통찰을 얻기 위해서는 기초 과학의 지식과 과학적 사고 방식 모두가 필요하다.

계산 능력이나 사회적 연결망이 아무리 많이 있어도 아인슈타인이 실제로 했던 것보다 더 빨리 상대성 이론을 개발하게 되지는 않았을 것이다. 과학자들은 아마도 양자 역학을 더 빨리 이해하게 되지는 않을 것이다. 이것이 일단 어떤 아이디어가 있거나 현상을 새롭게 이해하게 되면 기술적 발전이 촉진된다는 것을 부인하는 것은 아니다. 그리고 어떤 문제들은 단순히 많은 양의 데이터로부터 가려내기만 하면 되는 것도 있다. 그러나 보통 핵심 아이디어가 가장 중요하다. 과학 실습을 통해 우리가 얻은 실재의 본성에 대한 통찰은 궁극적으로 예측할 수 없는 방법으로 우리에게 영향을 끼치는 획기적인 발견으로 이끈다. 우리가 과학을 계속 추구하는 것은 절대로 필요하다.

요새 사람들은 기술(테크놀로지)이 중심이라고 말하고는 한다. 이것은 대부분의 새로운 발전이 결정적으로 기술을 통해 이루어진다는 의미에서 맞는 말이다. 하지만 나는 기술이 중심이라는 것은 그것이 시작이나 끝이라는 의미가 아니라 일을 이루어지게 하고 소통하고 발전을 연관짓는 방법이라는 의미에서 그렇다고 덧붙이고 싶다. 우리가 기술을 이용하는 목적은 우리가 선택한다. 그리고 문제를 해결하거나 새로운 발전을 가져오는 통찰은 많은 형태의 창조적인 생각으로부터 생겨난다. 물리적으로는 맵퀘스트에서, 혹은 은유적으로는 모든 소셜 네트워크 사이트에서 보듯이, 기술은 우리 개개인을 우리 자신의 우주에서 중심이 되도록 해 준다. 그러나 세상의 문제는 훨씬 더 광범위하게 미치고 전 세계적이다.

기술은 해답을 가능케 한다. 하지만 가장 훌륭한 과학적 업적에서 볼 수 있는 종류의 명확하고 창조적인 사고에 의해 고무될 때 더욱 그렇다.

과거에 우리나라가 과학과 기술에 대해 국가적 관심을 기울여서 이것을 장기적으로 실행해야 한다고 인식하고 이것을 고집한 것이 우리가 새로운 발전과 개념의 선두에 서는 데 성공적인 전략이었음이 입증되었다. 이제 우리는 예전에 중요한 역할을 했던 이런 가치를 잃을 위험에 처해 있는 것 같다. 우리는 단기적인 발전만을 찾는 것이 아니라 장기적 관점에서 비용과 이득을 이해하기 위해서 이런 원리들을 다시 되살릴 필요가 있다.

세계에 대해 이성적으로 탐구하는 일은 더 많은 가치를 인정받아야 한다. 우리 앞에 놓인 어떤 심각한 도전을 대하게 될 때 그 결과를 이용할 수 있기 때문이다. 브루스 앨버츠도 그의 강연에서 과학적 사고는 인간이 잡담과 시시한 텔레비전 뉴스와 지나치게 주관적인 이야기만 하는 라디오에 대항할 수 있게 해 주는 방법이라고 옹호했다. 과학적 방법은 오늘날의 사회가 다루어야 하는, 금융, 환경, 위험도 평가, 보건 등의 많은 복잡한 시스템에 관해 의미 있는 결론에 이르는 데 필수 불가결하기 때문에, 사람들이 과학적 방법을 잃고 표류하면 안 된다.

과학 분야건 아니건 간에 진전을 이루고 문제를 해결하는 데 열쇠가 되는 요소 중 하나는 스케일에 대해 아는 것이었고 앞으로도 그럴 것이다. 스케일에 따라 관찰되고 이해된 것을 범주화해서 우리는 물리학과 세계를 이해하는 데 있어 멀리까지 나아갔다. 스케일의 단위는 물리적 스케일일 수도 있고, 인구 집단일 수도, 시간 틀일 수도 있다. 과학자뿐만 아니라 정치, 경제, 정책 지도자들도 역시 이런 개념을 가져야 한다.

9차 순회 재판구에서의 연설에서 미국 연방 대법관 앤서니 케네디(Anthony Kennedy, 1936년~)는 과학적 사고의 중요성뿐만 아니라 "미시적" 사고와 "거시적" 사고 사이의 대조의 의미에 대해서도 언급했다. 이것은 우리가 세계에 대해 세부적인 면을 생각하는 방식과 전체적으로 생각하는 방식이 있는 것과 같이, 우주의 작은 스케일과 큰 스케일을 고려하는 데 적용될 수 있는 말이다. 이 책에서 보았듯 과학적인 것이든, 실용적인, 그리고 정치적인 것이든, 주제를 다루는 요소 중 하나는 두 스케일의 사고 사이의 상호 작용이다. 양자를 모두 아는 것이 창조적인 아이디어에 보탬이 되는 요인 중 하나인 것이다.

케네디 판사는 또 그가 좋아하는 과학의 원리 중 하나는 "우스꽝스러운 해답이 종종 진실로 판명된다는 점"이라고 했다. 그리고 이것은 정말로 가끔 일어나는 일이다. 그럼에도 불구하고 좋은 과학은, 겉보기에 억지로 가져다 붙인 것 같거나 직관에 반하는 결론으로 이끄는 것처럼 보일지라도, 그러한 결론이 옳다는 것을 보여 주는 측정 결과나, 우리가 예측한 완전히 미친 것 같은 해답이 옳을 수도 있음을 요구하는 문제에 뿌리를 두고 있다.

많은 요소들이 결합해서 훌륭한 과학적 사고의 기초를 형성한다. 이 책, 『천국의 문을 두드리며』에서 나는, 실험을 통해 과학적 생각을 검증하거나 기각하는 방법뿐만 아니라, 이성적인 과학적 사고와 그 유물론적 전제의 중요성을 전달하고자 했다. 과학적 사고는 불확실성이 잘못된 것이 아니라는 것을 인식했다. 이것은 위험을 적절히 평가하고 단기간과 장기간의 영향을 설명한다. 또한 해답을 찾는 과정에서 창조적인 생각을 허용한다. 이것은 실험실이나 연구실 안팎에서, 진보에 다다를 수 있는 생각의 온갖 형식이다. 과학적 방법은 우리가 우주의 끝을 이해할 수 있도록 돕는 한편, 지금 우리가 살고 있는 세계에 대해 중요한 결정을 내리는 데 길잡이가 되기도 한다. 우리 사회는 이러한 원리를 흡수해서 후세에 가르쳐야 한다.

우리는 중대한 질문을 던지거나 거대한 개념을 생각하기를 두려워해서는 안 된다. 내 물리학 동료인 매슈 존슨(Matthew Johnson)이 이렇게 외칠 때 그 점을 제대로 본 것이다. "그런 아이디어의 창고는 생전 처음이야." 하지만 우리는 아직 대답을 모르고, 실험적 검증을 기다리고 있다. 때때로 우주 배경 복사가 우주 초기의 지수 함수적 팽창에 대해 우리에게 알려주었을 때처럼 대답이 기대한 것보다 빨리 나오기도 한다. 그리고 가끔은 우리가 LHC의 결과를 기다리고 있듯이, 대답이 나오는 데 오래 걸리기도 한다.

우리는 곧 우주의 구성 요소와 힘에 관해, 그리고 물질이 왜 그런 성질을 가졌는지에 대해 더 많은 것을 알게 될 것이다. 우리는 또한 우리가 "암흑"이라고 부르는 알지 못하는 것에 대해서도 더 많은 것을 알게 되기를 희망한다. 이제, 우리의 '프리퀄'이 끝나고, 내 지난번 책인 『숨겨진 우주』의 서문에 나온 비틀스의 노래 가사로 돌아가도록 하자.

"Got to be good-looking
'cause he's so hard to see."

"잘생기고 봐야 해. 그를 만나기는 정말 어렵기 때문이야."라는 뜻이다. 새로운 현상과 이해를 발견하는 일이 간단하지 않을지도 모르지만, 기다리고 도전할 만한 가치가 있을 것이다.

감사의 말

이 책은 수많은 분야를 다루고 있다. 나는 책을 쓰는 전 과정에 걸쳐서 놀라울 만큼 관대하고 사려 깊은 여러분의 도움을 받는 행운을 누렸다. 이 책을 쓰기 시작했을 때부터 원고에 대해 고민할 때면 항상 예리한 지성을 가진 누군가에게 도움을 받을 수 있다는 사실을 생각하는 것만으로도 큰 도움이 되었다. 특히 안드레아스 마클(Andreas Machl), 루보스 모틀, 코맥 매카시(Cormac McCarthy)에게 먼저 감사를 표하고 싶다. 이들은 모두 이 책의 초고를 여러 차례 읽고 각 단계마다 소중한 감상과 의견을 주었다. 코맥의 높은 기준, 인내심, 그리고 '내 책'에 대한 신뢰, 루보스의 물리학자로서의 정밀함과 과학을 소통하는 데 대한 보살핌, 그리고 안드레아스의 현명함, 열정, 사리에 맞는 지원 등은 가치를 따질 수 없을 만큼 귀중했다.

다른 이들의 조언과 가르침, 그리고 응원 역시 큰 도움이 되었다. 안나 크리스티나 뷔흐만(Anna Christina Büchmann)은 친절하게도 놀랍도록 통찰력 있고 지혜로운 여러 제안과 도움을 주었다. 젠 색스(Jen Sacks)는 내가 결정하지 못하고 망설일 때마다 현명하고 주의 깊게 나를 도와주었다. 폴리 슐먼(Polly Shulman)은 중요한 방향을 제시하고 처음에 내 용기를 북돋아 주었다. 브래드 파커스(Brad Farkas)는 성실하고 적확한 교정과 교열로 내 원고를 다듬어 주었고, 영국판 편집자인 윌 설킨(Will Sulkin)의 예리한 눈썰미와 압도적인 기량은 몇몇 핵심 장의 중요한 국면들을 훨씬 낫게 고쳐 주었다. 또한 밥 칸(Bob Cahn), 케빈 허위그(Kevin Herwig), 딜라니 카하왈라(Dilani Kahawala), 데이비드 크론(David Krohn)과 짐 스톤(Jim Stone)이 최종 단계의 원고를 읽어 주고 교정해 주었다. 감사의 말씀을 전하고 싶다.

LHC와 ATLAS, CMS 실험의 세세한 부분들에 대해 일일이 오류를 잡아 준 파비올라 지아노티와 티치아노 캄포레시(Tiziano Camporesi) 등의 물리학자들에게도 깊이 감사한다. 그들보다 자신들의 검출기를 잘 알고 있는 이들은 없다. 그리고 그 누가 린 에번스만큼 LHC와 그 역사에 관해 내가 쓴 것을 잘 읽고 검토해 줄 수 있겠는가? 또한 몇몇 물리학에 관한 부분에 대해 조언을 해 준 더그 핑크바이너(Doug Finkbeiner), 허위 하버(Howie Haber), 존 후스(John Huth), 톰 임보(Tom Imbo,), 애미 카츠(Ami Katz), 매슈 클레번(Matthew Kleban), 알비온 로런스(Albion Lawrence), 조 리켄(Joe Lykken), 존 메이슨(John Mason), 르네 옹(Rene Ong), 브라이언 슈브(Brian Shuve), 로버트 윌슨(Robert Wilson), 파비오 즈비르네르(Fabio Zwirner)에게 고마움을 표한다. 그리고 내가 2010년과 2011년에 지도한 하버드 대학교 신입생 세미나에 참여해 준 학생들에게도 고마움을 표하고 싶다. 그들이 LHC에 대해 얼마나 이해하고 있는지 들을 수 있어 많은 도움이 되었다.

종교와 과학은 내게 다소 생소한 분야였다. 오웬 진저리치(Owen Gingerich,), 린다 그레거슨(Linda Gregerson), 샘 헤이즐비(Sam Haselby), 데이브 톰(Dave Thom)의 지식과 조언 덕분에 자신감을 가지고 이 분야를 대할 수 있었다. 앤 블레어(Ann Blair), 소피아 탈라스(Sofia Talas), 톰 레벤슨(Tom Levenson)의 도움 덕분에 과학사에 대해서도 보다 정확하게 기술할 수 있었다. 고마울 뿐이다.

위험과 불확실성에 관한 주제는 위험하고(그리고 불확실할) 수밖에 없었다. 노아 펠드먼(Noah Feldman), 조 프레이골라, 빅토리아 그레이(Victoria Gray), 조 크롤(Joe Kroll), 커트 맥뮬런(Curt McMullen), 제임스 로빈스(Jamie Robins), 지니 석(Jeannie Suk), 하버드 로스쿨 콜로퀴엄의 참가자들, 특히 조너선 위너(Jonathan Wiener)가 그들의 전문적 지식을 나눠주지 않았다면 제대로 쓸 수 없었을 것이다. 그리고 카스 선스타인(Cass Sunstein)과 나눈 과거 대화에서도 많은 도움을 받았다. 그리고 쉽게 다룰 수 없는 주제였던 창조성 문제 역시 카렌 바르바로사(Karen Barbarossa), 폴 그레이엄(Paul Graham), 리아 핼로런(Lia Halloran), 게리 로더(Gary Lauder), 리즈 러먼(Liz Lerman), 피터 메이스(Peter Mays), 그리고 엘리자베스 스트렙의 도움을 받았다. 그들은 고맙게도 자신들의 통찰을 흔쾌히 나눠 주었다. 스콧 데릭슨에게는 특별한 감사를 보낸다. 그와 나눈 대화가 1장의 열쇠가 되었고 나보다 더 좋은 기억력으로 틀린 곳을 고쳐 주었다. 나를 개회식 패널로 초청해 준 데 대해 2010 테코노미(Techonomy)의 주최자들에게 감사한다. 여기 참가하기 위해 준비한 내용은 책의 결론 부분을 쓰는 데에 도움이 되었다. 본문에 언급된 대화를 나누었던 다른 사람들에게도 감사한다. 앨프리드 어신(Alfred Assin), 로드니 브룩스, 데이비드 펜튼(David Fenton),

케빈 맥가비(Kevin McGarvey), 세샤 프래탑(Sesha Pratap), 데이나 랜들(Dana Randall), 앤디 싱글턴(Andy Singleton), 케빈 슬래빈(Kevin Slavin)에게도, 그들의 친절한 감상과 의견을 준 데 감사한다. A. M. 홈스(A. M. Homes)와 릭 콧(Rick Kot)이 조언과 격려를 준 데도 감사한다.

이 어려운 책을 쓰겠다고 결심한 초기 단계에서 나를 격려해 준 여러 다른 사람들에게도 감사한다. 존 브록만(John Brockman)과 에코 출판사의 댄 핼펀(Dan Halpern)이 이 책을 잘 시작하도록 해 준 데 감사한다. 조수 역할을 해 준 매트 웨일랜드(Matt Weiland)와, 조각들을 연결하는 것을 도와준 샤나 밀키(Shanna Milkey)에게도 감사한다. 또한 에코 출판사의 다른 이들에게도 감사한다. 그들은 이 책이 실제로 나오게 해 주었다. 앤드루 와일리(Andrew Wylie)가 마지막 단계를 이끌어 준 데도 감사한다. 토미 맥콜(Tommy McCall), 애나 베커(Ana Becker), 리처트 슈노어(Richert Schnorr)라는 멋진 삽화가들과 함께 일할 수 있어서 기뻤다. 그들은 복잡한 개념을 명쾌하고 정확한 그림으로 표현해 주었다.

마지막으로, 연구 동료들과 물리학자 친구들을 언급하고자 한다. 그들이 내게 가르쳐 준 모든 것에 감사한다. 나의 사랑과 이성을 고무해 준 나의 가족들, 인내심 갖고 나를 지켜 준 친구들에게 고마움을 전한다. 그리고 언급했거나 혹은 하지 못했거나, 나의 생각을 형성하는 데 도움을 준 모든 이들에게 감사 인사를 보내고 싶다.

옮긴이 후기

리사 랜들, LHC, 그리고 힉스 보손

2013년의 노벨 물리학상이 영국과 벨기에의 이론 물리학자 피터 힉스와 프랑수아 앙글레르에게 수여되었다. 전해인 2012년 7월 4일에 유럽 입자 물리학 연구소 CERN이 건설한, 사상 최대의 과학 실험인 거대한 하드론 충돌기 LHC의 ATLAS와 CMS 실험이 피터 힉스의 이름을 딴 입자인 '힉스 보손'의 증거를 보았다고 발표한 뒤, 이들이 노벨상을 받는 것은 사실상 기정사실이었고 다만 시기만이 문제였다.

힉스와 앙글레르가 두 사람 다 이론 물리학자라는 데서도 짐작할 수 있지만, 이 노벨상은 새로운 입자를 발견했다고 수여된 것이 아니다. 스웨덴 한림원이 발표한 수상 이유가, "아원자 입자의 질량의 근원을 인간이 이해하게 해 주고, 최근에 CERN의 LHC에서 ATLAS와 CMS 실험

팀이 그들이 예측한 기본 입자를 발견함으로써 확인된 메커니즘을 이론적으로 발견한 공로"인 데서도 알 수 있듯이, 이들은 질량의 근원을 설명하는 메커니즘을 발견했고, 그 결과로 힉스 보손이 나타날 것을 예측했다. 힉스 보손이 발견된 것은 이 메커니즘이 정말로 자연에서 작동하고 있음을 확인하는 증거였다.

이로써 LHC는 가동을 시작한 지 불과 5년, 정식으로 데이터를 모으기 시작한 후로는 불과 3년 만에 위대한 발견을 해 내고 노벨상을 받았다. 더욱 중요한 것은, 아직 LHC는 본격적으로 가동된 것도 아니라는 점이다. 올해인 2015년부터 LHC는 설계된 최대의 성능을 발휘하며, 계속해서 인류가 아직 경험해 보지 않은 현상을 만들어 내고 있다.

이 책을 지은 리사 랜들은 뉴욕의 과학 영재를 위한 학교인 스투이버슨트 고등학교(Stuyvesant High School)를 나와서 하버드 대학교에서 학부와 대학원 과정을 마쳤다. 랜들의 박사 학위 지도 교수는 대통일 이론을 처음으로 만들어서 노벨상이 점쳐지기도 했던 하워드 조자이이다. 한편 현대 물리학을 소개하는 책으로 널리 알려진 『엘리건트 유니버스』의 저자 브라이언 그린(Brian Greene)은 랜들의 고등학교 동창이기도 하다. 이런 경력에서 볼 수 있듯이 랜들은 전형적인 미국의 엘리트 과학자라고 할 수 있다.

그러나 일단 연구 일선에 나서면 과학자에게 이런 경력은 사실 크게 중요하지 않다. 오늘날 리사 랜들이 과학자 중에서 눈에 띄는 존재가 된 것은 당연히 그녀의 연구 업적 때문이다. 랜들은 박사 과정 학생일 때부터 초대칭성 이론에 깊은 관심을 가지고 있었다. 그래서 1998년 영국 옥스퍼드에서 열린 초대칭성 학회(SUSY 98)에서 그리스 출신의 이론 물리학자인 디모폴러스가 여분의 차원을 이용해서 초대칭성을 대체하는 모형을 제안하는 것을 들었을 때, 여분 차원 이론의 새로운 면모에 크게 감명을 받았으면서도 랜들이 처음 생각한 것은 여분의 차원을 이용해서 초대칭성이 자연스럽게 깨지는 과정의 가능성이었다.

랜들은 인도 출신의 라만 선드럼과 함께 5차원 시공간의 양 끝에 우리가 사는 4차원 시공간과 또 다른 4차원 시공간이 존재하는 우주를 상상했다. 이 경우 다른 4차원 시공간의 물리적 성질은 우리의 시공간에는 약하게 전달될 것이다. 연구는 성공적으로 진행되었는데, 이 연구가 진행되는 중에 랜들과 선드럼은 더욱 중요한 점을 깨닫게 된다. 그들이 상상한 우주에서는 다섯 번째 차원이 적절하게 비틀려(warped) 있으면, 초대칭성이 없이도 중력이 다른 힘보다 아주 작은 것을 설명할 수 있다는 것이다. 랜들과 선드럼은 1999년에 이 내용을 담은 두 편의 논문을 발표한다. 이 논문들은 곧바로 관심의 표적이 됐으며, 랜들은 일약 입자 물리학계의 총아가 되었다.

2006년에 랜들은 대중을 위한 첫 번째 책인 『숨겨진 우주』를 내놓았다. 이 책은 특히 랜들 자신이 만든 여분의 차원 모형을 설명하기 위해 입자 물리학의 기초부터 전반적인 이론을 소개하는 책이다. 이 책을 읽으면 시공간의 차원을 넘나드는 장대한 이론의 파노라마를 즐길 수 있다. 스타 물리학자의 저술답게 이 책은 널리 읽혔고 우리나라를 비롯해 여러 나라 말로 번역되었다.

LHC는 『숨겨진 우주』가 출판되었을 무렵 한창 건설 중이었다. 건설 중일 때부터 입자 물리학자들이 LHC에 거는 기대는 전례 없이 높았고 지금도 역시 그러하다. 특히 랜들에게는 더욱 그랬을 것이다. 왜냐하면 그녀가 발표한 모형은 LHC에서 검증될 수 있기 때문이다. 만약 그녀의 모형이 우주의 진정한 모습이라면 여분의 차원의 존재를 의미하는 입자가 발견될 수도 있는 것이다.

랜들은 이 책 『천국의 문을 두드리며』를 2011년에 새로이 내놓았다.

이 책은 좀 더 근본적으로 물질과 우주의 기본 원리에 대해 랜들이 가지고 있는 생각을 보여 주는 책이고, 나아가서 LHC에 대해서 소개하는 책이다. 이 책에서 랜들은 입자 물리학과 우주론이 새로이 발전함에 따라, 이 세계를 이루는 물질과 우주의 진화, 그리고 그 원리에 대해 인간이 이해하는 바가 어디까지 다다랐는지를 설명하고, LHC 실험의 여러 세부 사항을 비롯해서, LHC에서 우리가 보려고 하는 것은 무엇인지, 그것이 왜 중요하고, 그것을 보려면 어떤 과정을 통하는지를 이론 물리학자의 눈으로 섬세하게 그리고 있다.

본문에도 나오듯 LHC는 2008년에 완성되어 그해 9월 10일에 스위치를 올렸다. 그러나 불과 며칠 만에 불의의 사고로 인하여 대대적인 수리를 거쳐야 했다. 1년 가까이 계속된 수리 및 보강을 마치고 2009년 말에야 다시 가동을 시작한 LHC는, 2010년에 원래 설계된 것의 절반이며 1단계 목표인 7테라전자볼트 에너지에서 두 양성자 빔을 충돌시키는 데 성공했고 정식으로 물리학 연구를 위한 데이터를 내기 시작했다. 이 책이 나온 것은 바로 이 시점이었다.

LHC는 2011년에 이미 원래 설계에 근접하는 성능을 내기 시작했다. 이에 자신감을 얻은 CERN은 2012년에는 충돌 에너지를 8테라전자볼트로 올리고 빔의 광도도 더 높여서 1년 동안 2011년에 얻은 데이터의 약 4배가 넘는 데이터를 얻었다. 단지 데이터를 많이 얻은 것뿐만이 아니다. 2012년 7월 4일, CERN은 오스트레일리아 멜버른에서 열린 국제 고에너지 물리학 컨퍼런스의 개막에 맞추어 공개 세미나를 열어서 ATLAS와 CMS 연구진이 표준 모형의 힉스 보손으로 보이는 새로운 입자를 보았음을 선언했다.

2012년 7월 4일의 발표는 사실 2011년의 데이터만을 가지고 분석한 결과였다. 더욱 풍부한 2012년의 데이터를 가지고 입자의 스핀과 다양한 붕괴 채널을 측정한 결과, 2013년 여름이 지날 무렵 ATLAS와 CMS의 연구진은 새로 발견한 입자의 성질이 표준 모형의 힉스 보손과 거의 일치함을 확인했다. 이것은 적어도 힉스 보손이 나오는 힉스 메커니즘이라는 과정이 일어나고 있다는 것을 증명하는 데는 충분했다. 그 결과로 2013년의 노벨 물리학상이 프랑수아 앙글레르와 피터 힉스에게 수여된 것이다. 이것은 심오한 이론과 고도의 실험이 만나서 결실을 맺은, 현대 물리학의 역사에서 또 하나의 기념비적인 사건이다.

이 책은 2011년에 발간되었으므로 힉스 보손 발견에 관한 이야기는 담겨 있지 않다. 그래서 랜들은 힉스 보손의 발견에 대한 해설을 쓰고, 힉스 보손에 관한 이론적 기초를 설명하기 위해 『숨겨진 우주』의 10장과 이 책의 16장을 발췌해서 덧붙인 소책자 *Higgs Discovery*를 2012년 말에 내놓았다. 이 책은 이미 『이것이 힉스다』라는 제목으로 번역되어 2013년 초에 소개되었다.

랜들은 『천국의 문을 두드리며』에서 과학에 대해 더 근본적인 혹은 일반적인 질문들에 대해서도 이야기하고자 한다. 최근 몇 년간 여러 다른 분야의 사람들과 만나서 이야기한 경험을 중심으로, 랜들은 과학의 본질과 진실에 관해, 그리고 실제로 과학이 작동하는 방식에 대해서 자신의 생각을 설명하고, 사람들에게 과학이 정말 무엇인지, 그리고 과학이 우리에게 무슨 말을 해 줄 수 있는지를 이야기하고 싶어 한다. 랜들 본인의 표현대로 "오늘날의 최첨단의 연구에 관해 이야기하면서, 과학의 본질을 해명하는 것"이 랜들이 이 책에서 진정 말하고자 하는 핵심 내용이다.

1962년생인 랜들은 과학자로서는 여전히 젊은 세대라고 할 수 있다. 이 책을 읽는 것은 현대 물리학이 도달한 곳에서, 새로운 세대의 정상급 물리학자가 가진 통찰을 전해 주는 소중한 기회이다. 랜들의 생각이 잘

못 전해진다면 그건 전적으로 옮긴 사람의 책임이다.

2015년의 끝자락에

이강영

후주

1. 이 책에서는 이것을 근삿값으로 27킬로미터라고 표기할 것이다.
2. 대형 하드론 충돌기는 정말로 거대하다. 그러나 이것은 극소의 거리를 탐구하는 데 필요하다. 왜 이렇게 거대한 크기가 필요한지에 대해서는 LHC에 대해 자세하게 논의할 때 설명하도록 하겠다.
3. 영화 「카사블랑카」에 나오는 노래와 다르게 허먼 허필드(Herman Hupfield)의 유명한 1931년 노래 「애스 타임 고스 바이(As Time Goes By)」는 다음 가사로 시작한다. 이것은 사람들이 당대 물리학의 최신 성과를 익숙하게 받아들였음을 보여 준다.

   This day and age we're living in
   Gives cause for apprehension,
   With speed and new invention,
   And things like fourth dimension,
   Yet we get a little weary
   From Mr. Einstein's theory

지금 우리가 살고 있는 시대는
불안의 원인을 주고 있네,
속도와 새로운 발명,
그리고 네 번째 차원,
그래도 우리는 조금이지만 짜증내고 있네.
미스터 아인슈타인의 이론에 대해.

4. Fielding, Henry. *Tom Jones.* (Oxford: Oxford World Classics, 1986).
5. 양자 역학도 거시적 효과를 가지는 경우가 있다. 그러나 그것은 주도면밀하게 준비된 계나, 높은 정밀도로 통계적 결과를 얻을 수 있는 상황에서 측정이 이루어진 상황에서만 가능하다. 어쨌든 대부분의 일상적인 현상에 적용할 수 있는 근사적인 고전 이론의 효용성이 없어지는 것은 아니다. 자세한 것은 12장에서 설명하겠지만 그것은 정밀성에 달려 있다. 유효 이론에서는 이런 식으로 근사적으로 접근하는 것을 허용하고 있으며, 만약 그것이 충분하지 않을 경우에는 더 정확하게 할 수도 있다.
6. 나는 여기저기에서 지수 개념을 사용할 것이다. …… 우주의 크기는 10^{27}미터이다. 이 수는 1 뒤에 0이 27개 이어진다는 뜻이다. 다시 말해 1조의 1000조 배에 해당한다. 반대로 우리가 상상 가능한 가장 작은 스케일은 10^{-35}미터이다. 이 수는 소수점 아래로 0이 34개 이어지고 그다음에 1이 나온다는 뜻이다. 다시 말해 1조×1조×1000억분의 1이다. (이것으로 지수 개념이 얼마나 편리한지 짐작할 수 있을 것이다.) 우리 몸의 크기는 10^{1}보다 작다. 이 지수 1은 27과 -35의 중간이라고 해도 큰 문제가 없는 값이다.
7. Levenson, Tom. *Measure for Measure: A Musical History of Science* (Simon & Schuster, 1994).
8. 이단 심문이 진행되고 있을 때, 로마 교황청은 튀코 브라헤의 책을 금서 목록에 포함시키지 않았다. 브라헤가 루터파였다는 것을 고려한다면 의외일 수도 있다. 그러나 로마 교황청의 입장에서는 브라헤의 이론적 틀을 받아들임으로써 갈릴레오의 관측 결과를 지구가 정지해 있다는 자신들의 믿음과 일치시키고 싶었을 것이다.
9. Hooke, Robert. *An Attempt to Prove the Motion of the Earth from Observations* (1674), quoted in Owen Gingerich, *Truth in Science: Proof, Persuasion, and the Galileo Affair, Perspectives on Science and Chris tian Faith*, vol. 55.
10. Rilke, Rainer Maria. *Duino Elegies* (1922). (우리날 번역은 『두이노의 비가 외』(김재혁 옮김, 책세상, 2008년)를 참조했다. — 옮긴이)
11. Doyle, Arthur Conan. *The Sign of the Four* (originally published in 1890 in Lippincott' s Monthly Magazine, chapter 1), in which Sherlock Holmes comments on Watson's pamphlet, "A Study in Scarlet."
12. Browne, Sir Thomas. *Religio Medici* (1643, pt. 1, section 9).
13. Augustine. *The Literal Meaning of Genesis*, vol. 1, books 1–6, trans. and ed. by John

Hammond Taylor, S. J. (New York: Newman Press, 1982). Book 1, chapter 19, 38, pp. 42-43.

14. Augustine. *On Christian Doctrine*, trans. by D. W. Robertson (Basingstoke: Macmillan, 1958).
15. Augustine. *Confessions*, trans. by R. S. Pine-Coffin (Harmondsworth: Penguin, 1961).
16. Stillman, Drake. *Discoveries and Opinions of Galileo* (Doubleday Anchor Books, 1957) p. 181.
17. Ibid., pp. 179-180.
18. Ibid., p. 186.
19. Galileo, 1632. *Science & Religion: Opposing Viewpoints*, ed. Janelle Rohr (Greenhaven Press, 1988), p. 21.
20. 발달 심리학의 연구 사례를 살펴보려면 다음 문헌을 참조하라. Gopnik, Alison. *The Philosophical Baby* (Picador, 2010).
21. Matthew 7:7-8.
22. Blackwell, Richard J. *Galileo, Bellarmine, and the Bible* (University of Notre Dame Press, 1991).
23. 다음에서 인용했다. Gerald Holton, "Johannes Kepler's Universe: Its Physics and Metaphysics," *American Journal of Physics* 24 (May 1956): 340-351.
24. Calvin, John. *Institutes of Christian Religion*, trans. by F. L. Battles in *A Reformation Reader*, Denis R. Janz, ed. (Minneapolis: Fortress Press, 1999).
25. 예를 들어 고대 그리스에서 사용된 스타디온(*stadion*)이라는 단위는 그 길이가 정해져 있지 않았다. 지역과 시대에 따라 다른 신체 부위의 길이를 가져다 기준으로 삼았기 때문이다.
26. 물론 전기장은 존재하지만 실재하는 물질은 거의 없다고 해도 좋다.
27. 운동량이라는 양은 낮은 속도에서는 질량과 속도의 곱으로 그 근삿값을 구할 수 있다. 그러나 상대성 이론이 적용되는 속도로 움직이고 있는 물체의 경우에는 에너지를 광속으로 나눈 값과 같다.
28. Gamow, George. *One, Two, Three . . . Infinity: Facts and Speculations of Science* (Viking Adult, September 1947).
29. 단, 이 그림은 보다 정밀한 통일 이론에 대응하는 것이다. 조자이와 글래쇼의 원래 이론에서 각각의 선은 하나의 점에 거의 모이지만 완전히 교차하지는 않았다. 이 통일의 불완전성은 이후 힘의 상호 작용 세기가 보다 정확하게 측정되고 난 뒤에야 명확하게 밝혀졌다.
30. 근처까지 다가가기는 하지만 표준 모형의 세계에서는 통일이 이루어지지 않는다는 것을 우리는 이제 알고 있다. 그러나 17장에서 살펴볼 초대칭 모형처럼 통일 이론의 수정 이론에서는 통일이 이루어질 수도 있다.
31. 1971년 뉴질랜드 오클랜드 대학교에서 리처드 파인만에 한 양자 전기 역학 관련 강연.

다음을 참조하라. *Richard Feynman Lectures, Proving the Obviously Untrue.*

32. 이것은 다음 문헌에서 인용했다. Richard Rhodes, *The Making of the Atomic Bomb* (Simon & Schuster, 1986).
33. 입자 물리학자들은 전자볼트(eV) 단위로 에너지를 측정한다. 그래서 이 책에서도 이 단위를 사용해 에너지를 설명한다. 1전자볼트란 자유 전자 1개가 1볼트(V)의 전위차를 통해 가속될 때 획득하는 에너지의 양이다. 나는 대개 기가전자볼트(GeV)나 테라전자볼트(TeV) 같은 단위를 사용하게 될 텐데, 전자는 10억 전자볼트, 후자는 1조 전자볼트에 해당한다.
34. 댄 브라운의 『천사와 악마』에서 플롯의 중심은 반물질이지만, 역설적으로 LHC는 가속·충돌시킬 입자의 초기 상태가 순수하게 물질인 CERN 최초의 가속기이다.
35. Overbye, Dennis. "Collider Sets Record and Europe Takes U. S. Lead." *New York Times*, December 9, 2009.
36. 1997년 유럽 물리학회(European Physical Society)는 로베르 브라우와 프랑수아 앙글레르, 그리고 피터 힉스의 업적을 기려 표창을 했다. 그리고 2004년에 이 세 사람은 울프상(Wolf Prize) 물리학 부문을 수상했다. 프랑수아 앙글레르, 로베르 브라우, 피터 힉스, 제럴드 구랄니크, C. R. 하겐, 톰 키블 전원은 2010년에 미국 물리학회의 이론 입자 물리학 부문 상인 J. J. 사쿠라이 상을 받았다. 나는 이 책에서 힉스 입자란 용어만 사용하며 피터 힉스의 이름만 거론하고 있는데, 이것은 내가 과학자들의 인간적 면모가 아니라 이 물리적 메커니즘에만 초점을 맞추고 있기 때문이다. 물론 힉스 입자가 발견된다면 최대 3명까지만 노벨상을 받을 수 있기 때문에 우선 순위 문제가 중요해질 것이다. 이 문제와 관련된 개요는 다음 문헌을 참조하라. Luis Álvarez-Gauméand John Ellis, "Eyes on a Prize Particle," *Nature Physics* 7 (January 2011).
37. 매우 무거운 우회전성(right-handed) 중성미자처럼 아마도 존재할 테고 다른 중성미자들에게 중력을 부여하는 입자가 표준 모형에 포함되어야 하는지 하는 문제는 조금 미묘한 점이 있다.
38. 이 가속기의 원래 목적은 양성자와 반양성자를 가속하는 것이었다. 현재는 LHC의 SPS로 사용되고 있기 때문에 양성자만을 가속한다.
39. *Physical Review D*, 035009 (2008).
40. http://lsag.web.cern.ch/lsag/LSAG-Report.pdf.
41. 구체적인 사례는 다음 문헌을 참조하라. Taibbi, Matt. "The Big Takeover: How Wall Street Insiders are Using the Bailout to Stage a Revolution," *Rolling Stone*, March 2009.
42. 이런 문제에 대해서는 다음 문헌들에서 다루고 있다. J. D. Graham and J. B. Wiener, *Risk vs. Risk: Tradeoffs in Protecting Health and Environment* (Harvard University Press, 1995). 특히 11장을 참조하라.
43. 다음 문헌을 참조하라. Slovic, Paul. "Perception of Risk," *Science* 236, 280-285, no. 4799 (1987). Tversky, Amos, and Daniel Kahneman, "Availability: A heuristic for

judging frequency and probability," *Cognitive Psychology* 5 (1973): 207–232. Sunstein, Cass R., and Timur Kuran. "Availability Cascades and Risk Regulation," *Stanford Law Review* 51 (1999):683–768. Slovic, Paul "If I Look at the Mass I Will Never Act: Psychic Numbing and Genocide," *Judgment and Decision Making* 2, no. 2 (2007): 79–95.

44. 다음 문헌을 참조하라. Kousky, Carolyn, and Roger Cooke. *The Unholy Trinity: Fat Tails, Tail Dependence, and Micro-Correlations*, RFF Discussion Paper 09-36-REV (November 2009). Kunreuther, Howard, and M. Useem. *Learning from Catastrophes: Strategies for Reaction and Response* (Upper Saddle River, NJ: Wharton School Publishing). Kunreuther, Howard. *Reflections and Guiding Principles for Dealing with Societal Risks*, in *The Irrational Economist: Overcoming Irrational Decisions in a Dangerous World*, E. Michel-Kerjan and P. Slovic, eds., New York Public Affairs Books 2010. Weitzman, Martin L., *On Modeling and Interpreting the Economics of Catastrophic Climate Change*, Review of Economics and Statistics, 2009.45. 다음 문헌을 참조하라. Joe Nocera's cover story on "Risk Mismanagement" in the *New York Times Sunday Magazine*, January 4, 2009.

46. 이런 불가역성의 문제를 경제학자들이 다룬 바 있다. 구체적인 사례들은 다음 문헌을 참조하라. Arrow, Kenneth J., and Anthony C. Fisher, "Environmental Preservation, Uncertainty, and Irreversibility," *Quarterly Journal of Economics*, 88 (1974): 312–319. Gollier, Chris tian, and Nicolas Treich, "Decision Making under Uncertainty: The Economics of the Precautionary Principle," *Journal of Risk and Uncertainty* 27, no. 7 (2003). Wiener, Jonathan B. "Global Environmental Regulation," *Yale Law Journal* 108 (1999): 677–800.

47. 다음 문헌을 참조하라. Richard Posner, *Catastrophe: Risk and Response* (Oxford University Press, 2004).

48. Leonhardt, David. "The Fed Missed This Bubble: Will It See a New One?" *New York Times*, January 5, 2010.

49. 이 책에서 나는 전문 용어로서 일반적으로 사용되고 있는 '계통 오차(systematic error)'라는 용어 대신에 나는 '계통적 불확실성'이라는 말을 사용할 것이다. 오차라는 단어에는 이미 뭔가가 잘못되었다는 의미가 포함되어 있기 때문이다. 그러나 불확실성이라는 단어는 어느 정도까지는 회피할 수 없는 기계 장치 상의 문제로 인해 생기는 정밀함의 결여를 가리키기 때문이다.

50. '계통 오차'라는 용어와 마찬가지로 통계적 제한 때문에 생기는 측정의 불확실성을 가리킬 때 '통계 오차(statistic error)'라는 용어가 사용된다.

51. Kristof, Nicholas. "New Alarm Bells About Chemicals and Cancer," *New York Times*, May 6, 2010.

52. 이 말은 덴마크의 풍자 만화가인 로베르트 슈토름 페테르손(Robert Storm Peterson)과 닐스 보어가 했다고도 한다.
53. 이 표에서는 좌회전성 입자와 우회전성 입자의 구별도 표시되어 있다. 이 입자들은 회전성(chirality)에 따라 구별되고, 질량이 없는 입자의 경우에는 회전성에 따라 운동 방향에 대한 스핀 방향이 달라진다. 질량은 두 가지 입자 — 예를 들어 좌회전성 전자, 우회전성 전자 — 의 것이 섞여 있다. 이러한 엄밀한 식별 표지는 이 표에서는 상호 작용의 차이만큼 중요한 것은 아니다. 만약 모든 입자의 질량이 0이라면 업 쿼크를 다운 쿼크로 바꾸고 전기를 띤 렙톤을 전기적으로 중성인 렙톤으로 바꾸는 약한 핵력이 좌회전성 입자에만 작용하게 된다. 반대로 강한 핵력과 전자기력은 우회전성 입자와 좌회전성 입자 모두에 작용한다. 그러나 강한 핵력의 전하를 띠게 되는 것은 쿼크뿐이다.
54. 이 세 종류의 중성미자는 약한 핵력을 통해 세 종류의 하전 렙톤과 짝을 이루게 된다. 그러나 중성미자가 일단 생성되고 나면 그 중성미자는 중성미자 진동을 통해 그 종류가 계속 바뀌기 때문에 짝을 이룬 하전 렙톤만 가지고 어떤 중성미자인지 확인할 수는 없다. 경우에 따라서는 단순하게 그 상대 질량의 고윳값을 가지고 어떤 중성미자인지 표시하기도 하고 짝을 이룬 하전 렙톤으로 어떤 중성미자인지 표시하기도 한다.
55. 최초의 b 메손(b meson, b 중간자)가 전하를 가지고 있으면 붕괴 지점에서 발생하는 궤적을 볼 수 있다. 그러나 전기적으로 중성 상태였던 붕괴 전까지의 궤적은 보이지 않는다.
56. W 보손과 톱 쿼크와 보텀 쿼크의 상호 작용으로 인해 톱 쿼크가 보텀 쿼크와 W 보손으로 붕괴할 수도 있다.
57. 운동량과 에너지를 가지고 상대론적 질량을 정의하는 것도 가능하지만 그 의미는 동일하다.
58. 이 일람표에서 페르미온과 보손의 차이를 확인할 수 있다. 이것은 입자를 양자 역학적으로 분류한 것이다. 힘의 전달 입자와 가설적 존재인 힉스 보손은 보손이며 다른 표준 입자들은 모두 페르미온이다.
59. 이것은 다음 문헌에서 인용했다. Stewart, Ian. *Why Beauty Is Truth* (Basic Books, 2007).
60. 2007년 3월 31일 WNYC의 방송 프로그램 「더 테이크웨이(The Takeway)」 방송 내용.
61. 때때로 우회전성 중성미자를 표준 모형에 포함시켜야 하는지가 논란의 대상이 되기도 한다. 이 입자는 만약 실제로 존재한다고 해도 아주 무거울 것이기 때문에 저에너지 과정에서는 그리 중요하지 않다.
62. http://xxx.lanl.gov/PS_cache/arxiv/pdf/1101/1101.1628v1.pdf.
63. 자세한 설명은 『숨겨진 우주』 2장을 참조하라.
64. 이 문제에 대한 자세한 설명 역시 『숨겨진 우주』에 자세히 나와 있다. 원래 연구 내용은 다음 논문을 참조하라. Lisa Randall and Raman Sundrum, *Physical Review Letters* 83 (1999):4690-4693.
65. Arkani-Hamed, Nima, Savas Dimopoulos, Gia Dvali, *Physics Letters* B429 (1998): 263-272; Arkani-Hamed, Nima Savas Dimopoulos, Gia Dvali, *Physical Review*

D59:086004, 1999.
66. Randall, Lisa, and Raman Sundrum, *Physical Review Letters* 83 (1999):3370–3373.
67. 이 단편 영화는 1968년에 레이 임스(Ray Eames)와 찰스 임스(Charles Eames)에 의해 제작되었다. 책은 신장판과 구판 두 종류가 있다. *Powers of Ten: A Flip Book by Charles and Ray Eames* (W. H. Freeman Publishers, 1998); also Philip Morrison and Phylis Morrison and the office of Charles and Ray Eames, *Powers of Ten: About the Relative Sizes of Things in the Universe* (W. H. Freeman Publishers, 1982).
68. 이 문제와 관련된 상세한 설명은 다음 문헌에서 확인할 수 있다. Alan Guth, *The Inflationary Universe* (Perseus Books, 1997)
69. 일부 암흑 물질 입자는 그 자신이 반입자이기 때문에, 이 경우 암흑 물질 입자는 자신과 비슷한 다른 입자를 찾아야 할 필요가 있다.
70. 이 현상을 기술하는 '플로(flow)' 개념을 발견하고 제창한 것이 미하이 칙센트미하이(Mihaly Csikszentmihalyi)이다. 자세한 것은 그의 책을 참조하라. *Flow: The Psychology of Optimal Experience* (Random House, 2002).
71. Brooks, David. "Genius: The Modern View," *New York Times*, April 30, 2009.
72. Gladwell, Malcolm. *Outliers: The Story of Success* (Little Brown & Co., 2008).
73. Gell-Mann, Murray. *The Quark and the Jaguar: Adventures in the Simple and the Complex* (W. H. Freeman & Company, 1994).
74. *Teacher's Edition of Current Science* 49, no. 14 (January 6–10, 1964
75. 독일어로 Verborgene Universen이다.
76. 독일어로 'rand'는 '끝', '모든 것', '우주'를 의미한다.
77. 다음 문헌을 참조하라. Susan Jacoby, *The Age of American Unreason* (Pantheon, 2008).

찾아보기

나

다

라

마

바

사

아

자

차

카

타

파

하

옮긴이 이강영

서울 대학교 물리학과를 졸업하고, KAIST에서 입자 물리학 이론을 전공해서 석사 및 박사 학위를 받았다. 물질의 근본 구조를 어떻게 이해하고 또한 이것을 어떻게 검증할 것인가 하는 문제를 가지고 힉스 입자, 여분 차원, 중성미자, 암흑 물질 등에 관련된 현상을 연구해 오고 있으며, 대칭성의 양자 역학적 근본 구조 및 확장에도 관심을 가지고 있다. "Direct search for heavy gauge bosons at the LHC in the nonuniversal SU(2) model" (2014) 등 60여 편의 논문을 발표했고, 『불멸의 원자』, 『LHC, 현대 물리학의 최전선』, 『스핀』, 『보이지 않는 세계』, 『파이온에서 힉스 입자까지』 등을 썼으며, 『이것이 힉스다』를 옮겼다. 현재 경상 대학교 물리 교육과 부교수로 재직하고 있다.

사이언스 클래식 25

천국의 문을 두드리며

1판 1쇄 펴냄 2015년 12월 15일
1판 6쇄 펴냄 2023년 6월 30일

지은이 리사 랜들
옮긴이 이강영
펴낸이 박상준
펴낸곳 (주)사이언스북스

출판등록 1997. 3. 24.(제16-1444호)
(06027) 서울특별시 강남구 도산대로1길 62
대표전화 515-2000, 팩시밀리 515-2007
편집부 517-4263, 팩시밀리 514-2329
www.sciencebooks.co.kr

ISBN 978-89-8371-679-8 93420